電験二種に関係する組立単位

量と量記号	単位	記号	基本・角度単位で表した単位
周波数 f	ヘルツ	Hz	1/s
力 F	ニュートン	N	$kg \cdot m/s^2$
熱量,仕事,エネルギー W	ジュール	J	$J = N \cdot m = kg \cdot m^2/s^2 = W \cdot s$
工率(仕事率),電力 P	ワット	W	$W = J/s = kg \cdot m^2/s^3$
圧力,応力 P, σ	パスカル	Pa	$N/m^2 = kg/(m \cdot s^2)$
電気量,電荷 Q	クーロン	C	$A \cdot s$
電圧,起電力 E, V	ボルト	V	$V = W/A = kg \cdot m^2/(s^3 \cdot A)$
電界の強さ E	ボルト/メートル*	V/m	$V/m = kg \cdot m/(s^3 \cdot A)$
電気抵抗 R	オーム	Ω	$\Omega = V/A = kg \cdot m^2/(s^3 \cdot A^2)$
静電容量 C	ファラド	F	$F = C/V = A^2 \cdot s^4/(kg \cdot m^2)$
磁束 ϕ, Φ	ウェーバ	Wb	$Wb = V \cdot s = kg \cdot m^2/(s^2 \cdot A)$
磁束密度 B	テスラ	T	$T = Wb/m^2 = kg/(s^2 \cdot A)$
磁界の強さ H	アンペア/メートル*	A/m	A/m
インダクタンス L	ヘンリー	H	$H = Wb/A = kg \cdot m^2/(s^2 \cdot A^2)$
起磁力 F	アンペア	A	A
光束 F	ルーメン	lm	$lm = cd \cdot sr$
照度 E	ルクス	lx	$lx = lm/m^2 = cd \cdot sr/m^2$
輝度 L	カンデラ/平方メートル*	cd/m^2	cd/m^2
コンダクタンス G, g	ジーメンス	S	$s = 1/\Omega = A^2 \cdot s^3/(kg \cdot m^2)$

*印:名称自体も組み立てられている単位,量記号は一般的に使われているものの例を示す.

基本単位と角度の単位(旧補助単位)

単位種別	量	単位	記号
基本単位	長さ	メートル	m
	質量	キログラム	kg
	時間	秒	s
	物質量	モル	mol
	電流	アンペア	A
	温度	ケルビン	K
	光度	カンデラ	cd
角度の単位	平面角	ラジアン	rad
	立体角	ステラジアン	sr

DENKEN 電験二種 計算の攻略

菅原秀雄 著

Ohmsha

本書を発行するにあたって，内容に誤りのないようできる限りの注意を払いましたが，本書の内容を適用した結果生じたこと，また，適用できなかった結果について，著者，出版社とも一切の責任を負いませんのでご了承ください．

本書は，「著作権法」によって，著作権等の権利が保護されている著作物です．本書の複製権・翻訳権・上映権・譲渡権・公衆送信権（送信可能化権を含む）は著作権者が保有しています．本書の全部または一部につき，無断で転載，複写複製，電子的装置への入力等をされると，著作権等の権利侵害となる場合があります．また，代行業者等の第三者によるスキャンやデジタル化は，たとえ個人や家庭内での利用であっても著作権法上認められておりませんので，ご注意ください．

本書の無断複写は，著作権法上の制限事項を除き，禁じられています．本書の複写複製を希望される場合は，そのつど事前に下記へ連絡して許諾を得てください．

出版者著作権管理機構
（電話 03-5244-5088, FAX 03-5244-5089, e-mail: info@jcopy.or.jp）

JCOPY ＜出版者著作権管理機構 委託出版物＞

まえがき

　本書は，著者らが執筆して計算問題の演習書として評価をいただいた「電験一・二種二次試験計算の攻略」の後継書です．今回は，「電験二種」に的を絞り，かつ，一次試験のうち，計算問題が多数出題され，また二次試験の基礎となる「理論科目」を加えました．

　電験二種は，一次試験と二次試験の二つの試験によって実施されます．一次試験は，電験三種と同じく，理論，電力，機械，法規の4科目であり，解答選択方式により行われます．これらの合格率は，理論科目以外は60％前後の比較的良好な合格率です．この中で，理論だけが30％程度の低い合格率です．これは他の科目とは異なり，ほとんどの問題が計算問題であることに起因していると考えます．

　二次試験はさらに難関であり，旧制度（平成6年度以前）に比べて合格者こそ増えたものの合格率は15％以下で低迷しています．その原因は，論述形式の試験であることと，計算問題が難関であるためと考えます．前記のように，一次試験では理論以外はほとんど計算問題が出題されませんが，反面，二次試験では計算問題が多数出題され，その内容も高度であり，幅広い理解力と計算力が要求されます．そしてこれらの能力を基にして合格答案を仕上げなければなりません．まさに，「計算問題を制する者は電験を制する」のです．

　本書は，このような点に鑑みて，ここ40年間の電験二種の計算問題を徹底的に分析し，これらから合格に必須となる問題を厳選し，学習の便を考えて分類しました．また，各節の冒頭には，問題演習に必要な重要項目を記載し読者がそのテーマについての全体像を把握しやすいようにしました．各問題の「解法のポイント」や「解説」をていねいに記していることも本書の特徴です．読者はこれらを身に付ければ，確実に答案作成能力が高まります．

　電験三種とのつながりを重視したのも本書の特徴です．一部で微積分など数学力の必要なものもありますが，電験三種の力があれば解ける問題が随分多いことに気付かれるでしょう．「急がば回れ」といいますが，拙著「電験三種合格一直線」などにより，不明な箇所の復習が必要でしょう．また，計算問題の確実な攻略により，論述問題に対する力も付くと考えます．これは，計算問題でも答案作成には論理的な文章力が必要なこと，論述問題においても「計算」の裏付けを必要とするものが少なくないことによります．

　質・量ともに豊富な本書の計算問題を，自分自身の頭と手で演習して実力を養成してください．その際，必ず演習ノートを作成してください．「継続は力なり」といいます．完全に理解するまで反復練習を行いましょう．解答のみを見て済ませることは絶対に避けてください．本書をマスターすることで計算問題を克服し，合格の栄冠を勝ち取られることを心より祈念します．

　本書の執筆にあたっては，企画から校正に至るまでオーム社の編集者各位には一方ならないお世話になりました．この場を借りて厚く御礼を申し上げます．

2014年初夏の季節　著者記す

目 次

まえがき …………………………… Ⅲ
目 次 ……………………………… Ⅳ
電験二種受験ガイド ……………… Ⅹ

第1章 理論科目 …………… 1

1.1 静電気
学習のポイント，重要項目 ………… 2
[演習問題]
1.1 導体球の電位，静電容量 ……… 4
1.2 平行平板コンデンサ1 ………… 5
1.3 影像電荷，影像力 ……………… 7
1.4 静電エネルギーと極板間の力 … 8
1.5 同心球コンデンサ ……………… 9
1.6 電線の静電容量 ………………… 10
1.7 平行平板コンデンサ2 ………… 12

1.2 磁気
学習のポイント，重要項目 ………… 14
[演習問題]
2.1 中空円筒導体の磁界 …………… 16
2.2 フレミングの法則 ……………… 17
2.3 同軸ケーブルのエネルギー，
    自己インダクタンス ………… 18
2.4 環状鉄心のインダクタンス …… 19
2.5 往復導線のインダクタンス …… 22
2.6 電磁誘導1 ……………………… 23
2.7 電磁誘導2 ……………………… 25
2.8 ビオ・サバールの法則 ………… 26
2.9 電磁石に働く力ー
    仮想変位による ……………… 27

1.3 直流回路
学習のポイント，重要項目 ………… 28
[演習問題]
3.1 テブナンの定理 ………………… 30
3.2 重ねの理 ………………………… 31
3.3 Y－Δ変換，電圧源と電流源 … 32
3.4 節点電圧（ミルマンの定理）… 33
3.5 回路網の抵抗 …………………… 34
3.6 接地抵抗 ………………………… 35

1.4 交流回路
学習のポイント，重要項目 ………… 36
[演習問題]
4.1 単相回路 ………………………… 38
4.2 相互インダクタンス …………… 39
4.3 負荷の最大電力 ………………… 40
4.4 交流電力 ………………………… 41
4.5 不平衡三相回路1 ……………… 42
4.6 不平衡三相回路2 ……………… 44
4.7 高調波回路 ……………………… 45
4.8 非線形回路 ……………………… 46
4.9 理想変圧器を含む回路 ………… 47

1.5 過渡現象
学習のポイント，重要項目 ………… 48
[演習問題]
5.1 RL 回路1 ……………………… 50
5.2 RL 回路2 ……………………… 52
5.3 RC 回路1 ……………………… 52
5.4 RC 回路2 ……………………… 54
5.5 RLC 回路1 …………………… 55
5.6 RLC 回路2 …………………… 56

1.6 電気計測

学習のポイント，重要項目 ・・・・・・・・・ 58

[演習問題]
- 6.1 直流電力の誤差 ・・・・・・・・・ 60
- 6.2 各種電圧波形の指示値 ・・・・・・ 61
- 6.3 可動コイル形計器の温度補償 ・・・ 63
- 6.4 静電電圧計 ・・・・・・・・・・・ 64
- 6.5 2電力計法 ・・・・・・・・・・・ 65
- 6.6 接地抵抗の測定 ・・・・・・・・・ 66
- 6.7 インピーダンスの測定 ・・・・・・ 68
- 6.8 オシロスコープ ・・・・・・・・・ 69
- 6.9 磁気量の計測 ・・・・・・・・・・ 71

1.7 電子理論

学習のポイント，重要項目 ・・・・・・・・・ 72

[演習問題]
- 7.1 電界中の電子の運動1 ・・・・・・ 74
- 7.2 電界中の電子の運動2 ・・・・・・ 75
- 7.3 磁界中の電子の運動 ・・・・・・・ 76
- 7.4 導体内の電気伝導 ・・・・・・・・ 76
- 7.5 トランジスタの回路1 ・・・・・・ 78
- 7.6 トランジスタの回路2 ・・・・・・ 79
- 7.7 h定数回路 ・・・・・・・・・・・ 81
- 7.8 演算増幅器1 ・・・・・・・・・・ 82
- 7.9 演算増幅器2 ・・・・・・・・・・ 83
- 7.10 FET増幅回路 ・・・・・・・・・ 83
- 7.11 負帰還増幅回路 ・・・・・・・・・ 84

───── コラム ─────

- 電位の求め方 ・・・・・・・・・・・・・・ 6
- 単心ケーブルの静電容量 ・・・・・・・・ 10
- 電位係数，容量・誘導係数 ・・・・・・・ 13
- 磁気回路と電気回路 ・・・・・・・・・・ 20
- 変位電流 ・・・・・・・・・・・・・・・ 21
- 仮想変位のまとめ ・・・・・・・・・・・ 27
- 相互インダクタンスの極性 ・・・・・・・ 39
- 負荷の最大電力 ・・・・・・・・・・・・ 40
- 電位の求め方 ・・・・・・・・・・・・・ 43
- ベクトル軌跡 ・・・・・・・・・・・・・ 44
- LC回路の解法 ・・・・・・・・・・・・ 51
- 過渡現象の初期条件 ・・・・・・・・・・ 53
- 電気計器の指示値 ・・・・・・・・・・・ 61
- 周波数の計測 ・・・・・・・・・・・・・ 70
- リサジュー図形 ・・・・・・・・・・・・ 70
- 半導体の電気伝導 ・・・・・・・・・・・ 77
- コレクタ接地の出力抵抗 ・・・・・・・・ 79
- 積分・微分回路 ・・・・・・・・・・・・ 82

───── 補 充 問 題 ─────

- 直線導体内部の磁界 ・・・・・・・・・・ 16
- 電線内部のインダクタンス ・・・・・・・ 24
- 回路内部の等価抵抗 ・・・・・・・・・・ 30
- 対地電位の算出 ・・・・・・・・・・・・ 31
- 整流形計器の指示値 ・・・・・・・・・・ 62

第2章 電力・管理科目 ・・・ 85

2.1 水力発電

学習のポイント，重要項目 ・・・・・・・・・ 86

[演習問題]
- 1.1 水力発電所の出力 ・・・・・・・・ 88
- 1.2 水車の比速度の算定 ・・・・・・・ 89
- 1.3 水車効率の算定 ・・・・・・・・・ 90
- 1.4 水車の選定 ・・・・・・・・・・・ 91
- 1.5 原動機の速度調定率 ・・・・・・・ 93
- 1.6 ペルトン水車のピッチサークル ・・ 94
- 1.7 負荷遮断試験 ・・・・・・・・・・ 95
- 1.8 調速機の閉鎖時間 ・・・・・・・・ 96
- 1.9 揚水発電所の計算1 ・・・・・・・ 97
- 1.10 揚水発電所の計算2 ・・・・・・・ 98

目　次

2.2　火力・原子力発電
学習のポイント，重要項目 …………… 99

演習問題

- 2.1　再熱サイクルの効率 ………… 102
- 2.2　蒸気タービンの効率 ………… 103
- 2.3　復水器の冷却水量 …………… 104
- 2.4　燃焼空気量及びガス量 ……… 105
- 2.5　二酸化炭素の削減量 ………… 105
- 2.6　伝熱損失の計算 ……………… 107
- 2.7　原子力エネルギーの計算 …… 108
- 2.8　放射性元素の原子核の崩壊 … 109

2.3　発電機・新エネルギー発電
学習のポイント，重要項目 …………… 110

演習問題

- 3.1　発電機の並行運転 …………… 112
- 3.2　発電機併入時の横流 ………… 113
- 3.3　発電機の自己励磁 1 ………… 114
- 3.4　発電機の自己励磁 2 ………… 116
- 3.5　発電機の可能出力曲線 ……… 117
- 3.6　風車の出力 …………………… 119

2.4　変電所
学習のポイント，重要項目 …………… 120

演習問題

- 4.1　短絡電流の計算 1 …………… 122
- 4.2　短絡電流の計算 2 …………… 123
- 4.3　短絡電流の計算 3 …………… 124
- 4.4　短絡電流の計算 4 …………… 126
- 4.5　調相設備の計算 1 …………… 127
- 4.6　調相設備の計算 2 …………… 128
- 4.7　変圧器の温度上昇 …………… 129
- 4.8　調相設備の計算 3 …………… 130
- 4.9　変電所の電圧調整 …………… 131
- 4.10　変圧器の並行運転 1 ………… 133
- 4.11　変圧器の並行運転 2 ………… 134
- 4.12　変圧器の全日効率 …………… 135
- 4.13　変電所の接地抵抗 1 ………… 136
- 4.14　変電所の接地抵抗 2 ………… 138
- 4.15　変電所の母線温度 …………… 139

2.5　送電線路
学習のポイント，重要項目 …………… 140

演習問題

- 5.1　電線のたるみ 1 ……………… 142
- 5.2　電線のたるみ 2 ……………… 144
- 5.3　電線のたるみ 3 ……………… 145
- 5.4　電柱の曲げモーメント ……… 147
- 5.5　ケーブルの静電容量と充電電流 1 …………………… 148
- 5.6　ケーブルの静電容量と充電電流 2 …………………… 149
- 5.7　ケーブルの誘電損失 ………… 150
- 5.8　ケーブルの許容電流 ………… 151

2.6　送電系統の電気特性
学習のポイント，重要項目 …………… 152

演習問題

- 6.1　送電線の電圧・電力 1 ……… 156
- 6.2　送電線の電圧・電力 2 ……… 157
- 6.3　送電線の電圧・電力 3 ……… 158
- 6.4　送電線の電圧・電力 4 ……… 160
- 6.5　送電線の電圧・電力 5 ……… 161
- 6.6　送電線の直列コンデンサ 1 … 162
- 6.7　送電線の直列コンデンサ 2 … 163
- 6.8　4 端子回路 1 ………………… 164
- 6.9　4 端子回路 2 ………………… 166
- 6.10　4 端子回路 3 ………………… 167
- 6.11　送電線の地絡 1 ……………… 168
- 6.12　送電線の地絡 2 ……………… 169
- 6.13　送電線の地絡 3 ……………… 170
- 6.14　送電線の地絡 4 ……………… 171

6.15 正相，零相リアクタンス ……… 173
6.16 対称座標法 1 …………………… 174
6.17 対称座標法 2 …………………… 176
6.18 送電線の電磁誘導 1 …………… 177
6.19 送電線の電磁誘導 2 …………… 178
6.20 送電線の電磁誘導 3 …………… 179
6.21 送電線の静電誘導 ……………… 181
6.22 進行波 …………………………… 182

2.7 配電設備

学習のポイント，重要項目 ……………… 184

演習問題

7.1 配電一般計算 1 ………………… 186
7.2 配電一般計算 2 ………………… 187
7.3 配電一般計算 3 ………………… 189
7.4 分布負荷の計算 1 ……………… 190
7.5 分布負荷の計算 2 ……………… 191
7.6 分布負荷の計算 3 ……………… 193
7.7 異容量 V 結線 1 ………………… 195
7.8 異容量 V 結線 2 ………………… 196
7.9 三相昇圧器 1 …………………… 197
7.10 三相昇圧器 2 …………………… 199
7.11 配電線の混触，EVT の計算 1 … 199
7.12 配電線の混触，EVT の計算 2 … 202
7.13 分散型電源の連系 1 …………… 203
7.14 分散型電源の連系 2 …………… 205
7.15 分散型電源の連系 3 …………… 207

2.8 施設管理

学習のポイント，重要項目 ……………… 209

演習問題

8.1 配電設備の計画 1 ……………… 212
8.2 配電設備の計画 2 ……………… 214
8.3 力率改善 ………………………… 215
8.4 変圧器の絶縁耐力試験 ………… 216
8.5 高調波の計算 …………………… 218

8.6 水力発電所の運用 1 …………… 219
8.7 水力発電所の運用 2 …………… 220
8.8 揚水発電用の重油焚き増し量 … 221
8.9 火力発電所の経済運用 ………… 222
8.10 発電原価 1 ……………………… 223
8.11 発電原価 2 ……………………… 223
8.12 連系線の潮流，周波数 1 ……… 224
8.13 連系線の潮流，周波数 2 ……… 226
8.14 連系線の潮流，周波数 3 ……… 227
8.15 電力系統の信頼度 ……………… 228
8.16 電力系統の安定度 ……………… 230

─────── コ ラ ム ───────

ガバナフリー ………………………………… 93
負荷遮断試験 ………………………………… 95
発電電動機の始動方式 ……………………… 97
低濃縮ウラン ………………………………… 108
水力・火力発電機の比較 …………………… 112
発電機の励磁方式 …………………………… 113
長距離送電線の電圧上昇 …………………… 115
タービン発電機の過負荷耐量 ……………… 118
静止形無効電力補償装置 …………………… 130
負荷時タップ切換変圧器 …………………… 132
A 種柱，B 種柱 ……………………………… 147
電力円線図と電圧方程式 …………………… 158
大地を帰路とするインダクタンス ………… 167
補償リアクトル接地方式 …………………… 172
安定巻線と第 3 調波 ………………………… 175
通信線との相互インダクタンス …………… 177
電磁誘導の対策 ……………………………… 180
波動インピーダンス，伝播速度 …………… 183
高圧以上の地絡遮断装置 …………………… 201
分散型電源連系時の留意事項 ……………… 204
直線減少負荷の電圧降下 …………………… 204
単独運転と自立運転 ………………………… 206
系統連系の要件 ……………………………… 208

目 次

損失係数 …………………………… 214
電力系統の安定度 ………………… 232

── 補 充 問 題 ──
T形回路4端子定数 ……………… 166
不等率，負荷率の算定 …………… 213
送電損失考慮の運用 ……………… 222

第3章 機械・制御科目 …… 233

3.1 直流機
学習のポイント，重要項目 ……………… 234

演習問題
1.1 直流発電機の誘導起電力 ……… 237
1.2 分巻発電機の効率 ……………… 238
1.3 複巻発電機の起電力 …………… 239
1.4 分巻電動機のトルク，効率 …… 241
1.5 分巻電動機の誘導起電力，
　　トルク …………………………… 241
1.6 他励電動機の速度制御1 ……… 243
1.7 他励電動機の速度制御2 ……… 244
1.8 チョッパ制御の計算1 ………… 245
1.9 チョッパ制御の計算2 ………… 246

3.2 同期機
学習のポイント，重要項目 ……………… 249

演習問題
2.1 同期発電機の誘導起電力と
　　巻線係数 ………………………… 252
2.2 電圧変動率と短絡比1 ………… 255
2.3 電圧変動率と短絡比2 ………… 257
2.4 電圧変動率と短絡比3 ………… 258
2.5 電圧変動率と短絡比4 ………… 259
2.6 負荷接続時の発電機端子電圧 … 261
2.7 突発短絡試験 …………………… 263
2.8 同期電動機1 …………………… 265
2.9 同期電動機2 …………………… 266

3.3 変圧器
学習のポイント，重要項目 ……………… 268

演習問題
3.1 変圧器の等価回路1 …………… 270
3.2 変圧器の等価回路2 …………… 272
3.3 変圧器の電圧変動率1 ………… 274
3.4 変圧器の電圧変動率2 ………… 276
3.5 変圧器の損失・効率1 ………… 277
3.6 変圧器の損失・効率2 ………… 279
3.7 変圧器の損失・効率3 ………… 281
3.8 変圧器の損失・効率4 ………… 283
3.9 変圧器の並行運転1 …………… 284
3.10 変圧器の並行運転2 …………… 285
3.11 3巻線変圧器1 ………………… 286
3.12 3巻線変圧器2 ………………… 288
3.13 異容量の三相結線 ……………… 289
3.14 単巻変圧器 ……………………… 290
3.15 変圧器のV結線 ………………… 292
3.16 スコット結線変圧器 …………… 294

3.4 誘導機
学習のポイント，重要項目 ……………… 296

演習問題
4.1 L形等価回路と特性1 ………… 298
4.2 L形等価回路と特性2 ………… 299
4.3 L形等価回路と円線図 ………… 301
4.4 滑りとトルク1 ………………… 303
4.5 滑りとトルク2 ………………… 304
4.6 比例推移1 ……………………… 306
4.7 比例推移2 ……………………… 307
4.8 比例推移3 ……………………… 308
4.9 比例推移4 ……………………… 309
4.10 速度制御1 ……………………… 310
4.11 速度制御2 ……………………… 312

4.12　逆相制動1 ································ 312
　　　4.13　逆相制動2 ································ 314
　　　4.14　残留電圧 ···································· 316
　　　4.15　誘導発電機 ································ 317

3.5　パワーエレクトロニクス

学習のポイント，重要項目 ···················· 320

演習問題

　　　5.1　整流回路1 ···································· 323
　　　5.2　整流回路2 ···································· 326
　　　5.3　チョッパ制御1 ···························· 328
　　　5.4　チョッパ制御2 ···························· 331
　　　5.5　チョッパ制御3 ···························· 333
　　　5.6　インバータ制御1 ························ 336
　　　5.7　インバータ制御2 ························ 338
　　　5.8　インバータ制御3 ························ 341
　　　5.9　電力調整回路1 ···························· 343
　　　5.10　電力調整回路2 ·························· 344

3.6　自動制御

学習のポイント，重要項目 ···················· 346

演習問題

　　　6.1　伝達関数1 − 導出の仕方 ············ 353
　　　6.2　伝達関数2 − 一次遅れ ················ 354
　　　6.3　伝達関数3 − むだ時間 ················ 356
　　　6.4　伝達関数4 − 二次遅れ ················ 357
　　　6.5　周波数応答1 ································ 359
　　　6.6　周波数応答2 ································ 360
　　　6.7　周波数応答3 ································ 362
　　　6.8　周波数応答4 ································ 363
　　　6.9　周波数応答5 ································ 364
　　　6.10　ステップ応答1 ·························· 368
　　　6.11　ステップ応答2 ·························· 369
　　　6.12　ステップ応答3 ·························· 370
　　　6.13　ステップ応答4 ·························· 372
　　　6.14　ステップ応答5 ·························· 373

　　　6.15　ランプ応答 ································ 375
　　　6.16　インパルス応答1 ······················ 376
　　　6.17　インパルス応答2 ······················ 378
　　　6.18　定常偏差1 ································ 379
　　　6.19　定常偏差2 ································ 381
　　　6.20　定常偏差3 ································ 383
　　　6.21　安定判別1 ································ 385
　　　6.22　安定判別2 ································ 386
　　　6.23　安定判別3，2自由度制御系 ···· 388
　　　6.24　極に関する計算 ························ 390
　　　6.25　記述関数法 ································ 393
　　　6.26　状態変数表現 ···························· 394

── コ ラ ム ──

直流機雑損失の概数 ································ 239
突極機の出力 − 二反作用理論 ··············· 251
巻線係数と波形の改善 ···························· 254
起電力法 ·· 260
電圧変動率の精密式 ································ 273
最大・最小の求め方 ································ 311
制動の方法 ·· 315
重なり現象 ·· 325
二次電池の容量 ·· 335
円の方程式 ·· 355
進み制御要素 ·· 367
ステップ応答とインパルス応答 ············ 379
制御系の形と定常偏差 ···························· 384
二次標準形の極 ·· 391
代表極 ·· 392

── 補 充 問 題 ──

鉄損の分離 ·· 282
3巻線変圧器 ·· 287

出題傾向分析表 ································ 396
索　引 ·· 400

電験二種受験ガイド

科目別試験範囲

科　目	試験範囲	出題形式
理論科目 （一次試験）	電気理論，電子理論，電気計測及び電子計測に関するもの．	解答数：A問題4題，B問題3題（選択問題を含んだ解答数）． 試験時間：90分． 解答形式：マークシートに記入する多肢選択方式．
電力・管理科目 （二次試験）	発電所及び変電所の設計及び運転，送電線路及び配電線路（屋内配線を含む．）の設計及び運用並びに電気施設管理に関するもの．	解答数：6題中4題を選択． 試験時間：120分． 解答形式：記述形式．
機械・制御科目 （二次試験）	電気機器，パワーエレクトロニクス，自動制御及びメカトロニクスに関するもの．	解答数：4題中2題を選択． 試験時間：60分． 解答形式：記述形式．

試験の概要

　一次試験は，理論，電力，機械，法規科目ごとに合否が決定され，4科目すべてに合格すれば一次試験が合格となります．また，4科目中一部の科目だけ合格した場合は，「科目合格」となって，翌年度及び翌々年度の試験では申請により当該科目の試験が免除されます．つまり，3年間で4科目に合格すれば二次試験の受験資格が得られます．ただし，一次試験に合格した時点で科目合格の留保はなくなります．

　二次試験には，科目別合格の制度はありませんが，一次試験が合格した年度の二次試験に不合格となった場合は，翌年度の一次試験が免除されて二次試験から受験できます．ただし，翌年度の二次試験に不合格となった場合は，翌々年度からは新たに一次試験から受験することになります．

資格の概要

　第二種電気主任技術者試験は，電気事業法に基づく国家試験で，経済産業大臣から指定を受けた一般財団法人電気技術者試験センターが試験を実施しています．この試験に合格し，所要の手続きを経ることで，経済産業大臣より第二種の電気主任技術者免状が交付されます．第二種電気主任技術者免状を取得しますと，電圧170 000［V］未満において，事業用電気工作物を設置する事業者等に義務づけられている電気主任技術者の選任を受けることができます．

第1章 理論科目

本章のねらい

電験二種一次試験の「理論科目」の計算問題について，旧制度を含めて過去の問題を精選し，真の実力を養成できる問題演習を行う．そのために，問題は解答群からの選択ではなく，完全に記述式とした．

試験の問題数及び配点

A問題が4問，B問題が4問出題される．このうち，B問題は2問が必須で，他の2問は，いずれか1問を選択する．よって，解答するのは，A問題×4，B問題×3になる．問題はいずれも1問当たり5小問の構成で，15個の解答群から選択する．

配点は，A問題が1問当たり小問各3点で計15点，B問題が1問当たり小問各2点で計10点である．合計点は90点になる．合格基準は，60%以上である．ただし，問題の難易度等により，毎年得点調整されるのが通例であり，50%程度以上で合格になることもある．

出題傾向の概略と対策

近年の出題はほとんどが計算問題であり，文章問題は，固体電子分野に限られている．「理論科目」の攻略の対象は，間違いなく計算問題である．

出題の分野は，静電気（電気物理を含む），磁気，直流回路，交流回路，過渡現象，電気計測，電子理論の7分野である．このうち，静電気から過渡現象までの5分野は，毎年各1問が出題される．残り3問は，電気計測1問，固体・真空電子1問，電子回路1問である．電子回路と固体・真空電子は，選択問題になることが多い．

いずれの分野の問題も，電磁気の微積分や過渡現象を除くと，三種で学んだ項目の応用問題が出される．確実に定理や公式を理解することと，計算演算力が要求される．なお，実際の解答は選択式なので，間違って他の答を選択しないように注意すること．

1.1 静電気

学習のポイント
ガウスの定理から電界や電位を求めるには，微積分が必要になる．静電容量関係の問題では，貯蔵エネルギーを含めた計算が完全にできること．簡単な電気影像法が理解できること．

――――――――― 重　要　項　目 ―――――――――

1 クーロンの法則

真空中で距離 r [m] にある2個の点電荷 Q_1，Q_2 [C] 間に働く力 F は，

$$F = \frac{1}{4\pi\varepsilon_0} \cdot \frac{Q_1 Q_2}{r^2} = 9 \times 10^9 \frac{Q_1 Q_2}{r^2} \text{ [N]} \quad (1\text{-}1)$$

$\varepsilon_0 = 8.854 \times 10^{-12}$ [F/m] は**真空の誘電率**．同種電荷では反発力，異種電荷では吸引力が働く．

2 電界の強さ

点電荷 Q [C] から距離 r [m] の位置の電界の強さ E は，Q から放射状に，

$$E = \frac{1}{4\pi\varepsilon_0} \cdot \frac{Q}{r^2} \text{ [V/m]} \quad (1\text{-}2)$$

電界の強さが E の位置に電荷 q [C] を置いたとき，電荷に働く力 f は，

$$f = qE \text{ [N]} \quad (1\text{-}3)$$

3 ガウスの定理

一つの閉曲面内部の合計電荷が Q [C] のとき，その面から出る全電気力線数 N は，

$$N = \frac{Q}{\varepsilon_0} \text{ [本]} \quad (1\text{-}4)$$

であり，曲面に垂直である．また，閉曲面上の電界の強さ E は，N の面積密度である．

$$E = \frac{dN}{dS} \text{ [V/m]} \quad (1\text{-}5)$$

電気力線が閉曲面に均等に出ているときは，

$$Q = 閉曲面表面積 \times \varepsilon_0 E \text{ [C]} \quad (1\text{-}6)$$

4 電位

単位静電荷を動かす仕事．点 B の点 A に対する電位 V_{BA} は，距離を s とすると，

$$V_{BA} = -\int_A^B \dot{E} \cdot d\dot{s} \text{ [V]} (=[\text{J/C}]) \quad (1\text{-}7)$$

で定義．電位はスカラ量であり，個々の点電荷による電位の代数和になる．

点電荷 Q による距離 r [m] の位置の電位 V は，

$$V = \frac{Q}{4\pi\varepsilon_0 r} \text{ [V]} \quad (1\text{-}8)$$

5 電位の傾き

電位の傾きは，電界の強さの反対符号であり，ベクトル量である．

$$\frac{dV}{d\dot{s}} = -\dot{E} \text{ [V/m]} \quad (1\text{-}9)$$

6 静電容量（コンデンサ）

静電容量 C は，**2導体間**の単位電位差当たりの貯蔵電荷 Q で定義．**電荷は保存**される．

$$C = \frac{Q}{V} \text{ [F]}, \quad Q = CV \text{ [C]} \quad (1\text{-}10)$$

① 平行平板コンデンサ

極間距離を d [m]，極板面積を S [m^2]，比誘電率を ε_s（**誘電率** $\varepsilon = \varepsilon_s \varepsilon_0$）とすると，静電容量 C，電界の強さ E は，

$$C = \frac{\varepsilon_s \varepsilon_0 S}{d} \text{ [F]}, \quad E = \frac{V}{d} \text{ [V/m]} \quad (1\text{-}11)$$

② 静電容量の求め方

電位差法：導体系に電荷 Q を与えて，電位差 V を求め，$C=Q/V$ で計算する．

微小コンデンサ法：2導体間が微小な平行平板コンデンサの直列または並列接続とみなして，その合成容量を積分で求める．

③ 電位係数 p，容量・誘導係数 q

$$V = pQ, \quad Q = qV$$

で表示．p.13 のコラム参照．

7 合成容量

① 並列接続

$$Q_0 = Q_1 + Q_2 + \cdots + Q_n \ [\mathrm{C}]$$
$$C_0 = C_1 + C_2 + \cdots + C_n \ [\mathrm{F}] \tag{1-12}$$

② 直列接続　各コンデンサの Q は同じ．

$$\frac{1}{C_0} = \frac{1}{C_1} + \frac{1}{C_2} + \cdots + \frac{1}{C_n} \ [\mathrm{F}] \tag{1-13}$$

8 電束密度

電束は単位真電荷から1本発生．電界の強さ E，比誘電率 ε_s の誘電体の電束密度 D は，

$$D = \varepsilon_s \varepsilon_0 E \ [\mathrm{C/m^2}] \tag{1-14}$$

9 境界条件と電気影像法

① 誘電体の境界条件

境界の両側で下記が同一．

・電束密度の**法線成分**
$$D_{1n} = D_{2n} \tag{1-15}$$

・電界の強さの**接線成分**
$$E_{1t} = E_{2t} \tag{1-16}$$

② 電気影像法（図 1-1）

「問題とする領域1」の電荷分布は変えずに，「鏡の中とする領域2」に，①の境界条件を満たすように**影像電荷**を置いて問題を解く．

[例]地上の電荷について，大地面を境界としてその対称位置に反対符号の影像電荷を置く．

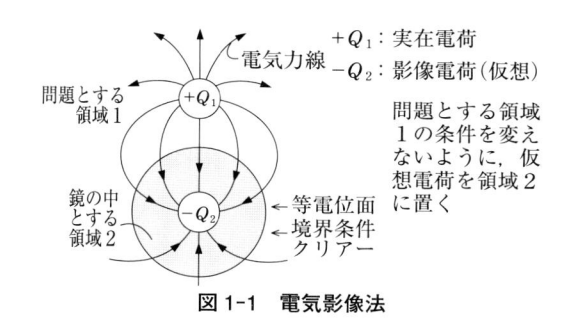

図 1-1　電気影像法

$+Q_1$：実在電荷
$-Q_2$：影像電荷（仮想）

問題とする領域1の条件を変えないように，仮想電荷を領域2に置く

10 導体系のエネルギー

静電容量 C[F]，電位差 V[V]，電荷 Q[C] の貯蔵（静電）エネルギー W は，

$$W = \frac{1}{2}CV^2 = \frac{1}{2}QV = \frac{Q^2}{2C} \ [\mathrm{J}] \tag{1-17}$$

エネルギー密度 w は，電界の強さ E，電束密度 D，誘電率 ε，電荷密度 $\sigma = \varepsilon E$ では，

$$w = \frac{1}{2}\varepsilon E^2 = \frac{1}{2}ED = \frac{\sigma^2}{2\varepsilon} \ [\mathrm{J/m^3}] \tag{1-18}$$

11 導体系に働く力

① 導体表面に働く力

電界の強さ E[V/m]，電荷密度 σ[C/m²] の導体表面には，下記の力 f が垂直外向きに働く．

$$f = \frac{\sigma^2}{2\varepsilon_0} = \frac{1}{2}\varepsilon_0 E^2 \ [\mathrm{Pa}](=[\mathrm{N/m^2}]) \tag{1-19}$$

② 仮想変位法

系のエネルギー変化 dW に対し dx の変位があると，下記の力 F が働く．$dx > 0$ のとき $F > 0$．正負の符号に注意．

電荷 Q 一定：$F = -\dfrac{dW}{dx}$ [N] (1-20)

電圧 V 一定：$F = \dfrac{dW}{dx}$ [N] (1-21)

第1章　理論科目

演習問題 1.1　導体球の電位，静電容量

(1) 空気中に十分離れて存在する孤立した半径 r_1，r_2 の導体球 1，2 があり，それぞれ電位が V_1，V_2 に充電されている．空気の誘電率を ε_0 とすると，この二つの球の合計電荷 Q_0 はいくらか．

(2) 二つの球の静電容量 C_1，C_2 は，それぞれいくらか．

(3) 次に，この二つの球を極めて細い導線で接続後の電位 V' はいくらになるか．

解　答

(1) 孤立した半径 r の導体球に電荷 Q を与えると，電荷は球の表面に均等に分布する．**解図**のように，導体外部で球の中心より x の点の電界の強さを E とする．半径 x の球面にガウスの定理を適用する．空気の誘電率を ε_0 とすると，$4\pi x^2 \varepsilon_0 E = Q$ であるから，電界の強さ E は，

$$E = \frac{Q}{4\pi\varepsilon_0 x^2} \quad \cdots (1)$$

よって，導体の電位 V は，(1)式の E を $x=\infty$ から r まで電界とは反対の方向に積分して，

$$V = \int_\infty^r -E\,dx = \int_r^\infty \frac{Q}{4\pi\varepsilon_0 x^2}\,dx = \frac{Q}{4\pi\varepsilon_0}\left[-\frac{1}{x}\right]_r^\infty = \frac{Q}{4\pi\varepsilon_0 r} \quad \cdots (2)$$

電位が分かっている場合の導体の電荷 Q は，(2)式から，

$$Q = 4\pi\varepsilon_0 r V \quad \cdots (3)$$

それぞれの導体の電荷を Q_1，Q_2 とすると，合計電荷 Q_0 は，

$$Q_0 = Q_1 + Q_2 = 4\pi\varepsilon_0 r_1 V_1 + 4\pi\varepsilon_0 r_2 V_2 = 4\pi\varepsilon_0 (r_1 V_1 + r_2 V_2) \quad \textbf{(答)}$$

(2) 導体の電位 V は，(2)式で示されているから，それぞれの球の静電容量 C_1，C_2 は，

$$C_1 = \frac{Q_1}{V_1} = Q_1 \frac{4\pi\varepsilon_0 r_1}{Q_1} = 4\pi\varepsilon_0 r_1, \quad C_2 = \frac{Q_2}{V_2} = Q_2 \frac{4\pi\varepsilon_0 r_2}{Q_2} = 4\pi\varepsilon_0 r_2 \quad \textbf{(答)}$$

(3) 両導体を接続後の電位を V' とすると，各導体の電荷 Q_1'，Q_2' は，(3)式から，

$$Q_1' = 4\pi\varepsilon_0 r_1 V', \quad Q_2' = 4\pi\varepsilon_0 r_2 V' \quad \cdots (4)$$

となり，**電荷の保存性**から，

$$Q_1 + Q_2 = Q_1' + Q_2'$$
$$\therefore\ 4\pi\varepsilon_0 (r_1 V_1 + r_2 V_2) = 4\pi\varepsilon_0 (r_1 + r_2) V'$$

である．よって，求める電位 V' は，

$$V' = \frac{r_1 V_1 + r_2 V_2}{r_1 + r_2} \quad \textbf{(答)}$$

解法のポイント

① 導体球の表面の電荷分布は均一である．導体の電荷を Q と仮定して，球の中心より x の点の電界の強さを E としてガウスの定理を適用して，電界 E を求める．

② E を無限大の点から球面まで積分すると，導体の電位が求まる．本問では導体の電位は分かっているから，逆に導体の電荷 Q を求める．

③ 静電容量は，$C = Q/V$ で求まる．

④ 両導体を接続後も電荷の保存性から，電荷の和は一定である．これを利用して，導体接続後の電位を求めればよい．

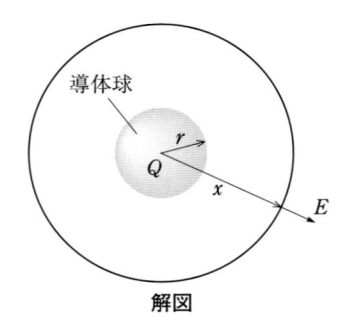

解図

[注] 本問では導線の接続により，電位の高い方から低い方へ電荷の移動が起きるので，導線接続後のエネルギーは減少する．各自，エネルギーの式により確かめられよ．

演習問題 1.2 平行平板コンデンサ1

図の平行平板コンデンサは，誘電率 ε_0 の空間に3枚の極板 A，B，C が互いに平行に置かれており，極板 A と C は導線で接続され接地されている．極板の面積はすべて S であり，A-B 間，B-C 間の距離は d である．極板 B に電荷 $2Q$ を与えたとき，次の問に答えよ．ただし，極板端部の影響は無視するものとする．

(1) 極板 A-B 間及び B-C 間の電界の強さ及び静電容量は等しいが，その値を求めよ．
(2) 次に，極板 B を C 側に $x(x<d)$ だけ平行移動させた．このとき，極板 B の A 側の電荷を Q_1，C 側の電荷を Q_2 とすると，Q_1，Q_2 はそれぞれいくらか．
(3) 極板 B を移動後の電位はいくらか．
(4) 極板 B 移動前後の静電エネルギーは，それぞれいくらか．

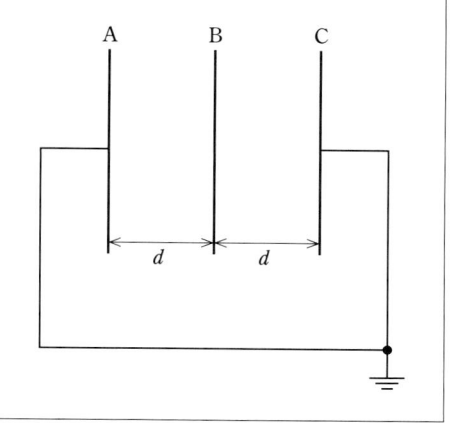

解答

(1) 極板 A-B 間及び B-C 間の電界は**平等電界**であり，極板間の距離も d で等しい．よって，題意のように，電界及び静電容量は等しい．与えた電荷 $2Q$ は，対称性から考えて，解図1のように，左右それぞれ $+Q$ ずつの分布となる．電気力線の総数を N とすると，電気力線密度は均等となり，電界の強さ E は，誘電率を ε_0 とすると，ガウスの定理により，

$$N = \frac{Q}{\varepsilon_0} \quad \therefore E = \frac{N}{S} = \frac{Q}{\varepsilon_0 S} \quad \textbf{(答)}$$

となる．静電容量 C は極間電圧 $V=Ed$ なので，

$$C = \frac{Q}{V} = \frac{Q}{Ed} = \frac{Q}{\frac{Q}{\varepsilon_0 S} \cdot d} = \frac{\varepsilon_0 S}{d} \quad \cdots (1) \quad \textbf{(答)}$$

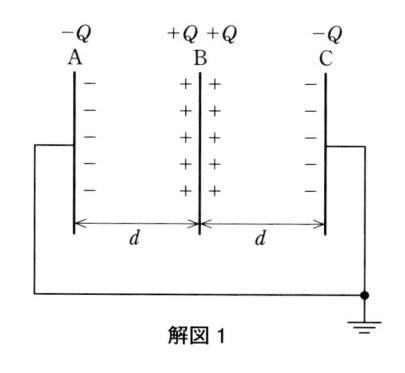

解図1

解法のポイント

① はじめに与えた電荷 $2Q$ は，対称性から，両側に等分に配分される．

② 極板 B を移動後も電荷の保存性から電荷の総和は一定である．

③ 静電エネルギーの式は，3通りある．移動前については，Q と C で算出するのがよい．移動後については，Q と V で算出するのがよい．

(2) 極板Bを移動後も電荷の保存性から電荷の総和は$2Q$で一定である．つまり，

$$Q_1 + Q_2 = 2Q \quad \cdots (2)$$

が成り立つ．解図2のように，極板A-B間，B-C間の距離がそれぞれ$d+x$，$d-x$に変化するので，静電容量C_1，C_2は，

$$C_1 = \frac{\varepsilon_0 S}{d+x}, \quad C_2 = \frac{\varepsilon_0 S}{d-x} \quad \cdots (3)$$

となる．極板Bの電位は，両者に対して同じであるから，次式が成立する．

$$\frac{Q_1}{C_1} = \frac{Q_2}{C_2} \quad \therefore \frac{Q_1}{\frac{\varepsilon_0 S}{d+x}} = \frac{Q_2}{\frac{\varepsilon_0 S}{d-x}} \quad \therefore Q_1(d+x) = Q_2(d-x) \quad \cdots (4)$$

$$Q_1(d+x) = (2Q - Q_1)(d-x)$$
$$\therefore Q_1\{(d+x)+(d-x)\} = 2Q_1 d = 2Q(d-x)$$

よって，Q_1，Q_2は，

$$Q_1 = \frac{d-x}{d}Q, \quad Q_2 = 2Q - Q_1 = \frac{d+x}{d}Q \quad \textbf{(答)}$$

解図2

(3) 極板Bを移動後の電位V_Bは，

$$V_B = \frac{Q_1}{C_1} = \frac{(d-x)Q}{d} \cdot \frac{d+x}{\varepsilon_0 S} = \frac{Qd}{\varepsilon_0 S}\left(1 - \frac{x^2}{d^2}\right) \quad \cdots (5) \textbf{(答)}$$

(4) 極板Bを移動前の静電エネルギーW_1は，

$$W_1 = 2 \times \frac{Q^2}{2C} = \frac{Q^2}{C} = \frac{Q^2 d}{\varepsilon_0 S} \quad \cdots (6) \textbf{(答)}$$

極板Bを移動後の静電エネルギーW_2は，(2)，(5)式を用いて，

$$W_2 = \frac{1}{2}Q_1 V_B + \frac{1}{2}Q_2 V_B = Q V_B = \frac{Q^2 d}{\varepsilon_0 S}\left(1 - \frac{x^2}{d^2}\right) \quad \cdots (7) \textbf{(答)}$$

解説

極板Bを移動後の電位Vは，

$$V = \frac{Q_1}{C_1} = \frac{(d-x)(d+x)}{\varepsilon_0 S d}Q$$

で表されるから，E_1，E_2は，

$$E_1 = \frac{V}{d+x} = \frac{d-x}{\varepsilon_0 S d}Q \quad \cdots (8)$$

$$E_2 = \frac{V}{d-x} = \frac{d+x}{\varepsilon_0 S d}Q \quad \cdots (9)$$

極板Bを移動後の静電エネルギーは，(7)式のカッコ内の第2項の分だけ(6)式に対し少なくなっているが，これは極板を移動するために行った仕事にほかならない．

極板間に働く力fは，(1-19)式から$f = \varepsilon_0 S E^2 / 2$の式に，(8)，(9)式の$E_1$，$E_2$を用いて，AB間の$f_1$とBC間の$f_2$をそれぞれ求める．

減少エネルギーΔWは，$\Delta W = \int_0^x (f_2 - f_1)\,dx$で計算する．各自確かめられよ．

コラム　電位の求め方

電位の求め方は，次の手順による．
① 導体の形状から，適切な閉曲面を考えて，任意の点の電界の強さEをガウスの定理により求める．球導体では球面，直線導体では円筒面になる．
② 2点間の電位(差)は，<u>電気力線に逆らう方向に基準点から導体表面までEを積分する</u>．この際，特に断りなく，ある導体の電位という場合は，基準点は無限遠をとる．

演習問題 1.3　影像電荷，影像力

図のように，無限導体平面 MM′ 上の点 O から垂直距離 a の点 P に点電荷 Q がある．真空の誘電率を ε_0 として，次の問に答えよ．

(1) 点 O から距離 h の導体面上の点 H における電界の強さ E_1 の方向と，大きさはいくらか．

(2) 点 H に誘起される表面電荷密度はいくらか．

(3) 点電荷 Q の受ける力の方向と，大きさはいくらか．

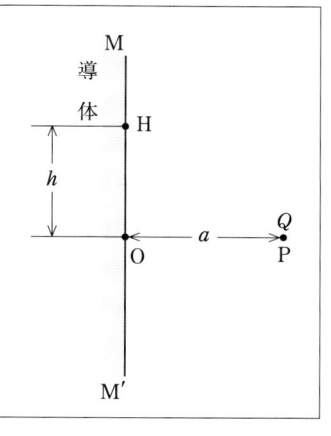

解　答

(1) 電気影像法により，導体面に対し P 点と対称な位置 P′ に影像電荷 $-Q$ を置く．点 H の電界 E_1 は，解図のように Q と $-Q$ の合成であり，導体に垂直な方向である．**(答)**

よって，E_1 は図の記号を用いて，

$$E_1 = 2E_h \cos\theta = \frac{2Q}{4\pi\varepsilon_0(a^2+h^2)} \cdot \frac{a}{\sqrt{a^2+h^2}} = \frac{aQ}{2\pi\varepsilon_0(a^2+h^2)^{3/2}}$$

(答)

解図

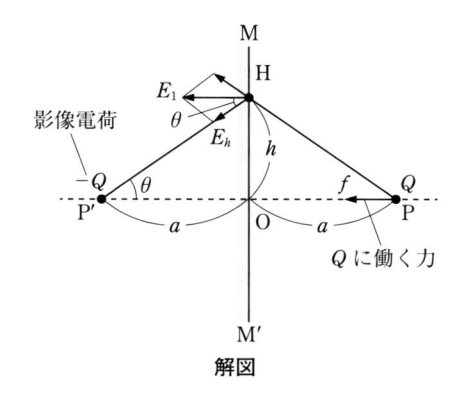

(2) 点 H の表面電荷密度 σ は，

$$\sigma = \varepsilon_0 E_1 = \frac{aQ}{2\pi(a^2+h^2)^{3/2}} \quad \text{(答)}$$

(3) 点電荷 Q と影像電荷 $-Q$ との間には，解図の方向に吸引力 f が働く．**(答)**

$$f = \frac{Q^2}{4\pi\varepsilon_0(2a)^2} = \frac{Q^2}{16\pi\varepsilon_0 a^2} \quad \text{(答)}$$

解法のポイント

① 本問は，電気影像法で解く．無限導体平面 MM′ に対し，点電荷 Q と対称の点 P′ に，影像電荷 $-Q$ を置いて考察する．

② E_1 は，点電荷と影像電荷の合成により求める．

③ 電界の強さ E の導体表面の電荷密度 σ は，$\varepsilon_0 E$ である．

④ 点電荷 Q は，影像電荷との間でクーロン力が働く．これを**影像力**という．

解　説

本問の現象の源泉は，静電誘導による誘導電荷の成せる業である．この方法を応用して，送電線路の**対地静電容量**を求めることができる．演習問題 1.6(2) 参照．

演習問題 1.4 静電エネルギーと極板間の力

図のように，真空中に面積 $S[\mathrm{m}^2]$，間隔 $d[\mathrm{m}]$ の平行板電極 A_1, A_2 間に，同じ面積 $S[\mathrm{m}^2]$ で厚さを無視できる平板電極 A_3 を A_1 から距離 $x[\mathrm{m}]$ に配置し，A_1, A_2 はともに接地している．真空の誘電率を ε_0 として，次の問に答えよ．

(1) A_3 に電荷 $Q[\mathrm{C}]$ を与えたときに，このコンデンサに蓄えられるエネルギーはいくらか．

(2) A_1, A_3 間の距離 x が，$0<x<d/2$ の場合，A_3 に働く力はいくらか．ただし，x が増加する方向を正の力とする．

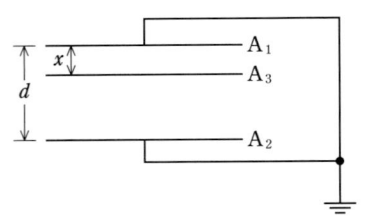

解 答

(1) A_1, A_3 間の静電容量 C_{13}，A_2, A_3 間の静電容量 C_{23} は，

$$C_{13} = \frac{\varepsilon_0 S}{x}[\mathrm{F}], \quad C_{23} = \frac{\varepsilon_0 S}{d-x}[\mathrm{F}]$$

A_3 から見て，C_{13}, C_{23} は並列であるから，合成容量 C は，

$$C = C_{13} + C_{23} = \frac{\varepsilon_0 S}{x} + \frac{\varepsilon_0 S}{d-x} = \frac{\varepsilon_0 S d}{x(d-x)}[\mathrm{F}] \quad \cdots (1)$$

よって，コンデンサに蓄えられるエネルギー W は，

$$W = \frac{Q^2}{2C} = \frac{x(d-x)Q^2}{2\varepsilon_0 S d}[\mathrm{J}] \quad \textbf{(答)}$$

(2) A_1, A_3 間及び A_2, A_3 間には，それぞれ吸引力が働く．働く力 f は，**仮想変位**により求められる．

$$f = -\frac{dW}{dx} = -\frac{Q^2}{2\varepsilon_0 S d} \cdot \frac{d}{dx}x(d-x)$$

$$= -\frac{Q^2}{2\varepsilon_0 S d} \cdot (d-2x) = -\frac{(d-2x)Q^2}{2\varepsilon_0 S d}[\mathrm{N}] \quad \cdots (2) \quad \textbf{(答)}$$

題意から A_1, A_3 間の方が A_2, A_3 間より距離が短いので，A_3 は A_1 側に引き付けられる．すなわち，x が減少する方向に働くので，上記のように負号となる．

解 説

仮想変位の適用では，(2)式の符号に注意する．本問のように電荷 Q が一定の場合には負号であるが，コンデンサが電源に接続されていて，電圧 V が一定の場合には正号とする．

[注] 別解では，合成容量 C の(1)式から，A_3 の電位を V として，下記の関係を用いている．

$$C = \frac{\varepsilon_0 S d}{x(d-x)} = \frac{Q}{V} \quad \therefore \frac{V}{x(d-x)} = \frac{Q}{\varepsilon_0 S d}$$

解法のポイント

① A_1, A_3 間及び A_2, A_3 間の静電容量から，合成容量 C を求める．

② 電荷 Q は既知量である．Q と C により貯蔵エネルギー W を求める．

③ 極板に働く力 f は，表面電荷密度によるか，仮想変位によるかのいずれかになる．

別 解 問(2)

電界 E の極板間には，(1-19)式から $f = \varepsilon_0 S E^2/2[\mathrm{N}]$ の力が働く．A_3 の電位を大地に対して V と仮定する．この場合，電極間の電界の強さは，A_1, A_3 間は V/x，A_2, A_3 間は $V/(d-x)$ になる．A_1, A_3 間の力を f_{13}，A_2, A_3 間の力を f_{23} とすると，題意から，距離 x が増加する方向が正なので，合成力 f は，

$$f = f_{23} - f_{13}$$

$$= \frac{\varepsilon_0 S}{2}\left\{\left(\frac{V}{d-x}\right)^2 - \left(\frac{V}{x}\right)^2\right\}$$

$$= \frac{\varepsilon_0 S}{2}\left\{\frac{V}{x(d-x)}\right\}^2\{x^2-(d-x)^2\}$$

$$= -\frac{(d-2x)Q^2}{2\varepsilon_0 S d}[\mathrm{N}] \quad \textbf{(答)}$$

演習問題 1.5 同心球コンデンサ

誘電率 ε_0 の真空中に，図のような同心球コンデンサがあり，その内球及び外球の半径をそれぞれ a 及び b ($a<b$：導体の厚さは無視) とする．内球は，比誘電率 ε_s，厚さ t の誘電体層で被覆している．コンデンサの外球を接地し，内球に電荷 Q を与えた．次の問に答えよ．

(1) 外球に対する誘電体層表面の電位はいくらか．
(2) 外球に対する内球の電位はいくらか．
(3) このコンデンサの静電容量はいくらか．

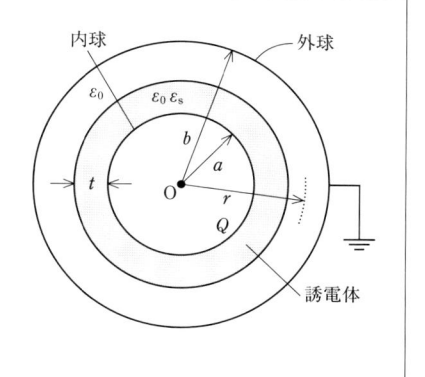

解 答

(1) 中心 O からの距離 r が，$a+t<r<b$ の範囲は真空なので，この部分の電界を E_1 としてガウスの定理を適用すると，$4\pi r^2 E_1 = Q/\varepsilon_0$ となる．よって，E_1 は，

$$E_1 = \frac{Q}{4\pi\varepsilon_0 r^2} \quad \cdots (1)$$

外球に対する誘電体層表面の電位 V_1 は，(1)式を b から $a+t$ まで電界に逆らって積分して，

$$V_1 = -\int_b^{a+t} E_1 \, dr = \int_{a+t}^b \frac{Q}{4\pi\varepsilon_0 r^2} \, dr = \frac{Q}{4\pi\varepsilon_0} \left[\frac{-1}{r}\right]_{a+t}^b$$

$$= \frac{Q}{4\pi\varepsilon_0}\left(\frac{1}{a+t} - \frac{1}{b}\right) \quad \text{(答)}$$

(2) 誘電体層部分の電界を E_2 としてガウスの定理を適用すると，$4\pi r^2 E_2 = Q/\varepsilon_0\varepsilon_s$ となる．よって，E_2 は，

$$E_2 = \frac{Q}{4\pi\varepsilon_0\varepsilon_s r^2} \quad \cdots (2)$$

外球に対する内球の電位 V_2 は，(2)式を $a+t$ から a まで電界に逆らって積分したものに，V_1 を加えて求める．

$$V_2 = -\int_{a+t}^a E_2 \, dr + V_1 = \frac{Q}{4\pi\varepsilon_0\varepsilon_s}\left[\frac{-1}{r}\right]_a^{a+t} + \frac{Q}{4\pi\varepsilon_0}\left(\frac{1}{a+t} - \frac{1}{b}\right)$$

$$= \frac{Q}{4\pi\varepsilon_0\varepsilon_s}\left(\frac{1}{a} - \frac{1}{a+t}\right) + \frac{Q}{4\pi\varepsilon_0}\left(\frac{1}{a+t} - \frac{1}{b}\right)$$

$$= \frac{Qt}{4\pi\varepsilon_0\varepsilon_s(a+t)a} + \frac{Q\{b-(a+t)\}}{4\pi\varepsilon_0(a+t)b}$$

$$= \frac{Q[\varepsilon_s a\{b-(a+t)\} + bt]}{4\pi\varepsilon_0\varepsilon_s ab(a+t)} \quad \text{(答)}$$

解法のポイント

① 誘電体の外側は真空である．この部分にガウスの定理を適用して電界を求める．電界を b から $a+t$ まで，電界に逆らって積分すると，誘電体層表面の電位が求まる．

② 同様にして，誘電体部分の電界を求めるが，比誘電率 ε_s を忘れないようにする．電界を $a+t$ から a まで，電界に逆らって積分し，これに①の電位を加えると，内球の電位が求まる．

③ 与えた電荷 Q を，②で求めた内球の電位で割ると静電容量が求まる．

第1章　理論科目

(3) 同心球コンデンサの静電容量 C は，Q を V_2 で割る．

$$C = \frac{Q}{V_2} = \frac{4\pi\varepsilon_0\varepsilon_s ab(a+t)}{\varepsilon_s a\{b-(a+t)\}+bt} = \frac{4\pi\varepsilon_0 b(a+t)}{b-(a+t)+bt/\varepsilon_s a}$$

$$= \frac{4\pi\varepsilon_0 ab(1+t/a)}{(b-a)-(1-b/\varepsilon_s a)t} \quad \textbf{(答)}$$

別解　問(3)

コンデンサの静電容量は，微小コンデンサの集合としても求めることができる．

真空部分の静電容量を C_1，誘電体部分の静電容量を C_2 とする．半径 r の微小球殻 dr 部分をそれぞれ dC_1, dC_2 とすると，

$$dC_1 = \frac{\varepsilon_0 \cdot 4\pi r^2}{dr}, \quad dC_2 = \frac{\varepsilon_0\varepsilon_s \cdot 4\pi r^2}{dr}$$

C_1, C_2 は，いずれも上記の微小部分の直列であるから，

$$\frac{1}{C_1} = \int_{a+t}^{b} \frac{1}{dC_1} = \frac{1}{4\pi\varepsilon_0}\int_{a+t}^{b} \frac{1}{r^2}dr = \frac{1}{4\pi\varepsilon_0}\left[\frac{-1}{r}\right]_{a+t}^{b}$$

$$= \frac{1}{4\pi\varepsilon_0}\left(\frac{1}{a+t} - \frac{1}{b}\right)$$

$$\frac{1}{C_2} = \int_{a}^{a+t} \frac{1}{dC_2} = \frac{1}{4\pi\varepsilon_0\varepsilon_s}\int_{a}^{a+t} \frac{1}{r^2}dr$$

$$= \frac{1}{4\pi\varepsilon_0\varepsilon_s}\left[\frac{-1}{r}\right]_{a}^{a+t} = \frac{1}{4\pi\varepsilon_0\varepsilon_s}\left(\frac{1}{a} - \frac{1}{a+t}\right)$$

よって，合成容量 C は，C_1, C_2 の直列であるから，

$$\frac{1}{C} = \frac{1}{C_1} + \frac{1}{C_2} = \frac{1}{4\pi\varepsilon_0}\left\{\left(\frac{b-(a+t)}{b(a+t)}\right) + \left(\frac{t}{\varepsilon_s a(a+t)}\right)\right\}$$

上記を整理すれば，同じ答になる．

コラム　単心ケーブルの静電容量

図 1-2 のように，導体半径を r，絶縁物外半径を R，絶縁物比誘電率を ε_s，単位長さ当たりの電荷を q とすると，中心より x の点の電界の強さ E は，

$$E = \frac{q}{2\pi\varepsilon_0\varepsilon_s x} \text{[V/m]}$$

導体の電位 V は，x を E に逆らって R から r まで積分して，

$$V = -\int_{R}^{r} E\,dx$$

$$= \frac{q}{2\pi\varepsilon_0\varepsilon_s}\log\frac{R}{r} \text{[V]}$$

よって，静電容量 C は，

$$C = \frac{q}{V} = \frac{2\pi\varepsilon_0\varepsilon_s}{\log(R/r)} \text{[F/m]} \quad (1\text{-}22)$$

図 1-2

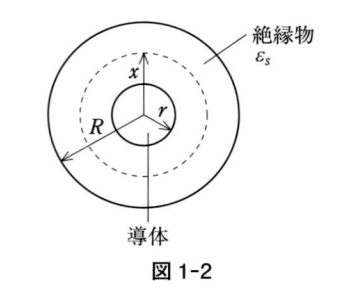

演習問題　1.6　電線の静電容量

2 導体間及び大地に平行に張られた電線の静電容量について，空気の誘電率を ε_0 として，次の問に答えよ．

(1) 空気中にある半径 a，導体間距離 d の 2 本の無限長平行導体の単位長さ当たりの静電容量を求めよ．ただし，$d \gg a$ とする．

(2) 平坦な大地面上の h の高さに張られた半径 a の電線の大地に対する単位長さ当たりの静電容量を求めよ．ただし，$h \gg a$ とし，電線のたるみは無視する．

1.1 静電気

解　答

(1) 解図のように，各導体に単位長さ当たり $+\rho$，$-\rho$ の電荷を与える．このとき，2本の導体を結ぶ平面上で，$+\rho$ の導体の中心軸から x の点Pの電界の強さ E は，

$$E = \frac{\rho}{2\pi\varepsilon_0 x} + \frac{\rho}{2\pi\varepsilon_0(d-x)} = \frac{\rho}{2\pi\varepsilon_0}\left(\frac{1}{x} + \frac{1}{d-x}\right) \quad \cdots (1)$$

導体間の電位差 V は，(1)式を相対する導体表面間，すなわち，$x = d-a$ から $x = a$ まで E に逆らって積分して，

$$V = \int_{d-a}^{a} -E\,dx = \frac{\rho}{2\pi\varepsilon_0}\int_{a}^{d-a}\left(\frac{1}{x} + \frac{1}{d-x}\right)dx$$

$$= \frac{\rho}{2\pi\varepsilon_0}\Big[\log x - \log(d-x)\Big]_{a}^{d-a}$$

$$= \frac{\rho}{2\pi\varepsilon_0}\cdot 2\log\frac{d-a}{a} = \frac{\rho}{\pi\varepsilon_0}\log\frac{d-a}{a} \fallingdotseq \frac{\rho}{\pi\varepsilon_0}\log\frac{d}{a} \quad \cdots (2)$$

よって，単位長さ当たりの静電容量 C は，

$$C = \frac{\rho}{V} = \frac{\pi\varepsilon_0}{\log\dfrac{d-a}{a}} \fallingdotseq \frac{\pi\varepsilon_0}{\log(d/a)} \quad \cdots (3) \quad \textbf{（答）}$$

解図

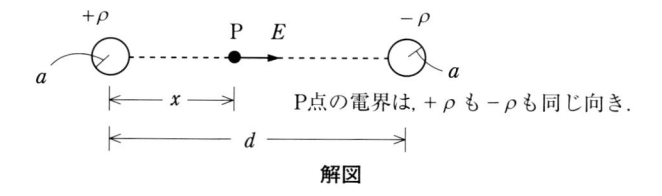

P点の電界は，$+\rho$ も $-\rho$ も同じ向き．

(2) この場合，演習問題1.3の電気影像法を適用して，大地面上高さ h の電線と平行に，大地中の深さ h に半径 a の影像電線を想定する．この場合の両電線間の電位差 V は，(2)式において，$d = 2h$ とすればよいから，

$$V = \frac{\rho}{\pi\varepsilon_0}\log\frac{2h-a}{a} \quad \cdots (4)$$

大地は，両電線間の中間電位であるから，実在の電線と大地間の電位差は $V/2$ である．ゆえに，静電容量 C は，

$$C = \frac{\rho}{\dfrac{V}{2}} = \frac{2\pi\varepsilon_0}{\log\dfrac{2h-a}{a}} \fallingdotseq \frac{2\pi\varepsilon_0}{\log(2h/a)} \quad \cdots (5) \quad \textbf{（答）}$$

解法のポイント

① 問(1)では，各導体に単位長さ当たり $+\rho$，$-\rho$ の電荷を与え，ガウスの定理を適用して，$+\rho$ の導体から x の点の電界の強さ E を求める．このとき，x の点の電界には $-\rho$ の導体も考慮すること．

② $d \gg a$ の条件があるから，両導体間の最短距離で E を積分して，電位差 V を求める．

③ 電位差 V から，静電容量を求める．ρ は消去される．

④ 問(2)の場合は，電気影像法を適用して，演習問題1.3と同様に解けばよい．ただし，電線の大地に対する電位差は，電線間の電圧の半分であることに注意する．

解　説

送電線の静電容量は本問の方法にて求められる．電線1線当たりの静電容量を**作用静電容量** C_n といい送電計算で用いる．これは，中性点に対する静電容量なので，その値は(3)式の2倍になる．つまり，C は C_n が2個の直列と考えられ，

$$C_n = 2C = \frac{2\pi\varepsilon_0}{\log(d/a)} \quad (1\text{-}23)$$

なお，問(1)の場合において，両導体間の距離が短くて，$d \gg a$ の条件が適用できないときは，導体から電気力線が均等に出るとはみなせないので，計算は非常に難しくなる．

演習問題 1.7 平行平板コンデンサ 2

図1の断面図のように,電極間に空気部分と絶縁体を挿入されている部分を持つ平行平板コンデンサがある.このコンデンサに挿入されている絶縁体は直方体で,その底面は面積 S の電極と同寸法であり,その厚さは x である.真空の誘電率を ε_0,空気の比誘電率を 1,絶縁体の比誘電率を $\varepsilon_x (\varepsilon_x > 1)$ として,次の問に答えよ.

(1) 図1のコンデンサに電荷 Q を与えたとき,各部分の電束密度及び電界の強さはいくらか.ただし,端効果による電界の乱れはないものとする.

(2) このコンデンサの静電容量 C を絶縁物の厚さ x の関数として示せ.また,この関数をグラフに描いたとき,その曲線の形状は,直線,上に突,下に突のいずれになるかを示せ.

(3) 図1のコンデンサにおいて,$\varepsilon_x = 12$ 及び $x = d/4$ のときの静電容量を C_1 とする.次に,電極の配置と面積が図1の電極と同じであり,底面が電極面と同じ大きさで,厚さ $3d/4$ の絶縁体を挿入してできる図2のコンデンサについて,その静電容量を C_1 と同じにするには,絶縁体の比誘電率 ε_r をいくらにしなければならないか.

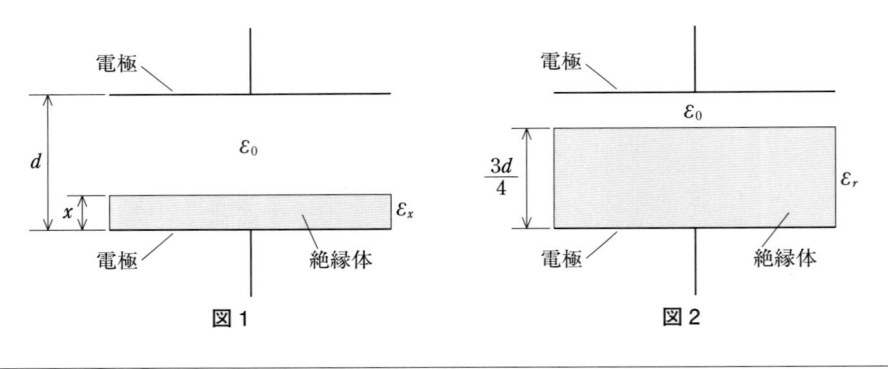

図1

図2

解 答

(1) 図1のコンデンサは,空気部と絶縁体部の直列接続と考えることができる.電荷 Q を与えたときの電束密度 D は,各部分の面積が S で同じであるので,各部でともに等しい.

$$D = \frac{Q}{S} \quad (答)$$

空気部,絶縁体部の電界の強さを,それぞれ E_1,E_2 とすると,

$$E_1 = \frac{D}{\varepsilon_0} = \frac{Q}{\varepsilon_0 S}, \quad E_2 = \frac{D}{\varepsilon_0 \varepsilon_x} = \frac{Q}{\varepsilon_0 \varepsilon_x S} \quad (答)$$

(2) 空気部,絶縁体部の静電容量を,それぞれ C_a,C_x とすると,

$$C_a = \frac{\varepsilon_0 S}{d - x}, \quad C_x = \frac{\varepsilon_0 \varepsilon_x S}{x}$$

解法のポイント

① 電束密度 D は,誘電率 ε に関係なく一定である.電界の強さ E とは,$D = \varepsilon E$ の関係がある.

② 図1のコンデンサ容量は,空気部と絶縁体部の直列として求めればよい.

③ 曲線の形状は,2階微分の結果により判断する.2階微分の結果が正であれば極小を示すことになり,曲線は下に突となる.負なら上に突である.

よって，合成容量 C は，

$$\frac{1}{C} = \frac{1}{C_a} + \frac{1}{C_x} = \frac{d-x}{\varepsilon_0 S} + \frac{x}{\varepsilon_0 \varepsilon_x S} = \frac{\varepsilon_x(d-x)+x}{\varepsilon_0 \varepsilon_x S}$$

$$\therefore C = \frac{\varepsilon_0 \varepsilon_x S}{(1-\varepsilon_x)x + d \cdot \varepsilon_x} \quad \cdots (1) \quad \textbf{(答)}$$

(1)式で，$\varepsilon_0 \varepsilon_x S = K$，$\varepsilon_x - 1 = a > 0$（$\because \varepsilon_x > 1$），$d \cdot \varepsilon_x = b$ とすると，(1)式は，次式で示せる．

$$C = \frac{K}{b-ax} \quad \cdots (2)$$

(1)式の分母で，$x > 0$，$(d-x) > 0$，$\varepsilon_x > 1$ なので，常に分母の $b - ax > 0$ が成り立つ．(2)式の 2 階微分を求めて曲線の形状を判断する．

$$\frac{dC}{dx} = \frac{Ka}{(b-ax)^2} > 0$$

$$\frac{d^2C}{dx^2} = \frac{Ka \cdot 2a(b-ax)}{(b-ax)^4} = \frac{2Ka^2}{(b-ax)^3} > 0 \quad \cdots (3)$$

(3)式から，2 階微分が正であるので，C は下に凸の曲線を描く．**(答)**[注]

(3) (1)式に，$\varepsilon_x = 12$ 及び $x = d/4$ を代入すると，C_1 は，

$$C_1 = \frac{12\varepsilon_0 S}{(1-12)\dfrac{d}{4} + 12d} = \frac{48\varepsilon_0 S}{48d - 11d} = \frac{48\varepsilon_0 S}{37d} \quad \cdots (4)$$

図 2 のコンデンサの静電容量を C_2 とすると，

$$\frac{1}{C_2} = \frac{d/4}{\varepsilon_0 S} + \frac{3d/4}{\varepsilon_0 \varepsilon_r S} = \frac{\varepsilon_r d + 3d}{4\varepsilon_0 \varepsilon_r S} = \frac{(\varepsilon_r + 3)d}{4\varepsilon_0 \varepsilon_r S}$$

$$\therefore C_2 = \frac{4\varepsilon_0 \varepsilon_r S}{(\varepsilon_r + 3)d} \quad \cdots (5)$$

となるが，(4)式 ＝ (5)式とするには，ε_r は，

$$\frac{48\varepsilon_0 S}{37d} = \frac{4\varepsilon_0 \varepsilon_r S}{(\varepsilon_r + 3)d} \quad \therefore \frac{4\varepsilon_r}{\varepsilon_r + 3} = \frac{48}{37},$$

$$148\varepsilon_r = 48\varepsilon_r + 144,$$

$$\varepsilon_r = \frac{144}{148-48} = 1.44 \quad \textbf{(答)}$$

[注] 2 階微分 d^2C/dx^2 が正であることは，x の増加により dC/dx つまり，C の勾配が大きくなっていくことを意味する．

④ 2 階微分では，商の微分の公式 $1/g'(x) = -g'(x)/\{g(x)\}^2$ を用いる．

コラム　電位係数，容量・誘導係数

電位係数 p は，ある導体に単位電荷を与えたときに，その導体または他の導体に生じる電位を示す．導体 1 ～ n の電荷が，それぞれ Q_1 ～ Q_n であるとき，導体の電位 V_1 ～ V_n は，p を用いて次式で示せる．p_{31} は，導体 1 の単位電荷により，導体 3 に生じる電位を示す．その他の添字も同様．一般に，$p_{rs} = p_{sr}$ である．

$$V_1 = p_{11}Q_1 + p_{12}Q_2 + \cdots + p_{1n}Q_n$$
$$V_2 = p_{21}Q_1 + p_{22}Q_2 + \cdots + p_{2n}Q_n$$
$$\vdots$$
$$V_n = p_{n1}Q_1 + p_{n2}Q_2 + \cdots + p_{nn}Q_n$$
(1-24)

容量・誘導係数 q は，電位係数とは逆の関係になる．(1-24)式で各導体の Q を未知数として解くと，次式の形となる．q_{31} は，導体 1 の単位電位により，導体 3 に生じる電荷を示す．その他の添字も同様．一般に，$q_{rs} = q_{sr}$ である．

$$Q_1 = q_{11}V_1 + q_{12}V_2 + \cdots + q_{1n}V_n$$
$$Q_2 = q_{21}V_1 + q_{22}V_2 + \cdots + q_{2n}V_n$$
$$\vdots$$
$$Q_n = q_{n1}V_1 + q_{n2}V_2 + \cdots + q_{nn}V_n$$
(1-25)

q_{11}，q_{22} のように同一数字を添字とするものを **容量係数**，それ以外を **誘導係数** という．誘導係数で表される電荷は **誘導電荷** である．一般に，容量係数 > 0，誘導係数 ≤ 0 である．

1.2 磁 気

学習のポイント
ビオ・サバールや周回積分の法則により，磁界の計算ができること．フレミングの法則（右，左）が理解できていること．磁性体の性質を理解し，磁気回路の計算ができること．インダクタンスや電磁誘導の計算ができること．

―――― 重 要 項 目 ――――

1 アンペアの法則（磁気の基本則）

① **右ねじの法則**

電流を右ねじの進む方向に流すと，磁界はねじの回転方向に発生．

② **電流力**

真空中で距離 r[m] 間隔の平行導線に電流 I_1，I_2[A] を流すと，相互間に働く力 F は，

$$F = \frac{\mu_0}{2\pi} \cdot \frac{I_1 I_2}{r} = \frac{2I_1 I_2}{r} \times 10^{-7} \text{ [N/m]} \quad (2\text{-}1)$$

$\mu_0 = 4\pi \times 10^{-7}$[H/m] は**真空の透磁率**．電流が同方向は吸引力，異方向は反発力．

2 磁束密度，磁束

直線電流 I[A] による距離 r[m] の点の磁束密度 B は，

$$B = \frac{\mu_0 I}{2\pi r} \text{ [T]} (=[\text{Wb/m}^2]) \quad (2\text{-}2)$$

で，右ねじの**渦巻き状**．面積 S で磁束 ϕ は，

$$\phi = B \cdot S [\text{Wb}] \quad (2\text{-}3)$$

3 フレミングの左手則（電動機の原理）

左手で，力 F を親指，磁界 B[T] を人差指，電流 I[A] を中指として，次式のベクトル積で示せる（l は導体の長さ）．

$$\dot{F} = \dot{I} l \times \dot{B} [\text{N}] \quad (2\text{-}4)$$

4 ビオ・サバールの法則

電流 I[A] が流れる導体の微小部分 dl が，距離 r[m] の点に与える微小磁界 dB は，θ を導体となす角度として，

$$\mathrm{d}B = \frac{\mu_0 I \mathrm{d}l \sin\theta}{4\pi r^2} \text{ [T]} \quad (2\text{-}5)$$

半径 a の**円形コイルの中心磁界** B は，

$$B = \frac{\mu_0 I}{2a} \text{ [T]} \quad (2\text{-}6)$$

5 アンペアの周回積分則

電流 $i_1, i_2, \cdots, i_n$ を囲む任意の**周回路** C で，

$$\oint_C \dot{B} \cdot \mathrm{d}l = \mu_0 (i_1 + i_2 + \cdots + i_n) \quad (2\text{-}7)$$

n 巻/m の**無限長ソレノイド**の磁界 B は，

$$B = \mu_0 n I \text{ [T]} \quad (2\text{-}8)$$

6 磁性体，磁界の強さ

比透磁率 μ_s の磁性体の透磁率 μ は，

$$\mu = \mu_0 \mu_s [\text{H/m}] \quad (2\text{-}9)$$

・鉄など $\mu_s \gg 1$ を**強磁性体**という．

透磁率 μ の磁性体の**磁界の強さ** H は，

$$H = B/\mu \text{ [A/m]} \quad (2\text{-}10)$$

ヒステリシスループ（BH 曲線）：磁界の強さ H の増減により磁束密度 B がループを描く．

ヒステリシス損，**渦電流損**は，1.6 節「電気計測」の 8. 磁気測定を参照．

7 磁極のクーロンの法則

距離 r[m]の磁極 Q_{m1}, Q_{m2}[Wb]に働く力 F は，

$$F = \frac{Q_{m1}Q_{m2}}{4\pi\mu r^2}[\text{N}] \qquad (2\text{-}11)$$

で，同極は反発力，異極は吸引力．磁界の強さ H[A/m]の点で，磁極 Q_m[Wb]に働く力 f は，

$$f = Q_m H[\text{N}] \qquad (2\text{-}12)$$

8 磁気回路のオームの法則（図2-1）

NI を**起磁力**[A]，R_m を**磁気抵抗**（リラクタンス）[H^{-1}]（＝[A/Wb]），ϕ を磁束[Wb]とすると，

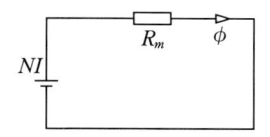

$$NI = R_m \cdot \phi[\text{A}] \qquad (2\text{-}13)$$

$\phi = NI/R_m$[Wb]
NI：起磁力[A]
R_m：磁気抵抗[H^{-1}]
ϕ：磁束[Wb]

図2-1 磁気回路のオームの法則

9 インダクタンス

単位電流当たりの**磁束鎖交数** Φ（＝$N\phi$[Wb]，右ねじ方向が正）で定義．

① **自己インダクタンス** L（自回路の電流対象）

$$L_1 = \frac{\Phi_1}{I_1} = \frac{N_1^2}{R_{m1}}[\text{H}], \ L_2 = \frac{\Phi_2}{I_2}[\text{H}] \qquad (2\text{-}14)$$

② **相互インダクタンス** M（他回路の電流が対象，図2-2）

$$M_{12} = \frac{\Phi_1}{I_2} = \frac{N_1\phi_1}{I_2}[\text{H}] \qquad (2\text{-}15)$$

$$M_{21} = \frac{\Phi_2}{I_1} = \frac{N_2\phi_2}{I_1} = M_{12}[\text{H}] \qquad (2\text{-}16)$$

M は，k を**結合係数**（0〜1）として，

$M_{12} = \frac{N_1\phi_1}{I_2}$[H]
$M_{21} = \frac{N_2\phi_2}{I_1}$[H]
$M_{12} = M_{21}$

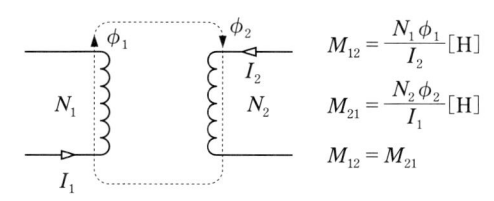

図2-2 相互インダクタンス

$$M = k\sqrt{L_1 L_2}[\text{H}] \qquad (2\text{-}17)$$

L_1, L_2 の合成 L_0 は，＋**和接続**，－**差接続**で，

$$L_0 = L_1 + L_2 \pm 2M[\text{H}] \qquad (2\text{-}18)$$

③ **インダクタンスの求め方**

・**電流法**

コイルに電流 I を流し，ϕ を求めて，$L = \Phi/I$ で計算する．

・**磁界エネルギー法**

磁界エネルギー W を計算し，$L = 2W/I^2$ で求める．

10 磁界のエネルギー

電流 I が磁束 $\Delta\Phi$ を作れば，$\Delta W = I\Delta\Phi$ のエネルギーを貯蔵．貯蔵（電磁）エネルギー W，単位体積当たりのエネルギー密度 w は，

$$W = \frac{1}{2}LI^2[\text{J}] \qquad (2\text{-}19)$$

$$w = \frac{1}{2}BH = \frac{1}{2}\mu H^2[\text{J/m}^3] \qquad (2\text{-}20)$$

11 起電力の発生（電磁誘導）

① **ファラデーの法則**（変圧器起電力）

起電力 U は Φ を妨げる向きに発生する．

$$U = -\frac{d\Phi}{dt} = -L\frac{dI}{dt} = -M\frac{dI_2}{dt}[\text{V}] \qquad (2\text{-}21)$$

② **フレミングの右手則**（発電機の原理）

右手で，速度 v を親指，磁界 B を人差指，起電力 E を中指として，次式のベクトル積で示せる（l は導体の長さ）．

$$\dot{E} = \dot{v}l \times \dot{B} \ [\text{V}] \qquad (2\text{-}22)$$

12 仮想変位の方法

力 F は，静電気の仮想変位と類似で，

$$\text{鎖交磁束 } \Phi \text{ 一定}: F = -\frac{dW}{dx}[\text{N}] \qquad (2\text{-}23)$$

$$\text{電流 } I \text{ 一定}: F = \frac{dW}{dx}[\text{N}] \qquad (2\text{-}24)$$

第1章 理論科目

演習問題 2.1 中空円筒導体の磁界

図のような内半径 a[m]，外半径 b[m] の無限長の中空円筒導体がある．この導体に直流電流 I[A] を流したとき，次の各部の磁束密度を求めよ．ただし，真空の透磁率を μ_0 とし，導体の比透磁率は 1 とする．

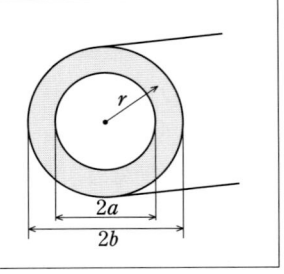

(1) 導体の外部　(2) 中空の内部　(3) 導体の内部

解答

(1) 導体の外部では，いずれの半径 r においても取り囲む電流は I である．よって，磁束密度 B_o は，周回積分則を適用して，

$$B_o \cdot 2\pi r = \mu_0 I \quad \therefore B_o = \frac{\mu_0 I}{2\pi r}[\text{T}] \ (r > b) \quad \text{(答)}$$

(2) 中空の内部では，周回路の中に電流 I は存在しない．よって，磁束密度 $B_i = 0$[T] $(r < a)$ **(答)**

(3) 導体の内部では，均等に電流 I が流れるものとする．半径 r の周回路内部の電流 I_i は，

$$I_i = \frac{\pi(r^2 - a^2)}{\pi(b^2 - a^2)} I = \frac{r^2 - a^2}{b^2 - a^2} I [\text{A}]$$

よって，磁束密度 B_c は，題意から比透磁率 $\mu_s = 1$ であるから，周回積分則を適用して，

$$B_c \cdot 2\pi r = \mu_0 \mu_s I_i \quad \therefore B_c = \frac{\mu_0 I}{2\pi r} \cdot \frac{r^2 - a^2}{b^2 - a^2} [\text{T}] \ (a \leq r \leq b) \quad \text{(答)}$$

解法のポイント

① アンペアの周回積分則で解けばよい．

② 導体の内部には，均等に電流が流れるものとする．

解説

銅，アルミなど鉄以外の金属導体は，実用上は比透磁率 $\mu_s = 1$ としてよい．

[補充問題] 直線導体内部の磁界

図のような半径 a[m] の直線導体に電流 I[A] が均等に流れている．導体中心から $2a$[m] の磁束密度と同じ値の磁束密度を生じる導体内部の距離 x[m] を求めよ．ただし，導体内部の磁界は真空と同じ扱いとする．

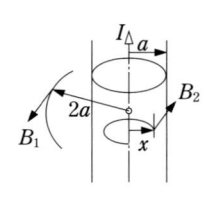

[解答]

導体外部で導体中心から $2a$ の磁束密度 B_1 は，周回積分則を用いて，

$$B_1 = \frac{\mu_0 I}{2\pi \cdot 2a} = \frac{\mu_0 I}{4\pi a}[\text{T}]$$

電流は均等に流れているので，x より内側の電流 I' は，

$$I' = \frac{\pi x^2}{\pi a^2} I = \frac{x^2}{a^2} I [\text{A}]$$

x の点の磁束密度 B_2 は，周回積分則を用いて，

$$B_2 = \frac{\mu_0 I'}{2\pi x} = \frac{\mu_0}{2\pi x} \cdot \frac{x^2}{a^2} I = \frac{\mu_0 x}{2\pi a^2} I [\text{T}]$$

求める x は，$B_1 = B_2$ から，

$$x = \frac{2\pi a^2}{4\pi a} = \frac{a}{2}[\text{m}] \quad \text{(答)}$$

1.2 磁気

演習問題 2.2　フレミングの法則

図のように，間隔 $d = 0.5$ [m] の平行導線があり，この両導線を含む面に直角に磁束密度 $B = 0.1$ [T] で一様な磁束が通過している．その平行導線に橋渡しした導体棒を，速度 $v = 5$ [m/s] で右方向へ走らせた．平行導線の左端は開閉器 S を介して抵抗 $R = 5$ [Ω] で両導線を接続している．抵抗 R 以外の電気的損失及び機械的損失を無視するものとして，次の問に答えよ．

(1) S を開極している場合，S 両端の起電力の大きさはいくらか．

(2) S を閉じた場合，流れる電流とその方向を求めよ．

(3) 導体棒を上記の速度で移動し続けるために必要な外力と仕事率を求めよ．

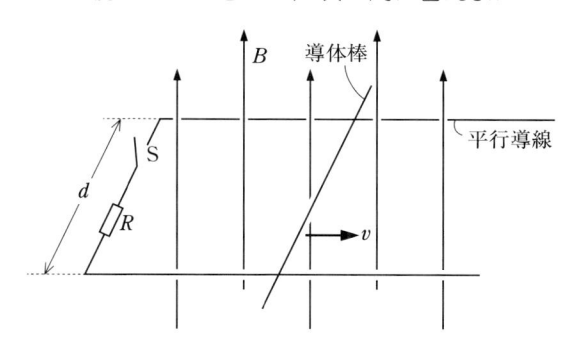

解答

(1) フレミングの右手則により，起電力 e は，導体速度を v，磁束密度を B，導体棒の長さを d とすると，

$$e = vBd = 5 \times 0.1 \times 0.5 = 0.25 \,[\text{V}] \quad \text{(答)}$$

(2) 電流 I は，オームの法則により，

$$I = \frac{e}{R} = \frac{0.25}{5} = 0.05 \,[\text{A}] \quad \text{(答)}$$

電流は時計方向に流れ，磁界 B を打ち消す向きである．**(答)**

(3) 問(2)の電流 I と磁界 B により，この導体棒にはフレミングの左手則によって左向き（v と逆方向）に，$F = IBd$ [N] の力が働く．よって，必要な外力 F は，この力とバランスすればよいから，

$$F = IBd = 0.05 \times 0.1 \times 0.5 = 0.0025 \,[\text{N}] \quad \text{(答)}$$

必要な仕事率 P は，時間当たりのエネルギーである．また，変位を dx とすると，微小エネルギー $dW = F dx$ であり，$v = dx/dt$ であるから，以下のように P は求まる．

$$P = \frac{dW}{dt} = \frac{F \cdot dx}{dt} = Fv = 0.0025 \times 5 = 0.0125 \,[\text{W}] \quad \text{(答)}$$

別解　問(3)

外力による仕事は，すべて R で消費されるから，

$$P = I^2 R = 0.05^2 \times 5 = 0.0125 \,[\text{W}] \quad \text{(答)}$$

解法のポイント

① 磁界 B と導体棒の速度 v にフレミングの右手則を適用して，発生する起電力を求める．

② S を閉じた場合，オームの法則により電流が流れるが，磁束変化を妨げる向きになる．

③ 流れる電流 I と磁界 B により導体棒には，フレミングの左手則による力が，運動方向と逆向きに働く．この力と釣り合う外力を求める．

解説

フレミングの左手則と右手則は，本問が示すように，相互にバランスして作用している．これは，電動機（左手則）と発電機（右手則）が本質的に同じものであることの証明でもある．

演習問題 2.3　同軸ケーブルのエネルギー，自己インダクタンス

内部導体半径 a，外部導体半径 b の図のような無限長の同軸ケーブルがあり（いずれも導体の厚さは無視），往復電流 I が流れている．内外導体間の部分の透磁率を μ として，次の問に答えよ．

(1) このケーブルの単位長さ当たりに蓄えられるエネルギーはいくらか．

(2) このケーブルの単位長さ当たりの自己インダクタンスはいくらか．

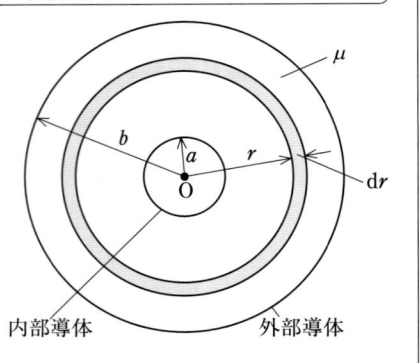

解答

(1) 中心 O から半径 r の位置の磁束密度 B は，周回積分則により，

$$B \cdot 2\pi r = \mu I \quad \therefore B = \frac{\mu I}{2\pi r}$$

この部分の磁界のエネルギー密度 w は，磁界の強さを H とすると，$H = B/\mu$ であるから，

$$w = \frac{BH}{2} = \frac{B^2}{2\mu} = \frac{\mu^2 I^2}{2\mu \cdot 4\pi^2 r^2} = \frac{\mu I^2}{8\pi^2 r^2} \quad \cdots (1)$$

よって，半径 r 上の厚さ dr 部分の微小円筒のエネルギー dW は，

$$dW = w \cdot 2\pi r \cdot dr = \frac{\mu I^2}{8\pi^2 r^2} \cdot 2\pi r \cdot dr = \frac{\mu I^2}{4\pi r} dr \quad \cdots (2)$$

単位長さ当たりの全体エネルギー W は，(2)式の dW を，$r = a$ から b まで積分して，

$$W = \int_a^b dW = \int_a^b \frac{\mu I^2}{4\pi r} dr = \frac{\mu I^2}{4\pi} [\log r]_a^b$$

$$= \frac{\mu I^2}{4\pi} \log \frac{b}{a} \quad \text{(答)}$$

(2) 貯蔵エネルギー W と自己インダクタンス L との関係は，$W = LI^2/2$ であるから，

$$L = \frac{2W}{I^2} = \frac{\mu}{2\pi} \log \frac{b}{a} \quad \text{(答)}$$

解法のポイント

① 中心 O から半径 r の位置の磁束密度を周回積分則で求める．

② ①の位置の磁気エネルギー密度を求め，これを積分すると全体のエネルギー W が出る．

③ $W = LI^2/2$ の公式により，自己インダクタンス L を求める．

解説

本問の考え方を応用して，円筒導体（電線）内部の自己インダクタンスを求めることができる．p.24 の補充問題を参照のこと．

演習問題 2.4　環状鉄心のインダクタンス

図1のように，空隙を持つ環状鉄心に二つの巻線が巻かれている．鉄心部は平均磁路長が l で透磁率が μ，空隙部は長さが d で透磁率が μ_0 であり，断面積は両方とも S である．端子 a–b 間には巻数 $2N$ の巻線1，端子 b–c 間には巻数 N の巻線2が巻かれている．巻線抵抗，漏れ磁束，空隙部の磁束の乱れ（端効果）は無視するものとして，次の問に答えよ．

(1) 端子 a–c 間の自己インダクタンス L_{12} 及び巻線2の自己インダクタンス L_2 はいくらか．

(2) 巻線1，2間の相互インダクタンス M はいくらか．

(3) 巻線1に，外部の交流電源から図1に示すような方向に正弦波電流 $i = I_m \sin(\omega t + \alpha)$ を流すと，端子 b–c 間に誘起される定常の電圧 v_{bc} はいくらか．M を含む式で答えよ．ただし，I_m は電流の最大値，ω は角周波数，t は時間，α は初期位相角とし，v_{bc} の基準は端子 c とする．

(4) 巻線1に電流 i として，ある波形の交流電流を図1の方向に流すと，端子 b–c 間に，周期 T，最大値 V，最小値 $-V$ となる図2のような方形波電圧が現れた．この場合の電流 i の最大値と最小値の差を，M を含む式で答えよ．

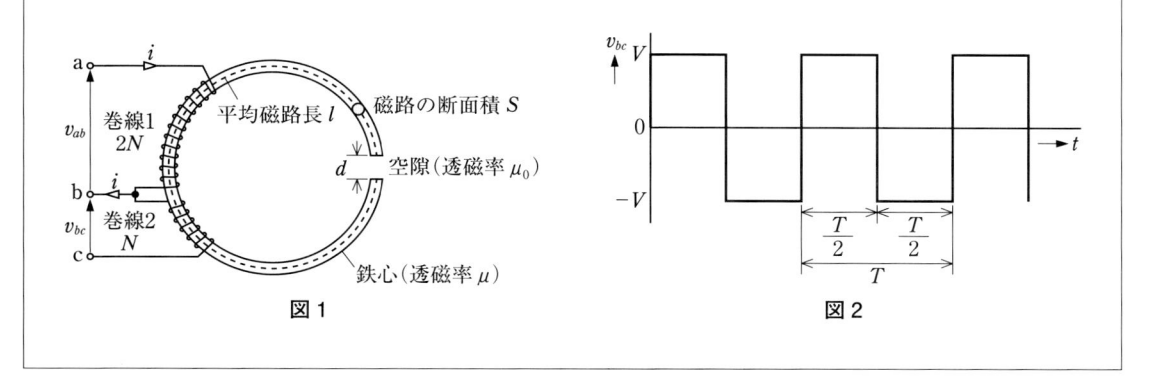

図1

図2

解答

(1) 本問の磁気回路は，解図1のようになる．鉄心部の磁気抵抗 R_l，空隙部の磁気抵抗 R_d は，

$$R_l = \frac{l}{\mu S}, \quad R_d = \frac{d}{\mu_0 S}$$

端子 a から c に電流 I を流すと，巻線1と2の起磁力の和は，$2NI + NI = 3NI$ であるから，鉄心を貫通する磁束 ϕ は，磁気回路のオームの法則により，

$$\phi = \frac{3NI}{R_l + R_d} = \frac{3NI}{\dfrac{l}{\mu S} + \dfrac{d}{\mu_0 S}} = \frac{3NIS}{\dfrac{l}{\mu} + \dfrac{d}{\mu_0}} \quad \cdots (1)$$

よって，a–c 間の自己インダクタンス L_{12} は，巻線1，2との磁束鎖交数 $\Phi = (2N + N)\phi$ であるから，

解法のポイント

① 巻線に電流 I を流したとして，鉄心を貫通する磁束 ϕ を磁気回路のオームの法則により求める．

② 巻線との磁束鎖交数 Φ を ϕ から求め，電流 I で割れば自己インダクタンスが求められる．磁束と磁束鎖交数を混同しないように注意する．

$$L_{12} = \frac{\Phi}{I} = \frac{3N \cdot 3NIS}{I\left(\dfrac{l}{\mu} + \dfrac{d}{\mu_0}\right)} = \frac{9N^2 S}{\dfrac{l}{\mu} + \dfrac{d}{\mu_0}} \quad \text{(答)}$$

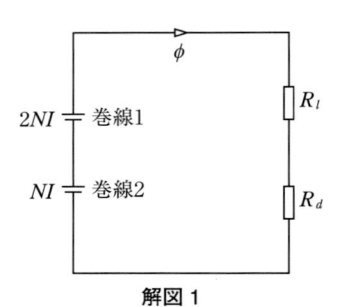

次に，端子 b から c に電流 I を流すと，巻線2の起磁力は NI であるから，鉄心を貫通する磁束 ϕ は，磁気回路のオームの法則により，

$$\phi = \frac{NI}{R_l + R_d} = \frac{NI}{\dfrac{l}{\mu S} + \dfrac{d}{\mu_0 S}} = \frac{NIS}{\dfrac{l}{\mu} + \dfrac{d}{\mu_0}}$$

よって，巻線2の自己インダクタンス L_2 は，巻線2との磁束鎖交数 $\Phi = N\phi$ であるから，

$$L_2 = \frac{\Phi}{I} = \frac{N \cdot NIS}{I\left(\dfrac{l}{\mu} + \dfrac{d}{\mu_0}\right)} = \frac{N^2 S}{\dfrac{l}{\mu} + \dfrac{d}{\mu_0}} \quad \text{(答)}$$

解図1

(2) 巻線1，2間の相互インダクタンス M は，巻線1に電流 I を流したときに，巻線2と鎖交する磁束を対象とすればよい．この場合，巻線2との貫通磁束 ϕ は，漏れ磁束がないから，

$$\phi = \frac{2NI}{R_l + R_d} = \frac{2NIS}{\dfrac{l}{\mu} + \dfrac{d}{\mu_0}} \quad \cdots (2)$$

となる．巻線2との磁束鎖交数 Φ_2 は，$\Phi_2 = N\phi$ であるから，

$$M = \frac{\Phi_2}{I} = \frac{N \cdot 2NIS}{I\left(\dfrac{l}{\mu} + \dfrac{d}{\mu_0}\right)} = \frac{2N^2 S}{\dfrac{l}{\mu} + \dfrac{d}{\mu_0}} \quad \text{(答)}$$

(3) 巻線2に誘起される電圧 v_{bc} は，相互インダクタンスを M とすると，

$$v_{bc} = M\frac{di}{dt} = M\frac{d}{dt}\{I_m \sin(\omega t + \alpha)\} = \omega M I_m \cos(\omega t + \alpha) \quad \text{(答)}$$

(4) ある交流電流 i を流したとき，端子 b-c 間に問図2のような方形波電圧 v_{bc} が誘起されたから，M を用いると，

③ 相互インダクタンス M は，巻線1に電流を流したとして，巻線2の磁束鎖交数を求めて，②と同様にして求める．

④ 問(3)，(4)は，M を用いてファラデーの法則を適用する．$e = M(di/dt)$ の式である．v_{bc} は電流に逆らう方向に定義しているから，負号は付ける必要がない．

⑤ 問(4)では，前記④の電磁誘導の微分式から，逆に電流を積分して求める．電圧は，方形波であるから，電流は直線状の変化になる．

コラム **磁気回路と電気回路**

磁気回路は，電気回路に対して次のような相違点がある．

① 導電率は一定として扱えるが，透磁率は BH 曲線が示すように一定ではない．つまり，磁性体の磁気抵抗 R_m は，厳密にいうと変化する．

② 透磁率はせいぜい 10^{-2} 程度．一方，導電率は 10^8 のオーダである．よって，磁気抵抗は電気抵抗より大きくなり，大きな断面が必要．

③ 磁気回路では電気回路のような絶縁は期待できない．導体と絶縁物の比は 10^{19} 程度もあるが，磁気の場合は空気と強磁性体(鉄)との比較では多くても 10^4 程度．

1.2 磁気

$$v_{bc} = M\frac{di}{dt} \quad \therefore \frac{di}{dt} = \frac{v_{bc}}{M} \quad \cdots (3)$$

問図2から v_{bc} は，

$$0 \leq t \leq \frac{T}{2} : v_{bc} = V, \quad \frac{T}{2} \leq t \leq T : v_{bc} = -V \quad \cdots (4)$$

となっており，v_{bc} は各区間で一定値である．これより i は，**解図2**のように，直線状に $t = T/2$ まで増加し，その後，$t = T$ までは逆に 0 まで減少することになる．つまり，$t = 0$ または T で i は最小値，$t = T/2$ で最大値である．(3)式に，$v_{bc} = V$ を代入して，i を求める．

$$di = \frac{V}{M}dt, \quad \int di = \int \frac{V}{M}dt$$

$$\therefore i = \frac{V}{M}t + A \quad \cdots (5) \text{（}A\text{は積分定数）}$$

$t = 0$ で，$i = 0$ であるから，$A = 0$ である．よって，$t = T/2$ では，$I_m = VT/2M$ となる．ゆえに，i の最大値と最小値の差は，

$$\frac{VT}{2M} - 0 = \frac{VT}{2M} \quad \text{（答）}$$

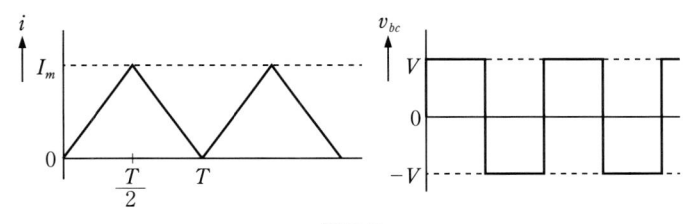

解図2

解説

インダクタンスは解答のように，磁束鎖交数 Φ を電流で除す方法のほか，(2-14)式のように，磁気抵抗 R_m を用いて，N^2/R_m の式で求めてもよい．

本問の場合，巻線1と巻線2が和接続であり，かつ，題意から，漏れ磁束がないので，両巻線の**結合係数** $k = 1$ とみなせる．よって，自己インダクタンスを巻線1は L_1，巻線2は L_2 とすると，次の諸式により，M，L_{12} が求められる．各自，計算を試みられたい．

$$M = k\sqrt{L_1 L_2}$$
$$L_{12} = L_1 + L_2 + 2M$$

コラム　変位電流

変位電流 I_d は，静電容量の電荷の変化により，その内部に生じる電流である．**図2-3**のような電極面積 S の平行平板コンデンサを考える．コンデンサに流れ込む**自由電流**（普通の電流）を I_f，極板上の電荷を Q とすると，$I_f = dQ/dt$ となるが，この I_f は電極上で終わり，コンデンサ内部には流れない．一方，真電荷 Q からは電束密度 $D = Q/S$ で電束が発生する．

マクスウェルは，電流の連続性はコンデンサ内部（真空や空気など）でも成立するものと考えて，D に着目し，D の時間変化を密度とする電流を**変位電流**と名付けた．ゆえに，

$$I_d = \frac{dQ}{dt} = I_f \tag{2-25}$$

I_d は I_f と同じ磁気的効果を発揮する．これはあらゆる空間に変位電流が存在できることになり，電磁波の発見につながる端緒になった．

図2-3

演習問題 2.5　往復導線のインダクタンス

空気中にある半径 a，導体間距離 d の 2 本の往復無限長平行導体の単位長さ当たりのインダクタンスを求めよ．ただし，$d \gg a$ とし，空気の透磁率は μ_0 とする．また，導体内部のインダクタンスは考えなくてよい．

解答

解図のように，導体に往復電流 I を流したとする．左側の導体から x の位置に微小幅 dx を考える．この部分の磁束密度 B は，両方の導体を考慮して，

$$B = \frac{\mu_0 I}{2\pi x} + \frac{\mu_0 I}{2\pi(d-x)} \quad \cdots (1)$$

ゆえに，この部分の単位長面積 dS を通る磁束 $d\phi = BdS = Bdx$ であるから，導体間を通過する全磁束 ϕ は，$d\phi$ を $x=a$ から $d-a$ まで積分して，

$$\phi = \int_a^{d-a} d\phi = \frac{\mu_0 I}{2\pi} \int_a^{d-a} \left(\frac{1}{x} + \frac{1}{d-x}\right) dx$$

$$= \frac{\mu_0 I}{2\pi} \left[\log x - \log(d-x)\right]_a^{d-a}$$

$$= \frac{\mu_0 I}{2\pi} \log\left(\frac{d-a}{a}\right)^2 \fallingdotseq \frac{\mu_0 I}{\pi} \log\frac{d}{a} \quad \cdots (2)$$

よって，往復導線の単位長さ当たりの自己インダクタンス L は，次式で示せる．

$$L = \frac{\phi}{I} = \frac{\mu_0}{\pi} \log\frac{d}{a} \quad \cdots (3) \quad \textbf{(答)}$$

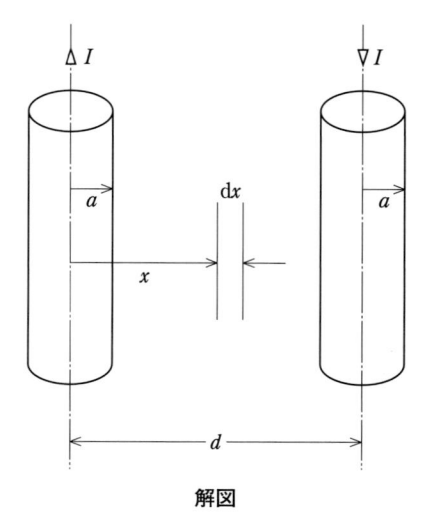

解図

解法のポイント

① 解図のように，dx 部分を考えて鎖交磁束を計算する．その際，往復 2 導体分を考慮しなければならないが，電流が互いに反対方向なので，磁束は同一方向になる．

② 積分により，導体間の全磁束を求め，電流 I で割れば，往復導体のインダクタンスが出る．

解説

送電線のインダクタンスは，上記の方法にて求められる．電線 1 線当たりのインダクタンスを**作用インダクタンス** L_n といい，送電計算で用いられる．これは，中性点に対するインダクタンスなので，その値は(3)式の半分になる．つまり，L は L_n が 2 個の直列と考えられ，$L_n = L/2$ である．

本問では，導体内部のインダクタンス L_i を無視したが，これが考慮される場合もある．導体内に蓄えられる磁界エネルギーを計算し，これが $L_i I^2 / 2$ に等しいとおいて，L_i を算出する．この場合の磁界エネルギーの計算は，(2-20)式のエネルギー密度 $BH/2$ [J/m³] を用いる（演習問題2.3参照）．計算の方法は，p.24 の補充問題を参照．

演習問題 2.6　電磁誘導 1

図のように半径 a [m] の円形導体 ABC があって，互いに 120 度をなす 3 本の導体 OA，OB 及び OC がそれと接続されている．この導体系の中心 O に軸があって，全体が回転できるようになっている．各接続点間の導体の抵抗はすべて 1 [Ω] であり，導体のインダクタンス及び機械的損失は無視するものとする．いま，磁束密度 B [T] の磁束が扇形領域 OAC にあって，円形面に垂直に紙面の上から下に向かって貫通している．この磁束が扇形 OAC の面積を保って，O を中心にして角速度 ω [rad/s] で時計回りに回転している．次の問に答えよ．

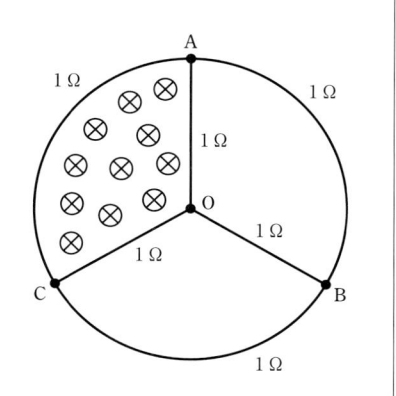

(1) 円形導体を固定した場合に，磁束が扇形領域 OAB に移りつつある期間に，OA の部分に生じる誘導起電力及びその部分に流れる電流とその方向を示せ．

(2) 円形導体の固定を外した場合に，この円形導体の回転方向と最終的な回転速度を求めよ．

解　答

(1) 微小時間 dt に OA を横切る磁束の占める面積 dS は，**解図 1** の網掛部に相当し，

$$dS = \pi a^2 \cdot \frac{\omega \cdot dt}{2\pi} \quad \cdots (1)$$

となり，その部分の磁束 $d\phi = B \cdot dS$ である．時間当たりに横切る磁束により，導体に誘導起電力 E が生じる．すなわち，

$$E = \frac{d\phi}{dt} = \pi a^2 \cdot \frac{\omega}{2\pi} \cdot B = \frac{1}{2} B \omega a^2 \quad \textbf{(答)}$$

導体には磁界の磁束を打ち消す方向に電流が流れるから，起電力の向きは，A → O の向きである．この場合の回路を描くと，**解図 2** のように示せる．点 B と C は同電位であるから，電流

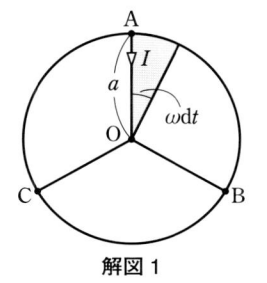

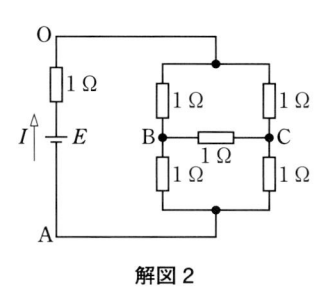

解法のポイント

① 誘導起電力は，時間当たりに横切る磁束か，フレミングの右手則のいずれかにより求める．

② 流れる電流は，導体系の等価回路を描いて考える．このとき，B と C は同電位である．

③ 導体の固定を外したときは，フレミングの左手則により回転方向が定まるが，次第に磁束と導体の速度差は減少する．

解図 1

解図 2

は流れない．ゆえに，合成抵抗 $R=2[\Omega]$ であり，OA 部分の電流 I は，

$$I = \frac{E}{R} = \frac{E}{2} = \frac{1}{4}B\omega a^2, \quad \text{A}\to\text{O の向きに流れる．}\quad\text{(答)}$$

(2) OA に流れる電流により，導体はフレミングの左手則により，時計回りに力が働くから，導体の固定を外すと時計回りに回転する．**(答)**

導体が回転すると，磁束と導体との相対角速度が小さくなり，それに比例して誘導起電力，電流も小さくなる．最終的には導体の回転角速度が ω に等しくなり，誘導起電力が零になった状態（つまり，導体の受ける力は零）で安定する．**(答)**

別　解　問(1)の誘導起電力 E

AO 間の導体の磁束に対する平均速度 v は，$a\omega/2$ なので，フレミングの右手則により，誘導起電力 E は，

$$E = vBa = \frac{a\omega}{2}Ba = \frac{1}{2}B\omega a^2 \quad\text{(答)},\quad E\text{ の向きは A→O である．}$$

解　説

本問は，**誘導電動機**の原理を示している．実際の誘導電動機で移動磁界は，三相交流による回転磁界を用いる．なお，実際の誘導電動機では，必ず機械的損失があるので，導体の回転速度は，回転磁界の速度よりも小さくなる．この差が**滑り**といわれるものである．また，無負荷では滑り≒0 であるが，負荷が増加すると滑りも大きくなる．同期速度付近では，滑り∝トルクの関係にある．

[補充問題]　電線内部のインダクタンス

図のような半径 r の導体内部の自己インダクタンスを求めよ．ただし，比透磁率 μ_s は 1 とする．

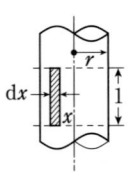

[解　答]

磁界エネルギー法により求める．中心から x の点の磁界の強さ H は，導体の全電流を I とすると，

$$H = \frac{I}{2\pi x} \cdot \frac{x^2}{r^2} = \frac{xI}{2\pi r^2}\,[\text{A/m}] \quad \cdots (1)$$

である．この部分の体積は単位長で $dv = 2\pi x \cdot dx \times 1$ なので，透磁率 $\mu = \mu_0$ として，

$$\int_v \frac{\mu_0 H^2}{2}dv = \int_0^r \frac{\mu_0}{2}\left(\frac{xI}{2\pi r^2}\right)^2 2\pi x\,dx$$

$$= \frac{\mu_0 I^2}{4\pi r^4}\int_0^r x^3 dx = \frac{\mu_0 I^2}{4\pi r^4}\left[\frac{x^4}{4}\right]_0^r$$

$$= \frac{\mu_0 I^2}{16\pi}\,[\text{J}] \quad \cdots (2)$$

(2)式が導体の単位長さ当たりの内部インダクタンス L_i の保有するエネルギーに等しいので，

$$\frac{1}{2}L_i I^2 = \frac{\mu_0 I^2}{16\pi} \quad \cdots (3)$$

$$\therefore L_i = \frac{2\mu_0}{16\pi} = \frac{4\pi\times 10^{-7}}{8\pi} = \frac{1}{2}\times 10^{-7}\,[\text{H/m}]$$
(2-26)

(1)式で磁界の強さを算出するときに，導体に一様に電流が流れているとしている．なお，(2-26)式から円筒導体内部の自己インダクタンスは，導体の直径に関係なく一定である．

演習問題 2.7 電磁誘導 2

図の無限長導体に，周波数 f [Hz]，実効値 I [A] の正弦波交流電流を流している．この導体から a [m] 離れた位置に幅 b [m]，縦 c [m] の方形コイル（巻数 n）を，導体を含む面にコイルの縦の辺が導体と平行になるように置いた．空気の透磁率を μ_0 として，次の問に答えよ．

(1) 方形コイル内の全鎖交磁束を求めよ．
(2) コイルに誘導される誘導起電力の実効値を求めよ．

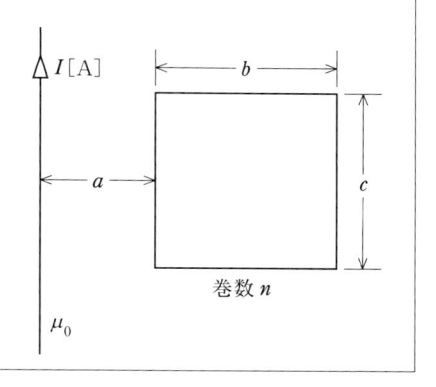

解答

(1) 電流の瞬時値を i とすると，題意から，
$$i = \sqrt{2} I \sin\omega t \text{ [A]} \quad (\omega = 2\pi f) \quad \cdots (1)$$
であるから，**解図**のように，導体から x の距離における磁束密度 B は，周回積分則により，
$$B = \frac{\mu_0 I}{2\pi x} = \frac{\sqrt{2}\mu_0 I \sin\omega t}{2\pi x} \text{ [T]} \quad \cdots (2)$$
となる．方形コイル内の dx 部分を貫通する磁束 $d\phi$ は，dx 部分の面積を dS とすると，
$$d\phi = B \cdot dS = Bc\, dx \text{ [Wb]} \quad \cdots (3)$$
である．よって，方形コイル内の全磁束鎖交数 Φ は，
$$\Phi = n\int_a^{a+b} d\phi = \frac{\sqrt{2}\mu_0 cnI \sin\omega t}{2\pi}\int_a^{a+b}\frac{dx}{x}$$
$$= \frac{\sqrt{2}\mu_0 cnI \sin\omega t}{2\pi}\log\frac{a+b}{a} \text{ [Wb]} \quad \cdots (4) \quad \textbf{(答)}$$

(2) 方形コイルに誘導される起電力 e は，(4)式を微分して，
$$e = -\frac{d\Phi}{dt} = -\frac{\sqrt{2}\mu_0 cnI}{2\pi}\log\frac{a+b}{a}\cdot\frac{d}{dt}\sin\omega t$$
$$= -\frac{\sqrt{2}\omega\mu_0 cnI}{2\pi}\log\frac{a+b}{a}\cos\omega t \quad \cdots (5)$$

ゆえに，起電力の実効値 E_e は，e の最大値の $1/\sqrt{2}$（絶対値）となり，
$$E_e = \frac{\omega\mu_0 cnI}{2\pi}\log\frac{a+b}{a} = \mu_0 cnfI\log\frac{a+b}{a} \text{ [V]} \quad \textbf{(答)}$$
$$(\because \omega = 2\pi f)$$

解法のポイント

① 周回積分則により，導体から x の距離における磁束密度を求める．

② 方形コイル内の微小部分を貫通する磁束 $d\phi$ の式を立て，巻数 n を考慮して全磁束鎖交数 Φ を求める．

③ ファラデーの法則により，コイルに誘導される起電力を算出する．

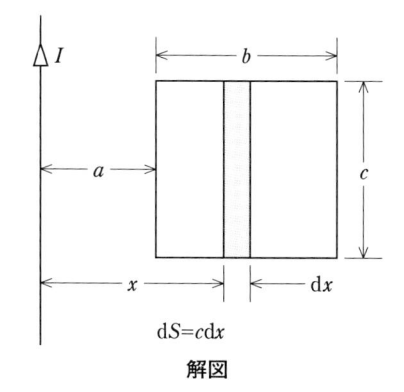

$dS = c\, dx$
解図

[注] 本問はコイルの形状が長方形なので比較的簡単に磁束鎖交数が求められたが，これが例えば円形であると，(4)式の積分が非常に難しくなる．

第 1 章　理論科目

演習問題 2.8　ビオ・サバールの法則

1辺の長さ a[m]，巻数 $N=1$ の図のような正三角形のコイル ABC が空気中にある．このコイルに直流電流 I[A]を流すとき，中心点 P における磁束密度[T]を求めよ．ただし，空気の透磁率を μ_0[H/m]とする．

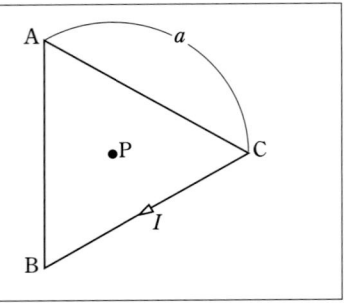

解答

解図のように，コイルの1辺 AB の部分により P 点に生じる磁界を考える．AB の中心 O から x の点 Q の微小部分 dx により，P 点に生じる微小磁束密度 dB は，ビオ・サバールの法則により，

$$dB = \frac{\mu_0 I \, dx \sin\theta}{4\pi r^2} \text{ [T]} \quad \cdots (1)$$

となる．(1)式において，r, x を解図の l で表現する．

$$r = \frac{l}{\sin\theta} \quad \cdots (2), \quad x = \frac{l}{\tan\theta} = \frac{\cos\theta}{\sin\theta} l \quad \cdots (3)$$

(3)式を θ で微分する．微分の商の公式を適用して，

$$\frac{dx}{d\theta} = \frac{-\sin^2\theta - \cos^2\theta}{\sin^2\theta} l = \frac{-l}{\sin^2\theta} \quad \therefore dx = \frac{-l}{\sin^2\theta} d\theta \cdots (4)$$

(2), (4)式を(1)式に代入すると，

$$dB = \frac{\mu_0 I}{4\pi} \cdot \frac{\sin^2\theta}{l^2} \cdot \frac{-l \cdot d\theta}{\sin^2\theta} \cdot \sin\theta = \frac{-\mu_0 I}{4\pi l} \sin\theta \, d\theta \quad \cdots (5)$$

(5)式を $\theta = \pi/2 = 90°$ から $\phi = 30°$ まで積分したものを2倍すると，AB 部分による P 点の磁束密度 B_{AB} が求まる．

$$B_{AB} = 2\int_{\pi/2}^{\phi} dB = \frac{-\mu_0 I}{2\pi l} [-\cos\theta]_{90°}^{30°}$$

$$= \frac{-\mu_0 I}{2\pi l}(-\cos 30° + \cos 90°)$$

$$= \frac{\mu_0 I}{2\pi l} \cos 30° = \frac{\mu_0 I}{2\pi} \cdot \frac{2\sqrt{3}}{a} \cdot \frac{\sqrt{3}}{2} = \frac{3\mu_0 I}{2\pi a} \text{ [T]} \quad \cdots (6)$$

となる．ここで，OP 間の距離 l は次式で算出した．

$$l = \frac{a}{2}\tan 30° = \frac{a}{2} \cdot \frac{1}{\sqrt{3}} = \frac{a}{2\sqrt{3}}$$

P 点の全体の磁束密度は，対称性から，(6)式の3倍である．

$$B = 3B_{AB} = \frac{9\mu_0 I}{2\pi a} \text{ [T]} \quad \textbf{(答)}$$

解法のポイント

① 3辺のうち，1辺の導体による磁束密度を求めて，これを3倍すると P 点の磁界が求まる．

② 1辺 AB による P 点の磁界は，解図のように示せる．図の x の距離にある Q 点の微小部分 dx による磁束密度 dB をビオ・サバールの法則により示す．

③ 図の r 及び x を l 並びに θ で表現し，これを②で求めた dB の式に代入する．dB の式は，$\sin\theta$ の式に簡略化される．

④ 上記の式を定積分して，磁束密度を求める．

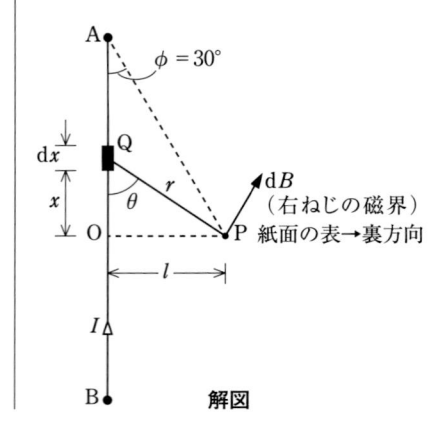

解図

1.2 磁気

演習問題 2.9 電磁石に働く力—仮想変位による

図のような透磁率 μ_1 からなる強磁性体の電磁石 A_1 がある.これに近接した透磁率 μ_2 の強磁性体 A_2 に働く力を求めよ.ただし,鉄片 A_2 の変位に関係なく磁束密度は B で一定とし,両磁性体の断面積は同じとする.また,ギャップ部での磁束の広がりはないものとし,漏れ磁束は無視する.

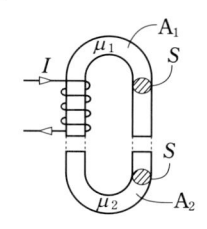

解答

電磁石の吸引力 F により,磁性体 A_2 が**解図**のように Δx の変位をしたとする.このとき磁束密度の変化はないから,磁性体 A_1 及び A_2 の部分の貯蔵エネルギーに変化はない.変化があるのは,ギャップ部の体積の減少によるものだけである.

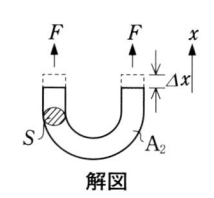

ギャップ部の体積の減少は,解図から $2S\Delta x$ である.磁束密度を B とすると,単位体積のエネルギーは $B^2/2\mu_0$ なので,蓄えられるエネルギーの増加を ΔW とすると,

$$\Delta W = -\left(\frac{B^2}{2\mu_0}\right)2S\Delta x \,[\text{J}] \quad \cdots (1)$$

となる.そしてこの場合,系の磁束密度は一定なのでエネルギーの出入りはないから,働く力は(1)式のエネルギーの減少分がその源泉となる.よって,F は,

$$F = -\frac{\Delta W}{\Delta x} = \frac{SB^2}{\mu_0} \,[\text{N}] \quad \cdots (2) \quad \textbf{(答)}$$

となる.F は正であり,変位の方向で吸引力である.したがって,単位面積当たりの力 f は,F を $2S$ で割って,

$$f = \frac{B^2}{2\mu_0} \,[\text{Pa}](=[\text{N/m}^2]) \quad \cdots (3)$$

解法のポイント

① この問題は,**仮想変位**の方法により解くことができる.

② 鉄片 A_2 が Δx だけ上方に変位したと仮定する.変位による体積減少分だけエネルギーは減少する.

③ 一方,題意から B は一定なので,A_1 及び A_2 部分のエネルギーは変わらない.

④ よって,②のエネルギー減少分が力の源泉となる.この際,B が一定,つまりエネルギーの出入りがないので,$\Delta W/\Delta x$ には負号が付く.

⑤ 単位体積のエネルギーは $BH/2$ であるが,B は一定であることに留意する.

コラム 仮想変位のまとめ

系のエネルギー変化 dW があると,dx の変位に対して,**表 2-1** のように力 F が働く.$dx > 0$ で,$F > 0$ であるとする.正号,負号に注意する.要するに<u>エネルギーの出入りがないときには負号が付く</u>.

表 2-1

力 [N]	静電気	磁気
$F = -\dfrac{dW}{dx}$	電荷 Q 一定	鎖交磁束 ϕ 一定
$F = \dfrac{dW}{dx}$	電圧 V 一定	電流 I 一定

1.3 直流回路

学習のポイント

直流回路から毎年1問,計算力が必要な問題が出るので油断は禁物である.テブナンの定理,重ねの理など回路関係の定理に習熟すること.電圧源・電流源の取扱いやY−Δ変換も重要.また,ノード法(節点電圧法)による回路網の解法に習熟すること.問題の演習により計算力を養おう.

――――――― 重 要 項 目 ―――――――

1 電流,電流密度

電荷 Q,断面積 S で,電流 I,電流密度 J は,

$$I = \frac{dQ}{dt} [\text{A}] (= [\text{C/s}]) \qquad (3\text{-}1)$$

$$J = \frac{dI}{dS} [\text{A/m}^2] \qquad (3\text{-}2)$$

2 オームの法則

抵抗降下は電流 I に比例.抵抗 $R[\Omega]$,コンダクタンス $G[\text{S}]$ で,電圧 V は,

$$V = RI = I/G [\text{V}] \qquad (3\text{-}3)$$

・静電界との対応

静電容量 $C[\text{F}]$,電界の強さ $E[\text{V/m}]$,電束密度 $D[\text{C/m}^2]$,抵抗率 $\rho[\Omega\cdot\text{m}]$,誘電率 $\varepsilon[\text{F/m}]$ として,下記のように対応する.

$$RC = \rho\varepsilon, \quad J = \sigma E \Leftrightarrow D = \varepsilon E \qquad (3\text{-}4)$$

3 抵 抗

抵抗率 $\rho[\Omega\cdot\text{m}]$,導電率 $\sigma = 1/\rho[\text{S/m}]$,長さ $l[\text{m}]$,断面積 $S[\text{m}^2]$ の抵抗 R は,

$$R = \rho\frac{l}{S} = \frac{l}{\sigma S} [\Omega] \qquad (3\text{-}5)$$

温度上昇で R は増加.**温度係数** α,温度上昇 $t = t_2 - t_1$ で,$R_1 : t_1[℃]$,$R_2 : t_2[℃]$ では,

$$R_2 = R_1(1+\alpha t) [\Omega] \qquad (3\text{-}6)$$

4 抵抗の接続

交流では $R \to Z$,$G \to Y$ として適用できる.

① **直列接続** 電圧は**抵抗比**で分担.

$$R_0 = R_1 + R_2 + R_3 + \cdots [\Omega] \qquad (3\text{-}7)$$

$$\frac{1}{G_0} = \frac{1}{G_1} + \frac{1}{G_2} + \frac{1}{G_3} + \cdots [\Omega] \qquad (3\text{-}8)$$

② **並列接続** 電流は R の逆比で分配.

$$\frac{1}{R_0} = \frac{1}{R_1} + \frac{1}{R_2} + \frac{1}{R_3} + \cdots [\text{S}] \qquad (3\text{-}9)$$

$$G_0 = G_1 + G_2 + G_3 + \cdots [\text{S}] \qquad (3\text{-}10)$$

5 電力,ジュール熱(銅損)

逆起電力 V,通過電流 I の個所では $P = VI[\text{W}]$ のエネルギー変換が起こる(ジュール損とは限らない).ジュール損は抵抗の摩擦熱と考える.

電力量 $1[\text{kW}\cdot\text{h}] = 3600[\text{kJ}]$

$$P = VI = I^2R [\text{W}] \qquad (3\text{-}11)$$

6 キルヒホッフの法則(電気回路の基本則)

分岐点(節点)の数 k,辺の数 l とする.

① 第一法則(電流連続則)

$$\sum I_n = 0 \qquad (3\text{-}12)$$

$k-1$ の節点に適用.

② 第二法則(電圧平衡則)

$$\sum U_n = \sum R_n I_n \qquad (3\text{-}13)$$

(起電力 = 逆起電力を表す)

$l-k+1$ の閉路に適用.

③ 適用法

第一法則と，第二法則の両者を用いる直接法よりは，下記の方法が優れている．

ループ法：循環電流設定（第二法則適用）
ノード法：節点電圧設定（第一法則適用）

7 回路の諸定理

$R \to Z$, $G \to Y$ とすれば交流回路にも適用可．

① **電圧源，電流源（図 3-1）**

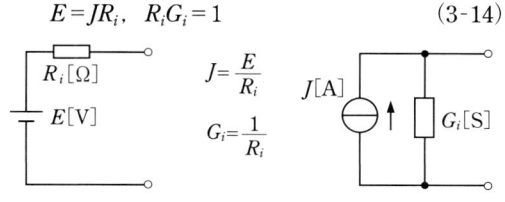

$$E = JR_i, \quad R_i G_i = 1 \tag{3-14}$$

$J = \dfrac{E}{R_i}$

$G_i = \dfrac{1}{R_i}$

図 3-1　電圧源，電流源

② **Δ－Y 変換（図 3-2）**

同一抵抗では $R_Y = R_\Delta / 3$

・Δ → Y

$$R_Y = \frac{\text{挟辺の抵抗の積}}{3\text{辺の抵抗の和}} \tag{3-15}$$

(例) $R_a = \dfrac{R_{ab} R_{ca}}{R_{ab} + R_{bc} + R_{ca}}$

・Y → Δ

$$R_\Delta = \frac{2\text{辺の積の和}}{\text{対辺の抵抗}} \tag{3-16}$$

(例) $R_{ab} = \dfrac{R_a R_b + R_b R_c + R_c R_a}{R_c}$

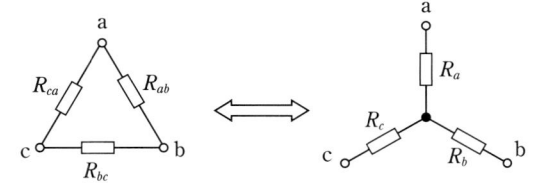

図 3-2　Δ－Y 変換

③ **重ねの理（線形の場合に限る）**

多数の起電力を含む回路の電流分布は，各起電力が個々にある場合の電流分布の総和に等しい．着目している部分以外の電圧源は短絡，電流源は開放する．

④ **テブナンの定理（電圧源定理）（図 3-3）**

枝路の 1 辺に R 挿入時の枝路の電流 I は，R_0 を当該枝路から見た回路網の抵抗，E を枝路を開放時の電圧として，

$$I = \frac{E}{R_0 + R} \text{ [A]} \tag{3-17}$$

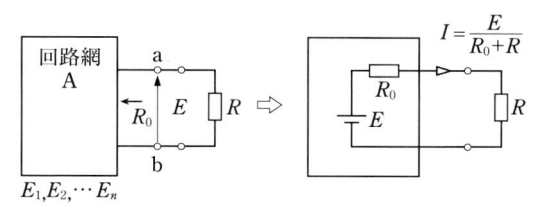

図 3-3　テブナンの定理

⑤ **ノートンの定理（電流源定理）**

枝路の 1 辺に G 挿入時の枝路の電圧 V は，G_0 を回路網のコンダクタンス，I_s を短絡時の電流として，

$$V = \frac{I_s}{G_0 + G} \text{ [V]} \tag{3-18}$$

⑥ **ブリッジ回路**

平衡時には対辺の抵抗の積は同じであり，ブリッジ辺の開放または短絡可．

⑦ **ミルマンの定理**

電源 E_i と抵抗 $R_i (= 1/G_i)$ の辺が多数並列をなす回路の端子電圧 V は，

$$V = \frac{\sum E_i / R_i}{\sum 1/R_i} = \frac{\sum G_i E_i}{\sum G_i} \tag{3-19}$$

⑧ **対称性のある回路**

対称性のある回路で，等電位の点が分かれば，その点同士を短絡または切断することにより，回路を簡単化できる．

⑨ **供給電力最大の定理**

一般に，**負荷抵抗＝電源の内部抵抗**のときに，供給電力が最大になる．この条件を**整合**という．

第1章　理論科目

演習問題 3.1　テブナンの定理

図の電気回路の端子 ab 間の開放電圧及び短絡電流を求め，これを利用して，端子 ab の外部に抵抗 R_3 を接続したとき，R_3 に流れる電流を求めよ．

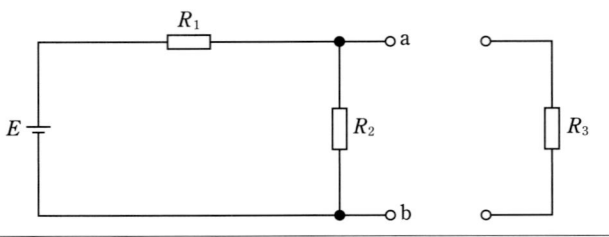

解　答

端子 ab 間の開放電圧 V_0 は，電圧源 E が R_1 と R_2 に分圧されるから，

$$V_0 = \frac{R_2}{R_1 + R_2} E \quad \cdots (1) \quad \text{(答)}$$

端子 ab 間の短絡電流 I_s は，R_2 に電流は流れないから，

$$I_s = \frac{E}{R_1} \quad \cdots (2) \quad \text{(答)}$$

よって，端子 ab 間から見た内部抵抗 R_0 は，

$$R_0 = \frac{V_0}{I_s} = \frac{R_2 E}{R_1 + R_2} \cdot \frac{R_1}{E} = \frac{R_1 R_2}{R_1 + R_2} \quad \cdots (3)$$

ゆえに，R_3 を接続時に，R_3 を流れる電流 I は，テブナンの定理から，

$$I = \frac{V_0}{R_0 + R_3} = \frac{R_2 E}{R_1 + R_2} \cdot \frac{1}{\frac{R_1 R_2}{R_1 + R_2} + R_3}$$

$$= \frac{R_2 E}{R_1 + R_2} \cdot \frac{R_1 + R_2}{R_1 R_2 + R_2 R_3 + R_3 R_1}$$

$$= \frac{R_2 E}{R_1 R_2 + R_2 R_3 + R_3 R_1} \quad \text{(答)}$$

[注]　通常，回路の内部抵抗 R_0 は，電源 E を短絡して求めるが，問題が V_0 と I_s から求めるとの指示であるから，上記のような解答としなければならない．

解法のポイント

① テブナンの定理そのものからの出題である．

② 端子 ab から見た回路の内部抵抗は，開放電圧と短絡電流から求める．

[補充問題]　回路内部の等価抵抗

電源と抵抗から構成される直流回路から 2 端子が出ている．端子開放時の電圧は $E_0 = 24 [\text{V}]$ であったが，抵抗 $R = 6 [\Omega]$ を端子に接続したときの電圧は $V = 18 [\text{V}]$ になった．端子から見た回路内部の等価抵抗 R_0 を求めよ．

[解　答]

$R = 6 [\Omega]$ を接続時に端子に流れる電流 I は，

$$I = \frac{V}{R} = \frac{18}{6} = 3 [\text{A}]$$

である．端子の開放電圧は $E_0 = 24 [\text{V}]$ なので，R_0 はテブナンの定理から，

$$I = \frac{E_0}{R_0 + R}, \quad 3 = \frac{24}{R_0 + 6}$$

$$\therefore R_0 = 2 [\Omega] \quad \text{(答)}$$

1.3 直流回路

演習問題 3.2 重ねの理

二つの電圧源 E_1 及び E_2 を持つ図の回路の節点 a 及び b の電圧を，重ねの理により求めよ．また，二つの抵抗 R_1 を流れる電流は等しいが，その値を求めよ．さらに，この電流が 0 になる条件を求めよ．

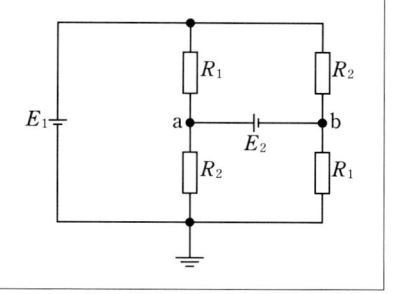

解 答

電圧源 E_2 を短絡すると，抵抗 R_1 と R_2 の並列回路が二つ直列接続されたものに電圧源 E_1 を加えることになるので，節点 a, b の電圧 V_{a1}, V_{b1} は，ともに等しく，

$$V_{a1} = V_{b1} = \frac{E_1}{2} \quad \cdots (1)$$

となる．次に，電圧源 E_1 を短絡したときは，電圧源 E_2 に，R_1 と R_2 の並列回路が二つ直列接続された**解図**のような回路になる．ここで，E_1 の負極側が電圧の零点であるから，節点 a, b の電圧 V_{a2}, V_{b2} は，それぞれ次式になる．

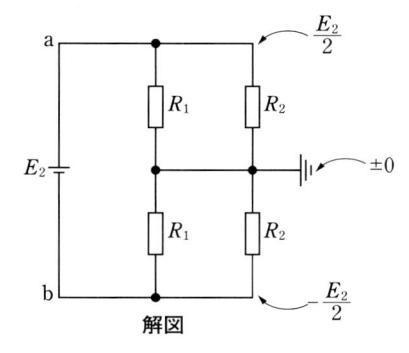

解図

$$V_{a2} = \frac{E_2}{2}, \quad V_{b2} = -\frac{E_2}{2} \quad \cdots (2)$$

よって，求める節点電圧 V_a, V_b は，(1), (2)式を重ねればよい．

$$V_a = V_{a1} + V_{a2} = \frac{E_1 + E_2}{2}, \quad V_b = V_{b1} + V_{b2} = \frac{E_1 - E_2}{2} \quad \textbf{(答)}$$

上側の R_1 に流れる電流を I_{1u}, 下側の R_1 に流れる電流を I_{1l} とすると，下記のように等しくなる．

$$I_{1u} = \frac{E_1 - V_a}{R_1} = \frac{E_1 - E_2}{2R_1}, \quad I_{1l} = \frac{V_b}{R_1} = \frac{E_1 - E_2}{2R_1} \quad \cdots (3) \quad \textbf{(答)}$$

(3)式から，$E_1 = E_2$ のとき，R_1 に流れる電流は零となる．**(答)**

解法のポイント

① 電圧源 E_1 及び E_2 が単独に存在するとした場合の，a 及び b の節点電圧を求める．その際，存在しないとした方の電源は短絡する．

② E_1 及び E_2 について求めた結果を重ねて，a, b の節点電圧を求める．

③ ②で求めた節点電圧を用いて，二つの R_1 に流れる電流を求め，これが 0 となる条件を出す．

[補充問題] 対地電位の算出

図の回路の P 点の対地電位はいくらか．

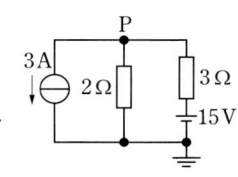

[解 答]

電圧源のみのとき，$2[\Omega]$ に流れる電流 I_1 は電流源を開放して，

$$I_1 = \frac{15}{3+2} = 3[A] \quad (上 \to 下)$$

電流源のみのとき，$2[\Omega]$ に流れる電流 I_2 は電圧源を短絡して，

$$I_2 = 3 \times \frac{3}{3+2} = 1.8[A] \quad (下 \to 上)$$

P 点の対地電位 V_P は，

$$V_P = (3 - 1.8) \times 2 = 2.4[V] \quad \textbf{(答)}$$

演習問題 3.3　Y-Δ変換，電圧源と電流源

図1に示す電流源の回路網を，Y－Δ変換及び電流源の電圧源への置換を用いて，図2のような電圧源 E_1, E_2 で，抵抗 R_A, R_B, R_C の直列回路に変換せよ．

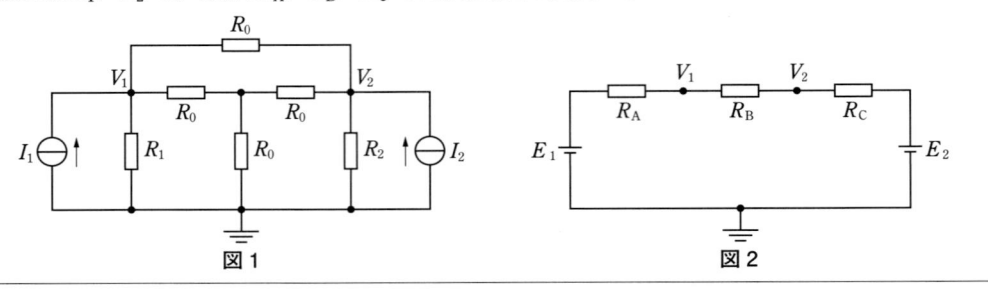

図1

図2

解答

中間部の抵抗 R_0 3個のY結線をΔ結線に変換すると，**解図1**のようになる．各抵抗 R_Δ は，

$$R_\Delta = \frac{R_0{}^2 + R_0{}^2 + R_0{}^2}{R_0} = 3R_0$$

次に，**解図1**を**解図2**のπ形回路に変換後の R_A, R_B, R_C は，

$$R_B = \frac{R_0 R_\Delta}{R_0 + R_\Delta} = \frac{R_0 \cdot 3R_0}{R_0 + 3R_0} = \frac{3}{4}R_0 \quad \text{(答)}$$

$$R_A = \frac{R_1 R_\Delta}{R_1 + R_\Delta} = \frac{3R_0 R_1}{3R_0 + R_1} \quad \text{(答)}$$

$$R_C = \frac{R_2 R_\Delta}{R_2 + R_\Delta} = \frac{3R_0 R_2}{3R_0 + R_2} \quad \text{(答)}$$

電流源 I_1, I_2 から，電圧源 E_1, E_2 への変換は，**解図3**の考え方により，

$$E_1 = R_A I_1 = \frac{3R_0 R_1 I_1}{3R_0 + R_1} \quad \text{(答)}$$

$$E_2 = R_C I_2 = \frac{3R_0 R_2 I_2}{3R_0 + R_2} \quad \text{(答)}$$

以上により，問図2の等価回路が完成する．

[注] 問図1の R_0 3個のΔ結線をY結線に変換する方法もあるが，中央部にY結線が生じるので，もう一度Y－Δ変換が必要である．この方法は手間がかかるので，好ましくない．

解法のポイント

① 回路網の中間部にある R_0 3個のY結線をΔ結線に変換し，解図1のような回路にする．

② 次に，これを解図2のようなπ形の回路にまとめる．

③ 両側の電流源を，解図3のように電圧源に置換し，E_1, E_2, R_A, R_B, R_C を求める．

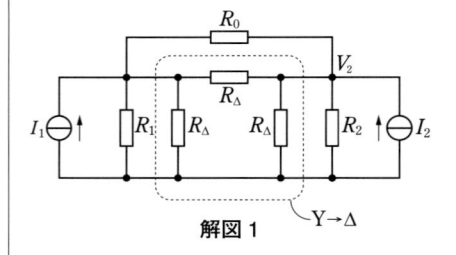

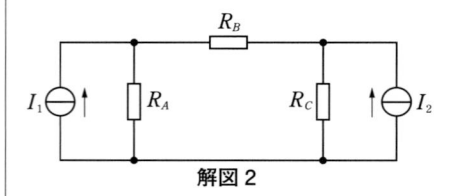

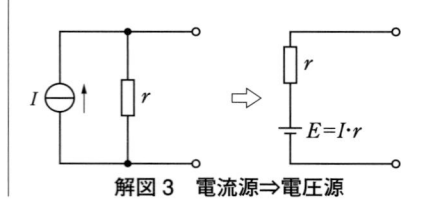

解図1　Y→Δ

解図2

解図3　電流源⇒電圧源

演習問題 3.4 節点電圧（ミルマンの定理）

図の直流回路で各部の電圧，電流の正方向を図示のように定めた．N点の節点電圧 V_N を求めて，各枝路の電流 I_1, I_2, I_3 を導け．ただし，$E_1 = 4 [V]$，$E_2 = 2 [V]$，$E_3 = 1 [V]$，$R_1 = 0.25 [\Omega]$，$R_2 = 0.1 [\Omega]$，$R_3 = 0.1 [\Omega]$ とする．

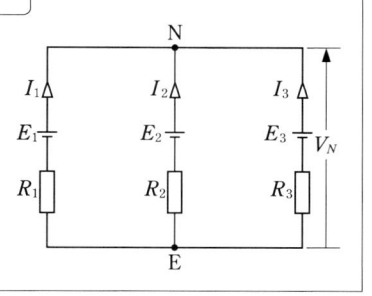

解 答

NE間の電圧を V_N とすると，電流 I_1 が流れる枝路については，
$$V_N = E_1 - R_1 I_1 \quad \cdots (1)$$
同様にして，I_2, I_3 が流れる枝路については，
$$V_N = E_2 - R_2 I_2 \quad \cdots (2), \quad V_N = E_3 - R_3 I_3 \quad \cdots (3)$$
節点Nでは，電流の総和は零である．(1)〜(3)式から，
$$I_1 + I_2 + I_3 = \frac{E_1 - V_N}{R_1} + \frac{E_2 - V_N}{R_2} + \frac{E_3 - V_N}{R_3} = 0$$
$$\frac{E_1}{R_1} + \frac{E_2}{R_2} + \frac{E_3}{R_3} = V_N \left(\frac{1}{R_1} + \frac{1}{R_2} + \frac{1}{R_3} \right) \quad \cdots (4)$$
よって，節点電圧 V_N は，(4)式から，
$$V_N = \frac{\dfrac{E_1}{R_1} + \dfrac{E_2}{R_2} + \dfrac{E_3}{R_3}}{\dfrac{1}{R_1} + \dfrac{1}{R_2} + \dfrac{1}{R_3}} = \frac{\dfrac{4}{0.25} + \dfrac{2}{0.1} + \dfrac{1}{0.1}}{\dfrac{1}{0.25} + \dfrac{1}{0.1} + \dfrac{1}{0.1}}$$
$$= \frac{16 + 20 + 10}{4 + 10 + 10} = \frac{46}{24} \fallingdotseq 1.917 [V] \quad \cdots (5) \quad \textbf{(答)}$$

ゆえに，電流 I_1, I_2, I_3 は，(1)〜(3)式から，
$$I_1 = \frac{E_1 - V_N}{R_1} = \frac{4 - 1.917}{0.25} \fallingdotseq 8.33 [A] \quad \textbf{(答)}$$
$$I_2 = \frac{E_2 - V_N}{R_2} = \frac{2 - 1.917}{0.1} \fallingdotseq 0.83 [A] \quad \textbf{(答)}$$
$$I_3 = \frac{E_3 - V_N}{R_3} = \frac{1 - 1.917}{0.1} \fallingdotseq -9.17 [A] \quad \textbf{(答)}$$

I_3 は，NからEの向きに逆に流れる．
なお，上記の V_N の(5)式が**ミルマンの定理**である．

解法のポイント

① 節点Nには，電流 I_1, I_2, I_3 が流れ込むが，その総和はキルヒホッフの第一法則により零である．

② I_1, I_2, I_3 の方程式を立て，その和から節点電圧 V_N を求める．

③ V_N から，I_1, I_2, I_3 を求める．

解 説

本問の解法は，**ノード法**を適用したものにほかならない．このように節点（ノード）の電圧を定めて各辺の電流を求めるのがノード法である．ループ法に比べて，式が機械的に立てやすい．また，ループ法のように他の辺の電流に注意しなくてもよいのが利点である．ゆえに，大規模回路のコンピュータ処理に適している．

演習問題 3.5 回路網の抵抗

図1，図2のような無限に長いはしご形回路がある．(1)図1，(2)図2の合成抵抗を求めよ．なお，図1の回路は図示のように無限遠の末端では，$2R$ の並列である．

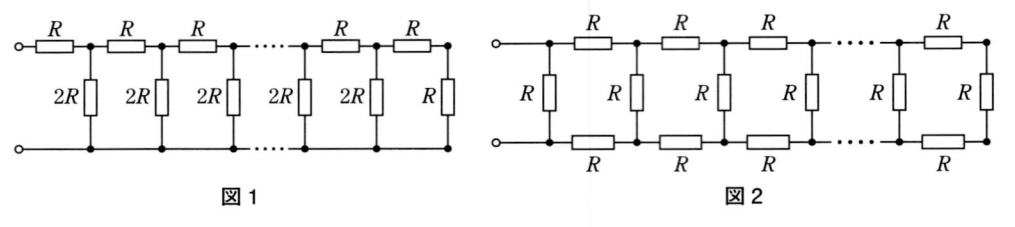

図1

図2

解答

(1) 合成抵抗を R_0 とすると，2段目以降の合成抵抗も R_0 とみなせる．よって，**解図1**のような等価回路が描ける．これより，次式が成り立つ．

$$R_0 = R + \frac{2RR_0}{2R+R_0} = \frac{2R^2+RR_0+2RR_0}{2R+R_0} = \frac{2R^2+3RR_0}{2R+R_0} \quad \cdots (1)$$

(1)式を整理すると，R_0 に関する次の2次方程式が導ける．

$$R_0^2 - RR_0 - 2R^2 = 0 \quad \cdots (2)$$

$$\therefore R_0 = \frac{R \pm \sqrt{R^2+8R^2}}{2} = \frac{R \pm 3R}{2} = 2R \quad \textbf{(答)}（負号不適）$$

(2) (1)と同様に考えると，**解図2**のような等価回路が描ける．これより，次式が成り立つ．

$$R_0 = \frac{R(2R+R_0)}{R+(2R+R_0)} = \frac{2R^2+RR_0}{3R+R_0}$$

$$\therefore 3RR_0 + R_0^2 = 2R^2 + RR_0 \quad \cdots (3)$$

(3)式を整理すると，R_0 に関する次の2次方程式が導ける．

$$R_0^2 + 2RR_0 - 2R^2 = 0 \quad \cdots (4)$$

$$\therefore R_0 = \frac{-2R \pm \sqrt{4R^2+8R^2}}{2} = -R \pm \sqrt{3}R$$

$$= (\sqrt{3}-1)R \fallingdotseq 0.732R \quad \textbf{(答)}（負号不適）$$

別解 問(1)

無限遠において，$2R$ の並列で合成が R となる．これがその手前の R とで $2R$ の直列になり，以下同様に考えると，簡単に $2R$ の答が出る．

解法のポイント

① 両回路とも無限に同じ形状で回路が続くので，2段目から見た合成抵抗も全体の合成抵抗と同じになる．

② 合成抵抗＝1段目の部分＋合成抵抗の式を立て，合成抵抗を求める．2次式になるので，有効な解を答とする．

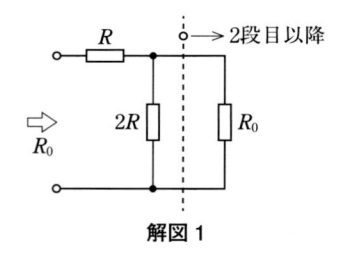

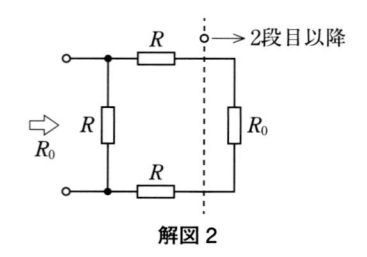

解図1

解図2

1.3 直流回路

演習問題 3.6　接地抵抗

図のような半径 a の半球状の金属導体が大地面に埋設されている．これに電流 I が流入し大地に向かって放射状に流出している．大地は一様とし，その抵抗率を ρ として，次の問に答えよ．

(1) 球の端部の点 A と中心 O から距離 $a+l$ だけ離れた地表面上の点 B との電位差はいくらか．

(2) この金属導体球の大地に対する接地抵抗を求めよ．

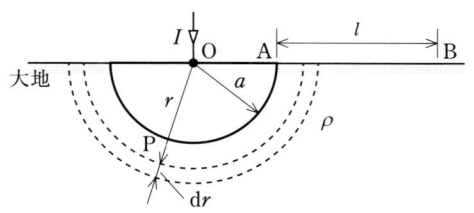

解答

(1) 球の中心 O から半径 r の点 P($r>a$) の電流密度 J は，電流 I が半球状に広がるから，

$$J = \frac{I}{2\pi r^2} \quad \cdots (1)$$

よって，点 P の電界の強さ E は，

$$E = \rho J = \frac{\rho I}{2\pi r^2} \quad \cdots (2)$$

これより，AB 間の電位差 V_{AB} は，(2)式を $a+l$ から a まで，E の逆方向に積分して，

$$V_{AB} = \int_{a+l}^{a} -E\,dr = \int_{a+l}^{a} -\frac{\rho I}{2\pi r^2}\,dr$$

$$= \frac{\rho I}{2\pi}\int_{a}^{a+l} \frac{1}{r^2}\,dr = \frac{\rho I}{2\pi}\left[\frac{-1}{r}\right]_{a}^{a+l} = \frac{\rho I l}{2\pi a(a+l)} \quad \cdots (3) \textbf{(答)}$$

(2) 導体球の接地抵抗 R は，無限遠に対する球の電位 V から求める．V の基準点は無限遠である．(2)式から，

$$V = \int_{\infty}^{a} -\frac{\rho I}{2\pi r^2}\,dr = \frac{\rho I}{2\pi}\left[\frac{-1}{r}\right]_{a}^{\infty} = \frac{\rho I}{2\pi}\left(-\frac{1}{\infty}+\frac{1}{a}\right) = \frac{\rho I}{2\pi a} \quad \cdots (4)$$

よって，接地抵抗 R は，

$$R = \frac{V}{I} = \frac{\rho}{2\pi a} \quad \textbf{(答)}$$

別解　問(2)

接地抵抗は，微小な半球殻抵抗 dR の直列接続として，これを a から無限遠まで積分することによっても求められる．

$$dR = \frac{\rho}{2\pi r^2}\,dr \quad \therefore R = \int_{a}^{\infty} dR = \frac{\rho}{2\pi}\int_{a}^{\infty}\frac{dr}{r^2} = \frac{\rho}{2\pi a}$$

解法のポイント

① 電流は電気力線と同じく放射状に広がる．電流密度 J と電界の強さ E は，抵抗率を ρ とすると，$E=\rho J$ である．

② 静電界と類似の方法で電位を求めることができる．電流の方向に逆らって積分を行う．

③ 接地抵抗は，球表面の電位を求めて，これを I で割ればよい．

解説

問(1)で求めた導体近傍の電位差は，変電所などで避雷器等の大電流の接地極を埋設する場合に重要であり，**歩幅電圧**などの算定基礎になる．なお，接地抵抗は，解答からも分かるように，大地の抵抗率 ρ に影響される．これが高いところでは，接地抵抗を下げるために，接地極の等価半径 a を大きくしなければならない．また，周辺土壌の改良なども行われる．

1.4　交流回路

学習のポイント
　記号法による計算とベクトル図を描けることが最重要である．力率と有効・無効電力の関係が理解できること．三相交流では，Y, Δ結線の違いが理解できること，簡単な不平衡回路やひずみ波回路の計算ができることなどがポイントである．

―――――――― 重　要　項　目 ――――――――

1 正弦波交流

<u>交流では角速度ωの不変性がある</u>．

①　瞬時値 e

E_m を最大値[V]，$f=1/T$ を周波数[Hz]（T は周期[s]），θ を初期位相角[rad]，$\omega=2\pi f$[rad/s]を角速度とすると，

$$e = E_m \sin(\omega t + \theta) \text{ [V]} \tag{4-1}$$

②　交流の大きさ　<u>普通は実効値で表す</u>．

・実効値 E_e（2乗平均の平方根，RMS値）

$$E_e = E_m/\sqrt{2} \tag{4-2}$$

・平均値 E_a（半波の平均をとる）

$$E_a = E_m/(\pi/2) \fallingdotseq 0.637 E_m \tag{4-3}$$

波高率 $= E_m/E_e$，　波形率 $= E_e/E_a$ (4-4)

③　記号法

実効値，初期位相角 θ で交流を表現．

$$e = \sqrt{2} E \sin(\omega t + \theta) \rightarrow \dot{E} = Ee^{j\theta} \tag{4-5}$$

・ベクトルオペレータ j

　×j は 90 度進み，÷j は 90 度遅れを表す．微分 d/dt は $j\omega$ の掛算，積分 $\int dt$ は $j\omega$ の割算に相当する．

2 交流回路のオームの法則

　インピーダンス Z[Ω]，アドミタンス Y[S]の導入により，直流回路の諸定理（p.29参照）を形式的に適用できる．

・$\dot{Z} = R + jX$

　　R：抵抗，X：リアクタンス

・$\dot{Y} = G + jB$

　　G：コンダクタンス，B：サセプタンス

$$V = ZI \text{ [V]}, \quad I = YV \text{ [A]} \tag{4-6}$$

3 回路素子の性質

①　抵　抗 R

$\dot{V} = R\dot{I}$[V]　　同相．

②　インダクタンス L

$\dot{V} = j\omega L \dot{I}$[V]　　I は <u>90度遅れ</u>．

誘導性リアクタンス：$jX_L = j\omega L$[Ω]

③　静電容量 C

$\dot{I} = j\omega C \dot{V}$[A]　　I は <u>90度進み</u>．

容量性リアクタンス：$-jX_C = 1/j\omega C$[Ω]

4 交流電力

Q は進み，遅れについて，符号に注意．

①　皮相電力 P_a

次式の複素電力で表す．

$$P_a = P \pm jQ \text{ [V·A]} \tag{4-7}$$

・有効電力 P

$$P = EI\cos\theta = I^2 R \text{ [W]} \tag{4-8}$$

・無効電力 Q

$$Q = EI\sin\theta = I^2 X \text{ [var]} \tag{4-9}$$

②　複素数表示

$\dot{E} = Ee^{j\phi}$, $\dot{I} = Ie^{j(\phi-\theta)}$ で，Q は <u>容量性が正とすると</u>，次式で示せる．

$$P_a = \overline{E}I = EIe^{-j\theta} = P \pm jQ \tag{4-10}$$

③ 力率(pf), 力率角

$P = EI\cos\theta$ の $\cos\theta$ が力率，θ が力率角＝インピーダンス角である．

$$\cos\theta = R/Z \quad \sin\theta = X/Z \tag{4-11}$$

$X > 0$ 遅れ力率，$X < 0$ 進み力率．

5 共振回路（共振時は虚部 = 0）

① 直　列

$$\dot{Z} = R + j\left(\omega L - \frac{1}{\omega C}\right)$$

$$\omega_0 L = 1/\omega_0 C, \quad f_0 = 1/2\pi\sqrt{LC} \tag{4-12}$$

・共振の鋭さ Q

$$Q = \frac{\omega_0 L}{R} = \frac{1}{\omega_0 CR} \tag{4-13}$$

② 並　列

$$\dot{Y} = \frac{1}{R} + j\left(\omega C - \frac{1}{\omega L}\right)$$

6 対称三相交流（単相交流×3個分）

瞬時値の総和は常に零．E_1, E_2, E_3 は相順．

$$\dot{E}_1 = E, \quad \dot{E}_2 = E e^{-j\frac{2\pi}{3}} = a^2 E,$$
$$\dot{E}_3 = E e^{j\frac{2\pi}{3}} = aE \tag{4-14}$$

a は $2\pi/3$[rad]（120度）のベクトルオペレータ
× a：120度進み，÷ a：120度遅れ．

$$a = -\frac{1}{2} + j\frac{\sqrt{3}}{2}, \quad a^2 = -\frac{1}{2} - j\frac{\sqrt{3}}{2} \tag{4-15}$$

7 三相の結線方式

① 星形結線(Y)（図4-1）　線電流＝相電流
　線間電圧＝$\sqrt{3}$×相電圧，位相30度進み．

② 三角結線(Δ)（図4-2）　線間電圧＝相電圧
　線電流＝$\sqrt{3}$×相電流，位相30度遅れ．

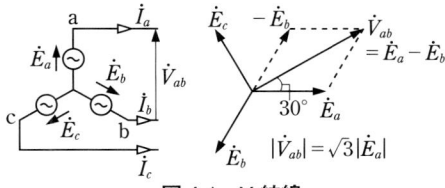

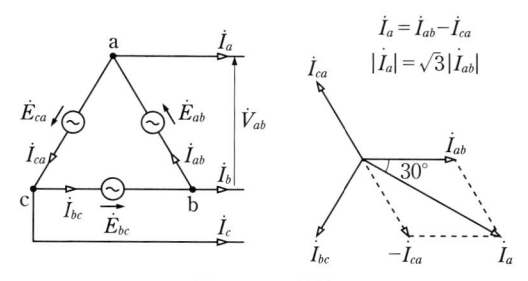

図4-1　Y結線

図4-2　Δ結線

8 三相電力

一相電力の3倍．

E：相電圧，V：線間電圧，I：相電流，I_l：線電流

① 有効電力

$$P = 3EI\cos\theta = \sqrt{3}VI_l\cos\theta \tag{4-16}$$

② 無効電力

$$Q = 3EI\sin\theta = \sqrt{3}VI_l\sin\theta \tag{4-17}$$

③ 複素数表示

Q の符号に注意．進みが正で次式．

$$P \pm jQ = 3\overline{E}_a \dot{I}_a \tag{4-18}$$

9 ひずみ波

正弦波の集合，**調波の独立性**．

$$y = A_0 + \sum A_n \sin(n\omega t + \varphi_n) \tag{4-19}$$

A_0：直流分，A_1：基本波，A_2 以上は高調波．
対称波には，直流分，偶数波を含まず．

① 実効値

$$I = \sqrt{I_0^2 + I_1^2 + I_2^2 + I_3^2 + \cdots} \tag{4-20}$$

② ひずみ率

$$k = \sqrt{I_2^2 + I_3^2 + \cdots}\Big/I_1 \quad (I_0 = 0) \tag{4-21}$$

③ 回路素子の取扱い

第 n 調波に対して，

$L \to jn\omega L, \quad C \to 1/jn\omega C, \quad R$ は不変
各調波で回路計算し，結果を重ねる．

④ 電　力

同一調波の電力を合計．

$$P = \sum E_n I_n \cos\theta \tag{4-22}$$

演習問題 4.1　単相回路

図のような単相交流回路において，端子 ab 間に 100[V]の単相交流電圧を加えた．次の問に答えよ．

(1) スイッチ S が開の状態のとき，コンデンサに流れる電流 $\dot{I}_1$ 及び電源電流 $\dot{I}$，端子 cd 間の電圧 $\dot{V}_{cd}$ を求めよ．

(2) 次に，スイッチ S を閉じたとき，電流 $\dot{I}_1$ 及び $\dot{I}$ はいくらになるか．

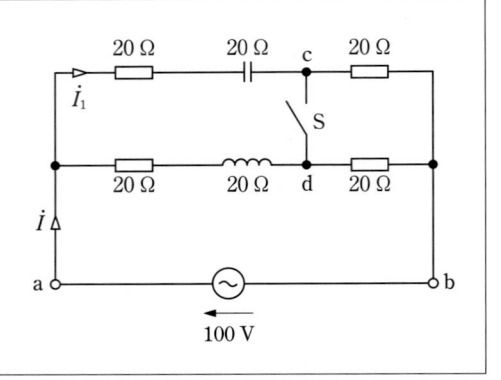

解 答

(1) 電源電圧を基準にとる．コンデンサに流れる電流 $\dot{I}_1$ は，

$$\dot{I}_1 = \frac{100}{20+20-j20} = \frac{100}{40-j20} = \frac{100(40+j20)}{(40-j20)(40+j20)}$$

$$= \frac{100}{40^2+20^2} \cdot (40+j20) = 0.05 \times (40+j20) = 2+j1 \,[\text{A}] \quad \text{(答)}$$

コイルに流れる電流 $\dot{I}_2$ は，

$$\dot{I}_2 = \frac{100}{20+20+j20} = \frac{100}{40+j20} = \frac{100(40-j20)}{(40+j20)(40-j20)}$$

$$= \frac{100}{40^2+20^2} \cdot (40-j20) = 0.05 \times (40-j20) = 2-j1 \,[\text{A}]$$

よって，電源電流 $\dot{I}$ は，

$$\dot{I} = \dot{I}_1 + \dot{I}_2 = (2+j1)+(2-j1) = 4 \,[\text{A}] \quad \text{(答)}$$

端子 cd 間の電圧 $\dot{V}_{cd}$ は，

$$\dot{V}_{cd} = 20 \cdot \dot{I}_1 - 20 \cdot \dot{I}_2 = 20 \times \{(2+j1)-(2-j1)\} = j40 \,[\text{V}] \quad \text{(答)}$$

(2) スイッチ S を閉じたときの ab 間の合成インピーダンス $\dot{Z}_{ab}$ は，

$$\dot{Z}_{ab} = \frac{(20-j20) \times (20+j20)}{(20-j20)+(20+j20)} + \frac{20}{2} = \frac{20^2+20^2}{40}+10 = 30 \,[\Omega]$$

よって，電源電流 $\dot{I}$ は，

$$\dot{I} = \frac{100}{\dot{Z}_{ab}} = \frac{100}{30} = \frac{10}{3} \,[\text{A}] \quad \text{(答)}$$

コンデンサに分流する電流 $\dot{I}_1$ は，

$$\dot{I}_1 = \dot{I} \times \frac{20+j20}{(20-j20)+(20+j20)} = \frac{10}{3} \times \frac{20+j20}{40} = \frac{5}{3}+j\frac{5}{3} \,[\text{A}] \quad \text{(答)}$$

解法のポイント

① 単純な並列回路なので，問(1)の S が開のときは，各枝路の電流を求めて，電源電流を出す．

② 端子 cd 間の電圧は，枝路の電流により，c 側の電位から d 側の電位を差し引く．b 側を電位の基準とする．

③ S を閉じたときは，合成インピーダンスを求めて電源電流を出し，コンデンサに流れる電流を求める．

解 説

本問の回路は，L の辺と C の辺のインピーダンスが共役の関係($20+j20[\Omega]$ と $20-j20[\Omega]$)にあるため，S を開いても閉じても電源電流 $\dot{I}$ は，大きさは変わるが有効分のみになる．

演習問題 4.2 相互インダクタンス

図のような自己インダクタンス L_1[H], L_2[H], 相互インダクタンス M[H]のコイルにインピーダンス $\dot{Z}$[Ω]が接続されている回路において，端子 AB 間に角周波数 ω[rad/s]の正弦波交流電圧 $\dot{E}$[V]を加えた．このとき，$\dot{Z}$ の両端の電圧 $\dot{E}_1$[V] を，L_1 及び M により示せ．ただし，$M^2 = L_1 L_2$ とする．

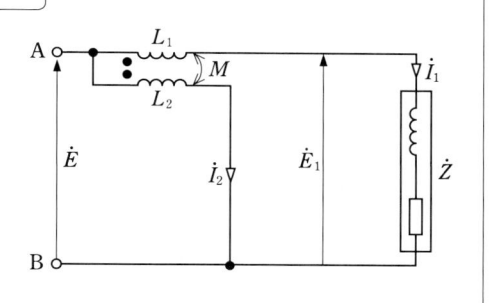

解答

相互インダクタンス M で結合された二つのコイルの一方に電流 I が流れると，他方のコイルには $j\omega MI$ なる電圧が誘起される．電圧の誘起は，二つのコイルに相互に作用する．よって，問題の回路では，図の $\dot{I}_1$, $\dot{I}_2$ により，次式の電圧平衡式が成り立つ．

$$(\dot{Z} + j\omega L_1)\dot{I}_1 + j\omega M \dot{I}_2 = \dot{E} \quad \cdots (1)$$

$$j\omega M \dot{I}_1 + j\omega L_2 \dot{I}_2 = \dot{E} \quad \cdots (2)$$

(1)式×L_2－(2)式×M の計算を行うと，$M^2 = L_1 L_2$ なので，

$$L_2(\dot{Z} + j\omega L_1)\dot{I}_1 - j\omega M^2 \dot{I}_1 = L_2 \dot{E} - M\dot{E}$$

$$\therefore \dot{I}_1 = \frac{L_2 - M}{\dot{Z}L_2 + j\omega(L_1 L_2 - M^2)}\dot{E} = \frac{L_2 - M}{\dot{Z}L_2}\dot{E} \quad \cdots (3)$$

よって，$\dot{E}_1$ は，

$$\dot{E}_1 = \dot{Z}\dot{I}_1 = \dot{Z} \cdot \frac{L_2 - M}{\dot{Z}L_2}\dot{E} = \left(1 - \frac{M}{L_2}\right)\dot{E}$$

$$= \left(1 - \frac{L_1 M}{L_1 L_2}\right)\dot{E} = \left(1 - \frac{L_1}{M}\right)\dot{E} \quad \text{(答)}$$

解法のポイント

① 相互インダクタンスの作用を理解する．他方の電流により，自己のコイルに電圧を誘起する．

② 電流 $\dot{I}_1$, $\dot{I}_2$ のそれぞれについて，電圧方程式を立て，$\dot{I}_1$ を求める．これに $\dot{Z}_1$ を掛けて，$M^2 = L_1 L_2$ の条件から，L_1 及び M により $\dot{E}_1$ を表す．

③ 相互インダクタンスでは，コイルの●印の方向に逆起電力が発生する．

解説

この場合の相互インダクタンスは完全結合である．また，答の式からも分かるように，$\dot{Z}$ の両端の電圧 $\dot{E}_1$ は $\dot{Z}$ の値に関係せず，常に定電圧である．定電圧回路として使われる．

コラム　相互インダクタンスの極性

相互インダクタンス M には問図のように●印が付いている．この●印を**極性符号**という．●印から電流が入ったときに，●印に向かって相互誘起電力が生じる．電流が両回路とも●印から流れ込む（または流れ出す）場合，$M > 0$ となり，そうでないときは $M < 0$ である．

演習問題 4.3 負荷の最大電力

図のような回路において，負荷 R_L に供給される電力を最大にするための，インダクタンス L と静電容量 C の値を求めよ．ただし，$R_L > R_0$ とし，電源の角周波数を ω とする．

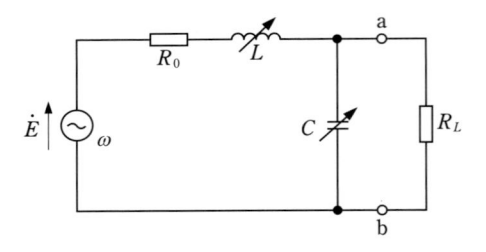

解 答

負荷の端子 ab から電源側を見たアドミタンス $\dot{Y} = g + jb$ は，$R_0 + j\omega L$ と $1/j\omega C$ が並列であるから，

$$\dot{Y} = j\omega C + \frac{1}{R_0 + j\omega L} = j\omega C + \frac{R_0 - j\omega L}{R_0^2 + \omega^2 L^2}$$

$$= \frac{R_0}{R_0^2 + \omega^2 L^2} + j\left(\omega C - \frac{\omega L}{R_0^2 + \omega^2 L^2}\right) \quad \cdots (1)$$

すなわち，

$$g = \frac{R_0}{R_0^2 + \omega^2 L^2}, \quad b = \omega C - \frac{\omega L}{R_0^2 + \omega^2 L^2} \quad \cdots (2)$$

負荷側に最大電力を供給するためには，負荷と電源のアドミタンスが共役の関係にあればよい．よって，実部 g については，

$$\frac{R_0}{R_0^2 + \omega^2 L^2} = \frac{1}{R_L} \quad \therefore R_0^2 + \omega^2 L^2 = R_0 R_L \quad \cdots (3)$$

虚部については，$b = 0$ でなければならないから，(2)，(3)式から，

$$\omega C = \frac{\omega L}{R_0^2 + \omega^2 L^2} = \frac{\omega L}{R_0 R_L} \quad \therefore C = \frac{L}{R_0 R_L} \quad \cdots (4)$$

よって，L は(3)式から，C は(4)式から求まる．

$$L = \frac{1}{\omega}\sqrt{R_0(R_L - R_0)} \quad \text{(答)}$$

$$C = \frac{1}{\omega R_L}\sqrt{\frac{R_L - R_0}{R_0}} \quad \text{(答)}$$

解法のポイント

① 交流回路において，負荷に最大電力を供給するためには，負荷と電源のインピーダンス（またはアドミタンス）が共役の関係にあればよい．
② 電源側が並列回路なので，アドミタンスを求めて展開する．本問では，負荷が純抵抗なので，虚部＝0．

コラム　負荷の最大電力

内部インピーダンス $\dot{z} = r + jx$ と負荷インピーダンス $\dot{Z} = R + jX$ が直列の場合，電圧 E を印加すると電力 P は，次式で示せる．

$$P = \frac{RE^2}{(r+R)^2 + (x+X)^2} \quad \cdots (5)$$

(5)式の分母が最小になれば，P は最大となる．まず，$x = -X$ とする．

$$\therefore P = \frac{RE^2}{r^2 + 2rR + R^2}$$

$$= \frac{E^2}{(r^2/R) + 2r + R} \quad \cdots (6)$$

(6)式から代数定理により，$r = R$ のとき分母が最小．これより，次式のときに P は最大となる．

$$\dot{Z} = R + jX = r - jx \quad \cdots (7)$$

演習問題 4.4 交流電力

図のような，抵抗と誘導性リアクタンスの直列回路に実効値200[V]の交流電圧V_0を加える．このとき，$V_1=75$[V]，$V_2=150$[V]であった．$R_2=50$[Ω]として，次の問に答えよ．

(1) R_1 及び X_1 の大きさはいくらか．

(2) 電源から供給される有効電力及び無効電力はいくらか．

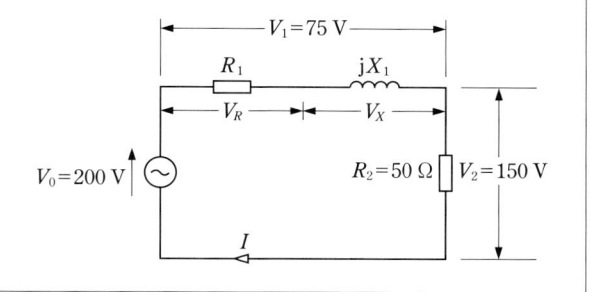

解 答

(1) 題意の回路について，電流Iを基準としてベクトル図を描くと，**解図**のように示せる．回路を流れる電流Iは，

$$I = \frac{V_2}{R_2} = \frac{150}{50} = 3 [\text{A}]$$

である．ゆえに，R_1 及び X_1 の部分のインピーダンス Z_1 は，

$$Z_1 = \frac{V_1}{I} = \frac{75}{3} = 25 [\Omega]$$

である．一方，解図から，

$$V_0^2 = (V_2 + V_1\cos\alpha)^2 + (V_1\sin\alpha)^2 = V_1^2 + V_2^2 + 2V_1V_2\cos\alpha$$

$$\therefore \cos\alpha = \frac{V_0^2 - V_1^2 - V_2^2}{2V_1V_2} = \frac{200^2 - 75^2 - 150^2}{2 \times 75 \times 150} \fallingdotseq 0.528$$

これらの結果から，R_1 及び X_1 は，

$R_1 = Z_1\cos\alpha = 25 \times 0.528 \fallingdotseq 13.2 [\Omega]$　**(答)**

$X_1 = Z_1\sin\alpha = 25 \times \sqrt{1 - 0.528^2} \fallingdotseq 21.2 [\Omega]$　**(答)**

(2) 電源から供給される有効電力 P，無効電力 Q は，

$P = I^2(R_1 + R_2) = 3^2 \times (13.2 + 50) \fallingdotseq 569 [\text{W}]$　**(答)**

$Q = I^2 X_1 = 3^2 \times 21.2 \fallingdotseq 191 [\text{var}]$　**(答)**

解図

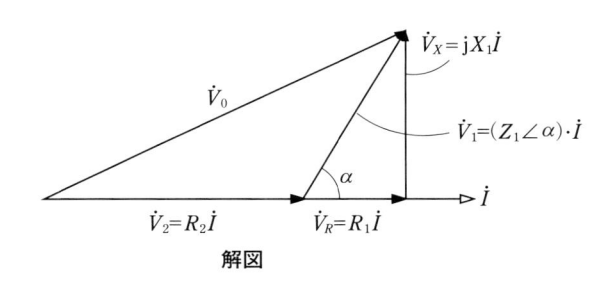

解法のポイント

① 本問は，**3電圧計法**の応用である．電流Iを基準としてベクトル図を描く（解図）．

② ベクトル図から，電圧平衡式を立て，R_1 及び X_1 の部分のインピーダンス Z_1 のインピーダンス角 α を求める．

③ $R_1 = Z_1\cos\alpha$，$X_1 = Z_1\sin\alpha$ として求める．

④ 有効電力 $P = I^2R$，無効電力 $Q = I^2X$ として求める．

解 説

3電圧計法は，既知抵抗R_2より負荷$(R_1 + jX_1)$の電力を求める方法である．**3電流計法**も同様な方法である．1.6節「電気計測」の項を参照．

演習問題 4.5　不平衡三相回路 1

対称三相電圧 $\dot{E}_{ab}=200\angle 0°\,[\text{V}]$，$\dot{E}_{bc}=200\angle 240°\,[\text{V}]$，$\dot{E}_{ca}=200\angle 120°\,[\text{V}]$ が，図のような負荷の端子 a，b，c に印加されている．負荷の端子 a-b 間には抵抗値が 20 [Ω] で可動接点 n を持つ抵抗が接続されており，その接点 n と負荷端子 c との間には抵抗値が 10 [Ω] の固定抵抗が接続されている．a-n 間の抵抗は長さに比例するものとし，分割の係数を $k\,(0\leq k\leq 1)$ とすると，a-n 間の抵抗値は $20k\,[\Omega]$，b-n 間の抵抗値は $20(1-k)\,[\Omega]$ になる．次の問に答えよ．

(1) 可動接点を $k=1/2$ の位置に設定した場合，各電流計は同じ値を示すが，このときの電流値と負荷の全電力はいくらか．

(2) 可動接点を $k=1$ の位置に設定した場合，b 相の電流計の指示値と負荷の全電力はいくらか．

(3) c 相の電流計の指示値は，$k=0$ の場合と $k=1$ の場合で同じ値になるが，この値は，$k=1/2$ としたときの値の何倍になるか．

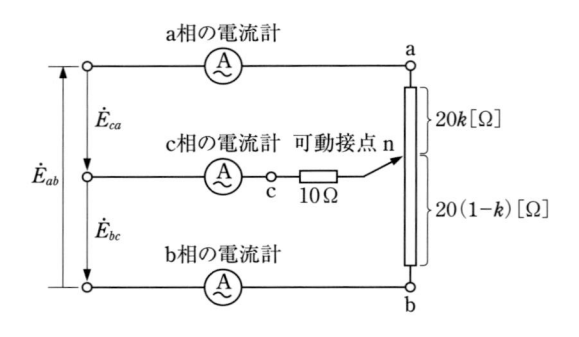

解　答

(1) $k=1/2$ の場合は，明らかに各相の抵抗が 10 [Ω] の Y 結線である．線間電圧 $E=200\,[\text{V}]$ なので，電流計の指示値，すなわち各線電流 I は，抵抗を R とすると，

$$I=\frac{E/\sqrt{3}}{R}=\frac{200/\sqrt{3}}{10}=\frac{20}{\sqrt{3}}\fallingdotseq 11.55\,[\text{A}] \quad \text{（答）}$$

この場合の負荷の全電力 P は，

$$P=3I^2R=3\times\left(\frac{20}{\sqrt{3}}\right)^2\times 10=4\,000\,[\text{W}] \quad \text{（答）}$$

(2) $k=1$ の場合は，a 相の抵抗 $R_a=20k=20\times 1=20\,[\Omega]$，b 相の抵抗 $R_b=0\,[\Omega]$，c 相の抵抗 $R_c=10\,[\Omega]$ となり，**解図**の回路となる．キルヒホッフの法則を適用すると，次式が成り立つ．

解法のポイント

① $k=1/2$ の場合は，各相の抵抗が 10 [Ω] なので平衡回路になり，簡単に電流と電力が求まる．

② $k=1$ の場合は，b 相の抵抗が零の不平衡負荷になる．題意の式から，a 相と c 相の抵抗を求め，キルヒホッフの式を立てる．a 相と c 相の電流を求め，これらから b 相の電流を出す．

③ ①，②で求めた c 相電流から，その比を出す．

$$\dot{I}_a + \dot{I}_b + \dot{I}_c = 0 \quad \cdots (1)$$
$$\dot{E}_{ab} = R_a \dot{I}_a = 20\dot{I}_a \quad \cdots (2)$$
$$\dot{E}_{bc} = -R_c \dot{I}_c = -10\dot{I}_c \quad \cdots (3)$$

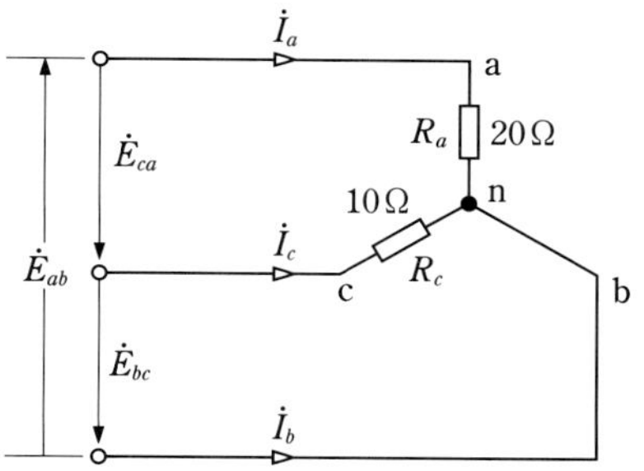

電源電圧は，次式である．
$$\dot{E}_{ab} = 200\angle 0° = 200 [\text{V}],$$
$$\dot{E}_{bc} = 200\angle 240° = 200 \times \left(-\frac{1}{2} - \text{j}\frac{\sqrt{3}}{2}\right) = -100(1 + \text{j}\sqrt{3})[\text{V}]$$

(2)，(3)式から，$\dot{I}_a$，$\dot{I}_c$ は，
$$\dot{I}_a = \frac{\dot{E}_{ab}}{20} = \frac{200}{20} = 10 [\text{A}]$$
$$\dot{I}_c = \frac{-\dot{E}_{bc}}{10} = \frac{100(1+\text{j}\sqrt{3})}{10} = 10(1+\text{j}\sqrt{3}) = 10\sqrt{1^2 + (\sqrt{3})^2}\angle \tan^{-1}\sqrt{3} = 20\angle \frac{\pi}{3} [\text{A}]$$

よって，(1)式から，$\dot{I}_b$ は，
$$\dot{I}_b = -(\dot{I}_a + \dot{I}_c) = -\{10 + 10(1 + \text{j}\sqrt{3})\} = -10(2 + \text{j}\sqrt{3})$$
$$= 10\sqrt{2^2 + (\sqrt{3})^2}\angle -\tan^{-1}\frac{\sqrt{3}}{2} = 10\sqrt{7}\angle -\tan^{-1}\frac{\sqrt{3}}{2} [\text{A}] \quad \therefore |\dot{I}_b| = 10\sqrt{7} [\text{A}] \quad \text{（答）}$$

このときの負荷の全電力 P は，
$$P = |\dot{I}_a|^2 R_a + |\dot{I}_c|^2 R_c = 10^2 \times 20 + 20^2 \times 10 = 2\,000 + 4\,000 = 6\,000 [\text{W}] \quad \text{（答）}$$

(3) c 相の電流 I_c は，$k=1$ のときに 20[A]，$k=1/2$ のときに $20/\sqrt{3}$ [A] なので，その比は，
$$\frac{20}{20/\sqrt{3}} = \sqrt{3} \text{ 倍} \quad \text{（答）}$$

コラム　電位の求め方

本問では，解答のように，キルヒホッフの法則により解くのが最も一般的であるが，**図 4-3** の Y 結線不平衡負荷では，**中性点電圧 $\dot{E}_n$** を次式のミルマンの定理で求めて，線電流を計算する方が簡単である．

$$\dot{E}_n = \frac{\dot{Y}_a \dot{E}_a + \dot{Y}_b \dot{E}_b + \dot{Y}_c \dot{E}_c}{\dot{Y}_a + \dot{Y}_b + \dot{Y}_c} \quad (4\text{-}23)$$

ここで，$\dot{Y}_a = 1/\dot{Z}_a$，$\dot{Y}_b = 1/\dot{Z}_b$，$\dot{Y}_c = 1/\dot{Z}_c$ である．$\dot{E}_n$ が分かると，各線電流は次式で求まる．

$$\left.\begin{array}{l}\dot{I}_a = \dfrac{\dot{E}_a - \dot{E}_n}{\dot{Z}_a} = \dot{Y}_a(\dot{E}_a - \dot{E}_n)\\[4pt]\dot{I}_b = \dot{Y}_b(\dot{E}_b - \dot{E}_n)\\[4pt]\dot{I}_c = \dot{Y}_c(\dot{E}_c - \dot{E}_n)\end{array}\right\} \quad (4\text{-}24)$$

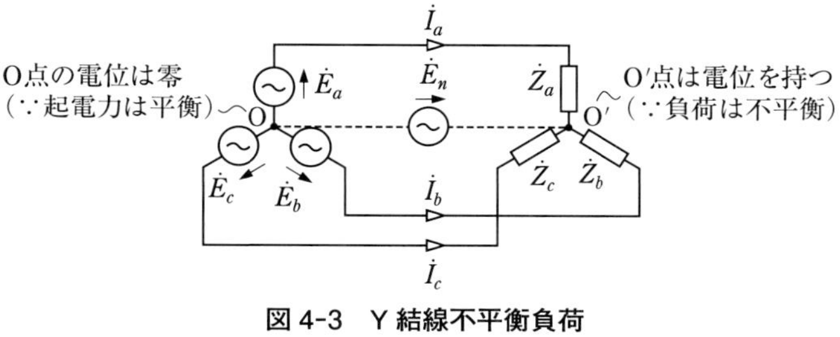

図 4-3　Y 結線不平衡負荷

演習問題 4.6　不平衡三相回路2

三相交流回路で，図のように△接続された不平衡負荷がある．インピーダンスは図示のとおりであり，電源は対称三相電源，$\dot{V}_{ab}=100\angle 0°$ [V]，$\dot{V}_{bc}=100\angle 240°$ [V]，$\dot{V}_{ca}=100\angle 120°$ [V] である．この場合の負荷各部の電流（相電流）及び各線電流を求めよ．

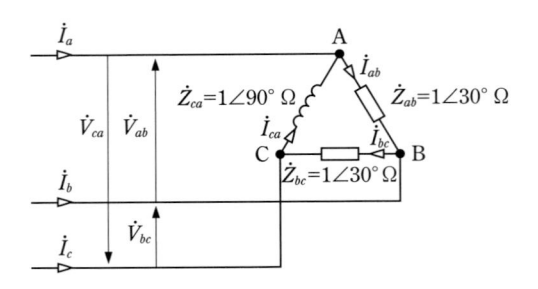

解答

(1) 負荷各部の電流（相電流）は，

$$\dot{I}_{ab}=\frac{\dot{V}_{ab}}{\dot{Z}_{ab}}=\frac{100\angle 0°}{1\angle 30°}=100\angle 330°\,[\text{A}] \quad \text{（答）}$$

$$\dot{I}_{bc}=\frac{\dot{V}_{bc}}{\dot{Z}_{bc}}=\frac{100\angle 240°}{1\angle 30°}=100\angle 210°\,[\text{A}] \quad \text{（答）}$$

$$\dot{I}_{ca}=\frac{\dot{V}_{ca}}{\dot{Z}_{ca}}=\frac{100\angle 120°}{1\angle 90°}=100\angle 30°\,[\text{A}] \quad \text{（答）}$$

(2) 各線電流は，負荷各部の電流を示す**解図**のベクトル図から，キルヒホッフの第一法則を適用して，以下のように求められる．

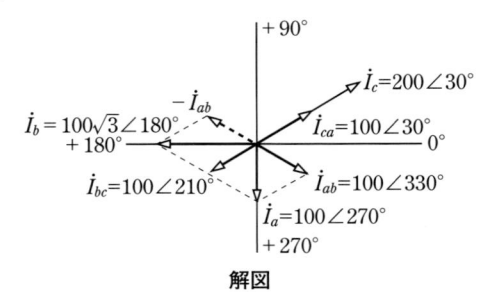

解図

$$\dot{I}_a=\dot{I}_{ab}-\dot{I}_{ca}=(100\angle 330°)-(100\angle 30°)=100\angle 270°\,[\text{A}] \quad \text{（答）}$$

$$\dot{I}_b=\dot{I}_{bc}-\dot{I}_{ab}=(100\angle 210°)-(100\angle 330°)=173\angle 180°\,[\text{A}] \quad \text{（答）}$$

$$\dot{I}_c=\dot{I}_{ca}-\dot{I}_{bc}=(100\angle 30°)-(100\angle 210°)=200\angle 30°\,[\text{A}] \quad \text{（答）}$$

解法のポイント

① 負荷各部の電流は，単純な△結線であるので，題意の数値から簡単に求められる．

② 負荷各部の電流のベクトル図を描き，接続点でキルヒホッフの第一法則を適用して各線電流を求める．

コラム　ベクトル軌跡

交流回路素子の一部が変化すると，V，I などが変化するが，変化の状態をベクトルの先端が描く軌跡で示したものがベクトル軌跡である．

① **直線**（$\dot{Z}$のベクトル軌跡）

$\dot{Z}=R+jX$ で，R または X が変化した場合．

② **円**（$\dot{Y}$のベクトル軌跡）

$\dot{Y}$ は $\dot{Z}$ の逆数である．その軌跡は直線の逆図形の円を描く．なお，$\dot{I}=\dot{Y}\dot{V}$ なので，V が一定なら，$\dot{I}$ の軌跡は $\dot{Y}$ の軌跡の相似形である．

1.4 交流回路

演習問題 4.7 高調波回路

図のような抵抗 $R_1[\Omega]$, $R_2[\Omega]$, インダクタンス $L[\mathrm{H}]$, 静電容量 $C[\mathrm{F}]$ の各素子からなる交流回路において，端子 a, b 間に角周波数 ω の基本波と第 3 調波を含む交流電圧 $\dot{E}[\mathrm{V}]$ を加えた．そのとき，抵抗 R_2 に流れる電流には第 3 調波が含まれなかった．次の問に答えよ．

(1) この回路の C はいくらか．ω と L で示せ．
(2) 基本波に対する回路全体のインピーダンスはいくらか．

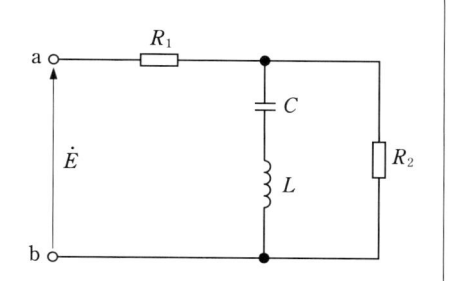

解 答

(1) 問題の回路を基本波，第 3 調波に分けて描くと，**解図 1**，**解図 2** のような回路になる．題意から，第 3 調波は，R_2 に流れないから，L と C の枝の合成インピーダンスが第 3 調波に対して零で，直列共振の状態である．よって，

$$3\omega L = \frac{1}{3\omega C} \quad \therefore C = \frac{1}{9\omega^2 L} \quad \cdots (1) \quad \textbf{(答)}$$

(2) 基本波に対する回路全体のインピーダンス $\dot{Z}_1$ は，(1)式で，$1/\omega C = 9\omega L$ の関係があるから，

$$\dot{Z}_1 = R_1 + \frac{R_2 \cdot \mathrm{j}\{\omega L - (1/\omega C)\}}{R_2 + \mathrm{j}\{\omega L - (1/\omega C)\}} = R_1 + \frac{-\mathrm{j}8\omega L R_2}{R_2 - \mathrm{j}8\omega L}$$

$$= R_1 + \frac{(8\omega L)^2 R_2}{R_2^2 + (8\omega L)^2} + \mathrm{j}\frac{-8\omega L R_2^2}{R_2^2 + (8\omega L)^2} \quad [\Omega] \quad \textbf{(答)}$$

解法のポイント

① R_2 に流れる電流には第 3 調波が含まれないから，第 3 調波に対して L と C の部分が直列共振であり，その合成インピーダンスが零である．第 3 調波に対してリアクタンスは，$3\omega L$, $1/3\omega C$ になる．これより，L と C の関係を求める．

② 基本波に対するインピーダンスの式に，①の関係を代入してまとめる．

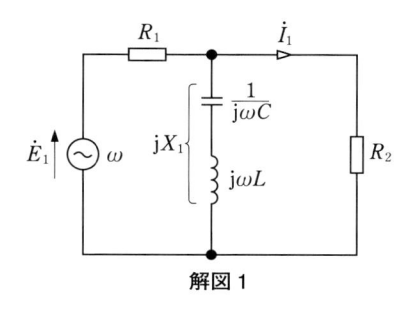

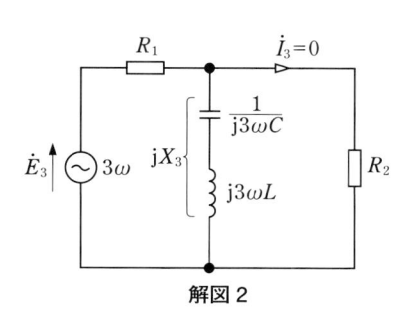

解図 1

解図 2

演習問題 4.8 非線形回路

図1は，$V_1 = R_1 I$ の電圧電流特性を持つ線形抵抗 R_1 と，$V_2 = \alpha I + \beta I|I|$ の電圧電流特性を持つ図2のような非線形抵抗 R_2 の直列接続に，直流電圧源 E を接続した回路である．次の問に答えよ．ただし，$E = 6[\text{V}]$，$R_1 = 0.8[\Omega]$，$\alpha = 2.2[\Omega]$，$\beta = 2/3[\text{V/A}^2]$ とし，$I > 0$ とする．

(1) R_1 と R_2 の両端電圧は，それぞれいくらか．
(2) 二つの抵抗で消費される電力はいくらか．

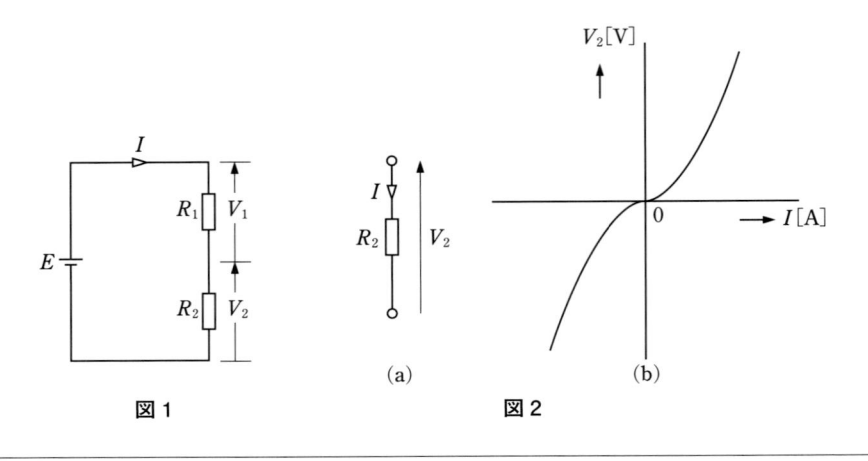

図1　図2

解 答

(1) 電圧源 E と，抵抗 R_1，R_2 の間で，$I > 0$ の条件から，題意の式により，次式の電圧平衡が成り立つ．

$$E = V_1 + V_2 = R_1 I + \alpha I + \beta I^2$$
$$\therefore (R_1 + \alpha)I + \beta I^2 = E \quad \cdots (1)$$

(1)式に，題意の値を代入すると，

$$(0.8 + 2.2)I + \frac{2}{3}I^2 = 6 \quad \therefore 2I^2 + 9I - 18 = 0 \quad \cdots (2)$$

(2)式を解くと，電流 I は，

$$I = \frac{-9 \pm \sqrt{9^2 + 4 \times 2 \times 18}}{2 \times 2} = \frac{-9 \pm \sqrt{225}}{4} = \frac{-9 \pm 15}{4} = 1.5[\text{A}]$$

（負号不適）

よって，V_1，V_2 は，

$V_1 = R_1 I = 0.8 \times 1.5 = 1.2[\text{V}]$　**（答）**
$V_2 = E - V_1 = 6 - 1.2 = 4.8[\text{V}]$　**（答）**

(2) 二つの抵抗で消費される電力 P は，
$P = EI = 6 \times 1.5 = 9[\text{W}]$　**（答）**

解法のポイント

① 非線形素子があっても，電源側と負荷側の電圧平衡は成り立つ．題意の式から，2次方程式を導き，電流 I を求める．両抵抗の電圧は，これより求まる．

② 電流 I に電圧源 E を掛ければ，電力 P が求まる．

別 解　問(2)

この場合の R_2 は，
$R_2 = V_2/I = 4.8/1.5 = 3.2[\Omega]$
となり，消費電力 P は，
$P = I^2(R_1 + R_2)$
$\quad = 1.5^2(0.8 + 3.2) = 9[\text{W}]$　**（答）**

演習問題 4.9 理想変圧器を含む回路

図の理想変圧器を含む交流回路において，抵抗 R で消費される電力を最大にするための理想変圧器の変圧比 n を求めよ．

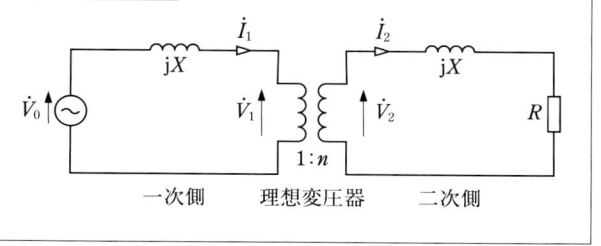

解答

理想変圧器の条件から，各部の電流，電圧は，

$$\dot{I}_2 = \frac{\dot{I}_1}{n}, \quad \dot{V}_2 = n\dot{V}_1, \quad \dot{I}_2 = \frac{\dot{V}_2}{R+jX} \quad \therefore \frac{\dot{I}_1}{n} = \frac{n\dot{V}_1}{R+jX} \quad \cdots (1)$$

これより，変圧器の一次側から二次側を見たインピーダンス $\dot{Z}_1$ は，(1)式から，

$$\dot{Z}_1 = \frac{\dot{V}_1}{\dot{I}_1} = \frac{R+jX}{n^2} \quad \cdots (2)$$

よって，一次電流 $\dot{I}_1$ は，

$$\dot{I}_1 = \frac{\dot{V}_0}{jX+\dot{Z}_1} = \frac{\dot{V}_0}{jX+\frac{1}{n^2}(R+jX)} = \frac{\dot{V}_0}{\frac{1}{n^2}R+j\left(1+\frac{1}{n^2}\right)X} \quad \cdots (3)$$

抵抗 R で消費される電力 P は，(3), (1)式から，

$$P = R\cdot|\dot{I}_2|^2 = R\cdot\left|\frac{\dot{I}_1}{n}\right|^2 = \frac{R}{n^2}\cdot\frac{|\dot{V}_0|^2}{\left|\frac{1}{n^2}R+j\left(1+\frac{1}{n^2}\right)X\right|^2}$$

$$= \frac{R|\dot{V}_0|^2}{\frac{R^2}{n^2}+\left(n+\frac{1}{n}\right)^2 X^2} \quad \cdots (4)$$

(4)式の分母を y とおくと，

$$y = \frac{1}{n^2}R^2 + \left(n+\frac{1}{n}\right)^2 X^2 \quad \cdots (5)$$

ここで，$dy/dn = 0$ の計算を行う．

$$\frac{dy}{dn} = -\frac{2}{n^3}R^2 + 2\left(n+\frac{1}{n}\right)\left(1-\frac{1}{n^2}\right)X^2$$

$$= -\frac{2}{n^3}R^2 + 2\left(n-\frac{1}{n^3}\right)X^2 = 0 \quad \cdots (6)$$

$$\therefore n^4 = \frac{R^2}{X^2}+1 \quad \therefore n = \sqrt[4]{1+\frac{R^2}{X^2}} \quad \text{(答)}$$

解法のポイント

① 理想変圧器は，損失や励磁電流が零の変圧器をいう．変圧比は変圧器の場合の巻数比と混同しないこと．本問では図示のように，一次：二次 = $1:n$ である．

② 理想変圧器の条件から，一次側から二次側を見たインピーダンス $\dot{Z}_1$ を算出する．

③ $\dot{Z}_1$ により，一次電流 $\dot{I}_1$ を求める．

④ 電力 $P = R|\dot{I}_2|^2$ であるが，$\dot{I}_2$ を $\dot{I}_1$ で表す．分母の式が n の関数であるので，これを微分して，P が最大となる n を求める．

[注] 本問は，負荷インピーダンスと共役な電源インピーダンスとすることが不可能なので，演習問題4.3のように，インピーダンスの整合では解けない．

ここで，d^2y/dn^2 の符号を調べる．

$$\frac{d^2y}{dn^2} = \frac{6R^2}{n^4} + 2\left(1+\frac{3}{n^4}\right)X^2$$

は正となり，(6)式は最小で，P は最大となる．

第1章 理論科目

1.5 過渡現象

学習のポイント

第二種では，過渡現象が本格的に出題される．回路の電圧平衡を理解して，微分方程式が立てられることや，解法の手順，初期条件が理解できることが重要となる．特に，RL回路とRC回路に重点を置いて学習する．

―――――― 重　要　項　目 ――――――

1 解法の手順

① 電圧平衡の微分方程式を立てる（2項参照）．
② 一般解＝過渡解＋定常解　　　　　　(5-1)
③ 過渡解：①の式を右辺＝0で解く．
④ 定常解：通常の回路計算で解を求める．
⑤ ③，④の結果を(5-1)式の形とし，**初期条件**$(t=0)$から，**積分定数を求める**．
⑥ 積分定数により，(5-1)式をまとめる．

2 素子の逆起電力

R，L，Cの各素子には次式の逆起電力が，電流iの逆方向に発生．起電力と平衡する．

$$e_R = Ri,\ e_L = L\frac{di}{dt},\ e_C = \frac{q}{C} = \frac{1}{C}\int i\,dt \quad (5\text{-}2)$$

$i = dq/dt$により，適宜，電荷qの式に展開可．

3 RL回路の過渡現象

① **電圧印加（図5-1）**

$E = e_R + e_L$の電圧平衡から，

$$L\frac{di}{dt} + Ri = E \quad (5\text{-}3)$$

$$i = \frac{E}{R}(1 - e^{-\frac{R}{L}t}) = I(1 - e^{-\frac{t}{T}})\,[\text{A}] \quad (5\text{-}4)$$

$I = E/R$は定常解．$T = L/R$[s]は，**時定数**で変化の度合いの目安．

Rの電力P_R，Lの電力P_L，全電力Pは，

$$P_R = Ri^2 = RI^2(1 - e^{-\frac{R}{L}t})^2\,[\text{W}] \quad (5\text{-}5)$$

$$P_L = L\frac{di}{dt}\cdot i = RI^2(1 - e^{-\frac{R}{L}t})e^{-\frac{R}{L}t}\,[\text{W}] \quad (5\text{-}6)$$

$$P = P_R + P_L = RI^2(1 - e^{-\frac{R}{L}t})\,[\text{W}] \quad (5\text{-}7)$$

Lの貯蔵エネルギー：P_Lを$t=0$から∞まで積分して求める．

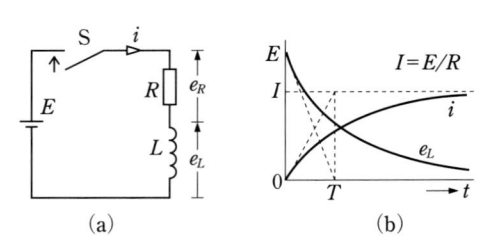

図5-1　RL回路の電圧印加

② **電圧除去（図5-2）**

(5-3)式の右辺＝0で解く．

$$i = \frac{E}{R}e^{-\frac{R}{L}t} = Ie^{-\frac{t}{T}}\,[\text{A}] \quad (5\text{-}8)$$

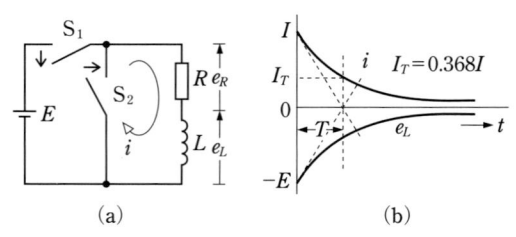

図5-2　RL回路の電圧除去

1.5 過渡現象

4 RC回路の過渡現象

① 電圧印加（図5-3）

$E = e_R + e_C$ で，電荷 q で式を立てる．

$$R\frac{dq}{dt} + \frac{q}{C} = E \tag{5-9}$$

$$q = CE(1 - e^{-\frac{t}{RC}})\,[\mathrm{C}] \tag{5-10}$$

$$i = \frac{dq}{dt} = \frac{E}{R}e^{-\frac{t}{T}}\,[\mathrm{A}] \tag{5-11}$$

$T = RC\,[\mathrm{s}]$ は時定数．C の電力 P_C は，

$$P_C = e_C \cdot i = \frac{q}{C}\frac{dq}{dt} \tag{5-12}$$

Cの貯蔵エネルギー：P_C を $t=0$ から ∞ まで積分して求める．

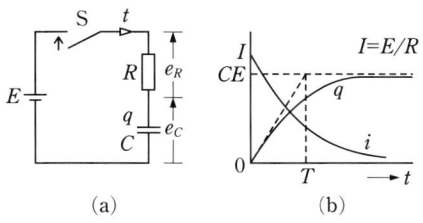

図5-3 RC回路の電圧印加

5 LC回路

電荷 q の式を立てる（図5-4）．

$$L\frac{d^2q}{dt^2} + \frac{q}{C} = E \tag{5-13}$$

過渡解 $q_t = Ae^{pt}$ の形を仮定して p を求める．オイラーの公式 $e^{\pm j\theta} = \cos\theta \pm j\sin\theta$ により，三角関数の形式にする．$t=0$ で，$i=0$，$q=0$ から，

$$q = CE\left(1 - \cos\frac{t}{\sqrt{LC}}\right)[\mathrm{C}] \tag{5-14}$$

$$i = \frac{E}{\sqrt{L/C}}\sin\frac{t}{\sqrt{LC}}\,[\mathrm{A}] \tag{5-15}$$

証明は p.51 のコラムを参照．

6 RLC回路

電荷を q として，次式が成り立つ（図5-5）．

$$L\frac{d^2q}{dt^2} + R\frac{dq}{dt} + \frac{q}{C} = E \tag{5-16}$$

過渡解 $q_t = Ae^{pt}$ の形を仮定し，$E=0$ とすると，

$$Lp^2 + Rp + (1/C) = 0 \tag{5-17}$$

が得られ，これを解くと一般解 q, i は，積分定数を K_1, K_2 として，形式的に，

$$q = CE + K_1 e^{p_1 t} + K_2 e^{p_2 t} \tag{5-18}$$

$$i = K_1 p_1 e^{p_1 t} + K_2 p_2 e^{p_2 t} \tag{5-19}$$

となるが，判別式 $R^2 - (4L/C)$ の正負により，解は，以下の3種類になる．i の変化は図5-6になる．

① 実数解（非振動的） $R^2 > 4L/C$
② 共役複素解（振動的） $R^2 < 4L/C$
③ 重解（臨界的） $R^2 = 4L/C$

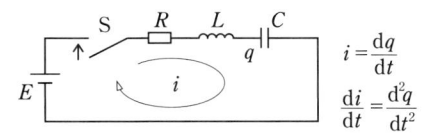

図5-5 RLC回路の電圧印加

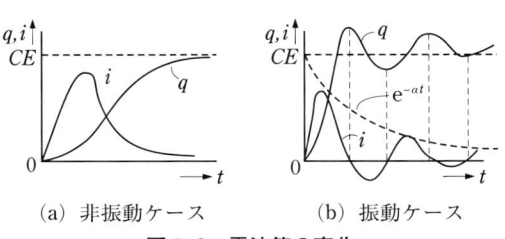

(a) 非振動ケース　　(b) 振動ケース

図5-6 電流等の変化

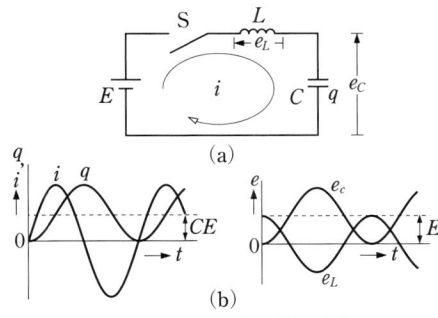

図5-4 LC回路の電圧印加

演習問題 5.1　RL 回路 1

抵抗 R_1, R_2 及びインダクタンス L を図のように接続した回路がある．時刻 $t=0$ においてスイッチ S を閉じた．S を投入する以前に回路に電流は流れていないものとして，次の問に答えよ．

(1) L に流れる電流 i_1 及びその時定数を求めよ．
(2) 定常状態に達するまでに L に貯蔵されるエネルギーを，L に発生する逆起電力と，L の通過電流から求めよ．

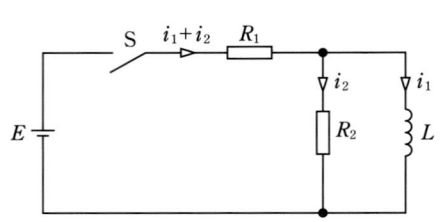

解答

(1) 問図から，次のような式が得られる．

$$R_1(i_1+i_2) + L\frac{di_1}{dt} = E \quad \cdots (1)$$

$$L\frac{di_1}{dt} - R_2 i_2 = 0 \quad \therefore i_2 = \frac{L}{R_2}\cdot\frac{di_1}{dt} \quad \cdots (2)$$

(2)式を(1)式に代入して整理すると，

$$L\left(\frac{R_1+R_2}{R_2}\right)\frac{di_1}{dt} + R_1 i_1 = E \quad \cdots (3)$$

(3)式で $E=0$ として，過渡解 i_t を変数分離により求める．

$$\frac{di_t}{i_t} = -\frac{R_1 R_2}{L(R_1+R_2)}dt, \quad \int\frac{di_t}{i_t} = \int -\frac{R_1 R_2}{L(R_1+R_2)}dt$$

$$\log i_t = -\frac{R_1 R_2}{L(R_1+R_2)}t + K \quad \therefore i_t = Ae^{-\frac{R_1 R_2}{L(R_1+R_2)}t} \quad \cdots (4)$$

(4)式で，K, A は積分定数である．次に，定常解 i_s は，R_2 が L で短絡されているから，

$$i_s = \frac{E}{R_1} \quad \cdots (5)$$

よって，求める一般解 i_1 は，

$$i_1 = i_t + i_s = Ae^{-\frac{R_1 R_2}{L(R_1+R_2)}t} + \frac{E}{R_1} \quad \cdots (6)$$

$t=0$ において，$i_1=0$ の初期条件から，A を求める．(6)式から，

$$0 = A + \frac{E}{R_1} \quad \therefore A = -\frac{E}{R_1}$$

$$\therefore i_1 = \frac{E}{R_1}\left(1 - e^{-\frac{R_1 R_2}{L(R_1+R_2)}t}\right) = \frac{E}{R_1}\left(1 - e^{-\frac{t}{T}}\right) \quad \cdots (7) \quad \textbf{(答)}$$

(7)式で，$T = L(R_1+R_2)/R_1 R_2$ は時定数である．**(答)**

解法のポイント

① 回路の枝が二つあるので，i_1, i_2 に関して，二つの式を立てる．

② そのうち，i_2 を消去して，i_1 に関しての微分方程式とする．

③ i_1 に関して定常解，過渡解を求め，初期条件から積分定数を決定する．

④ 定常状態では i_1 は一定であることに着目して，L の端子電圧を考える．

⑤ L に貯蔵されるエネルギーは，L に発生する電力を積分して求める．題意からして，解答は，$LI^2/2$ の式（I は i_1 の定常値）で求めてはならない．

⑥ 素子種別に関係なく，素子の瞬時電力＝逆起電力×通過電流である．

(2) L に生じる瞬時電力 p_L は，L の逆起電力 e_L と電流 i_1 の積で示せる．(7)式から，

$$p_L = e_L \cdot i_1 = L\frac{di_1}{dt} \cdot i_1 = \frac{LE}{R_1} \cdot \frac{d}{dt}(1-e^{-\frac{t}{T}}) \cdot \frac{E}{R_1}(1-e^{-\frac{t}{T}})$$

$$= \frac{LE}{R_1} \cdot \frac{1}{T}e^{-\frac{t}{T}} \cdot \frac{E}{R_1}(1-e^{-\frac{t}{T}}) = \frac{LE^2}{R_1^2 T}(e^{-\frac{t}{T}} - e^{-\frac{2t}{T}}) \quad \cdots (8)$$

L の貯蔵エネルギー W_L は，(8)式を $t=\infty$ まで積分して，

$$W_L = \int_0^\infty p_L \, dt = \frac{LE^2}{R_1^2 T}\int_0^\infty (e^{-\frac{t}{T}} - e^{-\frac{2t}{T}}) \, dt$$

$$= \frac{LE^2}{R_1^2 T}\left[-Te^{-\frac{t}{T}} + \frac{T}{2}e^{-\frac{2t}{T}}\right]_0^\infty = \frac{LE^2}{R_1^2 T}\left(T - \frac{T}{2}\right) = \frac{LE^2}{R_1^2 T} \cdot \frac{T}{2} = \frac{LE^2}{2R_1^2} \quad \text{(答)}$$

解 説

答の式で，E/R_1 は定常電流にほかならない．これを I とすると，$W_L = LI^2/2$ となり，磁気で学習した貯蔵エネルギーの式になる．

コラム *LC 回路の解法*

p.49 図 5-4 の LC 回路では，次式が成り立つ．

$$L\frac{d^2 q}{dt^2} + \frac{1}{C}q = E \quad \cdots (1)$$

過渡解 $q_t = Ae^{pt}$ と仮定すると，

$$\frac{d^2 q_t}{dt^2} = Ap^2 e^{pt}$$

となるから，(1)式で $E=0$ では，

$$\left(Lp^2 + \frac{1}{C}\right)q_t = 0 \quad \cdots (2)$$

(2)式で $q_t \neq 0$ では，$p = \pm j(1/\sqrt{LC})$

$$\therefore q_t = A_1 e^{jt/\sqrt{LC}} + B_1 e^{-jt/\sqrt{LC}} \quad \cdots (3)$$

$e^{\pm j\theta} = \cos\theta \pm j\sin\theta$ を用いると，(3)式は，

$$q_t = A_2 \cos\frac{t}{\sqrt{LC}} + B_2 \sin\frac{t}{\sqrt{LC}} \quad \cdots (4)$$

の形式となる．A_1，B_1，A_2，B_2 は積分定数．

定常解 $q_s = CE$ なので，一般解 q，i は，

$$q = CE + A_2 \cos\frac{t}{\sqrt{LC}} + B_2 \sin\frac{t}{\sqrt{LC}}$$

$$i = \frac{dq}{dt} = \frac{1}{\sqrt{LC}}\left(B_2 \cos\frac{t}{\sqrt{LC}} - A_2 \sin\frac{t}{\sqrt{LC}}\right)$$

$t=0$ で，$i=0$，$q=0$ から，$A_2 = -CE$，$B_2 = 0$ となるから，(5-14)，(5-15)式が導ける．

RLC 回路の解法も上記の類似である．(5-17)式の特性方程式の解は，

$$p = \frac{-R \pm \sqrt{R^2 - (4L/C)}}{2L} = -\alpha \pm \beta \quad \cdots (5)$$

となるから，これを(5-18)，(5-19)式に当てはめて，積分定数を決めればよい．共役複素解の場合は，オイラーの公式を用いて，

$$q = CE + CEe^{-\alpha t}(A_1 \cos\beta t + A_2 \sin\beta t) \cdots (6)$$

の形とする．重解では，

$$q_t = (K_1 + K_2 t)e^{-\alpha t} \quad \cdots (7)$$

の形として積分定数を求める．

第1章　理論科目

演習問題 5.2　RL回路2

図の抵抗 R_1，R_2 及びインダクタンス L を電流源 I に接続した回路において，時間 $t<0$ ではスイッチは b 側にあり，回路は定常状態である．$t=0$ でスイッチを b から a に切り換えた．電流 i_2 及び電圧 v_L の時間的変化を示せ．

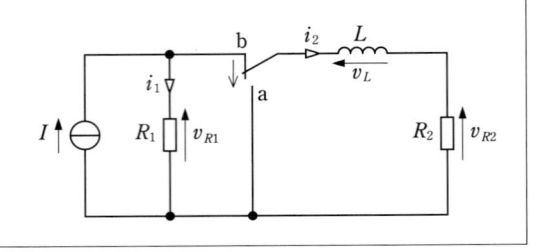

解答

$t=0$ でスイッチを b から a に切り換えた後は，
$$L\frac{di_2}{dt} + R_2 i_2 = 0 \quad \cdots (1)$$

(1)式を前問と同様に解くと，
$$i_2 = Ae^{-\frac{R_2}{L}t} \quad (A\text{は積分定数}) \quad \cdots (2)$$

積分定数 A を求めるために，$t=0$ での i_2 を求める．$t=0$ では，
$$i_1 + i_2 = I, \quad R_1 i_1 = R_2 i_2 \quad \cdots (3)$$
$$\therefore i_2\bigg|_{t=0} = \frac{R_1}{R_1+R_2} I \quad \cdots (4)$$

$t=0$ で(4)式の値を(2)式に代入すると，求める i_2 は，
$$i_2 = \frac{R_1}{R_1+R_2} I e^{-\frac{R_2}{L}t} \quad \cdots (5) \quad \textbf{(答)}$$

L の端子電圧 v_L は，問図の方向を正として，
$$v_L = L\frac{di_2}{dt} = -\frac{R_1 R_2}{R_1+R_2} I e^{-\frac{R_2}{L}t} \quad \cdots (6) \quad \textbf{(答)}$$

v_L は逆極性になることが分かる．

解法のポイント

① a に切換え後の i_2 に関して，微分方程式を立て，これを解く．過渡解の部分のみである．

② i_2 の初期値から，積分定数を定める．

③ L の端子電圧は，i_2 の微分を行えばよい．

解説

スイッチ切換え後，L に貯蔵されたエネルギーを源泉として，L の端子電圧 v_L は，問図とは逆方向の極性となり，(5)式に示す電流を流す．L の鎖交磁束は連続であるから，電流の方向は変わらない（p.48の図5-2(b)の e_L の極性に注意）．

演習問題 5.3　RC回路1

図のように，抵抗 R_1，R_2，静電容量 C 及び電圧源 E の回路がある．時刻 $t<0$ ではスイッチ S は開放状態にあり，C の電圧 v_c は $0.2E$ に充電されている．時刻 $t=0$ でスイッチ S を閉じた．次の問に答えよ．

(1) 抵抗 R_2 の端子電圧 v の式を示せ．
(2) 静電容量 C の端子電圧 v_c が，$0.5E$ になる時間を求めよ．答は，自然対数(log)のままでよい．

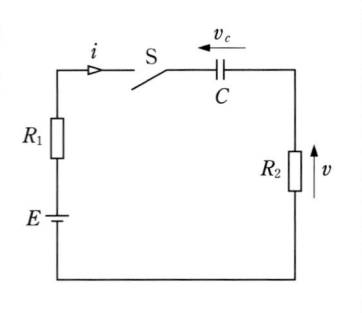

1.5 過渡現象

解　答

(1) スイッチ S を $t=0$ で閉じたとき，電流を i とすると，次式が成立する．

$$R_1 i + \frac{1}{C}\int i\,\mathrm{d}t + R_2 i = E \quad \cdots (1)$$

電荷を q とすると，$i = \mathrm{d}q/\mathrm{d}t$ なので，(1)式は，

$$(R_1+R_2)\frac{\mathrm{d}q}{\mathrm{d}t} + \frac{q}{C} = E \quad \cdots (2)$$

(2)式を変数分離で解くと，q は，定常解が CE なので，K を積分定数として，

$$q = CE + K\mathrm{e}^{-\frac{t}{C(R_1+R_2)}} \quad \cdots (3)$$

となる．よって，電流 i は，K_1 を積分定数として，次式になる．

$$i = \frac{\mathrm{d}q}{\mathrm{d}t} = K_1 \mathrm{e}^{-\frac{t}{C(R_1+R_2)}} \quad \cdots (4)$$

$t=0$ で $v_c = 0.2E$ なので，電流 i_{0+} は，

$$i_{0+} = \frac{E - v_c}{R_1 + R_2} = \frac{E - 0.2E}{R_1 + R_2} = \frac{0.8E}{R_1+R_2} \quad \cdots (5)$$

ゆえに，電流 i は次式になる．

$$i = \frac{0.8E}{R_1+R_2}\mathrm{e}^{-\frac{t}{C(R_1+R_2)}} \quad \cdots (6)$$

R_2 の端子電圧 v は，

$$v = iR_2 = \frac{0.8ER_2}{R_1+R_2}\mathrm{e}^{-\frac{t}{C(R_1+R_2)}} \quad \text{（答）}$$

(2) C の端子電圧 v_c は，

$$v_c = E - (R_1+R_2)i = E - 0.8E\mathrm{e}^{-\frac{t}{C(R_1+R_2)}} \quad \cdots (7)$$

となり，$v_c = 0.5E$ では，次式の展開となる．

$$0.5E = E - 0.8E\mathrm{e}^{-\frac{t}{C(R_1+R_2)}}$$

$$\therefore 0.8\mathrm{e}^{-\frac{t}{C(R_1+R_2)}} = 0.5,\quad \mathrm{e}^{-\frac{t}{C(R_1+R_2)}} = \frac{5}{8} = \frac{1}{1.6}$$

$$\therefore \frac{t}{C(R_1+R_2)} = \log 1.6 \quad \cdots (8)$$

よって，求める時間 t は，

$$t = \log 1.6 \times C(R_1+R_2) \quad \text{（答）}$$

解法のポイント

① S を $t=0$ で閉じたときの電圧平衡の式を立てる．電流 $i = \mathrm{d}q/\mathrm{d}t$ から，電荷 q の式とする．
② $t=0$ では $i = (E-v_c)/(R_1+R_2)$ であることから，積分定数を決める．
③ R_2 の端子電圧 v は，$v = iR_2$ で求める．
④ C の端子電圧 v_c は，E から R_1+R_2 の電圧降下を差し引く．
⑤ $v_c = 0.5E$ を代入して，時間を出す．

コラム　過渡現象の初期条件

初期条件の時間 $t=0$ は，正確には $t=0_+$ である．$t=0_+$ では，L は**電流阻止性**，C は**電圧阻止性**があり，下記のように考える．

① **RL 回路の電圧印加**　L の逆起電力 e_L は，$e_L = L(\Delta i/\Delta t)$ である．$\Delta i/\Delta t$ が $t=0_+$ で垂直に変化すると $e_L \to \infty$ となるから，i は 0 からある傾斜で上昇する．

② **RL 回路の電圧除去**　L に流れている電流により，Li の磁束が発生している．磁束は連続するから，$t=0_+$ ではスイッチの切換え前と同じ電流が流れる．

③ **RC 回路の電圧印加**　C の電荷 $q = Cv$ である．C の値は有限だから，q, v の垂直的な変化は不可能．$t=0_+$ からある傾斜で上昇する．電流 i は q の変化率 $\Delta q/\Delta t$ の値であるから，$t=0_+$ で垂直的に変化してよい．

④ **RC 回路の電圧除去**　スイッチ切換え前後で，電荷は保存される．

第1章　理論科目

演習問題 5.4　RC 回路 2

図の回路において，コンデンサの静電容量 C_1 及び C_2 は，それぞれ $C_1 = C$, $C_2 = 2C$ とする．スイッチ S_1 及び S_2 は閉じられ，回路は定常状態にある．時刻 $t = 0$ において，スイッチ S_1 及び S_2 を同時に開いた．次の問に答えよ．

(1) 抵抗 R に流れる電流 i の式を示せ．
(2) スイッチ開路後，定常状態になったとき，C_1 及び C_2 の電荷はいくらか．
(3) R で消費されたエネルギーはいくらか．

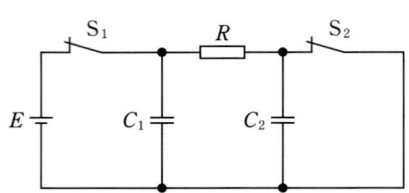

解答

(1) S_1 及び S_2 を閉じた定常状態では，電荷は C_1 のみに貯蔵され，その電荷は $C_1 E = CE$ である．

$t = 0$ において，S_1 及び S_2 を開いたときの回路は，C_1 の電荷を q_1，C_2 の電荷を q_2 とすると，**解図**である．解図から，電圧平衡により，$v_1 = Ri + v_2$ である．ここで，電流 i は，C_2 の電荷 q_2 の時間変化にほかならず，また，$v_1 = q_1/C_1$, $v_2 = q_2/C_2$ であるから，

$$\frac{q_1}{C} = R\frac{dq_2}{dt} + \frac{q_2}{2C} \quad \cdots (1)$$

両コンデンサの電荷の和は最初の電荷が保存されるから，

$$q_1 + q_2 = CE \quad \cdots (2)$$

(2)式を用いて，(1)式の q_1 を消去すると，

$$\frac{CE - q_2}{C} = R\frac{dq_2}{dt} + \frac{q_2}{2C} \quad \cdots (3)$$

$$\therefore R\frac{dq_2}{dt} + \frac{3q_2}{2C} = E \quad \cdots (4)$$

過渡解 q_{2t} は，(4)式の右辺 $= 0$ とおいて変数分離で解いて，

$$\log q_{2t} = -\frac{3}{2CR}t + K \quad (K \text{ は積分定数})$$

$$\therefore q_{2t} = Ae^{-\frac{3}{2CR}t} \quad (A \text{ は積分定数}) \quad \cdots (5)$$

定常解 q_{2s} は，(4)式で微分の項を零として求める．

$$q_{2s} = \frac{2}{3}CE \quad \cdots (6)$$

よって，一般解 q_2 は，

$$q_2 = q_{2s} + q_{2t} = \frac{2}{3}CE + Ae^{-\frac{3}{2CR}t} \quad \cdots (7)$$

解法のポイント

① S_1 及び S_2 を閉じた定常状態では，電荷は C_1 のみに貯蔵される．

② S_1 及び S_2 を開路後は，C_1 の電荷が R を通して C_2 にも貯蔵される．C_1 と R 及び C_2 の電圧平衡から，C_2 の電荷 q_2 を用いて微分方程式を立てる．このとき，最初の C_1 の電荷は保存される．

③ q_2 の微分方程式を解き，初期条件から積分定数を決定し，$i = dq_2/dt$ で，電流 i を求める．

④ ③の q_2 に関する式から，$t = \infty$ での C_1 及び C_2 の電荷を求める．

⑤ R での消費エネルギーは，$i^2 R$ を $t = \infty$ まで積分して求める．

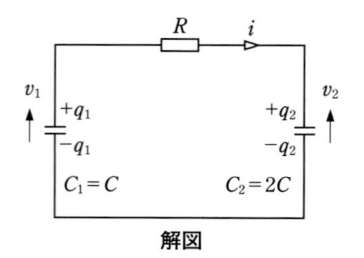

解図

$t=0$ において，$q_2=0$，$\therefore A=-2CE/3$，

$$\therefore q_2 = \frac{2}{3}CE\left(1-e^{-\frac{3}{2CR}t}\right) \quad \cdots (8)$$

電流 i は，(8)式を時間で微分して，

$$i = \frac{dq_{2t}}{dt} = \frac{2CE}{3}\cdot\frac{3}{2CR}e^{-\frac{3}{2CR}t} = \frac{E}{R}e^{-\frac{3}{2CR}t} \text{(答)}$$

(2) C_1 の定常状態での電荷 q_{1s} は，最初の電荷 CE から，(6)式に示す C_2 の電荷 q_{2s} を引けばよい．これらから，q_{1s}，q_{2s} は，

$$q_{1s} = CE - q_{2s} = CE - \frac{2}{3}CE = \frac{1}{3}CE \text{ (答)}$$

$$q_{2s} = \frac{2}{3}CE \text{ (答)}$$

(3) 定常状態までの R の消費エネルギー W は，

$$W = \int_0^\infty i^2 R\,dt = \int_0^\infty \left(\frac{E}{R}e^{-\frac{3}{2CR}t}\right)^2 R\,dt$$

$$= \frac{E^2}{R}\left(-\frac{CR}{3}\right)\left[e^{-\frac{3}{CR}t}\right]_0^\infty = \frac{1}{3}CE^2 \text{ (答)}$$

別 解 問(3)

最初の C_1 の貯蔵エネルギー W_1 と，開路後の系の貯蔵エネルギー W_2 の差 W_1-W_2 で求めてもよい．各自試みられよ．$W=Q^2/2C$ の公式を用いるとよい．

演習問題 5.5　RLC 回路 1

図のような，R_1，R_2，L，C からなる回路において，時刻 $t=0$ でスイッチ S を閉じた．このとき，電圧源 E から供給される電流 i が時間に無関係に一定となる条件と，そのときの電流を示せ．ただし，コンデンサの初期電荷は零とする．

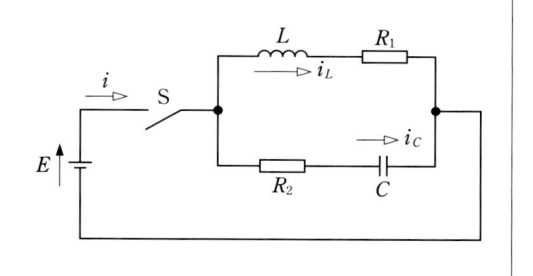

解 答

時刻 $t=0$ でスイッチ S を閉じたとき，L に流れる電流 i_L は時定数が L/R_1，C に流れる電流 i_C は時定数が R_2C なので，それぞれ次式で電流を示せる．

$$i_L = \frac{E}{R_1}\left(1-e^{-\frac{R_1}{L}t}\right) \quad\cdots(1) \qquad i_C = \frac{E}{R_2}e^{-\frac{1}{R_2C}t} \quad\cdots(2)$$

電圧源 E から供給される電流 i は，これらの和であるから，

$$i = i_L + i_C = \frac{E}{R_1} + E\left(\frac{1}{R_2}e^{-\frac{1}{R_2C}t} - \frac{1}{R_1}e^{-\frac{R_1}{L}t}\right) \quad\cdots(3)$$

となり，(3)式のカッコ内が 0 であれば，題意の条件が満たされる．これより，一定となる条件及び i は，

$$R_1 = R_2,\ R_1R_2 = \frac{L}{C} \text{ (答)} \qquad i = \frac{E}{R_1} \text{ (答)}$$

解法のポイント

① 本問の RLC 回路は，RL 回路と RC 回路の単純な並列なので，それぞれの電流を求め，これを加えれば電圧源からの電流が求まる．

② 上記①で求めた電流の式の過渡項が零であれば，電流が一定となる条件を満たす．

第 1 章　理論科目

演習問題 5.6　RLC 回路 2

図の RLC 回路において，時刻 $t=0$ でスイッチを閉じた．この回路に流れる電流を $i(t)$，静電容量 C のコンデンサの端子電圧を $v(t)$ として，この場合の過渡現象とエネルギーに関して，次の問に答えよ．ただし，$t<0$ では，$i(t)=0$，$v(t)=0$ とする．

(1) $t \geq 0$ での R の電圧降下 $Ri(t)$ を，E，$i(t)$，$v(t)$ を用いて示せ．

(2) $t \geq 0$ での電流 $i(t)$ を，$v(t)$ を用いて示せ．

(3) 時刻 t ($t>0$) までに抵抗 R が消費するエネルギー $J_R(t)$ は，次式で示せる．$J_R(t)$ は電流 $i(t)$ が零になるまで増加を続ける．

$$J_R(t) = \int_0^t i(t) Ri(t) \, \mathrm{d}t$$

上記の式を(1)，(2)の結果を用い，かつ，L 及び C の貯蔵エネルギーにより示せ．ただし，積分計算において微分の性質を示す次式を利用せよ．

$$\frac{1}{2} \cdot \frac{\mathrm{d}}{\mathrm{d}t}\left[x(t)^2\right] = x(t) \frac{\mathrm{d}}{\mathrm{d}t} x(t)$$

(4) (3)で求めた式において，L に貯蔵されるエネルギーを省略した場合の $J_R(t)$ に関する不等式を示し，$v(t)$ の最大値及び最小値を考察せよ．

(5) この回路の定常状態 ($t=\infty$) における $J_R(t)$ の値を示せ．

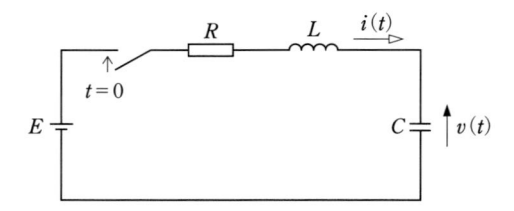

解　答

(1) $Ri(t)$ は，L と C の逆起電力を E から引けばよいから，

$$Ri(t) = E - \left[L \frac{\mathrm{d}}{\mathrm{d}t} i(t) + v(t)\right] \quad \cdots \text{(1)} \quad \textbf{(答)}$$

(2) $i(t)$ は，C の電荷を $q(t)$ とすると，

$$i(t) = \frac{\mathrm{d}}{\mathrm{d}t} q(t) = C \frac{\mathrm{d}}{\mathrm{d}t} v(t) \quad \cdots \text{(2)} \quad \textbf{(答)}$$

(3) 題意の $J_R(t)$ の式に，(1)式を代入すると，

$$J_R(t) = \int_0^t i(t) \left\{E - \left(L \frac{\mathrm{d}}{\mathrm{d}t} i(t) + v(t)\right)\right\} \mathrm{d}t$$

$$= \int_0^t i(t)\{E - v(t)\} \mathrm{d}t - L \int_0^t i(t) \frac{\mathrm{d}}{\mathrm{d}t} i(t) \mathrm{d}t \quad \cdots \text{(3)}$$

解法のポイント

① 一見すると難しそうであるが，解法の手順が問題に示されているので，それに従って解答すればよい．

② RLC 回路において，常に電源電圧 E と各素子の逆起電力の和は平衡する．

③ 電流 $i(t)$ は，C の電荷を $q(t)$ と仮定して，かつ，$q=Cv$ の関係から求める．

となるが，さらに(2)式を代入して，

$$J_R(t) = CE \int_0^t \frac{d}{dt} v(t) \, dt - C \int_0^t v(t) \frac{d}{dt} v(t) \, dt$$
$$- L \int_0^t i(t) \frac{d}{dt} i(t) \, dt \quad \cdots \quad (4)$$

ここで題意の微分の性質の式，$\frac{1}{2} \cdot \frac{d}{dt}[x(t)^2] = x(t) \frac{d}{dt} x(t)$ を用い，かつ，$v(0) = i(0) = 0$ なので，(4)式の第2項，第3項の積分は，次式で示せる．

$$\int_0^t v(t) \frac{d}{dt} v(t) \, dt = \frac{1}{2}[v(t)^2]_0^t = \frac{1}{2} v(t)^2,$$
$$\int_0^t i(t) \frac{d}{dt} i(t) \, dt = \frac{1}{2}[i(t)^2]_0^t = \frac{1}{2} i(t)^2 \quad \cdots \quad (5)$$

よって，$J_R(t)$ は次式で示せる．

$$J_R(t) = CE \cdot v(t) - \frac{1}{2} L i(t)^2 - \frac{1}{2} C v(t)^2 \quad \cdots \quad (6) \quad \textbf{(答)}$$

(4) (6)式において，L の項を省略した式を考えると，次の不等式が成り立つ．

$$J_R(t) \leq CE \cdot v(t) - \frac{1}{2} C v(t)^2 \quad \cdots \quad (7) \quad \textbf{(答)}$$

$J_R(t) > 0$ なので，$v(t) > 0$ であり，また，

$$CE \cdot v(t) - \frac{1}{2} C v(t)^2 > 0 \quad \therefore v(t) < 2E$$

よって，$v(t)$ の最大値は $2E$，最小値は零． **(答)**

(5) 定常状態では，**解図**のように，電流 $i(\infty) = 0$，電圧 $v(\infty) = E$ になるので，これを(6)式に代入して，

$$J_R(\infty) = CE \cdot E - \frac{1}{2} L \cdot 0 - \frac{1}{2} CE^2 = \frac{1}{2} CE^2 \quad \textbf{(答)}$$

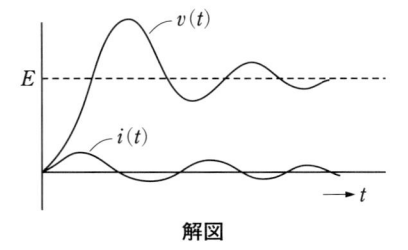

解図

解説

(6)式の第1項は，$CEv(t) = Eq(t)$ であり，電源から供給されるエネルギーにほかならない．これから，L 及び C での貯蔵エネルギーを差し引いたものが，R での消費エネルギー $J_R(\infty)$ になる．また，$J_R(\infty)$ は R の値に関係しないことに注目しよう．

定常状態では，C には $CE^2/2$ のエネルギーが貯蔵されるから，$t = 0 \sim \infty$ の間に電源から供給されたエネルギーは，R で消費された $J_R(\infty)$ を加算して CE^2 となる．一般の RC 回路の場合と同じ結果となる．

RLC 直列回路の過渡現象では，$R < 2\sqrt{L/C}$ の場合には，電流や電圧が振動的に変化する．ただし，R でのエネルギー消費があるため振動が永久に続くことはなく，一定値に収束する．一方，純粋な LC 回路では，L の電磁エネルギーと C の静電エネルギーのやり取りにより，(5-15)式のように，$\sin(t/\sqrt{LC})$ の周期振動が持続する（LC 回路の解法は p.51 のコラム参照）．

［題意の微分の公式の証明］

$$\frac{d[x(t)^2]}{dt} = \frac{d[x(t)^2]}{d[x(t)]} \cdot \frac{d[x(t)]}{dt}$$
$$= 2x(t) \frac{d}{dt} x(t)$$
$$\therefore x(t) \frac{d}{dt} x(t) = \frac{1}{2} \frac{d}{dt}[x(t)^2]$$

1.6 電気計測

学習のポイント

平均値や実効値を求める問題では，積分計算が必要になる．そのほかは，第三種の項目を理解していれば解ける．交流ブリッジや誤差補償など，計算力のいる問題の演習を行おう．

────────── 重 要 項 目 ──────────

1 誤差と補正

測定値 M，真値 T で，

誤差 $\varepsilon = M - T$，補正 $\alpha = T - M = -\varepsilon$ (6-1)

誤差率 $= \dfrac{M-T}{T}$，補正率 $= \dfrac{T-M}{M}$ (6-2)

2 電気計器の指示値

下記以外は実効値を指示する．

① **可動コイル形**

直流用，平均値．

② **整流形**（整流器＋可動コイル形）

交流用，平均値 × 1.11 倍（波形率）．

3 直流電流・電圧測定

① **分流器**

電流測定範囲を m 倍（図6-1）．

$$m = \frac{I}{i} = 1 + \frac{R_a}{R_s} \qquad (6\text{-}3)$$

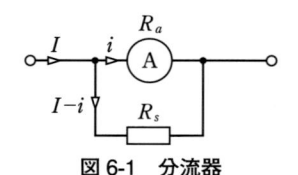

図 6-1 分流器

② **倍率器，分圧器**

電圧測定範囲を n 倍．

・倍率器（図6-2(a)）

$$n = \frac{V}{v} = 1 + \frac{R_m}{R_v} \qquad (6\text{-}4)$$

・分圧器（図6-2(b)）

$$n = \frac{V}{v} = 1 + \frac{R_1}{R_2} \qquad (6\text{-}5)$$

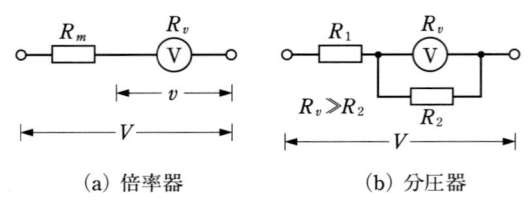

(a) 倍率器　　(b) 分圧器

図 6-2 倍率器，分圧器

③ **電位差計**

直流電圧の精密測定，**零位法**．

標準起電力 E_s，摺動抵抗の読み R_x, R_s とすると，未知起電力 E_x は，

$$E_x = \frac{R_x}{R_s} E_s \qquad (6\text{-}6)$$

4 交流電流，電圧測定

① **変流器（CT）**

二次開路厳禁．n は巻数．I/i は CT 比．i は 1 または 5 [A] 定格．

$$I = i(n_2/n_1) \qquad (6\text{-}7)$$

② **計器用変圧器（VT, PD）**

・VT（図6-3(a)）

$$V = v(n_1/n_2) \quad (V/v \text{ は VT 比}) \qquad (6\text{-}8)$$

・PD（コンデンサ分圧形）（図6-3(b)）

$$v = \frac{C_1}{C_1 + C_2} V \qquad (6\text{-}9)$$

1.6 電気計測

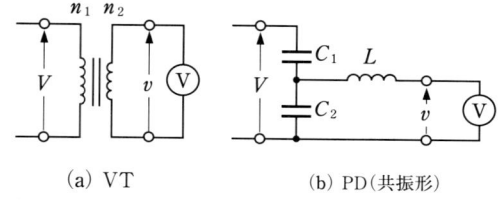

図 6-3 計器用変圧器
(a) VT
(b) PD（共振形）

5 電力，電力量計測

① **3電圧計法**（図 6-4）

既知抵抗 R（V_2 測定）

$$P = \frac{1}{2R}(V_3^2 - V_1^2 - V_2^2) \quad (6\text{-}10)$$

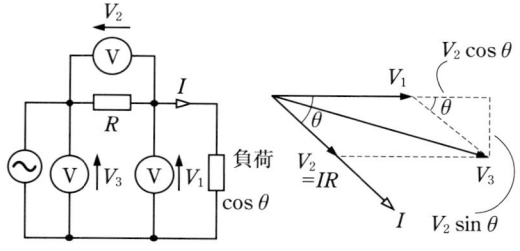

図 6-4 3電圧計法

② **3電流計法**（図 6-5）

既知抵抗 R（I_2 測定）

$$P = \frac{R}{2}(I_3^2 - I_1^2 - I_2^2) \quad (6\text{-}11)$$

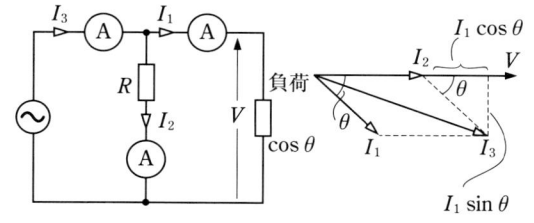

図 6-5 3電流計法

③ **2電力計法**（図 6-6）

ブロンデルの定理による．

$$W_1 = VI\cos\left(\theta - \frac{\pi}{6}\right) \quad (6\text{-}12)$$

$$W_2 = VI\cos\left(\theta + \frac{\pi}{6}\right) \quad (6\text{-}13)$$

$W = W_1 + W_2$，逆振れは極性反転で $-$ する．

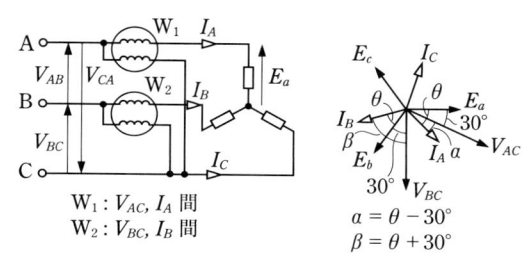

$W_1 : V_{AC}, I_A$ 間
$W_2 : V_{BC}, I_B$ 間

図 6-6 2電力計法

④ **電力量計**

計器定数 [rev/(kW·h)]（1 kW·h 当たりの円板回転速度）またはパルス数により電力量計測．

6 抵抗，インピーダンス測定

① **ブリッジ法**

各種の直流，交流ブリッジを用いる．

② **電圧降下法**

電圧，電流値より計算で求める．

③ **抵抗計法**　テスタ，メガー，接地抵抗計．

7 周波数・波形の測定

周波数：周波数計，交流ブリッジ等．
波形：オシロスコープによる．

8 磁気測定

① **ホール素子**

電流 I，ホール起電力 V，素子厚さ d，ホール係数 R_h で，磁束密度 B は，

$$B = \frac{Vd}{R_h I} \text{ [T]} \quad (6\text{-}14)$$

② **鉄損の計測**

ヒステリシス損と渦電流損の分離は，周波数 f を変化させて以下の式による．

ヒステリシス損：$B_m \propto (V/f)$ とすると，

$$P_h = K_1 f B_m^2 = K_2 \frac{V^2}{f} \text{ [W/kg]} \quad (6\text{-}15)$$

渦電流損：$B_m \propto (V/f)$ とすると，

$$P_e = K_3 t^2 B_m^2 f^2 = K_4 t^2 V^2 \text{ [W/kg]} \quad (6\text{-}16)$$

演習問題 6.1 直流電力の誤差

図1及び図2の直流回路において，電流計及び電圧計の指示値の計算により，抵抗 R の消費電力を求める．電圧計の内部抵抗 $R_p = 10\,[\text{k}\Omega]$，電流計の内部抵抗 $R_c = 2\,[\Omega]$，抵抗 $R = 100\,[\Omega]$ とする．図1及び図2の誤差率を求めて評価せよ．ただし，電圧計及び電流計自体の指示値に誤差はないものとする．

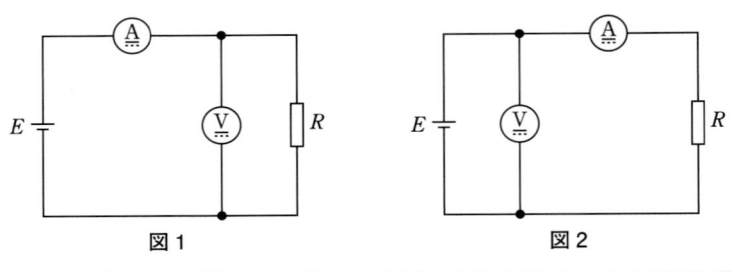

図1　　　　図2

解答

図1の接続では，電流計の指示値 I_m は，電圧計に流れる電流を含んでいる．よって，電圧計の指示値を V_m とすると，これらから計算した電力 P_m は，

$$P_m = V_m I_m = V_m \left(\frac{V_m}{R} + \frac{V_m}{R_p} \right) = V_m^2 \left(\frac{R + R_p}{R R_p} \right) \quad \cdots (1)$$

となる．よって，この場合の誤差率 ε_1 は，真値を P_t とすると，

$$\varepsilon_1 = \frac{P_m - P_t}{P_t} = \frac{V_m^2 \left(\frac{R + R_p}{R R_p} \right) - \frac{V_m^2}{R}}{V_m^2 / R}$$

$$= \frac{R + R_p - R_p}{R_p} = \frac{R}{R_p} = \frac{100}{10 \times 10^3} = 0.01 \quad \text{（答）}$$

図2の接続では，電圧計の指示値 V_m は，電流計の電圧降下を含んでいる．よって，電流計の指示値を I_m とすると，これらから計算した電力 P_m は，

$$P_m = V_m I_m = I_m (R + R_c) \cdot I_m = I_m^2 (R + R_c) \quad \cdots (2)$$

となる．よって，この場合の誤差率 ε_2 は，真値を P_t とすると，

$$\varepsilon_2 = \frac{P_m - P_t}{P_t} = \frac{I_m^2 (R + R_c) - I_m^2 R}{I_m^2 R} = \frac{R_c}{R} = \frac{2}{100} = 0.02 \quad \text{（答）}$$

図2の測定方法の方が誤差が大きい．**（答）**

解法のポイント

① 図1では電流計に誤差が生じ，図2では電圧計に誤差が生じる．

② それぞれの計器の内部抵抗から，各計器の指示値を求め，誤差率の式により比較する．

③ 誤差率 = (測定値 − 真値) / 真値．

解説

本問の，誤差率の比をとると，

$$\frac{\varepsilon_2}{\varepsilon_1} = \frac{R_c}{R} \cdot \frac{R_p}{R} = \frac{R_c R_p}{R^2}$$

$R^2 > R_c R_p$ のときは $\varepsilon_1 > \varepsilon_2$，
$R^2 < R_c R_p$ のときは $\varepsilon_1 < \varepsilon_2$

となる．R が小さければ図1，R が大きければ図2の測定法がよい．ただし，一般に，$R_p \gg R_c$ であるから，特に高抵抗の場合を除いて，図1の接続法を採用することが多い．

抵抗測定を電圧降下法で行う場合も，未知抵抗が小さい場合は図1のように電流計を外挿とする．

1.6 電気計測

演習問題 6.2　各種電圧波形の指示値

図1から図4に示す波形の電圧を，(1) 可動コイル形電圧計，(2) 可動鉄片形電圧計にてそれぞれ測定した．各々の波形の両電圧計の指示を示せ．ただし，各図の波高値はいずれも $E=1$ [V]，横軸は時間，T は周期を表す．

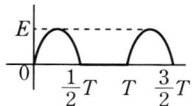

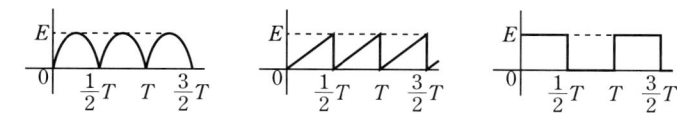

図1（半波整流）　図2（全波整流） 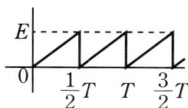　図3（のこぎり波） 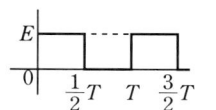　図4（方形波）

解　答

(1) 可動コイル形電圧計

図1の平均値 V_{a1} は，周波数 $f=1/T$ なので角周波数を ω とすると，$\omega T = 2\pi$ となるから，

$$V_{a1} = \frac{1}{T}\int_0^{T/2} E\sin\omega t\, dt = \frac{E}{T}\cdot\frac{1}{\omega}\left[-\cos\omega t\right]_0^{T/2}$$

$$= \frac{E}{\omega T}\left\{-\cos\left(\frac{\omega T}{2}\right) + \cos 0\right\} = \frac{E}{2\pi}(-\cos\pi + 1)$$

$$= \frac{E}{\pi} = \frac{1}{\pi}\ [\text{V}]\quad(\text{答})$$

図2の平均値 V_{a2} は，明らかに図1の倍である．

$$V_{a2} = 2V_{a1} = \frac{2}{\pi}\ [\text{V}]\quad(\text{答})$$

図3，図4の平均値は，明らかに波高値の半分である．よって，

$$V_{a3} = V_{a4} = \frac{E}{2} = \frac{1}{2}\ [\text{V}]\quad(\text{答})$$

(2) 可動鉄片形電圧計

図1の実効値 V_{e1} は，$\omega T = 2\pi$ となるから，

$$V_{e1} = \sqrt{\frac{1}{T}\int_0^{T/2} E^2\sin^2\omega t\, dt} = \sqrt{\frac{E^2}{2T}\int_0^{T/2}(1-\cos 2\omega t)\, dt}$$

$$= \sqrt{\frac{E^2}{2T}\left[t - \frac{1}{2\omega}\sin 2\omega t\right]_0^{T/2}}$$

$$= \sqrt{\frac{E^2}{2T}\left\{\frac{T}{2} - \frac{1}{2\omega}\sin\frac{2\omega T}{2} - 0 + \frac{1}{2\omega}\sin 0\right\}}$$

$$= \sqrt{\frac{E^2}{2T}\left(\frac{T}{2} - \frac{T}{2\pi}\sin 2\pi\right)} = \frac{E}{2} = \frac{1}{2}\ [\text{V}]\quad(\text{答})$$

解法のポイント

① 可動コイル形計器は平均値，可動鉄片形計器は実効値を示す．

② 実効値は，瞬時値の2乗平均の平方根（RMS）である．それぞれの波形について，積分して答を出す．

③ 電圧の平均値 V_a，同実効値 V_e は，瞬時値を e，周期を T とすると次式で示せる．

$$V_a = \frac{1}{T}\int_0^T e\, dt \quad\cdots(1)$$

$$V_e = \sqrt{\frac{1}{T}\int_0^T e^2\, dt} \quad\cdots(2)$$

コラム　電気計器の指示値

可動コイル形（平均値）以外は，すべて実効値指示である．ただし，整流形は平均値を1.11倍（正弦波の波形率）としているので注意が必要である．波形に正弦波からのひずみがあると，誤差が生じることになる．

図2の実効値 V_{e2} は，明らかに正弦波の場合と変わらないから，

$$V_{e2} = \frac{E}{\sqrt{2}} = \frac{1}{\sqrt{2}} \text{[V]} \quad \text{（答）}$$

図3の波形において，$0 \leq t \leq T/2$ 間の電圧 e の直線の方程式は，

$$e = \frac{E}{T/2}t = \frac{2E}{T}t$$

となるから，実効値 V_{e3} は，

$$V_{e3} = \sqrt{\frac{1}{T/2}\int_0^{T/2}\left(\frac{2E}{T}t\right)^2 dt}$$

$$= \sqrt{\frac{2}{T}\cdot\left(\frac{2E}{T}\right)^2\cdot\left[\frac{t^3}{3}\right]_0^{T/2}}$$

$$= \sqrt{\frac{8E^2}{T^3}\cdot\frac{1}{3}\cdot\frac{T^3}{8}} = \frac{E}{\sqrt{3}} = \frac{1}{\sqrt{3}} \text{[V]} \quad \text{（答）}$$

図4の実効値 V_{e4} は，

$$V_{e4} = \sqrt{\frac{1}{T}\int_0^{T/2}E^2 dt} = \sqrt{\frac{E^2}{T}\cdot[t]_0^{T/2}}$$

$$= \sqrt{\frac{E^2}{T}\cdot\frac{T}{2}} = \frac{E}{\sqrt{2}} = \frac{1}{\sqrt{2}} \text{[V]} \quad \text{（答）}$$

[補充問題]　整流形計器の指示値

抵抗 $R[\Omega]$ のみの回路に交流電圧

$$e = E_m \sin\omega t + \frac{1}{3}E_m \sin(3\omega t - \pi) \text{[V]}$$

を加え，整流形の電流計で測定したときの指示値[A]を求めよ．

[解　答]

回路の電流 i は，$\omega t = \theta$ として，

$$i = \frac{e}{R} = \frac{E_m}{R}\sin\theta + \frac{E_m}{3R}\sin(3\theta - \pi) \text{[A]}$$

となるが，整流形の計器は，平均値 I_a に波形率 $\pi/(2\sqrt{2})$ を乗じている．よって，I_a を $0 \sim \pi$ の区間で求める．

$$I_a = \frac{1}{\pi}\int_0^\pi i d\theta$$

$$= \frac{1}{\pi}\int_0^\pi\left\{\frac{E_m}{R}\sin\theta + \frac{E_m}{3R}\sin(3\theta - \pi)\right\}d\theta$$

$$= \frac{E_m}{\pi R}\left\{[-\cos\theta]_0^\pi + \frac{1}{3}\cdot\frac{1}{3}[-\cos(3\theta - \pi)]_0^\pi\right\}$$

$$= \frac{E_m}{\pi R}\left\{2 + \frac{1}{9}(-1 + (-1))\right\} = \frac{16}{9\pi}\cdot\frac{E_m}{R}$$

ゆえに，電流計の指示値 I_A は，

$$I_A = \frac{\pi}{2\sqrt{2}}I_a = \frac{8}{9\sqrt{2}}\cdot\frac{E_m}{R}$$

$$\fallingdotseq 0.6285\frac{E_m}{R} \text{[A]} \quad \text{（答）}$$

[解　説]

ひずみ波の実効値 I_e は，各成分の実効値を，基本波 I_1，第3調波 I_3 とすると，

$$I_e = \sqrt{I_1^2 + I_3^2} = \frac{E_m}{R}\sqrt{\left(\frac{1}{\sqrt{2}}\right)^2 + \left(\frac{1}{\sqrt{2}\times 3}\right)^2}$$

$$= \frac{E_m}{R}\sqrt{\frac{1}{2} + \frac{1}{18}} \fallingdotseq 0.7454\frac{E_m}{R}$$

となるから，整流形計器では，16[%]ほどの誤差が生じることになる．整流形計器は，ひずみ波の測定には不向きであることが分かる．

演習問題 6.3 可動コイル形計器の温度補償

図は，可動コイル形計器を用いて直流電圧 V を測定する場合の温度補償回路である．指示値が温度上昇の影響を受けないために，図の可変抵抗 R_1 は，どのような値にする必要があるか．ただし，可動コイルの抵抗及び温度係数を R_0 及び α_0，可変抵抗 R_1 の温度係数を α_1，抵抗 R_2 の温度係数を α_2 とし，$\alpha_1=0$，α_0，α_2 は正の係数を持ち，$\alpha_2>\alpha_0$ とする．

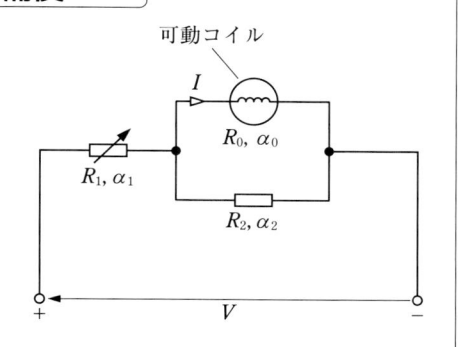

解答

基準温度において，電圧 V は，可動コイル（MC）に流れる電流を I とすると，

$$V = R_1\left(I + \frac{R_0 I}{R_2}\right) + R_0 I = \left(R_1 + \frac{R_1 R_0}{R_2} + R_0\right) I \quad \cdots (1)$$

次に，温度上昇が t の場合に，MC に流れる電流を I' とすると，$\alpha_1=0$ であるから，

$$V = \left\{R_1 + \frac{R_1 R_0(1+\alpha_0 t)}{R_2(1+\alpha_2 t)} + R_0(1+\alpha_0 t)\right\} I' \quad \cdots (2)$$

$I=I'$ なら，温度補償ができたことになるから，(1)，(2)式から，

$$\frac{R_1 R_0}{R_2} + R_0 = \frac{R_1 R_0(1+\alpha_0 t)}{R_2(1+\alpha_2 t)} + R_0(1+\alpha_0 t) \quad \cdots (3)$$

が成立すればよい．(3)式の両辺で，分母を $R_2(1+\alpha_2 t)$ として整理し，順次展開すると，

$$R_1 R_0(1+\alpha_2 t) + R_2 R_0(1+\alpha_2 t)$$
$$= R_1 R_0(1+\alpha_0 t) + R_2 R_0(1+\alpha_0 t)(1+\alpha_2 t)$$
$$R_1(1+\alpha_2 t) + R_2(1+\alpha_2 t)$$
$$= R_1(1+\alpha_0 t) + R_2(1+\alpha_0 t)(1+\alpha_2 t)$$
$$R_1(1+\alpha_2 t - 1 - \alpha_0 t) = R_2(1+\alpha_0 t)(1+\alpha_2 t) - R_2(1+\alpha_2 t)$$
$$R_1(\alpha_2 - \alpha_0)t = R_2(1+\alpha_2 t)\{(1+\alpha_0 t)-1\} = R_2(1+\alpha_2 t)\alpha_0 t$$

よって，R_1 は，

$$R_1 = \frac{\alpha_0(1+\alpha_2 t)}{\alpha_2 - \alpha_0} R_2 \quad \text{（答）}$$

解法のポイント

① 可動コイルに流れる電流を I として，基準温度での直流電圧 V の式を立てる．

② 次に，t の温度上昇時の電流を I' として，同様に直流電圧 V の式を立てる．

③ $I=I'$ なら，温度補償ができたことになる．これにより，R_1 を求める．

解説

可動コイル形計器では，通電による抵抗の温度上昇により抵抗値が増加して，指示値に誤差が生じる．設問の方法は**スインバーンの補償回路**と呼ばれるものであり，精密計器に採用される．$\alpha_1=0$ であるから，R_1 はマンガニンの抵抗である．温度補償には，本法のように銅線抵抗の直並列接続によるほか，負の温度係数を持つ**サーミスタ**の接続などがある．

演習問題 6.4 静電電圧計

図1は，静電電圧計の原理を示したものである．可動電極及び固定電極間に測定電圧が加えられると，可動電極は固定電極に吸引され，可動電極の移動で指針が回転することにより，測定電圧に相当する指示を示す．この静電電圧計に関して，次の問に答えよ．

(1) 図1において，可動電極及び固定電極間には空気のみ存在するものとし，その誘電率を ε_0 とする．電極間距離を r，電極間の貯蔵エネルギーを W とすると，両電極に働く力 F（r が増加する方向を正とする）は，$F = dW/dr$ で示される．可動電極の面積を S，測定電圧を V として，F の値を求めよ．

(2) 図2に示すように，測定範囲が最大 8[kV]，静電容量が 44[pF] の静電電圧計の測定範囲を 30[kV] 及び 62[kV] に拡大する場合，静電電圧計に直列に接続するコンデンサの静電容量 C_1 及び C_2 は，それぞれいくらか．

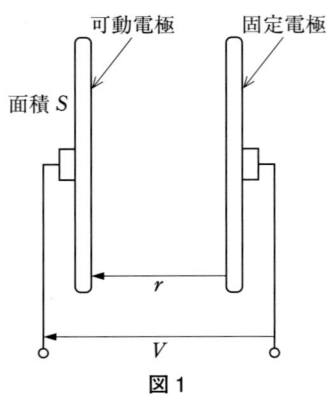

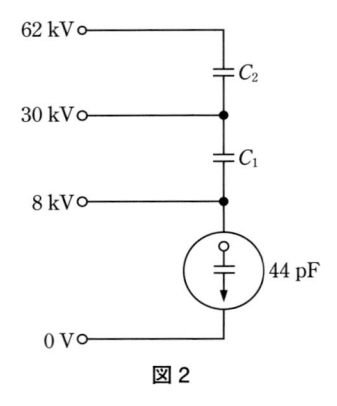

図1

図2

解 答

(1) 電極間の静電容量 C は題意の記号から，

$$C = \frac{\varepsilon_0 S}{r} \,[\text{F}]$$

である．よって，電極間に蓄えられるエネルギー W は，

$$W = \frac{1}{2}CV^2 = \frac{\varepsilon_0 S V^2}{2r} \,[\text{J}] \quad \cdots (1)$$

題意から両電極間に働く力 F は，(1)式を距離 r で微分して，

$$F = \frac{dW}{dr} = \frac{d}{dr}\left(\frac{\varepsilon_0 S V^2}{2r}\right) = -\frac{\varepsilon_0 S V^2}{2r^2} \,[\text{N}] \quad \textbf{(答)}$$

となり，測定電圧の2乗に比例した力が生じる．

(2) 測定電圧 V が最大 8[kV] の場合，静電電圧計の電荷 Q は，

$$Q = CV = 44 \times 10^{-12} \times 8 \times 10^3 = 3.52 \times 10^{-7} \,[\text{C}]$$

となる．測定範囲を拡大した場合には，各コンデンサの電荷を同じにすれば適正な分圧ができる．C_1 及び C_2 の分担電圧を V_1 及び V_2 とすると，図2から，$V_1 = 22$[kV] 及び $V_2 = 32$[kV] であるから，C_1 及び C_2 は，

解法のポイント

① 電極間の静電容量から，印加電圧 V の場合の貯蔵エネルギー W を求める．

② 題意の式 $F = dW/dr$ の計算により，力 F を求める．

③ 静電電圧計の電圧が 8[kV] のときの電荷 Q を求める．測定範囲を拡大したとき，各コンデンサは直列接続なので，その電荷は同じである．これより，C_1 及び C_2 の静電容量を求める．

1.6 電気計測

$$C_1 = \frac{Q}{V_1} = \frac{3.52 \times 10^{-7}}{22 \times 10^3} = 16 \times 10^{-12} \,[\mathrm{F}] = 16\,[\mathrm{pF}] \quad \text{(答)}$$

$$C_2 = \frac{Q}{V_2} = \frac{3.52 \times 10^{-7}}{32 \times 10^3} = 11 \times 10^{-12} \,[\mathrm{F}] = 11\,[\mathrm{pF}] \quad \text{(答)}$$

解　説

　本問では力を求めるのに，演習問題 1.4 で扱った**仮想変位**の方法を用いている．本問では電圧一定であるから，符号は正である．

演習問題　6.5　2電力計法

　図示の回路の端子 a, b, c に対称三相電圧を加えたとき，次の(1)及び(2)の場合に，それぞれ R と X の間にはどのような関係があるか．ただし，相順は，a, b, c の順とする．

(1) 電力計 W_2 の指示が零のとき
(2) 電力計 W_1 の指示が電力計 W_2 の指示の 2 倍のとき

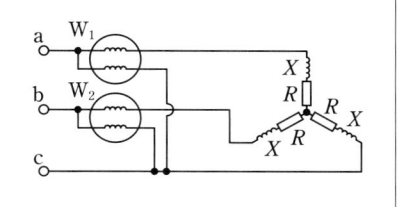

解　答

(1) 相電圧を $\dot{E}_a, \dot{E}_b, \dot{E}_c$，線電流を $\dot{I}_a, \dot{I}_b, \dot{I}_c$，遅れ角度を θ とすると，問の回路のベクトル図は，解図のようになる．

電力計 W_2 の指示 P_2 は，$\dot{E}_b, \dot{E}_c$ 間の電圧コイルと，$\dot{I}_b$ の電流コイルの電力であるから，

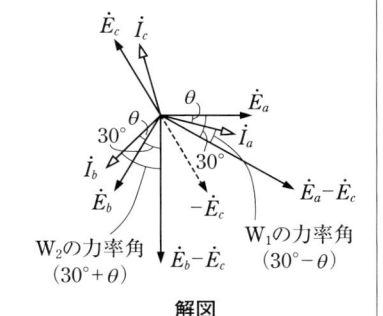

$$P_2 = |\dot{E}_b - \dot{E}_c| \cdot |\dot{I}_b| \cdot \cos(30°+\theta) \quad \cdots (1)$$

となるが，題意から，$P_2=0$ であるから，

$$\cos(30°+\theta)=0 \quad \therefore \theta = 60°$$

各相の負荷は，R と X の直列であるから，

$$\cos\theta = \frac{R}{\sqrt{R^2+X^2}} = \cos 60° = \frac{1}{2} \quad \cdots (2)$$

(2)式から，

$$4R^2 = R^2 + X^2 \quad \therefore X = \sqrt{3}R \quad \text{(答)}$$

(2) 電力計 W_1 の指示 P_1 は，$\dot{E}_a, \dot{E}_c$ 間の電圧コイルと，$\dot{I}_a$ の電流コイルの電力であるから，

$$P_1 = |\dot{E}_a - \dot{E}_c| \cdot |\dot{I}_a| \cdot \cos(30°-\theta) \quad \cdots (3)$$

となる．(2), (3)式の結果を用いて，P_1/P_2 を計算するが，平衡三相回路であるから，各相電圧，各線電流の絶対値は同じである．よって，P_1/P_2 は力率角の比になる．

解法のポイント

① 問の回路のベクトル図を解図のように描く．平衡三相回路であるから，各電流の遅れ角度を θ とするとよい．

② 電力計には，電圧コイルと電流コイルがある．電圧コイルは，基準相（本問ではc相）に対する線間電圧をとる．

③ 各電力計の指示値は，電圧コイルと電流コイル間の電力を指示する．電圧と電流の積に，解図に示すこの間の角度のcosを乗じる．

④ 問(2)では，W_1 の指示と W_2 の指示の比をとるが，平衡三相回路であるから，結局，両電力計の力率角の比をとることになる．ここで，三角関数の加法定理を用いる．

解　説

　本問は，**2電力計法**といい，2個の電力計で，三相電力の測定ができる．線間電圧を V，線電流を I とす

$$\frac{P_1}{P_2} = 2 = \frac{\cos(30°-\theta)}{\cos(30°+\theta)}$$

$$= \frac{\cos 30° \cos\theta + \sin 30° \sin\theta}{\cos 30° \cos\theta - \sin 30° \sin\theta}$$

$$= \frac{\frac{\sqrt{3}}{2}\cos\theta + \frac{1}{2}\sin\theta}{\frac{\sqrt{3}}{2}\cos\theta - \frac{1}{2}\sin\theta} = \frac{\sqrt{3}\cos\theta + \sin\theta}{\sqrt{3}\cos\theta - \sin\theta} \quad \cdots (4)$$

$$\sqrt{3}\cos\theta + \sin\theta = 2\sqrt{3}\cos\theta - 2\sin\theta$$

$$\therefore \sqrt{3}\cos\theta = 3\sin\theta \quad \cdots (5)$$

(5)式から，$\sin\theta/\cos\theta$ を求めるが，この比は X/R にほかならないから，

$$\frac{\sin\theta}{\cos\theta} = \frac{X}{R} = \frac{\sqrt{3}}{3} = \frac{1}{\sqrt{3}} \quad \cdots (6)$$

よって，R は，(6)式から，

$$R = \sqrt{3}X \quad \text{（答）}$$

ると，P_1 と P_2 の和は，(1)，(3)式から，

$$P_1 + P_2 = VI\{\cos(30°-\theta) + \cos(30°+\theta)\} \quad \cdots (7)$$

となるが，

$$\cos(30°-\theta) = \cos 30° \cos\theta + \sin 30° \sin\theta$$

$$\cos(30°+\theta) = \cos 30° \cos\theta - \sin 30° \sin\theta$$

であるから，(7)式は，

$$P_1 + P_2 = 2VI \cos 30° \cos\theta$$

$$= \sqrt{3}VI \cos\theta \quad \cdots (8)$$

となって，三相回路の有効電力を示すことになる．なお，不平衡回路でも，三相回路の有効電力を示す．また，P_1 と P_2 の差は，

$$P_1 - P_2 = 2VI \sin 30° \sin\theta$$

$$= VI \sin\theta \quad \cdots (9)$$

となるから，$\sqrt{3}$ 倍すると無効電力を示す．

演習問題 6.6　接地抵抗の測定

図において，R_1 は求めようとする接地抵抗の値，R_2 及び R_3 は補助電極の抵抗値，K は抵抗値 R_K の固定抵抗器である．また，Q は半固定抵抗器，W は抵抗値 R_W の滑り線抵抗器である．この測定装置について，次の問に答えよ．

(1) 検出器 D の一端を滑り線抵抗器 W の A 点に接触させ，D のスイッチを 1 側に閉じる．半固定抵抗器 Q を調整して，その抵抗値が R_Q のとき回路が平衡した．この場合の平衡条件を示せ．

(2) 次に，半固定抵抗器 Q の抵抗値 R_Q はそのままの状態で，D のスイッチを 2 側に閉じる．検出器 D の一端を滑り線抵抗器 W の B 点に移動させて回路の平衡が得られた．この場合の平衡条件を示せ．ただし，滑り線抵抗器 W の A 点から B 点までの抵抗値を R_B とする．

(3) 上記 (1)，(2) の結果から，接地抵抗 R_1 の値を求めよ．

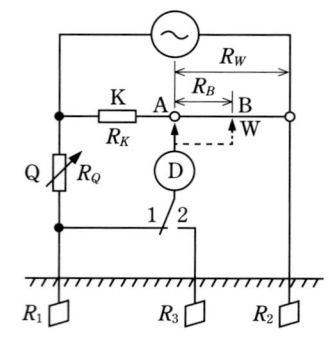

解 答

(1) この場合の等価回路は，**解図1**のように示せる．これより平衡条件は，次式になる．

$$R_K(R_1 + R_2) = R_Q R_W \quad \cdots (1) \quad \textbf{(答)}$$

(2) この場合の等価回路は，**解図2**のように示せる．これより平衡条件は，次式になる．R_3は検出器Dの辺にあるので平衡条件には関係しない．

$$(R_Q + R_1)(R_W - R_B) = R_2(R_B + R_K) \quad \cdots (2) \quad \textbf{(答)}$$

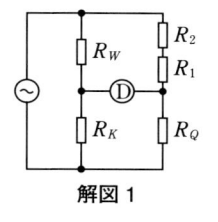

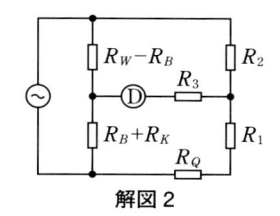

解図1　　　解図2

(3) (1)式から，$R_K R_1 + R_K R_2 = R_Q R_W$

$$\therefore R_2 = \frac{R_Q R_W - R_K R_1}{R_K} = \frac{R_Q R_W}{R_K} - R_1 \quad \cdots (3)$$

となる．また，(2)式から，

$$(R_W - R_B)R_1 - (R_K + R_B)R_2 = R_Q(R_B - R_W) \quad \cdots (4)$$

となるが，(4)式に(3)式のR_2を代入して，順次展開すると，

$$(R_W - R_B)R_1 - (R_K + R_B)\left(\frac{R_Q R_W}{R_K} - R_1\right) = R_Q(R_B - R_W)$$

$$(R_W - R_B + R_K + R_B)R_1 = R_Q\left\{(R_B - R_W) + \frac{R_W(R_K + R_B)}{R_K}\right\}$$

$$(R_W + R_K)R_1 = R_Q\left(R_B + \frac{R_W R_B}{R_K}\right) = R_Q\left(\frac{R_B R_K + R_W R_B}{R_K}\right) \quad \cdots (5)$$

よって，R_1は，(5)式から，以下のように求まる．

$$R_1 = \frac{R_B(R_W + R_K)}{R_K} \cdot \frac{R_Q}{R_W + R_K} = \frac{R_B}{R_K} R_Q \quad \textbf{(答)}$$

解法のポイント

① 与えられた(1),(2)の測定方法に対して，検出器Dをブリッジ辺とする等価回路を描く．

② 等価回路図からブリッジの平衡条件を求める．

③ 求めた式から，R_1の式を求める．

解 説

本測定方法を**ウィーヘルト法**といい，接地抵抗計の原理を示している．電圧降下法で接地抵抗を測定する場合には，補助電極を接地電極から十分離れた地点とする必要があるが，ウィーヘルト法ではその必要がない．なお，接地抵抗の測定では，電池の分極作用の影響を排除するために，必ず交流電源を用いる．

補助電極の抵抗R_2及びR_3は，接地抵抗R_1の測定値には関係しないことが分かる．

演習問題 6.7 インピーダンスの測定

図はヘイブリッジというが，交流電源の電圧を$\dot{E}$，その角周波数をω（$\omega = 2\pi f$, fは周波数）とし，R_2, R_3及びR_4は既知の抵抗，Cは既知の静電容量，Ⓖは検出器であるとする．次の問に答えよ．

(1) 角周波数ωが既知であるとき，ブリッジの平衡条件から，未知であるインダクタンスLとその抵抗R_1の値を求めよ．

(2) インダクタンスLとその抵抗R_1の値が既知であるとき，ブリッジの平衡条件から，ブリッジに接続された交流電源の周波数fを求めよ．

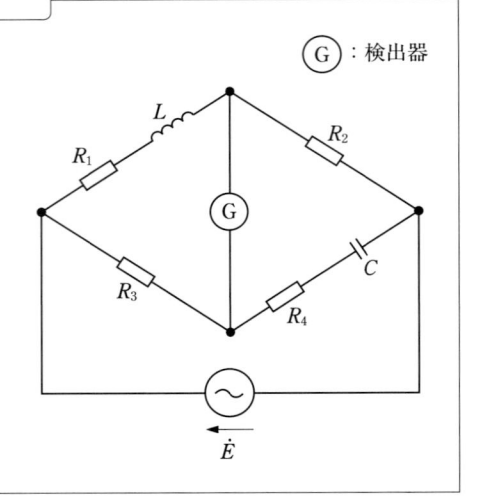

Ⓖ：検出器

解答

(1) ブリッジの平衡条件では，対角インピーダンスの積は等しい．よって，

$$R_2 R_3 = (R_1 + j\omega L)\left(R_4 - j\frac{1}{\omega C}\right)$$

$$= R_1 R_4 + \frac{L}{C} + j\left(\omega L R_4 - \frac{R_1}{\omega C}\right) \quad \cdots (1)$$

(1)式の実部と虚部は，それぞれ等しいから，

実部では，$R_2 R_3 = R_1 R_4 + \frac{L}{C}$　∴ $\frac{L}{C} = R_2 R_3 - R_1 R_4$ … (2)

虚部では，$0 = \omega L R_4 - \frac{R_1}{\omega C}$　∴ $\omega^2 = \frac{R_1}{CLR_4}$ … (3)

(2), (3)式から，未知数のR_1とLを求める．(3)式から，

$$R_1 = \omega^2 CLR_4 \quad \cdots (4)$$

(4)式を(2)式に代入すると，Lは，

$$R_2 R_3 = \omega^2 CLR_4^2 + \frac{L}{C} \quad \therefore L = \frac{CR_2 R_3}{1+\omega^2 C^2 R_4^2} \quad \cdots (5) \quad \text{(答)}$$

(5)式を(4)式に代入すると，R_1は，

$$R_1 = \omega^2 \cdot \frac{CR_2 R_3}{1+\omega^2 C^2 R_4^2} \cdot CR_4 = \frac{\omega^2 C^2 R_2 R_3 R_4}{1+\omega^2 C^2 R_4^2} \quad \cdots (6) \quad \text{(答)}$$

(2) 周波数fは，(3)式から，

$$f = \frac{\omega}{2\pi} = \frac{1}{2\pi}\sqrt{\frac{R_1}{CLR_4}} \quad \text{(答)}$$

解法のポイント

① ブリッジの平衡条件では，対角インピーダンスの積は等しいことから式を立てる．

② 上記の式で，実部と虚部がそれぞれ等しいとして条件を出す．

③ これらから，未知数を求める．

解説

Lを求める図のアンダーソンブリッジの一部は△接続である．この場合，△-Y変換によって通常の4辺ブリッジの形として，問題を解く．

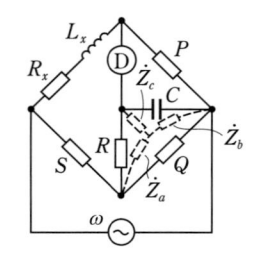

1.6 電気計測

演習問題 6.8　オシロスコープ

図において，$\dot{V}_1$ はプローブ先端の被測定電圧，$\dot{V}_2$ はオシロスコープの入力電圧，C_1 及び R_1 はプローブの静電容量及び抵抗，C_2 及び R_2 はオシロスコープの入力静電容量及び抵抗，C_3 はプローブ補正用の可変静電容量であるとする．被測定電圧の角周波数は ω（$\omega = 2\pi f$, f は周波数）とし，ケーブルの静電容量は無視できるものとして，次の問に答えよ．

(1) 簡単のために静電容量 C_1, C_2 及び C_3 を無視し，R_2 を 1[MΩ]，プローブの減衰率 $\dot{V}_2/\dot{V}_1$ を 1/10 とすると，R_1 の値はいくらか．

(2) 次に，静電容量 C_1, C_2 及び C_3 を考慮したとき，オシロスコープの入力電圧 $\dot{V}_2$ の式を示せ．

(3) C_3 を調整することにより，(2)で示した式の ω の項を消滅させることができる．この場合の条件及び $\dot{V}_2$ の式を示せ．

(4) 上記において，R_2 を 1[MΩ]，C_1 を 10[pF]，C_2 を 20[pF]，プローブの減衰率 $\dot{V}_2/\dot{V}_1$ を 1/10 とすると，C_3 の値はいくらか．

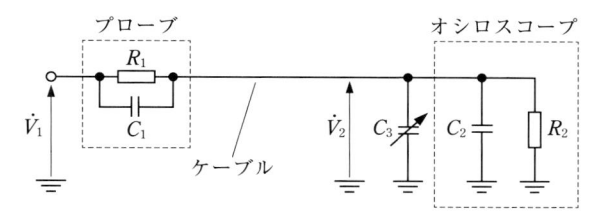

解答

(1) この仮定では，オシロスコープの入力電圧 $\dot{V}_2$ は，抵抗 R_1 及び R_2 で分圧されるので，次式で示せる．

$$\dot{V}_2 = \frac{R_2}{R_1+R_2}\dot{V}_1 \quad \therefore \frac{\dot{V}_2}{\dot{V}_1} = \frac{R_2}{R_1+R_2} \quad \cdots (1)$$

(1)式に題意の値を代入すると，R_1 は，

$$\frac{1}{10} = \frac{1}{R_1+1} \quad \therefore R_1 = 10-1 = 9[\text{MΩ}] \quad \textbf{(答)}$$

(2) 次に，静電容量 C_1, C_2 及び C_3 を考慮したとき，プローブのインピーダンスを $\dot{Z}_1$，オシロスコープ側のインピーダンスを $\dot{Z}_2$ とすると，

$$\dot{Z}_1 = \frac{1}{(1/R_1)+j\omega C_1} = \frac{R_1}{1+j\omega C_1 R_1}[\text{Ω}]$$

$$\dot{Z}_2 = \frac{1}{(1/R_2)+j\omega(C_2+C_3)} = \frac{R_2}{1+j\omega(C_2+C_3)R_2} \quad \cdots (2)$$

であるから，入力電圧 $\dot{V}_2$ は，

解法のポイント

① プローブ側とオシロスコープ側のインピーダンスの比により，入力電圧が定まる．

② 与えられた条件により，入力電圧の式を導く．

③ ω の項が消滅するように C_3 を調整したときは，単純な抵抗比により入力電圧が分圧される．

$$\dot{V}_2 = \frac{\dot{Z}_2}{\dot{Z}_1 + \dot{Z}_2} \cdot \dot{V}_1 = \frac{\dfrac{R_2}{1 + j\omega(C_2 + C_3)R_2}}{\dfrac{R_1}{1 + j\omega C_1 R_1} + \dfrac{R_2}{1 + j\omega(C_2 + C_3)R_2}} \cdot \dot{V}_1$$

$$= \frac{R_2}{R_2 + R_1 \left(\dfrac{1 + j\omega(C_2 + C_3)R_2}{1 + j\omega C_1 R_1} \right)} \dot{V}_1 \quad \cdots (3) \quad \textbf{(答)}$$

(3) (3)式において,分母第2項のカッコ内で,分母,分子の複素数が同じであると,ω の項が消滅し,同項は R_1 となる.そのために,下記が成立するように C_3 を調整するとよい.

$$(C_2 + C_3)R_2 = C_1 R_1 \quad \cdots (4) \quad \textbf{(答)}$$

よって,この場合の入力電圧 $\dot{V}_2$ は,(1)式と同じになる.

$$\dot{V}_2 = \frac{R_2}{R_1 + R_2} \dot{V}_1 \quad \textbf{(答)}$$

(4) (4)式に,題意の数値及びプローブの減衰率が(1)と同じであるから,問(1)で求めた $R_1 = 9\,[\text{M}\Omega]$ 値を代入すると,C_3 は,

$$C_3 = \frac{R_1}{R_2} C_1 - C_2 = \frac{9}{1} \times 10 - 20 = 70\,[\text{pF}] \quad \textbf{(答)}$$

解 説

信号電圧をオシロスコープに入力する場合には,波形のひずみが生じないように,正確に電圧を下げる必要がある.このために,本問のようにプローブ側とオシロスコープ側のインピーダンスの調整が必要になる.

コラム 周波数の計測

オシロスコープのリサジュー図形によるほか,下記の方法がある.
① **振動片形周波数計**:指示が 0.5Hz 単位で不連続である.
② **比率計形周波数計**:測定範囲が狭く波形の影響を受ける.
③ **デジタル式周波数計**:パルス数を計数する.広範囲,高精度である.
④ **交流ブリッジの利用**

コラム リサジュー図形

ブラウン管(陰極線)オシロスコープは,一般に交流の波形観測に用いるが,水平軸に E_h,垂直軸に E_v として,

$$E_h = E_m \sin \omega_h t \qquad E_v = E_m \sin(\omega_v t - \theta)$$

の正弦波電圧を入力したとき,両者の周波数比が**整数比**であれば**表 6-1** のような静止波形が現れる.これを**リサジュー図形**といい,一方の周波数が既知であれば,他方の周波数が分かる.

周波数比の算出は,図形を出発点からなぞり,元に戻るまでに何回往復したかを数えればよい.x 方向の往復回数は水平軸入力の周波数,y 方向の往復回数は垂直軸入力の周波数である.

同一周波数の入力の場合は,位相差 θ が分かる.$\theta = 0°$ では直線,$\theta = 90°$ では x 軸または y 軸に焦点を置く楕円(二つの電圧が同大では円),θ がそれ以外では軸の傾いた楕円になる.

表 6-1

$f_v : f_h$	$\theta = 0°$	$\theta = 45°$	$\theta = 90°$
1:1	/	○(傾)	○
1:2	∞	∞	⊃
1:3	S	∞∞	∞∞

1.6 電気計測

演習問題 6.9　磁気量の計測

一様な磁界中に，それと直角に巻数 n のコイルが図のように置いてあり，このときコイルを貫く磁束の大きさは ϕ_0 である．このコイルを図のように時計方向に回転させる．回転角度を θ [rad]（$0 \leq \theta \leq \pi$）とすれば，コイルの磁束鎖交数は θ の関数として変化する．次の問に答えよ．

(1) θ を 0 から π まで回転させたとき，コイル巻線の両端子間に現れる電圧の積分値 E はいくらになるか．

(2) 上記の積分値 E から，この場合の磁束密度 B を求めよ．ただし，コイルの面積を S とする．

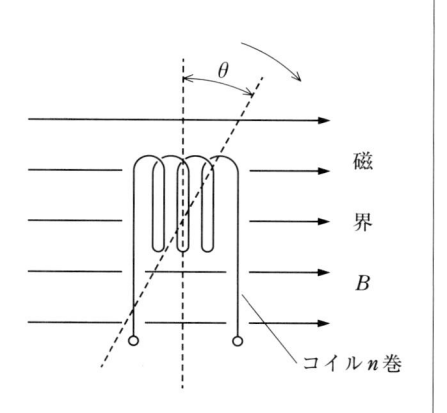

解答

(1) $\theta = 0$ のときの磁束鎖交数 $\Phi = n\phi_0$ である．回転角度が θ の場合は，θ の関数となり，

$$\Phi(\theta) = n\phi_0 \cos\theta \quad \cdots (1)$$

となる．回転中にコイル巻線の両端子間に現れる電圧の大きさ $e(t)$ は，ファラデー則により，

$$e(t) = -\frac{d\Phi(\theta)}{dt} = -n\phi_0 \frac{d\cos\theta}{d\theta} \cdot \frac{d\theta}{dt}$$

$$= -n\phi_0 \cdot (-\sin\theta)\frac{d\theta}{dt} = n\phi_0 \sin\theta \frac{d\theta}{dt} \quad \cdots (2)$$

となる．このコイルを時刻 $t = 0$ から $t = T$ の間に，$\theta = 0$ から π [rad] まで回転させると，この間に発生する電圧の積分値 E は，(2)式を積分して，

$$E = \int_0^T e(t)\, dt = \int_0^T n\phi_0 \sin\theta \frac{d\theta}{dt} \cdot dt$$

$$= \int_0^\pi n\phi_0 \sin\theta\, d\theta = n\phi_0 [-\cos\theta]_0^\pi = 2n\phi_0 \quad \text{(答)}$$

(2) 上記の結果から，磁束 ϕ_0 は，$\phi_0 = E/2n$ である．よって，磁束密度 B は，コイルの面積が S であるから，

$$B = \frac{\phi_0}{S} = \frac{E}{2nS} \quad \text{(答)}$$

解法のポイント

① 磁束鎖交数は，巻数×磁束である．回転角 θ の増加に伴い，鎖交数は $\cos\theta$ で変化する．$\theta = 0$ で最大．

② コイルの端子間に発生する電圧は，磁束鎖交数の時間微分で求まるが，これを θ の関数で表す．

③ ②の式を $\theta = 0$ から π まで積分すると，電圧の積分値が求まる．

④ 磁束密度 B は，磁束をコイル面積 S で割ればよい．

解説

電圧の積分値は，演算増幅器などの積分回路を用いて測定する．なお，積分値 E は，上記の演算から明らかなように，0 から π [rad] まで移動させる時間 t には直接関係しない．

1.7 電子理論

学習のポイント

真空中の電子運動では，微積分が必要になる．電子回路では，バイポーラトランジスタの増幅回路や演算増幅器が重要である．FET の増幅回路も押さえておきたい．

―――――――― 重　要　項　目 ――――――――

1 電子の性質

① **電子の電荷 $-e$，質量 m，比電荷 e/m**
$$-e = -1.602 \times 10^{-19} \,[\mathrm{C}]$$
$$m = 9.108 \times 10^{-31} \,[\mathrm{kg}]$$
$$e/m = 1.7589 \times 10^{11} \,[\mathrm{C/kg}]$$

② **電子の波長 λ，エネルギー W**

プランクの定数 $h = 6.626 \times 10^{-34}\,[\mathrm{J/s}]$，質量 $m[\mathrm{kg}]$，速度 $v[\mathrm{m/s}]$，振動数 $\nu[\mathrm{s}^{-1}]$ では，
$$\lambda = h/mv\,[\mathrm{m}], \quad W = h\nu\,[\mathrm{J}] \tag{7-1}$$

2 真空中の電子の運動

① **電界中の運動**

距離 $d[\mathrm{m}]$ の平行電極で電圧 $V[\mathrm{V}]$ を印加時，質量 $m[\mathrm{kg}]$，電荷 $-e[\mathrm{C}]$ の電子に働く力 f は，速度 $v[\mathrm{m/s}]$ で，電界 $E[\mathrm{V/m}]$ の逆方向に，
$$f = eE = e\frac{V}{d} = m\frac{dv}{dt} = m\frac{d^2 l}{dt^2}\,[\mathrm{N}] \tag{7-2}$$

上式から速度 v，距離 l を求める．静電エネルギーは $eV[\mathrm{J}]$，運動エネルギーは $mv^2/2\,[\mathrm{J}]$．

② **磁界中の運動** v は変わらない．

磁界 $B[\mathrm{T}]$ で速度 $v[\mathrm{m/s}]$ の電子には，次式の力 f が働き半径 $r[\mathrm{m}]$ の**円運動**をする．
$$f = evB = mv^2/r\,[\mathrm{N}] \tag{7-3}$$

3 固体中の電子の移動

① **導体中の移動**

金属導体での電子の速度 v は，電界を $E[\mathrm{V/m}]$，移動度を $\mu[\mathrm{m}^2/(\mathrm{V \cdot s})]$ とすると，
$$v = \mu E\,[\mathrm{m/s}] \tag{7-4}$$

電流密度 J は，電子密度を $n[個/\mathrm{m}^3]$，導電率を $\sigma[\mathrm{S/m}]$ とすると，
$$J = nev = ne\mu E = \sigma E\,[\mathrm{A/m}^2] \tag{7-5}$$

② **半導体中の電流密度**

伝導帯中の電子の流れと充満帯中の正孔の流れの和として，(7-5) 式を適用する．n 形では電子，p 形では正孔が卓越する．

4 バイポーラトランジスタ回路

① **3 端子素子**

B：ベース，E：エミッタ，C：コレクタ，E の矢印は電流方向を示す．
$$I_E = I_B + I_C \tag{7-6}$$

② **電流増幅率**（図 7-1）

・ベース接地電流増幅率
$$\alpha = \Delta I_C/\Delta I_E \fallingdotseq 0.95 \sim 0.995 \tag{7-7}$$

・エミッタ接地電流増幅率
$$\beta = \Delta I_C/\Delta I_B = \alpha/(1-\alpha) \tag{7-8}$$

(a) ベース接地 　(b) エミッタ接地

(c) コレクタ接地

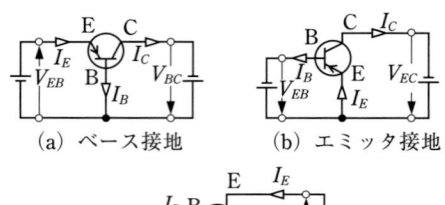

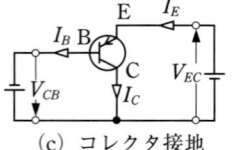

図 7-1　トランジスタの接地方式

③ バイポーラの回路

エミッタ接地等価回路(図7-2)：一般的
コレクタ接地等価回路(図7-3)：Z 変換

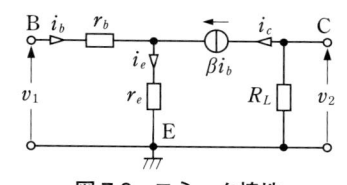

図 7-2　エミッタ接地

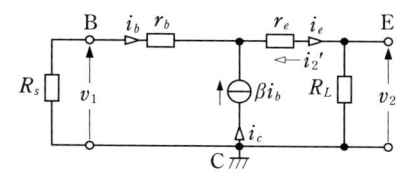

図 7-3　コレクタ接地

④ h 定数等価回路(図 7-4)

$$v_b = h_{ie} i_b + h_{re} v_c \fallingdotseq h_{ie} i_b \quad (7\text{-}9)$$

$$i_c = h_{fe} i_b + h_{oe} v_c \fallingdotseq h_{fe} i_b \quad (7\text{-}10)$$

$h_{ie} = \Delta V_{BE}/\Delta I_B$：入力 $Z[\Omega]$，h_{oe}：出力 $Y[S]$，h_{re}：電圧帰還率，$h_{fe} = \Delta I_C/\Delta I_B$：電流帰還率($=\beta$)

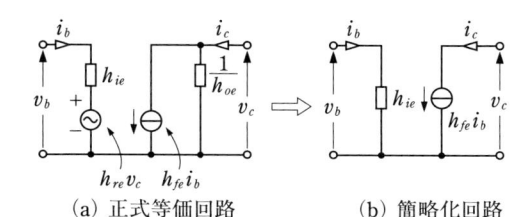

(a) 正式等価回路　　(b) 簡略化回路

図 7-4　h 定数 π 形等価回路

5 FET(MOS 形，接合形)

① 3 端子素子

G：ゲート，S：ソース，D：ドレイン

S→D にキャリヤが流れる．電圧制御素子．

② 等価回路(図 7-5)

ドレイン電流 i_d は，g_m を相互コンダクタンス，v_{gs} をゲート電圧とすると，

$$i_d = g_m \cdot v_{gs} \quad (7\text{-}11)$$

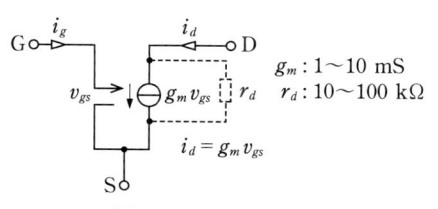

$g_m : 1 \sim 10 \text{ mS}$
$r_d : 10 \sim 100 \text{ k}\Omega$

$i_d = g_m v_{gs}$

図 7-5　FET 等価回路

6 増幅度と利得

① **電流増幅度** $A_i = i_o/i_i$

　dB 利得 $= 20 \log_{10} A_i [\text{dB}] \quad (7\text{-}12)$

② **電圧増幅度** $A_v = v_o/v_i$

　dB 利得 $= 20 \log_{10} A_v [\text{dB}] \quad (7\text{-}13)$

③ **電力増幅度** $A_p = p_o/p_i$

　dB 利得 $= 10 \log_{10} A_p [\text{dB}] \quad (7\text{-}14)$

④ **縦続接続**

$$A = A_1 \cdot A_2 \cdots, \quad G = G_1 + G_2 + \cdots [\text{dB}] \quad (7\text{-}15)$$

7 演算増幅器(OP アンプ)

入力 $Z = \infty$，出力 $Z = 0$ の理想的アンプ．二つの入力端子は同電位(仮想短絡)で，OP アンプ内には電流は入らない．外付け素子により回路の性質が定まる(図 7-6)．

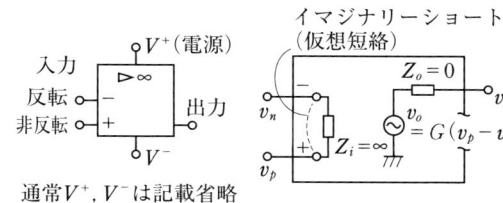

通常 V^+，V^- は記載省略
(a) 記号　　(b) 等価回路

図 7-6　演算増幅器

8 発振の原理

増幅回路 $A = V_O/V_1$ の出力 V_O から，正帰還 $\beta = V_f/V_O$ を掛け，$V_1 = V_i + V_f$ とする(V_i は系の入力)．下記の場合，発振する．

A，β の実部 ≥ 1，虚部 $= 0 \quad (7\text{-}16)$

演習問題 7.1 電界中の電子の運動 1

図のように，平行板電極中に電極に垂直な成分のみを有する一定電界 E がある．電子を電極間の一点 $x=0$ に拘束しておき，時刻 $t=0$ においてこれを自由にするものとする．次の問に答えよ．ただし，電子の質量を m_0，電荷量を $-e$ とし，電子の速度により電子の質量は変化しないものとする．

(1) 電子は電界と逆方向に力を受けるが，この場合の電子の加速度 $\mathrm{d}^2x/\mathrm{d}t^2$ を表す式を示せ．

(2) 上記の式に基づいて，電子の速度 v と移動距離 x の関係式を求めよ．ただし，初期速度は零とする．

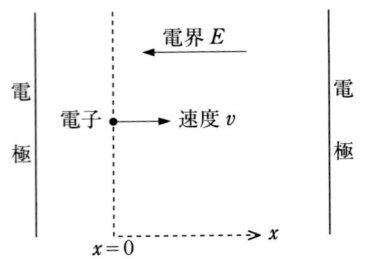

解 答

(1) 電子は電界と逆方向に，$F=eE$ の力を受け運動する．一方，速度を v，加速度を α とし，力の向きを座標 x の正方向とすると，運動方程式により，

$$F = m_0\alpha = m_0\frac{\mathrm{d}v}{\mathrm{d}t} = m_0\frac{\mathrm{d}^2x}{\mathrm{d}t^2} \quad \cdots (1)$$

これより加速度は，次式で示せる．

$$eE = m_0\frac{\mathrm{d}^2x}{\mathrm{d}t^2} \quad \therefore \frac{\mathrm{d}^2x}{\mathrm{d}t^2} = \frac{eE}{m_0} \quad \cdots (2) \textbf{（答）}$$

(2) 速度 v は，加速度の(2)式を積分する．

$$v = \frac{\mathrm{d}x}{\mathrm{d}t} = \int \frac{\mathrm{d}^2x}{\mathrm{d}t^2}\mathrm{d}t = \int \frac{eE}{m_0}\mathrm{d}t = \frac{eE}{m_0}t + A \quad (A \text{は積分定数}) \quad \cdots (3)$$

$t=0$ で $v=0$ であるから，$A=0$ となり，(3)式は，

$$v = \frac{eE}{m_0}t \quad \cdots (4)$$

となる．電子の走行距離 x は，(4)式をさらに積分して，

$$x = \int v\,\mathrm{d}t = \int \frac{eE}{m_0}t\,\mathrm{d}t = \frac{eE}{2m_0}t^2 + C \quad (C \text{は積分定数}) \cdots (5)$$

となるが，$t=0$ で $x=0$ であるから，$C=0$ となり，(5)式は，

$$x = \frac{eE}{2m_0}t^2 \quad \cdots (6)$$

(6)式を t について解き，(4)式に代入すると，v は，

$$v = \frac{eE}{m_0}\sqrt{\frac{2m_0}{eE}x} = \sqrt{\frac{2eE}{m_0}x} \quad \cdots (7) \textbf{（答）}$$

解法のポイント

① 電子の受ける力 $F=eE$ と，運動方程式 $F=m_0\alpha$ が等しいとおき，加速度 α の式を出す．

② ①で求めた式から，速度 v を積分して求め，さらにこれを積分して距離 x の式を出す．

③ ②で求めた式を時間 t で解き，v と x の関係式を求める．

解 説

電子の速度 v は，(4)式のように時間 t に対して直線的に変化するが，距離 x に対しては(7)式に示すように直線的に変化しない．また，x は時間 t に対して放物線を描くが，これは重力の加速度による落下距離の場合と同様である．

演習問題 7.2 電界中の電子の運動2

図のように，十分離れた平行板電極中に電極に垂直な成分のみを有する交番電界がある．電界は振幅の大きさを E_0，角周波数を ω として，$E(t) = E_0 \sin\omega t$ とする．電子を電極間の一点 $x=0$ に拘束しておき，時刻 $t=t_0$ においてこれを自由にするものとする．次の問に答えよ．ただし，電子の質量を m_0，電荷量を $-e$ とし，電子の速度により電子の質量は変化しないものとする．

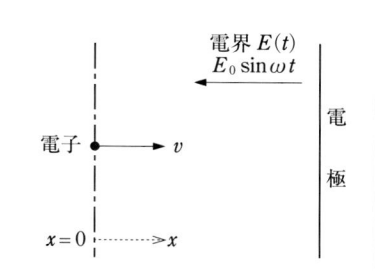

(1) 電子の速度を v として，電子の運動方程式から，v に関する微分方程式を示せ．

(2) (1)の微分方程式を解いて，速度 v の式を求めよ．また，この場合の周期 T はいくらか．

解答

(1) 電子は電界 $E(t)$ と逆方向に，$F = eE(t)$ の力を受け運動する．一方，速度を v，加速度を α とし，力の向きを座標 x の正方向とすると，運動方程式により，

$$F = m_0 \alpha = m_0 \frac{dv}{dt} \quad \cdots (1)$$

となる．F は両式で等しいので，v に関する微分方程式，すなわち加速度は次式で示せる．

$$eE_0 \sin\omega t = m_0 \frac{dv}{dt} \quad \therefore \frac{dv}{dt} = \frac{eE_0}{m_0}\sin\omega t \quad \cdots (2) \text{ （答）}$$

(2) (2)式の両辺を積分して，v の式を求める．

$$\int \frac{dv}{dt} dt = v = \int \frac{eE_0}{m_0}\sin\omega t\, dt = \frac{eE_0}{m_0}\int \sin\omega t\, dt$$

$$\therefore v = \frac{eE_0}{m_0}\frac{1}{\omega}(-\cos\omega t + K) \quad (K \text{ は積分定数}) \quad \cdots (3)$$

(3)式で，初期値の $t = t_0$，$v = 0$ から，K を求める．

$$0 = \frac{eE_0}{m_0\omega}(-\cos\omega t_0 + K) \quad \therefore K = \cos\omega t_0$$

この K を(3)式に代入すると，速度 v は，

$$v = \frac{eE_0}{m_0}\frac{1}{\omega}(-\cos\omega t + \cos\omega t_0) = \frac{eE_0}{m_0\omega}(\cos\omega t_0 - \cos\omega t)$$

$$\cdots (4) \text{ （答）}$$

(4)式は速度 v が角周波数 ω で周期的に変化することを示しており，その周期 $T = 2\pi/\omega$ （答）

解法のポイント

① 基本的には前問と同じ考え方で解けるが，交番電界であることに注意する．

② ①で求めた式から，速度 v を積分して求める．

③ ②で求めた式は，三角関数で表される周期的な式になる．

解説

(4)式は，解図のようになる．

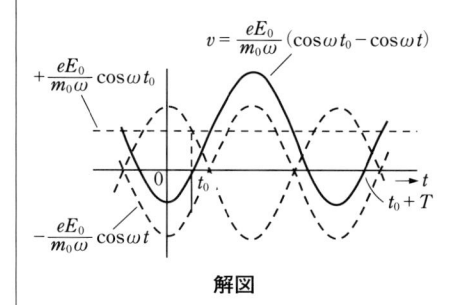

解図

演習問題 7.3 磁界中の電子の運動

図のように,透磁率 μ_0 の真空中で磁界の強さ H の平等磁界に直角に,電子(質量 m,電荷 $-e$)が速度 v で運動している.この場合,電子の円運動の回転半径と1回転に要する時間を求めよ.

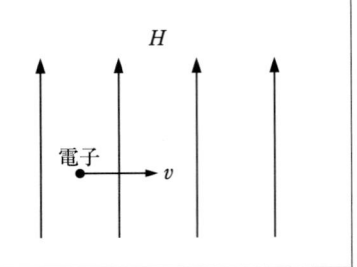

解答

電子は磁界からローレンツ力 f_1 を受けるが,運動方向と直角の力が常に働き回転半径 r の円運動を行う.f_1 は,磁束密度を B,磁界の強さを H とすると,

$$f_1 = evB = ev\mu_0 H \quad \cdots (1)$$

となるが,円運動の遠心力 f_2 と釣り合うので,回転半径 r は,

$$f_2 = \frac{mv^2}{r} = ev\mu_0 H \quad \therefore r = \frac{mv}{e\mu_0 H} \quad \cdots (2) \quad \text{(答)}$$

で示せる.1回転に要する時間 T は,円周長を v で割ればよい.

$$T = \frac{2\pi r}{v} = \frac{2\pi m}{e\mu_0 H} \quad \text{(答)}$$

解法のポイント

① 磁界中の電子の運動では,電子自体の速度変化がない.磁界の影響により方向変化のみが起こる.

② 電子が受ける**ローレンツ力**と円運動の遠心力から,運動の回転半径を求める.遠心力 f は,質量 m,回転半径 r,速度 v とすると,$f = mv^2/r$ で示せる.

③ 1回転の時間＝円周長／速度.

演習問題 7.4 導体内の電気伝導

断面積が S,長さが l の円柱導体の両端に,大きさが V の直流電圧を加えた.この場合,伝導電子密度を n,電子の電荷量(絶対値)を e,電子の質量を m,導体の抵抗率を ρ として,次の問に答えよ.

(1) 電子の平均移動速度を,導体を一様に流れる電流密度から求めよ.
(2) 上記の場合の電子の加速度を求めよ.

解答

(1) 電子の平均速度を v とすると,**解図**のような考え方で,導体断面積 $1[m^2]$ 当たりを1秒間に nv 個の電子が移動する.よって,導体の電流密度 $J[A/m^2]$ は,

$$J = env \quad \cdots (1)$$

となる.この場合の導体の電界の強さ E は,$E = V/l$ であるが,$E = \rho J$ の関係から,電流密度 J は,

$$J = \frac{E}{\rho} = \frac{V}{l} \cdot \frac{1}{\rho} = \frac{V}{\rho l} \quad \cdots (2)$$

解法のポイント

① 電子の平均速度 v を仮定して,導体の電流密度 J を伝導電子密度 n で表す.また,J は導体の電界の強さ E と抵抗率 ρ でも示せる.これらから v が求まる.

② 導体の電界の強さ E は,直流電圧 V を導体長 l で割ればよい.

③ 加速度は,運動方程式から算出.

1.7 電子理論

となる．よって，v は(1)，(2)式から，

$$v = \frac{J}{en} = \frac{1}{en} \cdot \frac{V}{\rho l} = \frac{V}{en\rho l} \quad \cdots (3) \text{ (答)}$$

解図

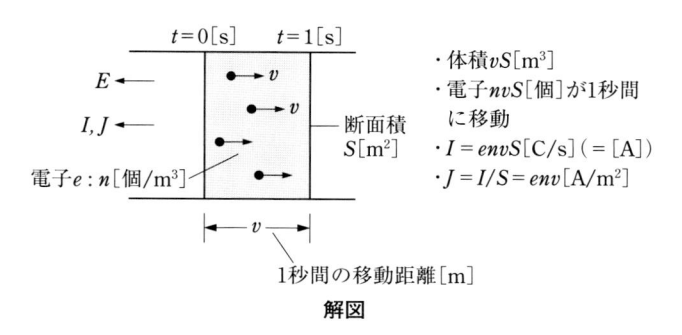

・体積 vS [m³]
・電子 nvS [個]が1秒間に移動
・$I = envS$ [C/s]($=$ [A])
・$J = I/S = env$ [A/m²]

(2) 1個の電子には，$F = eE$ のクーロン力が働くので，

$$F = eE = \frac{eV}{l} \quad \cdots (4)$$

となるが，加速度を α とすると，運動の方程式 $F = m\alpha$ から，α は，

$$\alpha = \frac{F}{m} = \frac{eV}{ml} \quad \cdots (5) \text{ (答)}$$

解 説

導体の断面積 S は，直接答に関係しなかった．なお，本問の電界の強さは，静電界ではなく，導体内の電子の移動をもたらす動的な電界である．電子の移動速度 v は，電界の強さ E に比例し，一般に $v = \mu E$ で示せるが，この μ を**移動度**という．μ は(3)式から，次式で示せる．

$$\mu = \frac{v}{E} = \frac{V}{en\rho l \cdot E}$$

$$= \frac{El}{en\rho l E} = \frac{1}{en\rho} \text{ [m²/(V·s)]} \quad (7\text{-}17)$$

導体内の電気伝導では，多数の電荷(電子)の相互の摩擦力により，ごく短時間で v は一定となり，(5)式の $\alpha = 0$ と考えてよい．よって，上記のように $v = \mu E$ として扱う．

コラム　半導体の電気伝導

半導体(電子及び正孔)の電気伝導も基本的には，本問と同様の考え方で扱える．半導体の電流密度 J は，正孔の電流密度 J_p と電子の電流密度 J_n の和で示せる．正孔の密度 p，電荷量 e，移動度 μ_p，速度 v_p，電子の密度 n，電荷量 $-e$，移動度 μ_n，速度 v_n とすると，J は次式で示せる．

$$J = J_p + J_n = epv_p + env_n$$
$$= ep\mu_p E + en\mu_n E = e(\mu_p p + \mu_n n)E$$

p形半導体では正孔が卓越するから，電流密度はほとんど J_p が占め，逆に n形半導体では電子が卓越するから，電流密度はほとんど J_n が占める．

よって，半導体の導電率 σ は，

$$\sigma = \frac{J}{E} = ne\mu_n + pe\mu_p \quad (7\text{-}18)$$

となる．抵抗率 $\rho = 1/\sigma$ であるが，温度により敏感に変化し，低温では高く，高温では低い．すなわち，半導体の抵抗温度係数は負であり，金属導体とは抵抗の温度変化の様子が逆である．この性質を利用して，サーミスタのような負の温度係数を持つ素子が，抵抗値の温度変化の補償に使われる．

演習問題 7.5　トランジスタの回路 1

図 1 はバイポーラトランジスタを用いた増幅回路であり，交流成分のみを考慮している．図 2 はその交流等価回路である．図 1 の電流 i_{in} は，図 2 のベース電流 i_b に等しい．このトランジスタのエミッタ接地電流増幅率は $\beta = 99$ である．次の問に答えよ．

(1) 抵抗 R_L に流れる電流 i_L は，i_{in} の何倍か．
(2) 図 1 の増幅回路の入力抵抗（$= v_{in}/i_{in}$）はいくらか．
(3) ベース抵抗 r_b に生じる電圧 v_b は，抵抗 R_L に生じる電圧 v_{out} の何倍か．
(4) 電圧利得（$= v_{out}/v_{in}$）は何倍か．また，β を 99 よりも大きくすると，電圧利得は何倍に近づくか．

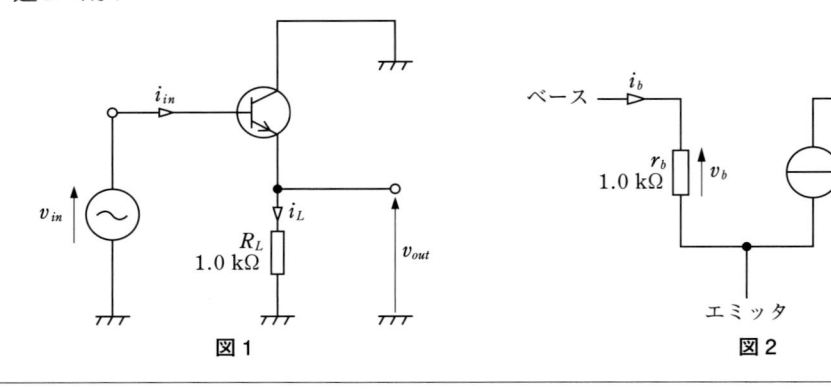

図 1

図 2

解　答

(1) 抵抗 R_L に流れる電流 i_L は，ベース電流 i_b とコレクタ電流 $i_c = \beta i_b$ の和である．

$$i_L = i_b + \beta i_b = (1+\beta)i_b = (1+99)i_b = 100 i_b \quad \cdots (1)$$

$i_{in} = i_b$ であるから，$i_L / i_{in} = 100$ 倍　**（答）**

(2) 入力電圧 v_{in} は，ベース電圧 v_b と出力電圧 v_{out} の和であるから，

$$v_{in} = v_b + v_{out} = i_b r_b + i_L R_L = i_b r_b + (1+\beta) i_b R_L$$
$$= (r_b + 100 R_L) i_{in} \quad \cdots (2)$$

となる．よって，入力抵抗 R_i は，

$$R_i = \frac{v_{in}}{i_{in}} = r_b + 100 R_L = 1.0 + 100 \times 1.0 = 101\,[\mathrm{k\Omega}] \quad \textbf{（答）}$$

(3) ベース電圧 v_b 及び出力電圧 v_{out} は，

$$v_b = i_b r_b = i_{in} r_b, \quad v_{out} = i_L R_L = 100 i_{in} R_L \quad \cdots (3)$$

となる．よって，これらの比は，

$$\frac{v_b}{v_{out}} = \frac{i_{in} r_b}{100 i_{in} R_L} = \frac{r_b}{100 R_L} = \frac{1}{100 \times 1} = 0.01\,\text{倍} \quad \textbf{（答）}$$

解法のポイント

① 図 2 で等価回路が与えられているから，計算は簡単である．エミッタ接地電流増幅率 β の定義をよく理解する．コレクタ電流 $i_c = \beta i_b$ となる．

② 入力電圧 = ベース電圧 + 負荷電圧の電圧平衡が成り立つ．

③ 等価回路図に従って，各部の計算をして答を求めればよい．

(4) 電圧利得 G_v は，次式になる．

$$G_v = \frac{v_{out}}{v_{in}} = \frac{100 i_{in} R_L}{(r_b + 100 R_L) i_{in}} = \frac{100 R_L}{r_b + 100 R_L}$$

$$= \frac{100 \times 1}{1 + 100 \times 1} = \frac{100}{101} \fallingdotseq 0.99 \text{倍} \quad \text{(答)}$$

β を大きくしていくと，(2)式から明らかなように，v_{out} が大きくなり v_{in} に近づく．よって，G_v は1に近づく．**(答)**

コラム　コレクタ接地の出力抵抗

コレクタ接地の出力抵抗 R_o の算定では近似的に，出力電圧は負荷に関係なくトランジスタ自体を考える．これは，エミッタ端子の電圧となり，基準電位（コレクタ）から見るとベース電圧 v_b になる．R_o は v_b を出力電流 i_L で割ればよい．よって，

$$R_o \fallingdotseq \frac{v_b}{i_L} = \frac{r_b i_b}{(1+\beta) i_b} = \frac{r_b}{1+\beta} \tag{7-19}$$

となる．r_b は数百[Ω]なので数十[Ω]程度の低い値になる．

解説

本問の増幅回路は**コレクタ接地回路**である．この接地方式は，電圧増幅度≒1.0 であり，電圧増幅には適さない．ただし，入力インピーダンスを大きくし，出力インピーダンスを小さくできるので，インピーダンス変換回路として増幅回路間に挿入して用いられる．

利得という用語は，増幅度と同じ意味で使われる．[dB]で表す場合は必ず dB 利得と表現すること．

演習問題 7.6　トランジスタの回路2

図1はバイポーラトランジスタを用いた増幅回路であり，図2はその交流等価回路である．図1において，v_{in} は正弦波入力信号電圧，v_{o1}，v_{o2} は正弦波出力信号電圧である．ベース直流電流 I_B が抵抗 R_A を流れる直流電流 I_A に比較して十分小さく，また，ベース-エミッタ間の直流電圧 $V_{BE} = 0.7$ [V]を一定と仮定し，すべてのコンデンサを交流信号の周波数において短絡とみなすとして，次の問に答えよ．

(1) ベースの直流電圧 V_B[V]はいくらか．

(2) エミッタ直流電流 I_E[mA]はいくらか．

(3) v_{o1} 及び v_{o2} を出力電圧としたときの電圧増幅度は，それぞれ，おおよそいくらか．ただし，入力電圧は v_{in} とする．

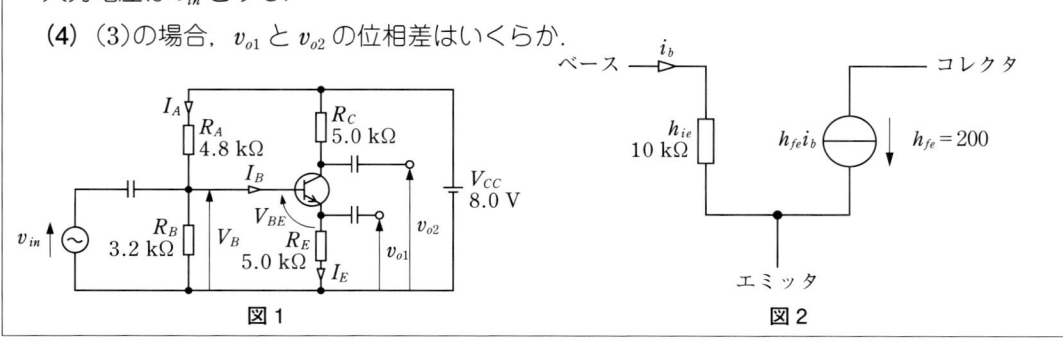

(4) (3)の場合，v_{o1} と v_{o2} の位相差はいくらか．

図1

図2

解答

(1) I_B が I_A より十分小さいという仮定から，V_B は直流電圧 V_{CC} を R_A と R_B で分圧した値になる．

$$V_B = \frac{R_B}{R_A + R_B} V_{CC} = \frac{3.2}{4.8 + 3.2} \times 8.0 = 3.2 \,[\mathrm{V}] \quad \textbf{(答)}$$

(2) R_E には，$V_B - V_{BE} = 3.2 - 0.7 = 2.5\,[\mathrm{V}]$ が印加されるから，エミッタ電流 I_E は，

$$I_E = \frac{2.5}{5.0 \times 10^3} = 0.5 \times 10^{-3}\,[\mathrm{A}] = 0.5\,[\mathrm{mA}] \quad \textbf{(答)}$$

(3) v_{o1} は，コレクタ接地増幅回路の出力電圧である．$V_{BE} = 0.7\,[\mathrm{V}]$ 一定と仮定できることから，v_{o1} は v_{in} に，ほぼ同振幅で追従する．したがって，この場合の電圧増幅度 $\fallingdotseq 1$ であり，出力電圧と入力電圧は同位相になる．**(答)**

v_{o2} は，エミッタ接地増幅回路の出力電圧である．図2より i_b がコレクタ電流 i_c の 1/200 と十分小さいので，$i_c \fallingdotseq i_e$ が成り立つ．したがって，

$$v_{o1} = i_e R_E \fallingdotseq v_{in},\quad v_{o2} = -i_c R_C \fallingdotseq -i_e R_C \quad \cdots (1)$$

となる．よって，

$$\frac{v_{o2}}{v_{in}} \fallingdotseq \frac{-i_e R_C}{i_e R_E} = -\frac{R_C}{R_E} \quad \cdots (2)$$

本問では $R_E = R_C$ なので，電圧増幅度 $\fallingdotseq 1.0$ であり，出力電圧と入力電圧は逆位相になる．**(答)**

(4) (3)の結果から，v_{o1} と v_{o2} の位相差は，$180\,[°]$ である．**(答)**

解法のポイント

① 図1は**電流帰還バイアス回路**であり，ベースに加わる電圧は，R_A と R_B で分圧されて，常にほぼ一定の値になる．

② $V_B - V_{BE}$ から，R_E に加わる電圧を求めて，I_E を算出する．

③ 図1の v_{o1} はコレクタ接地の出力電圧，v_{o2} はエミッタ接地の出力電圧である．コレクタ接地の電圧増幅度 $\fallingdotseq 1.0$ で同相である．$v_{o2} = -i_c R_C \fallingdotseq -i_e R_C$ で示されるから，出力位相は反転する．

解説

図2の h_{ie} は入力インピーダンス，h_{fe} は電流増幅率である．h_{fe} はエミッタ接地電流増幅率 β にほかならない．通常のエミッタ接地回路では，R_E に並列に接地用のバイパスコンデンサが設けられるので，電圧増幅度は，h_{fe} 程度の値になる（［注］参照）．

［注］電圧増幅度の計算 本問の入力電圧 v_{in}，出力電圧 v_{o1} 及び v_{o2} は，次の諸式で示せる．

$$v_{in} = h_{ie} i_b + R_E(i_b + h_{fe} i_b) = \{h_{ie} + R_E(1 + h_{fe})\} i_b \quad \cdots (1)$$

$$v_{o1} = R_E(1 + h_{fe}) i_b \quad \cdots (2),\quad v_{o2} = -R_C h_{fe} i_b \quad \cdots (3)$$

よって，v_{o1} 及び v_{o2} に関する増幅度は，

$$\frac{v_{o1}}{v_{in}} = \frac{R_E(1 + h_{fe})}{h_{ie} + R_E(1 + h_{fe})} \fallingdotseq 1.0 \quad \cdots (4) \qquad \frac{v_{o2}}{v_{in}} = \frac{-R_C h_{fe}}{h_{ie} + R_E(1 + h_{fe})} \fallingdotseq \frac{-R_C}{R_E} \quad \cdots (5)$$

となる．通常のエミッタ接地での電圧増幅度 A_v は，R_E を無視して，次式で考えればよい．

$$A_v = \frac{v_{o2}}{v_{in}} = \frac{-R_C h_{fe}}{h_{ie}} \qquad (7\text{-}20)$$

問の数値での A_v は，下記のようになる．

$$A_v = \frac{-R_C h_{fe}}{h_{ie}} = \frac{-5.0 \times 200}{10} = -100$$

演習問題 7.7　h定数回路

図1のようなトランジスタ増幅回路がある．ただし，R_A, R_B, R_C, R_E, R_L は抵抗，C_1, C_2, C_3 はコンデンサの静電容量，V_{DD} は直流電圧源，v_i, v_o は交流信号電圧とする．

(1) 図1の回路を交流信号に注目し，交流回路として考えると，この回路を図2のような等価な回路に置換できる．等価な抵抗 R_1, R_2 を示す式を求めよ．ただし，C_1, C_2, C_3 のインピーダンスは十分小さく無視できるものとする．

(2) 図2の回路で，トランジスタの入力インピーダンス $h_{ie}=6$ [kΩ]，電流増幅率 $h_{fe}=140$ であった．この回路の電圧増幅度はいくらか．ただし，図1の回路において，$R_A=100$[kΩ]，$R_B=25$[kΩ]，$R_C=8$[kΩ]，$R_E=2.2$[kΩ]，$R_L=15$[kΩ] とし，出力アドミタンス h_{oe} 及び電圧帰還率 h_{re} は無視できるものとする．

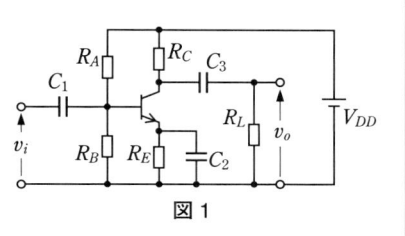

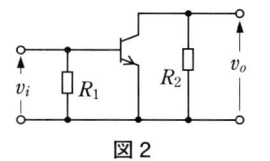

解　答

(1) 交流信号に対する回路では，コンデンサ及び直流電源は短絡とみなせる．よって，**解図1**のような等価回路が描ける．R_E は C_2 により短絡されるので無視できる．

入力側の抵抗 R_1 は，解図1から R_A と R_B の並列である．同様に出力側の抵抗 R_2 は，R_C と R_L の並列である．

$$R_1 = \frac{R_A R_B}{R_A + R_B}, \quad R_2 = \frac{R_C R_L}{R_C + R_L} \quad (答)$$

(2) 問図1の回路の h 定数 π 型等価回路は，**解図2**のように描ける．題意から h_{re} は無視できるので，ベース電流 i_b は入力電圧 v_i を入力インピーダンス h_{ie} で割れば求まる．$i_b = v_i/h_{ie}$．

出力電流 i_c は h_{oe} を無視できるので，$i_c = h_{fe} i_b = h_{fe} v_i / h_{ie}$．出力電圧 v_o は，$v_o = R_2 i_c = h_{fe} R_2 v_i / h_{ie}$ である．よって，電圧増幅度 G は，$G = v_o/v_i = h_{fe} R_2 / h_{ie}$ である．ここで，等価負荷抵抗 R_2 は，

$$R_2 = \frac{R_C R_L}{R_C + R_L} = \frac{8 \times 15}{8 + 15} \fallingdotseq 5.22 \, [\text{kΩ}]$$

となる．ゆえに，電圧増幅度 G は，

$$G = \frac{h_{fe} R_2}{h_{ie}} = \frac{140 \times 5.22}{6} \fallingdotseq 122 \quad (答)$$

解法のポイント

① 交流信号での等価回路を描く．交流信号に対する回路では，コンデンサ及び直流電源は短絡と考える．

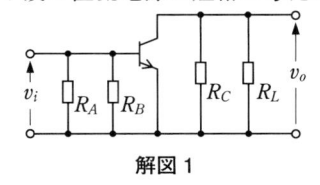

解図1

② h 定数 π 型等価回路を描く．h_{oe}, h_{re} は無視して計算してよい．

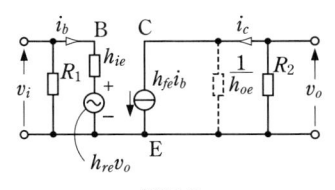

解図2

演習問題 7.8　演算増幅器 1

図は，演算増幅器を用いた差動増幅回路である．図の回路において，入力電圧 V_1 が 3.0[V]，入力電圧 V_2 が 2.0[V] の場合の出力電圧 V_5 を求めよ．また，入力電圧 V_1 を 3.0[V] に保ち，出力電圧 V_5 を 0[V] にするためには，入力電圧 V_2 をいくらにしなければならないか．

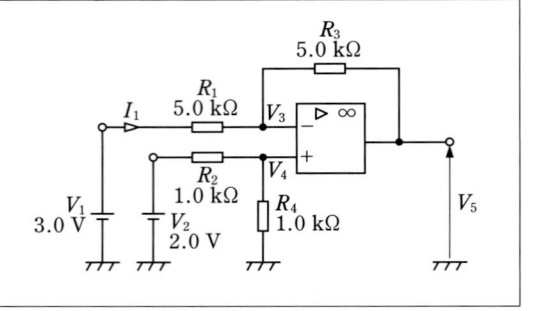

解　答

演算増幅器の入力端子には電流が流れ込まないので，＋端子の V_4 は，R_2 と R_4 で分圧され，

$$V_4 = \frac{R_4}{R_2+R_4}V_2 \quad \cdots (1)$$

となる．また，－端子と＋端子は仮想短絡により同電位になり，$V_3 = V_4$ である．これより電流 I_1 は，

$$I_1 = \frac{V_1-V_3}{R_1} = \frac{V_1-V_4}{R_1} = \frac{V_1}{R_1} - \frac{R_4 V_2}{R_1(R_2+R_4)} \quad \cdots (2)$$

電流 I_1 は，すべて R_3 に流れ込むので，V_5 は，$V_3 = V_4$ から R_3 の電圧降下を引けばよい．

$$V_5 = V_3 - I_1 R_3 = \frac{R_4 V_2}{R_2+R_4} - \frac{R_3 V_1}{R_1} + \frac{R_3 R_4 V_2}{R_1(R_2+R_4)}$$

$$= -\frac{R_3}{R_1}V_1 + \frac{R_4(R_1+R_3)}{R_1(R_2+R_4)}V_2$$

$$= -\frac{5.0}{5.0} \cdot V_1 + \frac{1.0 \times (5.0+5.0)}{5.0 \times (1.0+1.0)} \cdot V_2 = -V_1 + V_2 \quad \cdots (3)$$

$$= -1 \times 3.0 + 1 \times 2.0 = -1.0 [V] \quad \textbf{(答)}$$

(3)式より，$V_5 = V_2 - V_1$ であるから，$V_5 = 0$ では，$V_2 = V_1$ である．よって，

$$V_2 = V_1 = 3.0 [V] \quad \textbf{(答)}$$

解法のポイント

① 演算増幅器の入力インピーダンスは∞なので，内部には電流が流れ込まない．

② 演算増幅器の利得は∞なので，＋端子と－端子は**仮想短絡（イマジナリーショート）**になり同電位．

③ 以上の二つの原則により，回路を解いていけばよい．

コラム　積分・微分回路

演算増幅器を用いて，積分回路，微分回路を構成できる．

① **積分回路**　図 7-7 からオペアンプの－端子は零電位である．よって，

$$i_1 = V_i/R_i = i_f$$

$$V_o = -\frac{1}{C_f}\int i_f dt = -\frac{1}{C_f R_i}\int V_i dt \quad (7\text{-}21)$$

② **微分回路**　図 7-8 からオペアンプの－端子は零電位である．よって，

$$i_1 = C_i \frac{dV_i}{dt} = i_f$$

$$V_o = -R_f i_f = -R_f C_i \frac{dV_i}{dt} \quad (7\text{-}22)$$

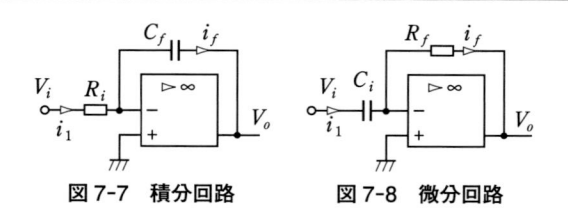

図 7-7　積分回路　　**図 7-8　微分回路**

1.7 電子理論

演習問題 7.9 演算増幅器2

図は，演算増幅器を用いた定電流源 I_1 の負性抵抗回路である．図の回路において，入力抵抗，すなわち，V_1/I_1 の値を求めよ．計算では図示の数値を用いよ．

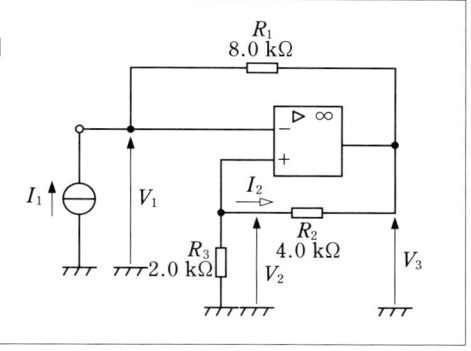

解答

演算増幅器入力側に電流は流れないので，抵抗 R_2 と R_3 には，同一の電流 I_2 が流れる．よって，V_2，V_3 は，

$$V_2 = -R_3 I_2, \quad V_3 = -(R_2+R_3)I_2 \quad \cdots (1)$$

となる．仮想短絡により，$V_1 = V_2$ であるから，R_1 に流れる電流 I_1 は，

$$I_1 = \frac{V_1-V_3}{R_1} = \frac{V_2-V_3}{R_1} = \frac{-R_3+R_2+R_3}{R_1}I_2 = \frac{R_2}{R_1}I_2 \quad \cdots (2)$$

となる．よって，V_1/I_1 は，(1)，(2)式から，

$$\frac{V_1}{I_1} = \frac{V_2}{I_1} = \frac{-R_3 I_2}{\frac{R_2}{R_1}I_2} = -\frac{R_1 R_3}{R_2} = -\frac{8.0\times 2.0}{4.0} = -4.0\,[\mathrm{k\Omega}] \quad \textbf{(答)}$$

解法のポイント

① アンプの＋端子は R_3 により接地されているので反転増幅器である．よって，出力電圧は逆極性であり，I_1 及び I_2 は独立してアンプ出力側に流れ込む．

② 電圧 V_2，V_3 を算出するときに，電流 I_2 の方向に注意する．電圧と電流の方向が同じなので，電圧には負号が付く．

演習問題 7.10 FET増幅回路

電界効果トランジスタ(FET)を用いたソース接地増幅回路(**図1**)は，**図2**の等価回路で示せる．このトランジスタの相互コンダクタンスは $g_m = 25\,[\mathrm{mS}]$，ドレイン抵抗は $r_d = 20\,[\mathrm{k\Omega}]$ とする．負荷抵抗 $R_L = 30\,[\mathrm{k\Omega}]$ を接続したとき，$v_{gs} = 20\,[\mathrm{mV}]$ の小信号を加えた．出力電圧 v_{ds} はいくらになるか．

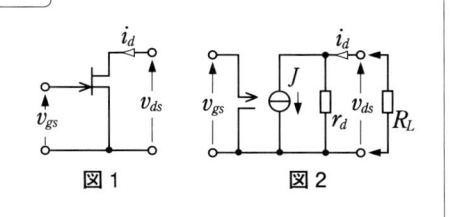

解説

図2のFETの電流源 J は，

$$J = g_m \cdot v_{gs} = 25\times 10^{-3} \times 20\times 10^{-3} = 0.5\times 10^{-3}\,[\mathrm{A}]$$

である．J から見た負荷側の合成インピーダンスは，r_d と R_L の並列である．よって，出力電圧 v_{ds} は，

$$v_{ds} = J\frac{r_d R_L}{r_d+R_L} = 0.5\times 10^{-3}\times \frac{20\times 30}{20+30}\times 10^3 = 6\,[\mathrm{V}] \quad \textbf{(答)}$$

解法のポイント

① $J = g_m \cdot v_{gs}$ を求め，負荷側の等価抵抗により v_{ds} を求める．

[注] 本問で r_d を無視すると，$v_{ds} = JR_L = 0.5\times 30 = 15\,[\mathrm{V}]$ となり，答がかなり違ってくる．

演習問題 7.11 負帰還増幅回路

図1は負帰還増幅回路のブロック線図であり，図2は図1の各ブロックの機能を示したものである．ただし，v_1 は入力信号電圧，v_{n1} は増幅器の入力で発生する雑音電圧，v_{n2} は増幅器の出力で発生する雑音電圧，v_2 は出力電圧を表すものとする．次の問に答えよ．

(1) $v_1 = 0$, $v_{n2} = 0$ としたとき，v_{n1} に対する電圧増幅度 $G_{n1} = v_2/v_{n1}$ はいくらか．
(2) $v_1 = 0$, $v_{n1} = 0$ としたとき，v_{n2} に対する電圧増幅度 $G_{n2} = v_2/v_{n2}$ はいくらか．
(3) ループ利得が1より十分大きいと仮定できる場合，G_{n1} 及び G_{n2} の近似値を求めよ．この場合，出力電圧 v_2 には，v_{n1} 及び v_{n2} は，増幅または減衰されて表れるかを答えよ．

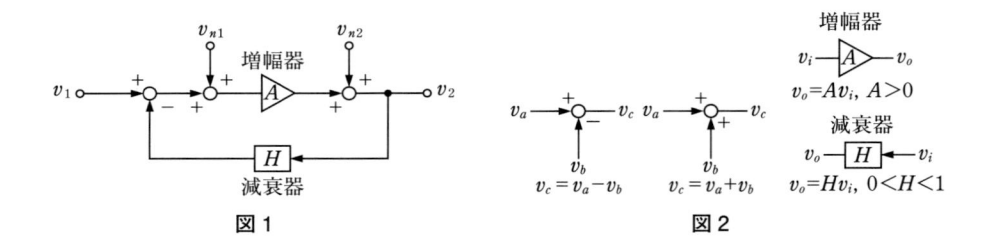

図1

図2

解　答

(1) 増幅器の入力は，$v_1 + v_{n1} - Hv_2$ と表されるので，出力 v_2 は，
$$v_2 = A(v_1 + v_{n1} - Hv_2) + v_{n2} \quad \cdots (1)$$
で表される．題意から，$v_1 = 0$, $v_{n2} = 0$ としたとき，
$$v_2 = A(v_{n1} - Hv_2) \quad \therefore (1 + AH)v_2 = Av_{n1}$$
より，電圧増幅度 G_{n1} は，
$$G_{n1} = \frac{v_2}{v_{n1}} = \frac{A}{1 + AH} \quad \cdots (2) \quad \text{(答)}$$

(2) (1)式において，$v_1 = 0$, $v_{n1} = 0$ としたとき，
$$v_2 = -AHv_2 + v_{n2} \quad \therefore (1 + AH)v_2 = v_{n2}$$
より，電圧増幅度 G_{n2} は，
$$G_{n2} = \frac{v_2}{v_{n2}} = \frac{1}{1 + AH} \quad \cdots (3) \quad \text{(答)}$$

(3) ループ利得 $AH \gg 1$ と仮定できる場合，(2), (3)式から，G_{n1} 及び G_{n2} は次式で近似できる．
$$G_{n1} = \frac{A}{1 + AH} \fallingdotseq \frac{A}{AH} = \frac{1}{H}, \quad G_{n2} = \frac{1}{1 + AH} \fallingdotseq \frac{1}{AH} \quad \text{(答)}$$

図2から $H < 1$ であるから，$G_{n1} > 1$ となり，v_{n1} は増幅される．$AH \gg 1$ から，$G_{n2} \ll 1$ となり，v_{n2} は減衰される．**(答)**

解法のポイント

① 自動制御の分野と類似の問題である．ブロック線図から，増幅器の出力 v_2 の式を導く．

② v_2 の式に題意の条件を入れて，G_{n1} 及び G_{n2} を計算する．

③ ループ利得は，自動制御の一巡伝達関数に相当し，ここでは AH になる．$AH \gg 1$ から，②で求めた式の近似値を算出する．

④ 図2から減衰器の $H < 1$ の条件も加味して，v_{n1} 及び v_{n2} の増幅または減衰の効果を検討する．

[注] 自動制御の負帰還増幅回路と本問の回路は本質的に同じである．

第2章 電力・管理科目

本章のねらい

二次試験の「電力・管理科目」の出題範囲は，発変電所，送配電並びに電気施設管理に関する部分である．発電所の計算では，電気以外の計算が重要である．水力では水力学，火力では熱力学関係の基礎原理をマスターする．変電所では短絡電流や調相設備が重要である．

送配電の計算ではベクトル図を重視し，これから電圧，電力の公式を導く演算力を身に付けるようにする．

試験の問題数及び配点

6問が出題され，そのうちの任意の4問を解答する．6問のうち，例年，3～4問が計算問題である．すべて記述式の出題である．

配点は，1問当たり30点で合計120点である．合格基準は，「電力・管理科目」と「機械・制御科目」の合計得点が60%（180点中108点）以上，かつ，各科目の得点が平均点以上である．ただし，合格基準は例年，問題の難易度等により，引き下げられることが多い．

出題傾向の概略と対策

(1) 発変電分野

計算問題は，水力発電に関するものが多く，次いで変電所の分野である．いずれも過去問題かその変形である．火力発電については，近年，出題はされていないが，地球温暖化防止の観点から，蒸気サイクルや燃焼空気量，ガス量の問題を押さえておく必要がある．

(2) 送配電分野

送電分野では近年，計算問題は少ないが，一番の基礎なので必ずマスターする．一方，配電分野ではほとんど毎年のように計算問題が出題されている．特に近年は，分散型電源の連系に関するものや，V結線に関するものが多い．

(3) 施設管理分野

ここ10年で見ると，電力・発電施設の分野での計算問題が多く，バラエティーに富んでいる．配電施設の分野は少ない．最近出題されていない水力発電所の運用，発電原価の算定，高調波の計算なども，分散型電源やエネルギーセキュリティの動向から見て重要である．

2.1 水力発電

学習のポイント

ベルヌーイの定理と理論出力式 $P=9.8QH$ が最重要である．水車では比速度と速度調定率をよく理解する．調速機は速度調定率曲線を重視して，十分演習を行う．揚水発電では，揚水ポンプの入力，総合効率が大切である．

─────── 重 要 項 目 ───────

1 水力学

① **ベルヌーイの定理**

全水頭の和は一定（図 1-1）．

$$h + \frac{v^2}{2g} + \frac{p}{\rho g} = 一定 \ [\text{m}] \quad (1\text{-}1)$$

h：**位 置 水 頭**[m]，$v^2/2g$：**速 度 水 頭**[m]，$p/\rho g$：**圧力水頭**[m]，v：流速[m/s]，g：重力加速度 9.8[m/s^2]，p：水圧[Pa]，水の密度 $\rho = 1\,000$[kg/m^3]．$v=Q/A$（Q：流量[m^3/s]）．

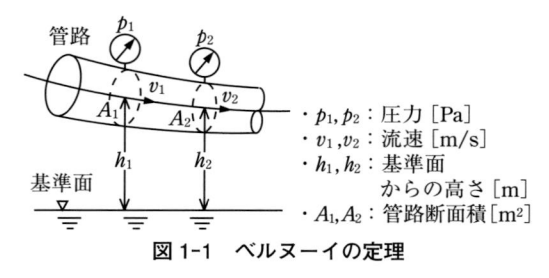

- p_1, p_2：圧力[Pa]
- v_1, v_2：流速[m/s]
- h_1, h_2：基準面からの高さ[m]
- A_1, A_2：管路断面積[m^2]

図 1-1　ベルヌーイの定理

② **連続の原理**　図 1-1 で，

$$A_1 v_1 = A_2 v_2 = 一定[\text{m}^3/\text{s}] \quad (1\text{-}2)$$

③ **トリチェリの定理**

位置水頭 h の管路の流速 v は，損失係数を k として，

$$v = k\sqrt{2gh} \ [\text{m/s}] \quad (1\text{-}3)$$

となり，ノズルからの噴出速度を示す．

2 発電所の出力

① **発電所の出力 P**

Q：流量[m^3/s]，H：**有効落差**[m]，η_w：水車効率，η_g：発電機効率として，

$$P = 9.8QH\eta_w\eta_g \ [\text{kW}] \quad (1\text{-}4)$$

有効落差 $H =$ 総落差 − 損失落差[m]

② **河川水量**

年平均流量 Q は，S：河川の流域面積[m^2]，h：年降水量[m]，α：**流出係数**とすると，

$$Q = \frac{Sh\alpha}{365 \times 24 \times 3\,600} [\text{m}^3/\text{s}] \quad (1\text{-}5)$$

$\alpha=$ 河川水量／降水量 $=0.4 \sim 0.7$

3 水 車

① **比速度 N_s（表 1-1）**

模型水車の単位落差，単位出力当たりの回転速度．高落差ほど小さい．N_s を大きくとると，水車を小さくできて経済的であるが，効率の低下やキャビテーションのおそれがある．

$$N_s = \frac{P^{1/2}}{H^{5/4}} N \ [\text{m}\cdot\text{kW}] \quad (1\text{-}6)$$

表 1-1　各種水車の比速度（JEC-4001-2006）

種 類	適用落差 [m]	N_s [m·kW]	N_s の限界	無拘束速度 [%]
ペルトン	150〜800	18〜26	$N_s \leq \frac{4\,300}{H+200}+14$	150〜200
フランシス	40〜500	75〜356	$N_s \leq \frac{23\,000}{H+30}+40$	160〜220
斜 流	40〜180	180〜373	$N_s \leq \frac{21\,000}{H+20}+40$	180〜230
プロペラ	5〜80	252〜990	$N_s \leq \frac{21\,000}{H+16}+50$	220〜320

P：水車出力[kW]（ランナ，ノズル1個当たり），H：有効落差[m]，N：回転速度[min^{-1}]

ポンプの比速度は，4.揚水発電所を参照．

② **速度調定率 R**　（**図1-2**）

水車など**原動機**の**速度対出力**を表す．

$$R = \frac{(N_1 - N_2)/N_n}{(P_2 - P_1)/P_n} \times 100 \ [\%] \quad (1\text{-}7)$$

P_n, N_n：定格出力，回転速度

N_1, N_2：出力 P_1, P_2 での回転速度

周波数 $f \propto N$ なので，R を f で表すと，

$$R = \frac{(f_1 - f_2)/f_n}{(P_2 - P_1)/P_n} \times 100 \ [\%] \quad (1\text{-}8)$$

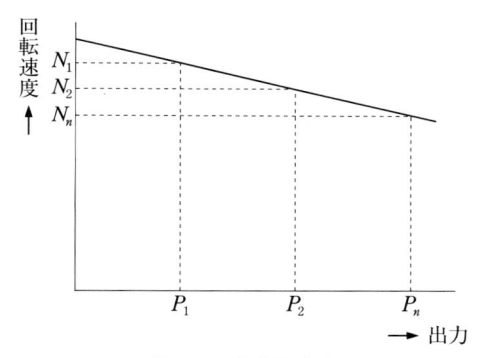

図1-2 速度調定率

③ **速度変動率 δ**

水車負荷急変時の速度変化量と定格速度 N_n の比（**図1-3**）．図の T_d は調速機の不動時間，T_c は閉鎖時間を表す．

$$\delta = \frac{N_m - N_1}{N_n} \times 100 \ [\%] \quad (1\text{-}9)$$

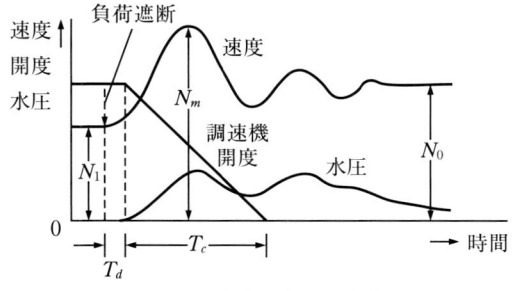

図1-3 速度，水圧の変化

N_m は最大速度，N_1 は負荷変化前の速度．

図の N_0 は安定（整定）後の速度で，一般に $N_0 > N_1$ となることが多い．

④ **水圧変動率 δ_H**

負荷遮断時の水圧管の水圧変動量と停止時静落差 H_0[m]の比．δ とはトレードオフの関係．

$$\delta_H = \frac{H_m - H_1}{H_0} \times 100 \ [\%] \quad (1\text{-}10)$$

H_m[m]は最大水圧，H_1[m]は停止時静水圧．

⑤ **電圧上昇率 ε**

負荷遮断時の最大電圧を V_m，遮断時の電圧を V_1，定格電圧を V_n とすると，

$$\varepsilon = \frac{V_m - V_1}{V_n} \times 100 \ [\%] \quad (1\text{-}11)$$

4 揚水発電所

① **揚水ポンプ電動機入力 P_m**

効率は分母にくることに注意．

$$P_m = \frac{9.8 Q H_p}{\eta_p \eta_m} \ [\text{kW}] \quad (1\text{-}12)$$

H_p：**全揚程** = 総落差 + 損失落差[m]，Q：流量[m^3/s]，η_p：ポンプ効率，η_m：電動機効率

② **揚水発電所総合効率**

$\eta \fallingdotseq 0.65 \sim 0.75$

$$\eta = \frac{H_g - h}{H_g + h} \eta_w \eta_g \eta_p \eta_m \quad (1\text{-}13)$$

H_g：総落差[m]，h：損失落差[m]，η_w：水車効率，η_g：発電機効率，η_p：ポンプ効率，η_m：電動機効率

③ **ポンプ水車の比速度 N_s（ポンプ運転時）**

$$N_s = N \frac{\sqrt{Q}}{H_p^{3/4}} \ [\text{m} \cdot \text{m}^3/\text{s}] \quad (1\text{-}14)$$

N：回転速度[min^{-1}]，Q：流量[m^3/s]，H_p：全揚程[m]

演習問題 1.1 水力発電所の出力

水力発電所の水車の案内羽根開度及び効率を一定とした場合について，次の問に答えよ．

(1) 水車の出力 P[kW] は有効落差 H[m] の関数として表されるが，その関係を次に示す諸量を表す記号を用いて示せ．

　水車効率 η[％]，水圧管断面積 A[m^2]，重力の加速度 g[m/s^2]，管路損失等による流速の低下を考慮した係数 k

(2) (1)で求めた式を用いて，有効落差 100[m]，最大出力 8 000[kW] の水力発電所が水位変化によって有効落差が 81[m] に低下したときの最大出力を求めよ．

解 答

(1) 水圧管の流量 Q は，断面積を A，流速を v とすると，$Q = A \cdot v$ である．一方，v は，有効落差を H，重力の加速度を g，流速係数を k とすると，(1-3)式から次式で示せる．

$$v = k\sqrt{2gH} \quad \cdots (1)$$

よって，水車の出力 P は，次式で示せる．

$$P = gQH\frac{\eta}{100} = g \cdot Ak\sqrt{2gH} \cdot H\frac{\eta}{100}$$

$$= \sqrt{2}\,Ak\frac{\eta}{100}\,g^{1.5}H^{1.5}\;[\text{kW}] \quad \cdots (2) \quad \textbf{(答)}$$

(2) 水位変化前の有効落差及び最大出力を H_1, P_1，変化後を H_2, P_2 とすると，(2)式から次式が成立し，出力は落差の1.5乗に比例する．よって，P_2 は以下のようになる．

$$\frac{P_2}{P_1} = \left(\frac{H_2}{H_1}\right)^{1.5}$$

$$\therefore P_2 = P_1\left(\frac{H_2}{H_1}\right)^{1.5} = 8\,000 \times \left(\frac{81}{100}\right)^{1.5} \fallingdotseq 5\,830\,[\text{kW}] \quad \textbf{(答)}$$

解法のポイント

① 水力発電所の出力の公式 $P = 9.8QH$ の 9.8 は，重力の加速度である．流量 Q は，水圧管断面積 A とその流速 v の積である．

② 流速 v は，(1-3)式の**トリチェリの定理**により，有効落差を H とすると，$\sqrt{2gH}$ になるが，管路損失等による流速の低下を考慮した流速係数 k を用いること．

③ 以上①，②の準備の後，出力の公式を適用する．

解 説

貯水池式や調整池式の水力発電所では，一般に水量の使用とともに水位が低下するが，本問のように，その1.5乗に比例して出力も低下する．つまり，水位の低下率以上に出力が低下する．実際の水力発電所の運用にあたっては，これを念頭に置かなければならない．特に貯水池式よりも貯水量の少ない調整池式で水位の低下が大きいので，この傾向が甚だしい．

演習問題 1.2 水車の比速度の算定

水車の比速度 N_s は,実物水車と幾何学的に相似な模型水車の速度であり,水車の選定にあたって重要な指標となる.N_s は,N を水車の回転速度[min^{-1}],P を水車の出力[kW],H を有効落差[m]としたとき,$N_s = N\dfrac{\sqrt{P}}{H^{5/4}}$[m·kW]で示されるが,ペルトン水車を例にとり,次の手順により証明せよ.ただし,実物水車と模型水車は幾何学的に相似なので,羽根車の直径 D とノズルの直径 d の比 D/d は一定とする.また,添字の記号 m は模型水車を示す.

(1) ランナの周速 v は,ノズルの噴出速度に等しいが,g を重力の加速度,H を有効落差,k を定数としたとき,v_m/v の式を示せ.
(2) ノズル出口の流量の比 Q_m/Q を,D と H により示せ.
(3) 水車出力の公式から,P_m/P を,D と H により示し,これより D_m/D を求めよ.
(4) 水車の回転速度の比 N_m/N を,v と D により示し,これに(1)と(3)の結果を代入し,H と P により示せ.
(5) N_s の定義は,$H_m = 1$[m],$P_m = 1$[kW]のとき,$N_m = N_s$ を示すことになるから,(4)の結果から N_s を示せ.

解答

(1) ランナの周速 v は,$v = k\sqrt{2gH}$ であるから,v_m/v は,

$$\frac{v_m}{v} = \left(\frac{H_m}{H}\right)^{1/2} \quad \cdots (1) \quad \textbf{(答)}$$

(2) 流量 Q は $Q \propto d^2 v$ であるが,D/d が一定なので,$Q \propto D^2 v$ である.よって,Q_m/Q は,(1)式を用いて,

$$\frac{Q_m}{Q} = \left(\frac{D_m}{D}\right)^2 \cdot \frac{v_m}{v} = \left(\frac{D_m}{D}\right)^2 \cdot \left(\frac{H_m}{H}\right)^{1/2} \quad \cdots (2) \quad \textbf{(答)}$$

(3) 水車出力 $P = 9.8QH$ であるから,P_m/P は,

$$\frac{P_m}{P} = \frac{Q_m H_m}{QH} = \left(\frac{D_m}{D}\right)^2 \cdot \left(\frac{H_m}{H}\right)^{1/2} \cdot \frac{H_m}{H} = \left(\frac{D_m}{D}\right)^2 \cdot \left(\frac{H_m}{H}\right)^{3/2} \quad \cdots (3)$$

となる.よって,D_m/D は,

$$\frac{D_m}{D} = \sqrt{\left(\frac{P_m}{P}\right) \cdot \left(\frac{H}{H_m}\right)^{3/2}} = \left(\frac{P_m}{P}\right)^{1/2} \cdot \left(\frac{H}{H_m}\right)^{3/4} \quad \cdots (4) \quad \textbf{(答)}$$

(4) ランナの周速 v は,$v \propto ND$ であるから,$N \propto v/D$ である.ゆえに,

解法のポイント

① 電験二種の受験者は,単に公式を記憶しているだけでは不十分である.本問のように公式そのものの証明問題も出題される.解答誘導方式なので,問題をよく読んで式を立てる.

② 本問の状況は,**解図**のように示せる.ここで,羽根車の径 D とノズル径 d の比 D/d は,相似の条件から一定であり,ここが一番のポイントである.

③ v や Q は前問で述べたように,$v = k\sqrt{2gH}$,$Q = Av$ である.

④ 回転体の周速 $v = \omega r$ なので(ω は角速度,r は半径),$v \propto ND$ である.

$$\frac{N_m}{N} = \frac{v_m}{v} \cdot \frac{D}{D_m} = \left(\frac{H_m}{H}\right)^{1/2} \cdot \left(\frac{P}{P_m}\right)^{1/2} \cdot \left(\frac{H_m}{H}\right)^{3/4}$$

$$= \left(\frac{H_m}{H}\right)^{5/4} \cdot \left(\frac{P}{P_m}\right)^{1/2} \quad \cdots (5) \quad \textbf{(答)}$$

(5) N_s は，題意の定義から，(5)式により，

$$N_s = N \cdot \left(\frac{1}{H}\right)^{5/4} \cdot \left(\frac{P}{1}\right)^{1/2} = N \frac{\sqrt{P}}{H^{5/4}} \quad （証明終わり） \quad \textbf{(答)}$$

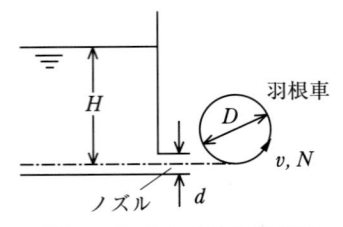

解図　ペルトン水車の模式図

解説

　各種水車の比速度は，表1-1に示したように，限界値がJECで決められている．N_s を大きくすると，水車を小形化できて経済的である．しかし，大き過ぎるとキャビテーションの発生や効率の低下を招く．なお，比速度の単位は一般に[m·kW]で示されるが，これは，単位落差[m]，単位出力[kW]当たりであることを強調している．公式で計算した次元とは合わないことに注意する．

　なお，ポンプ水車の比速度は，一般にポンプ運転時の場合をいい，N_s は流量 Q[m³/s]と揚程 H[m]で表す．ポンプ出力 $P \propto QH$ であるから，水車の比速度の公式から，次式となる．

$$N_s = N\frac{\sqrt{P}}{H^{5/4}} = N\frac{\sqrt{Q} \cdot \sqrt{H}}{H^{5/4}} = N\frac{\sqrt{Q}}{H^{3/4}} \text{ [m·m}^3\text{/s]} \quad (1\text{-}15)$$

　(1-15)式の場合も，水車と同様に単位の次元は合わない．単位揚程[m]，単位流量[m³/s]当たりであることを強調していると理解する．

[注] 水車等の比速度の新しい単位

　JEC-4001：2018「水車及びポンプ水車」では，比速度の単位が下記とされた．

　水車：[min⁻¹，m，kW 基準]，ポンプ水車：[min⁻¹，m，m³/s 基準]

　比速度の本来の単位は [min⁻¹] が正しい．上記(5)の解答の式展開のように，$\sqrt{P}$ 及び $H^{5/4}$ には分母に1が隠れており，この P 及び H は出力比又は落差比で無名数である．ゆえに，P.86 の(1-6)式の P 及び H も無次元数である．ただ，新単位は少し冗長である．

演習問題　1.3　水車効率の算定

　立軸フランシス水車を使用した最大出力 155 000[kW]の水力発電所がある．いま，この発電所の最大出力時に水車効率試験を行い，下記のデータを得た．この場合の水車効率[%]を求めよ．ただし，下記以外の要素は無視するものとする．

　放水面からケーシング入口の水圧計取付位置までの高さ 1.40[m]，ケーシング入口の水圧 1.96[MPa]，ケーシング入口の管内径 4.0[m]，ケーシング入口の管流速 7.0[m/s]，吸出管出口の流速 2.0[m/s]，発電機の効率 98[%]．

解 答

発電機出力を P[kW], 流量を Q[m³/s], 有効落差を H[m], 発電機効率を η_g とすると, 水車効率 η_w は (1-4)式から,

$$\eta_w = \frac{P}{9.8QH\eta_g} \quad \cdots \quad (1)$$

となる. 未知数の Q, H を求める.

(1) 流量 Q の算出　ケーシング入口の管内径を d[m], 流速を v_1[m/s] とすると, 水車の流量 Q は,

$$Q = \frac{v_1 \pi d^2}{4} = \frac{7.0\pi \times 4.0^2}{4} \fallingdotseq 87.96 \, [\text{m}^3/\text{s}]$$

(2) 有効落差 H の算出　ベルヌーイの定理により, 放水面を基準にとり H[m] を求める. 諸量の記号を**解図**のようにとり, ρ を水密度, g を重力の加速度とすると H は,

$$H = \underbrace{h + \frac{p}{\rho g} + \frac{v_1^2}{2g}}_{\text{ⓐ}} - \underbrace{\frac{v_2^2}{2g}}_{\text{ⓑ}}$$

　ⓐ：水車入口の落差
　ⓑ：吸出管部分の無効落差

$$= 1.40 + \frac{1.96 \times 10^6}{10^3 \times 9.8} + \frac{1}{2 \times 9.8}(7.0^2 - 2.0^2)$$

$$\fallingdotseq 1.40 + 200 + 2.30 = 203.7 \, [\text{m}]$$

(3) 水車効率 η_w の算出　η_w は (1)式に数値を代入して求める.

$$\eta_w = \frac{155\,000}{9.8 \times 87.96 \times 203.7 \times 0.98} \fallingdotseq 0.901 \rightarrow 90.1\,[\%] \quad \textbf{(答)}$$

解法のポイント

① 本問の水車周りの状況を図示すると, 解図のようになる.

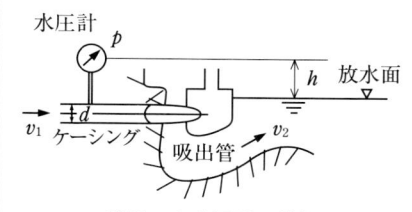

解図　水車周りの状況

② (1-1)式のベルヌーイの定理により有効落差を求める.

③ 立軸フランシス水車では, ケーシング入口位置＝水車中心と考えてよい.

④ 吸出管の流速 v_2 のエネルギーは利用できない. ゆえに, 吸出管を大きくして, v_2 を下げれば効率は上がる.

解 説

吸出管はランナから出る流水のエネルギーを回収できるが, キャビテーション防止のため, 6～7[m] 以下とする.

演習問題 1.4　水車の選定

取水口の標高 700[m], 放水口の標高 440[m], 最大使用水量 20[m³/s] の水力発電所の計画がある. 立軸フランシス水車を採用する場合の水車の定格回転速度[min⁻¹]及び発電機出力[kW]を求めよ.

ただし, 損失落差は総落差の 3[%], 水車効率は 88[%], 発電機効率は 97[%], 周波数は 50[Hz] とし, フランシス水車の比速度 N_s[m·kW] の上限限界は, 次式とする.

$$N_s \leq \frac{23\,000}{\text{有効落差}+30} + 40 \, [\text{m·kW}]$$

解 答

(1) 水車の定格回転速度　有効落差 H は，題意から，
$$H = (700 - 440) \times (1 - 0.03) \fallingdotseq 252\,[\text{m}]$$

水車出力 P_w は，流量を $Q\,[\text{m}^3/\text{s}]$，水車効率を η_w とすると，
$$P_w = 9.8QH\eta_w = 9.8 \times 20 \times 252 \times 0.88 \fallingdotseq 43\,460\,[\text{kW}]$$

フランシス水車の比速度 $N_s\,[\text{m·kW}]$ の上限限界は，題意の式を適用して，
$$N_s \leq \frac{23\,000}{252 + 30} + 40 \fallingdotseq 121.56\,[\text{m·kW}]$$

よって，水車の限界回転速度 N_c は，(1-6)式を変形して，
$$N_c = N_s \frac{H^{5/4}}{\sqrt{P_w}} = 121.56 \times \frac{252^{5/4}}{\sqrt{43\,460}}$$
$$\fallingdotseq \frac{121.56 \times 1\,004}{208.5} \fallingdotseq 585\,[\text{min}^{-1}]$$

同期発電機の極数を p，周波数を $f\,[\text{Hz}]$ とすると，発電機の同期速度 N は，$N = 120f/p\,[\text{min}^{-1}]$ である．一方，$N < N_c$ でなければならない．$p = 10$ 極では，N は，
$$N = \frac{120f}{p} = \frac{120 \times 50}{10} = 600\,[\text{min}^{-1}] > 585\,[\text{min}^{-1}]\,（不可）$$

となり，N_c を超過する．よって，$p = 12$ 極として，
$$N = \frac{120f}{p} = \frac{120 \times 50}{12} = 500\,[\text{min}^{-1}] < 585\,[\text{min}^{-1}]\,（可）$$

が適正である．

水車の定格回転速度は $500\,[\text{min}^{-1}]$ とする．**(答)**

(2) 発電機の出力　発電機出力 P は，発電機効率を η_g，その他を前述の諸量と同じ記号にとると，
$$P = 9.8QH\eta_w\eta_g = 9.8 \times 20 \times 252 \times 0.88 \times 0.97$$
$$\fallingdotseq 42\,200\,[\text{kW}]\quad\textbf{(答)}$$

解法のポイント

① 与えられた条件から，まず水車出力を求める．このとき，発電機効率は使用しない．

② 求めた有効落差から，題意の条件式により，比速度の限界値を求める．

③ 比速度の定義式の(1-6)式を利用して，水車の限界（上限）回転速度 N_c を求める．

④ 水車速度は，発電機の同期速度にほかならない．同期発電機の同期速度の式 $N = 120f/p$ を適用して，$N < N_c$ となる直近の極数 p を選定して，適切な N を求める．

⑤ 水車出力に発電機効率を乗じ，発電機出力を求める．

解 説

本問の水車の比速度 N_s は，
$$N_s = N\frac{\sqrt{P_w}}{H^{5/4}} = 500 \times \frac{\sqrt{43\,460}}{252^{5/4}}$$
$$\fallingdotseq \frac{500 \times 208.5}{1\,004}$$
$$\fallingdotseq 103.8\,[\text{m·kW}]$$

となり，上限に対して余裕のあることが分かる．

演習問題 1.5 原動機の速度調定率

A，B 2台のタービン発電機で 400[MW] の電力を供給している 60[Hz] の電力系統がある．発電機 A は定格出力 240[MW] で，速度調定率は 5[%] に整定されている．発電機 B は定格出力 160[MW] で，速度調定率は 4[%] に整定されている．いま，40[MW] の負荷が遮断されたとき，次の問に答えよ．ただし，負荷の周波数特性は考えないものとする．

(1) 系統の周波数と各機の出力分担はいくらか．
(2) もし，発電機 A が負荷制限機構により運転されていた場合，系統の周波数はいくらか．

解答

(1) 系統の周波数と各機の出力分担 発電機 A の発生電力を P_A[MW]，変化電力を ΔP_A[MW]，発電機 B の発生電力を P_B[MW]，変化電力を ΔP_B[MW] とする．40[MW] の負荷が遮断されたときの周波数の増加分を Δf とすると，速度調定率の定義式から，次式が成り立つ．

$$0.05 = \frac{\Delta f/60}{\Delta P_A/240}, \quad 0.04 = \frac{\Delta f/60}{\Delta P_B/160} \quad \cdots (1)$$

$$\therefore \Delta P_A = \frac{\Delta f}{60} \times \frac{240}{0.05} = 80 \Delta f \text{[MW]} \quad \cdots (2)$$

$$\Delta P_B = \frac{\Delta f}{60} \times \frac{160}{0.04} \fallingdotseq 66.67 \Delta f \text{[MW]} \quad \cdots (3)$$

題意から，合計出力変化 ΔP は，

$$\Delta P = \Delta P_A + \Delta P_B = 40 \text{[MW]} \quad \cdots (4)$$

$$\therefore 80 \Delta f + 66.67 \Delta f = 146.67 \Delta f = 40 \text{[MW]} \quad \cdots (5)$$

$$\therefore \Delta f = \frac{40}{146.67} \fallingdotseq 0.273 \text{[Hz]}（上昇）$$

よって，系統周波数 f は，

$$f = 60 + \Delta f = 60.273 \text{[Hz]} \quad \textbf{(答)}$$

負荷遮断後の発電機分担電力 P_A'，P_B' は，

$$P_A' = P_A - \Delta P_A = P_A - 80 \Delta f$$
$$= 240 - 80 \times 0.273 \fallingdotseq 218 \text{[MW]} \quad \textbf{(答)}$$

$$P_B' = P_B - \Delta P_B = P_B - 66.67 \Delta f$$
$$= 160 - 66.67 \times 0.273 \fallingdotseq 142 \text{[MW]} \quad \textbf{(答)}$$

(2) 発電機 A が負荷制限機構で運転されている場合 負荷制限機構とは，出力一定で発電機が運転している状態である．よって，発電機 A の出力 P_A は 240[MW] のままである．負荷の変化分の 40[MW] は，すべて発電機 B で負担することになる（つ

解法のポイント

① **負荷制限機構**とは，調速機で水車やタービンを制御するのではなく，負荷をある値以上に増加できないように調速機能をロックさせて運転する機構である．

② つまり，調速機はないのと同じであり，発電機は一定電力で運転しているものと考えればよい．

③ いうまでもないが，速度調定率は水車のみならずタービンなど，あらゆる原動機に適用できる．

④ 速度調定率の式は，(1-8)式の周波数変化の式を用いるとよい．

コラム　ガバナフリー

調速機を活かす運転を**ガバナフリー**ともいい，通常の系統では 30[%] 程度の発電機がこの運転である．負荷の周波数特性については，2.8 節「施設管理」を参照していただきたい．

まり発電機Bは120[MW]で運転することになる).

発電機Bの出力－周波数特性は，(3)式で与えられている．$\Delta P_B=40$[MW]なので，この場合のΔfは，

$$\Delta f = \frac{\Delta P_B}{66.67} = \frac{40}{66.67} = 0.6[\text{Hz}]$$

よって，系統周波数fは，

$f = 60 + \Delta f = 60.6$[Hz]　**(答)**

[注]　(2)の場合は，(1)の場合より周波数が上がる．なお，実際には負荷の周波数特性(周波数と負荷は比例するが，これを**自己制御性**という)があるので，(1)，(2)のいずれの場合も，周波数の上昇値は上記の計算値よりも緩和される．

解説

発電機A，Bの出力と周波数の関係は，**解図**のようになる．Rは速度調定率である．

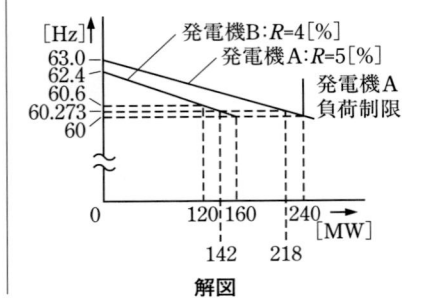

解図

演習問題 1.6　ペルトン水車のピッチサークル

有効落差350[m]でペルトン水車を使用している水力発電所がある．水車発電機の周波数50[Hz]，12極としたとき，ランナのピッチサークルの直径はいくらか．ただし，ノズルから噴出したジェットがバケットに入る瞬間の速度は理論値の0.94倍とし，ランナのピッチサークルの円周上におけるバケットの速度は，ジェットの0.45倍とする．

解答

ノズルジェットの噴出速度vは，有効落差をH[m]，重力の加速度をg，係数をkとすると，

$$v = k\sqrt{2gH} = 0.94 \times \sqrt{2 \times 9.8 \times 350} \fallingdotseq 77.86[\text{m/s}]$$

バケットでの速度v_bは，題意からジェットの0.45倍である．ピッチサークルの直径をD[m]，回転速度をN[min^{-1}]，角速度をω[rad/s]とすると，

$$v_b = 0.45v = \omega \cdot \frac{D}{2} = \frac{2\pi N}{60} \cdot \frac{D}{2} [\text{m/s}] \quad \cdots (1)$$

ここで，水車の回転速度Nは，周波数をf[Hz]，p極とすると，

$$N = \frac{120f}{p} = \frac{120 \times 50}{12} = 500[\text{min}^{-1}]$$

であるから，ピッチサークルの直径Dは，(1)式から，

$$D = 0.45v \cdot \frac{60}{\pi N} = \frac{0.45 \times 77.86 \times 60}{\pi \times 500} \fallingdotseq 1.338[\text{m}] \quad \textbf{(答)}$$

解法のポイント

① 本問の状況は**解図**に示せる．ランナの先にはバケットが付いており，ノズルジェットの水が当たる．
② (1-3)式のトリチェリの定理によりジェットの噴出速度vを求める．
③ 回転体の周速度v_bは，ωrで求められる．ωは角速度，rは半径である．
④ v_bは，題意からvの0.45倍である．
③＝④の式から直径Dを求める．

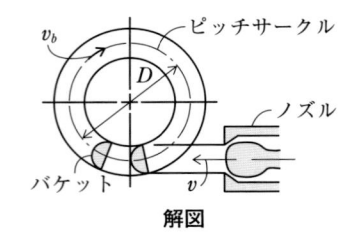

解図

演習問題 1.7 負荷遮断試験

最大出力 10[MW]，定格電圧 11 000[V]，定格回転速度 200[min^{-1}] の水力発電所において負荷遮断試験を行った結果，右表のような記録が得られた．この場合の電圧上昇率，速度変動率，速度調定率，水圧変動率を求めよ．ただし，水車停止時の静落差は 72[m] とする．

項目	負荷時	最大時	安定時
発電機電圧 [V]	11 000	13 500	11 500
水車速度 [min^{-1}]	200	250	208
水圧 [m]	70	86	70.5

解答

(1) 電圧上昇率 ε 最大電圧を V_m，負荷時電圧を V_1，定格電圧を V_n とすると，ε は，

$$\varepsilon = \frac{V_m - V_1}{V_n} \times 100 = \frac{13\,500 - 11\,000}{11\,000} \times 100$$

$$\fallingdotseq 22.7 [\%] \quad (\text{答})$$

(2) 速度変動率 δ 最大速度を N_m，負荷時速度を N_1，定格速度を N_n とすると，δ は (1-9) 式から，

$$\delta = \frac{N_m - N_1}{N_n} \times 100 = \frac{250 - 200}{200} \times 100$$

$$\fallingdotseq 25 [\%] \quad (\text{答})$$

(3) 速度調定率 R R は (1-7) 式で与えられるが，題意から $N_1 = 208 [\text{min}^{-1}]$，$N_2 = 200 [\text{min}^{-1}]$，$N_n = 200 [\text{min}^{-1}]$，$P_1 = 0 [\text{MW}]$，$P_2 = 10 [\text{MW}]$，$P_n = 10 [\text{MW}]$ なので，

$$R = \frac{(N_1 - N_2)/N_n}{(P_2 - P_1)/P_n} \times 100 = \frac{(208 - 200)/200}{(10 - 0)/10} \times 100$$

$$= \frac{8}{200} \times 100 = 4 [\%] \quad (\text{答})$$

(4) 水圧変動率 δ_H 最大水圧を H_m，停止時静水圧を H_1，停止時静落差を H_0 とすると，δ_H は (1-10) 式から，

$$\delta_H = \frac{H_m - H_1}{H_0} \times 100 = \frac{86 - 70}{72} \times 100$$

$$\fallingdotseq 22.2 [\%] \quad (\text{答})$$

解法のポイント

① 電圧上昇率 ε は，(1-11) 式で示される．ε は負荷遮断時の励磁装置の機能の確認の目安とする．

② 速度変動率 δ は，(1-9) 式で示される．δ と速度調定率 R を混同しないこと．δ は最大速度に注目している．

③ 速度調定率 R は，(1-7) 式で示される．R は，速度変化と出力変化の比である．

④ 水圧変動率 δ_H は，(1-10) 式で示される．δ_H も δ と同様に，最大水圧に注目した値である．

コラム 負荷遮断試験

調速機試験ともいい，発電所の完成時に行う．無負荷遮断から始めて，順次，1/4, 2/4, 3/4, 4/4 の各負荷遮断を行う．水圧，電圧，周波数，回転速度などの最大値，整定値（安定後の値），整定時間などを計測し，各部が異常のないことを確認する．

演習問題 1.8　調速機の閉鎖時間

極数10，周波数50[Hz]，水車と発電機の合成慣性モーメント60 000[kg·m²]，調速機の不動時間0.3[s]である水車発電機が36 000[kW]，力率1.0で運転中に突然無負荷となったときの速度変動率が25[％]を超えないためには，調速機の閉鎖時間は何秒以内でなければならないか．ただし，調速機の閉鎖時間中，水車の入力は直線的に減少するものとし，発電機損失及び無負荷運転時のエネルギーは無視するものとする．

解答

負荷遮断後の過剰エネルギーΔWは，調速機が閉鎖を開始するまでのエネルギーΔW_1と，調速機が閉鎖中のエネルギーΔW_2からなる．負荷遮断前の発電機出力をP[kW]，調速機の不動時間をT_d[s]，閉鎖時間をT_c[s]とすると，

$$\left. \begin{array}{l} \Delta W_1 = P \cdot T_d = 36\,000 \times 0.3 = 10\,800 \text{[kJ]} \\ \Delta W_2 = \dfrac{1}{2} P \cdot T_c = \dfrac{1}{2} \times 36\,000 \times T_c = 18\,000\,T_c \text{[kJ]} \end{array} \right\} \quad \cdots (1)$$

(1)式の過剰エネルギーにより，水車の速度が上昇する．水車発電機の回転エネルギーW_Rは，水車と発電機の合成慣性モーメントをJ[kg·m²]，回転角速度をω[rad/s]とすると，

$$W_R = \frac{1}{2} J \omega^2 \text{[J]} \quad \cdots (2)$$

題意から，極数$p = 10$，周波数$f = 50$[Hz]なので，発電機の定格角速度ω_nは，定格速度をN_n[min⁻¹]とすると，

$$\omega_n = \frac{2\pi N_n}{60} = \frac{2\pi}{60} \cdot \frac{120 f}{p} = \frac{2\pi \times 120 \times 50}{60 \times 10} = 20\pi \text{[rad/s]}$$

また，最大角速度ω_mは，題意から，

$$\omega_m = 1.25 \omega_n = 1.25 \times 20\pi = 25\pi \text{[rad/s]}$$

よって，回転速度が25[％]に達したときの回転エネルギーの増加分ΔW_Rは，(2)式から，

$$\begin{aligned} \Delta W_R &= \frac{1}{2} J (\omega_m^2 - \omega_n^2) = \frac{1}{2} \times 60\,000 \times \{(25\pi)^2 - (20\pi)^2\} \\ &= 30\,000 \pi^2 \times (25^2 - 20^2) \fallingdotseq 66\,620 \times 10^3 \text{[J]} \quad \cdots (3) \end{aligned}$$

エネルギー平衡から考えて，$\Delta W_R > (\Delta W_1 + \Delta W_2)$の関係を満たす閉鎖時間$T_c$を求めればよい．

$$\therefore 66\,620 > (10\,800 + 18\,000\,T_c) \quad \therefore T_c < \frac{66\,620 - 10\,800}{18\,000} \fallingdotseq 3.10 \text{[s]}$$

よって，3.1秒以内とする．**(答)**

解法のポイント

① 調速機の閉鎖の様子を図示すると，**解図**のようになる．

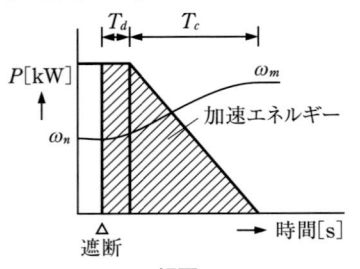

解図

解図で，T_dは不動時間，T_cは閉鎖時間，ω_nは定格角速度，ω_mは最大角速度である．

② 解図の斜線部の面積が余剰エネルギーであり，これが水車の加速エネルギーになる．

③ 出力[W]×時間[s]は，[W·s]=[J]であり，エネルギーになる．

④ 回転体の運動エネルギーWは，回転体の慣性モーメントJ[kg·m²]，角速度ω[rad/s]で，

$$W = \frac{1}{2} J \omega^2 \text{[J]}$$

⑤ 発電機の極数及び周波数から，定格速度(同期速度)を求めて，それにより角速度を出す．

2.1 水力発電

演習問題 1.9 揚水発電所の計算 1

下記に示す諸元の揚水発電所がある．この揚水発電所の出力[kW]，揚水入力[kW]，所要貯水量[m³]，揚水所要時間[h]，発電所総合効率[%]を求めよ．ただし，有効落差，揚程，発電使用水量，揚水量は一定とする．

総落差 $H_0 = 350$ [m]，発電使用水量 $Q_g = 100$ [m³/s]，揚水量 $Q_p = 85$ [m³/s]，損失水頭 $h = 0.02H_0$ [m]（発電時，揚水時とも），発電時機器効率 $\eta_g = 0.9$，揚水時機器効率 $\eta_p = 0.8$，発電運転時間 $T_g = 6$ [h]．

解 答

(1) 揚水発電所の出力 P_g

$P_g = 9.8 Q_g (H_0 - 0.02 H_0) \eta_g$
　　$= 9.8 \times 100 \times (350 - 0.02 \times 350) \times 0.9 \fallingdotseq 302\,500$ [kW]　（答）

(2) 揚水入力 P_p

$P_p = \dfrac{9.8 Q_p (H_0 + 0.02 H_0)}{\eta_p} = \dfrac{9.8 \times 85 \times (350 + 0.02 \times 350)}{0.8}$

　　$\fallingdotseq 371\,700$ [kW]　（答）

(3) 所要貯水量 V

$V = Q_g T_g \times 3\,600 = 100 \times 6 \times 3\,600 = 2\,160 \times 10^3$ [m³]　（答）

(4) 揚水所要時間 T_p

$T_p = \dfrac{V}{3\,600 Q_p} = \dfrac{2\,160 \times 10^3}{3\,600 \times 85} \fallingdotseq 7.06$ [h]　（答）

(5) 揚水発電所の総合効率 η

$\eta = \dfrac{H_0 - h}{H_0 + h} \eta_g \eta_p = \dfrac{350 \times (1 - 0.02)}{350 \times (1 + 0.02)} \times 0.9 \times 0.8$

　　$\fallingdotseq 0.692 \to 69.2$ [%]　（答）

解法のポイント

① [重要項目]に記した考え方に基づいて，与えられた数値を代入して計算すればよい．

② 揚水発電所の計算で注意すべきことは，次の二点である．
・揚程＝総落差＋損失落差
・実際入力＝$\dfrac{理論入力}{効率}$

[注] 本問の揚水所要電力量 W は，
$W = P_p T_p = 371\,700 \times 7.06$
　$\fallingdotseq 2\,624 \times 10^3$ [kW・h]

なお，一般には $P_p \fallingdotseq 1.1 P_g$ 程度とすることが多い．

コラム　発電電動機の始動方式

揚水発電所の発電電動機は，電動機の始動方法，冷却方法，絶縁物の強度などが問題になる．

同期電動機は始動トルクを持たないので，何らかの方法により同期速度まで加速しなければならない．始動方式の概要は**表1-2**のとおりであるが，小容量機では自己始動，大容量機では，同期始動やサイリスタ始動が多い．

発電電動機は始動停止回数が多いので，ヒートサイクルに伴う熱応力に注意する．

表1-2　発電電動機の始動方式

始動方式	説　　明
自　己	制動巻線により，かご形誘導電動機として始動．自己始動可能だが系統に与える影響が大きい．1/2電圧始動が多い．
同　期	始動用発電機と電動機を停止中に接続して，徐々に加速する．系統に与える影響は少ないが，設備は複雑．
直　結 電動機	発電電動機軸に直結した誘導電動機で始動．自己始動可能だが設備は複雑．
サイリスタ	サイリスタ変換器により回転子位置に応じた電流を電機子に供給し加速．静止形であり，最近の主流．

演習問題 1.10　揚水発電所の計算2

図のような揚水発電所において，変圧器の定格容量はいくらにすればよいか．ただし，変圧器の損失は無視し，計算に用いる数値は下記のとおりとする．

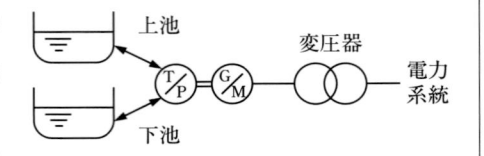

η_t：水車効率 0.9，η_p：ポンプ効率 0.85，η_m：電動機効率 0.95，η_g：発電機効率 0.98，H_1：上池満水位 500[m]，H_2：上池低水位 480[m]，H_3：下池満水位 200[m]，H_4：下池低水位 190[m]，H_l：損失水頭（発電時，揚水時とも）5[m]，Q_g：最大流量（有効落差最大時）20[m³/s]，Q_p：最大揚水量（全揚程最低時の揚水量で，このときは軸入力最大）20[m³/s]，$\cos\theta_g$：発電機力率 0.9，$\cos\theta_m$：電動機力率 0.95．

解答

(1) 発電機出力 P_g の算出　最高有効落差 H_g は，上池が満水位 H_1，下池が低水位 H_4 の状態である．よって，H_g は H_l を考慮して，

$$H_g = H_1 - H_4 - H_l = 500 - 190 - 5 = 305[\text{m}]$$

よって，P_g は所定の記号及び数値から，

$$P_g = \frac{9.8 Q_g H_g \eta_t \eta_g}{\cos\theta_g} = \frac{9.8 \times 20 \times 305 \times 0.9 \times 0.98}{0.9}$$

$$\fallingdotseq 58\,580 [\text{kV·A}]$$

(2) 電動機出力 P_m の算出　題意から，全揚程最低時において軸入力は最大である．最低全揚程 H_p は，上池が低水位 H_2，下池が満水位 H_3 の状態である．

よって，H_p は H_l を考慮して，

$$H_p = H_2 - H_3 + H_l = 480 - 200 + 5 = 285[\text{m}]$$

よって，P_m は所定の記号及び数値から，

$$P_m = \frac{9.8 Q_p H_p}{\eta_m \eta_p \cos\theta_m} = \frac{9.8 \times 20 \times 285}{0.95 \times 0.85 \times 0.95} \fallingdotseq 72\,820 [\text{kV·A}]$$

(3) 変圧器の定格容量 P_0　P_0 は，P_g と P_m のうち大きな方で決まる．本問では，$P_m > P_g$ のため若干の余裕をみて $P_0 = 73$ [MV·A] とする．**（答）**

[注] この揚水発電所の総合効率 η は，H_{ga} を平均的な落差・揚程とすると，

$$\eta = \frac{H_{ga} - H_l}{H_{ga} + H_l} \eta_t \eta_g \eta_p \eta_m = \frac{295 - 5}{295 + 5} 0.9 \times 0.98 \times 0.85 \times 0.95 = 0.688$$

$$\therefore H_{ga} = \frac{H_1 + H_2}{2} - \frac{H_3 + H_4}{2} = 490 - 195 = 295[\text{m}]$$

解法のポイント

① 揚水発電所の発電電動機は，変圧器によって電力系統に接続される．変圧器の容量は，発電機か電動機のいずれか大きい方による．

② 本問では，発電時と揚水時の落差，揚程を明確に把握することが必要である（解図）．

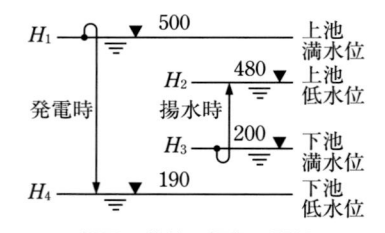

解図　落差，揚程の関係

解説

一般には，$P_m \leqq 1.1 P_g$ 程度とするから，この場合には，$Q_p \fallingdotseq 18$[m/s] 以下とすることになる．

P_m と P_g を近づけることは，部分負荷運転が少なくなるので，総合効率の向上にもつながる．

2.2 火力・原子力発電

学習のポイント

ランキンサイクル，再熱再生サイクルの理解が最重要である．そのほか，コンバインドサイクル，各種の熱効率及び燃焼空気量を必ず押さえる．また，CO_2ガス量の計算が重要である．原子力では，核分裂反応のエネルギー式をマスターする．

――― 重 要 項 目 ―――

1 熱力学

① 熱力学の法則

- **第一法則** 熱と仕事は等価．
- **第二法則** 熱→仕事の変換には低熱源が必要．熱は全部が仕事には変わらない．
- **エンタルピー** 物質の保有熱量．

エンタルピーHは，U：内部エネルギー[J]（温度のみに支配される），P：圧力[Pa]，V：容積[m³]とすると，

$$H = U + PV \text{ [J]} \quad (2\text{-}1)$$

- **エントロピー** 等温状態での出入熱量．

エントロピーの変化量dSは，Q：熱量[J]，T：温度[K]とすると，

$$dS = dQ/T \text{ [J/K]} \quad (2\text{-}2)$$

同一QならTが高いほど有効．ゆえにSが小さいほど有利．自然界では$dS > 0$．

理想的断熱変化は等エントロピー変化．

- **比エンタルピー** h，**比エントロピー** s

物質1[kg]当たりの量で小文字で表す．h[J/kg]，s[J/(K·kg)]．

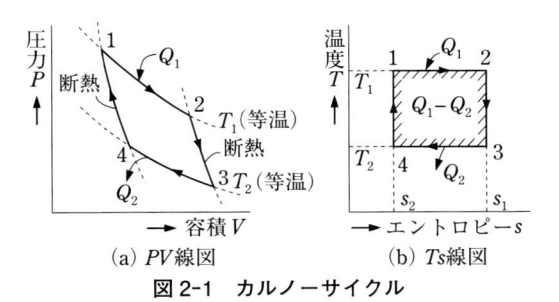

② カルノーサイクル(図2-1)

Q_1：入熱，Q_2：放熱，T_1：高温源，T_2：低温源での理想的熱サイクルで最高効率を示す．

$$効率 \eta = \frac{Q_1 - Q_2}{Q_1} = \frac{T_1 - T_2}{T_1} \quad (2\text{-}3)$$

2 汽力発電所

① 水蒸気の性質

臨界点(22.12[MPa]，374[℃])

臨界点までは，圧力が上がれば飽和温度も上がる．**飽和蒸気をさらに加熱すると→過熱蒸気**．

- **乾き度** x **湿り飽和蒸気** 1[kg]中の**乾き飽和蒸気**がx[kg]の場合をいう．

② ランキンサイクル(図2-2)

ランキンサイクルでは，以下のように各部の効率を算出．1[kW·h] = 3 600[kJ]

- **ボイラ効率** η_b

$$\eta_b = \frac{蒸気エネルギー}{燃焼エネルギー} = \frac{G(h_s - h_w)}{B \cdot H} \quad (2\text{-}4)$$

ただし，G：蒸気流量[kg/h]，H：燃料発熱量[kJ/kg]，B：燃料消費量[kg/h]

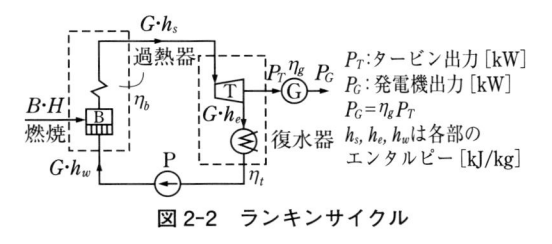

図2-1 カルノーサイクル
(a) PV線図 (b) Ts線図

図2-2 ランキンサイクル

P_T：タービン出力[kW]
P_G：発電機出力[kW]
$P_G = \eta_g P_T$
h_s, h_e, h_wは各部のエンタルピー[kJ/kg]

・熱サイクル効率 η_c

$$\eta_c = \frac{\text{タービン仕事熱量}}{\text{タービン入熱量}} = \frac{h_s - h_e}{h_s - h_w} \quad (2\text{-}5)$$

・タービン室効率 $\eta_t = \eta_c \times$ タービン機械効率

$$\eta_t = \frac{\text{タービン出力}}{\text{タービン入熱量}} = \frac{3\,600 P_T}{G(h_s - h_w)} \quad (2\text{-}6)$$

・**タービン内部効率** η_i（演習問題2.2 参照）

$$\eta_i = \text{実際熱落差 / 断熱熱落差} \quad (2\text{-}7)$$

・発電端熱効率 η

$$\eta = \frac{\text{発電機出力} \times 3\,600}{\text{ボイラ供給熱量}} = \frac{3\,600 P_G}{H \cdot B} \quad (2\text{-}8)$$

$$= \eta_b \cdot \eta_t \cdot \eta_g \quad (\eta_g : \text{発電機効率})$$

③ **再生サイクル**

タービン中間段から蒸気を一部**抽気**して給水を加熱する．復水器で捨てる熱を減らして，効率を向上させる．再生サイクル効率 η_R は，

$$\eta_R = \frac{\text{タービン仕事熱量}}{\text{ボイラ供給熱量}} \quad (2\text{-}9)$$

④ **再熱サイクル**

タービンを高低圧に分け，高圧タービンの排気をボイラの**再熱器**で再熱する．タービン低圧部羽根の浸食防止と効率向上を図る．事業用では，再生サイクルと組み合わせて**再熱再生サイクル**とする．

⑤ **コンバインドサイクル**（図2-3）

ガスタービン（GT）の高温排気を用いて蒸気を作り，蒸気タービン（ST）でも発電．50[%]以上の高効率が得られる．効率を，GT が η_g，

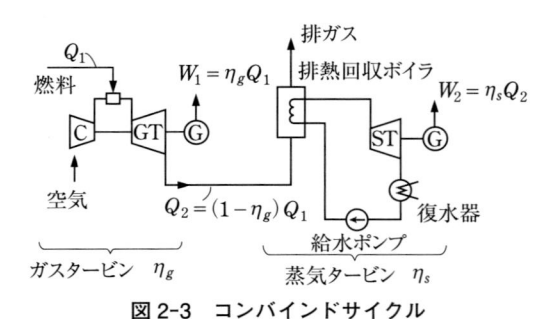

ST が η_s とすると，総合効率 η は，

$$\eta = \eta_g + (1 - \eta_g)\eta_s \quad (2\text{-}10)$$

3 燃焼計算

① **燃焼空気量**

燃焼に関係する物質の原子量，分子量等を**表2-1**に示す．原子量または分子量にグラムの単位を付けたものを[mol]（モル）といい，**理想気体**では，1[kmol]が標準状態（0℃，1気圧）で22.4[m³]の容積になる．気体では，標準状態に換算した容積を$[m^3_N]$（N はノルマルの意味）の記号で表す．

可燃成分である C, H, S などの燃焼の反応式と量の関係を**表2-2**に示す．なお，N（窒素）は通常，可燃成分としての取扱いをしない．

燃焼空気量の計算では，空気中の酸素分は容積21[%]とし，残りは窒素であるとする．また，燃料中の酸素分は燃焼に寄与するものとする．

燃料1[kg]中に炭素 c[kg]，水素 h[kg]，酸素 o[kg]，硫黄 s[kg]が含まれている場合，完全燃焼に要する**理論酸素量** O_0 は表2-2から，

表2-1 燃焼に関連する物質

物質の種類	元素記号	原子量	分子式	分子量
炭　　素	C	12		
水　　素	H	1	H_2	2
酸　　素	O	16	O_2	32
窒　　素	N	14	N_2	28
硫　　黄	S	32		
二酸化炭素			CO_2	44
一酸化炭素			CO	28
水蒸気（水）			H_2O	18
二酸化硫黄			SO_2	64
メ タ ン			CH_4	16

表2-2 燃焼反応式と量の関係

反応式	質量（左辺＝右辺）	ガス量の容積比
$C + O_2 \to CO_2$	$12 + 16 \times 2 \to 44$	$- : 1 \to 1$
$2H_2 + O_2 \to 2H_2O$	$2 \times 1 \times 2 + 16 \times 2 \to 36$	$2 : 1 \to 2$
$S + O_2 \to SO_2$	$32 + 16 \times 2 \to 64$	$- : 1 \to 1$

図2-3 コンバインドサイクル

$$O_0 = \frac{c}{12} + \frac{h}{4} + \frac{s}{32} - \frac{o}{32} \text{ [kmol/kg]} \quad (2\text{-}11)$$

理論空気量 A_0 は，(2-10)式から，

$$A_0 = \frac{22.4 O_0}{0.21}$$
$$= 8.89c + 26.7\left(h - \frac{o}{8}\right) + 3.33s \text{ [m}^3_\text{N}\text{/kg]} \quad (2\text{-}12)$$

実際空気量 A は，**空気比** λ を乗じて，

$$A = \lambda A_0 \text{ [m}^3_\text{N}\text{/kg]} \quad (2\text{-}13)$$

② **燃焼ガス量**(図 2-4)

下記(a)，(b)，(c)の合計．

(a) 燃料中の可燃分の燃焼によるガス
(b) 燃料中の水分が蒸発した水蒸気
(c) 燃焼空気中の過剰空気分

燃料 1 [kg] 中に (2-11) 式の成分のほか，窒素 n [kg]，水分 w [kg] が含まれている場合，**湿り燃焼ガス量** G_w は，

$$G_w = \underbrace{\frac{22.4}{12}c}_{\text{CO}_2\text{分}} + \underbrace{22.4\left(\frac{h}{2} + \frac{w}{18}\right)}_{\text{H}_2\text{O分}} + \underbrace{\frac{22.4}{32}s}_{\text{SO}_2\text{分}}$$
$$+ \underbrace{0.21(\lambda-1)A_0}_{\text{O}_2\text{分}} + \underbrace{0.79\lambda A_0 + \frac{22.4}{28}n}_{\text{N}_2\text{分}}$$
$$= 1.867c + 11.2h + 1.244w + 0.7s + 0.8n$$
$$+ (\lambda - 0.21)A_0 \text{ [m}^3_\text{N}\text{/kg]} \quad (2\text{-}14)$$

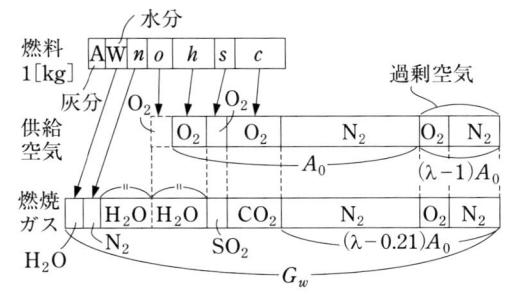

[注] 図は空気量（O_2 など）に対して発生ガス量の体積比を示す．
(例) $2H_2 + O_2 \rightarrow 2H_2O$ なので，O_2 1 体積では H_2O は 2 体積発生する．

図 2-4 燃焼ガス構成の模式図

G_w から水蒸気分（H_2O 分）を除いたものが**乾き燃焼ガス量** G_d である．

$$G_d = 1.867c + 0.7s + 0.8n + (\lambda - 0.21)A_0$$
$$\text{[m}^3_\text{N}\text{/kg]} \quad (2\text{-}15)$$

③ **伝熱損失の計算**

演習問題 2.6 参照．

4 原子力発電

① **核分裂反応**

ウラン 235 が熱中性子を吸収し，核分裂反応が発生．核分裂エネルギー E は，

$$E = mc^2 \text{ [J]} \quad (2\text{-}16)$$

m：質量欠損 [kg]，c：光速 3×10^8 [m/s]

② **原子炉の構成**

核燃料：ウラン (U) 235 など．
減速材：高速中性子を熱中性子に減速．軽水，重水．
冷却材：発生熱を取り出す．軽水，重水，Na．
反射材：中性子を炉心に戻す．冷却材と同じ．
制御材：中性子数を制御．ホウ素，Cd．
遮へい材：放射線の遮へい．鉄，コンクリート．

③ **軽水炉**

低濃縮 U を使用．軽水で冷却・減速．

・**PWR**（加圧水形） 炉水を加圧し熱水状態を保持．蒸気発生器で蒸気発生．制御棒で出力制御．

・**BWR**（沸騰水形） 炉心で蒸気発生．タービン側で放射能対策必要．再循環ポンプで出力制御．

・**安全対策** 非常炉心冷却 (ECCS)，緊急停止装置など．

④ **原子核の崩壊**

放射性元素の原子核の数 N は，時間とともに減少する．λ：崩壊定数

$$\frac{dN}{dt} = -\lambda N \quad (2\text{-}17)$$

演習問題 2.1 再熱サイクルの効率

図の再熱復水タービン発電所における再熱サイクル効率及び発電端効率を求めよ．ただし，ボイラ効率 $\eta_b = 0.9$，タービン機械効率 $\eta_m = 0.95$，発電機効率 $\eta_g = 0.97$ とし，各部の熱的な条件は下記のとおりとする．

給水ポンプ(P)入口復水温度 32[℃]，高圧タービン(HT)入口エンタルピー $h_4 = 3\,479$ [kJ/kg]，同出口エンタルピー $h_5 = 2\,906$ [kJ/kg]，低圧タービン(LT)入口エンタルピー $h_6 = 3\,550$ [kJ/kg]，同出口エンタルピー $h_7 = 2\,261$ [kJ/kg]．水の比熱は，4.18[kJ/(kg·℃)]とする．

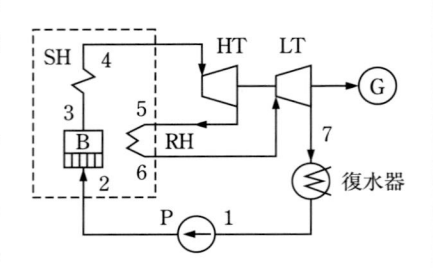

解 答

(1) 再熱サイクル効率 η_R　問図の1～7の点のエンタルピーを $h_1 \sim h_7$ とすると，η_R は，

$$\eta_R = \frac{\text{高圧タービンの仕事} + \text{低圧タービンの仕事} - \text{給水ポンプの仕事}}{\text{ボイラ本体の熱量} + \text{再熱器(RH)の熱量}}$$

$$= \frac{(h_4 - h_5) + (h_6 - h_7) - (h_2 - h_1)}{(h_4 - h_2) + (h_6 - h_5)}$$

$$\fallingdotseq \frac{(h_4 - h_5) + (h_6 - h_7)}{(h_4 - h_1) + (h_6 - h_5)} \quad \cdots \text{(1)}$$

(1)式では，給水ポンプ動力は考慮せず，$h_1 \fallingdotseq h_2$ とした．

ここで，復水のエンタルピー h_1 は水の状態であり，潜熱はない．h_1 は水の比熱×温度32[℃]となり，

$$h_1 = 32 \times 4.18 \fallingdotseq 134 \text{[kJ/kg]}$$

よって，η_R はその他の題意の数値を代入して，

$$\eta_R = \frac{3\,479 - 2\,906 + 3\,550 - 2\,261}{3\,479 - 134 + 3\,550 - 2\,906}$$

$$= \frac{1\,862}{3\,989} \fallingdotseq 0.467 \rightarrow 46.7\,[\%] \quad \text{(答)}$$

(2) 発電端効率 η

$\eta = $ ボイラ効率 $\eta_b \times$ 再熱サイクル効率 η_R
　　$\times$ タービン機械効率 $\eta_m \times$ 発電機効率 η_g
　$= 0.9 \times 0.467 \times 0.95 \times 0.97 \fallingdotseq 0.387 \rightarrow 38.7\,[\%]$　**(答)**

解法のポイント

① 熱サイクル効率は，(2-5)式からも分かるように，<u>復水器出口までも含むことに注意する</u>．

② エンタルピー h とは，蒸気または給水の保有熱量であり，

$$h = 顕熱量 + 潜熱量 \text{[kJ/kg]}$$

である．

③ h は0[℃]の飽和水を0としている．給水では当然，潜熱量は0である．

④ 復水温度32[℃]の水の h_1 は，水の比熱 4.18[kJ/(kg·℃)]×32[℃] で算出できる．

⑤ 一般に，給水ポンプでの動力は小さいので，これを無視することが多い．$h_1 \fallingdotseq h_2$ と考える．

[注]　熱サイクル効率 η_c は，算出が難しいので，タービン室効率 η_t を用いることが多い．

演習問題 2.2　蒸気タービンの効率

h-s 線図は，蒸気タービンの仕事を求めるのによく用いられる．右の h-s 線図で状態 1 は圧力 6.86[MPa]，温度 530[℃]の過熱蒸気域，状態 2 は圧力 3.92[kPa]の飽和蒸気域であり，ともに比エントロピー s は等しい．状態 1 及び状態 2 における比エンタルピー h_1, h_2 は図示のとおりである．これを用いて次の問に答えよ．

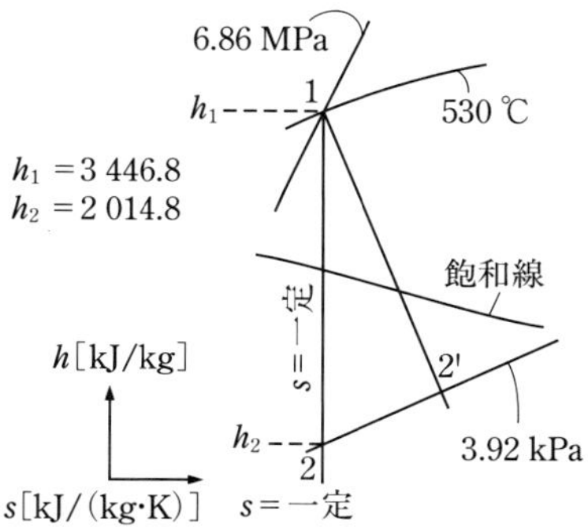

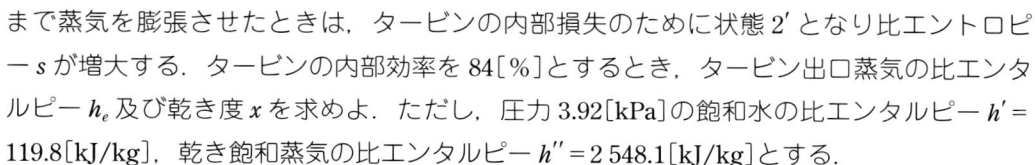

(1) 蒸気が状態 1 から状態 2 まで可逆断熱膨張するときの断熱熱落差を求めよ．

(2) 実際の蒸気タービンで状態 1 から圧力 3.92[kPa]まで蒸気を膨張させたときは，タービンの内部損失のために状態 2′ となり比エントロピー s が増大する．タービンの内部効率を 84[%]とするとき，タービン出口蒸気の比エンタルピー h_e 及び乾き度 x を求めよ．ただし，圧力 3.92[kPa]の飽和水の比エンタルピー $h' = 119.8$[kJ/kg]，乾き飽和蒸気の比エンタルピー $h'' = 2548.1$[kJ/kg]とする．

(3) (2)の蒸気タービンを用いたタービン発電機で出力 50[MW]を発生させるために必要な蒸気量[kg/s]を求めよ．ただし，タービンの機械効率及び発電機効率は合わせて 95[%]とする．

解答

(1) 可逆断熱膨張は，理想的な等エントロピー変化であり，そのエンタルピーの差が断熱熱落差 H_a である．よって，H_a は図示の値から，

$$H_a = h_1 - h_2 = 3446.8 - 2014.8 = 1432 \text{[kJ/kg]} \quad \text{(答)}$$

(2) タービン内部効率 $\eta_i = 0.84$ なので実際熱落差 H_i は，

$$H_i = H_a \eta_i = 1432 \times 0.84 \fallingdotseq 1202.9 \text{[kJ/kg]}$$

となる．よって，タービン出口蒸気エンタルピー h_e は，

$$h_e = h_1 - H_i = 3446.8 - 1202.9 = 2243.9 \text{[kJ/kg]} \quad \text{(答)}$$

乾き度 $x = (h_e - h')/(h'' - h')$

$$= (2243.9 - 119.8)/(2548.1 - 119.8) \fallingdotseq 0.875 \quad \text{(答)}$$

(h', h'' は 3.92[kPa]の蒸気の題意の値)

(3) 蒸気量 G は，タービン発電機出力を P[kW]，蒸気量を G[kg/s]，効率を η とすると，$P = G(h_1 - h_e)\eta$ [kW]から，

$$G = \frac{P}{(h_1 - h_e)\eta} = \frac{50 \times 10^3}{(3446.8 - 2243.9) \times 0.95} \fallingdotseq 43.75 \text{[kg/s]} \quad \text{(答)}$$

解法のポイント

① 解図の h-s 線図は，**モリエ線図**ともいい，等圧線，等温線，等乾き度線，等容線で，蒸気の状態のすべてを表す．なお，圧力は絶対圧力で表されている．

② h-s 線図では，断熱変化は垂直線，減圧弁などの絞り膨張は水平線で示される．

③ タービン内部効率 η_i = 実際熱落差 H_a/断熱熱落差 H_i

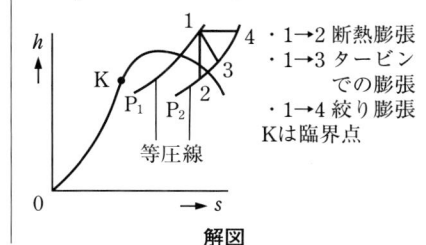

- 1→2 断熱膨張
- 1→3 タービンでの膨張
- 1→4 絞り膨張
- K は臨界点

解図

解説

蒸気の乾き度を x，h' を飽和水，h'' を乾き飽和蒸気のそれぞれのエンタルピーとすると，湿り蒸気のエンタルピー h は，次式で示せる．

$$h = h' + x(h'' - h') \quad (2\text{-}18)$$

なお，本問の(2)の答にもあるように，タービン出口の蒸気は，一般に湿りを持った飽和蒸気になる．本問の例では湿り度は，$1 - 0.875 = 0.125$ である．湿り度が大きいときタービン低圧段でタービンの羽根に蒸気の水滴が当たり，羽根に損傷を与えるおそれがある．通常，蒸気の湿り度は10[%]程度が限度とされる．

演習問題 2.3 復水器の冷却水量

復水器の冷却に海水を使用する最大出力700[MW]の汽力発電所がある．最大出力において，復水器冷却水の温度上昇を7[℃]とするのに必要な冷却水の流量はいくらか．ただし，タービン室効率 $\eta_t = 0.45$，海水の比熱 $c = 4.013 \, [\text{kJ}/(\text{kg} \cdot \text{℃})]$，密度 $\rho = 1\,020 \, [\text{kg/m}^3]$，タービン機械効率 $\eta_m = 0.98$，発電機効率 $\eta_g = 0.99$ とし，復水器での放熱以外の損失は無視する．

解答

タービン出力 P_T は，発電機出力を P_G とすると，

$$P_T = \frac{P_G}{\eta_g} = \frac{700}{0.99} \fallingdotseq 707 \, [\text{MW}]$$

タービン入熱量を Q，タービン消費熱量を Q_t，復水器放熱量を Q_c とする．$Q_t \cdot \eta_m = P_T$ である．よって，η_t は，

$$\eta_t = \frac{P_T}{Q} = \frac{P_T}{Q_t + Q_c} = \frac{P_T}{(P_T/\eta_m) + Q_c}$$

$$\therefore Q_c = P_T \left(\frac{1}{\eta_t} - \frac{1}{\eta_m} \right) = 707 \times \left(\frac{1}{0.45} - \frac{1}{0.98} \right) \fallingdotseq 849.7 \, [\text{MW}] \quad \cdots (1)$$

復水器放熱量 Q_c は，復水器で冷却されて放熱される．冷却水流量を $q \, [\text{m}^3/\text{s}]$ とすると，Q_c は題意の記号を用いて，

$$Q_c = c \cdot \rho \cdot q \cdot \Delta t \, [\text{kJ/s}] (= [\text{kW}]) \quad \cdots (2)$$

ここで，Δt は冷却水の温度差[℃]である．(1)式＝(2)式の関係から q は，

$$q = \frac{Q_c}{c \rho \Delta t} = \frac{849.7 \times 10^3}{4.013 \times 1\,020 \times 7} \fallingdotseq 29.7 \, [\text{m}^3/\text{s}] \quad \textbf{(答)}$$

解法のポイント

① **解図**で，エネルギー収支を考えると分かりやすい．

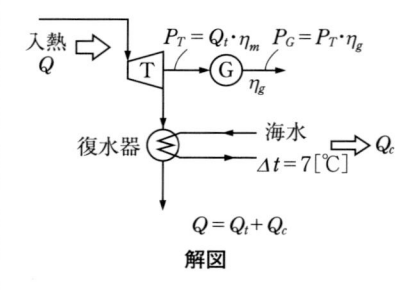

解図

② タービン室効率 η_t は，復水器までを含んで次式で示せる．

$$\eta_t = \frac{P_T}{Q} = \frac{P_T}{Q_t + Q_c}$$

$$P_T = Q_t \cdot \eta_m$$

③ 復水器の放熱量 Q_c は，海水の温度上昇の熱バランスから算出．

解説

タービン室効率 η_t は，熱サイクル効率 η_c にタービン機械効率 η_m を乗じたものである．η_m は 0.96～0.99 程度の高い値である．復水器はタービン排気の凝縮熱を奪うものであるから，復水器出口水の温度は，海水の温度程度になる．この温度の水がボイラ系統へ導かれることになる．

演習問題 2.4　燃焼空気量及びガス量

炭素(C)70[%]，水素(H)7.3[%]，硫黄(S)0.4[%]，酸素(O)8.9[%]，窒素(N)1.5[%]，水分(W)0.9[%]，灰分(A)11[%]の質量比の石炭がある．この石炭を空気比1.3で燃焼させたときの燃料1[kg]当たりの実際空気量及び燃焼ガス量を求めよ．ただし，Nは可燃成分とはしない．

解答

理論空気量A_0は，燃料1[kg]中の炭素をc[kg]，水素をh[kg]，硫黄をs[kg]，酸素をo[kg]，窒素をn[kg]，水分をw[kg]とすると，

$$A_0 = \frac{22.4}{0.21}\left(\frac{c}{12}+\frac{h}{4}+\frac{s}{32}-\frac{o}{32}\right)$$

$$= \frac{22.4}{0.21}\left(\frac{0.7}{12}+\frac{0.073}{4}+\frac{0.004}{32}-\frac{0.089}{32}\right) \fallingdotseq 7.886\,[\mathrm{m^3_N/kg}]$$

実際空気量Aは，題意から空気比$\lambda=1.3$なので，

$A = \lambda A_0 = 1.3 \times 7.886 \fallingdotseq 10.25\,[\mathrm{m^3_N/kg}]$　**(答)**

燃焼ガス量(湿り)Gは，

$$G = \frac{22.4}{12}c + 22.4\left(\frac{h}{2}+\frac{w}{18}\right) + \frac{22.4}{32}s + 0.21(\lambda-1)A_0$$

$$+ 0.79\lambda A_0 + \frac{22.4}{28}n$$

$$= \frac{22.4\times 0.7}{12} + 22.4\times\left(\frac{0.073}{2}+\frac{0.009}{18}\right) + \frac{22.4\times 0.004}{32}$$

$$+ 0.21\times(1.3-1)\times 7.886 + 0.79\times 1.3\times 7.886 + \frac{22.4\times 0.015}{28}$$

$\fallingdotseq 10.75\,[\mathrm{m^3_N/kg}]$　**(答)**

解法のポイント

① (2-11)式の考え方をよく理解する．表2-2から，C12[kg]で$O_2$1[kmol]が必要なので，C1[kg]では$O_2\frac{1}{12}$[kmol]が必要．

② 同様にして，H1[kg]では，$O_2\frac{1}{4}$[kmol]，S1[kg]では$O_2\frac{1}{32}$[kmol]になる．燃料中のO_2は分解してガス状になるが，$O_2$1[kg]は$\frac{1}{32}$[kmol]なので，この分を必要酸素量より差し引く．

③ ガス量も空気量と同じ考え方で計算すればよいが，燃料中の水分の蒸発，窒素分のガス化，余剰空気分などがこれに加わる．

演習問題 2.5　二酸化炭素の削減量

定格出力300[MW]，発電端熱効率40[%]の重油専焼火力発電所を，同一出力で発電端熱効率50[%]のコンバインドサイクル発電所に置き代えた．この場合，年間利用率をいずれも70[%]とすると，年間での二酸化炭素の削減量は何[トン]になるか．

ただし，重油の低位発熱量は41 000[kJ/kg]であり，成分は質量比で炭素(C)86[%]，水素(H)14[%]とする．また，コンバインドサイクル発電所の使用燃料はメタン(CH_4)とし，低位発熱量は50 000[kJ/kg]とする．

解 答

(1) 重油専焼火力発電所の二酸化炭素量　発電所の重油消費量 M_o [kg/h] は，出力を P [kW]，熱効率を η_o，重油発熱量を H_o [kJ/kg] とすると，1 [kW·h] = 3 600 [kJ] なので，

$$M_o = \frac{3\,600P}{\eta_o H_o} = \frac{3\,600 \times 300 \times 10^3}{0.4 \times 41\,000} \fallingdotseq 65\,850 \text{ [kg/h]}$$

よって，M_o 中の炭素分 C_o は題意から，

$$C_o = 0.86 M_o = 0.86 \times 65\,850 \fallingdotseq 56\,630 \text{ [kg/h]}$$

炭素の燃焼反応式は，$C + O_2 \rightarrow CO_2$ なので，C 12 [kg] から CO_2（二酸化炭素）44 (= 12 + 16×2) [kg] が発生する．よって，年間の CO_2 発生量 G_o [kg] は，年間利用率が 70 [%] なので，

$$G_o = \frac{44}{12} \times 56\,630 \times 24 \times 365 \times 0.7$$

$$\fallingdotseq 1\,273\,270 \times 10^3 \text{ [kg]}$$

(2) コンバインドサイクル発電所の二酸化炭素量　発電所のメタン消費量 M_c [kg/h] は，出力を P [kW]，熱効率を η_c，メタン発熱量を H_c [kJ/kg] とすると，

$$M_c = \frac{3\,600P}{\eta_c H_c} = \frac{3\,600 \times 300 \times 10^3}{0.5 \times 50\,000} \fallingdotseq 43\,200 \text{ [kg/h]}$$

メタン（CH_4）の燃焼反応式は，

$$CH_4 + 2O_2 \rightarrow CO_2 + 2H_2O$$

なので，$CH_4 = 12 + 1 \times 4 = 16$ [kg] から，$CO_2 = 12 + 16 \times 2 = 44$ [kg] が発生する．よって，年間の CO_2 発生量 G_c [kg] は，年間利用率が 70 [%] なので，

$$G_c = \frac{44}{16} \times 43\,200 \times 24 \times 365 \times 0.7$$

$$\fallingdotseq 728\,480 \times 10^3 \text{ [kg]}$$

(3) 二酸化炭素削減量　年間での二酸化炭素削減量 ΔCO_2 は，

$$\Delta CO_2 = G_o - G_c = (1\,273\,270 - 728\,480) \times 10^3$$

$$= 544\,790 \times 10^3 \text{ [kg]} = 544\,790 \text{ [トン]} \quad \textbf{(答)}$$

コンバインドサイクル方式では，重油専焼方式に比べて，約 43 [%] の CO_2 の削減になる．

解法のポイント

① 地球温暖化防止は，環境問題の重要なテーマであり，そのためには，燃料の燃焼などによって生じる二酸化炭素を削減しなければならない．今後，電験の問題でもこのような環境問題に関連した出題が予想される．

② それぞれの発電所の燃料消費量を求めて，燃焼反応式によって CO_2 の量を算出する．

③ メタン（CH_4）の燃焼反応式は，

$$CH_4 + 2O_2 \rightarrow CO_2 + 2H_2O$$

$$16 \quad 2 \cdot 32 \quad 44 \quad 2 \cdot 18$$

なので，CH_4 16 [kg] から CO_2 は 44 [kg] 発生する．

解 説

発電方式の選定にあたっては，CO_2 の発生量が重要な検討項目になりつつある．CO_2 の発生量を減らすには，炭素分の少ない燃料の使用，熱効率の向上などが，火力発電での実用的な対策になる．

また，廃農産物，木材などのバイオマス燃料を利用した発電も非常に有効である．バイオマスの燃焼によって CO_2 は発生するが，自然のバランスの範囲内であれば CO_2 の増加は起こらない（いわゆる**カーボンニュートラル**）．エネルギーセキュリティの面でもこの方式は大いに推進する必要がある．

2.2 火力・原子力発電

演習問題 2.6 伝熱損失の計算

図のような断面の蒸気管において，保温材の熱伝導率 $\lambda=0.058$ [W/(m·℃)]，保温表面の熱伝達率 $h=11$ [W/(m²·℃)]，配管半径 $r_1=0.1$ [m]，保温半径 $r_2=0.2$ [m]，管内部温度 $t_1=200$ [℃]，外気温度 $t_2=30$ [℃] である．蒸気管 100 [m]，1 時間当たりの伝熱損失を求めよ．また，年間では何 [kW·h] の熱損失になるか．ただし，管内壁の表面熱伝達は無視する．なお，$\log_e 2=0.693$ とせよ．

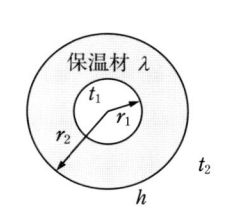

解 答

本問の総合熱抵抗 R_{th} は，保温材部分の熱抵抗 R_1 と，保温表面部分の熱抵抗 R_2 が直列である．

解図に示す管中心から r [m] の保温材部分の微小厚さ dr [m] の熱抵抗 dR_1 は，配管長を l [m] とすると，

$$dR_1 = \frac{1}{\lambda} \cdot \frac{dr}{2\pi rl} \text{ [℃/W]} \quad \cdots (1)$$

$$\therefore R_1 = \int_{r_1}^{r_2} dR_1 = \frac{1}{2\pi \lambda l} \log_e \frac{r_2}{r_1}$$

$$= \frac{1}{2\pi \times 0.058 \times 100} \log_e \frac{0.2}{0.1} \fallingdotseq 0.019\,02 \text{ [℃/W]} \quad \cdots (2)$$

次に，表面部分の熱抵抗 R_2 は，

$$R_2 = \frac{1}{2\pi r_2 l h} = \frac{1}{2\pi \times 0.2 \times 100 \times 11} \fallingdotseq 0.000\,7 \text{ [℃/W]} \quad \cdots (3)$$

よって，総合熱抵抗 R_{th} は，

$$R_{th} = R_1 + R_2 = 0.019\,02 + 0.000\,7 \fallingdotseq 0.019\,72 \text{ [℃/W]} \quad \cdots (4)$$

放散熱流 I は，

$$I = \frac{t_1 - t_2}{R_{th}} = \frac{200 - 30}{0.019\,72} \fallingdotseq 8\,620 \text{ [W]} \quad \cdots (5)$$

1 時間当たりの熱損失 I_0 は，

$$I_0 = 3\,600\,I = 3\,600 \times 8\,620 \fallingdotseq 31\,030 \times 10^3 \text{ [J/h]} \quad \text{(答)}$$

年間での [kW·h] 換算の熱損失 W は，

$$W = I \times 10^{-3} \times 24 \times 365$$
$$= 8.62 \times 24 \times 365 \fallingdotseq 75\,500 \text{ [kW·h]} \quad \text{(答)}$$

解法のポイント

① 保温材表面からの放散熱流 I は，保温表面温度を t_2' とすると，

$$I = 2\pi r_2 l h (t_2' - t_2)$$

である．よって，この部分の熱抵抗 R_2 は，

$$R_2 = \frac{t_2' - t_2}{I} = \frac{1}{2\pi r_2 l h}$$

② 解図の保温材部分の熱抵抗 R_1 は，円筒形状微小部分の電気抵抗 dR_e の式

$$dR_e = \frac{1}{\sigma} \cdot \frac{dr}{2\pi rl}$$

の類推で算出でき，導電率 σ は熱伝導率 λ に対応する（表 2-3）．

③ 総合熱抵抗は，R_1 と R_2 の直列になる．これより，熱流を求める．

表 2-3 熱系と電気系の対応

種別	記号	熱系	電気系
温度差	θ	K(℃)	電位差 V
熱流	I	W	電流 A
熱量	Q	J	電気量 C
熱伝導率	λ	W/(m·K)	導電率 S/m

第 2 章　電力・管理科目

演習問題 2.7　原子力エネルギーの計算

発電端における電気出力100万[kW]の原子力発電所及び火力発電所を，年間利用率 70[%]で 1 年間運転するために必要な燃料の質量をそれぞれ計算せよ．ただし，核分裂は ^{235}U のみが起こすものとし，原子力発電所の発電端熱効率を 32[%]，^{235}U 1 回の核分裂により発生するエネルギーを 200[MeV]，^{235}U の濃縮度を 3[%]（質量比）とする．また，火力発電所の発電端熱効率は 40[%]とし，燃料は重油で，重油の発熱量を 43 900[kJ/kg]とする．

解答

題意から，1 年間の発電端エネルギー E は，

$$E = 10^6 \times 10^3 [\text{W}] \times 60 [\text{s}] \times 60 [\text{min}] \times 24 [\text{h}] \times 365 [\text{d}] \times 0.7$$
$$\fallingdotseq 2.2075 \times 10^{16} [\text{J}]$$

(1) 原子力発電所の燃料質量 M_n　ウラン(U)235 の 1[mol] = 235[g]であり，6×10^{23} 個の原子がある．

1 回の核分裂のエネルギーは 200[MeV]なので，ウラン 235 の 1[mol]（235[g]）当たりの発生エネルギー e は，

$$e = 200 \times 10^6 [\text{eV}] \times 1.6 \times 10^{-19} [\text{J/eV}] \times 6 \times 10^{23} [\text{個}]$$
$$= 1.92 \times 10^{13} [\text{J}]$$

M_n は，濃縮度 c[%]，発電端熱効率 η_n を考慮すると，

$$M_n = \frac{E}{e\eta_n} \times 235 \times 10^{-3} \times \frac{100}{c}$$
$$= \frac{2.2075 \times 10^{16}}{1.92 \times 10^{13} \times 0.32} \times 235 \times 10^{-3} \times \frac{100}{3}$$
$$\fallingdotseq 2.814 \times 10^4 [\text{kg}] = 28.14 [\text{トン}] \quad \text{（答）}$$

(2) 火力発電所の重油質量 M_f　重油の発熱量を H[kJ/kg]，発電端熱効率を η_f とすると，

$$M_f = \frac{E}{1\,000 H \eta_f} = \frac{2.2075 \times 10^{16}}{1\,000 \times 43\,900 \times 0.4}$$
$$= 1.257 \times 10^9 [\text{kg}] = 1\,257 \times 10^3 [\text{トン}] \quad \text{（答）}$$

解説

火力発電所では，原子力発電所に比べて，$1\,257 \times 10^3 / 28.14 \fallingdotseq 44\,700$ 倍の質量の燃料が必要となる．これは原子力発電所の利点を示すが，使用済み核燃料の処分の問題がある．

解法のポイント

① 1 回の核分裂とは，1 個の ^{235}U 原子に中性子が衝突して反応が起こることを意味する．

② 原子量（分子量）に g を付けたもの（^{235}U なら 235[g]）を 1[mol]といい，その中には 6×10^{23} 個（**アボガドロ数**）の原（分）子が存在する．

③ 1[eV] = 1.6×10^{-19}[J]

コラム　低濃縮ウラン

天然ウランの大部分は，核分裂を起こさない ^{238}U であり，核分裂性の ^{235}U の含有率は 0.7[%]である．^{235}U の割合を人工的に 3[%]程度に高めたものが低濃縮ウランであり，軽水炉に用いられる．

同位体では，化学的性質は同じなので，ガス拡散法や遠心分離法など，質量の差に着目した物理的な方法により天然ウランから分離して濃縮する．このときにブロワなどで大電力が必要になる．

演習問題 2.8 放射性元素の原子核の崩壊

放射性元素は，時間とともに原子核の数が減少するが，これに関して次の問に答えよ．
(1) ある時間 t において崩壊しないで残っている原子核の数を N とすると，微小時間当たりに崩壊する原子核の数は N に比例する．比例定数を λ として，この関係を式で示せ．また，この λ は何と呼ばれるか答えよ．
(2) (1)で求めた式を解いて，原子核の数が半数に減少する時間（半減期という）T を求めよ．ただし，$t=0$ において，$N=N_0$ とする．なお，$\log_e 2 = 0.693$ とせよ．

解答

(1) 微小時間 dt の間に崩壊する原子核の数を dN とすると，時間当たりに崩壊する原子核の数は，dN/dt であるから，比例定数を λ として，

$$\frac{dN}{dt} = -\lambda N \quad \cdots (1) \quad \text{(答)}$$

上記の λ を **崩壊定数** という．　（答）

(2) (1)式を変数分離で解く．(1)式を変形して，

$$\frac{dN}{N} = -\lambda dt, \quad \text{両辺を積分すると，} \quad \log N = -\lambda t + K$$

$$(K \text{ は積分定数}) \quad \cdots (2)$$

(2)式を解くと，N は，$N = A e^{-\lambda t}$（A は積分定数）$\cdots (3)$
$t=0$ で，$N=N_0$ であるから，$A=N_0$ である．よって，(3)式は，

$$N = N_0 e^{-\lambda t} \quad \cdots (4)$$

$N = N_0/2$ である場合の時間 T は，(4)式から，

$$\frac{N_0}{2} = N_0 e^{-\lambda T} \quad e^{-\lambda T} = \frac{1}{2} \quad \therefore e^{\lambda T} = 2 \quad \cdots (5)$$

となる．よって，原子核の半減期 T は，(5)式から，

$$T = \frac{\log_e 2}{\lambda} = \frac{0.693}{\lambda} \quad \text{(答)}$$

解法のポイント

① 問題に述べられているとおりに式を書けば，簡単に答が出る．

② ①で求めた式は，過渡現象で学んだ RL 回路の電圧除去の場合と同じである．変数分離により簡単に解くことができる．

③ $N = N_0/2$ である場合の時間 T を，②で解いた式から求める．

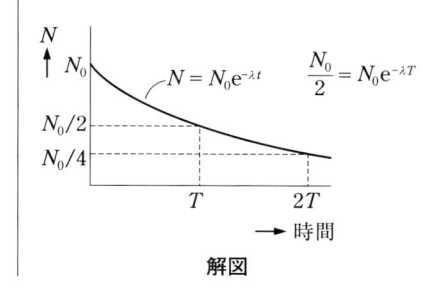

解図

解説

(4)式は解図のように表され，p.48の図5-2「RL 回路の電圧除去」の場合と同様の指数関数の曲線になる．原子力発電の取扱いが難しいのは，Pu239 の 24 000 年に代表されるように，半減期の非常に長い物質が核分裂反応により多数生じることにある．半減期を短くする技術はないから，使用済み核燃料の長期にわたる厳重な保管が必要である．なお半減期は，時間のとり方が異なるが，過渡現象の時定数と同様の取扱いができる．崩壊定数は核種ごとに値が異なる．

2.3 発電機・新エネルギー発電

学習のポイント

本節では，同期発電機の主に運用面の計算問題をまとめた．並行運転，自己励磁現象などが重要である．短絡比などの基礎的事項は，機械・制御科目の同期機と関連付けて学習する．新エネルギー発電では特に風力発電の出力を押さえておく．

―― 重 要 項 目 ――

1 短絡比

詳細は，第3章3.2節「同期機」を参照．

短絡比 K_s は，永久短絡電流 I_s と定格電流 I_n の比であり，単位法で示した同期インピーダンス $Z_s(\mathrm{pu})$ の逆数に等しい．

$$K_s = \frac{I_s}{I_n} = \frac{1}{Z_s(\mathrm{pu})} \tag{3-1}$$

2 並行運転

① 並行運転の条件

電圧，周波数，位相を合わせて**同期投入**する．

・**無効横流**

起電力に差があると，図3-1のように発電機間に，無効分の循環電流が流れる．

$$\dot{I}_c = \frac{\dot{E}_a - \dot{E}_b}{\mathrm{j}(x_a + x_b)} \tag{3-2}$$

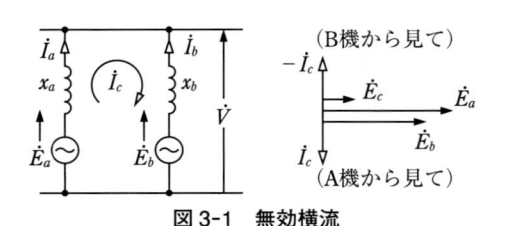

図 3-1　無効横流

・**有効横流**

起電力の絶対値が同じでも位相差があると，図3-2のように有効分の循環電流が流れる(**同期化電流**)．差電圧 E_c に対し循環電流は，

$$\dot{I}_c = \frac{\dot{E}_c}{\mathrm{j}(x_a + x_b)} = \frac{E_0}{x_s} \sin\frac{\delta}{2} \tag{3-3}$$

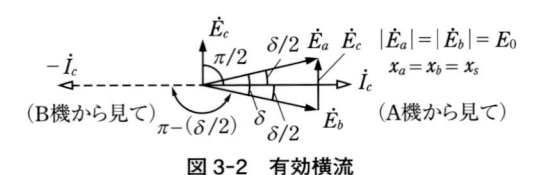

図 3-2　有効横流

② 負荷分担

有効電力の分担は原動機により定まり，無効電力の分担は励磁により定まる．図3-3のように，一定電圧の母線に接続された発電機の励磁を強めると，無効分が増加する．

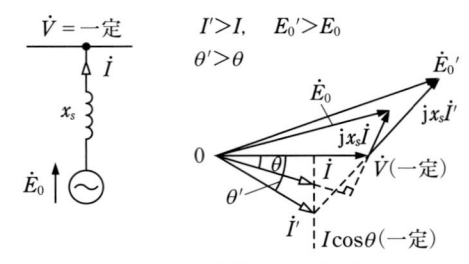

図 3-3　無効電力の分担

3 自己励磁現象

発電機に進相負荷を接続すると充電電流が流れ，**増磁作用**により端子電圧が上昇する．図3-4の進み零力率の飽和曲線と，線路の充電曲線OCの交点Pまで電圧が上昇する．

OC曲線での電圧 V は，周波数 $f[\mathrm{Hz}]$，線路

2.3 発電機・新エネルギー発電

の静電容量 C [F],充電電流 I [A]とすると,

$$V = \frac{I}{2\pi f C} \text{ [V]} \quad (3\text{-}4)$$

となるので,C が大きいほど電圧が上がる.

飽和曲線の傾きより充電曲線の傾きが大きいと,自己励磁現象は起きない.発電機 1 台で無負荷送電線路を充電する場合,自己励磁現象を起こさない発電機の定格出力 Q は,

$$Q > \frac{Q'}{K_s} \cdot \left(\frac{V}{V'}\right)^2 (1+\sigma) \text{ [kV·A]} \quad (3\text{-}5)$$

Q':充電電圧 V' [V]での線路充電容量,V:発電機定格電圧,σ:発電機の飽和率,K_s:短絡比

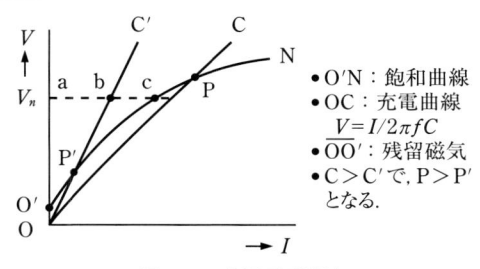

図 3-4 自己励磁現象

- $O'N$:飽和曲線
- OC:充電曲線 $V = I/2\pi f C$
- OO':残留磁気
- $C > C'$ で,$P > P'$ となる.

4 発電機可能出力曲線

発電機は,図 3-5 のように,進相,遅相領域では定格値よりも出力が制限される.特にタービン発電機では,系統電圧が高いときに,固定子端部過熱による進相制約が問題になる.

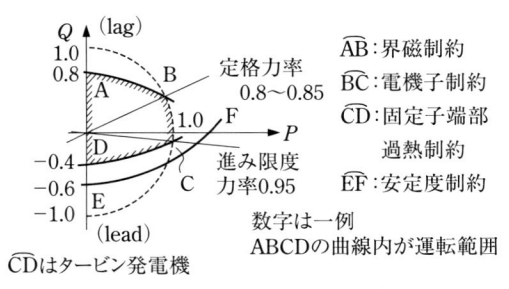

図 3-5 発電機可能出力曲線

- $\widehat{AB}$:界磁制約
- $\widehat{BC}$:電機子制約
- $\widehat{CD}$:固定子端部過熱制約
- $\widehat{EF}$:安定度制約

定格力率 0.8~0.85
進み限度力率 0.95
数字は一例 ABCD の曲線内が運転範囲
$\widehat{CD}$ はタービン発電機

5 突発短絡現象

第 3 章 3.2 節「同期機」の項を参照.

6 新エネルギー発電

低 CO_2,国産エネルギー,低出力・低利用率・低効率,高コストが特徴.

① **燃料電池**

水の電気分解の逆反応,排熱利用で効率 60~80 [%] が可能.反応式は次式で示せる.

$$4H^+ + 4e^- + O_2 \rightarrow 2H_2O \quad (3\text{-}6)$$

水素 H1 [kg] の反応で理論値 26.8 [A·h](1 ファラデー)の電気量を発生.電池の電圧は 1.229 [V].

② **風力発電**

風車の出力 $P \propto$(風速)^3,効率 10~30 [%]

$$P = \frac{1}{2} C_p M v^2 = \frac{1}{2} C_p \rho A v^3 \text{ [W]} \quad (3\text{-}7)$$

$M (= \rho A v)$:空気の質量流量 [kg/s],v:風速 [m/s],ρ:空気密度 [kg/m^3]($\fallingdotseq 1.2$),A:風車回転面積 [m^3],C_p:出力係数(理論値は最大約 0.6 で,0.15~0.45 程度)

③ **太陽電池(PV)**

半導体 pn 接合部での光電変換,効率 10~17 [%] 程度,シリコン結晶形など.PV を多数設置時に高圧配電線の電圧上昇対策必要.

④ **地熱発電**

マグマからの蒸気・熱水により蒸気タービンで発電,比較的高出力で安定,国立公園などの規制緩和必要.

⑤ **ごみ発電**

清掃工場の余熱利用,原理は汽力発電,比較的高出力で安定,効率 20 [%] 以上も出現.

⑥ **小水力発電**

1 000 [kW] 以下,中小河川・農業用水路など低落差の未利用水源,プロペラ水車・誘導発電機方式が多い.

演習問題 3.1　発電機の並行運転

A, B 2 台の同一定格の同期発電機があり，定格電圧 6.6 [kV] で並行運転して 4 000 [kW]，遅れ力率 0.8 の負荷に 50 [%] ずつ電力を供給している．いま，A 機の励磁を調整して，その電流を 200 [A] にしたとき，両機の力率及び無効横流を求めよ．

解答

負荷電流 $\dot{I}$ は，電力を P，電圧を V，力率を $\cos\theta$ とすると，

$$\dot{I} = \frac{P}{\sqrt{3}V\cos\theta}(\cos\theta - \mathrm{j}\sin\theta) = \frac{4\,000}{\sqrt{3}\times 6.6 \times 0.8}(0.8 - \mathrm{j}0.6)$$

$$\fallingdotseq 350 - \mathrm{j}262\,[\mathrm{A}]$$

A, B 各機の有効分電流 $I_{Ap} = I_{Bp} = 350/2 = 175\,[\mathrm{A}]$

題意から，A 機の電流 $|\dot{I}_A| = 200\,[\mathrm{A}]$ なので，無効分 I_{Aq} は，

$$\dot{I}_A = 175 - \mathrm{j}I_{Aq}\,[\mathrm{A}] \quad \therefore I_{Aq} = \sqrt{200^2 - 175^2} \fallingdotseq 96.8\,[\mathrm{A}]$$

よって，B 機の無効電流 I_{Bq} は，

$$I_{Bq} = 262 - 96.8 = 165.2\,[\mathrm{A}] \quad \therefore \dot{I}_B = 175 - \mathrm{j}165.2\,[\mathrm{A}]$$

ゆえに，各機の力率 $\cos\theta_A$，$\cos\theta_B$ は，

$$\cos\theta_A = \frac{I_{Ap}}{I_A} = \frac{175}{200} = 0.875 \rightarrow 87.5\,[\%] \quad \text{(答)}$$

$$\cos\theta_B = \frac{I_{Bp}}{I_B} = \frac{175}{\sqrt{175^2 + 165.2^2}}$$

$$\fallingdotseq \frac{175}{240.7} \fallingdotseq 0.727 \rightarrow 72.7\,[\%] \quad \text{(答)}$$

無効横流 $\dot{I}_c$ は，$\dot{I}_A$ と $\dot{I}_B$ の差の半分である．

$$\therefore \dot{I}_c = \frac{\dot{I}_A - \dot{I}_B}{2} = \frac{-\mathrm{j}96.8 + \mathrm{j}165.2}{2}$$

$$= \mathrm{j}34.2\,[\mathrm{A}]\,\text{(A 機に対して進み)} \quad \text{(答)}$$

解法のポイント

① 解図で考えればよい．

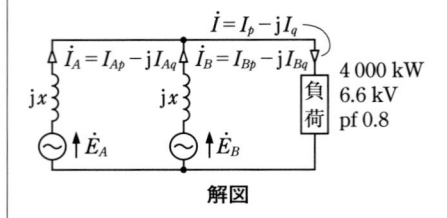

解図：$\dot{I} = I_p - \mathrm{j}I_q$，$\dot{I}_A = I_{Ap} - \mathrm{j}I_{Aq}$，$\dot{I}_B = I_{Bp} - \mathrm{j}I_{Bq}$，4 000 kW，6.6 kV，pf 0.8，$\dot{E}_A$，$\dot{E}_B$，$\mathrm{j}x$

② I_p，I_q の値は変わらない．
$I_{Ap} = I_{Bp}$ である．$|\dot{I}_A| = 200\,[\mathrm{A}]$

③ 無効横流は，$\dot{I}_A$ と $\dot{I}_B$ の差の半分である．

$$\therefore \dot{I}_c = \frac{\dot{E}_A - \dot{E}_B}{\mathrm{j}(x+x)}$$

$$= \frac{\dot{V} + \mathrm{j}x\dot{I}_A - (\dot{V} + \mathrm{j}x\dot{I}_B)}{\mathrm{j}2x}$$

$$= (\dot{I}_A - \dot{I}_B)/2 \quad \text{(証明終わり)}$$

[注] 本問では，A 機の励磁を弱めた．よって，無効横流は A 機に対して進みである．

コラム　水力・火力発電機の比較

水車発電機とタービン発電機の特性を分ける根本の理由は，それぞれの原動機である水車と蒸気タービンの速度の違いである．特性の比較は，表 3-1 のようになる．<u>水車発電機は多極機で短絡比が大きく鉄機械，タービン発電機は 2（または 4）極機で短絡比が小さく銅機械である</u>．

表 3-1　水力・火力発電機の比較

項　目	水　車	タービン
回転速度 [min⁻¹]	100～750	1 500～3 600
極　　　数	多　極	2，4 極
軸　形　式	縦軸が多い	横　軸
形　　　式	突極形	円筒形
回転子形状	太くて短い	細くて長い
単機容量 [MV·A]	300～500 まで	1 000 以上もあり
冷　却　方　式	空　気	水　素
短　絡　比	大：0.8～1.2	小：0.6～1.0

2.3 発電機・新エネルギー発電

演習問題 3.2 発電機併入時の横流

図の系統で発電機を併入したとき，電圧の大きさは等しかったが，発電機の電圧位相が系統側より30[°]遅れていたため，瞬間的に横流が流れた．この大きさは，定格電流の何倍であるか．ただし，各部のリアクタンスは図示のとおりとし，その他のインピーダンスは無視する．

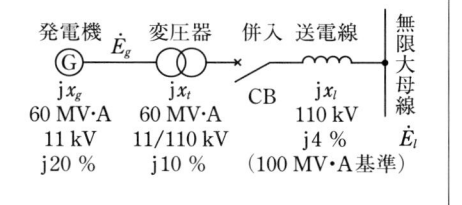

発電機　変圧器　併入　送電線　無限大母線
G $\dot{E}_g$　jx_t　CB　jx_l　$\dot{E}_l$
jx_g
60 MV·A　60 MV·A　　　110 kV
11 kV　11/110 kV　　　j4 %
j20 %　j10 %　　（100 MV·A基準）

解答

送電線リアクタンスを60[MV·A]基準に換算すると，

$x_l = 4 \times (60/100) = 2.4 \, [\%]$

遮断器投入瞬時の電流$\dot{I}$は，系統側電圧を$\dot{E}_l$，発電機側電圧を$\dot{E}_g$，各部リアクタンスを図示のとおりとし，電圧$E=1.0\,[\mathrm{pu}]$にとると，

$$\dot{I} = \frac{\dot{E}_l - \dot{E}_g}{j(x_l + x_t + x_g)} = \frac{E(1-e^{-j30°})}{j(0.024+0.1+0.2)}$$

$$= \frac{1.0\{1-(\cos 30° - j\sin 30°)\}}{j\,0.324} = \frac{1.0\{1-(0.866-j\,0.5)\}}{j\,0.324}$$

$$= \frac{0.5 - j\,0.134}{0.324} \fallingdotseq 1.543 - j\,0.414 \, [\mathrm{pu}]$$

$\therefore\ |\dot{I}| = \sqrt{1.543^2 + 0.414^2} \fallingdotseq 1.598 \, [\mathrm{pu}]$

定格電流の約1.6倍　**（答）**　（定格電流は3 150[A]）

解法のポイント

① 解図で考えればよい．

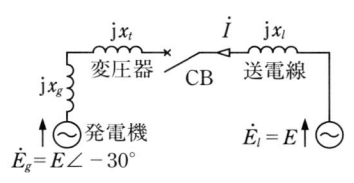

jx_t　$\dot{I}$　jx_l
変圧器　　CB　　送電線
jx_g
発電機　　　　$\dot{E}_l = E$
$\dot{E}_g = E\angle -30°$

解図

② 送電線のリアクタンスを60[MV·A]基準に換算する．

[注] 単位法は，基準電圧，電流を1.0[pu]として扱うもので，計算が簡略化される．

コラム　発電機の励磁方式

同期発電機の励磁方式を**図3-6**に示す．以前は直流励磁を用いたが，現在はブラシレス励磁や静止励磁が主流である．静止励磁は頂上電圧を高くでき，また，直接界磁を制御するために速応性が良い．制御盤内に機器を収納できることも，配置上有利である．

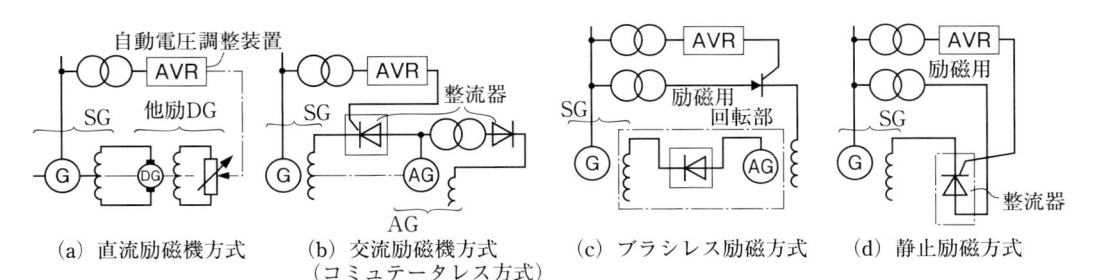

(a) 直流励磁機方式　　(b) 交流励磁機方式（コミュテータレス方式）　　(c) ブラシレス励磁方式　　(d) 静止励磁方式

SG：同期発電機，AG：交流発電機，DG：直流発電機

図3-6　発電機の励磁方式

演習問題 3.3　発電機の自己励磁 1

同期発電機を無負荷の長距離送電線のような進相負荷に接続すると，発電機の端子電圧が上昇する現象が起こる．これを発電機の自己励磁現象という．発電機 1 台で無負荷送電線路を充電する場合，自己励磁現象を起こさない発電機の定格出力 Q は，Q' を充電電圧 V' での線路充電容量，V を発電機の定格電圧，σ を定格電圧での発電機の飽和率，K_s を発電機の短絡比とすると，①式で示せるが，これを設問の手順で証明せよ．

$$Q \geqq \frac{Q'}{K_s} \cdot \left(\frac{V}{V'}\right)^2 (1+\sigma) \quad \cdots \quad ①$$

(1) 図の ON は，発電機の零力率進み電流による飽和曲線であり，電流 I_c のときに定格電圧 V_n が発生する．送電線路の充電特性 OC の傾きが，ON の原点 O における傾きより大きいと自己励磁を起こさない．送電線路の 1 線の静電容量を C，周波数を f として，図の OC の傾き $\tan\theta$ を求めよ．

(2) 充電電圧 V' での線路の充電容量 Q' を用いて，$\tan\theta$ を示せ．

(3) 図の OC' は自己励磁を起こさない限界の曲線である．このとき，$\overline{Oa}$ を定格相電圧にとると，飽和率 $\sigma = \overline{bc}/\overline{ab}$ である．発電機の同期リアクタンス x_s と σ を用いて，OC' の傾き $\tan\theta'$ を求めよ．

(4) x_s を短絡比 K_s，発電機の定格出力 Q，発電機定格電圧 V で表し，それにより $\tan\theta'$ を示せ．

(5) $\tan\theta \geqq \tan\theta'$ ならば，自己励磁を起こさないので，(2)及び(4)の結果から公式を導け．

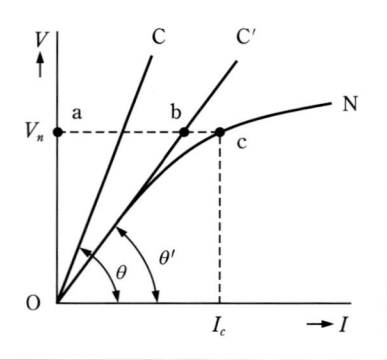

解答

(1) C による充電電流 I_C は，印加電圧を V_C とすると，$I_C = 2\pi f C V_C$ である．よって，$\tan\theta$ は，

$$\tan\theta = \frac{V_C}{I_C} = \frac{1}{2\pi f C} \quad \cdots \quad (1) \quad \textbf{(答)}$$

(2) 充電電圧 V' での C の充電容量 Q' は，$Q' = 2\pi f C V'^2$ である．ゆえに(1)式は，

$$\tan\theta = \frac{1}{2\pi f C} = \frac{V'^2}{Q'} \quad \cdots \quad (2) \quad \textbf{(答)}$$

(3) 問図から，$\tan\theta'$ は，

$$\tan\theta' = \frac{\overline{Oa}}{\overline{ab}} = \frac{\overline{Oa}}{\overline{ac}} \cdot \frac{\overline{ac}}{\overline{ab}} = \frac{\overline{Oa}}{\overline{ac}}\left(1+\frac{\overline{bc}}{\overline{ab}}\right) \quad \cdots \quad (3)$$

となるが，発電機の誘導起電力は零であるから，**解図**から同期

解法のポイント

① 解答誘導方式なので，設問をよく読んで答える．いずれも基礎的な知識があれば答えられる．

② 問図の横軸は励磁電流ではなく線路の充電電流である．縦軸は発電機端子電圧である．

③ 同期リアクタンス x_s を求めるとき，発電機に本来の誘導起電力はないので（∵励磁電流＝0），端子電圧＝x_s の電圧降下と考えればよい．

リアクタンス x_s の電圧降下 $x_s I_c$ は端子電圧 V_n に等しい．よって，$x_s = V_n/I_c = \overline{Oa}/\overline{ac}$ となる．また，題意から $\sigma = \overline{bc}/\overline{ab}$ なので，
$$\tan\theta' = x_s(1+\sigma) \quad \cdots (4) \quad \textbf{(答)}$$

(4) 単位法(pu)で表した $x_s(\text{pu})$ の定義から，x_s が V, Q, K_s で表せる．すなわち，
$$x_s(\text{pu}) = \frac{1}{K_s} = \frac{x_s Q}{V^2} \quad \therefore x_s = \frac{V^2}{QK_s}$$

よって，(4)式は以下に示せる．
$$\tan\theta' = \frac{V^2}{QK_s}(1+\sigma) \quad \cdots (5) \quad \textbf{(答)}$$

(5) $\tan\theta \geq \tan\theta'$ の関係から，(2)式及び(5)式により，
$$\frac{V'^2}{Q'} \geq \frac{V^2}{QK_s}(1+\sigma) \quad \therefore Q \geq \frac{Q'}{K_s}\left(\frac{V}{V'}\right)^2(1+\sigma) \quad \textbf{(証明終わり)}$$

④ x_s を単位法(pu)により表現すると，その逆数が短絡比である．

コラム 長距離送電線の電圧上昇

長距離送電線や亘長の長いケーブル線路では，分布静電容量を無視できない．本問の自己励磁現象のほかに，無負荷または軽負荷時に分布静電容量による充電電流が流れ，受電端電圧が上昇する**フェランチ現象**が起こる．ただし，分布静電容量は重負荷時には，負荷の遅れ力率を相殺する利点もある．

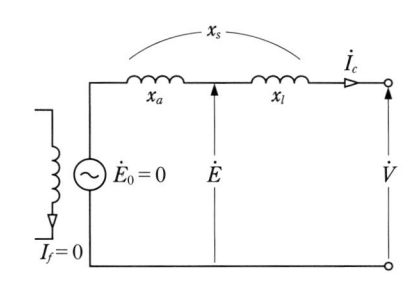

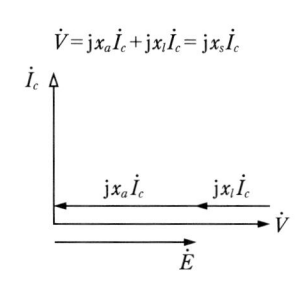

解図 自己励磁現象時の発電機

解 説

同期発電機では進み電流により増磁作用が生じるが，本問の自己励磁現象は最も特徴的な例である．励磁電流が零であれば発電機の誘導起電力は零になるはずだが，発電機鉄心の残留磁気によりわずかな起電力が生じる．この起電力により線路に充電電流が流れ，その増磁作用により端子電圧が上がる．すると，充電電流が増加し，これによりますます界磁が強まり，端子電圧は上昇を続けることになる．

解図は，自己励磁現象時の回路図及びベクトル図である．同期リアクタンス x_s は，電機子漏れリアクタンス x_l と電機子反作用リアクタンス x_a の直列と考えることができる．励磁電流 $I_f = 0$ なので，公称誘導起電力 $E_0 = 0$ であるが，x_a により解図のように内部起電力 E が生じる．一般に，$x_l \ll x_a$ であり，E が自己励磁現象の起電力と考えることができる．また，ベクトル図から，$V = x_s I_c$ が成り立つことが分かる．なお，飽和率 σ を**飽和係数** k で表現することもある．$k = 1+\sigma$ であり，問図の $\overline{ac}/\overline{ab}$ に相当する．

演習問題 3.4　発電機の自己励磁 2

容量 50 000 [kV·A] の発電機を複数台有する発電所で，送電電圧 275 [kV]，周波数 60 [Hz]，線路の作用静電容量 0.012 [μF/km]，亘長 200 [km] の 1 回線送電線を無負荷充電しようとするとき，発電機が自己励磁を起こさないためには，何台の発電機が必要か．ただし，発電機の短絡比は 1.1，飽和率は 0.1 で一定とし，充電電圧は送電電圧の 80 [%] とする．

解答

n 台の発電機で充電したと仮定する．発電機の定格容量を Q，充電電圧 V' での充電容量を Q'，定格電圧を V，飽和率を σ，短絡比を K_s とすると，自己励磁を起こさない条件は，

$$nQ > \frac{Q'}{K_s}\left(\frac{V}{V'}\right)^2 (1+\sigma) \quad \cdots (1)$$

線路の作用静電容量を C [μF/km]，亘長を l [km]，周波数を f [Hz] とすると，充電電圧 V' での充電容量 Q' は，

$$Q' = 2\pi f (Cl \times 10^{-6}) \times V'^2 \quad \cdots (2)$$

よって，(1)式，(2)式から必要な台数 n は，

$$n > \frac{Q'}{K_s Q}\left(\frac{V}{V'}\right)^2 (1+\sigma) = \frac{2\pi f (Cl \times 10^{-6}) V'^2}{K_s Q}\left(\frac{V}{V'}\right)^2 (1+\sigma)$$

$$= \frac{2\pi f Cl \times 10^{-6} \times V^2}{K_s Q}(1+\sigma) \quad \cdots (3)$$

ここで，(3)式の Q は，いま，充電電圧は送電電圧（定格電圧）の 80 [%] であるから，有効な容量は定格容量の 80 [%] になる（電機子電流は，定格電流値で制限されると考えて）．

よって，必要な台数 n は，$Q \to 0.8Q$ と考えて (3)式から，

$$n > \frac{2\pi \times 60 \times 0.012 \times 200 \times 10^{-6} \times (275 \times 10^3)^2}{1.1 \times 0.8 \times 50\,000 \times 10^3} \times (1+0.1)$$

$$\fallingdotseq 1.71$$

よって，2 台の発電機が必要．**(答)**

[注] 長距離線路の充電を行う場合には，当然線路容量から充電電流を算出し，これが発電機の定格値を超えないようにしなければならない．そのため，通常は充電電圧を定格値の 70 〜 80 [%] 程度として，余裕を持たせることが多い．

解法のポイント

① 自己励磁の防止策として，発電機の複数台運転，リアクトルの設置などが行われる．

② 問題は，(3-5)式で $Q \to nQ$ として，n 台運転していると考えればよい．

解説

(3-5)式では，充電電圧 V' での充電容量 Q' として，発電機の必要な容量 Q を示しているが，1 線当りの静電容量を C とすると，$Q' = 2\pi f C V'^2$ となるので，

$$Q > \frac{2\pi f C V'^2}{K_s}\left(\frac{V}{V'}\right)^2 (1+\sigma)$$

$$= \frac{2\pi f C V^2}{K_s}(1+\sigma) \quad \cdots (4)$$

となり，充電電圧 V' は消去される．ただし，(4)式の Q は，V' が定格より低い場合，(V'/V) 倍に減少することに注意しなければならない．

演習問題 3.5 発電機の可能出力曲線

図1は、定格出力 50[MV·A]、定格電圧 6.6[kV]、定格力率 0.9 遅れの円筒形三相同期発電機の単位法で示した可能出力曲線である。一般に同期発電機の可能出力は、このような曲線の範囲内でのみ運転が可能である。電機子巻線電流のみを考えると、単位法で 1.0 の円内での運転が可能であるが、実際には、定格点から力率 1.0 付近の範囲以外の遅れ力率や進み力率の場合には出力が制限される。これに関して、以下の問に答えよ。

(1) 遅相側及び進相側で出力が制限されているが、その原因を簡潔に述べよ。

(2) この発電機を系統に連系せずに単独で遅れ力率 0.8 の負荷に電気を供給するとき、有効電力の最大値はいくらか。遅相側の限界は、定格点 N と遅れ無効電力 0.6[pu] を結ぶ直線 A とする。

(3) この発電機が図2のように無限大母線に接続され、母線電圧 $V_b = 6900$[V] で系統連系している。進相側の限界を、有効電力 1.0[pu] と進み無効電力 0.1[pu] を結ぶ直線 B とし、線路のリアクタンス $X = 2$[Ω] としたとき、発電機端子電圧 $V_g = 6000$[V] を維持する場合、発電機の有効電力の最大値はいくらか。なお、発電機の電力はすべて系統に送電されるものとする。

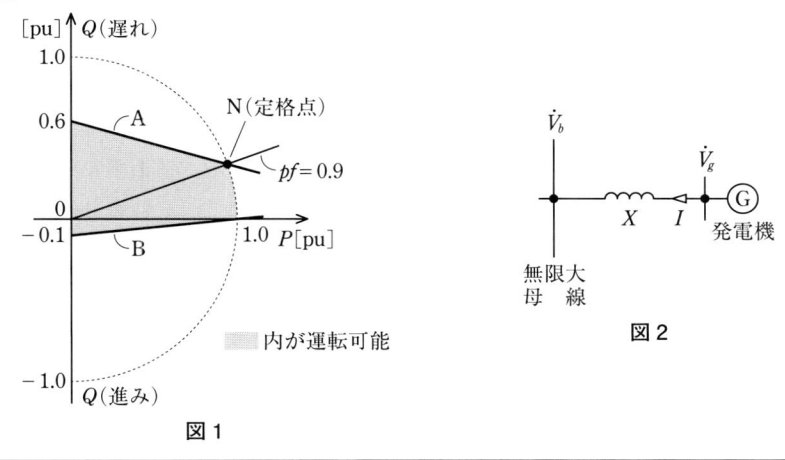

図1

図2

解答

(1) 遅相側は、誘導起電力を増加しなければならないので、励磁電流により制限される。**(答)**

進相側は、定態安定度及び固定子端部の過熱(主に円筒形発電機の場合)により制限される。**(答)**

(2) 円線図上で遅れ力率 $pf = 0.8$ の直線は、有効電力を P、無効電力を Q とすると、Q は遅れを正として、次式で示せる。

$$Q = \frac{\sqrt{1-0.8^2}}{0.8} P = 0.75 P \quad \cdots (1)$$

解法のポイント

① 同期発電機は、定格点から力率 1.0 付近よりも遅相側及び進相側では出力が制限される。遅相側では励磁を強めて誘導起電力を増加し、進相側ではその逆とする。進相側運転では増磁作用のため励磁を弱めるので、界磁鉄心の磁束が減少する。このとき、タービン発電機などの円筒

一方，遅相側の限界線 A は，**解図 1(a)** のように次式である．

$$Q = -\frac{0.6 - \sqrt{1-0.9^2}}{0.9}P + 0.6 \fallingdotseq -0.1823P + 0.6 \quad \cdots (2)$$

解図 1(a) から，(1)，(2)式の交点が最大の有効電力 P_{m1} である．

$$0.75P_{m1} = -0.1823P_{m1} + 0.6$$

$$\therefore P_{m1} = \frac{0.6}{0.75 + 0.1823} \fallingdotseq 0.6436 \text{[pu]}$$

$1.0\text{[pu]} = 50\text{[MV·A]}$ であるから，P_{m1} は，

$$P_{m1} = 0.6436 \times 50 \fallingdotseq 32.2\text{[MW]} \quad \textbf{(答)}$$

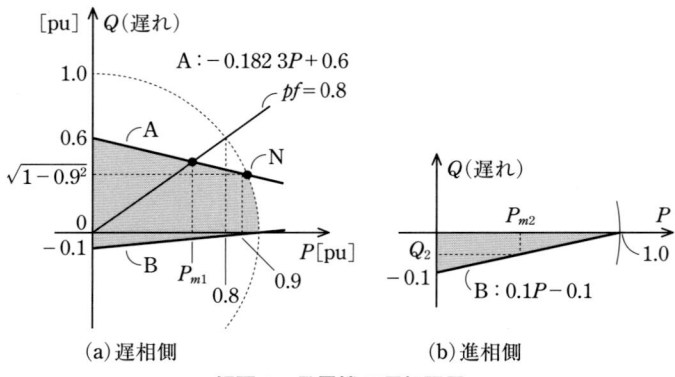

解図 1　発電機の運転限界

(3) 進相側の限界線 B は，題意から，**解図 1(b)** のように，$P = 1.0\text{[pu]}$ と $Q = -0.1\text{[pu]}$ を結ぶ直線である．その式は，

$$Q = \frac{0.1}{1.0}P - 0.1 = 0.1P - 0.1 \quad \cdots (3)$$

となる．題意から，V_g より V_b が大きいから，**解図 2** の相電圧 E_g，E_b で示したベクトル図が得られる．電流 I は E_g に対して進みとなり，その力率角が θ である．E_g と E_b の位相差 δ は小さいから，$E_b \fallingdotseq E_g + XI\sin\theta$ とみなせる．この関係から，V_g，V_b により，線間電圧維持のために必要な発電機の Q_2 が次式で示せる．ここで，$Q_2 = \sqrt{3}V_g I\sin\theta$ を用いた．

$$V_b \fallingdotseq V_g + \sqrt{3}XI\sin\theta = V_g + \frac{\sqrt{3}I\sin\theta \cdot X}{V_g}$$

$$= V_g + \frac{Q_2 X}{V_g} \quad \cdots (4)$$

よって，(4)式から Q_2 は，次式で示せる．

形発電機では，電機子巻線（固定子）端部での磁束が界磁鉄心に進入しやすくなり，磁気回路を形成する．これにより固定子端部に鉄損が生じる．また，進相域では誘導起電力が低下するので，発電機の形式に関係なく一般に安定度は低下する．

② 問(2)では発電機が系統連系をせずに，単独で遅れ負荷に電気を供給している．遅相側の条件は，力率 $pf = 0.8$ の負荷力率線と，遅相限界線の交点が運転限界点になる．単位法の値から，実際の値に換算する．

③ 問(3)では発電機電圧より変電所の電圧が高いので，解図 2 のように電流は進みとなる．発電機は進相側となるから，進相無効電力 Q を求める．進相側の発電機の制限式を求めて，その場合の有効電力を出せばよい．

コラム　タービン発電機の過負荷耐量

タービン発電機は，水車発電機よりも高速であることなど，一般に運転条件が厳しい．タービン発電機の出力限界は，冷却用水素の圧力が上昇することにより増加する．電機子巻線や界磁巻線の過負荷耐量は，10秒で200[%]，30秒で150[%]程度である．逆相電流 I_2 は連続で10[%]以下，短時間では $I_2^2 t$ に一定の制限がある．

2.3 発電機・新エネルギー発電

$$Q_2 = \frac{V_g(V_b - V_g)}{X} = \frac{6\,000 \times (6\,900 - 6\,000)}{2} = 2.7 \times 10^6 \,[\text{var}]$$

この Q_2 は進みである．題意の円線図は遅れを正とするから，符号を改め単位法で示すと，

$$Q_2 = -\frac{2.7}{50} = -0.054\,[\text{pu}] \quad \cdots (5)$$

となる．よって，進相側の最大電力 P_{m2} は，(3)式に(5)式の Q_2 を代入して，

$$P_{m2} = \frac{Q_2 + 0.1}{0.1} = \frac{-0.054 + 0.1}{0.1} = 0.46\,[\text{pu}]$$

よって，進相側の最大電力 P_{m2} は，
$P_{m2} = 0.46 \times 50 = 23\,[\text{MW}]$ **（答）**

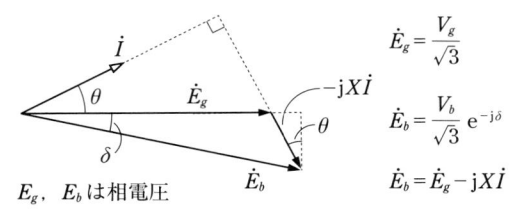

$\dot{E}_g = \dfrac{V_g}{\sqrt{3}}$

$\dot{E}_b = \dfrac{V_b}{\sqrt{3}} e^{-j\delta}$

$\dot{E}_b = \dot{E}_g - jX\dot{I}$

E_g, E_b は相電圧

解図2　進相側ベクトル図

解説

系統の電圧が高いと，励磁を弱めて電圧を下げる進相運転になる．一般に，自家用発電機は進相運転を考慮しないことが多いので，逆潮流がある場合には注意が必要である．系統の電圧の状況をよく調べる必要がある．

定態安定度の制約は，固定子端部の過熱制約よりも余裕があることが多く，最近では発電機の AVR の速応励磁などの技術進歩により，問題になることが少なくなっている．

(4)式から，本問のように $V_g < V_b$，つまり発電機電圧よりも系統電圧が高い場合には，進みの無効電力が必要になり，発電機は進相運転となる．

演習問題 3.6　風車の出力

直径60[m]の円形投影面積の3枚ブレードのプロペラ風車がある．出力係数0.4，平均風速7[m/s]，空気密度1.2[kg/m³]とすると，この風車の平均軸出力はいくらか．

解答

風車の回転面積 A は，半径を r とすると，$r = 60/2 = 30\,[\text{m}]$ なので，

$$A = \pi r^2 = \pi \times 30^2 \fallingdotseq 2\,827\,[\text{m}^2]$$

よって，風車の平均軸出力 P は，出力係数 $C_p = 0.4$，風速 $v = 7\,[\text{m/s}]$，空気密度 $\rho = 1.2\,[\text{kg/m}^3]$ であるから，(3-7)式から，

$$P = \frac{1}{2} C_p \rho A v^3 = \frac{1}{2} \times 0.4 \times 1.2 \times 2\,827 \times 7^3$$

$\fallingdotseq 232.7 \times 10^3\,[\text{W}] \fallingdotseq 233\,[\text{kW}]$ **（答）**

解法のポイント

風車の出力式は，(3-7)式によるが，$P = \dfrac{1}{2} Mv^2$ の公式から求められるようにしておく．

解説

FIT* の影響もあり，風力の導入量が増加している．単機出力2[MW]以上の大形風車も多く出現している．風力の適地は，東北日本海側や，北海道であり，送電線の強化などの系統対策が必要である．

＊ FIT：再生可能エネルギーの固定価格買取制度．

第2章 電力・管理科目

2.4 変電所

学習のポイント

本節では変電所の計算問題として，短絡電流（遮断器の関連あり），電圧調整（調相設備），変圧器の運用をまとめた．短絡電流では，インピーダンスマップの作成が重要である．調相設備の計算は，回路計算の応用である．変圧器では，並行運転，効率が重要である．

―― 重 要 項 目 ――

1 短絡電流

① ％インピーダンス（％Z）

I_n をインピーダンス Z に流したときの電圧降下と V_n の百分率．変圧器の一次，二次で同一値（計算上の最大の利点）．

$$\%Z = \frac{ZI_n}{V_n} \times 100 = \frac{ZP_n}{V_n^2} \times 100 \,[\%] \quad (4\text{-}1)$$

I_n：定格電流，V_n：定格電圧，P_n：定格容量

・％Z の換算

容量に比例する．P' 基準では，

$$\%Z' = \%Z \times (P'/P)\,[\%] \quad (4\text{-}2)$$

・単位法（pu）

(4-1)式で％にせず，比の数値のままとする．計算の簡略化に有効．

② 短絡故障

各相のインピーダンスが Z の三相短絡電流 I_s，線間短絡電流 I_{s1} は，次式で示せる．

$$I_s = \frac{V_n}{\sqrt{3}Z} = \frac{100}{\%Z} I_n \,[\text{A}] \quad (4\text{-}3)$$

$$I_{s1} = \frac{\sqrt{3}E}{2Z} = \frac{\sqrt{3}}{2} I_s \,[\text{A}] \quad (4\text{-}4)$$

③ 遮断器と短絡容量

短絡電流 I_s の短絡容量 P_s は，

$$P_s = \sqrt{3} V_n I_s = \frac{100}{\%Z} P_n \,[\text{V}\cdot\text{A}] \quad (4\text{-}5)$$

で示す．遮断器（CB）の定格も［V・A］で示すから，CB の定格＞P_s としなければならない．ループ系統など，短絡事故を想定しなければならない個所が2以上あるときは，最も過酷なケースによりCBを選定する．

2 調相設備の計算

① 電圧降下

図4-1の RX 回路で，電圧降下 $\Delta V = V_s - V_r$ は，近似式で，

$$\Delta V \fallingdotseq \sqrt{3}I(R\cos\theta + X\sin\theta) \quad (4\text{-}6)$$

となるが，有効電力 P，無効電力 Q は，

$$P = \sqrt{3}V_r I\cos\theta,\quad Q = \sqrt{3}V_r I\sin\theta \text{ ゆえ，}$$

$$\Delta V = \frac{PR + QX}{V_r} \fallingdotseq \frac{QX}{V_r} \quad (4\text{-}7)$$

となる．送電系統などでは，一般に $X \gg R$ であり，無効分の調整が基本である．なお，図4-1は極めて重要なベクトル図である．

精密式は，図4-1の E_s を三平方の定理から，

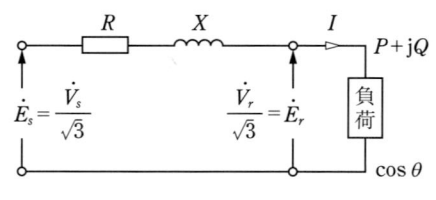

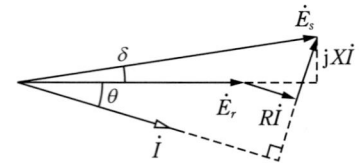

図4-1 *RX* 回路（1相分）

$$E_s^2 = (E_r + IR\cos\theta + IX\sin\theta)^2$$
$$+ (IX\cos\theta - IR\sin\theta)^2 \quad (4\text{-}8)$$

であり，線間電圧 $V = \sqrt{3}E$ 及び P, Q から，

$$(V_r^2 + PR + QX)^2 + (PX - QR)^2 = V_s^2 V_r^2 \quad (4\text{-}9)$$

② 電圧調整の手法

・**電圧上昇** 遅れ Q の発生，電力用コンデンサ，発電機励磁増加．

・**電圧降下** 遅れ Q の消費，分路リアクトル，発電機励磁減少．

・**その他** 同期調相機及び SVC は両用で，連続制御が可能．負荷時タップ切換変圧器でのタップ調整を実施．演習問題 4.9 参照．

3 変圧器の運用

① 温度上昇試験

実負荷法，返還負荷法，等価負荷法（短絡法）などがある．

短絡法は，一方の巻線を短絡して他の巻線に電圧を印加する．供試電圧 V_t は，インピーダンス電圧 $(V_n \cdot \%Z)$ に鉄損分を上乗せする．

$$V_t = V_n \frac{\%Z}{100} \sqrt{\frac{P_L}{P_c}} \quad (4\text{-}10)$$

V_n：定格電圧，P_L：全損失，P_c：負荷損

規定の電圧を印加できないときは，変圧器の放熱器を調整するか，または，全損失に対する供試損失の割合により実測値を補正する（ただし，供試損失は全損失の50[%]以上あること）．

② 並行運転

%Z の逆比により負荷が分担される．各変圧器の%Z を基準容量に合わせて，並列計算をする．

③ 効率

鉄損 P_i は固定損であり，**銅損** P_c は負荷の2乗に比例する．$P_i = P_c$ のとき最高効率．

全日効率 η_d は，W_0：供給電力量，α：出力比，P_{c0}：全負荷銅損，T：時間とすると，

$$\eta_d = \frac{W_0}{W_0 + 24P_i + \Sigma(\alpha^2 P_{c0} \cdot T)} \quad (4\text{-}11)$$

4 接触電圧，歩幅電圧

変電所などの鉄鋼架台に電流が流れると，大地に対して電位が生じ，接触電圧や歩幅電圧の問題が起きる．

① 接触電圧

接地抵抗 R の架台に電流 I が通過すると，架台の対地電位は RI である．このとき，人体が架台に触れると接触電圧が生じる．人体の抵抗を R_p，片足の接触抵抗を R_f とすると，人体の通過電流 I_p は，両足接触として，

$$I_p = \frac{RI}{R_p + (R_f/2)} \quad (4\text{-}12)$$

となる．I_p の許容値は通電時間 t により，$k/\sqrt{t}$ の式（k は定数）で求まるので，適切な R を決める．

② 歩幅電圧

図 4-2 のように，点 O から大地に電流 I が流れ込むと，I は半球状に広がる．O より距離 x の半球面の電界の強さ E は放射状になり，電流密度を J，大地の抵抗率を ρ とすると，

$$E = \rho J = \frac{\rho I}{2\pi x^2} \quad (4\text{-}13)$$

距離 a の個所の歩幅 w の歩幅電圧 V_w は，

$$V_w = \int_{a+w}^{a} -E\,dx = \frac{\rho I}{2\pi}\left[\frac{1}{x}\right]_{a+w}^{a}$$

$$= \frac{\rho I}{2\pi} \cdot \frac{w}{a(a+w)} \quad (4\text{-}14)$$

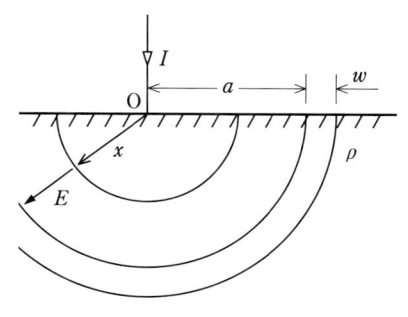

図 4-2 歩幅電圧

演習問題 4.1　短絡電流の計算 1

図のような，33 kV配電線の引出口の遮断器設置点から電源側を見た短絡容量[MV・A]を求めよ．ただし，変圧器の容量及び%リアクタンス値(%X)は，表に示すとおりであり，抵抗分は無視するものとする．また，電源側の短絡容量は，154 kV系統側 10 000[MV・A]，77 kV系統側 3 000[MV・A]とする．

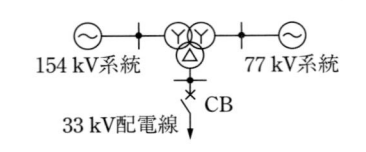

	容量[MV・A]	%X
一次・二次間 X_{12}	100	12.0
二次・三次間 X_{23}	30	4.0
三次・一次間 X_{31}	30	10.0

解答　%X値の基準を100[MV・A]とする．

$\%X_{23} = 4.0 \times \dfrac{100}{30} = 13.33[\%]$, $\%X_{31} = 10.0 \times \dfrac{100}{30} = 33.33[\%]$,

$\%X_{12} = 12.0[\%]$のまま

三巻線変圧器を**解図1**の等価回路に変換する．一次，二次，三次のリアクタンスを，それぞれ，%X_1, %X_2, %X_3とすると，

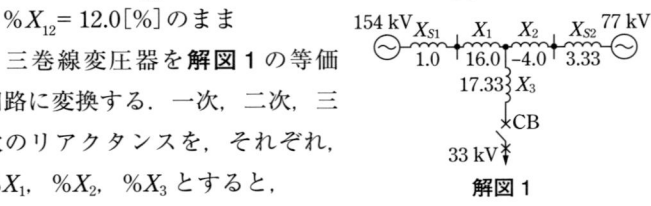

$\%X_1 = \dfrac{\%X_{12} - \%X_{23} + \%X_{31}}{2} = \dfrac{12.0 - 13.33 + 33.33}{2} = 16.0[\%]$

$\%X_2 = \dfrac{\%X_{12} + \%X_{23} - \%X_{31}}{2} = \dfrac{12.0 + 13.33 - 33.33}{2} = -4.0[\%]$

$\%X_3 = \dfrac{-\%X_{12} + \%X_{23} + \%X_{31}}{2} = \dfrac{-12.0 + 13.33 + 33.33}{2} = 17.33[\%]$

一方，電源側の%Xは，短絡容量が与えられているから，154 kV側を%X_{s1}，77 kV側を%X_{s2}とすると，(4-5)式から，

$\%X_{s1} = \dfrac{P_n}{P_{s1}} \times 100 = \dfrac{100}{10\,000} \times 100 = 1.0[\%]$

$\%X_{s2} = \dfrac{P_n}{P_{s2}} \times 100 = \dfrac{100}{3\,000} \times 100 = 3.33[\%]$

ここで，P_{s1}は154 kV系統短絡容量，P_{s2}は77 kV系統短絡容量，P_nは基準容量である．よって，33 kV配電線側から見た%X_0は，

$\%X_0 = \%X_3 + \dfrac{(\%X_{s1} + \%X_1) \times (\%X_{s2} + \%X_2)}{(\%X_{s1} + \%X_1) + (\%X_{s2} + \%X_2)}$

$= 17.33 + \dfrac{(1.0 + 16.0) \times (3.33 - 4.0)}{(1.0 + 16.0) + (3.33 - 4.0)} = 16.63[\%]$

ゆえに，33 kV系統の短絡容量P_{s3}は，

$P_{s3} = \dfrac{100 P_n}{\%X_0} = \dfrac{100 \times 100}{16.63} \fallingdotseq 601[\text{MV}\cdot\text{A}]$　**（答）**

解法のポイント

① 本問のような変圧器を**三巻線変圧器**といい，大規模な変電所でよく使われる．問題では，変圧器のリアクタンスが各巻線間の値で与えられているので，これを各巻線ごとの値に変換する必要がある．

② 三巻線変圧器の等価回路は，**解図2**のように示される．

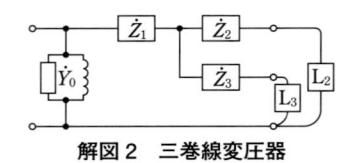

解図2　三巻線変圧器

③ 巻線間のインピーダンスを，一次～二次間$\dot{Z}_{12}$，二次～三次間$\dot{Z}_{23}$，三次～一次間$\dot{Z}_{31}$とすると，

$\dot{Z}_{12} = \dot{Z}_1 + \dot{Z}_2$, $\dot{Z}_{23} = \dot{Z}_2 + \dot{Z}_3$,
$\dot{Z}_{31} = \dot{Z}_3 + \dot{Z}_1$

これを解くと，$\dot{Z}_1, \dot{Z}_2, \dot{Z}_3$を得る．

④ 変圧器の巻線間は磁束によって結合されているので，Δ-Y変換によって各巻線のリアクタンスを求めてはならない．

[注]　%X_2は負の値となるが，物理的に負のリアクタンスの意味があるのではなく，等価回路上のことである．

演習問題 4.2 短絡電流の計算2

図は火力発電所の主回路を示したものであり，各機器の定数は以下のとおりである．この回路の短絡電流に関して，次の問に答えよ．計算に際し，系統は無限大短絡容量とする．また，所内変圧器二次側には所内母線があるが，短絡直後に補機電動機から短絡電流が供給されるが，簡単のために，所内母線は無限大母線として扱う．

- 発電機：500[MV·A]，20[kV]，
  初期過渡リアクタンス $x_d'' = 15$[%]
- 主変圧器：480[MV·A]，20/154[kV]，
  %リアクタンス＝12[%]
- 所内変圧器：70[MV·A]，20/6.9[kV]，
  %リアクタンス＝11[%]

(1) 図中のA，B，Cの各点で三相完全短絡がそれぞれ単独で生じた直後に，図示の各故障点へ流入する対称短絡電流実効値 I_A[kA]，I_B[kA]，I_C[kA]を算出せよ．

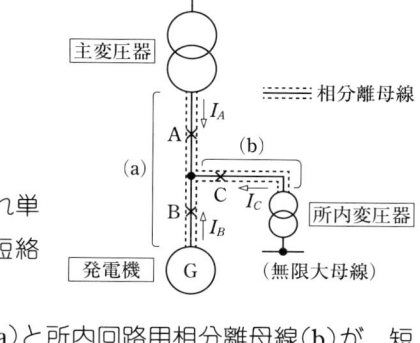

(2) (1)で求めた電流をもとに，主回路用相分離母線(a)と所内回路用相分離母線(b)が，短絡電磁力に耐えるために必要な機械的設計のベースとなる短絡電流強度(非対称短絡電流実効値)[kA]を求めよ．ただし，非対称係数(＝非対称短絡電流実効値/対称短絡電流実効値)は1.6とする．

解答

(1) 基準容量 $P_b = 100$[MV·A]，基準電圧 $V_b = 20$[kV]とすると，基準電流 I_n は，

$$I_n = \frac{P_b}{\sqrt{3}V_b} = \frac{100}{\sqrt{3} \times 20} = \frac{5}{\sqrt{3}}[\text{kA}] \quad \cdots (1)$$

となる．主変圧器，発電機，所内変圧器の各リアクタンスを %X_t，%X_g，%X_m とする．これらを基準容量に換算すると以下のようになり，**解図**のインピーダンスマップが得られる．

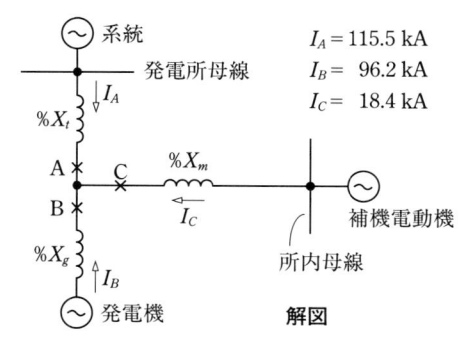

$I_A = 115.5$ kA
$I_B = 96.2$ kA
$I_C = 18.4$ kA

解図

解法のポイント

① 各部のリアクタンスを基準容量に換算し，事故点から見たインピーダンスマップを作成する．

② **無限大母線**では，電源インピーダンスは零である．

③ 作成したインピーダンスマップにより，単独事故の短絡電流を算出する．所内母線を無限大母線としているので，C点の短絡事故も，A，B点と同じ扱いになる．

④ 各短絡点事故で母線に流れる電流を検討し，最大のものをその母線の短絡電流とし，これに非対称係数を掛ける．

$$\%X_t = 12 \times \frac{100}{480} = 2.5[\%], \quad \%X_g = 15 \times \frac{100}{500} = 3[\%]$$

$$\%X_m = 11 \times \frac{100}{70} \fallingdotseq 15.71[\%]$$

これより，I_A [kA]，I_B [kA]，I_C [kA]は，以下のように求まる．

$$I_A = \frac{100 I_n}{\%X_t} = \frac{100}{2.5} \times \frac{5}{\sqrt{3}} \fallingdotseq 115.5[\text{kA}] \quad \text{（答）}$$

$$I_B = \frac{100 I_n}{\%X_g} = \frac{100}{3} \times \frac{5}{\sqrt{3}} \fallingdotseq 96.2[\text{kA}] \quad \text{（答）}$$

$$I_C = \frac{100 I_n}{\%X_m} = \frac{100}{15.71} \times \frac{5}{\sqrt{3}} \fallingdotseq 18.4[\text{kA}] \quad \text{（答）}$$

(2) 主回路用相分離母線(a)での対称短絡電流を検討すると，最大の電流が流れるのは，B点の短絡時で，B点のA点側で，

$I_A + I_C = 115.5 + 18.4 = 133.9[\text{kA}]$

所内回路用相分離母線(b)の場合は，C点の短絡時で，

$I_A + I_B = 115.5 + 96.2 = 211.7[\text{kA}]$

題意から，非対称係数が1.6であるから，各母線の短絡電流強度は以下のようになる．

主回路用相分離母線(a)：$1.6 \times 133.9 \fallingdotseq 214[\text{kA}]$ （答）

所内回路用相分離母線(b)：$1.6 \times 211.7 \fallingdotseq 339[\text{kA}]$ （答）

解 説

非対称係数は第3章「機械・制御科目」の演習問題2.7の解説を参照．なお，出題の1.6はやや過大な数値である．本問の結果から明らかなように，通常の電流が小さい所内母線に大きな短絡電流が流れるので，設計にあたっては注意が必要である．

題意から，所内母線を無限大母線としているが，これは短絡直後に補機電動機が発電機となり，所内変圧器を通して短絡電流を供給するものである．これをモータコントリビューションという．低圧回路の短絡電流を算定する際にも，中，大型電動機が多い場合などではこれを考慮する必要がある．

短絡電流を減少させるために，発電機の出口や母線間などに限流リアクトルが設けられる．常時負荷電流が流れる直列方式と，事故時のみに有効な分離方式がある．

演習問題 4.3　短絡電流の計算 3

図のようなループ送電系統がある．このとき，遮断器Bの至近端のF点で三相短絡が発生した場合，F点に流れ込む短絡電流[A]及びこの場合に遮断器A，Bそれぞれに必要な遮断容量[MV·A]を求めよ．ただし，変電所の母線電圧は22[kV]であり，図示の%はすべてリアクタンスで，22[kV]，100[MV·A]基準の値である．なお，遮断器A，Bは，どちらか一方が先に遮断した場合にも，遮断可能でなければならないものとする．なお，Aの至近端短絡は考えなくてよい．

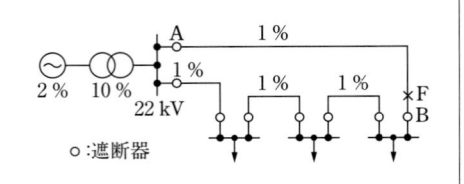

2.4 変電所

解　答

（1）**三相短絡電流 I_F**　単位法により計算を行う．F点三相短絡時の等価回路は，**解図1**である．F点から電源を見たインピーダンス Z_S は，

$$Z_S = 0.02 + 0.1 + \frac{(0.01 \times 3) \times 0.01}{(0.01 \times 3) + 0.01} = 0.127\,5\,[\text{pu}]$$

よって，F点の短絡電流 I_F は，基準電流 $I_B = 1.0\,[\text{pu}]$ として，

$$I_F = \frac{I_B\,[\text{pu}]}{Z_S\,[\text{pu}]} = \frac{1.0}{0.127\,5} \fallingdotseq 7.843\,[\text{pu}]$$

ここで $I_B[\text{A}]$ は，基準容量 $P_B = 100\,[\text{MV·A}]$，基準電圧 $V_B = 22\,[\text{kV}]$ であるから，

$$I_B = \frac{P_B \times 10^6}{\sqrt{3}\,V_B \times 10^3} = \frac{100 \times 10^6}{\sqrt{3} \times 22 \times 10^3} \fallingdotseq 2\,624\,[\text{A}]$$

$$\therefore\ I_F = 2\,624 \times 7.843 \fallingdotseq 20\,580\,[\text{A}]\quad \text{（答）}$$

（2）**遮断器A, Bの必要遮断容量 P_{SA}, P_{SB}**　遮断器A, Bの遮断前に各遮断器を通過する短絡電流 $I_A, I_B\,[\text{pu}]$ は，解図1から，

$$I_A = \frac{0.01 \times 3}{0.01 + (0.01 \times 3)} I_F = \frac{3}{4} \times 7.843 = 5.882\,[\text{pu}]$$

$$\therefore\ I_B = I_F - I_A = 7.843 - 5.882 = 1.961\,[\text{pu}]$$

次に，遮断器BがAより先行遮断時のAの短絡電流 I_A' は，**解図2**から，

$$I_A' = \frac{1.0}{0.02 + 0.1 + 0.01} \fallingdotseq 7.692\,[\text{pu}] > I_A$$

また，遮断器AがBより先行遮断時のBの短絡電流 I_B' は，**解図3**から，

$$I_B' = \frac{1.0}{0.02 + 0.1 + (0.01 \times 3)} \fallingdotseq 6.667\,[\text{pu}] > I_B$$

よって，P_{SA}, P_{SB} は，それぞれ I_A' 及び I_B' によらなければならない．よって，

$$P_{SA} = I_A' \cdot P_B = 7.692 \times 100 \fallingdotseq 770\,[\text{MV·A}]\quad \text{（答）}$$
$$P_{SB} = I_B' \cdot P_B = 6.667 \times 100 \fallingdotseq 667\,[\text{MV·A}]\quad \text{（答）}$$

解法のポイント

① 本問の等価回路は，解図1のようになる．

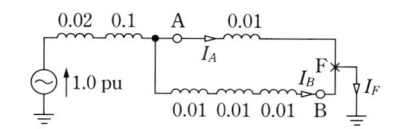

解図1　F点短絡時の等価回路

② A, B各遮断器の遮断容量では，それぞれ，単独で短絡電流を遮断する場合を考える．

③ 遮断器Bの先行遮断時は，解図2になる．

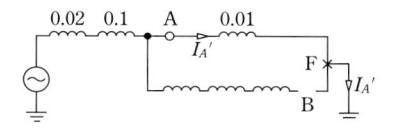

解図2　遮断器Bの先行遮断時

④ 遮断器Aの先行遮断時は，解図3になる．

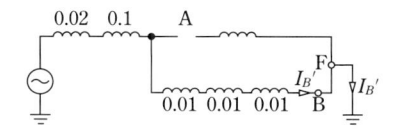

解図3　遮断器Aの先行遮断時

[注]　本問解答の遮断器Aの遮断容量選定は，あくまでもF点三相短絡の場合であり，実際にはA点至近短絡で，Aから電源側のインピーダンスのみの場合を考えなければならない．この場合，

$$P_{SA} = \frac{100}{0.02 + 0.1} \fallingdotseq 833\,[\text{MV·A}]$$

となり，実際にはこの数値を満足する遮断器を選定することになる．

演習問題 4.4　短絡電流の計算 4

図のような送電系統において，A発電所のS点で三相短絡事故が生じた場合，C変電所の母線電圧は，短絡前の母線電圧の何[%]になるか．ただし，送電系統のインピーダンスはリアクタンス分のみとし，次の定数以外は無視するものとする．

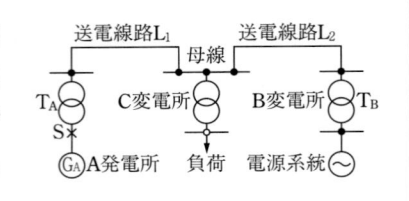

A発電所：いずれも定格容量200[MV·A]．発電機G_Aの%Z_{GA}=30[%]，変圧器T_Aの%Z_{TA}=10[%]．電源系統：短絡容量6250[MV·A]．B変電所：変圧器T_Bの定格容量900[MV·A]，%Z_{TB}=13.5[%]．送電線路：いずれも10[MV·A]基準，L_1は%Z_{L1}=0.05[%]，L_2は%Z_{L2}=0.4[%]

解　答

各部のインピーダンスを10[MV·A]基準とすると，

$$\%Z_{GA} = 30 \times \frac{10}{200} = 1.5[\%], \quad \%Z_{TA} = 10 \times \frac{10}{200} = 0.5[\%]$$

電源系統の%Z_Bは，短絡容量をP_sとすると(4-5)式から，

$$\%Z_B = \frac{100P_n}{P_s} = \frac{100 \times 10}{6250} = 0.16[\%]$$

$$\%Z_{TB} = 13.5 \times \frac{10}{900} = 0.15[\%], \quad \%Z_{L1} = 0.05[\%]$$

$$\%Z_{L2} = 0.4[\%]$$

S点短絡時には，S点の電圧は零となり，電源電圧は100[%]である．途中の各点は，%Zにより按分された電圧になる．よって，**解図1**のような電圧分布図が得られる．

これより，C変電所の母線電圧%V_Cは，

$$\%V_C = \frac{\%Z_{TA}+\%Z_{L1}}{\%Z_{TA}+\%Z_{L1}+\%Z_{L2}+\%Z_{TB}+\%Z_B} \times 100$$

$$= \frac{0.5+0.05}{0.5+0.05+0.4+0.15+0.16} \times 100 \fallingdotseq 43.65[\%] \quad \text{（答）}$$

[注]　%Z_{GA}は，解答には関係しなかった．

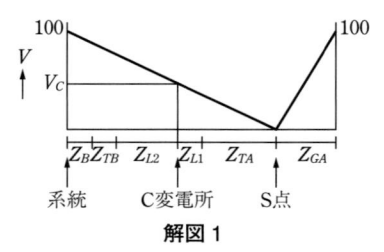

解図1

解法のポイント

① **解図2**に，本問のインピーダンスマップを示す．

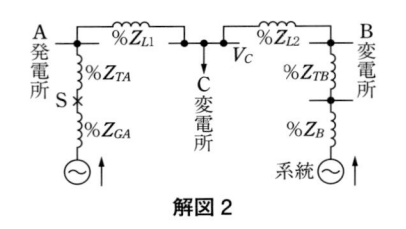

解図2

② S点は電圧が零，電源は100[%]と考える．

解　説

短絡事故では大電流が流れるが，同時に短絡点をはじめとして，関連箇所の電圧が低下することも忘れてはならない．本問はこれに関連した出題である．通常，変電所の母線には電圧継電器を設けて，電圧低下を検出して母線の短絡保護を行っている．また，この電圧継電器は，各回線の過電流保護の後備の役目も果している．

2.4 変電所

演習問題 4.5 調相設備の計算1

変電所から高圧三相3線式の専用配電線で受電している工場がある．配電線1線当たりの抵抗及びリアクタンスはそれぞれ$1[\Omega]$及び$2[\Omega]$，工場の負荷は$2\,400[kW]$，力率0.8（遅れ），工場の受電室における電圧は$6\,000[V]$である．受電室における電圧を$6\,300[V]$に改善する目的で，受電室に電力用コンデンサを設置したい．必要なコンデンサの容量$[kvar]$はいくらか．ただし，送電端電圧及び工場の負荷は一定とする．

解答

コンデンサ$Q_c[kvar]$設置前の線路電流Iは，負荷電力を$P[kW]$，受電端電圧を$V_r[V]$，力率を$\cos\theta$として，

$$I = \frac{P \times 10^3}{\sqrt{3}V_r\cos\theta} = \frac{2\,400 \times 10^3}{\sqrt{3} \times 6\,000 \times 0.8} = \frac{500}{\sqrt{3}}[A]$$

配電線の電圧降下vは，配電線の抵抗をR，リアクタンスをXとすると，$v \fallingdotseq \sqrt{3}I(R\cos\theta + X\sin\theta)$なので，送電端電圧$V_s$は，

$$V_s \fallingdotseq V_r + \sqrt{3}I(R\cos\theta + X\sin\theta)$$
$$= 6\,000 + \sqrt{3} \times (500/\sqrt{3}) \times (1 \times 0.8 + 2 \times \sqrt{1-0.8^2}) = 7\,000[V]$$

次に，Q_cの設置により，負荷力率が$\cos\varphi$に改善された場合，配電線の電圧降下v'は，設置後の線路電流をI'とすると，

$$v' \fallingdotseq \sqrt{3}I'(R\cos\varphi + X\sin\varphi)$$
$$= \sqrt{3}I'(R\cos\varphi + X\sin\varphi) \times \frac{V_r'}{V_r'} = \frac{PR + QX}{V_r'}[V] \cdots (1)$$

(1)式で，V_r'はQ_c設置後の受電端電圧，$P = \sqrt{3}V_r'I\cos\varphi$は負荷電力，$Q = \sqrt{3}V_r'I\sin\varphi$は所要無効電力である．

題意から，$v' = V_s - V_r' = 7\,000 - 6\,300 = 700[V]$なので，(1)式に数値を代入して，

$$700 = \frac{2\,400 \times 10^3 \times 1 + Q \times 2}{6\,300}$$

$$\therefore Q = 1\,005 \times 10^3[var] = 1\,005[kvar]$$

ここで，負荷の無効電力Q_rは，

$$Q_r = P\tan\theta = 2\,400 \times \frac{\sqrt{1-0.8^2}}{0.8} = 1\,800[kvar]$$

以上から，求めるコンデンサ容量Q_cは，

$$Q_c = Q_r - Q = 1\,800 - 1\,005 = 795[kvar] \quad \textbf{(答)}$$

解法のポイント

① 本問を図示すると，**解図**のようになる．

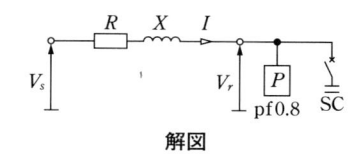

解図

② 電圧降下$v = V_s - V_r$は，
$$v \fallingdotseq \sqrt{3}I(R\cos\theta + X\sin\theta)$$
を使い，これよりV_sの値を求める．

③ V_sが求まると，逆に改善すべきv'の値$(V_s - 6\,300)$が出る．

④ 解法としては，下記がある．
a. 電圧降下式をP, Qで表してQを求める（解答の方法）．
b. 電圧降下式に$I' = P/\sqrt{3}V_r'\cos\varphi$を代入して，$\tan\varphi$を求める．$Q$は，$Q = P\tan\varphi$で求まる．

第2章 電力・管理科目

演習問題 4.6　調相設備の計算2

図のような $P=80\,[\text{MW}]$（遅れ力率 0.8）の負荷が接続された変電所において，変圧器の二次側にコンデンサ $20\,[\text{Mvar}]$ を設置した場合及び設置しなかった場合の二次母線電圧を求めよ．ただし，一次母線電圧は $150\,[\text{kV}]$，変圧器の諸元は次のとおりとする．

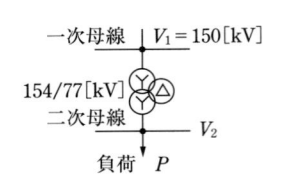

容量：一次 $T_1=100\,[\text{MV}\cdot\text{A}]$，二次 $T_2=100\,[\text{MV}\cdot\text{A}]$，三次 $T_3=30\,[\text{MV}\cdot\text{A}]$

%インピーダンス：$X_{12}=16\,[\%]$（$100\,[\text{MV}\cdot\text{A}]$ ベース），$X_{31}=8\,[\%]$（$100\,[\text{MV}\cdot\text{A}]$ ベース），

$X_{23}=2\,[\%]$（$30\,[\text{MV}\cdot\text{A}]$ ベース）

使用タップ：一次側 $154\,[\text{kV}]$，二次側 $77\,[\text{kV}]$

解答

各部の基準値を容量 $P_n=100\,[\text{MV}\cdot\text{A}]$，一次電圧 $V_{1n}=154\,[\text{kV}]$，二次電圧 $V_{2n}=77\,[\text{kV}]$ にとる．よって，有効電力 P 及び一次電圧 V_1 は，単位法で次のように表される．

$$P=\frac{P}{P_n}=\frac{80}{100}=0.8\,[\text{pu}],\quad V_1=\frac{V_1}{V_{1n}}=\frac{150}{154}=0.974\,[\text{pu}]$$

また，変圧器のリアクタンスは，一次〜二次間の電圧降下に着目しているので，一次〜二次間の X_{12} を採用すればよい．

$X_{12}=0.16\,[\text{pu}]$（∵ $P_n=100\,[\text{MV}\cdot\text{A}]$）

(1) コンデンサを設置しない場合 負荷の無効電力 Q_L は，

$$Q_L=\frac{P}{\cos\theta}\times\sqrt{1-\cos^2\theta}=\frac{80}{0.8}\times\sqrt{1-0.8^2}$$

$$=60\,[\text{Mvar}]=0.6\,[\text{pu}]$$

線路インピーダンスは X のみなので，(4-9)式から，

$$P^2+\left(Q_L+\frac{V_2^2}{X}\right)^2=\left(\frac{V_1V_2}{X}\right)^2\quad\cdots\,(1)$$

$$\therefore\,0.8^2+\left(0.6+\frac{V_2^2}{0.16}\right)^2=\left(\frac{0.974V_2}{0.16}\right)^2$$

$0.64+0.36+7.5V_2^2+39.06V_2^4=37.06V_2^2$

$V_2^4-0.7568V_2^2+0.0256=0$

$$V_2=\sqrt{\frac{0.7568\pm\sqrt{0.7568^2-4\times0.0256}}{2}}\fallingdotseq\sqrt{\frac{0.7568\pm0.6858}{2}}$$

$\fallingdotseq 0.8493\,[\text{pu}]$（$0.1884\,[\text{pu}]$ は不適）

$\therefore\,V_2=0.8493\times77\fallingdotseq 65.40\,[\text{kV}]$　**（答）**

解法のポイント

① 本問は，有効電力 P が存在するので，(4-7)式の略算式で解くと誤差が大きくなる．負荷の有効電力による電圧降下が無視できないためである．

② (4-9)式により解くのが正攻法である．計算は単位法で解くのがよい．

③ リアクタンス X は，変圧器一次〜二次間の値を採用する．ほかの値は直接関係しない．

別解　略算式の(4-7)式で解くと，

① コンデンサ非設置時

$V_2\fallingdotseq V_1-X_{12}\cdot Q_L$

$=0.974-0.16\times 0.6$

$=0.878\,[\text{pu}]$

$=77\times 0.878=67.61\,[\text{kV}]$

約 $3.38\,[\%]$ の誤差

② コンデンサ設置時

$V_2\fallingdotseq V_1-X_{12}\cdot Q$

$=0.974-0.16\times 0.4$

$=0.91\,[\text{pu}]$

$=77\times 0.91=70.07\,[\text{kV}]$

約 $2.07\,[\%]$ の誤差

(2) コンデンサを設置した場合　進相容量 $Q_c = 20\,[\text{Mvar}] = 0.2\,[\text{pu}]$ を設置するから，

全体の無効電力 $Q = Q_L - Q_c = 60 - 20 = 40\,[\text{Mvar}] = 0.4\,[\text{pu}]$

これを前記の(1)式で $Q_L = Q$ とすると，

$$0.8^2 + \left(0.4 + \frac{V_2^2}{0.16}\right)^2 = \left(\frac{0.974 V_2}{0.16}\right)^2$$

$$0.64 + 0.16 + 5V_2^2 + 39.06 V_2^4 = 37.06 V_2^2$$

$$V_2^4 - 0.820\,8 V_2^2 + 0.020\,5 = 0$$

$$V_2 = \sqrt{\frac{0.820\,8 \pm \sqrt{0.820\,8^2 - 4 \times 0.020\,5}}{2}} = \sqrt{\frac{0.820\,8 \pm 0.769\,2}{2}}$$

$\quad \fallingdotseq 0.891\,6\,[\text{pu}]\,(0.160\,54\,[\text{pu}]\text{は不適})$

$\therefore V_2 = 0.891\,6 \times 77 \fallingdotseq 68.65\,[\text{kV}]\,(3\,250\,[\text{V}]\text{上昇する})$　　**（答）**

略算式で解いても必ずしも間違いとはいえないが，その場合には答案にその旨を明記する必要がある．

[注]　解答の(1)式は，送電線の電力円線図の式である．通常 $V_1 = V_s$，$V_2 = V_r$ とする．第2項の(　)内の V_r^2/X は，線路での無効電力損失を意味している．簡単な式だが，応用範囲は非常に広い．

演習問題　4.7　変圧器の温度上昇

三相 $200\,[\text{MV·A}]$，$154/66\,[\text{kV}]$，$\%Z = 12\,[\%]$ の変圧器がある．等価負荷法により全損失を与えるために，二次側($66\,[\text{kV}]$)に加える電圧はいくらか．ただし，変圧器の無負荷損 $P_i = 110\,[\text{kW}]$，定格での負荷損 $P_{c0} = 680\,[\text{kW}]$ とする．また，この試験を $6\,600\,[\text{V}]$ の電圧で行うときに，放熱器の使用本数は何本か．ただし，放熱器の総本数は20本，変圧器本体の冷却面積は全放熱器の $10\,[\%]$ とする．

解　答

全損失は，$P_i + P_{c0} = 110 + 680 = 790\,[\text{kW}]$ となる．二次定格電圧を V_2，供試電圧を V_t とすると，(4-10)式から，

$$V_t = V_2 \times \frac{\%Z}{100} \times \sqrt{\frac{790}{680}} \fallingdotseq 66 \times \frac{12}{100} \times 1.078 \fallingdotseq 8.54\,[\text{kV}]$$　　**（答）**

次に，供試電圧 $V_t' = 6.6\,[\text{kV}]$ で与えられる負荷損 P_c' は，

$$P_c' = P_{c0} \times \left(\frac{6.6}{66 \times 0.12}\right)^2 = 680 \times \left(\frac{6.6}{7.92}\right)^2 \fallingdotseq 472\,[\text{kW}]$$

冷却面積当たりの損失を定格時と同じにすると，温度上昇条件は等価とみなせる．また，題意から変圧器本体の冷却面積は，放熱器2本分に相当する．よって，使用本数を x とすると，

$$\frac{472}{x+2} = \frac{790}{20+2} \quad \therefore x = \frac{22 \times 472}{790} - 2 \fallingdotseq 11.1 \fallingdotseq 11\,[\text{本}]$$　　**（答）**

解法のポイント

放熱条件を定格時と試験時と同じにすることを考える．

解　説　等価負荷法の注意点

① 供給損失は，全損失の $50\,[\%]$ 以上あることが望ましい．

② 放熱器を調整しないときは，実測上昇値 θ' から次式で補正値 θ を求める．α は油入式 0.8，乾式 1.0 である．

$$\theta = \theta' \times \left(\frac{\text{全損失}}{\text{供試損失}}\right)^\alpha\,[\text{℃}]$$

演習問題 4.8　調相設備の計算 3

77 kV 三相 2 回線送電線により，電力 41[MW]，力率 0.85 遅れの負荷に電力を供給しており，受電端電圧は 76[kV] であった．送電線 1 回線のインピーダンスを $2+j8.7[\Omega]$ とし，電流は均等に両回線に流れるものとして，次の問に答えよ．なお，電圧降下の計算は近似式で行ってよい．

(1) この場合の送電端電圧 [kV] を求めよ．ただし，受電端には調相設備はないものとする．

(2) 受電端にさらに，電力 8[MW]，力率 1 の負荷を増設する場合，受電端電圧を(1)と同じ値に保つために設置すべき電力用コンデンサの容量 [Mvar] を求めよ．ただし，送電端電圧は(1)と変わらないものとする．

解　答

(1) 負荷の無効電力 Q[Mvar] は，有効電力を P[MW] とすると，力率が 0.85 であるから，

$$Q = \frac{P}{0.85} \times \sqrt{1-0.85^2} = \frac{41}{0.85} \times \sqrt{1-0.85^2} \fallingdotseq 25.41 [\text{Mvar}]$$

P[MW]，Q[Mvar]，送電端電圧 V_s[kV]，受電端電圧 V_r[kV]，線路インピーダンス $R+jX[\Omega]$ により，(4-7)式から，次式でこれらの関係を示せる．

$$V_r(V_s - V_r) = PR + QX \quad \cdots \quad (1)$$

よって，V_s は(1)式に，題意の数値を代入して求める．ここで，線路インピーダンスは，送電線が 2 回線で均等であるから，1 回線の半分となり，$R+jX = 1+j4.35[\Omega]$ である．

$$V_s = V_r + \frac{PR+QX}{V_r} = 76 + \frac{41 \times 1 + 25.41 \times 4.35}{76}$$

$$\fallingdotseq 77.99 \to 78.0 [\text{kV}] \quad \text{（答）}$$

(2) 有効電力は，$P' = 41 + 8 = 49$[MW] に増加する．よって，V_s 及び V_r を変化させない場合の無効電力 Q' は，(1)式から，

$$Q' = \frac{V_r(V_s-V_r) - P'R}{X} = \frac{76 \times (77.99-76) - 49 \times 1}{4.35} \fallingdotseq 23.5 [\text{Mvar}]$$

以下としなければならない．負荷増加後も負荷の無効電力は Q のまま変わらないから，必要な電力用コンデンサの容量 Q_c は，

$$Q_c = Q - Q' = 25.41 - 23.5 \fallingdotseq 1.91 [\text{Mvar}] \quad \text{（答）}$$

解法のポイント

① 電圧降下の近似式から，有効電力 P，無効電力 Q で電圧降下を表す．これにより送電端電圧 V_s を求める．

② ①で求めた式を用いて，負荷電力増加後の無効電力を求める．

③ ②の値から必要なコンデンサ容量を求めるが，負荷の無効電力は変化しないことに注意する．

コラム　静止形無効電力補償装置

SVC（Static Var Compensator）ともいい，電力用半導体のスイッチング動作により，コンデンサやリアクトルに流れる電流を調整して，無効電力を連続的に制御するものであり，電圧変動抑制や安定度向上に有効である．SVC には受動的 SVC と能動的 SVC がある．後者は SVG ともいい，高速制御性があり電圧維持能力も高い．

演習問題 4.9 変電所の電圧調整

図1はモデル化した電力系統であり,電源1と電源2の電圧は,それぞれ一定であるとする.変圧器二次側(変電所母線側)タップ電圧の微小調整量を Δn,電力用コンデンサからの無効電力の微小調整量を Δq とすると,これらの調整による変電所電圧の微小変化量 ΔV は単位法で,

$$\Delta V \fallingdotseq A_n \cdot \Delta n + A_q \cdot \Delta q$$

と表すことができる.この A_n, A_q を次の手順により示せ.

なお,モデル系統における以下の計算では,リアクタンス x を通る無効電力の潮流が ΔQ 変化したときの変電所の電圧変化 ΔV は,近似的に単位法で示すと, $\Delta V \fallingdotseq x \cdot Q$ で表されるものとする.

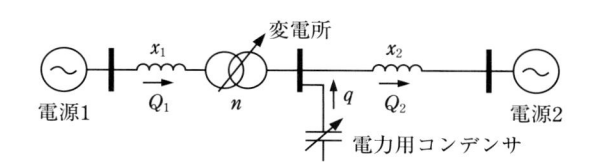

Q_1, Q_2: x_1, x_2 にそれぞれ流れる無効電力
n: 変圧器二次側(変電所母線側)タップ電圧
q: 電力用コンデンサからの無効電力
x_1: 電源1から変電所までのリアクタンス
x_2: 変電所から電源2までのリアクタンス

図1

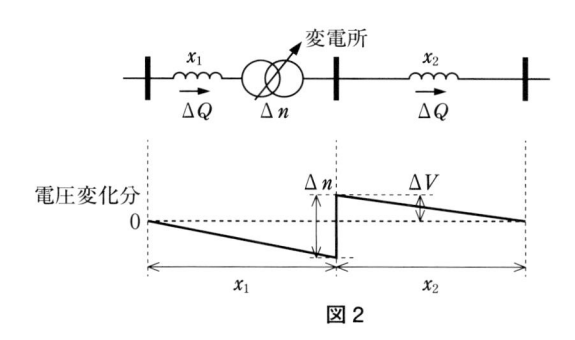

(1) 変圧器のタップのみを調整する場合($\therefore \Delta q = 0$),タップ電圧を Δn 調整したときの電圧変化の分布は図2のようになる.変圧器のタップ調整に伴い線路の無効電力潮流は ΔQ 変化するものとした場合,係数 A_n を x_1 及び x_2 で表せ.

図2

(2) 電力用コンデンサのみを調整する場合($\therefore \Delta n = 0$),コンデンサからの無効電力を Δq 調整したときの電圧変化の分布は図3のようになる.線路の無効電力潮流は, Δq が線路のリアクタンスの逆比で分流した分だけそれぞれ変化するものとした場合,係数 A_q を x_1 及び x_2 で表せ.

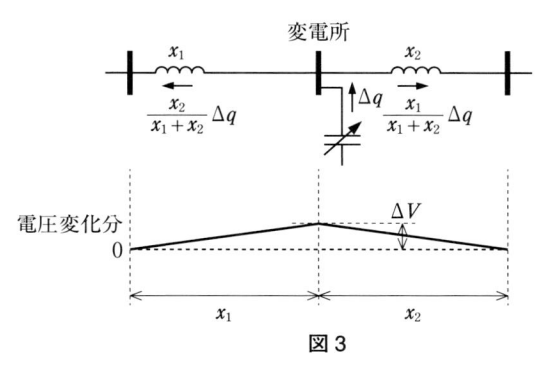

図3

解答

(1) 電圧の微小変化量 ΔV は，題意の式から $\Delta q=0$ なので，次式である．

$$\Delta V = A_n \cdot \Delta n \quad \cdots (1)$$

また，題意の式で，$\Delta V = x \cdot Q$ であるから，変圧器二次側の電圧変化 ΔV（x_2 が対象）並びに変圧器一次側の電圧変化 $\Delta n - \Delta V$（x_1 が対象）は，次式で示せる．

$$\Delta V = x_2 \cdot \Delta Q \quad \cdots (2)$$

$$\Delta n - \Delta V = x_1 \cdot \Delta Q \quad \cdots (3)$$

(2)，(3)式から ΔQ を消去すると，

$$\frac{\Delta V}{x_2} = \frac{\Delta n - \Delta V}{x_1}$$

$$\therefore \Delta V = \frac{x_2}{x_1 + x_2} \Delta n$$

となる．よって，A_n は(1)式から，

$$A_n = \frac{\Delta V}{\Delta n} = \frac{x_2}{x_1 + x_2} \quad \text{（答）}$$

(2) 電圧の微小変化量 ΔV は，題意の式から，$\Delta n=0$ なので次式である．

$$\Delta V = A_q \cdot \Delta q \quad \cdots (4)$$

題意から，コンデンサからの Δq は x の逆比で配分されるから，変圧器二次側の ΔQ は，

$$\Delta Q = \frac{x_1}{x_1 + x_2} \Delta q$$

となる．よって，これによる電圧変化 ΔV は，

$$\Delta V = x_2 \cdot \Delta Q = \frac{x_1 x_2}{x_1 + x_2} \Delta q$$

となる．よって，A_q は(4)式から，

$$A_q = \frac{\Delta V}{\Delta q} = \frac{x_1 x_2}{x_1 + x_2} \quad \text{（答）}$$

解法のポイント

① 係数の求め方は，ほとんど問題文及び図の中に示されている．これをよく読んで答えればよい．特に題意の式に着目する．

② 問(1)ではコンデンサの影響がないので $\Delta q=0$ で，A_n が求められる．

③ 問(2)では変圧器の影響がないので $\Delta n=0$ となり，A_q が求められる．

解説

本問は変電所での電圧調整についての基本的な手法を示している．高位の電圧系統では，一般にリアクタンス x 及び抵抗 r は，$x \gg r$ であるので，題意の式のように，$\Delta V \fallingdotseq x \cdot Q$ で電圧変化を示せる．電圧調整は，変圧器のタップ調整と調相設備による無効電力の発生により可能であるが，変圧器の場合に注意しなければならないのは，問図2からも明らかなように，タップ電圧の調整幅 Δn は，変圧器の一次側と二次側の両方の和である．よって，一次側の電圧は，$\Delta n - \Delta V$ だけ下がることになる．したがって，配電用変電所や柱上変圧器のように，$x_2 \gg x_1$ とみなせる場合には，変圧器二次側の電圧変化として，$\Delta n \fallingdotseq \Delta V$ としてよいが，高位電圧の変電所ではそうはならない．変圧器のタップ調整は，低位の電圧系統ほど有効である．

コラム　負荷時タップ切換変圧器

　負荷電流の通電時にタップの切換えができるので，系統の電圧調整の上で欠かすことができない．タップ数は通常10〜20程度である．結線方式は，直接式と直列変圧器を介する間接式がある．直接式は大容量に，間接式は中容量以下に用いる．切換え時の限流方式は，リアクトルを用いることが多い．

2.4 変電所

演習問題 4.10　変圧器の並行運転 1

三相回路において 2 台の変圧器 A 及び B を並行運転するものとして，次の問に答えよ．

(1) 一次電圧を $\dot{V}_1$，2 台の巻数比(一次側巻数/二次側巻数)をそれぞれ n_a, n_b，短絡インピーダンス(二次側換算値)をそれぞれ $\dot{Z}_a$, $\dot{Z}_b$，二次側合計負荷電流を $\dot{I}_L$ とした場合，各変圧器の二次側を流れる電流 $\dot{I}_a$, $\dot{I}_b$ の式を求めよ．ただし，短絡インピーダンスの抵抗分は無視できるものとする．

(2) 上記の(1)で求めた結果に基づき，各変圧器がその容量に比例した電流を分担するための条件と両変圧器に循環電流が流れないための条件をそれぞれ説明せよ．

解　答

(1) 並行運転時の二次側の等価回路を示すと，**解図**のようになり，これより次式が成り立つ．

$$\frac{\dot{V}_1}{n_a} - \dot{Z}_a \dot{I}_a = \frac{\dot{V}_1}{n_b} - \dot{Z}_b \dot{I}_b \quad \cdots (1), \quad \dot{I}_L = \dot{I}_a + \dot{I}_b \quad \cdots (2)$$

(1), (2)式を解くと，$\dot{I}_a$, $\dot{I}_b$ が以下のように求まる．

$$\dot{I}_a = \frac{\dot{Z}_b}{\dot{Z}_a + \dot{Z}_b} \dot{I}_L + \frac{(\dot{V}_1/n_a) - (\dot{V}_1/n_b)}{\dot{Z}_a + \dot{Z}_b} \quad \cdots (3) \quad \textbf{(答)}$$

$$\dot{I}_b = \frac{\dot{Z}_a}{\dot{Z}_a + \dot{Z}_b} \dot{I}_L - \frac{(\dot{V}_1/n_a) - (\dot{V}_1/n_b)}{\dot{Z}_a + \dot{Z}_b} \quad \cdots (4) \quad \textbf{(答)}$$

(2) (3), (4)式の第 1 項はインピーダンスの逆比による負荷電流の分担を示し，第 2 項は巻数比の差により生じる起電力の差が原因の循環電流を示す．よって，容量に比例した電流を各変圧器が分担するためには，その前提として循環電流が流れないことが条件になる．循環電流が流れないためには，両変圧器の巻数比が等しければよい．すなわち，$n_a = n_b$　**(答)**

変圧器の $\%Z_a$, $\%Z_b$ は，容量を P_a, P_b，電圧を V_1 とすると，

$$\%Z_a = \frac{100 Z_a P_a}{V_1^2}, \quad \%Z_b = \frac{100 Z_b P_b}{V_1^2} \quad \cdots (5)$$

$$\therefore Z_a = \frac{\%Z_a V_1^2}{100 P_a}, \quad Z_b = \frac{\%Z_b V_1^2}{100 P_b} \quad \cdots (6)$$

(3), (4)式(第 2 項 = 0)の比をとり，(6)式を代入すると，

$$\frac{I_a}{I_b} = \frac{Z_b}{Z_a} = \frac{P_a}{P_b} \cdot \frac{\%Z_b}{\%Z_a} \quad \cdots (7)$$

各変圧器が容量に比例した電流を分担するためには，(7)式から，両変圧器の $\%Z$ が等しければよい．

すなわち，$\%Z_a = \%Z_b$　**(答)**

解法のポイント

① 変圧器二次側の等価回路を描く．各変圧器は，起電力 V_1/n（巻数比 n）とインピーダンス Z の直列で表される．これが 2 台分で並列になり，負荷に電流を供給する．

② 等価回路から電圧及び電流の式を導き，この連立方程式から各変圧器の電流を出す．

③ 循環電流は，変圧器の起電力の差があるときに生じることに注意．

④ 分担電流を変圧器の容量で表すには，$\%Z$ を用いる．

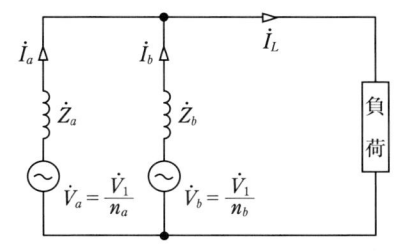

解図　並行運転時二次側等価回路

演習問題 4.11　変圧器の並行運転2

表の定格を持つA, B 2台の三相変圧器を，単独または並行運転している．45[MV·A]以下の負荷に対して，どのような運転方法が経済的であるか．

ただし，両変圧器の一次電圧，二次電圧，結線及び変圧器の抵抗とリアクタンスの比は等しく，並行運転は可能であるとする．

	容量 [MV·A]	%Z [%]	鉄損 [kW]	銅損 [kW]
A	30	6	50	200
B	20	5	30	160

（銅損は全負荷時の値）

解答

変圧器A, Bの並行運転，変圧器Aの単独運転，変圧器Bの単独運転の損失を，それぞれ L_{AB}[kW]，L_A[kW]，L_B[kW]とし，負荷の大きさを P[MV·A]とする．損失は鉄損と銅損の和であるから，

$$L_A = 50 + \left(\frac{P}{30}\right)^2 \times 200 ≒ 50 + 0.2222P^2 \quad \cdots (1)$$

$$L_B = 30 + \left(\frac{P}{20}\right)^2 \times 160 = 30 + 0.4P^2 \quad \cdots (2)$$

また，A変圧器の%インピーダンスを20[MV·A]基準に換算し，これを%Z_A' とすると，

$$\%Z_A' = 6 \times \frac{20}{30} = 4[\%]$$

並行運転中のA変圧器とB変圧器の負荷分担を，それぞれ P_A[MV·A]，P_B[MV·A]とすると，

$$P_A = \frac{\%Z_B}{\%Z_A' + \%Z_B}P = \frac{5}{4+5}P = \frac{5}{9}P$$

$$P_B = \frac{\%Z_A'}{\%Z_A' + \%Z_B}P = \frac{5}{4+5}P = \frac{4}{9}P$$

$$L_{AB} = 50 + \left(\frac{P_A}{30}\right)^2 \times 200 + 30 + \left(\frac{P_B}{20}\right)^2 \times 160$$

$$≒ 80 + 0.1476P^2 \quad \cdots (3)$$

$P=0$（無負荷）では，$L_A=50$，$L_B=30$，$L_{AB}=80$ でBの単独運転が最小の損失である．負荷が徐々に増加し，変圧器を切り替える条件は，(1)式＝(2)式のときである（B→Aの切替え）．

$$\therefore 50 + 0.2222P^2 = 30 + 0.4P^2 \quad \therefore P ≒ 10.6 [\text{MV·A}] \quad \textbf{(答)}$$

次の切替え点は，(1)式＝(3)式のときである（A→並行運転）．

$$\therefore 50 + 0.2222P^2 = 80 + 0.1476P^2 \quad \therefore P ≒ 20.1 [\text{MV·A}] \quad \textbf{(答)}$$

解法のポイント

① 並行運転時，単独運転時の損失の大小が運転切替えの条件となる．単独運転では，変圧器A, Bのいずれを選択するのかも考えなければならない．

② 変圧器のA運転，B運転，並行運転のそれぞれについて，負荷と損失の関係式を導く．

③ 本問では，変圧器の%Zが異なるので，並行運転時は%Zの逆比により負荷分担が定まる．

解説

本問の解答を図示すると，**解図**のようになる．

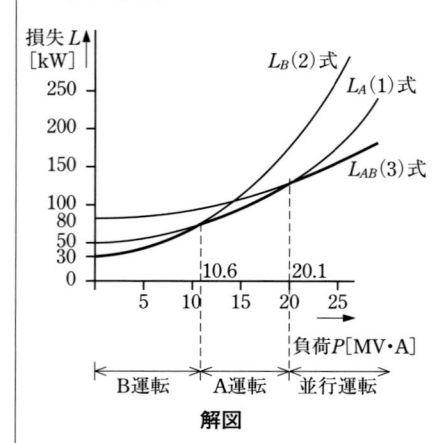

解図

演習問題 4.12 変圧器の全日効率

定格容量300[kV·A],無負荷損0.9[kW],定格運転時の負荷損4.8[kW]の三相油入変圧器がある.この変圧器の1日における負荷の電力と力率が図のように変動するとき,次の問に答えよ(端数がある答の有効数字は4桁とする).ただし,負荷は三相平衡負荷で力率はいずれも遅れとし,電圧は常に一定とする.

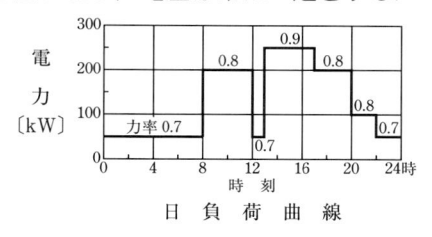

日負荷曲線

積算時間 [h]	電力 [kW]	力率	電力量 [kW·h]	負荷損 電力量 [kW·h]
4	250	0.9	(A)	(E)
7	200	0.8	(B)	(F)
2	100	0.8	(C)	(G)
11	50	0.7	(D)	(H)

(1) 表は,この変圧器の全日効率を計算する過程で作成したものである.表中の(A)から(H)までの記号を付した空欄の値を計算せよ.
(2) 上記(1)の結果を用いて,この変圧器の全日効率[%]を求めよ.

解 答

(1) 表の計算(A)〜(H)は,以下のとおりである.

a. 負荷電力量:負荷電力[kW]×積算時間[h]で計算する.

$$(A) = 250 \times 4 = 1\,000 \text{[kW·h]}$$
$$(B) = 200 \times 7 = 1\,400 \text{[kW·h]}$$
$$(C) = 100 \times 2 = 200 \text{[kW·h]}$$
$$(D) = 50 \times 11 = 550 \text{[kW·h]}$$
(答)

よって,1日の合計負荷電力量 $W_L = 3\,150$ [kW·h]である.

b. 負荷損電力量:定格負荷損[kW]×(負荷容量[kV·A]/定格容量[kV·A])² ×積算時間[h]で計算する.

$$(E) = 4.8 \times \left(\frac{250/0.9}{300}\right)^2 \times 4 \fallingdotseq 16.46 \text{[kW·h]}$$
$$(F) = 4.8 \times \left(\frac{200/0.8}{300}\right)^2 \times 7 \fallingdotseq 23.33 \text{[kW·h]}$$
$$(G) = 4.8 \times \left(\frac{100/0.8}{300}\right)^2 \times 2 \fallingdotseq 1.667 \text{[kW·h]}$$
$$(H) = 4.8 \times \left(\frac{50/0.7}{300}\right)^2 \times 11 \fallingdotseq 2.993 \text{[kW·h]}$$
(答)

よって,1日の合計負荷損電力量 $W_C = 44.45$ [kW·h]である.

(2) この変圧器の1日の無負荷損電力量 $W_I = 0.9 \times 24 = 21.6$ [kW·h]である.ゆえに,この変圧器の全日効率 η_D は,

$$\eta_D = \frac{W_L}{W_L + W_I + W_C} = \frac{3\,150}{3\,150 + 21.6 + 44.45} \fallingdotseq 0.979\,5 \rightarrow 97.95\,[\%] \text{(答)}$$

解法のポイント

① 電験三種程度の問題であり,特に難しいところはない.

② 負荷損電力量の計算の基準は,負荷電力ではなく負荷容量である.負荷容量算出時に負荷電力を力率で割ることを忘れないようにする.

解 説

負荷の力率を改善した場合,負荷容量が減少するが,負荷損電力量は2乗に比例して減少する.その結果,全日効率も改善される.例えば(E)の250[kW],(F)の200[kW]の力率を1にすると,全日効率は98.3[%]になる.各自確認されよ.

演習問題 4.13　変電所の接地抵抗 1

低い接地抵抗が要求される変電所の接地網の接地抵抗測定は，交流電圧降下法によって行われる．図 1 はその測定回路例であるが，電圧回路に対する誘導電圧の影響並びに接地電流その他による大地漂遊電位の影響に基づく誤差を除くために，次の①，②及び③の測定を行い，それぞれの計器の読み V_0，V_{S1} 及び V_{S2} を得た．これらの測定結果から接地系の電位上昇の真値 V_{S0}[V] を求めて，真の接地抵抗値 R_0[Ω] を求める計算式を示せ．なお，測定値 V_0，V_{S1}，V_{S2} 及び電位上昇の真値 V_{S0} の関係をベクトル図で示すと，図 2 のようになる．

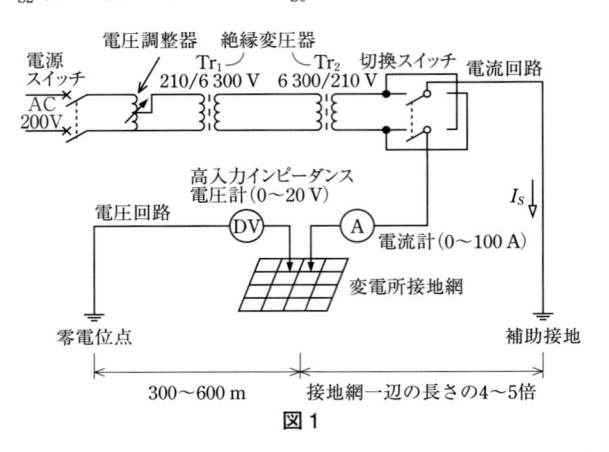

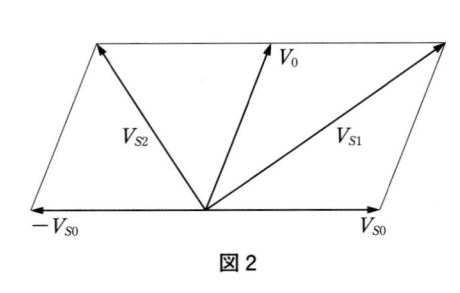

図 1

図 2

① 電源スイッチを開放して，電流回路の接地電流 $I_S=0$ にしたとき，電圧回路の高入力インピーダンス電圧計の読み：V_0[V]

② 電源スイッチを投入して，電圧調整器により電流回路の電流を I_S[A] に調整したとき，電圧回路の高入力インピーダンス電圧計の読み：V_{S1}[V]

③ 電流の極性を切換スイッチで逆転し，②と同様に電流を I_S[A] に調整したとき，電圧回路の高入力インピーダンス電圧計の読み：V_{S2}[V]

解　答

問図 2 で，V_0 と V_{S0} のなす角を α とすると，**解図 1** のように V_{S1} 及び V_{S2} について，次式が成り立つ．

$$V_{S1}^2 = (V_{S0} + V_0\cos\alpha)^2 + (V_0\sin\alpha)^2 = V_{S0}^2 + V_0^2 + 2V_{S0}V_0\cos\alpha \quad \cdots (1)$$

$$V_{S2}^2 = (V_{S0} - V_0\cos\alpha)^2 + (V_0\sin\alpha)^2 = V_{S0}^2 + V_0^2 - 2V_{S0}V_0\cos\alpha \quad \cdots (2)$$

(1)式と(2)式を加えると，

$$V_{S1}^2 + V_{S2}^2 = 2V_{S0}^2 + 2V_0^2 \quad \cdots (3)$$

となる．これより，V_{S0} は，

解法のポイント

① 問図 2 のベクトル図が参考になる．接地抵抗そのものは純抵抗とみなせ，図の V_{S0} は抵抗分の電圧である．誘導電圧 V_0 は抵抗分より約 90 [°] 近くの進みであるから，主に静電容量による電圧と考えてよい．

2.4 変電所

$$V_{S0} = \sqrt{\frac{V_{S1}^2 + V_{S2}^2 - 2V_0^2}{2}} \quad \text{(答)}$$

となる．V_{S0} は，接地抵抗 R_0 の電圧であり，流れる電流は I_S であるから，R_0 はオームの法則により，

$$R_0 = \frac{V_{S0}}{I_S} = \frac{1}{I_S}\sqrt{\frac{V_{S1}^2 + V_{S2}^2 - 2V_0^2}{2}} \quad \text{(答)}$$

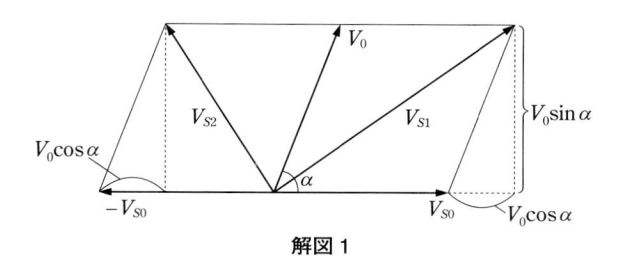

解図 1

② つまり，測定電圧の V_{S1} 及び V_{S2} は，誘導電圧と抵抗分電圧のベクトルの合成電圧である．

③ 問題の③の測定では極性を逆転させて，同一電流 I_S を流しているので，V_{S0} と $-V_{S0}$ は直線をなす．

④ 解図 1 から，V_{S1} 及び V_{S2} にピタゴラスの定理を適用し，これらの関係から真値 V_{S0} が求められる．

⑤ V_{S0} は抵抗分の電圧であるから，R_0 はたやすく求められる．

解 説

変電所の接地網などの広がりを持った接地極の抵抗測定は，一般に非常に難しい．問図 1 に記入されている内容は，正確な接地抵抗を見いだすために重要である．これらを解説する．

① 測定時には**解図 2** のような電位分布曲線となるので，電流回路の補助接地極や電圧回路の零電位点は，接地網から相当離れた場所に設けて，電位変化のない部分を大きくする．
② 電流回路及び電圧回路と接地網の接続点は，何個所か変えて測定を行い，その平均値をとる．
③ 電流回路の電源は，通常，接地していることが多いので，必ず途中に絶縁変圧器を設ける．
④ 零電位点の抵抗による誤差を避けるために，高インピーダンス電圧計を用いる．
⑤ 電流回路の電流値は，数 10 [A] 以上の大きい電流として誤差を防ぐ．
⑥ 問題文にあるように，電流回路の極性を転換して測定を行い，電圧回路の誘起電圧や大地漂遊電圧の影響を少なくする．

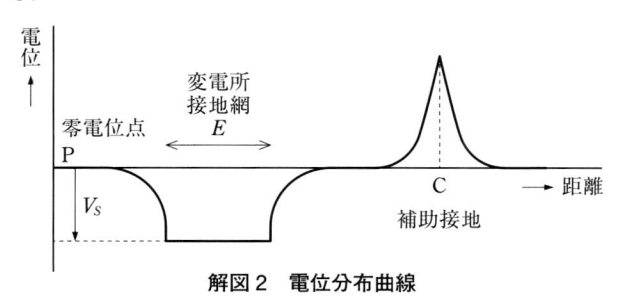

解図 2 電位分布曲線

演習問題 4.14　変電所の接地抵抗 2

変電所の接地設計は，大地の抵抗率，予想最大接地電流，許容接触電圧などの値を基にして進められる．このうち，許容接触電圧などを考慮した接地設計に関する次の問に答えよ．

所要接地抵抗 $R[\Omega]$ を決定するにあたり，人体の安全を第一義に考えて，最大接地電流 $I_E[A]$ における接地電位の上昇値を，人体が機器ケース等に触れたときに人体に加わる接触電圧の許容値の α 倍以下に収めることにする．人体に対する電流の許容値 $I_K[A]$ と故障継続時間 $t[s]$ の間に①式が成立し，人体の抵抗値 $R_K = 1\,000[\Omega]$，片足の接地抵抗 R_F が地表面付近の土壌の抵抗率 $\rho_s[\Omega \cdot m]$ を用いて $R_F = 3\rho_s[\Omega]$ で与えられるとき，所要接地抵抗 R が満たすべき条件を ρ_s, I_E, t, α を用いて示せ．

$$I_K = 0.116/\sqrt{t}\ [A] \quad \cdots ①$$

解答

接触電圧許容値を $E[V]$ とすると，接地電位の上昇値を接触電圧の α 倍以下に収めなければならないから，次式が成り立つ．

$$R \cdot I_E \leq \alpha \cdot E \quad \cdots (1)$$

(1)式から所要接地抵抗 R は，次式で示せる．

$$R \leq \frac{\alpha \cdot E}{I_E} \quad \cdots (2)$$

人体が機器ケース等に触れたときに，電流 I_K が流れた場合，より過酷な状況を考えて**解図**のように両足で立っている状況を考える．接触電圧許容値 E は，題意の数値及び①式から，

$$E = \left(R_K + \frac{R_F}{2}\right)I_K = (1\,000 + 1.5\rho_s)\frac{0.116}{\sqrt{t}} = \frac{116 + 0.174\rho_s}{\sqrt{t}}\ [V] \quad \cdots (3)$$

となるから，(3)式を(2)式に代入すると，R は，

$$R \leq \frac{\alpha(116 + 0.174\rho_s)}{I_E\sqrt{t}}[\Omega] \quad \textbf{(答)}$$

解図　人体の接触電圧

解法のポイント

① 問題文をよく読むと，人体が機器外箱に接触した場合の接地電位がポイントになることが分かる．

② 人体がケースに触れたときに，大地に対する抵抗が低くなる両足で立っている状態を考える．

③ 後は，題意に従って式を立てればよい．

解説

変電所の接地設計では，取扱者が機器外箱や鉄骨架台に接触した状態を考えて，人体に加わる**歩幅電圧**や**接触電圧**を計算する．その際，人体の足と大地間の接触抵抗をなるべく高く保ち，これらの電圧を下げることが必要である．そのために，変電所の構内では地表面に抵抗率の高い玉砂利を敷いて，接触抵抗を高くしている．

2.4 変電所

演習問題 4.15　変電所の母線温度

一定負荷に電力を供給している定電圧母線がある。負荷を遮断して t_1[s]後に母線の温度を測定したところ T_1[℃]であった。通電中の母線の温度 T_2 を求めよ。ただし、母線の単位長さ当たりの表面積，熱容量をそれぞれ S[m^2]，C[J/K]，母線の表面熱伝達率を α[W/(m^2·K)]，周囲温度を T_0[℃]とする。

解答

母線単位長さ当たりの熱的等価回路は，解図のように示せる。ここで，C は母線単位長さ当たりの熱容量，R は表面熱抵抗[K/W]，T は母線温度[℃]，P は発生熱[W]である。負荷遮断後の状況は，解図において $t=0$ でスイッチ S を開いたとして，熱回路の過渡現象を解くことになる。このときには熱回路から熱流[W]に関して，次式が成り立つ。

$$\frac{T-T_0}{R} + C\frac{d(T-T_0)}{dt} = 0 \quad \cdots (1)$$

T_0 は一定であるから，$dT_0/dt = 0$ である。よって，(1)式は，

$$C\frac{dT}{dt} + \frac{T}{R} = \frac{T_0}{R} \quad \cdots (2)$$

(2)式を変数分離で解くと，

$$T = Ae^{-t/CR} + T_0 \quad (A \text{ は積分定数}) \quad \cdots (3)$$

となるが，題意から，$t = t_1$ で，$T = T_1$ である(初期条件)。ゆえに，

$$T_1 = Ae^{-t_1/CR} + T_0 \quad \therefore A = (T_1-T_0)\cdot e^{t_1/CR} \quad \cdots (4)$$

となる。よって，遮断時の $t=0$ での温度 T_2 は，

$$T_2 = A + T_0 = (T_1-T_0)\cdot e^{t_1/CR} + T_0 \text{ [℃]} \quad \cdots (5)$$

となる。一方，熱抵抗 $R = 1/\alpha S$[K/W]であるから，T_2 は，

$$T_2 = (T_1-T_0)\cdot e^{\frac{\alpha S}{C}t_1} + T_0 \text{ [℃]} \quad \textbf{(答)}$$

解法のポイント

① 母線や変圧器などの熱発生機器の温度の状況は，RC 並列回路に等価できる。R は熱抵抗，C は熱容量である。温度は電位である。表 5-1 (p.141)の熱系と電気系の対応を参照のこと。

② RC 開路時の過渡現象と同様の考え方で解くことができる。C に蓄熱された熱が R を通して流れる。$t=t_1$ で，$T=T_1$ であることから，積分定数を求める。

③ 熱抵抗 $R=1/\alpha S$[K/W]であることから，式をまとめる。なお，αS[W/K]は**熱放散係数**であり，コンダクタンスに相当する。

解説

母線や巻線温度の測定では，問題文のように通電終了短時間後の温度を測定して，運転時の温度を推定することが行われる。実際には，母線の表面熱伝達率などが不明なことが多いので，解答のような計算によるよりも，通電終了後に，時間をおいて(例えば1分後と3分後)測定した温度を対数グラフ用紙にプロットし，外そう法で通電時($t=0$)の温度を推定することが多い。

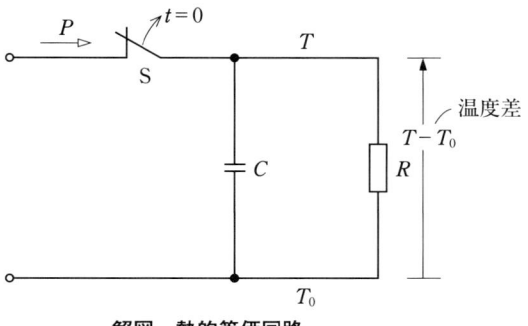

解図　熱的等価回路

2.5 送電線路

学習のポイント
本節では，たるみなど架空電線路の力学計算と，ケーブル線路の充電電流，損失などの計算を扱う．たるみ，実長，静電容量などの公式は，暗記するだけでなく，これらを導けるようにする．

────── 重　要　項　目 ──────

1 架空電線路

① 電線の荷重（図5-1）

合成荷重 W は，**垂直荷重（自重＋氷雪）** W_V と **風圧荷重** W_H のベクトル和．氷雪は電線の周囲 6[mm] に付着（比重0.9）するとして計算．

$$W = \sqrt{W_V{}^2 + W_H{}^2} \ [\text{N}] \quad (5\text{-}1)$$

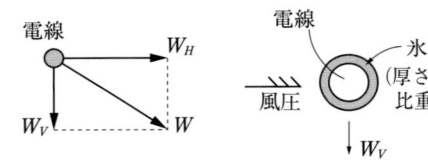

図5-1 電線の荷重

② 電線のたるみ D

W：電線単位長の荷重 [N/m]，S：径間 [m]，T：電線の水平張力 [N] で（図5-2），

$$D = \frac{WS^2}{8T} \ [\text{m}] \quad (5\text{-}2)$$

$y = \dfrac{W}{2T}x^2$　　$T_A = T_B \fallingdotseq T + WD$

l は MP の実長

図5-2 電線のたるみ

支持点に高低差のある場合，図5-3 の最大斜たるみ D_{im} は，

$$D_{im} = \frac{WS^2}{8T} \ [\text{m}] \quad (5\text{-}3)$$

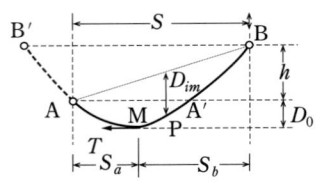

図5-3 支持点に高低差のある場合

③ 電線の実長 L

$$L = S + \frac{8D^2}{3S} \fallingdotseq S \ [\text{m}] \quad (5\text{-}4)$$

S より 0.2～0.3[%] ほど長いだけである．
t [℃] 上昇後長さ L' は，α：膨張係数 [1/℃] で，

$$L' = L(1+\alpha t) \ [\text{m}] \quad (5\text{-}5)$$

④ 支　線

支線の取付点が異なる場合は，架渉線のモーメント（力×高さ）合計と支線のモーメントが等しいとして計算．

屈曲個所の支線は，図5-4 で力の平衡から，

$$T_a = T_1 - T_2\cos\theta, \quad T_b = T_2\sin\theta \quad (5\text{-}6)$$

$T = \sqrt{T_a{}^2 + T_b{}^2}$ で求める．

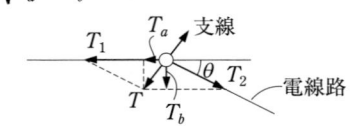

図5-4 屈曲個所の支線

⑤ 支持物強度

下記の荷重で計算．

・**垂直荷重**　支持物・電線の自重，氷雪荷重，電線張力の垂直分力等．

- **水平縦荷重**（線路の方向）

  架渉線の不平均張力，支持物の風圧．

- **水平横荷重**（線路と直角方向）

  風圧荷重，電線水平角度の分力．

⑥ **電柱の曲げモーメント M**

図 5-5 の地上長さ H[m] の電柱の地際での M は，W：風圧荷重[Pa]，S：投影面積[m²]，x：地上高[m] とすると，

$$M = \int_0^H dM = \int_0^H (W \cdot dS) \cdot x \, [\text{N} \cdot \text{m}] \quad (5\text{-}7)$$

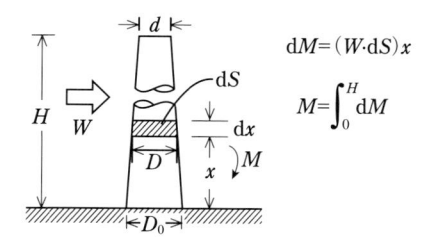

図 5-5　電柱の曲げモーメント

2 ケーブル線路

① **静電容量**

単心ケーブルの静電容量 C は，

$$C = \frac{0.024\,13\varepsilon_s}{\log_{10}(R/r)} \, [\mu\text{F/km}] \quad (5\text{-}8)$$

R：絶縁物外半径，r：導体半径，ε_s：絶縁物比誘電率（CV ケーブルで 2.3）

- **作用静電容量 C_n**

三相 3 線式では，線間容量 C_m，対地容量 C_s とすると（図 5-6），

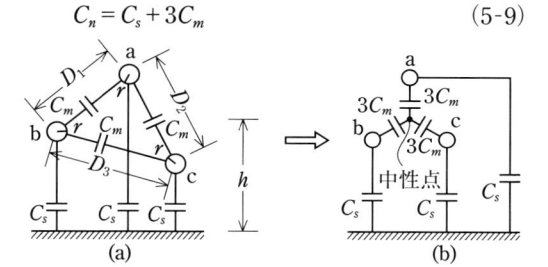

$$C_n = C_s + 3C_m \quad (5\text{-}9)$$

図 5-6　三相 3 線式の静電容量

② **充電電流 I_c，充電容量 P_c**

1 線当たり C[F] に，周波数 f[Hz] の三相電圧 V[V] を加えると，

$$I_c = \frac{2\pi fCV}{\sqrt{3}} \, [\text{A}] \quad (5\text{-}10)$$

$$P_c = 2\pi fCV^2 \times 10^{-3} \, [\text{kV} \cdot \text{A}] \quad (5\text{-}11)$$

③ **ケーブル損失，許容電流**

- **損失**は下記からなる．

  抵抗損：ケーブル導体のジュール損，他の損失に比べて大．

  誘電損：絶縁物の損失．図 5-7 で $w_d = \omega CE^2 \tan\delta$（$\tan\delta$ は**誘電正接**）．

  シース損：ケーブルの金属シースに生じる渦電流による損失．

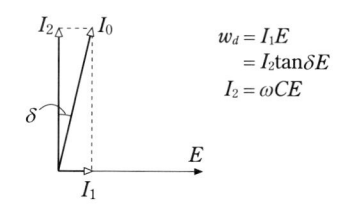

図 5-7　誘電損

- **許容電流 I**

  T_1：最高許容温度，T_2：基底温度

$$I = \sqrt{\frac{T_1 - T_2 - T_d}{n \cdot r \cdot R_{th}}} \, [\text{A}] \quad (5\text{-}12)$$

n：心線数，r：導体抵抗[Ω/m]，R_{th}：全熱抵抗[℃・m/W]，T_d：誘電損による温度上昇[℃]

- **熱回路のオームの法則（表 5-1）**

  熱流 W は，温度差/熱抵抗で，

$$W = \frac{T_1 - T_2}{R_{th}} \, [\text{W}] \quad (5\text{-}13)$$

表 5-1　電気系と熱系

電気系	熱系
電流[A]	熱流[W]
抵抗[Ω]	熱抵抗[K/W]
電位差[V]	温度差[K]
静電容量[F]	熱容量[W/K]

演習問題 5.1　電線のたるみ 1

電線の材質が一様で，径間に比べてたるみが十分小さい場合において，次の問に答えよ．

(1) 電線のたるみの式を放物線で近似すると，次式で表すことができる．ここで，Y は縦軸方向の変数，X は横軸方向の変数，a は係数とする．

$$Y = \frac{X^2}{2a} \quad \cdots ①$$

一方，図1において，支持点における電線水平張力を T[kN]，電線単位長さ当たりの荷重を W[kN/m]，径間の長さを S[m] とし，たるみの最下点 O を座標軸の原点としたとき，たるみ D は次式で示されることを①式を用いて証明せよ．電線の各点の水平張力は，支持点の水平張力と同一とする．

$$D = \frac{WS^2}{8T} \text{[m]} \quad \cdots ②$$

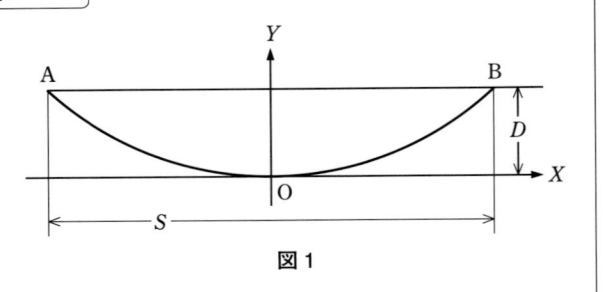

図1

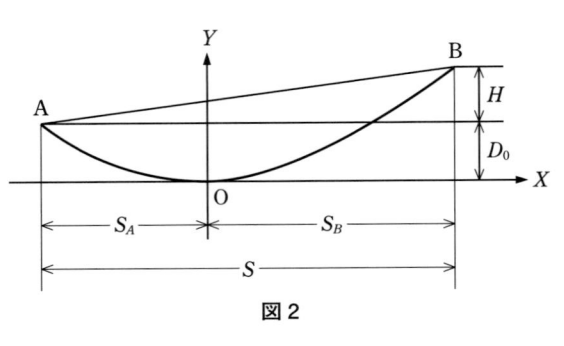

(2) 図2は，図1の場合と径間長 S は同じであるが，支持点 AB 間に高低差 H[m] がある場合である．図2において，支持点 A から最下点 O までの水平距離 S_A[m] を求めよ．

(3) 図2において，支持点 A に対する電線の水平たるみ D_0[m] を，H[m] 及び(1)の②式の D[m] を用いて表せ．

図2

解答

(1) まず，電線の傾き s を求める．これは，題意の①式を微分すればよい．

$$s = \frac{\mathrm{d}Y}{\mathrm{d}X} = \frac{1}{2a} \cdot 2X = \frac{X}{a} \quad \cdots (1)$$

一方，**解図**の横軸方向に X の点 P(OP 間の電線の実長を L とする)では，横軸方向に T[kN]，縦軸方向に WL[kN] の力がそれぞれ働き，この2力が電線の傾きをなす．題意から，径間に比べてたるみが十分小さいから，$WL ≒ WX$ としてよい．ゆえに，(1)式との関係から係数 a は，

$$s = \frac{X}{a} = \frac{WX}{T} \quad \therefore a = \frac{T}{W} \quad \cdots (2)$$

解法のポイント

① 題意の①式の微分により，電線の傾きを求める．

② 解図のように，横軸方向に X の点 P では，水平張力 T と電線の質量による垂直力の力の三角形をなすが，これは電線の傾きにほかならない．また，径間に比べてたるみが小さいので，電線の実長 ≒ X 軸の長さとしてよい．

たるみ D は，題意の①式において $X=S/2$ における Y の値なので，(2)式から，

$$D = \frac{1}{2a}\left(\frac{S}{2}\right)^2 = \frac{W}{2T} \cdot \frac{S^2}{4} = \frac{WS^2}{8T} \text{ [m]} \quad \text{(証明終わり)} \quad \textbf{(答)}$$

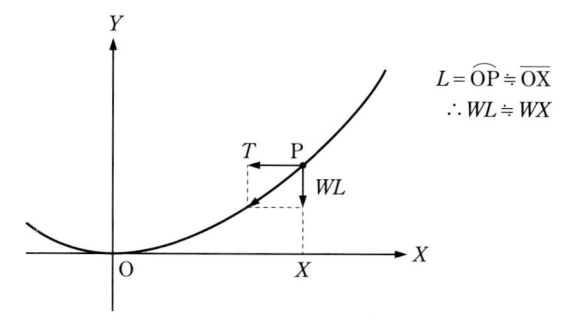

解図　電線のたるみ

(2) 問図2の S_A 及び S_B をそれぞれ径間の半分とすると，次式が成り立つ．

$$D_0 = \frac{W(2S_A)^2}{8T} = \frac{WS_A^2}{2T}, \quad D_0 + H = \frac{W(2S_B)^2}{8T} = \frac{WS_B^2}{2T} \quad \cdots (3)$$

よって，H は(3)式から求めるが，$S_A + S_B = S$ であるから，

$$H = D_0 + H - D_0 = \frac{W(S_B^2 - S_A^2)}{2T}$$

$$= \frac{W(S_B - S_A)(S_B + S_A)}{2T} = \frac{W(S - 2S_A)S}{2T} \quad \cdots (4)$$

ゆえに，S_A は(4)式から，

$$S - 2S_A = \frac{2TH}{WS} \quad \therefore S_A = \frac{S}{2} - \frac{TH}{WS} \text{ [m]} \quad \cdots (5) \quad \textbf{(答)}$$

(3) D_0 は，(3)式に(5)式を代入して，

$$D_0 = \frac{WS_A^2}{2T} = \frac{W}{2T}\left(\frac{S}{2} - \frac{TH}{WS}\right)^2$$

$$= \frac{WS^2}{8T}\left(1 - \frac{2TH}{WS^2}\right)^2 = D\left(1 - \frac{H}{4D}\right)^2 \text{ [m]} \quad \textbf{(答)}$$

③ 問(2)は，S_A 及び S_B をそれぞれ径間の半分としてたるみの式を立て，これから S_A を求める．このとき，$S_A + S_B = S$ を用いる．

④ 問(3)は，問(2)の結果から簡単に答が出る．

解　説

電線のたるみの近似式は，題意の①式に(2)式の a を代入して，

$$Y = \frac{X^2}{2a} = \frac{W}{2T}X^2 = \frac{4D}{S^2}X^2 \quad (5\text{-}14)$$

で表せる．なお，たるみの精密式は，一般に次式の双曲線関数で表され，カテナリー曲線(懸垂曲線)と呼ばれる．放物線は，その第1近似である．長径間の送電線以外では，放物線近似で実用上支障のないことが多い．

$$Y = \left\{\cosh\left(\frac{W}{T}X - 1\right)\right\} \quad (5\text{-}15)$$

$$\cosh X = \frac{e^X - e^{-X}}{2} \fallingdotseq 1 + \frac{X^2}{2}$$

電線実長の公式も必須であるが，これも暗記するだけでなく，たるみと同様に公式が証明できるようにしておこう．解図で原点 O より X の点 P の微小区間 dX 部分の電線長を dL とすると，

$$dL = \sqrt{(dX)^2 + (dY)^2}$$

$$= \sqrt{1 + (dY/dX)^2} \cdot dX \quad \cdots (6)$$

となるが，dY/dX は上記の(5-14)式を微分して求めて(6)式に代入し，X の式とする．これに $(1+X)^n \fallingdotseq 1 + nX$ の公式を用いると，$\sqrt{}$ の外れた dL の式が導ける．dL を 0 から $S/2$ まで積分して2倍すると，電線実長 L が算出できる．

演習問題 5.2　電線のたるみ2

図のように径間距離が $S[\mathrm{m}]$ で等しく，支持物に高低差がない直線の配電線路がある．中央の支持物を，図の実線のように支持点A方向に $S/5[\mathrm{m}]$ の位置に建て替えた場合，支持点A，B間のたるみと支持点Aにおける水平張力は，それぞれ中央の支持物を建て替える前の何倍になるか．ただし，中央の支持物を建て替える前の支持点A，B間と支持点B，C間のたるみは同じで，支持点A，C間の電線の実長は建替え前後で変わらないものとし，また，中央の支持物の建替え後の支持点Aと支持点Cにおける水平張力の大きさは等しいものとする．

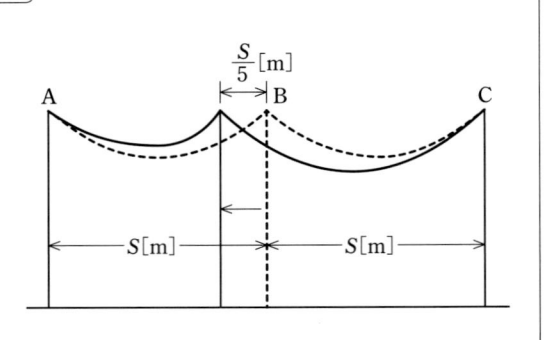

解　答

解図(a)のように，電柱建替え前の電線のたるみ D は両径間で等しいから，支持点A及びCにおける水平張力 T_A 及び T_C は，$T_A = T_C$ となる．電線の質量による荷重を $W[\mathrm{N/m}]$ とすると，たるみの式から T_A 及び T_C は，次式で示される．

$$T_A = T_C = \frac{WS^2}{8D}[\mathrm{N}] \quad \cdots (1)$$

次に，電柱建替え後の状況は，解図(b)のようになる．建替え後の支持点の張力 T_{A1}，T_{C1} は，たるみを D_A，D_C とすると，次式で示せる．

$$T_{A1} = \frac{W(4S/5)^2}{8D_A}, \quad T_{C1} = \frac{W(6S/5)^2}{8D_C} \quad \cdots (2)$$

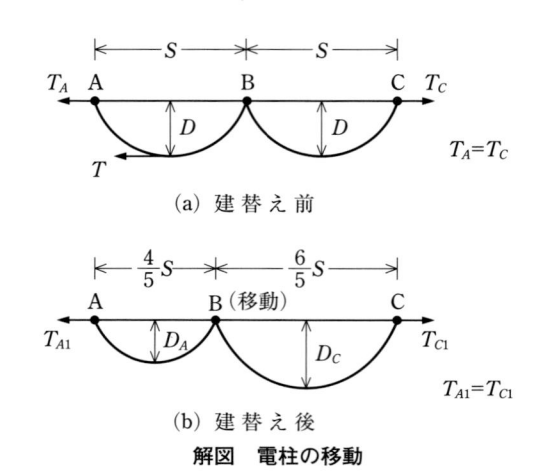

(a) 建替え前

(b) 建替え後

解図　電柱の移動

解法のポイント

① たるみ D の式から，電柱建替え前の支持点AとCの水平張力を求める．両径間で D は同じなので，両者の水平張力は等しい．

② 電柱建替え後のAとCの水平張力も題意から等しい．この関係を利用して，両径間のたるみの関係を求める．

③ 次に電線の実長合計を求めるが，実長合計は等しいから，たるみの倍数が求まる．

④ たるみの倍数が分かれば，水平張力の倍数も計算できる．

題意から，$T_{A1} = T_{C1}$ なので，(2)式から，D_A, D_C の関係は，

$$36D_A = 16D_C \quad \therefore D_C = \frac{36}{16}D_A = 2.25D_A \quad \cdots (3)$$

次に，電線実長合計を計算する．建替え前 L，建替え後 L_1 とする．

$$L = 2 \times \left(S + \frac{8D^2}{3S}\right) = 2S + \frac{16D^2}{3S} \quad \cdots (4)$$

$$L_1 = \frac{4}{5}S + \frac{8D_A^2}{3 \cdot (4S/5)} + \frac{6}{5}S + \frac{8D_C^2}{3 \cdot (6S/5)} \quad \cdots (5)$$

題意から，$L = L_1$ なので，(4), (5)式から，

$$\frac{16D^2}{3S} = \frac{40D_A^2}{12S} + \frac{40D_C^2}{18S} \quad \cdots (6)$$

(6)式を整理して，(3)式を代入すると，

$$96D^2 = 60D_A^2 + 40 \times (2.25D_A)^2 = 262.5D_A^2$$

となる．ゆえに支持点 A, B 間のたるみの倍数は，

$$\frac{D_A}{D} = \sqrt{\frac{96}{262.5}} \fallingdotseq 0.6047 \fallingdotseq 0.605 [倍] \quad \textbf{(答)}$$

次に，$D_A = 0.6047D$ のときの張力 T_{A1} は，

$$T_{A1} = \frac{W(4S/5)^2}{8 \times 0.6047D} \fallingdotseq 0.1323 \frac{WS^2}{D} \quad \cdots (7)$$

よって，T_{A1} の倍数は，(1)式との比により，

$$\frac{T_{A1}}{T_A} = \frac{0.1323WS^2}{D} \cdot \frac{8D}{WS^2} \fallingdotseq 1.06 [倍] \quad \textbf{(答)}$$

解 説

支持点の張力 T は，最低点の水平張力 T_H のほかに，電線荷重の垂直力が加わる．電線の単位長さ当りの荷重を $W[\text{N/m}]$，径間を $S[\text{m}]$ とすると，T は，これら2力の合成ベクトルとなり，

$$T = \sqrt{T_H^2 + \left(\frac{WS}{2}\right)^2} = T_H\sqrt{1 + \frac{W^2S^2}{4T_H^2}}$$

$$\fallingdotseq T_H\left(1 + \frac{W^2S^2}{8T_H^2}\right) = T_H + WD \fallingdotseq T_H \quad (5\text{-}16)$$

で示せる．$WD = 8T_HD^2/S^2$ であり，$D \fallingdotseq 0.03S$ 程度であるから，一般に WD は T_H の 1[%] 程度となり，$T \fallingdotseq T_H$ とすることが多い．上記の式展開では，$(1+x)^n \fallingdotseq 1 + nx$ の公式を用いた．

演習問題 5.3　電線のたるみ3

径間 300[m] の架空送電線で，冬季の気温 −10[℃]，無風，無氷雪状態でのたるみが 6[m] であった．次の問に答えよ．ただし，電線の質量は 1.32[kg/m]，膨張係数は 19×10^{-6} [1/℃] とし，電線の張力による伸びは無視する．

(1) 冬季における電線の水平張力はいくらか．

(2) 夏季において，気温 35[℃]，無風の状態では，水平張力とたるみはいくらか．

解答

(1) 冬季の電線の水平張力 T は，電線単位長さ当たりの荷重を $W[\text{N/m}]$，径間の長さを $S[\text{m}]$ とすると，たるみ $D[\text{m}]$ の公式から，電線の荷重 $=9.8\times$ 電線質量なので，

$$T = \frac{WS^2}{8D} = \frac{1.32\times 9.8\times 300^2}{8\times 6} \fallingdotseq 24\,260\,[\text{N}] \quad \text{(答)}$$

(2) 冬季における電線の実長 L は，

$$L = S + \frac{8D^2}{3S} = 300 + \frac{8\times 6^2}{3\times 300} = 300.32\,[\text{m}]$$

夏季における電線の実長 L_1 は，膨張係数を α，温度上昇を t [℃]とすると，

$$L_1 = L(1+\alpha t) = 300.32\times\{1+19\times 10^{-6}(35+10)\}$$
$$\fallingdotseq 300.577\,[\text{m}]$$

よって，たるみ D_1 は，電線実長の公式から，下記のようになる．

$$D_1 = \sqrt{\frac{3S(L_1-S)}{8}} = \sqrt{\frac{3\times 300\times(300.577-300)}{8}} \fallingdotseq 8.057\,[\text{m}]\,\text{(答)}$$

ゆえに，水平張力 T_1 は，

$$T_1 = \frac{WS^2}{8D_1} = \frac{1.32\times 9.8\times 300^2}{8\times 8.057} \fallingdotseq 18\,060\,[\text{N}] \quad \text{(答)}$$

解法のポイント

① たるみの公式から，冬季の電線水平張力を求めるが，電線単位長さ当たりの荷重は電線質量に，重力の加速度 $9.8\,[\text{m/s}^2]$ を掛けることを忘れてはならない．

② 冬季における電線の実長を求め，温度膨張係数によって，夏季の実長を算出する．

③ 夏季の実長から，夏季のたるみを計算する．

④ 夏季のたるみにより，夏季の水平張力を出す．

解説

上記の計算結果から，夏季には，たるみは 1.34 倍，水平張力は 0.744 倍に変化する．夏季に電線を架設する場合，冬季には電線が収縮し張力が増加する．よって，夏季に過小のたるみで工事をすると，冬季に電線が断線するおそれがある．

なお，温度上昇によりたるみが増加して電線の張力が減少するが，そのために電線には弾性的な収縮が起こる．ゆえに，電線のたるみは上記の値よりも小さくなる．しかし，電線の弾性による張力は常に膨張によるものとは逆である．よって，弾性張力を無視した場合は大きめのたるみとすることになり安全側である．たるみの計算では，通常は弾性収縮を無視してよい．

2.5 送電線路

演習問題 5.4 電柱の曲げモーメント

地表高 11.6[m]，地際直径 34.5[cm]，直径増加係数 1/75 の鉄筋コンクリート柱において，電柱全体に加わる甲種風圧荷重（780[Pa]とする）による地際での曲げモーメントを求めよ．ただし，電線など架渉線によるものは考えなくてよい．

解 答

地上 x[m] の電柱直径 D は，電柱の地際直径を D_0，直径増加係数を k とすると，

$$D = D_0 - kx \text{[m]} \quad \cdots (1)$$

となる．よって，この部分の受風面積 dS に加わる風圧力 dF は，甲種風圧荷重を W[Pa] とすると，

$$dF = W \cdot dS = W \cdot D \cdot dx = W(D_0 - kx)dx \text{[N]} \quad \cdots (2)$$

ゆえに，この部分の風圧による地際での曲げモーメント dM は，解図のように，

$$dM = x \cdot dF = W(D_0 - kx)x\,dx \quad \cdots (3)$$

よって，電柱全体の曲げモーメント M は，(3)式を 0 から H まで積分して，

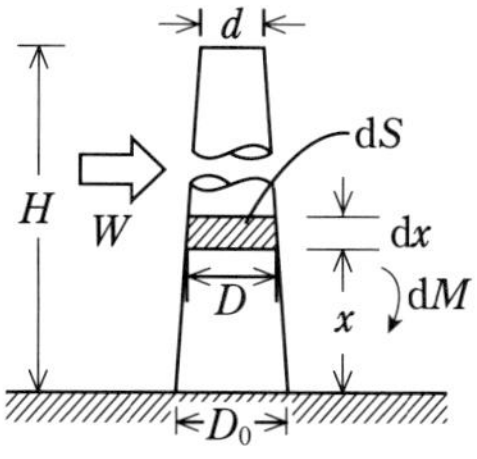

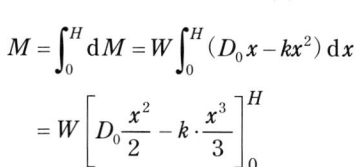

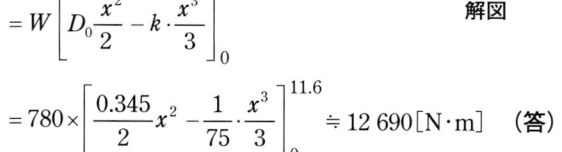

$$M = \int_0^H dM = W\int_0^H (D_0 x - kx^2)\,dx$$

$$= W\left[D_0 \frac{x^2}{2} - k \cdot \frac{x^3}{3}\right]_0^H$$

$$= 780 \times \left[\frac{0.345}{2}x^2 - \frac{1}{75}\cdot\frac{x^3}{3}\right]_0^{11.6} \fallingdotseq 12\,690\,\text{[N}\cdot\text{m]} \quad \text{(答)}$$

解図

解法のポイント

① 地上の任意の高さ x の電柱直径 D は，直径増加係数 k から求める．頂部にいくほど細くなる．

② 高さ x の部分の受風面積に加わる風圧力を，甲種風圧荷重により求める．その部分のモーメント dM は，風圧力と x の積である．

③ dM を $x=0$ から地表高 H まで積分すると，地際のモーメント M が算出できる．

解 説

電柱に加わる合計の曲げモーメントは，上記の電柱自体の分に，架渉線の風圧によるモーメントを加算しなければならない．架渉線のモーメントは，高さ×風圧なので計算は簡単である．ただし，冬季に着雪のある場合は，これを考慮しなければならない．また，電柱の許容抵抗モーメントは，計算したモーメントを上回らなければならない．工場打ちの鉄筋コンクリート柱では JIS 規格で，底部から全長の 1/6(2.5[m] 超過では 2.5[m])を固定し，頂部から 25[cm]の点に設計荷重の2倍の力を加えた場合に，これに耐えなければならないとしている．

コラム　A種柱，B種柱

架空電線路の支持物（鉄塔，鉄柱，鉄筋コンクリート柱）の基礎の安全率は，電技解釈第60条第1項で2以上とされているが，A種柱については，解釈第49条で基礎の強度計算は不要である．電柱の根入れ深さを解釈第59条で規定する値以上とすればよい．A種柱以外のものを B 種柱といい，基礎の強度計算が必要である．

演習問題 5.5　ケーブルの静電容量と充電電流 1

3心ケーブルを図1のように結線し，端子 a, b 間の静電容量を測定したところ $C_1 [\mu\text{F}]$ であった．次に，図2のように結線を変更し，端子 a, b 間の静電容量を測定したところ $C_2 [\mu\text{F}]$ となった．このケーブルについて，次の問に答えよ．ただし，各導体相互間の静電容量は等しく，また，各導体と大地間の静電容量はそれぞれ等しいものとする．

(1) 各導体相互間の静電容量 $C_m [\mu\text{F}]$ 及び各導体と大地間の静電容量 $C_0 [\mu\text{F}]$ を求めよ．

(2) このような特性を持ったケーブルに周波数 $f [\text{Hz}]$ の三相平衡電圧 $V [\text{V}]$ を印加した場合のケーブルの充電電流 $I_C [\text{A}]$ を，V, f, C_1, C_2 を用いて示せ．

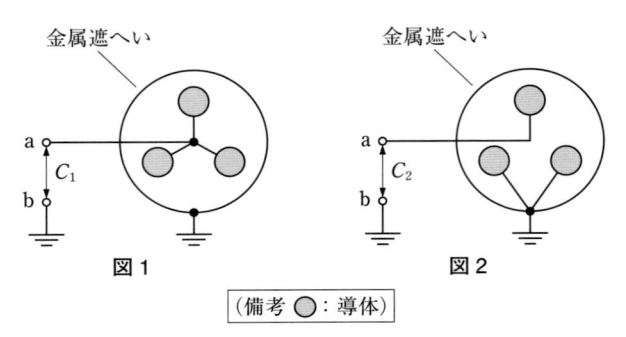

図1　　図2　　（備考 ○：導体）

解答

(1) 図1の計測は，3導体を短絡しているので，C_0 3個の並列状態である．よって，C_1 は，

$C_1 = 3C_0$　∴ $C_0 = C_1/3 [\mu\text{F}]$　（答）

図2の計測は，2導体を一括して接地しているので，C_0 1個と C_m 2個の並列状態である．よって，C_2 は，

$C_2 = C_0 + 2C_m$

$$\therefore C_m = \frac{C_2 - C_0}{2} = \frac{C_2 - (C_1/3)}{2} = \frac{3C_2 - C_1}{6} [\mu\text{F}]$$（答）

(2) 三相平衡電圧 $V [\text{V}]$ を印加した場合には，中性点に対する静電容量 C_n に対して充電電流が流れる．各導体相互間の静電容量 C_m を Y 結線に変換すると $3C_m$ である．よって，C_n は，

$$C_n = C_0 + 3C_m = \frac{C_1}{3} + \frac{3(3C_2 - C_1)}{6} = \frac{9C_2 - C_1}{6} [\mu\text{F}]$$

となる．ゆえに充電電流 I_C は，

$$I_C = 2\pi f C_n \frac{V}{\sqrt{3}} \times 10^{-6} = \frac{\pi f (9C_2 - C_1) V}{3\sqrt{3}} \times 10^{-6} [\text{A}]$$（答）

解法のポイント

① 3心ケーブルの C_m 及び C_0 は，解図のように示せる．この図から，問の図1と図2の計測の状況を考える．

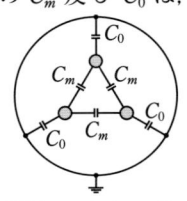

解図　3心ケーブル

② ケーブルの充電電流は，中性点に対する静電容量（**作用静電容量**）C_n に対して流れる．C_m を Y 結線に変換すると $3C_m$ である．C_n は $3C_m$ と C_0 の並列である．

③ 充電電流 I_C は，相電圧を E，周波数を f とすると，$I_C = 2\pi f C_n E$ である．

2.5 送電線路

演習問題 5.6 ケーブルの静電容量と充電電流2

対地静電容量 C[F/km], 亘長 l[km]の電力ケーブルに, 線間電圧 V[kV], 周波数 f[Hz]の三相平衡電圧を印加して送電したとき, 次の問に答えよ. ただし, このケーブルの導体抵抗, インダクタンス及びケーブル間の静電容量は無視するものとする.

(1) このケーブルの充電電流 I_C[kA]を表す式を示せ.

(2) このケーブルの許容電流を1.03[kA], 対地静電容量 C を0.5[μF/km], 線間電圧 V を154[kV], 周波数 f を50[Hz]としたときの臨界亘長 l_m(充電電流と許容電流が等しくなるケーブル長)[km]を求めよ.

(3) (2)において, ケーブルの亘長を43[km]とし, 負荷を接続時, 許容電流に等しい電流1.03[kA]が流れた. 負荷(力率は1)に供給された有効電力[MW]を求めよ.

解答

(1) 充電電流 I_C[kA]は, 題意の記号から,

$$I_C = 2\pi f C l \frac{V}{\sqrt{3}} \text{[kA]} \quad \cdots (1) \quad \textbf{(答)}$$

(2) 臨界亘長 l_m[km]では, 題意の数値から次式が成り立つ.

$$1.03 = 2\pi \times 50 \times 0.5 \times 10^{-6} \times l_m \times \frac{154}{\sqrt{3}} \quad \cdots (2)$$

$$\therefore l_m = \frac{1.03\sqrt{3}}{50\pi \times 10^{-6} \times 154} \fallingdotseq 73.7 \text{[km]} \quad \textbf{(答)}$$

(3) 亘長43[km]での充電電流 I_q は, (1)式から,

$$I_q = 2\pi \times 50 \times 0.5 \times 10^{-6} \times 43 \times \frac{154}{\sqrt{3}} \fallingdotseq 0.6 \text{[kA]}$$

負荷電流 I_r は, 送電端電流を I とすると, 解図から,

$$I_r = \sqrt{I^2 - I_q^2} = \sqrt{1.03^2 - 0.6^2} \fallingdotseq 0.837 \text{[kA]}$$

題意から, ケーブルの導体抵抗とインダクタンスが無視できるので, 受電端線間電圧も154[kV]である. よって, 負荷の有効電力 P は,

$$P = \sqrt{3} V I_r = \sqrt{3} \times 154 \times 0.837 \fallingdotseq 223 \text{[MW]} \quad \textbf{(答)}$$

解図 ケーブルの充電電流

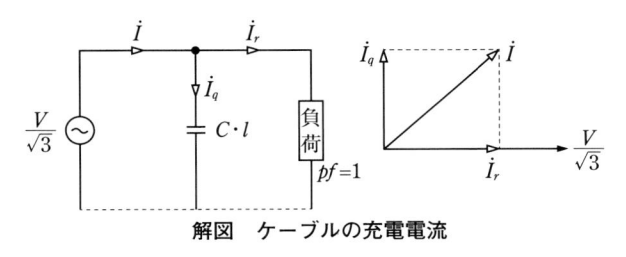

解法のポイント

① ケーブルの充電電流の式は, 前問と同じである.

② 充電電流の式により, 臨界亘長を求める.

③ 送電端では, 負荷電流とケーブルの充電電流のベクトル和の電流が流れる. 負荷の力率が1なので, 負荷電流と充電電流は, 90[°]の位相差がある. ケーブルの導体抵抗とインダクタンスを無視するので, 受電端の電圧は送電端に等しい.

解説

解答からも明らかなように, 亘長の長いケーブルでは, 負荷電流に匹敵する充電電流が流れることになる. ケーブルサイズは, これらを考慮して十分に余裕のあるものを選定しなければならない.

演習問題 5.7　ケーブルの誘電損失

地中電線路などに使われる154[kV]CVケーブルの電気的特性に関し，図の構造の場合を対象にして，次の問に答えよ．ただし，周波数を50[Hz]，$\tan\delta = 8.0\times10^{-4}$とする．また，以下の数値を参考にせよ．真空の誘電率をε_0として，$4\pi\varepsilon_0 = 1/(9\times10^9)$[F/m]．$\log_e 2.22 = 0.7984$

(1) 1[km]当たりの対地静電容量[μF]を求めよ．
(2) 最高使用電圧における1相当たりの誘電損[W/cm]を求めよ．

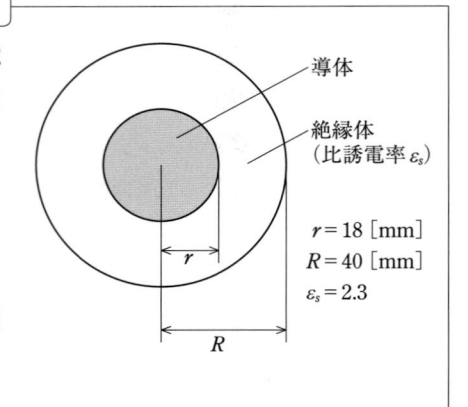

$r = 18$ [mm]
$R = 40$ [mm]
$\varepsilon_s = 2.3$

解答

(1) 解図1のように，ケーブルの単位長さ当たり導体に$+Q$[C/m]，シースに$-Q$[C/m]の電荷を与えたときに，中心からx[m]の点の電界の強さEは，絶縁体の比誘電率をε_sとして，

$$E = \frac{Q}{2\pi\varepsilon_0\varepsilon_s x} \text{[V/m]} \quad \cdots (1)$$

導体とシース間の電位差Vは，(1)式を電気力線と逆方向にRからrまで積分して，

$$V = -\int_R^r E\,dx = \frac{Q}{2\pi\varepsilon_0\varepsilon_s}\int_r^R \frac{dx}{x} = \frac{Q}{2\pi\varepsilon_0\varepsilon_s}\log\frac{R}{r} \text{[V]} \quad \cdots (2)$$

よって，CVケーブルの単位長さ当たりの静電容量Cは，

$$C = \frac{Q}{V} = \frac{2\pi\varepsilon_0\varepsilon_s}{\log(R/r)}\text{[F/m]} \quad \cdots (3)$$

(3)式に数値を入れると，1[km]当たりの静電容量Cは，

$$C = \frac{1}{2\times 9\times 10^9}\times\frac{2.3}{\log(40/18)} \fallingdotseq 0.16\times 10^{-9}\text{[F/m]}$$

$$= 0.16\,[\mu\text{F/km}] \quad \textbf{(答)}$$

(2) 誘電損は，解図2のI_Rにより生じるが，充電電流I_Cに$\tan\delta$を掛ける．最高使用電圧V_mを印加時に，I_Rは，周波数をf[Hz]とすると，

$$I_R = I_C\tan\delta = \frac{2\pi f C V_m}{\sqrt{3}}\tan\delta \text{ [A]} \quad \cdots (4)$$

ここで，V_mは，公称電圧の1.15/1.1倍である．すなわち，

$$V_m = 154\times\frac{1.15}{1.1} = 161\,[\text{kV}] \quad \cdots (5)$$

解法のポイント

① 静電容量Cは，導体に電荷Qを与えて電界の強さを求め，その結果から電位差Vを積分で出す．そして，$C=Q/V$で答を出す．

② 最高使用電圧V_mは，1 000 V以上で500 kV系統未満は，公称電圧の1.15/1.1倍．

③ 誘電損の状況は，解図2になり，図の等価抵抗分Rの電流I_Rの損失である．損失の基になるI_Rを求めて，V_mの相電圧を掛ければ1相当たりの誘電損が求まる．

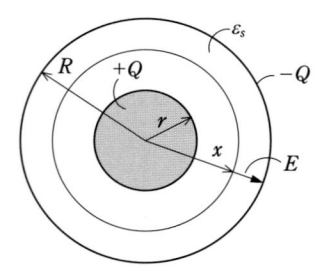

解図1　ケーブルの電界の強さ

よって，1相当たりの誘電損 W は，

$$W = \frac{V_m}{\sqrt{3}} I_R = \frac{2\pi f C V_m^2}{3} \tan\delta$$

$$= \frac{2\pi \times 50 \times 0.16 \times 10^{-9} \times (161 \times 10^3)^2 \times 8.0 \times 10^{-4}}{3}$$

$$\fallingdotseq 0.347 [\text{W/m}] = 3.47 \times 10^{-3} [\text{W/cm}] \quad \textbf{(答)}$$

解図2　誘電損
(a) 等価回路　(b) ベクトル図
$I_R = I_C \tan\delta$
$I_C = \omega C E$

演習問題 5.8　ケーブルの許容電流

ケーブルを直接埋設または管路引入れにより敷設した場合の3心ケーブルの常時許容電流を求めよ．ただし，条件は下記のとおりとする．

交流導体実効抵抗 $0.076\,3 [\Omega/\text{km}]$，ケーブル導体の最高許容温度 $90[℃]$，大地の基底温度 $20[℃]$，ケーブル導体から基底温度帯に至る全熱抵抗 $300[℃\cdot\text{cm/W}]$，誘電損失 $0[\text{W/cm}]$

解　答

誘電損失を無視するから，導体から発生する単位長さ当たりの熱流 $W[\text{W/m}]$ は，導体抵抗によるジュール損のみである．よって，W は，ケーブルの心数を n，導体抵抗を $r[\Omega/\text{m}]$，許容電流を $I[\text{A}]$ とすると，次式で示せる．

$$W = n \cdot r \cdot I^2 [\text{W/m}] \quad \cdots (1)$$

温度差 $T[\text{K}]$ は，最高許容温度 $T_m[℃]$ と基底温度 $T_b[℃]$ の差である．熱回路のオームの法則により，全熱抵抗を $R_{th}[\text{K}\cdot\text{m/W}]$ とすると，熱流 $W[\text{W/m}]$ は，

$$W = \frac{T}{R_{th}} = \frac{T_m - T_b}{R_{th}} [\text{W/m}] \quad \cdots (2)$$

となるが，(1)式 = (2)式であるから，許容電流 $I[\text{A}]$ は，題意の r 及び R_{th} の数値を [m] 当たりに換算して代入して，

$$I = \sqrt{\frac{T_m - T_b}{n \cdot r \cdot R_{th}}} = \sqrt{\frac{90 - 20}{3 \times 0.076\,3 \times 10^{-3} \times 300 \times 10^{-2}}} \fallingdotseq 319.3 [\text{A}] \quad \textbf{(答)}$$

解法のポイント

① 熱回路のオームの法則(5-13)式により解くことになる．これは，熱流[W] = 温度差[K] / 全熱抵抗[K/W]の関係である．

② 対象となる発生熱流[W]は，導体抵抗によるジュール損のみである．ケーブルの心数を掛けるのを忘れないようにする．

③ ①と②から，許容電流 I の式を求め，数値を代入して答を出す．なお，題意の数値は，[m] 当たりに換算して用いること．

解　説

本問のケーブルの1相当たりのジュール損 W_1 は，$W_1 \fallingdotseq 319.3^2 \times 0.076\,3 \times 10^{-3} \fallingdotseq 7.8 [\text{W/m}]$ 程度になる．前問で求めたケーブルの誘電損は，$0.35[\text{W/m}]$ 程度であった．ケーブルの条件が同じではないので単純な比較はできないが，一般に誘電損失は抵抗ジュール損失の数[%]以下であり，実用上無視することが多い．なお，金属シースを有するケーブルでは，金属シースに発生する誘導電流により**シース損**が生じる．送電用の長距離のケーブルでは，**クロスボンド方式**などにより，シースを適当な間隔で絶縁し，シース電流を少なくすることが行われる．

2.6 送電系統の電気特性

学習のポイント

RL回路の電圧降下のベクトル図の理解が最重要項目である．線路定数や電力の公式は，覚えるだけでなく確実に導けるようにする．電圧降下や電力の計算は，徹底的な計算演習を行う．地絡故障では，テブナンの定理による方法を確実にマスターする．誘導障害は，回路計算の応用である．4端子回路は，定義式を記憶する．対称座標法，進行波については，基礎的な項目を学習する．

――――――― 重 要 項 目 ―――――――

1 電圧，線路定数

① **最高電圧** 1[kV]以上500[kV]未満では，

最高電圧＝(公称電圧÷1.1)×1.15　　(6-1)

② **抵抗 R**　ρ：抵抗率[$\Omega\cdot$m]，l：長さ[m]，A：断面積[m^2]とすると，

$$R = \frac{\rho \cdot l}{A} [\Omega] \quad (6\text{-}2)$$

20[℃]の抵抗率は，硬銅線で1/55[$\Omega\cdot$mm^2/m]，硬アルミ線で1/35[$\Omega\cdot$mm^2/m]

③ **作用インダクタンス L_n**

$L_n = 0.05 + 0.460\,5\log_{10}(D/r)$ [mH/km] (6-3)

$X_L = j\omega L_n [\Omega]$

D：線間距離[m]，r：電線半径[m]

求め方は，第1章演習問題2.5参照．

④ **作用静電容量 C_n**

$$C_n = C_s + 3C_m = \frac{0.024\,13}{\log_{10}(D/r)}[\mu\text{F/km}] \quad (6\text{-}4)$$

$X_C = 1/j\omega C_n [\Omega]$

C_s：対地静電容量，C_m：線間静電容量．2.5節の2参照．求め方は，第1章演習問題1.6参照．

2 電圧降下

本書では原則として，線間電圧は V，相電圧は E で表す．

$R+jX$：1線の抵抗，リアクタンス[Ω]，$\cos\theta$：負荷力率，V_s：送電端電圧[V]，V_r：受電端電圧[V]の電圧降下 $\Delta V = V_s - V_r$ は(p.120図4-1参照)，

$V_s^2 = \{V_r + \sqrt{3}I(R\cos\theta + X\sin\theta)\}^2$
$\quad + \{\sqrt{3}I(X\cos\theta - R\sin\theta)\}^2 \quad (6\text{-}5)$

三相：$\Delta V \fallingdotseq \sqrt{3}I(R\cos\theta + X\sin\theta)$ [V] (6-6)

単相：$\Delta V \fallingdotseq 2I(R\cos\theta + X\sin\theta)$ [V] (6-7)

これらの電圧降下は，p.120の2.4節の(4-7)式のように，電力 P, Q でも表せる．

3 電 力

① **電力の複素数表示**　有効分 P，無効分 Q (符号の正負に注意)とすると，

$\overline{E}\dot{I} = P \pm jQ$ （Q 進み正） (6-8)

$\dot{E}\overline{I} = P \pm jQ$ （Q 遅れ正） (6-9)

$\dot{E}$：電圧，$\dot{I}$：電流，$\overline{E}, \overline{I}$ は共役値．

② **送受電端電圧と受電端電力**

図6-1のリアクタンス X のみの送電線では，電流 I，受電端電力 P_r，同無効電力 Q_r (遅れが正)は，$\dot{E}_s = \dot{V}_s/\sqrt{3}$, $\dot{E}_r = \dot{V}_r/\sqrt{3}$ ゆえ，

$$\dot{I} = \frac{\dot{V}_s/\sqrt{3} - \dot{V}_r/\sqrt{3}}{X}[\text{A}] \quad (6\text{-}10)$$

$$P_r = \sqrt{3}V_r I\cos\theta = \frac{V_s V_r \sin\delta}{X}[\text{W}] \quad (6\text{-}11)$$

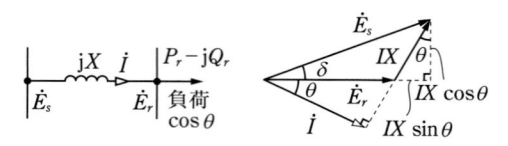

図6-1　X の送電線路(相電圧表示)

$$Q_r = \sqrt{3}V_r I \sin\theta = \frac{V_s V_r \cos\delta - V_r^2}{X}\,[\text{var}] \quad (6\text{-}12)$$

③ **電力円線図**（Q は遅れが正）

$\sin^2\delta + \cos^2\delta = 1$ の関係を用いて，(6-11)，(6-12)式から，受電端電力は，

$$P_r^2 + \left(Q_r + \frac{V_r^2}{X}\right)^2 = \left(\frac{V_s V_r}{X}\right)^2 \quad (6\text{-}13)$$

となる．電力円線図の式という（図6-2）．

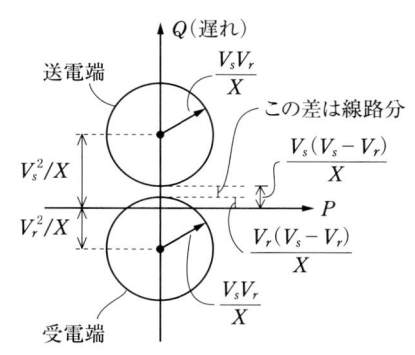

図6-2 電力円線図

④ **送電端電力と損失**

送電端及び受電端有効電力 $P_s, P_r\,[\text{W}]$，送電端及び受電端無効電力 $Q_s, Q_r\,[\text{var}]$ は，$R+jX$ を線路インピーダンス，線路損失を $w_3 = 3I^2 R\,[\text{W}]$ として，

$$P_s = P_r + w_3 = P_r + 3I^2 R\,[\text{W}] \quad (6\text{-}14)$$
$$Q_s = Q_r + 3I^2 X\,[\text{var}] \quad (6\text{-}15)$$

4 4端子回路

送電線などの回路網は，図6-3に示す<u>入出力端子が一対の4端子回路</u>として扱える．送受電端の<u>相電圧</u>を $\dot{E}_s, \dot{E}_r$，電流を $\dot{I}_s, \dot{I}_r$ とすると，

$$\dot{E}_s = \dot{A}\dot{E}_r + \dot{B}\dot{I}_r,\quad \dot{I}_s = \dot{C}\dot{E}_r + \dot{D}\dot{I}_r \quad (6\text{-}16)$$

$\dot{A}, \dot{B}, \dot{C}, \dot{D}$ を **4端子定数**といい，

$$\dot{A}\dot{D} - \dot{B}\dot{C} = 1 \quad (6\text{-}17)$$

また，T回路やπ回路のように，<u>左右対称の回路</u>では，$\dot{A} = \dot{D}$ になる．

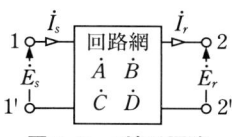

図6-3 4端子回路

4端子定数は，受電端を短絡（$\dot{E}_r = 0$），または開放（$\dot{I}_r = 0$）して，求めることができる．

5 地絡故障

<u>送電線路や変圧器などのインピーダンスを無視すると，テブナンの定理が適用できる</u>．非接地式や抵抗接地式はこの例に該当する．

① **非接地式電線路**（図6-4）

地絡電流 $\dot{I}_g$ は，

$$\dot{I}_g = \frac{\dot{E}}{R_g + (1/j3\omega C)}\,[\text{A}] \quad (6\text{-}18)$$

$\dot{E} = V/\sqrt{3}$：故障前の電圧，R_g：地絡抵抗，C：1線当たりの対地静電容量．

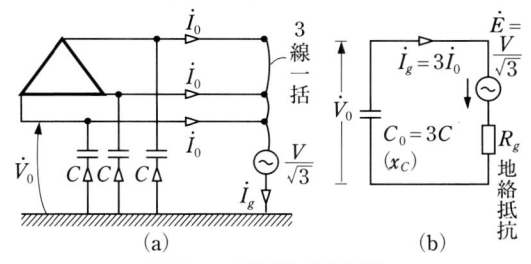

図6-4 非接地式電線路

② **接地式電線路**（図6-5）

C は無視できて，R_n を中性点抵抗とすると，

$$I_g \fallingdotseq \frac{V/\sqrt{3}}{R_n + R_g}\,[\text{A}] \quad (6\text{-}19)$$

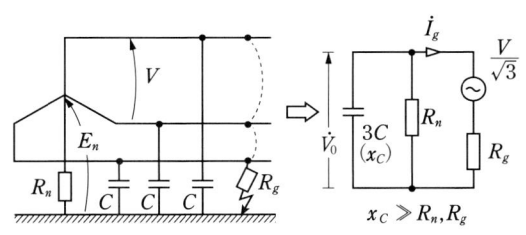

図6-5 接地式電線路

③ 零相電圧

地絡事故時に中性点に現れる電圧.

④ 消弧リアクトル L

L は中性点に設けるが，各相の対地静電容量 C が同じである場合，下記とすると，$I_g = 0$.

$$1/\omega L = 3\omega C \tag{6-20}$$

6 対称座標法

正確な送電線故障の計算法である.

① 対称分の定義

零相分：$\dot{I}_0$, 正相分：$\dot{I}_1$, 逆相分：$\dot{I}_2$ とすると，各相の電流は，相順を a, b, c として，

$$\left.\begin{array}{l}\dot{I}_a = \dot{I}_0 + \dot{I}_1 + \dot{I}_2 \\ \dot{I}_b = \dot{I}_0 + a^2\dot{I}_1 + a\dot{I}_2 \\ \dot{I}_c = \dot{I}_0 + a\dot{I}_1 + a^2\dot{I}_2\end{array}\right\} \tag{6-21}$$

$$a = -\frac{1}{2} + j\frac{\sqrt{3}}{2}, \ a^2 = -\frac{1}{2} - j\frac{\sqrt{3}}{2}$$

a, a^2 は三相のベクトルオペレータ．各相の電圧 $\dot{V}_a, \dot{V}_b, \dot{V}_c$ についても同形の式で定義.

② 発電機の基本式

各対称分の電圧，電流の関係は次式で示せる（図6-6）. $\dot{Z}_0, \dot{Z}_1, \dot{Z}_2$ は，零相，正相，逆相の各インピーダンス．

$$\left.\begin{array}{l}\dot{V}_0 = -\dot{Z}_0\dot{I}_0 \\ \dot{V}_1 = \dot{E}_a - \dot{Z}_1\dot{I}_1 \\ \dot{V}_2 = -\dot{Z}_2\dot{I}_2\end{array}\right\} \tag{6-22}$$

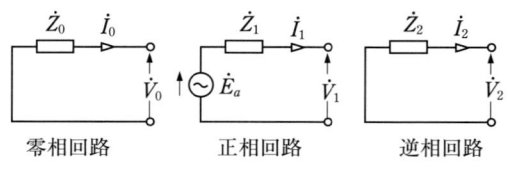

図 6-6 対称分回路

③ 事故条件と結果

代表的な送電線故障の事故条件と計算結果を表6-1に示す．負荷電流は通常，無視して考えることが多い.

表 6-1 送電線の事故条件

事故条件	電圧条件	電流条件	計算結果
1線地絡 (a相地絡)	$\dot{V}_a = 0$	$\dot{I}_b = \dot{I}_c = 0$	$\dot{I}_0 = \dot{I}_1 = \dot{I}_2$ $\dot{V}_0 + \dot{V}_1 + \dot{V}_2 = 0$
2線地絡 (b,c相地絡)	$\dot{V}_b = \dot{V}_c = 0$	$\dot{I}_a = 0$	$\dot{V}_0 = \dot{V}_1 = \dot{V}_2$ $\dot{I}_0 + \dot{I}_1 + \dot{I}_2 = 0$
2線短絡 (b,c相短絡)	$\dot{V}_b = \dot{V}_c$	$\dot{I}_a = 0$ $\dot{I}_b = -\dot{I}_c$	$\dot{V}_1 = \dot{V}_2$ $\dot{I}_1 = -\dot{I}_2$

④ 等価回路による解法

表6-1から，図6-7の等価回路が得られる．この図は計算を行う上で非常に重要である．$\dot{Z}$ は外部インピーダンスであり，地絡事故では $3\dot{I}_0$ が流れるので，$3\dot{Z}$ とする.

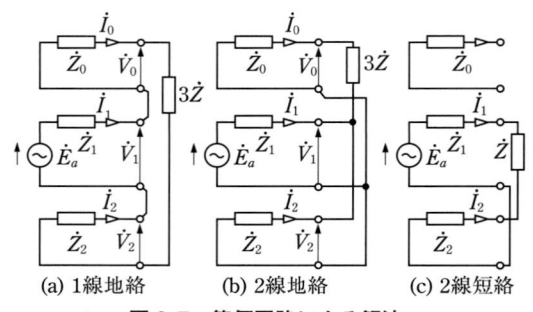

(a) 1線地絡　(b) 2線地絡　(c) 2線短絡

図 6-7 等価回路による解法

⑤ 正相，零相インダクタンス L_n, L_0

大地帰路の1線自己インダクタンスを L_e, 2線間の相互インダクタンスを L_e' とすると（図6-8），

$$L_n = L_e - L_e', \ L_0 = L_e + 2L_e' \tag{6-23}$$

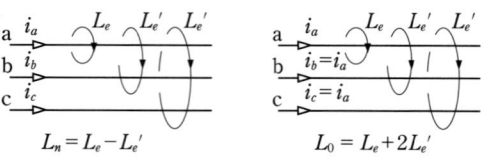

(a) 正相インダクタンス　(b) 零相インダクタンス

（L_n は作用インダクタンスともいう）

図 6-8 インダクタンスの考え方

7 誘導障害

① 電磁誘導（図6-9）

地絡電流 $\dot{I}_0$[A]が送電線に流れたとき，通信線との相互インピーダンスをM[H/m]，平行亘長をl[m]とすると，電磁誘導電圧$\dot{E}_m$は，

$$\dot{E}_m = j\omega M l \dot{I}_0 \text{[V]} \qquad (6\text{-}24)$$

架空地線，遮へい線があるときは，**遮へい係数**を乗じる．

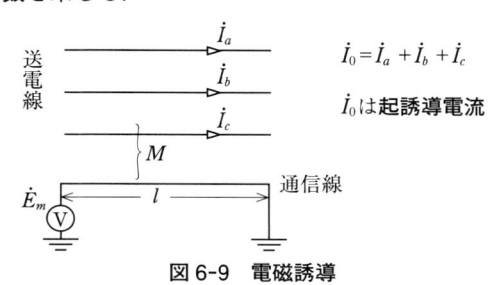

図6-9 電磁誘導

② 静電誘導（図6-10）

各線と通信線間の静電容量をC_a, C_b, C_c[F]，通信線の対地静電容量をC_0[F]，線間電圧をV[V]とすると，静電誘導電圧$\dot{E}_e$は，

$$\dot{E}_e = \frac{C_a + a^2 C_b + a C_c}{C_a + C_b + C_c + C_0} \cdot \frac{V}{\sqrt{3}} \text{[V]} \qquad (6\text{-}25)$$

上式から，$C_a = C_b = C_c$であれば，$E_e = 0$である．

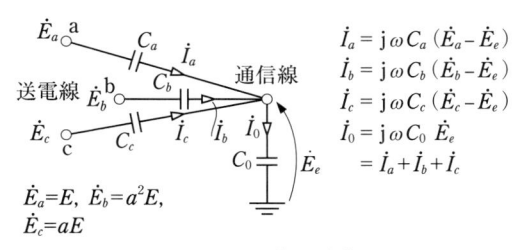

図6-10 静電誘導

8 進行波

雷のような急峻な高電圧の波形は，進行波として取り扱う．ほぼ光速で移動する．

① 無損失線路

線路単位長さのインダクタンスをL，静電容量をCとすると，進行波の電圧e，電流i，**波動インピーダンス**Z_0は，

$$i = e\sqrt{\frac{C}{L}} = \frac{e}{Z_0}, \quad Z_0 = \sqrt{\frac{L}{C}} \qquad (6\text{-}26)$$

電圧波は電流波を伴うが，<u>後進波では電流と電圧の符号が異なる</u>．Z_0は，通常のインピーダンスのように，<u>線路の長さには関係しない</u>．

② 反射と透過

Z_0の異なる結合点Pでは，反射と透過が生じる．図6-11において，電圧波は，

$$e_0 + e_r = e_t \quad \therefore Z_1 i_0 + Z_1 i_r = Z_2 i_t \qquad (6\text{-}27)$$

電流波は，電流i_rが後進波なので，

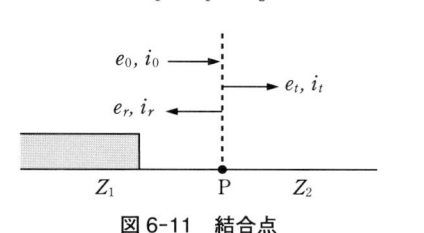

$$i_0 + i_r = i_t \quad \therefore \frac{e_0}{Z_1} - \frac{e_r}{Z_1} = \frac{e_t}{Z_2} \qquad (6\text{-}28)$$

図6-11 結合点

③ 開放端，接地端等での反射

進行波の反射に関しては，次のような原則がある．

(a) <u>開放端では常に電流が零</u>．開放端電流を零とする電流の反射波が発生．この反射波は後進波なので，異符号の電圧波を伴う．ゆえに<u>開放端の電圧は入射波の2倍になる</u>．

(b) <u>接地端では常に電圧が零</u>．接地端電圧を零とする電圧の反射波が発生．この反射波は後進波なので，異符号の電流波を伴う．ゆえに<u>接地端の電流は入射波の2倍になる</u>．

(c) <u>電源では常に電圧を保持</u>．電圧波が戻ってくると電源電圧を維持する反射波が発生．これは前進波なので，同符号の電流波を伴う．

演習問題 6.1　送電線の電圧・電力 1

図の三相 3 線式送電線路がある．受電端の電圧 70 [kV]，負荷 50 [MW]，負荷力率 80 [%] のとき，変電所の一次母線電圧を求めよ．ただし，送電線路の 1 相当たりの抵抗及びリアクタンスは，それぞれ 2 [Ω] 及び 5 [Ω]，変電所の変圧器は定格容量 200 [MV·A]，電圧 154/77 [kV]，パーセントリアクタンスは定格容量基準で 15 [%] とし，その他のインピーダンスは無視するものとする．また，電圧降下は近似式を用いてよい．

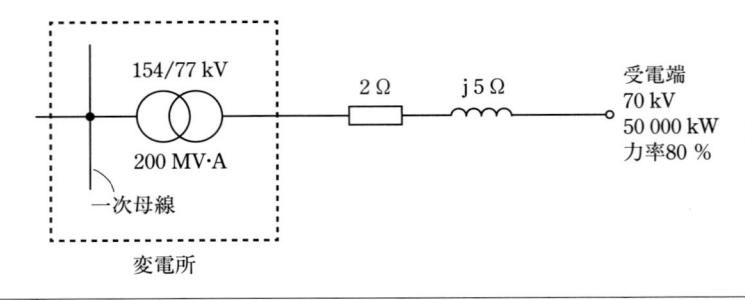

解　答

変圧器の 77 kV 側のリアクタンス値 X_t を，$\%X_t$ 値から求める．変圧器容量を P_n[V·A]，基準電圧を V_n[V] とすると，X_t は，

$$X_t = \frac{\%X_t \cdot V_n^2}{100 P_n} = \frac{15 \times (77 \times 10^3)^2}{100 \times 200 \times 10^6} \fallingdotseq 4.447 [\Omega]$$

よって，77 kV 側に換算した 1 相当たりのリアクタンス X_0 及び抵抗 R_0 は，題意の線路インピーダンスを考慮して，次式で示せる．

$$X_0 = X_t + 5 = 4.447 + 5 = 9.447 [\Omega], \quad R_0 = 2 [\Omega]$$

負荷（線路）電流 I は，負荷電力を P，力率を $\cos\theta$，受電端電圧を V_r とすると，

$$I = \frac{P}{\sqrt{3} V_r \cos\theta} = \frac{50 \times 10^6}{\sqrt{3} \times 70 \times 10^3 \times 0.8} \fallingdotseq \frac{892.9}{\sqrt{3}} [A]$$

となる．よって，送電端電圧 V_s は，

$$V_s \fallingdotseq V_r + \sqrt{3} I (R_0 \cos\theta + X_0 \sin\theta)$$
$$= 70\,000 + \sqrt{3} \times \frac{892.9}{\sqrt{3}} \times \{2 \times 0.8 + 9.447 \times \sqrt{1 - 0.8^2}\}$$
$$\fallingdotseq 76\,490 [V]$$

変電所一次母線側の換算値 V_s' は，

$$V_s' = V_s \times \frac{154}{77} = 76\,490 \times \frac{154}{77} = 152\,980 [V] \rightarrow 153 [kV] \quad \text{(答)}$$

解法のポイント

① 変圧器の％リアクタンス値を 77 kV 側に換算したオーム値とし，送電端から受電端に至るインピーダンスを求める．

② 受電端電圧により負荷電流を求め，これにより線路の電圧降下を求める．

③ 77 kV 側の電圧を 154 kV 側に換算し，一次母線電圧を算出する．

別　解

正確な V_s を (6-5) 式から求めると，題意の数値により，

$$V_s = \sqrt{(70 + 6.4898)^2 + 5.6767^2}$$
$$\fallingdotseq 76.70 [kV]$$

となるが，$-0.27 [\%]$ の誤差に過ぎない．

演習問題 6.2　送電線の電圧・電力2

図の三相3線式1回線送電線路がある．受電端の電圧68[kV]，負荷93[MW]（負荷力率は不明）のとき，次の問に答えよ．ただし，送電線路の1相当たりのインピーダンスはj4[Ω]，変電所の変圧器は定格容量200[MV·A]，電圧154/66[kV]，パーセントリアクタンスは定格容量基準で15[%]とし，その他のインピーダンスは無視するものとする．また，一次母線と受電端との位相差$\delta(0<\delta<\pi/2)$は，$\sin\delta=0.15$である．

(1) 変電所の一次母線電圧及び負荷の消費する無効電力を求めよ．ただし，無効電力の符号は遅れを正とする．

(2) ある容量の調相設備（分路リアクトル若しくは電力用コンデンサ）を受電端に並列接続すると，受電端電圧が66[kV]に低下した．受電端に接続した調相設備の種類及び容量[Mvar]を答えよ．ただし，一次母線の電圧は一定とし，負荷は電圧によらず定電力特性を持つものとする．

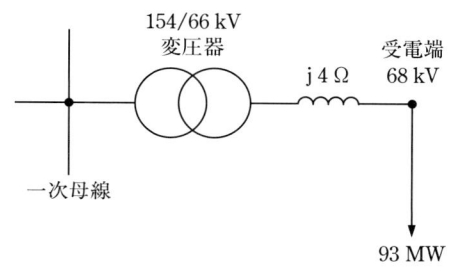

解答

(1) 変圧器の66 kV側のリアクタンス値X_tを，%X_t値から求める．変圧器容量P_n[V·A]，基準電圧V_n[V]とすると，X_tは，

$$X_t = \frac{\%X_t \cdot V_n^2}{100 P_n} = \frac{15 \times (66 \times 10^3)^2}{100 \times 200 \times 10^6} = 3.267 [\Omega]$$

よって，66 kV側に換算した1相当たりのリアクタンスXは，題意の線路リアクタンスを考慮して，

$$X = X_t + 4 = 3.267 + 4 = 7.267 [\Omega]$$

ベクトル図は，相電圧E（送電端E_s，受電端E_r），相差角δ，力率θで表現して**解図**になる．図から，

$E_s \sin\delta = XI \cos\theta$ … (1)

$E_s \cos\delta = E_r + XI \sin\theta$ … (2)

これを，線間電圧$V=\sqrt{3}E$に変換する．負荷電力Pは，$P=\sqrt{3}V_r I \cos\theta$なので，(1)式は，

$V_s V_r \sin\delta = \sqrt{3} V_r I \cos\theta \cdot X$

$= PX$ … (3)

送電端電圧V_sは，(3)式から，

$$V_s = \frac{PX}{V_r \sin\delta} = \frac{93 \times 10^6 \times 7.267}{68 \times 10^3 \times 0.15} \fallingdotseq 66.258 \times 10^3 [V] \quad \cdots (4)$$

解図

解法のポイント

① 前問と同じく，変圧器の%X値を66 kV側のオーム値に換算して，全体のリアクタンスを求める．

② 本問では抵抗分を考慮しなくてよいから，有効電力P，無効電力Qの式は，解図のベクトル図により比較的簡単に求まる．

③ 求めた式を用いて所定の計算をすればよい．

④ 問(2)では，題意から，V_s, P, Qは一定であるが，送電端との位相角δが変化する．$\sin\delta$を有効電力の式で求めて，これによって，新たな無効電力を求め，その差から調相設備の容量を出す．この際，符号が正であればリアクトル，負であればコンデンサになる．

となる．変電所一次母線電圧 V_s' は，

$$V_s' = V_s \times \frac{154}{66} = 66.258 \times \frac{154}{66} \fallingdotseq 154.6 \, [\text{kV}] \quad \textbf{(答)}$$

また，(2)式に $E_s = V_s/\sqrt{3}$, $E_r = V_r/\sqrt{3}$ を代入して，負荷の無効電力 $Q = \sqrt{3} V_r I \sin\theta$ を適用すると，

$$V_s V_r \cos\delta - V_r^2 = \sqrt{3} V_r I \sin\theta \cdot X = QX \quad \cdots (5)$$

よって，負荷の無効電力 Q は，遅れを正として，

$$Q = \frac{V_s V_r \cos\delta - V_r^2}{X} \quad \cdots (6)$$

$$= \frac{66.258 \times 10^3 \times 68 \times 10^3 \times \sqrt{1-0.15^2} - (68 \times 10^3)^2}{7.267}$$

$$\fallingdotseq -23.315 \times 10^6 \, [\text{var}] \fallingdotseq -23.3 \, [\text{Mvar}] \quad \textbf{(答)}$$

(2) 調相設備の投入により，$V_r' = 66 \, [\text{kV}]$ に低下した場合でも，題意から，V_s, P, Q は一定である．調相設備投入後の一次母線と受電端の位相差を δ' とすると，(3)式から，

$$\sin\delta' = \frac{PX}{V_s V_r'} = \frac{93 \times 10^6 \times 7.267}{66.258 \times 10^3 \times 66 \times 10^3} \fallingdotseq 0.154\,55$$

調相設備 Q_c 投入後の送電線から供給される無効電力 Q' は，(6)式を用いて

$$Q' = Q + Q_c = \frac{V_s V_r' \cos\delta' - V_r'^2}{X}$$

$$= \frac{66.258 \times 10^3 \times 66 \times 10^3 \times \sqrt{1-0.154\,55^2} - (66 \times 10^3)^2}{7.267}$$

$$\fallingdotseq -4.887 \times 10^6 \, [\text{var}] = -4.887 \, [\text{Mvar}]$$

$$\therefore Q_c = Q' - Q = -4.887 - (-23.315) \fallingdotseq 18.4 \, [\text{Mvar}] \quad \textbf{(答)}$$

$Q_c > 0$ なので調相設備は，**分路リアクトル**である．**(答)**

コラム　電力円線図と電圧方程式

(1) 電力円線図 (6-13) 式

解答の(1)，(2)式から，$\sin\delta$, $\cos\delta$ を求めて，$\sin^2\delta + \cos^2\delta = 1$ の関係で式を展開し，受電端有効電力 P_r, 無効電力 Q_r（遅れが正）を

$$P_r = \sqrt{3} V_r I \cos\theta, \quad Q_r = \sqrt{3} V_r I \sin\theta$$

で表すと，(6-13)式が導ける．

(2) 電圧方程式と電圧解

(6-13)式を展開すると，V_r^2 について次の2次方程式が導ける．

$$V_r^4 - BV_r^2 + (P_r^2 + Q_r^2)X^2 = 0 \quad \cdots ①$$

ただし，$B = V_s^2 - 2Q_r X$．よって，V_r^2 は，

$$V_r^2 = \frac{B \pm \sqrt{B^2 - 4(P_r^2 + Q_r^2)X^2}}{2} \quad \cdots ②$$

となるが，電圧は高め解が安定な解である．V_r は基準軸であるから，有効な解は実数解であり，①式の根号内 ≥ 0 が必要条件である．また，P_r の増加とともに V_r は下がるが，根号内が0のときに，電圧安定限界であり，最大電力 P_m になる（平成25年類題出題）．

演習問題 6.3　送電線の電圧・電力 3

送電端及び受電端の線間電圧が，それぞれ 220 [kV] 及び 200 [kV] である三相1回線送電線の送電端電圧と受電端電圧の位相角が 30 [°] の場合について，次の値を求めよ．ただし，1相当たりの線路リアクタンスは j40 [Ω] とし，その他のインピーダンスは無視するものとする．また，無効電力は遅相を正とする．

(1) 線路電流 [A]

(2) 受電端有効電力 [MW]，無効電力 [Mvar]

(3) 受電端力率 [％]

2.6 送電系統の電気特性

解　答

(1) 1相分の回路は，**解図**のようになる．送電端相電圧を E_s，受電端相電圧を E_r，位相角を δ，線路リアクタンスを X とすると，線路電流 I は，E_r を基準ベクトルにとると，

$$\dot{I} = \frac{\dot{E}_s - \dot{E}_r}{jX} = \frac{E_s e^{j\delta} - E_r}{jX} = \frac{E_s(\cos\delta + j\sin\delta) - E_r}{jX}$$

$$= \frac{E_s \sin\delta}{X} + j\frac{E_r - E_s \cos\delta}{X}$$

$$= \frac{220 \times 10^3}{\sqrt{3}} \cdot \frac{\sin 30°}{40} + j\frac{1}{40} \cdot \frac{200 \times 10^3 - 220 \times 10^3 \times \cos 30°}{\sqrt{3}}$$

$$\fallingdotseq 1\,587.7 + j\,136.8\,[\text{A}]$$

$$\therefore\ I = \sqrt{1\,587.7^2 + 136.8^2} \fallingdotseq 1\,593.6 \fallingdotseq 1\,590\,[\text{A}] \quad \text{(答)}$$

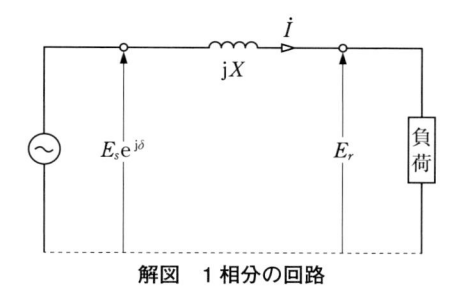

解図　1相分の回路

(2) 遅れの無効電力を正とすると，受電端の三相電力 $P_r + jQ_r$ は，$\dot{I}$ の共役複素数を $\bar{I}$ として，

$$P_r + jQ_r = 3\dot{E}_r\bar{I} = 3 \times \frac{200}{\sqrt{3}} \times (1\,587.7 - j\,136.8)$$

$$\fallingdotseq 550\,000 - j\,47\,390\,[\text{kV·A}] = 550 - j\,47.39\,[\text{MV·A}]$$

有効電力 550 [MW]，無効電力 47.4 [Mvar]（進相）　**(答)**

(3) 受電端の力率 $\cos\theta$ は，上記の結果から，

$$\cos\theta = \frac{P_r}{\sqrt{P_r^2 + Q_r^2}} = \frac{550}{\sqrt{550^2 + 47.4^2}}$$

$$\fallingdotseq 0.996\,3 \rightarrow 99.6\,[\%]\,（進み）\quad \text{(答)}$$

解法のポイント

① 線路電流は，記号法を用いて，（電位差/インピーダンス）で求めればよい．その際，基準ベクトルを明確にする必要がある．受電端相電圧 E_r を基準にとると，送電端相電圧 E_s は，相差角を δ として，$\dot{E}_s = E_s e^{j\delta}$ となるが，オイラーの公式 $e^{j\delta} = \cos\delta + j\sin\delta$ で展開する．

② 遅れの無効電力を正とすると，受電端の三相電力は，$P_r + jQ_r = 3\dot{E}_r\bar{I}$ で示せる．$\bar{I}$ は $\dot{I}$ の共役複素数．

③ 有効電力及び無効電力から力率を求める．

解　説

本問は送電端と受電端の電圧並びにこれらの間の位相角が既知であるから，線路電流を求めることなく前問の(4)式及び(6)式により，有効電力 P_r 及び無効電力 Q_r を直ちに求めることができる．各自確認されよ．

演習問題 6.4 送電線の電圧・電力4

線路亘長が100[km]，線路の直列インピーダンスが $0.17+\text{j}\,0.48$ [Ω/km]，送電端電圧及び受電端電圧がそれぞれ66[kV]及び60[kV]の三相3線式1回線送電線路がある．この送電線路の受電端の最大電力及びそのときの無効電力を求めよ．ただし，その他のインピーダンスは無視するものとする．

解答

1相分の回路は，**解図1**である．送電端電圧を V_s，受電端電圧を V_r，V_s と V_r の位相角を δ，線路インピーダンスを $\dot{Z}=R+\text{j}X$ とする．線路電流 $\dot{I}$ は，V_r を基準ベクトルにとると，

$$\dot{I}=\frac{\dot{V_s}-\dot{V_r}}{\sqrt{3}\dot{Z}}=\frac{V_s\text{e}^{\text{j}\delta}-V_r}{\sqrt{3}Z\text{e}^{\text{j}\beta}}=\frac{V_s}{\sqrt{3}Z}\text{e}^{\text{j}(\delta-\beta)}-\frac{V_r}{\sqrt{3}Z}\text{e}^{-\text{j}\beta} \quad \cdots (1)$$

となる．ただし，$\beta=\tan^{-1}(X/R)$ である（**解図2**）．

受電端の三相電力 $P_r+\text{j}Q_r$ は，遅れの無効電力を正とすると，$\dot{I}$ の共役複素数を $\bar{I}$ として，

$$P_r+\text{j}Q_r=\sqrt{3}V_r\bar{I}=\frac{V_sV_r}{Z}\text{e}^{-\text{j}(\delta-\beta)}-\frac{V_r^2}{Z}\text{e}^{\text{j}\beta} \quad \cdots (2)$$

(2)式をオイラーの公式で展開すると，P_r 及び Q_r は，$\cos\beta=R/Z$，$\sin\beta=X/Z$ であるから，

$$P_r=\frac{V_sV_r}{Z}\cos(\delta-\beta)-\frac{V_r^2}{Z}\cos\beta=\frac{V_sV_r}{Z}\cos(\delta-\beta)-\frac{RV_r^2}{Z^2} \quad \cdots (3)$$

$$Q_r=-\frac{V_sV_r}{Z}\sin(\delta-\beta)-\frac{V_r^2}{Z}\sin\beta=-\frac{V_sV_r}{Z}\sin(\delta-\beta)-\frac{XV_r^2}{Z^2} \quad \cdots (4)$$

となる．位相角 δ の変化により，有効電力 P_r が最大になるのは，$\cos(\delta-\beta)=1$ の場合，すなわち $\delta=\beta$ が成立する場合である．よって，最大電力 P_m，無効電力 Q_m は，(3)，(4)式から，

$$P_m=\frac{V_sV_r}{Z}-\frac{RV_r^2}{Z^2} \quad \cdots (5), \quad Q_m=-\frac{XV_r^2}{Z^2} \quad \cdots (6)$$

題意から，線路亘長が100[km]では，$R=17$[Ω]，$X=48$[Ω]になるから，$Z=\sqrt{17^2+48^2}=\sqrt{2\,593}\fallingdotseq 50.92$[Ω]である．(5)式及び(6)式に題意の数値を代入すると，最大電力 P_m 及びそのときの無効電力 Q_m は，

$$P_m=\frac{66\times 60}{50.92}-\frac{17\times 60^2}{2\,593}\fallingdotseq 54.17\,[\text{MW}] \quad \textbf{(答)}$$

$$Q_m=-\frac{48\times 60^2}{2\,593}\fallingdotseq -66.64\,[\text{Mvar}]\,(\text{進み}) \quad \textbf{(答)}$$

解法のポイント

① 線路インピーダンスに抵抗分が含まれるので，前問よりも計算は複雑になる．ただし，計算の手法は前問と同じく，線路電流を求め，これに基づいて複素電力を算出する．

② 線路インピーダンスの $\dot{Z}=R+\text{j}X$ を直角三角形で表し，$\tan\beta=X/R$ から，$\cos\beta=R/Z$，$\sin\beta=X/Z$ となる．これを用いて複素電力の式の展開を行う（**解図2**）．

③ 計算を行うと，有効電力 P_r は，送受両端の相差角を δ として，$\cos(\delta-\beta)$ の積で表される．よって最大値は明らかに，$\delta=\beta$ の場合であり，無効電力も求まる．

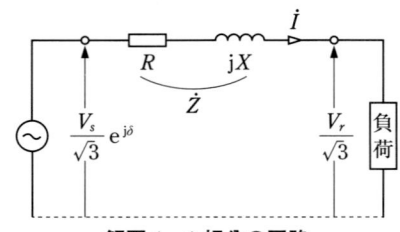

解図1 1相分の回路

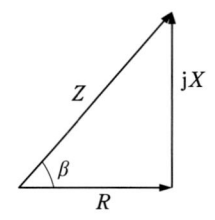

解図2 線路インピーダンス

演習問題 6.5　送電線の電圧・電力5

公称電圧 275[kV]，三相3線式1回線送電線において，受電端に負荷 200[MW] + j 70[Mvar]（遅れ）と並列コンデンサ 20[Mvar]（265[kV]において）が接続されており，受電端電圧は 265[kV] である．この場合の送電端電圧を求めよ．ただし，送電線は1相分を図のような π 回路で表すことができるものとし，送電線インピーダンスは $\dot{Z} = 5 + j\,30\,[\Omega]$，送電線アドミタンスは $\dot{Y} = j\,4 \times 10^{-4}\,[\mathrm{S}]$ である．電圧降下は近似式を用いてよい．

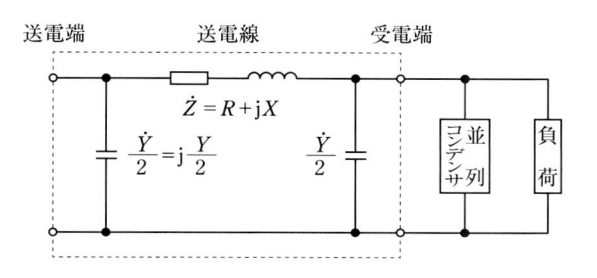

解　答

受電端の並列コンデンサを含んだ合成皮相電力 P_a は，遅れ無効電力を正として，

$$\dot{P}_a = 200 + j\,70 - j\,20 = 200 + j\,50\,[\mathrm{MV \cdot A}] \quad \cdots (1)$$

受電端電圧 V_r を基準とすると，$\dot{P}_a = \sqrt{3}\,V_r\,\bar{I}_r$ で表される．ただし，$\bar{I}_r$ は受電端電流の共役値である．ゆえに，

$$\bar{I}_r = \frac{\dot{P}_a}{\sqrt{3}\,V_r} = \frac{(200 + j\,50) \times 10^6}{\sqrt{3} \times 265 \times 10^3} \fallingdotseq 435.7 + j\,108.9\,[\mathrm{A}]$$

$$\therefore \dot{I}_r = 435.7 - j\,108.9\,[\mathrm{A}]$$

次に，受電端の $\dot{Y}/2$ に流れる電流 $\dot{I}_c$ は，

$$\dot{I}_c = \frac{V_r}{\sqrt{3}} \cdot \frac{\dot{Y}}{2} = \frac{265 \times 10^3}{\sqrt{3}} \times j\,\frac{4 \times 10^{-4}}{2} = j\,\frac{53}{\sqrt{3}} \fallingdotseq j\,30.6\,[\mathrm{A}]$$

以上から，線路電流 $\dot{I}_l$ は，両者の和となり，

$$\dot{I}_l = \dot{I}_r + \dot{I}_c = 435.7 - j\,108.9 + j\,30.6 = 435.7 - j\,78.3\,[\mathrm{A}]$$

求める送電端電圧 $\dot{V}_s$ は，

$$\dot{V}_s = \dot{V}_r + \sqrt{3}\,\dot{I}_l\,\dot{Z} = 265 \times 10^3 + \sqrt{3} \times (435.7 - j\,78.3) \times (5 + j\,30)$$

$$\fallingdotseq 265 \times 10^3 + 7.842 \times 10^3 + j\,21.96 \times 10^3$$

$$\fallingdotseq 272.84 \times 10^3 + j\,21.96 \times 10^3\,[\mathrm{V}]$$

$$\therefore V_s = \sqrt{272.84^2 + 21.96^2} \fallingdotseq 273.7\,[\mathrm{kV}] \quad \textbf{(答)}$$

解法のポイント

① 問題では遅れの無効電力を正としているので，受電端電力は，$\dot{P}_a = \dot{V} \cdot \bar{I}$ の形式で示せる．$\bar{I}$ は $\dot{I}$ の共役複素数である．これらの関係を利用して，受電端電流 $\dot{I}_r$ を求める．

② 負荷側の線路アドミタンスに流れる電流 $\dot{I}_c$ を求め，$\dot{I}_r$ を加えて線路電流 $\dot{I}_l$ を出す．

③ $\dot{I}_l$ による線路インピーダンスの電圧降下を計算し，送電端電圧を求める．

解　説

線路亘長が 20[km] 程度以上になると，線路の静電容量を無視できなくなる．この場合には，本問のような π 回路，または，C を線路中央に置いた T 回路として計算を行う．これらの回路は，4端子定数回路としても解ける（演習問題 6.8 参照）．4端子定数が分かれば，計算を機械的に行うことが可能である．

演習問題 6.6　送電線の直列コンデンサ 1

図に示すような，1線当たりのインピーダンスが $3+j6 [\Omega]$ 及び $2+j5 [\Omega]$ の二つの三相3線式1回線送電線路のうち，インピーダンス $2+j5 [\Omega]$ の方に直列コンデンサを接続してループ運転する場合，送電損失が最小となるコンデンサのリアクタンス x の値 $[\Omega]$ を求めよ．ただし，負荷電流は一定とする．

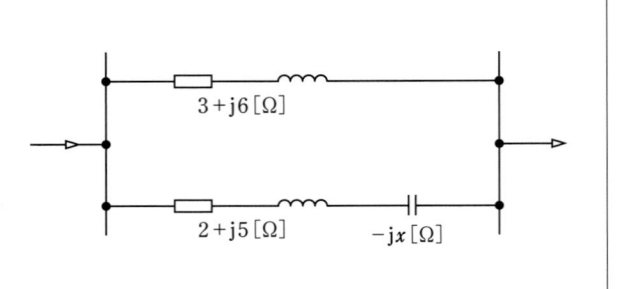

解答

インピーダンスは，$3+j6 [\Omega]$ を $\dot{Z}_1$，$2+j5 [\Omega]$ を $\dot{Z}_2$ とし，それぞれの回線の電流を $\dot{I}_1$, $\dot{I}_2$ とする．ここで，$\dot{I}_1 \dot{Z}_1 = \dot{I}_2 \dot{Z}_2$ なので，

$$\frac{\dot{I}_1}{\dot{I}_2} = \frac{\dot{Z}_2}{\dot{Z}_1} = \frac{R_2 + jX_2}{R_1 + jX_1} \quad \cdots (1)$$

となるが，両回線の R/X の比が同じであれば，電流の比は定数であり，**解図**のように同相となる．すなわち，$|\dot{I}_1|+|\dot{I}_2|=|\dot{I}|$ となる．この比が異なると位相差を生じるので $|\dot{I}_1|+|\dot{I}_2|>|\dot{I}|$ となり，線路損失は増加する．つまり線路損失は，R/X の比が同じであれば最小になる．

よって，本問では，$\dot{Z}_2$ の X/R の比を，$\dot{Z}_1=3+j6$ の X/R の比 2 にすればよい．ゆえに，コンデンサ挿入後の $\dot{Z}_2'$ は，

$$\dot{Z}_2' = 2+j2\times 2 = 2+j4 [\Omega] \quad \cdots (2)$$

とする必要がある．よって，挿入する直列コンデンサのリアクタンス値 x は，

$$x = 5 - 4 = 1 [\Omega] \quad \textbf{(答)}$$

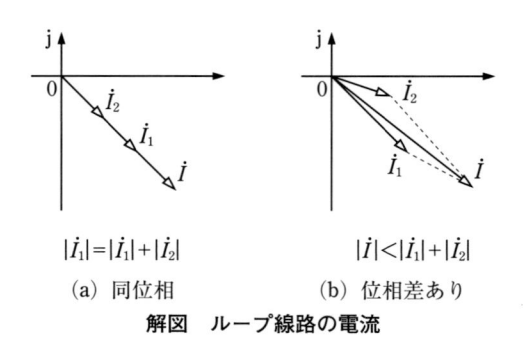

(a) 同位相　$|\dot{I}|=|\dot{I}_1|+|\dot{I}_2|$

(b) 位相差あり　$|\dot{I}|<|\dot{I}_1|+|\dot{I}_2|$

解図　ループ線路の電流

解法のポイント

① 電流の配分が変化しても負荷電流は一定であるから，両回線の電流が同位相であれば，電流の和は最小になり，線路損失も最小になる．ここが一番のポイントである．

② 両回線の R/X の比が同じであれば，両者は同位相となる．よって，簡単にコンデンサのリアクタンス値が求められる．

③ 両回線の合成インピーダンスの抵抗分を求めて，微分により答を得る方法は計算が複雑であり，感心しない．

解説

変圧器の並行運転で，R/X の比をできる限り同じにするのも損失を少なくするためであり，その考え方は本問と同様である．

なお，直列コンデンサを挿入するのは，必ず X/R の比が大きい方の回線であることに注意する．

演習問題 6.7　送電線の直列コンデンサ2

図のような系統において，負荷は170[MW]，インピーダンスは下記に示すとおりである．次の問に答えよ．

変圧器：T_1，T_2とも，j10[％]（定格容量100[MV·A]）

A線：j0.2[％/km]（100[MV·A]基準），B線：j0.1[％/km]（10[MV·A]基準）

(1) A線及びB線を流れる電力は，それぞれ何[MW]か．

(2) A線の電力を99[MW]にしようとする場合，P点には，各相に何[Ω]の直列コンデンサを挿入しなければならないか．

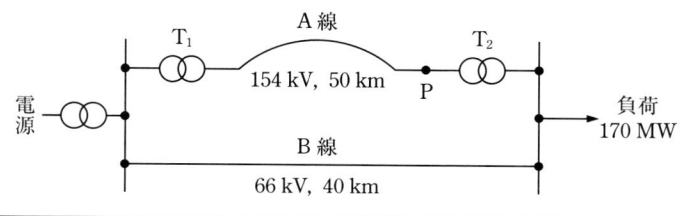

解答

(1) 基準容量を100[MV·A]として，A線，B線のインピーダンスをx_a，x_bとする．x_aは題意より，

$$jx_a = j0.2 \times 50 = j10[\%] = j0.1[pu]$$

B線は10[MV·A]基準で値が示されているので，x_bは，

$$jx_b = j0.1 \times 40 \times \frac{100}{10} = j40[\%] = j0.4[pu]$$

T_1，T_2のインピーダンスをそれぞれ，x_{T1}，x_{T2}とすると，題意から，

$$jx_{T1} = jx_{T2} = j10[\%] = j0.1[pu]$$

以上から，**解図1**のインピーダンスマップで示せる．A線，B線に流れる電力をそれぞれP_a，P_bとすると，負荷をPとして，

$$P_a = \frac{jx_b}{j(x_a + x_{T1} + x_{T2} + x_b)} P = \frac{j0.4}{j(0.1+0.1+0.1+0.4)} \times 170$$

$$= \frac{4}{7} \times 170 \fallingdotseq 97.14[MW] \quad \textbf{(答)}$$

$$P_b = \frac{j(x_a + x_{T1} + x_{T2})}{j(x_a + x_{T1} + x_{T2} + x_b)} P = \frac{j(0.1+0.1+0.1)}{j(0.1+0.1+0.1+0.4)} \times 170$$

$$= \frac{3}{7} \times 170 \fallingdotseq 72.86[MW] \quad \textbf{(答)}$$

解法のポイント

① 線路及び変圧器の％インピーダンスを基準容量に統一して，インピーダンスマップを描く．

② 各線にはインピーダンスの逆比で電力が流れることから，各線の電力を求める．

③ P点の直列コンデンサを$-jx_C$[pu]として，同様に等価回路を描く．題意でA線の電力は99[MW]であるから，x_C[pu]が求められる．

④ [pu]値と[Ω]値は，[pu] = [A]·[Ω]/[V] = [V·A]·[Ω]/[V]^2 の関係がある．ゆえに，[Ω]値は，

$$[\Omega] = \frac{[V]^2}{[V \cdot A]} \cdot [pu]$$

解図1　コンデンサ挿入前

解図2　コンデンサ挿入後

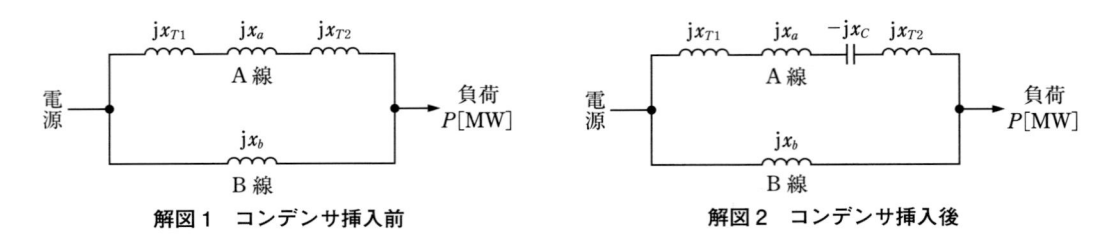

(2) P点に接続する直列コンデンサを$-jx_C$[pu]とすると，解図2の回路となる．A線に流れる電力をP_a'とすると，

$$P_a' = \frac{jx_b}{j(x_a+x_{T1}+x_{T2}-x_C+x_b)}P = \frac{j0.4}{j(0.1+0.1+0.1-x_C+0.4)}P = \frac{0.4}{0.7-x_C}P \quad \cdots (1)$$

題意から，$P_a' = 99$[MW]であるから，x_Cは(1)式から，

$$x_C = \frac{0.7P_a' - 0.4P}{P_a'} = \frac{0.7 \times 99 - 0.4 \times 170}{99} \fallingdotseq 0.013\,13 \,[\text{pu}] \quad \cdots (2)$$

A線は154[kV]であり，100[MV・A]基準であるから，直列コンデンサのオーム値xは，

$$x_C = \frac{100 \times 10^6}{(154 \times 10^3)^2}x = \frac{100}{154^2}x\,[\text{pu}] \quad \therefore x = \frac{154^2}{100} \times 0.013\,13 \fallingdotseq 3.11\,[\Omega] \quad \textbf{(答)}$$

演習問題 6.8　4端子回路1

4端子回路は，図1のπ形回路のような回路網を一つのブラックボックスと考え，入出力4つの端子が出ている回路として，図2のように表現したものである．送受両端の相電圧を$\dot{E}_s$，$\dot{E}_r$，送受両端の電流を$\dot{I}_s$，$\dot{I}_r$とすると，これらは，4端子定数を$\dot{A}$，$\dot{B}$，$\dot{C}$，$\dot{D}$として次式で示せる．

$\dot{E}_s = \dot{A}\dot{E}_r + \dot{B}\dot{I}_r$　…①

$\dot{I}_s = \dot{C}\dot{E}_r + \dot{D}\dot{I}_r$　…②

上記の4端子定数には，$\dot{A}\dot{D} - \dot{B}\dot{C} = 1$の関係がある．4端子回路に関して，次の問に答えよ．

(1) 4端子定数は，受電端を開放または短絡することにより求めることができる．これを用いて，図1のπ回路の4端子定数を，$\dot{Z}$及び$\dot{Y}$により示せ．

(2) (1)で求めた4端子定数により，演習問題6.5の送電端電圧を算出せよ．

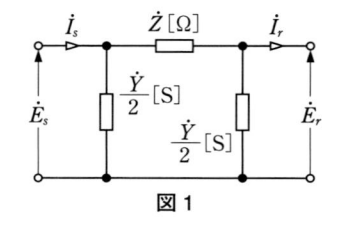

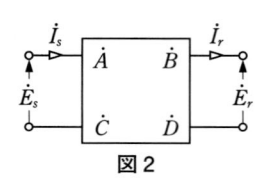

図1

図2

解　答

(1) 無負荷の状態で、受電端を開放すると $\dot{I}_r=0$ であり、この場合の $\dot{E}_r$, $\dot{I}_s$ は、

$$\dot{E}_r = \frac{2/\dot{Y}}{\dot{Z}+(2/\dot{Y})}\dot{E}_s = \frac{2}{\dot{Z}\dot{Y}+2}\dot{E}_s \quad \cdots (1)$$

$$\dot{I}_s = \frac{\dot{E}_s}{2/\dot{Y}} + \frac{\dot{E}_s}{\dot{Z}+(2/\dot{Y})} = \left(\frac{\dot{Y}}{2} + \frac{\dot{Y}}{\dot{Z}\dot{Y}+2}\right)\dot{E}_s = \frac{\dot{Z}\dot{Y}+4}{\dot{Z}\dot{Y}+2}\cdot\frac{\dot{Y}}{2}\dot{E}_s \quad \cdots (2)$$

次に、受電端を短絡すると $\dot{E}_r=0$ であり、この場合の $\dot{I}_r$, $\dot{I}_s$ は、

$$\dot{I}_r = \frac{\dot{E}_s}{\dot{Z}} \quad \cdots (3)$$

$$\dot{I}_s = \frac{\dot{E}_s}{2/\dot{Y}} + \frac{\dot{E}_s}{\dot{Z}} = \left(\frac{\dot{Y}}{2} + \frac{1}{\dot{Z}}\right)\dot{E}_s = \frac{\dot{Z}\dot{Y}+2}{2\dot{Z}}\dot{E}_s \quad \cdots (4)$$

これらの(1)〜(4)式により、4端子定数は、以下で求まる.

$$\dot{A} = \left.\frac{\dot{E}_s}{\dot{E}_r}\right|_{\dot{I}_r=0} = \frac{\dot{Z}\dot{Y}+2}{2} = \frac{\dot{Z}\dot{Y}}{2}+1 \quad \cdots (5) \quad \textbf{(答)}$$

$$\dot{B} = \left.\frac{\dot{E}_s}{\dot{I}_r}\right|_{\dot{E}_r=0} = \dot{Z}[\Omega] \quad \cdots (6) \quad \textbf{(答)}$$

$$\dot{C} = \left.\frac{\dot{I}_s}{\dot{E}_r}\right|_{\dot{I}_r=0} = \frac{\dot{Z}\dot{Y}+4}{\dot{Z}\dot{Y}+2}\cdot\frac{\dot{Y}}{2}\dot{E}_s \cdot \frac{\dot{Z}\dot{Y}+2}{2\dot{E}_s} = \frac{\dot{Z}\dot{Y}+4}{2}\cdot\frac{\dot{Y}}{2}[\text{S}] \cdots(7) \textbf{(答)}$$

$$\dot{D} = \left.\frac{\dot{I}_s}{\dot{I}_r}\right|_{\dot{E}_r=0} = \frac{\dot{Z}\dot{Y}+2}{2\dot{Z}}\dot{E}_s \cdot \frac{\dot{Z}}{\dot{E}_s} = \frac{\dot{Z}\dot{Y}+2}{2} = \frac{\dot{Z}\dot{Y}}{2}+1 \quad \cdots (8) \quad \textbf{(答)}$$

(2) 題意の①式を線間電圧 $\dot{V}_r$, $\dot{V}_s$ で表現すると、

$$\dot{V}_s = \dot{A}\dot{V}_r + \sqrt{3}\dot{B}\dot{I}_r \quad \cdots (9)$$

となる. $\dot{A}$ は、(5)式に演習問題6.5の $\dot{Z}$, $\dot{Y}$ を代入して、

$$\dot{A} = \frac{\dot{Z}\dot{Y}}{2}+1 = \frac{(5+\text{j}30)\times\text{j}4\times10^{-4}}{2}+1 = \frac{-0.012+\text{j}20\times10^{-4}}{2}+1$$

$$= 1-0.006+\text{j}10\times10^{-4} = 0.994+\text{j}10^{-3} \quad \cdots (10)$$

$\dot{V}_r$ を基準ベクトルにとると、$\dot{I}_r = 435.7-\text{j}108.9[\text{A}]$ であるから(演習問題6.5)、

$$\dot{V}_s = \dot{A}\dot{V}_r + \sqrt{3}\dot{B}\dot{I}_r = (0.994+\text{j}0.001)\times265\times10^3$$
$$+ \sqrt{3}\times(5+\text{j}30)\times(435.7-\text{j}108.9)$$
$$\fallingdotseq 263\,410+\text{j}265+9\,431.9+\text{j}21\,696.5$$
$$\fallingdotseq 272\,842+\text{j}21\,962[\text{V}]$$

$$V_s = \sqrt{272.84^2+21.96^2} \fallingdotseq 273.7[\text{kV}] \quad \textbf{(答)}$$

解法のポイント

① 4端子定数は、問題文にあるように受電端を開放または短絡することにより求める. すなわち、$\dot{I}_r=0$ または $\dot{E}_r=0$ の条件から求めればよい.

② いきなり定義式に取り組まず、まず、受電端を開放または短絡した場合の電流及び電圧を求める. その結果から4端子定数を求める方がよい.

③ 問(2)では求める電圧は線間電圧であるので、題意の①式を適用するが線間電圧に変形する. 定数 $\dot{A}$ を先に求めてから、①式に代入する.

解　説

当然のことながら、送電端電圧 V_s は、演習問題6.5と同じ値になっている. なお、4端子定数の $\dot{A}$ は**電圧定数**, $\dot{B}$ は**短絡伝達インピーダンス**[Ω], $\dot{D}$ は**電流定数**, $\dot{C}$ は**開放伝達アドミタンス**[S]ということがある.

別　解　問(1)

本問は対称回路なので、$\dot{A}=\dot{D}$ となる. よって、$\dot{C}$ は、

$$\dot{C} = \frac{\dot{A}\dot{D}-1}{\dot{B}}$$

で求めてもよい.

演習問題 6.9　4端子回路2

公称電圧 110[kV] のある送電線路の4端子定数は，$\dot{A}=0.98$，$\dot{B}=\mathrm{j}70.7[\Omega]$，$\dot{C}=\mathrm{j}0.56\times10^{-3}[\mathrm{S}]$，$\dot{D}=0.98$ である．受電端電圧が 100[kV] で，受電端負荷が遅れ力率 0.8 の 21[MW] であるとき，送電端電圧 [kV] を求めよ．

解答

送受両端の線間電圧を $\dot{V}_s$, $\dot{V}_r$，電流を $\dot{I}_s$, $\dot{I}_r$ とすると，4端子回路として次式が成り立つ．

$$\dot{V}_s = \dot{A}\dot{V}_r + \sqrt{3}\dot{B}\dot{I}_r \quad \cdots (1)$$

また，受電端の有効・無効電力を P_r, Q_r とし，Q_r は遅れが負とすると，$\overline{V}_r$ を $\dot{V}_r$ の共役値として，

$$P_r + \mathrm{j}Q_r = \sqrt{3}\overline{V}_r\dot{I}_r \quad \cdots (2)$$

が成り立つ．(2)式から，$\dot{I}_r$ を求めて(1)式に代入する．

$$\dot{I}_r = \frac{P_r}{\sqrt{3}\overline{V}_r} + \mathrm{j}\frac{Q_r}{\sqrt{3}\overline{V}_r}$$

$$\therefore \dot{V}_s = \dot{A}\dot{V}_r + \dot{B}\left(\frac{P_r}{\overline{V}_r} + \mathrm{j}\frac{Q_r}{\overline{V}_r}\right) \quad \cdots (3)$$

Q_r は，題意から遅れ力率 $\cos\theta = 0.8$ であるから，

$$Q_r = \frac{-P_r}{\cos\theta}\cdot\sin\theta = \frac{-21}{0.8}\times\sqrt{1-0.8^2} = -15.75[\mathrm{Mvar}]$$

$\dot{V}_r$ を基準ベクトルにとり，題意の数値を(3)式に代入する．

$$\dot{V}_s = 0.98\times 100 + \mathrm{j}70.7\times\left(\frac{21}{100} + \mathrm{j}\frac{-15.75}{100}\right)$$

$$\fallingdotseq 109.135 + \mathrm{j}14.847[\mathrm{kV}]$$

$$\therefore V_s = \sqrt{109.135^2 + 14.87^2} \fallingdotseq 110.1[\mathrm{kV}] \quad \textbf{(答)}$$

解法のポイント

① 4端子方程式のうち，$\dot{E}_s$ の式を用い，これを線間電圧 $\dot{V}_s$, $\dot{V}_r$ の式とする．

② 一方，受電端電力 $\dot{W}_r = P_r + \mathrm{j}Q_r$ は，無効電力の遅れを負とすると，$\dot{W}_r = \overline{V}_r\dot{I}_r$ で表せる．V_r を基準ベクトルにとり，$\dot{I}_r$ を P_r 及び Q_r の式とする．

③ ②で求めた式を4端子方程式に代入し，これに，Q_r の数値を求めたもの及び題意の数値を代入すると答が出る．

[補充問題]　T形回路4端子定数

図のT形回路の4端子定数を求めよ．

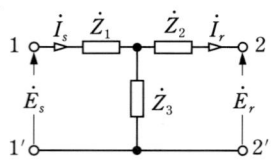

[解答]

受電端開放 ($\dot{I}_r = 0$) では，$\dot{E}_r$, $\dot{I}_s$ は，

$$\dot{E}_r = \frac{\dot{Z}_3\dot{E}_s}{\dot{Z}_1+\dot{Z}_3} \quad \cdots ①, \quad \dot{I}_s = \frac{\dot{E}_s}{\dot{Z}_1+\dot{Z}_3} \quad \cdots ②$$

受電端短絡 ($\dot{E}_r = 0$) では，$\dot{I}_s$, $\dot{I}_r$ は，

$$\dot{I}_s = \frac{\dot{E}_s}{\dot{Z}_1+\{\dot{Z}_2\dot{Z}_3/(\dot{Z}_2+\dot{Z}_3)\}} \quad \cdots ③$$

$$\dot{I}_r = \frac{\dot{Z}_3}{\dot{Z}_2+\dot{Z}_3}\dot{I}_s = \frac{\dot{Z}_3\dot{E}_s}{\dot{Z}_1(\dot{Z}_2+\dot{Z}_3)+\dot{Z}_2\dot{Z}_3} \quad \cdots ④$$

$$\dot{A} = \frac{\dot{E}_s}{①} = \frac{\dot{Z}_1+\dot{Z}_3}{\dot{Z}_3} = 1 + \frac{\dot{Z}_1}{\dot{Z}_3}$$

$$\dot{B} = \frac{\dot{E}_s}{④} = \frac{\dot{Z}_1\dot{Z}_2+\dot{Z}_2\dot{Z}_3+\dot{Z}_3\dot{Z}_1}{\dot{Z}_3}[\Omega]$$

$$\dot{C} = \frac{②}{①} = \frac{1}{\dot{Z}_3}[\mathrm{S}]$$

$$\dot{D} = \frac{③}{④} = \frac{\dot{Z}_2+\dot{Z}_3}{\dot{Z}_3} = 1 + \frac{\dot{Z}_2}{\dot{Z}_3}$$

$\dot{Z}_1 = \dot{Z}_2$ の対称回路なら，$\dot{A} = \dot{D}$ となる．

演習問題 6.10　4端子回路3

前問の送電線において，無負荷時に送電端に電圧 110[kV] を加えた場合，次の値を求めよ．
(1) 受電端電圧及び送電端電流
(2) 受電端電圧を 110[kV] に保つための受電端調相設備容量[kvar]とその種別

解 答

(1) 送受両端の線間電圧を $\dot{V}_s, \dot{V}_r$，送受両端の電流を $\dot{I}_s, \dot{I}_r$ とすると，これらは，4端子定数を $\dot{A}, \dot{B}, \dot{C}, \dot{D}$ として次式で示せる．

$$\dot{V}_s = \dot{A}\dot{V}_r + \sqrt{3}\dot{B}\dot{I}_r \quad \cdots (1)$$
$$\sqrt{3}\dot{I}_s = \dot{C}\dot{V}_r + \sqrt{3}\dot{D}\dot{I}_r \quad \cdots (2)$$

無負荷であるから，$\dot{I}_r = 0$ である．よって，受電端電圧（線間）$\dot{V}_r$ は，(1)式から，

$$\dot{V}_r = \frac{\dot{V}_s}{\dot{A}} = \frac{110}{0.98} \fallingdotseq 112.2 [\text{kV}] \quad （答）$$

送電端電流 $\dot{I}_s$ は，(2)式から，

$$\dot{I}_s = \dot{C}\frac{\dot{V}_r}{\sqrt{3}} = j0.56 \times 10^{-3} \times \frac{112.2 \times 10^3}{\sqrt{3}} \fallingdotseq j36.3 [\text{A}] \quad （答）$$

(2) (1)式において，$\dot{V}_r = 110[\text{kV}]$ を保持するために必要な受電端電流 $\dot{I}_r$ は，

$$\dot{I}_r = \frac{\dot{V}_s}{\sqrt{3}\dot{B}} - \frac{\dot{A}\dot{V}_r}{\sqrt{3}\dot{B}} = \frac{110 \times 10^3}{\sqrt{3} \times j70.7} - \frac{0.98 \times 110 \times 10^3}{\sqrt{3} \times j70.7}$$
$$\fallingdotseq -j898.282 + j880.316 \fallingdotseq -j17.97 [\text{A}]$$

よって，調相設備は遅れであり，調相容量 Q_r は，

$$Q_r = \sqrt{3}V_r I_r \times 10^{-3} = \sqrt{3} \times 110 \times 10^3 \times 17.97 \times 10^{-3}$$
$$\fallingdotseq 3\,424 [\text{kvar}] （遅れ） \quad （答）$$

解法のポイント

① 問(1)では無負荷なので，受電端開放で $\dot{I}_r = 0$ である．V_s の式で V_r を求め，これを I_s の式に代入すれば答が出る．

② 問(2)では，$\dot{V}_r = 110[\text{kV}]$ を保持するために必要な I_r を V_s の式から求める．

③ 調相設備容量 $Q_r = \sqrt{3}V_r I_r$ で答を得る．

解 説

無負荷の状態では，線路の静電容量の影響を受けて，送電端電流は進みであり，受電端の電圧が上昇している．よって，調相設備で電圧を下げるには，リアクトルが必要である．

コラム　大地を帰路とするインダクタンス（演習問題 6.15 参照）

図 6-12 のように，地表高 $h[\text{m}]$ に架設された半径 $r[\text{m}]$ の電線 a の自己インダクタンス L_e は，地表面下 $H[\text{m}]$ の a′ に集中して影像電流が流れたものとして，

$$L_e = 0.460\,5 \log_{10} \frac{h+H}{r} [\text{mH/km}] \quad (6\text{-}29)$$

で表せる．$H_e = (h+H)/2$ を**相当大地面の深さ**といい，300〜900[m]程度の値である．

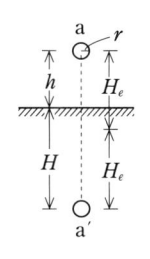

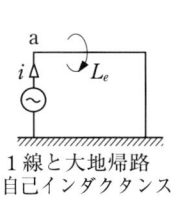

図 6-12

演習問題 6.11　送電線の地絡 1

図のように，送受両端の中性点をそれぞれ 500[Ω] の抵抗で接地した亘長 100[km]，電圧 66[kV]，周波数 50[Hz] の三相 3 線式 1 回線送電線がある．その 1 線が 250[Ω] の抵抗を通じて地絡を生じた場合，次の問に答えよ．ただし，1 線当たりの対地静電容量は 0.004 5[μF/km] とし，その他のインピーダンスは無視するものとする．

(1) 事故時の地絡電流[A]を求めよ．

(2) 各接地抵抗に流れる電流[A]を求めよ．

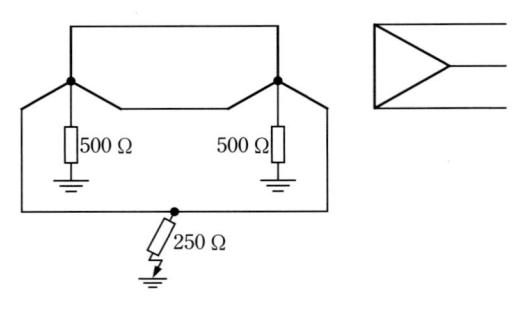

解　答

(1) 地絡時の状況は，テブナンの定理により，中性点抵抗 R，地絡抵抗 R_g，1 線の対地静電容量 C により，**解図**のように表せる．地絡点から見た回路のインピーダンス $\dot{Z}_0$ は，記号を図示にとると，次式で示せる．

$$\dot{Z}_0 = R_g + \frac{(R/2) \cdot (1/j3\omega C)}{(R/2)+(1/j3\omega C)} = R_g + \frac{R}{2+j3\omega CR}$$

$$= 250 + \frac{500}{2+j3 \times 2\pi \times 50 \times 0.004\,5 \times 10^{-6} \times 100 \times 500}$$

$$\fallingdotseq 250 + \frac{500}{2+j0.212} \fallingdotseq 250 + 247.2 - j26.2$$

$$= 497.2 - j26.2[\Omega] \quad \cdots \quad (1)$$

よって，地絡電流 $\dot{I}_g$ は，地絡前に地絡点に表れている電圧を E_a とすると，

$$|\dot{I}_g| = \frac{E_a}{|\dot{Z}_0|} = \frac{66 \times 10^3/\sqrt{3}}{\sqrt{497.2^2+26.2^2}} \fallingdotseq 76.53 \to 76.5[A] \quad \textbf{(答)}$$

(2) 各接地抵抗に流れる電流 I_r は，対称性から同一の電流が流れる．

$$\dot{I}_r = \dot{I}_g \cdot \frac{1/j3\omega C}{(R/2)+(1/j3\omega C)} \cdot \frac{1}{2} = \frac{1}{2+j3\omega CR}\dot{I}_g \quad \cdots \quad (2)$$

(1)式の計算で，$j3\omega CR = j0.212$ であるから，

$$\therefore |\dot{I}_r| = \frac{76.53}{\sqrt{2^2+0.212^2}} \fallingdotseq 38.1[A] \quad \textbf{(答)}$$

解法のポイント

① 題意から変圧器などのインピーダンスを無視できるので，本問はテブナンの定理により解ける．

② 地絡前に地絡点には，相電圧が現れている．

③ 回路は解図のようになるので，これを解けばよい．

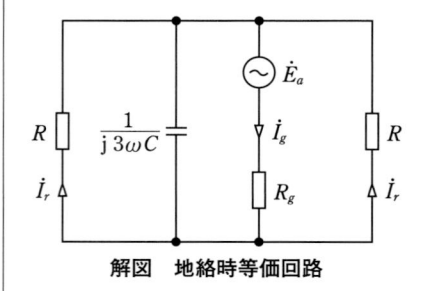

解図　地絡時等価回路

解　説

本問のような抵抗接地系では，実用上は C を無視しても差し支えない．抵抗のみで計算すると $I_g \fallingdotseq 76.2[A]$ であり，誤差は $-0.4[\%]$ 程度で計測誤差の範囲である．

2.6 送電系統の電気特性

演習問題 6.12 送電線の地絡2

1線当たりの対地静電容量 0.5[μF]，使用電圧 66[kV]，周波数 50[Hz] の中性点非接地方式の三相3線式1回線架空送電線路がある．1線が抵抗 1 000[Ω] を通じて地絡を生じた．次の問に答えよ．ただし，上記以外のインピーダンスは，無視するものとする．

(1) 地絡電流を求めよ．
(2) 地絡時の中性点電位を求めよ．

解 答

(1) 地絡時の状況は，テブナンの定理により，地絡抵抗 R_g，1線の対地静電容量 C とすると，**解図**のように表せる．地絡点から見た回路のインピーダンス $\dot{Z}_0$ は，記号を図示にとると，次式で示せる．

$$\dot{Z}_0 = R_g + \frac{1}{j\,3\omega C} = 1\,000 - j\frac{1}{3\times 2\pi \times 50 \times 0.5 \times 10^{-6}}$$

$$= 1\,000 - j\frac{1}{150\pi \times 10^{-6}} \fallingdotseq 1\,000 - j\,2\,122\,[\Omega]$$

よって，地絡電流 $\dot{I}_g$ は，地絡前に地絡点に現れている電圧を E_a とすると，

$$|\dot{I}_g| = \frac{E_a}{|\dot{Z}_0|} = \frac{66\times 10^3/\sqrt{3}}{\sqrt{1\,000^2 + 2\,122^2}} \fallingdotseq 16.24 \rightarrow 16.2\,[\text{A}] \quad \text{（答）}$$

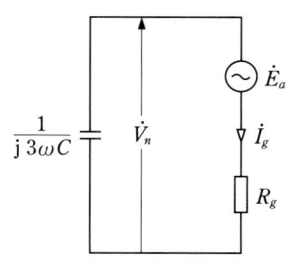

解図　地絡時等価回路

(2) 地絡時の中性点電位 V_n は，$3C$ に現れる電位にほかならないから，

$$V_n = \frac{I_g}{3\omega C} = \frac{16.24}{150\pi \times 10^{-6}} \fallingdotseq 34.46 \times 10^3\,[\text{V}] \rightarrow 34.5\,[\text{kV}] \quad \text{（答）}$$

解法のポイント

① 前問と同様にテブナンの定理により解くことができる．

② 地絡時の中性点電位は，等価回路の上では静電容量に現れる電圧である．

解 説

中性点電位 V_n は，地絡事故時の零相電圧にほかならない．地絡抵抗 $=0$ の完全地絡では，解図から明らかなように相電圧 $66/\sqrt{3} \fallingdotseq 38.1\,[\text{kV}]$ になる．本問では地絡抵抗が 1 000[Ω]であるので，V_n は 38.1[kV]より少し低くなっている．系統の C が分かっていると，V_n の値により地絡点の抵抗が逆に分かる．

演習問題 6.13　送電線の地絡3

図のような電圧 66[kV]，送電端の中性点接地抵抗 500[Ω] の三相3線式1回線送電線がある．送電電力 25 000[kW]，遅れ力率 0.8 の場合，c 線に完全地絡が生じた．地絡電流[A]及び各線に流れる電流[A]を求めよ．ただし，負荷の正相及び逆相インピーダンス，その他接地抵抗以外の定数は，すべて無視するものとする．

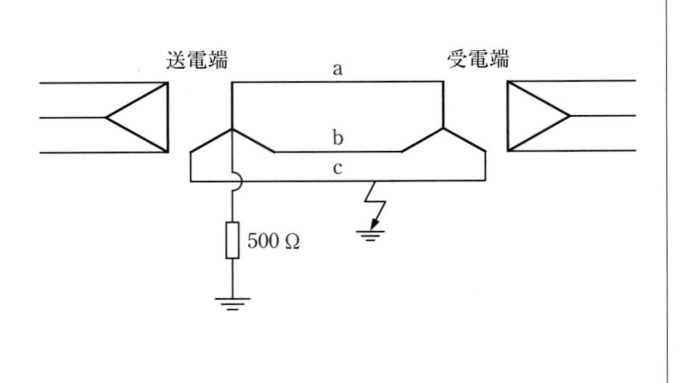

解答

(1) 地絡電流　題意から，負荷の正相及び逆相インピーダンス，その他接地抵抗以外の定数は，すべて無視するので，地絡時の状況は，単純に c 線と中性点抵抗 R_n の大地側を短絡したものと考えればよい．よって，地絡電流 $|\dot{I}_g|$ は，相順を c, a, b とし，相電圧を E とすると，

$$|\dot{I}_g| = \frac{|\dot{E}_c|}{R_n} = \frac{E}{R_n} = \frac{66\,000/\sqrt{3}}{500} \fallingdotseq 76.2\,[\text{A}] \quad \textbf{(答)} \quad \cdots (1)$$

(2) 各線の電流　c 相の常時の負荷電流 $\dot{I}_c$ は，送電電力を P，力率を $\cos\theta$ とすると，

$$\dot{I}_c = \frac{P}{3E}\left(1 - j\frac{\sin\theta}{\cos\theta}\right) = \frac{25\,000}{3 \times (66/\sqrt{3})} \times \left(1 - j\frac{\sqrt{1-0.8^2}}{0.8}\right)$$

$$\fallingdotseq 218.69(1 - j0.75) \fallingdotseq 218.7 - j164.0\,[\text{A}]$$

$$\therefore |\dot{I}_c| = \sqrt{218.7^2 + 164.0^2} \fallingdotseq 273.4\,[\text{A}]$$

となる．各相には負荷電流として 273.4[A] が流れる．次に，c 相の送電端から地絡点までを流れる電流 $\dot{I}'$ は，負荷電流と地絡電流の和となり，

$$\dot{I}' = \dot{I}_c + \dot{I}_g = 218.7 - j164.0 + 76.2 = 294.9 - j164.0\,[\text{A}]$$

$$\therefore |\dot{I}'| = \sqrt{294.9^2 + 164.0^2} \fallingdotseq 337.4\,[\text{A}]$$

ゆえに，c 相の送電端から地絡点までは 337[A]，その他の部分には 273[A] が流れる．**(答)**

解法のポイント

① 本問は，重ねの理によって，事故電流と負荷電流に分けて計算すればよい．地絡電流は，接地抵抗以外の定数はすべて無視できるので，c 線と接地抵抗大地側の短絡電流として単純に計算できる．

② 負荷電流は，地絡事故とは関係なく各線に流れるものと考える．

③ c 相を基準相として，地絡点までについては，両者の電流のベクトル和をとる．

[注]　本問は完全地絡であり，中性点電位 V_n は，(1)式から，

$$V_n = R_n I_g = 500 \times 76.2$$
$$= 38\,100\,[\text{V}]$$

となり，相電圧の大きさとなる．

実際の送電線路では，本問のように負荷電流を加味してリレーの整定を行う必要がある．

2.6 送電系統の電気特性

解説

本問の解法の根拠は，**解図**に示す電流分布の重ねの理による．(a)のように，端子 ab 間をインピーダンス Z で短絡時の電流分布は，(b)と(c)の重ねになる．ここで電圧 E_c は，事故前に端子 ab 間に現れていた電圧に等しい．

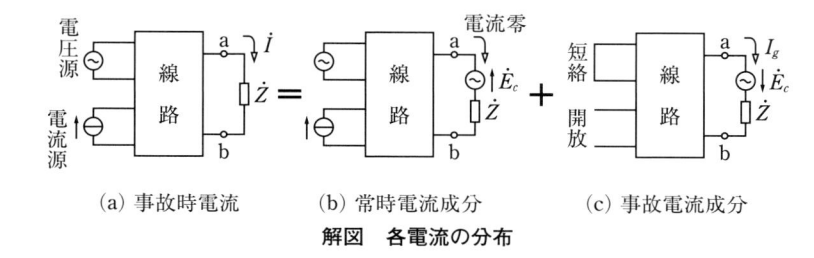

(a) 事故時電流　　(b) 常時電流成分　　(c) 事故電流成分

解図　各電流の分布

演習問題 6.14　送電線の地絡 4

図のようなリアクトル接地系に関し，電源電圧の角周波数を ω として，次の問に答えよ．

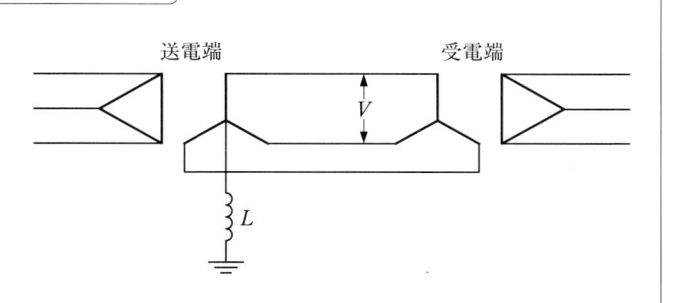

(1) この送電線路で1線地絡事故を生じた．このときの地絡電流及びこの電流を零とする条件を求めよ．ただし，故障前における線間電圧は V であり，また，L 及び C 以外の回路定数は無視できるものとする．ここに，L は接地リアクトルのインダクタンス，C は各相電線の対地静電容量で平衡している．

(2) 正常時において，a, b, c 各相の対地静電容量 C_a, C_b, C_c が不平衡な場合について，中性点電位を求めよ．

(3) 上記の(2)において，中性点電位が異常に上昇する条件を示せ．

解答

(1) 地絡時の状況は，テブナンの定理により**解図1**のように表せる．地絡電流 $\dot{I}_g$ は，記号を図示にとると，

$$\dot{I}_g = \dot{I}_L + \dot{I}_C = \frac{V}{\sqrt{3}}\left(\frac{1}{j\omega L} + j3\omega C\right) = j\frac{V}{\sqrt{3}}\left(3\omega C - \frac{1}{\omega L}\right) \quad \cdots (1) \quad \textbf{(答)}$$

となる．(1)式から，I_g が零になる条件は，

$\quad 3\omega C = 1/\omega L \quad \therefore 3\omega^2 LC = 1 \quad \cdots (2) \quad \textbf{(答)}$

解法のポイント

① 本問は，消弧リアクトル接地系統に関する基本的な問題である．問(1)については，テブナンの定理により解けるので，等価回路を描く（解図1）．

解図1　地絡時等価回路

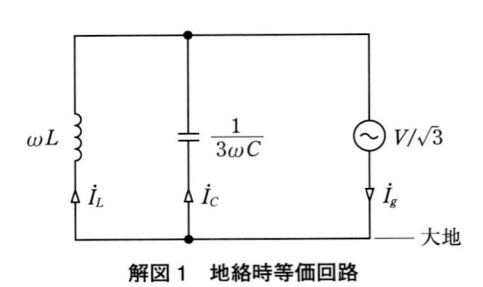

(2) 各相の電圧を $\dot{E}_a$, $\dot{E}_b$, $\dot{E}_c$, 中性点電位を $\dot{E}_n$, L に流れる電流を $\dot{I}_L$, C_a, C_b, C_c に流れる電流を各々 $\dot{I}_a$, $\dot{I}_b$, $\dot{I}_c$ とすると，**解図2**のように表せる．図から，

$$\dot{I}_L + \dot{I}_a + \dot{I}_b + \dot{I}_c = 0 \quad \cdots (3)$$

となるから，

$$\frac{\dot{E}_n}{j\omega L} + j\omega C_a(\dot{E}_a + \dot{E}_n) + j\omega C_b(\dot{E}_b + \dot{E}_n) + j\omega C_c(\dot{E}_c + \dot{E}_n) = 0 \quad \cdots (4)$$

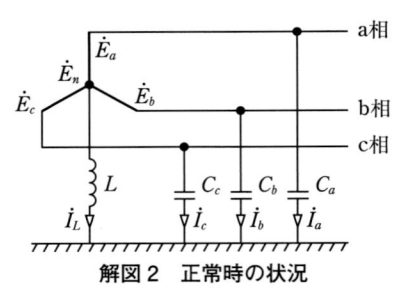

解図2　正常時の状況

ここで，ベクトルオペレータを a とし，$\dot{E}_a = V/\sqrt{3}$, $\dot{E}_b = a^2 V/\sqrt{3}$, $\dot{E}_c = aV/\sqrt{3}$ とすると，

$$j\omega \frac{V}{\sqrt{3}}(C_a + a^2 C_b + a C_c) = j\dot{E}_n \left\{ \frac{1}{\omega L} - \omega(C_a + C_b + C_c) \right\}$$

$$\therefore \dot{E}_n = \frac{\omega V(C_a + a^2 C_b + a C_c)}{\sqrt{3}\left\{ \dfrac{1}{\omega L} - \omega(C_a + C_b + C_c) \right\}} \quad \cdots (5) \quad \textbf{(答)}$$

(3) 各相の対地静電容量 C_a, C_b, C_c が不平衡であるから，(5)式分子の $C_a + a^2 C_b + a C_c \neq 0$ である．よって，分母のカッコ内が等しいと分母が零となり，$\dot{E}_n$ は異常に上昇する．すなわち，

$$\omega^2 L(C_a + C_b + C_c) = 1 \text{ の場合に異常上昇する．} \quad \textbf{(答)}$$

② 問(2)は，地絡のない正常な場合が対象である．この場合，L に流れる電流と各 C に流れる電流の総和は零である．中性点電位を仮定して，各枝路の電流を求めて，その和を出す．

③ 各相の電圧は，三相のベクトルオペレータ a を用いて，a相を基準にして展開する．

④ 中性点電位の式で，分母が零になる場合が，異常電圧上昇を招く．

解　説

問(3)の中性点の異常上昇は，L と C_a, C_b, C_c が**直列共振**の状態を形成している場合である．消弧リアクトル接地系統では，この過電圧を避けるために，送電線の静電容量に対して，10[%]程度の過補償となるように，リアクトルのタップ調整を行う．

コラム　補償リアクトル接地方式

抵抗接地方式で，ケーブル系統など静電容量の大きい場合に採用する．中性点抵抗と並列に補償リアクトルを設けて進み電流を補償し，リレーに流れる電流を有効分のみとする．地絡リレーの動作の確実化と異常電圧の抑制を図る．

2.6 送電系統の電気特性

演習問題 6.15 正相,零相リアクタンス

周波数50[Hz]の三相3線式1回線の送電線において,大地を帰路とする1線のインダクタンスを測定したところ2.4[mH/km]であって,さらに2線を一括して大地を帰路とするインダクタンスを測定したところ1.8[mH/km]であった.次の問に答えよ.

(1) この送電線の正相リアクタンス[Ω/km]はいくらか.
(2) この送電線の零相リアクタンス[Ω/km]はいくらか.

解答

(1) 大地を帰路とする1線の自己インダクタンスをL_e,他線との相互インダクタンスをL_e'とする.題意の測定で,大地を帰路とする1線のインダクタンスL_1,2線を一括して大地を帰路とするインダクタンスL_2は,解図のようになり,次式の関係になる.

$L_1 = L_e = 2.4$[mH/km] … (1)
$L_2 = (L_e + L_e')/2 = 1.8$[mH/km] … (2)

(1),(2)式から,L_e'は,

$L_e' = 2L_2 - L_1 = 2 \times 1.8 - 2.4 = 1.2$[mH/km] … (3)

正相インダクタンスLは,1線の中性点に対するインダクタンスである.(6-23)式から,

$L = L_e - L_e' = 2.4 - 1.2 = 1.2$[mH/km]

ゆえに,正相リアクタンスXは,周波数をfとすると,

$X = 2\pi f L = 2\pi \times 50 \times 1.2 \times 10^{-3} \fallingdotseq 0.377$[Ω/km] **(答)**

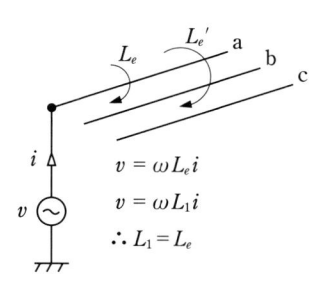

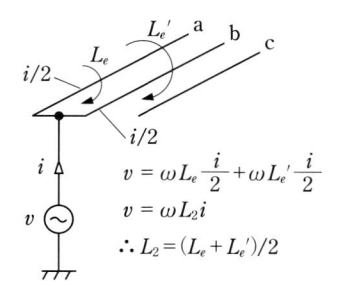

(a) 1線大地帰路　　(b) 2線一括大地帰路
解図　インダクタンスの測定

(2) 零相インダクタンスL_0は,3線一括で大地を帰路とする1線当たりのインダクタンスである.(6-23)式から,

$L_0 = L_e + 2L_e' = 2.4 + 2 \times 1.2 = 4.8$[mH/km]

ゆえに,零相リアクタンスX_0は,

$X_0 = 2\pi f L_0 = 2\pi \times 50 \times 4.8 \times 10^{-3} \fallingdotseq 1.51$[Ω/km] **(答)**

解法のポイント

① 送電線のインダクタンスは,自己インダクタンスと他線との相互インダクタンスに区分できる.前者は,大地を帰路とする1線の自己インダクタンスである.

② 自己インダクタンスをL_e,他線との相互インダクタンスをL_e'として,解図のように測定の状況を考える.測定電圧vを測定電流iで割れば,各々のLが求まる.

③ 正相インダクタンスは,作用インダクタンスにほかならない.零相インダクタンスは,各線に同一電流が流れる場合である.それぞれωLの計算をしてリアクタンス[Ω]とする.重要項目の図6-8を参照のこと.

解説

問題のインダクタンスの数値は,わが国の154[kV]以下の系統の実測値に近い値である.275[kV]以上の系統では,一般に多導体方式となるので,上記の値の70[%]程度である.なお,送電線や変圧器など静止系設備の逆相インダクタンスは,正相インダクタンス値になる.大地を帰路とするインダクタンスについては,p.167のコラム参照.

演習問題 6.16 対称座標法 1

図のような Y-Y-Δ 結線の三相変圧器がある．Δ結線は安定巻線である．この変圧器の二次側線路のF点で1線地絡事故が発生した．二次側u相の巻線に流れる電流の大きさはいくらか．

ただし，変圧器の電圧は一次 200[kV]，二次 100[kV]，安定巻線 20[kV]，短絡インピーダンスは一次〜二次間 12[％]（100[MV・A]基準），二次〜安定巻線間 8[％]（50[MV・A]基準），安定巻線〜一次間 4[％]（50[MV・A]基準）とし，その他のインピーダンスは無視するものとする．

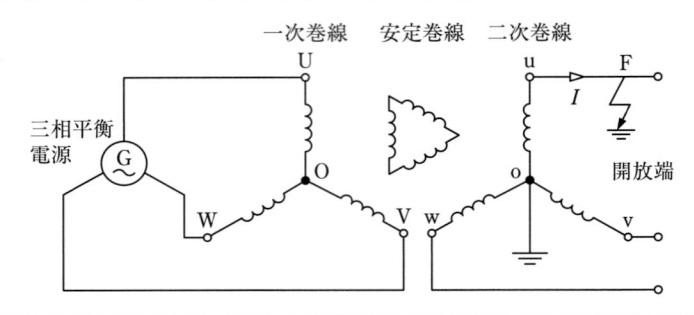

解 答

基準容量を 50[MV・A]として，各巻線間の％インピーダンスを単位法[pu]に統一する．

- 一次〜二次間：$Z_{12}(\mathrm{pu}) = 0.12 \times (50/100) = 0.06$ [pu]
- 二次〜安定巻線間：$Z_{23}(\mathrm{pu}) = 0.08$ [pu]
- 安定巻線〜一次間：$Z_{31}(\mathrm{pu}) = 0.04$ [pu]

対称分電流（零相，正相，逆相）を，$\dot{I}_0, \dot{I}_1, \dot{I}_2$ とする．送電線の1線地絡時の対称座標法による等価回路は，**解図1**のように示せ，$\dot{I}_0 = \dot{I}_1 = \dot{I}_2$ である．ここで，正相及び逆相インピーダンス $\dot{Z}_1$，$\dot{Z}_2$ は一次〜二次間の Z_{12}(pu) であり，零相インピーダンス $\dot{Z}_0$ は二次〜安定巻線間の Z_{23}(pu) である．

よって，地絡がu相で起こったとすると，u相の電流 $\dot{I}_u$ は，次式である．

$$\dot{I}_u = \dot{I}_0 + \dot{I}_1 + \dot{I}_2 = 3\dot{I}_0 \quad \cdots (1)$$

$\dot{I}_0$ は解図1から，u相の事故前の相電圧を $\dot{E}_u$ とすると，次式で示せる．

$$\dot{I}_0 = \frac{\dot{E}_u}{\dot{Z}_0 + \dot{Z}_1 + \dot{Z}_2} \quad \cdots (2)$$

E_u を基準相，インピーダンスを前記の単位法とすると，I_u(pu) は(1)式の関係から，

$$I_u(\mathrm{pu}) = 3I_0(\mathrm{pu}) = \frac{3E_u(\mathrm{pu})}{Z_{23}(\mathrm{pu}) + 2Z_{12}(\mathrm{pu})}$$

$$= \frac{3 \times 1}{0.08 + 2 \times 0.06} = 15 \ [\mathrm{pu}] \quad \cdots (3)$$

解法のポイント

① Δ結線の安定巻線は，三次巻線にほかならない．この巻線はΔ結線なので，通常の励磁電流に含まれる第3高調波と同様に，単相交流分の零相電流も循環電流として流れる．

② 各％インピーダンスを基準容量に換算するが，計算を簡略化するために単位法とする．

③ 1線地絡事故の等価回路の解図1から，地絡電流が求められる．ここでインピーダンスは，正相分及び逆相分は三相交流なので，一次〜二次間を適用する．零相分は①で述べたように単相交流であるから，二次〜安定巻線間を適用する．

④ 二次側電圧 100[kV]，基準容量 50[MV・A]から基準電流を求め，算出した単位法の地絡電流に掛ければ答が出る．

ここで，基準電流 I_b は，変圧器二次電圧 100[kV]，基準容量 50[MV·A]であるから，

$$I_b = \frac{50 \times 10^6}{\sqrt{3} \times 100 \times 10^3} \fallingdotseq 288.7[A]$$

ゆえに，求める u 相の電流 I_u は，

$$I_u = I_b \cdot I_u(\text{pu}) = 288.7 \times 15 \fallingdotseq 4\,330[A] \quad \text{（答）}$$

コラム　安定巻線と第 3 調波

第 3 調波の電流は，各相の電流が同相，同値となる．ゆえに，安定巻線（Δ 結線）がないと Y 結線では外部へ流出し，零相電流と同様の影響を及ぼす．

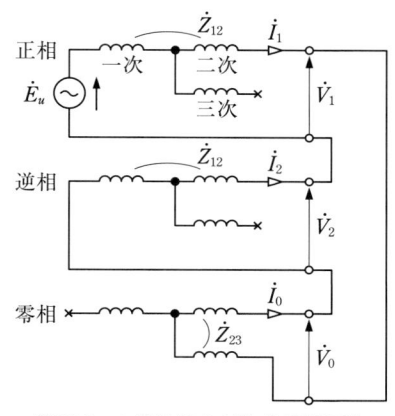

解図 1　1 線地絡の対称分等価回路

解　説

対称座標法では，各対称分インピーダンスの適用が重要である．<u>正相分及び逆相分は三相交流，零相分は単相交流</u>であることに着目する．正相分は通常の回路であり，逆相分は，2 線短絡や断線などのように回路が不平衡な場合に生じる．

本問のような三巻線変圧器では，二次側から見ると，正相分及び逆相分は一次側巻線との間が有効であり，<u>零相分は三次側巻線との間が有効</u>である．変圧器や送電線路などの<u>静止系では，一般に正相分と逆相分インピーダンスの値は同じ</u>である．

Y-Y 結線では，励磁電流に含まれる第 3 高調波の悪影響を防止するために，必ず Δ 結線の三次巻線が設けられ**三巻線変圧器**とされる．三次巻線は通常の作用と同時に，本問のような地絡事故の際にも効果を発揮する．仮に三次巻線が存在しないと，解図 1 から零相回路のみを取り出すと，**解図 2** のような等価回路となり，変圧器の零相インピーダンスは非常に大きい励磁インダクタンスのみとなり，地絡継電器の動作に影響する．また，線路の静電容量を考慮すると，零相インピーダンスは容量性となる可能性が高く，健全相に異常電圧が発生するおそれがある．このようなことから，本問のように負荷をとらない Δ 結線の三次巻線を**安定巻線**ということがある．また，コラムのように第 3 調波の対策にもなる．

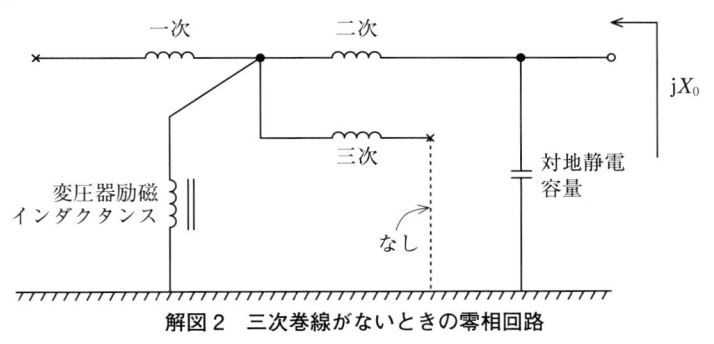

解図 2　三次巻線がないときの零相回路

演習問題 6.17 対称座標法2

消弧リアクトル接地系統の送電線路のある点で2線地絡を生じた場合，消弧リアクトルに加わる電圧は相電圧の1/2であることを計算して示せ．ただし，故障点から見た正相インピーダンスと逆相インピーダンスは等しいものとする．また，消弧リアクトルは完全補償とする．

解答

対称分（零相，正相，逆相）電流を $\dot{I}_0, \dot{I}_1, \dot{I}_2$，対称分電圧を $\dot{V}_0, \dot{V}_1, \dot{V}_2$，対称分インピーダンスを $\dot{Z}_0, \dot{Z}_1, \dot{Z}_2$，a相の事故前の相電圧を $\dot{E}_a$ とすると，b相，c相の2線地絡時の対称座標法による等価回路は，**解図**のように示せる．図から，

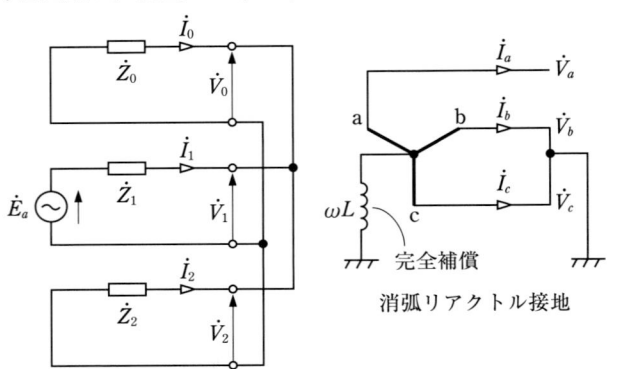

解図 2線地絡の対称分等価回路

$$\dot{V}_0 = \dot{V}_1 = \dot{V}_2 \quad \cdots (1), \quad \dot{I}_0 + \dot{I}_1 + \dot{I}_2 = 0 \quad \cdots (2)$$

$$\dot{V}_1 = \dot{E}_a - \dot{Z}_1 \dot{I}_1 = \dot{V}_0 = -\dot{Z}_0 \dot{I}_0 \quad \therefore \dot{I}_1 = \frac{\dot{E}_a + \dot{Z}_0 \dot{I}_0}{\dot{Z}_1} \quad \cdots (3)$$

$$\dot{V}_2 = -\dot{Z}_2 \dot{I}_2 = \dot{V}_0 = -\dot{Z}_0 \dot{I}_0 \quad \therefore \dot{I}_2 = \frac{\dot{Z}_0 \dot{I}_0}{\dot{Z}_2} \quad \cdots (4)$$

$$\therefore \dot{I}_0 + \dot{I}_1 + \dot{I}_2 = \dot{I}_0 + \frac{\dot{E}_a + \dot{Z}_0 \dot{I}_0}{\dot{Z}_1} + \frac{\dot{Z}_0 \dot{I}_0}{\dot{Z}_2} = 0 \quad \cdots (5)$$

$$\therefore \dot{I}_0 = -\frac{\dot{Z}_2 \dot{E}_a}{\dot{Z}_1 \dot{Z}_2 + \dot{Z}_0(\dot{Z}_1 + \dot{Z}_2)} \quad \cdots (6)$$

中性点には，零相電圧 $\dot{V}_0$ が現れるから，

$$\dot{V}_0 = -\dot{Z}_0 \dot{I}_0 = \frac{\dot{Z}_0 \dot{Z}_2 \dot{E}_a}{\dot{Z}_1 \dot{Z}_2 + \dot{Z}_0(\dot{Z}_1 + \dot{Z}_2)} \quad \cdots (7)$$

となるが，対地静電容量を完全補償する消弧リアクトル接地系では $\dot{Z}_0 = \infty$ であり，また，題意から $\dot{Z}_1 = \dot{Z}_2$ であるから，

$$\dot{V}_0 |_{\dot{Z}_0 = \infty} = \frac{\dot{Z}_0 \dot{Z}_2 \dot{E}_a}{\dot{Z}_2^2 + 2\dot{Z}_0 \dot{Z}_2} = \frac{\dot{E}_a}{\dot{Z}_2/\dot{Z}_0 + 2} = \frac{\dot{E}_a}{2} \quad \cdots (8) \quad \textbf{(答)}$$

解法のポイント

① 2線地絡時の対称座標法による等価回路は，解図のように示せる．この回路により，各対称分の電圧が等しいことと，各対称分の電流の和が零であることが分かる．

② ①の条件から，零相電流 $\dot{I}_0$ で $\dot{I}_1, \dot{I}_2$ を表現する．消弧リアクトルに加わる電圧は零相電圧にほかならないから，$\dot{V}_0 = -\dot{Z}_0 \dot{I}_0$ を算出する．

③ 完全補償の消弧リアクトル接地系では $\dot{Z}_0 = \infty$ であり，題意から $\dot{Z}_1 = \dot{Z}_2$ であるから，相電圧の1/2であることが証明できる．

解説

消弧リアクトル接地系では地絡電流をほぼ零にできるが，健全相の電圧は上昇する．a相の電圧 $\dot{V}_a$ は，(1)式及び(8)式の結果から，

$$\dot{V}_a = \dot{V}_0 + \dot{V}_1 + \dot{V}_2 = 3\dot{V}_0 = 1.5\dot{E}_a \quad \cdots (9)$$

となり，通常の1.5倍に上昇するので注意が必要である．なお，2線短絡の等価回路は，図6-7(c)のように正相回路と逆相回路のみの並列であり，零相回路は存在しない．

2.6 送電系統の電気特性

演習問題 6.18 　送電線の電磁誘導 1

図のように，周波数 f[Hz]で送電している三相 1 回線送電線に，1 端を接地した通信線が平行して設置されているとする．次の問に答えよ．

(1) 送電線に 1 線地絡事故が発生したときに，電磁誘導により発生する誘導電圧 $\dot{V}_m$[V]を表せ．ただし，このときに送電線に流れる起誘導電流を $\dot{I}_0$[A]，送電線と通信線との相互インダクタンスを M[H/km]，送電線と通信線が平行している距離を D[km]とする．

(2) (1)で，$M=5.0$[mH/km]，$D=0.5$[km]とした場合に，V_m を 430[V]以下にするための I_0 の大きさの上限値を求めよ．ただし，周波数は 50[Hz]とする．

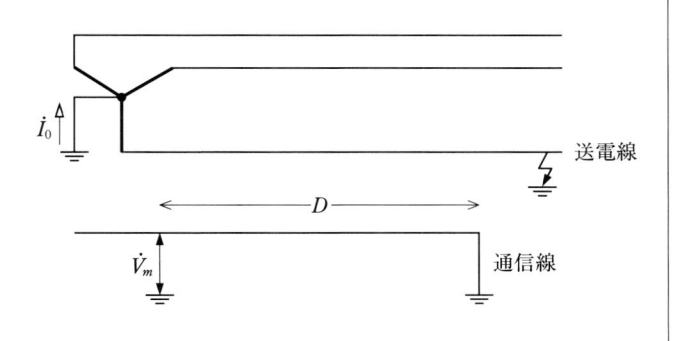

解　答

(1) 通信線には送電線の起誘導電流 $\dot{I}_0$ により，相互インダクタンス M を通じて，1[km]当たり $j\omega M\dot{I}_0$[V]の電磁誘導電圧が発生する．よって，平行距離 D[km]での誘導電圧 $\dot{V}_m$ は，

$$\dot{V}_m = j2\pi f M D \dot{I}_0 [\text{V}] \quad \cdots (1) \quad \textbf{(答)}$$

(2) (1)式から，V_m を 430[V]以下にするための I_0 の上限値は，題意の数値を代入して，

$$I_0 \leq \frac{V_m}{2\pi fMD} = \frac{430}{2\pi \times 50 \times 5.0 \times 10^{-3} \times 0.5} \fallingdotseq 547 [\text{A}] \quad \textbf{(答)}$$

コラム　通信線との相互インダクタンス

図のように，H_e を送電線の大地を帰路とするインダクタンスの相当大地面の深さ（p.167 のコラム参照），D_m を送電線との線間距離とすると，通信線との相互インダクタンス M は，

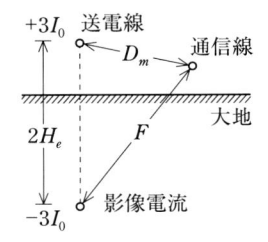

$$M = 0.460\,5 \log_{10} \frac{F}{D_m}$$

$$\fallingdotseq 0.460\,5 \frac{\sqrt{D_m^2 + 4H_e^2}}{D_m} [\text{mH/km}] \quad (6\text{-}30)$$

となり，D_m が大きいほど M は小さくなる．

解法のポイント

① 電気理論で学んだ相互誘導作用そのものである．起誘導電流に相互リアクタンスを掛けると，通信線側の電磁誘導電圧が求められる．

② 上記で求めた式により，逆に起誘導電流の上限値を求めることができる．

解　説

わが国の通信線に対する電磁誘導電圧の限度は，通常 300[V]以下であるが，275[kV]以上の直接接地方式の超高圧送電線では，0.1 秒以下の遮断を条件として，本問の数値のように 430[V]まで許容されている．

演習問題 6.19　送電線の電磁誘導２

図のように三相交流送電線（単線結線図）と通信線があり，その間に遮へい線がある．送電線と通信線との相互インピーダンスを $\dot{Z}_{12}$，送電線と遮へい線との相互インピーダンスを $\dot{Z}_{1s}$，遮へい線と通信線との相互インピーダンスを $\dot{Z}_{2s}$，遮へい線の自己インピーダンスを $\dot{Z}_s$ とする．1線地絡事故により送電線に流れる零相電流を $\dot{I}_0$ とするとき，次の問に答えよ．

(1) 遮へい線がない場合に，通信線の開放端に生じる誘導電圧 $\dot{V}$ を求めよ．

(2) 遮へい線が存在する場合に，遮へい線に流れる電流 $\dot{I}_s$ と通信線の開放端に生じる誘導電圧 $\dot{V}'$ を求めよ．

(3) (2)の計算結果を用いて，遮へい線をどのように配線するのがよいか説明せよ．

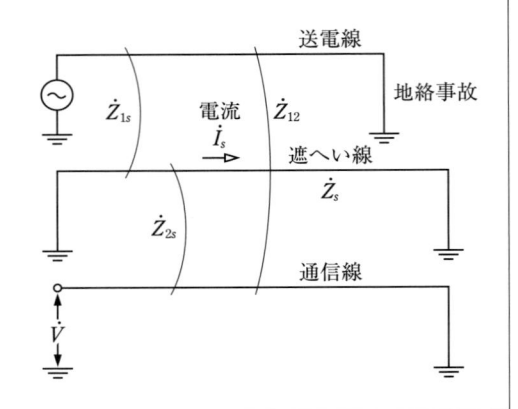

解答

(1) 遮へい線がない場合，通信線と送電線の相互インピーダンス $\dot{Z}_{12}$ のみが有効であり，送電線の各線に $\dot{I}_0$ が流れているから，誘導電圧 $\dot{V}$ は，

$$\dot{V} = 3\dot{Z}_{12}\dot{I}_0 \quad \cdots (1) \quad \textbf{(答)}$$

(2) 遮へい線の誘導電圧は，送電線の電流 $3\dot{I}_0$ と，遮へい線に流れる誘導電流 $\dot{I}_s$ による誘導電圧の和であるが，両端が接地されているので零である．すなわち，

$$3\dot{Z}_{1s}\dot{I}_0 + \dot{Z}_s\dot{I}_s = 0 \quad \cdots (2)$$

$$\therefore \dot{I}_s = -\frac{3\dot{Z}_{1s}\dot{I}_0}{\dot{Z}_s} \quad \cdots (3) \quad \textbf{(答)}$$

通信線に生じる誘導電圧 $\dot{V}'$ は，送電線の電流 $3\dot{I}_0$ と遮へい線の誘導電流 $\dot{I}_s$ による誘導電圧の和であるから，式を展開し，(1)，(3)式の結果を代入すると，

$$\dot{V}' = 3\dot{Z}_{12}\dot{I}_0 + \dot{Z}_{2s}\dot{I}_s = 3\dot{Z}_{12}\dot{I}_0 + \dot{Z}_{2s}\left(\frac{-3\dot{Z}_{1s}\dot{I}_0}{\dot{Z}_s}\right)$$

$$= 3\dot{I}_0\left(\dot{Z}_{12} - \frac{\dot{Z}_{1s}\dot{Z}_{2s}}{\dot{Z}_s}\right) = \dot{V}\left(1 - \frac{\dot{Z}_{1s}\dot{Z}_{2s}}{\dot{Z}_{12}\dot{Z}_s}\right) \quad \cdots (4) \quad \textbf{(答)}$$

(3) 遮へい線の相互インピーダンス $\dot{Z}_{1s}$，$\dot{Z}_{2s}$ は，送電線または通信線と近づけるほどその値は大きくなり $\dot{Z}_s$ に近づく．(4)

解法のポイント

① 遮へい線がない場合の考え方は，前問と同じである．ここで，送電線の各線に $\dot{I}_0$ が流れていることに注意する（前問の起誘導電流は，本問の $3\dot{I}_0$ に相当する）．

② 遮へい線が存在する場合，遮へい線の電圧方程式を立てるが，両端が接地されているので零である．誘導電圧は，$\dot{Z}_{1s}$ によるものと，$\dot{Z}_s$ によるものとの和である．これから，遮へい線に流れる電流 $\dot{I}_s$ を求める．

③ 通信線に生じる誘導電圧 $\dot{V}'$ は，遮へい線の誘導電流と送電線の $3\dot{I}_0$ による誘導電圧の和であり，電圧方程式を立てる．これに，先に求めた $\dot{V}$ 及び $\dot{I}_s$ を代入する．

式から考えて，いずれを近づけても効果は原理的に同じである．しかし，送電線は高電圧であるから，保安上，通信線に比して遮へい線の離隔距離を大きくしなければならない．よって，

$$\dot{Z}_{1s} < \dot{Z}_{2s} \cdots (5)$$

が一般に成り立つ．一方，(4)式において，$\dot{Z}_{12}$ 及び $\dot{Z}_s$ は定数であるから，$\dot{V}'$ は K を定数として，

$$\dot{V}' = \dot{V}\left(1 - \frac{\dot{Z}_{1s}\dot{Z}_{2s}}{K}\right) \cdots (6)$$

となる．ゆえに，遮へい線を送電線または通信線に対して各々限度まで近づけた場合を考えると，(5)式の条件から，通信線に近づける方が(6)式により誘導電圧が低くなる．また，通信線に近い方が工事上の制約が少なく，工事費も安い．

通信線のできる限り近くに遮へい線を施設する．**(答)**

④ 遮へい線の設置位置は，一般に送電線または通信線にできるだけ近い方がよい．ただし，送電線に対しては保安上，近づけるのに限度があることに留意する．

解説

(4)式の(　)内の大きさを，**遮へい係数** λ という．通信線に近づけた場合，$\dot{Z}_{1s} \fallingdotseq \dot{Z}_{12}$ なので，

$$\lambda_1 \fallingdotseq 1 - (\dot{Z}_{2s}/\dot{Z}_s)$$

電力線に近づけた場合，$\dot{Z}_{2s} \fallingdotseq \dot{Z}_{12}$ なので，

$$\lambda_2 \fallingdotseq 1 - (\dot{Z}_{1s}/\dot{Z}_s)$$

となるが，(5)式から，$\lambda_1 > \lambda_2$ となることが分かる．

演習問題 6.20　送電線の電磁誘導3

図のように，周波数 50[Hz] で送電している中性点直接接地方式の三相1回線送電線に，一端を接地した通信線が平行して施設されている場合について，次の問に答えよ．

(1) 事故点から見た正相，逆相及び零相インダクタンスがそれぞれ 50[mH]，50[mH] 及び 150[mH] で与えられる地点で，事故前の線間電圧が 154[kV] で与えられるときに，1線地絡事故が発生した．このとき電磁誘導により発生する誘導電圧 V_m[V] を表す式を示せ．ただし，送電線と通信線との相互インダクタンスを M[H/km]，送電線と通信線が平行している距離を D[km] とし，送電線の抵抗と静電容量は無視するものとする．

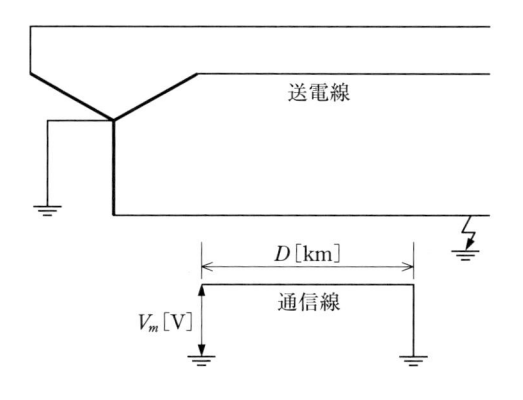

(2) 上記(1)で，相互インダクタンス M を 6[mH/km]，平行している距離 D を 0.6[km] とした場合の誘導電圧 V_m[V] の値を求めよ．

解 答

(1) 対称分電流（零相，正相，逆相）を，$\dot{I}_0, \dot{I}_1, \dot{I}_2$，対称分インピーダンスを $\dot{Z}_0, \dot{Z}_1, \dot{Z}_2$，a 相の事故前の相電圧を $\dot{E}_a$ とすると，送電線の1線地絡時の対称座標法による等価回路は，**解図**のように示せ，$\dot{I}_0 = \dot{I}_1 = \dot{I}_2$ である．よって，地絡が a 線（相）で起こったとすると，地絡電流 $\dot{I}_a$ は，

$$\dot{I}_a = 3\dot{I}_0 = \frac{3\dot{E}_a}{\dot{Z}_0 + \dot{Z}_1 + \dot{Z}_2} \quad \cdots \quad (1)$$

ゆえに，通信線の誘導電圧 $\dot{V}_m$ は，角周波数 $\omega = 2\pi f$ [rad/s] 及び題意の記号から，

$$\dot{V}_m = j\omega MD \dot{I}_a = \frac{j\omega MD \cdot 3\dot{E}_a}{\dot{Z}_0 + \dot{Z}_1 + \dot{Z}_2} \quad \cdots \quad (2)$$

となる．ここで，題意の数値から，

$\dot{Z}_0 = j\omega \times 150 \times 10^{-3}$ [Ω]，$\dot{Z}_1 = \dot{Z}_2 = j\omega \times 50 \times 10^{-3}$ [Ω]，
$\dot{E}_a = 154 \times 10^3 / \sqrt{3}$ [V]

なので，$\dot{V}_m$ の絶対値は，

$$V_m = \frac{MD \times 3 \times \frac{154 \times 10^3}{\sqrt{3}}}{(150 + 50 + 50) \times 10^{-3}} \fallingdotseq 1.067 MD \times 10^6 \text{ [V]} \quad \cdots \quad (3) \quad \textbf{（答）}$$

(2) (3)式に，題意の M, D の数値を代入すると，誘導電圧 V_m は，

$$V_m = 1.067 \times 6 \times 10^{-3} \times 0.6 \times 10^6 \fallingdotseq 3\,840 \text{ [V]} \quad \textbf{（答）}$$

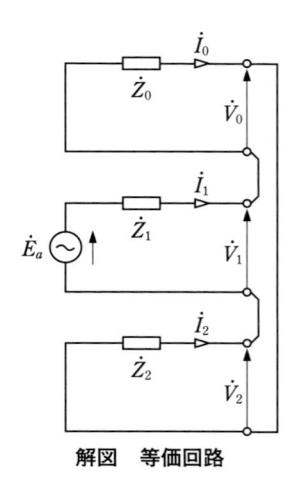

解図　等価回路

解法のポイント

① 本問は，対称座標法と電磁誘導の複合問題である．インピーダンスが，対称分で与えられているので，対称座標法を適用する必要がある．

② 演習問題 6.16 と同じく，1線地絡であるので，解図のような等価回路を描く．

③ 地絡電流 $3\dot{I}_0$ に対して，通信線との相互インダクタンスにより，通信線に電磁誘導電圧が発生する．$\omega MD \cdot 3\dot{I}_0$ で電圧が計算できる．

コラム　電磁誘導の対策

① 通信線との離隔距離を大きくする．
② 通信線との間に導電率の大きな遮へい線を設ける．
③ 故障線を迅速に遮断する．
④ 中性点の接地抵抗を大きくして地絡電流を低減する．
⑤ 通信線にシールドケーブルを用いる．
⑥ 送電線のねん架を行う．主に各線の静電容量をバランスさせる．

　なお，以上の対策は静電誘導に対しても有効である．

2.6 送電系統の電気特性

演習問題 6.21 送電線の静電誘導

電圧 66[kV] の三相平行 2 回線送電線がある．1 回線を停止した場合における停止回線の電線に対する次の値を求めよ．ただし，周波数は 50[Hz]，送電中の回線と停止回線中の 1 線との間の静電容量はそれぞれ 0.004, 0.001, 0.003[μF/km] とし，停止回線中の 1 線の対地静電容量は 0.005[μF/km] とする．

(1) 停止回線の静電誘導電圧[kV]
(2) 停止回線の電線から大地に流れる 1[km] 当たりの電流[A/km]

解 答

(1) 運転中の送電線から相互静電容量 C_a, C_b, C_c を通じて停止回線に流れ込む電流の和は，**解図**のように，停止回線から対地静電容量 C_e を通じて流出する電流に等しい．ゆえに，

$$\dot{I}_a + \dot{I}_b + \dot{I}_c = \dot{I}_e \quad \cdots (1)$$

これを解図の記号で表すと[注]，

$$j\omega C_a(E - \dot{V}_e) + j\omega C_b(a^2 E - \dot{V}_e) + j\omega C_c(aE - \dot{V}_e) = j\omega C_e \dot{V}_e \quad \cdots (2)$$

$$(C_a + a^2 C_b + a C_c) E - (C_a + C_b + C_c) \dot{V}_e = C_e \dot{V}_e$$

$$\therefore \dot{V}_e = \frac{C_a + a^2 C_b + a C_c}{C_a + C_b + C_c + C_e} E \quad \cdots (3)$$

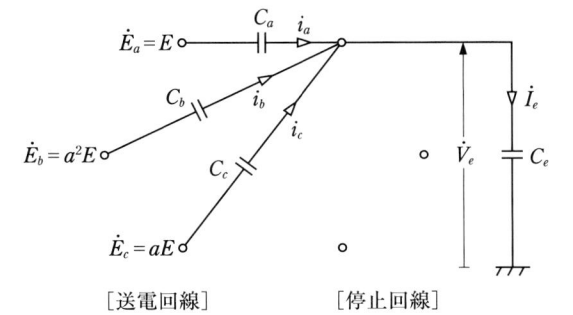

解図 平行 2 回線

(3)式に題意の数値を代入して答を求める．

$$\dot{V}_e = \frac{(0.004 + 0.001 a^2 + 0.003 a) \times 10^{-6}}{(0.004 + 0.001 + 0.003 + 0.005) \times 10^{-6}} \times \frac{66}{\sqrt{3}}$$

$$= \frac{4 + a^2 + 3a}{13} \times \frac{66}{\sqrt{3}} = \frac{3 + 2a + (1 + a^2 + a)}{13} \times \frac{66}{\sqrt{3}}$$

$$= \frac{3 + 2a}{13} \times \frac{66}{\sqrt{3}} [\text{kV}] \quad \cdots (4)$$

解法のポイント

① 本問の状況は，解図のように示せる．基本的には，この図に基づいて問題を解けばよい．

② 停止中の送電線に誘導される電圧の大きさは，送電線の長さに関係しないことに注意する．

③ 停止中電線の誘導電圧が分かれば，大地へ流れる電流が計算できるが，これは送電線の長さに比例して増加する．

[注] (1), (2)式で，$\dot{I}_a$, $\dot{I}_b$, $\dot{I}_c$ は，
$\dot{E}_a = E$, $\dot{E}_b = a^2 E$, $\dot{E}_c = aE$
とすると，次式となる．
$\dot{I}_a = j\omega C_a(\dot{E}_a - \dot{V}_e) = j\omega C_a(E - \dot{V}_e)$
$\dot{I}_b = j\omega C_b(\dot{E}_b - \dot{V}_e) = j\omega C_b(a^2 E - \dot{V}_e)$
$\dot{I}_c = j\omega C_c(\dot{E}_c - \dot{V}_e) = j\omega C_c(aE - \dot{V}_e)$
なお，$C_a = C_b = C_c$ であれば，
$1 + a^2 + a = 0$ であるから，(3)式で，$V_e = 0$ になる．

ここで，$|3+2a|$ は，

$$|3+2a| = \left|3+2\left(-\frac{1}{2}+j\frac{\sqrt{3}}{2}\right)\right| = |2+j\sqrt{3}| = \sqrt{2^2+(\sqrt{3})^2} = \sqrt{7}$$

なので，$\dot{V}_e$ の絶対値は，

$$V_e = \frac{\sqrt{7}}{13} \times \frac{66}{\sqrt{3}} \fallingdotseq 7.755 \to 7.76 \,[\text{kV}] \quad (\text{答})$$

(2) 大地に流れる電流 $\dot{I}_e$ の絶対値は，解図から，

$$I_e = \omega C_e V_e = 2\pi \times 50 \times 0.005 \times 10^{-6} \times 7.755 \times 10^3$$
$$\fallingdotseq 12.18 \times 10^{-3} \,[\text{A/km}] \quad (\text{答})$$

解説

本問の計算結果から分かるように，平行2回線において1回線が運転している場合，停止中の回線には相当の高電圧が誘導される．したがって，停止回線の保守点検等を行う場合においては，作業の開始前に停止回線の確実な接地をとることが必要である．

演習問題 6.22　進　行　波

各線の自己波動インピーダンス及び相互波動インピーダンスが，それぞれ Z 及び Z_m である三相1回線送電線において，図のように3線を終端Pで一括し，抵抗 R を通じて大地に接続している．遮断器Sを閉じて電圧を加えた場合，終端Pで反射波を生じないための条件を求めよ．

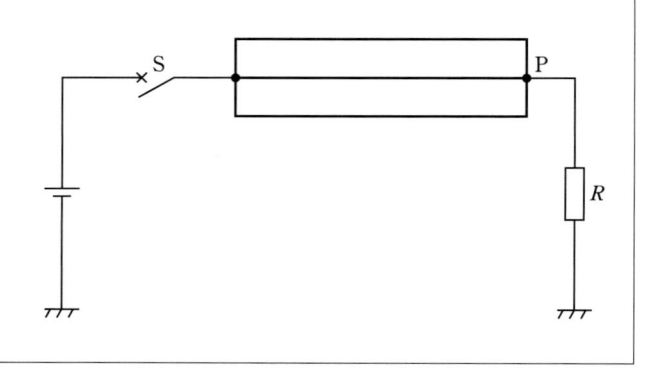

解答

Sを閉じたときの線路の波動インピーダンスは，**解図1**で示せる．各線には等しい電流の入射波 i_1 と電圧の入射波 e が進行する．図から1線当たりの波動インピーダンス Z_1 は，

$$e = Zi_1 + 2Z_m i_1 = (Z+2Z_m)i_1$$

$$\therefore Z_1 = \frac{e}{i_1} = Z+2Z_m \quad \cdots (1)$$

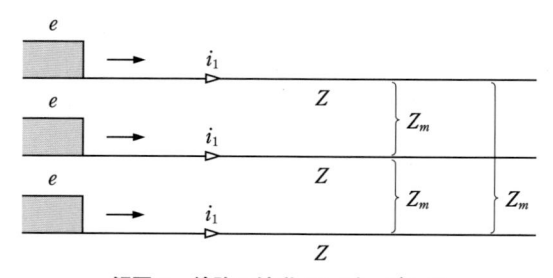

解図1　線路の波動インピーダンス

解法のポイント

① 進行波は，雷のような急峻な波形（高周波，低波長である）の高電圧を扱う場合に必要である．回路的には分布定数回路であるが，<u>無損失線路（L と C のみの線路）とする</u>と，電圧，電流に関してオームの法則の形式を適用して代数的に解けばよい．すなわち，電流波 i，電圧波 e，波動インピーダンス Z に関して，$i = e/Z$ が成り立つ．

② 問題で与えられた自己及び相互波動インピーダンスを3線一括の波動インピーダンスに変換する．通常の回路計算のように電圧平衡を考えればよい．

2.6 送電系統の電気特性

となる．よって，3線一括としたときの波動インピーダンス Z_0 は，Z_1 が3個の並列となり，

$$Z_0 = \frac{Z_1}{3} = \frac{Z+2Z_m}{3} \quad \cdots (2)$$

Z_0 を用いてP点の状況を表すと**解図2**のようになる．電圧及び電流の入射波を e, i，反射波を e_r, i_r，透過波を e_t, i_t とすると次式が成り立つ．

$$e + e_r = e_t \quad \cdots (3)$$
$$i + i_r = i_t \quad \cdots (4)$$
$$i = \frac{e}{Z_0}, \quad i_r = -\frac{e_r}{Z_0}, \quad i_t = \frac{e_t}{R} \quad \cdots (5)$$

(i_r は後進波なので負号が付く)

(3)～(5)式から，e_r, i_r を求める．(4)式に(5)式を代入して，

$$\frac{e}{Z_0} - \frac{e_r}{Z_0} = \frac{e_t}{R} \quad \cdots (6)$$

(3)式/R－(6)式の計算を行うと，

$$\frac{e}{R} - \frac{e}{Z_0} + \frac{e_r}{R} + \frac{e_r}{Z_0} = 0$$

$$\therefore \left(\frac{1}{R} + \frac{1}{Z_0}\right)e_r = \left(\frac{1}{Z_0} - \frac{1}{R}\right)e \quad \cdots (7)$$

(7)式を解くと e_r は，

$$e_r = \frac{R-Z_0}{R+Z_0}e \quad \cdots (8)$$

よって，i_r は，

$$i_r = -\frac{e_r}{Z_0} = -\frac{R-Z_0}{Z_0(R+Z_0)}e \quad \cdots (9)$$

となる．反射波を生じないためには，$e_r = 0, i_r = 0$ でなければならないから，(8)，(9)式から，$R - Z_0 = 0$

$$\therefore R = Z_0 = \frac{Z+2Z_m}{3} \quad \cdots (10) \quad \textbf{(答)}$$

すなわち，R が3線一括の波動インピーダンスに等しいことが無反射の条件である．

③ P点での電流と電圧の平衡式を立てる．なお，<u>後進波（この場合は反射波）では，電圧と電流の符号が反対になる</u>ことに注意する．

④ ③で求めた式から，反射波の電流と電圧を，入射波を既知量として求め，それらが零となる条件を見いだす．

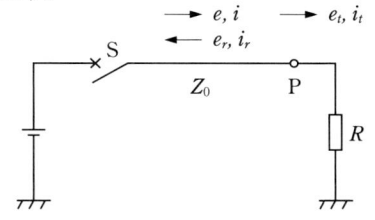

解図2　P点の状況

解 説

解答のように，入射側の波動インピーダンスに等しい抵抗をおくと反射はなくなる．これが無反射の条件であり，このような抵抗を**整合抵抗**という．

コラム　<u>波動インピーダンス，伝播速度</u>

無損失線路の波動インピーダンス Z_0 は，(6-26)式で計算できるが，架空線で数百[Ω]である．C の大きいケーブルでは数十[Ω]の値である．なお，架空線とケーブルの接続部などのように Z_0 の異なる個所では，進行波の反射が起こる．

進行波の伝播速度 v は，

$$v = 1/\sqrt{LC} \text{ [m/s]} \quad (6\text{-}31)$$

で示される．架空線では，ほぼ光速であるが，ケーブルでは C の影響により，速度は半分以下に減少する．

2.7 配電設備

学習のポイント

送電線路に準じた一般的な電圧，電力の計算問題のほか，分布負荷，昇圧器，灯動共用方式，EVTや混触など，配電設備特有の計算問題が出題される．計算はさほど難しくはないが，まず，これらの設備の内容を確実に把握する必要がある．また，最近では，地球温暖化防止の観点から，分散型電源の連系に関する出題が増加している（演習問題 7.13 ～ 7.15 参照）．

重 要 項 目
---

1 配電線路の一般計算

基本的な計算手法は送電線路と同様であるが，下記に注意する．

① X に対して R の比率が高いので，R を無視することはできない．

② 電力に対して電流が大きく，電圧降下が大きい．電圧の許容範囲も一般に狭い．

2 分布負荷

分布負荷では，集中負荷に比べて，電圧降下や線路損失が低減される．

以下の式で，送電端電流 I_s[A]，電線単位長抵抗 r[Ω/m]，電線亘長 l[m]，線路電流 I_l[A]，負荷電流密度 i[A/m] とする．

① **平等分布負荷**（図 7-1(a)）

送電端から x の点の I_l は，

$$I_l = \frac{l-x}{l}I_s = \left(1-\frac{x}{l}\right)I_s \tag{7-1}$$

全区間の電圧降下 e は，

$$e = \int_0^l \frac{l-x}{l}I_s r\,dx = \frac{1}{2}rlI_s \tag{7-2}$$

全区間の線路損失 w は，

$$w = \int_0^l \left(\frac{l-x}{l}\right)^2 I_s^2 r\,dx = \frac{1}{3}I_s^2 rl \tag{7-3}$$

② **直線増加負荷**（図 7-1(b)）

送電端から x の点の I_l は，

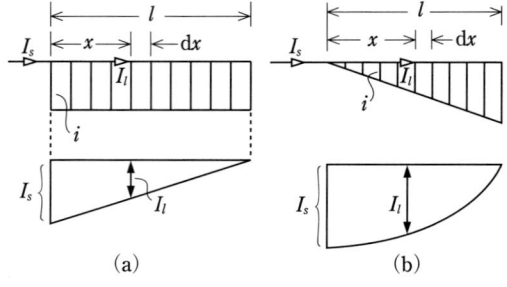

図 7-1 連続分布負荷

$$I_l = \left(1-\frac{x^2}{l^2}\right)I_s \tag{7-4}$$

全区間の電圧降下 e は，

$$e = \int_0^l I_l r\,dx = \frac{2}{3}rlI_s \tag{7-5}$$

全区間の線路損失 w は，

$$w = \int_0^l I_l^2 r\,dx = \frac{8}{15}I_s^2 rl \tag{7-6}$$

③ **直線減少負荷や山形負荷など**

①，②と同様の考え方で計算できる．集中負荷に対して，直線減少負荷の電圧降下は 1/3（p.204 のコラム参照），電力損失は 1/5．

3 灯動共用方式

① **異容量V結線方式** 共用変圧器に単相負荷を接続．負荷電流，力率は単相を I_1, $\cos\theta_1$，三相を I_3, $\cos\theta_3$．共用変圧器の電流 I_A は，図7-2 の**進み側接続**で，I_1 と I_3 の位相差を φ_A とすると，

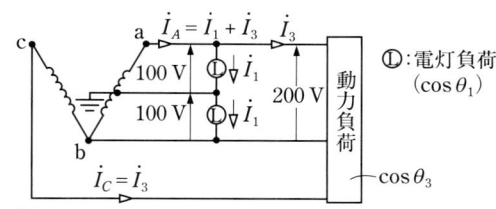

図7-2 異容量V結線方式（進み側接続）

$$I_A = \sqrt{I_1^2 + I_3^2 + 2I_1I_3\cos\varphi_A}\ [\text{A}] \qquad (7\text{-}7)$$

共用 TR:VI_A[V・A]，三相専用 TR:VI_3[V・A]．

② Δ結線方式（図7-3）

三相結線から小容量の単相負荷をとる．V結線方式と異なり，単相負荷を接続していない変圧器にもインピーダンスの逆比により，三相負荷とは逆方向に電流が流れる．

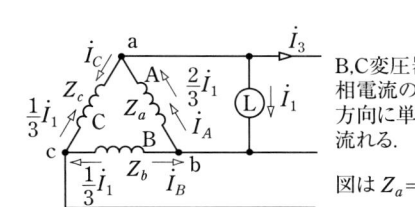

図7-3 Δ結線方式

4 三相昇圧器

① V結線形（図7-4）

昇圧器2台分の自己容量P_Vは，変圧比$n = V_1/V_2$，線路容量$W = \sqrt{3}V_HI$で，

$$P_V = 2V_2I \fallingdotseq 1.15W/(1+n) \qquad (7\text{-}8)$$

② 辺延びΔ結線形（図7-5）

昇圧後のV_Hは，$n = V_1/V_2 = V_L/V_2$で，

$$V_H = V_L\left(1 + \frac{3}{n}\right)^{1/2} \fallingdotseq V_L\left(1 + \frac{3}{2n}\right) \qquad (7\text{-}9)$$

自己容量P_Δは，

$$P_\Delta = 3V_2I = \frac{2}{\sqrt{3}}W \cdot \frac{3}{2n+3} \qquad (7\text{-}10)$$

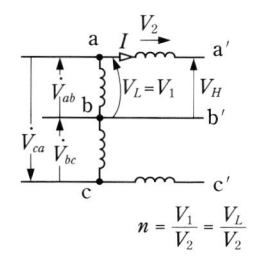

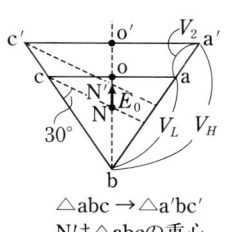

図7-4 三相昇圧器（V結線）

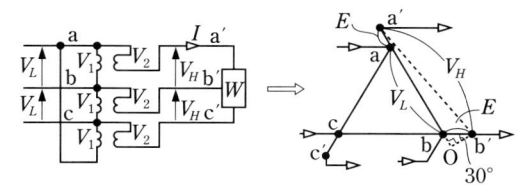

図7-5 三相昇圧器（辺延びΔ結線）

5 EVT，高低圧の混触

① EVT（接地形計器用変圧器）（図7-6）

EVT一次側換算の中性点抵抗R_nは，二次側開放Δ結線に設けた制限抵抗をR，巻数比をnとすると，

$$R_n = n^2\frac{R}{3} \cdot \frac{1}{3} = \frac{n^2R}{9} \qquad (7\text{-}11)$$

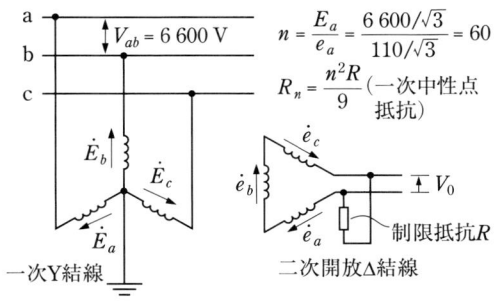

図7-6 EVTの制限抵抗

② 高低圧の混触

B種接地抵抗R_B[Ω]を通じて，高圧が<u>1線地絡状態</u>になる．低圧側の電位上昇値ΔV（通常<u>150[V]以下とする</u>）は，1線地絡電流をI_1[A]とすると，

$$\Delta V = R_BI_1\ [\text{V}] \qquad (7\text{-}12)$$

第2章　電力・管理科目

演習問題 7.1　配電一般計算 1

図のような三相3線式配電線路により，送電端A点では送電端電圧6 600[V]，周波数50[Hz]で，B需要家及びC需要家に電気を供給している．1線当たりの抵抗は0.4[Ω/km]，リアクタンスは0.3[Ω/km]として，次の問に答えよ．

(1) C需要家の進相コンデンサ（SC）がない場合，B点及びC点の線間電圧はそれぞれいくらか．

(2) C需要家に60[A]のSCを設けてC需要家の無効電力を補償した場合，B点及びC点の線間電圧はそれぞれいくらか．

(3) SC設置前後の線路損失を比較せよ．

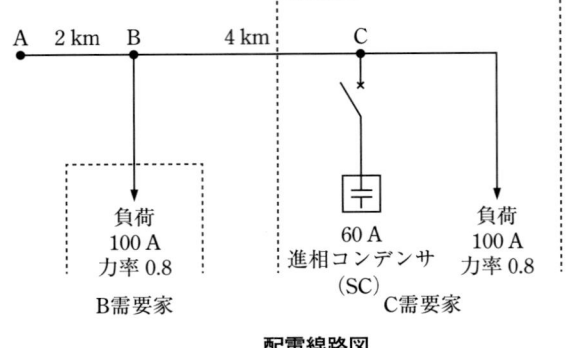

配電線路図

- A — 2 km — B — 4 km — C
- B需要家：負荷 100 A 力率 0.8
- C需要家：進相コンデンサ（SC）60 A，負荷 100 A 力率 0.8

解 答

(1) 各区間（AB及びBC）の抵抗R及びリアクタンスXは，題意から，

$R_{ab} = 0.4 \times 2 = 0.8 [\Omega]$，$R_{bc} = 0.4 \times 4 = 1.6 [\Omega]$
$X_{ab} = 0.3 \times 2 = 0.6 [\Omega]$，$X_{bc} = 0.3 \times 4 = 1.2 [\Omega]$

B及びC需要家の電流$\dot{I}_b$，$\dot{I}_c$は，ともに絶対値が100[A]で力率0.8であるから，$\dot{I}_b = \dot{I}_c = 80 - j60 [A]$である．

ゆえに，AB間の電流は，$I_{ab} = 200 [A]$で力率$\cos\theta = 0.8$，$\sin\theta = 0.6$である．よって，B点の線間電圧V_bは，A点の電圧をV_sとすると，

$$V_b = V_s - \sqrt{3} I_{ab} (R_{ab} \cdot \cos\theta + X_{ab} \cdot \sin\theta)$$
$$= 6\,600 - \sqrt{3} \times 200 \times (0.8 \times 0.8 + 0.6 \times 0.6)$$
$$\fallingdotseq 6\,600 - 346.4 \fallingdotseq 6\,254 [V] \quad \textbf{(答)}$$

次に，C点の線間電圧V_cは，

$$V_c = V_b - \sqrt{3} I_c (R_{bc} \cdot \cos\theta + X_{bc} \cdot \sin\theta)$$
$$= 6\,254 - \sqrt{3} \times 100 \times (1.6 \times 0.8 + 1.2 \times 0.6)$$
$$\fallingdotseq 6\,254 - 346.4 \fallingdotseq 5\,908 [V] \quad \textbf{(答)}$$

(2) C需要家のSCの電流は題意から，$I_q = +j60 [A]$である．この場合のC需要家の電流I_{c1}は，

解法のポイント

① 問(3)で線路損失を求めなければならないので，重ねの理により，各点の電圧を求める方法は使えない．区間ごとの電流及び力率を求めて，A点の電圧から，順次電圧降下を差し引いて，B点，C点の電圧を求める．電圧降下は，近似式を用いてよい．

② SCを設置後は，C需要家の無効電流が補償されるので，各区間の電流及び力率を同様に求めて，各点の電圧を出す．

③ 線路損失の計算では，線路全体であるので3倍することを忘れないようにする．

$\dot{I}_{c1} = \dot{I}_c + \dot{I}_q = 80 - j60 + j60 = 80$ [A]　　∴ $\cos\theta_{c1} = 1$, $\sin\theta_{c1} = 0$

よって，AB 間の電流 I_{ab1} は，

$\dot{I}_{ab1} = \dot{I}_b + \dot{I}_{c1} = 80 - j60 + 80 = 160 - j60$ [A]

∴ $I_{ab1} = \sqrt{160^2 + 60^2} \fallingdotseq 170.9$ [A], $\cos\theta_{ab1} = \dfrac{160}{170.9} \fallingdotseq 0.9362$, $\sin\theta_{ab1} = \sqrt{1 - 0.9362^2} \fallingdotseq 0.3515$

B 点の線間電圧 V_{b1} は，

$V_{b1} = V_s - \sqrt{3} I_{ab1} (R_{ab} \cdot \cos\theta_{ab1} + X_{ab} \cdot \sin\theta_{ab1})$
　　　$= 6600 - \sqrt{3} \times 170.9 \times (0.8 \times 0.9362 + 0.6 \times 0.3515) \fallingdotseq 6600 - 284.1 \fallingdotseq 6316$ [V]　　**(答)**

次に，C 点の線間電圧 V_{c1} は，$\sin\theta_{c1} = 0$ であるから，

$V_{c1} = V_{b1} - \sqrt{3} I_{c1} (R_{bc} \cdot \cos\theta_{c1} + X_{bc} \cdot \sin\theta_{c1})$
　　　$= V_{b1} - \sqrt{3} I_{c1} \cdot R_{bc} \cdot \cos\theta_{c1} = 6316 - \sqrt{3} \times 80 \times 1.6 \times 1 \fallingdotseq 6316 - 221.7 \fallingdotseq 6094$ [V]　　**(答)**

(3) SC 設置前の線路損失 P_l は，

$P_l = 3(R_{ab} \cdot I_{ab}^2 + R_{bc} \cdot I_c^2) = 3 \times (0.8 \times 200^2 + 1.6 \times 100^2) = 144 \times 10^3$ [W] → 144 [kW]　　**(答)**

SC 設置後の線路損失 P_{l1} は，

$P_{l1} = 3(R_{ab} \cdot I_{ab1}^2 + R_{bc} \cdot I_{c1}^2) = 3 \times (0.8 \times 170.9^2 + 1.6 \times 80^2) \fallingdotseq 100.8 \times 10^3$ [W] → 101 [kW]　　**(答)**

線路損失は，100.8/144 = 0.7 となり，70 [%] に低下する．**(答)**

演習問題 7.2　配電一般計算 2

1 線当たりの抵抗 $R = 10$ [Ω]，リアクタンス $X = 14$ [Ω]，送電端電圧 $V_s = 6.93$ [kV] の三相 3 線式 1 回線の専用配電線路がある．この配電線路に関して，次の問に答えよ．

(1) 線路の電圧降下率を，受電端電圧を基準にして 10 [%] とするとき，受電端での純抵抗負荷 [kW] はいくらか．

(2) 前記 (1) で求めた負荷電力 [kW] と同じ容量 [kvar] の電力用コンデンサを並列に設置するとすると，同一の電圧降下において，純抵抗負荷をいくらにできるか．

解　答

(1) 純抵抗負荷であるから，受電端電圧 V_r を基準にとると，**解図 1** のようなベクトル図が描ける．送電端電圧 V_s，電流 I，線路インピーダンス $R + jX$ とすると，

$V_s^2 = (V_r + \sqrt{3} RI)^2 + (\sqrt{3} XI)^2$ ⋯ (1)

となるが，受電端の抵抗負荷 $P = \sqrt{3} V_r I$ であるから，(1) 式は，

$V_s^2 = \left(V_r + \dfrac{PR}{V_r}\right)^2 + \left(\dfrac{PX}{V_r}\right)^2$ ⋯ (2)

一方，線路の電圧降下率 ε は，題意から，

解法のポイント

① 一読するとやさしそうだが，結構計算力が必要な問題である．何よりもベクトル図を正確に描くことが必要である．誤差が大きくなるので，電圧降下の近似式を用いて解くことはできない．

$\varepsilon = \dfrac{V_s - V_r}{V_r} = 0.1$ ∴ $V_s = 1.1 V_r$ … (3)

(2)式に,$R = 10\,[\Omega]$,$X = 14\,[\Omega]$,$V_s = 6.93\,[\text{kV}]$,$V_r = V_s/1.1 = 6.93/1.1 = 6.3\,[\text{kV}]$を代入し整理すると,

$$6.93^2 = \left(6.3 + \dfrac{10P}{6.3}\right)^2 + \left(\dfrac{14P}{6.3}\right)^2$$

$$7.458 P^2 + 20P - 8.335 = 0 \quad \cdots (4)$$

$$\therefore P = \dfrac{-20 \pm \sqrt{20^2 - 4 \times 7.458 \times (-8.335)}}{2 \times 7.458} \fallingdotseq \dfrac{-20 \pm 25.47}{14.916}$$

$\fallingdotseq 0.366\,7\,[\text{MW}] \to 367\,[\text{kW}]$ **（答）**（負号不適）

(2) コンデンサを受電端に設置後のベクトル図は,**解図2**のように描ける.コンデンサの電流を I_c,抵抗負荷増加後の電流を I_1,両者の合成電流を I_0 とし,その進み角度を θ とする.ベクトル図から,次式が成り立つ.

$$V_s^2 = (V_r + \sqrt{3} R I_0 \cos\theta - \sqrt{3} X I_0 \sin\theta)^2 + (\sqrt{3} R I_0 \sin\theta + \sqrt{3} X I_0 \cos\theta)^2 \quad \cdots (5)$$

受電端の有効電力 $P_0 = \sqrt{3} V_r I_0 \cos\theta$,
無効電力 $Q_0 = \sqrt{3} V_r I_0 \sin\theta$ を用いて(5)式を整理する.

$$V_s^2 = \left(V_r + \dfrac{P_0 R - Q_0 X}{V_r}\right)^2 + \left(\dfrac{Q_0 R + P_0 X}{V_r}\right)^2 \quad \cdots (6)$$

Q_0 は題意から,負荷電力と同じ数値の $0.366\,7\,[\text{Mvar}]$ である.(6)式に,その他の数値を代入して整理する（送受電端電圧は変わらない）.

$$6.93^2 = \left(6.3 + \dfrac{10 P_0 - 0.366\,7 \times 14}{6.3}\right)^2 + \left(\dfrac{0.366\,7 \times 10 + 14 P_0}{6.3}\right)^2$$

$$6.93^2 = (1.587 P_0 + 5.485)^2 + (2.222 P_0 + 0.582\,1)^2$$

$$7.456 P_0^2 + 20 P_0 - 17.6 = 0 \quad \cdots (7)$$

$$\therefore P_0 = \dfrac{-20 \pm \sqrt{20^2 - 4 \times 7.456 \times (-17.6)}}{2 \times 7.456}$$

$$\fallingdotseq \dfrac{-20 \pm 30.41}{14.912} \fallingdotseq 0.698\,[\text{MW}]$$

$\to 698\,[\text{kW}]$ **（答）**（負号不適）

元の負荷の2倍近くに増加することができる.

② 問(1)では,送電端電圧の平衡式を求めるが,受電端の抵抗負荷 $P = \sqrt{3} V_r I$ で式を展開すると2次方程式になる.なお,電圧 [kV] を単位にとると,電力は [MW] になる.

③ コンデンサ設置後は,負荷側に進み電流が流れる.問(1)と同じく送電端電圧の平衡式を立てて,解を求める.

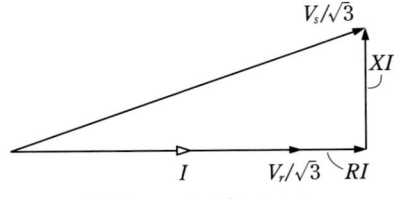

解図1 コンデンサなし

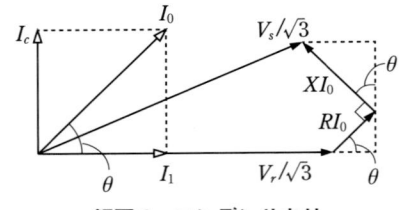

解図2 コンデンサあり

解 説

電圧降下の近似式の適用については,ほとんどの場合,遅れ負荷に対しては実用上の支障はない.ただし,本問のように抵抗負荷の場合,進み電流の場合,線路のリアクタンスが大きい場合などでは虚軸成分が大きくなるから,近似式の適用には注意が必要である.

演習問題 7.3　配電一般計算3

図のように，変電所の同一バンクから引き出されていて，それぞれの系統の末端において開放状態の連系開閉器によりオープンループで連系されているA配電系統とB配電系統があり，各系統の線路インピーダンスは次のとおりである．

　A系統：$\dot{Z}_a = 0.4 + j1\,[\Omega]$，B系統：$\dot{Z}_b = 0.2 + j0.6\,[\Omega]$

また，負荷は各系統の末端に集中して接続されており，次のとおりである．

　A系統の負荷：有効電力1 350[kW]，遅れ無効電力+654[kvar]

　B系統の負荷：有効電力900[kW]，遅れ無効電力-436[kvar]（進み負荷である）

この状態で連系開閉器を投入したとき，連系点の電圧が6 600[V]になった．次の問に答えよ．

(1) 連系点に流れるループ電流の大きさと向きを求めよ．ただし，連系開閉器の投入後も各負荷の消費電力（有効，無効とも）に変化はないものとする．

(2) 変電所の母線電圧はいくらか．

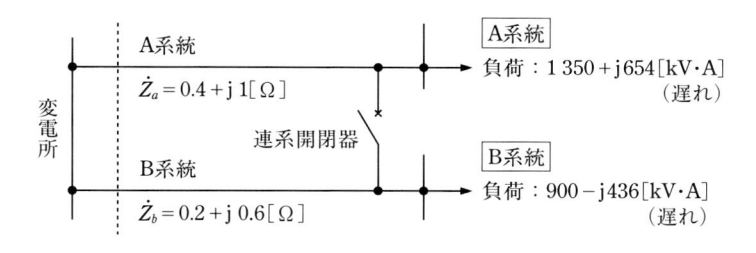

解　答

(1) 連系後の各系統の負荷電流 $\dot{I}_A$, $\dot{I}_B$ は，連系点の電圧が6.6[kV]であるから，

$$\dot{I}_A = \frac{1350}{\sqrt{3}\times 6.6} - j\frac{654}{\sqrt{3}\times 6.6} \fallingdotseq 118.1 - j57.2\,[\text{A}]$$

$$\dot{I}_B = \frac{900}{\sqrt{3}\times 6.6} + j\frac{436}{\sqrt{3}\times 6.6} \fallingdotseq 78.7 + j38.1\,[\text{A}]$$

よって，これらの合計電流 $\dot{I}$ は，

$$\dot{I} = \dot{I}_A + \dot{I}_B = 118.1 - j57.2 + 78.7 + j38.1$$
$$= 196.8 - j19.1\,[\text{A}]$$

ループ電流 $\dot{I}_l$ の方向をA→Bにとる．A系統の線路電流 $\dot{I}_a$ は，合計電流 $\dot{I}$ に対して，線路インピーダンスの逆比で流れる．よって，$\dot{I}_l$ は，

解法のポイント

① 各系統の負荷に流れる電流は，連系点の電圧が6 600[V]であるから簡単に出る．位相の進み，遅れを間違わないようにする．

② 各線路には，合計電流に対してインピーダンスの逆比により流れる．インピーダンスの逆比の計算では，複素数の展開で間違わないようにする．

$$\dot{I}_l = \dot{I}_a - \dot{I}_A = \frac{\dot{Z}_b}{\dot{Z}_a + \dot{Z}_b}\dot{I} - \dot{I}_A$$

$$= \frac{0.2 + j\,0.6}{0.4 + j\,1 + 0.2 + j\,0.6} \times (196.8 - j\,19.1) - (118.1 - j\,57.2)$$

$$= \frac{50.82 + j\,114.26}{0.6 + j\,1.6} - (118.1 - j\,57.2)$$

$$\fallingdotseq (73.05 - j\,4.37) - (118.1 - j\,57.2)$$

$$= -45.05 + j\,52.83\,[\mathrm{A}] \quad \cdots (1)$$

$$\therefore I_l = \sqrt{45.05^2 + 52.83^2} \fallingdotseq 69.4\,[\mathrm{A}] \quad \textbf{(答)}$$

電流は(1)式から**解図**になる．位相は連系点電圧基準で，A→B方向を正とし進みの約130[°]なので，実際にはB→A方向に流れ，連系点電圧から約50[°]の遅れ位相の電流になる．**(答)**

(2) (1)式から，A系統の線路電流 $\dot{I}_a = 73.05 - j\,4.37\,[\mathrm{A}]$ である．よって，変電所の母線電圧 $\dot{V}_s$ は，連系点の電圧 $\dot{V}_r$ を基準とすると，

$$\dot{V}_s = V_r + \sqrt{3}\dot{I}_a\dot{Z}_a = 6\,600 + \sqrt{3} \times (73.05 - j\,4.37) \times (0.4 + j\,1)$$

$$\fallingdotseq 6\,600 + 58.2 + j\,123.5 \fallingdotseq 6\,658.2 + j\,123.5\,[\mathrm{V}]$$

$$\therefore V_s = \sqrt{6\,658.2^2 + 123.5^2} \fallingdotseq 6\,660\,[\mathrm{V}] \quad \textbf{(答)}$$

③ ループ電流の方向を仮に定め，線路電流－負荷電流で答が出る．実部の答が負であれば流れる方向は逆である．

④ 変電所母線電圧は，線路電流による電圧降下を連系点電圧に加えればよい．

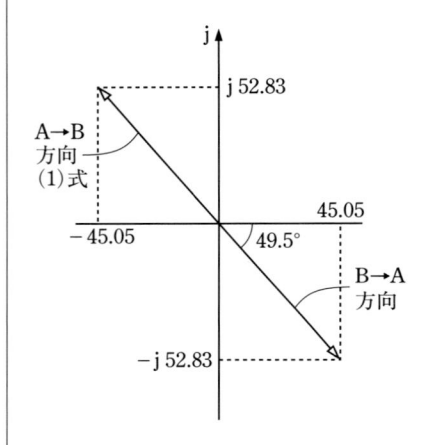

解図　ループ電流のベクトル図

演習問題 7.4　分布負荷の計算 1

給電点の年間最大負荷電流が100[A]，配電距離1[km]で，断面積22[mm²]の硬銅線（長さ1[m]，断面積1[mm²]の抵抗は1/55[Ω]とする）を使用した三相3線式6.6kV高圧配電線路がある．この配電線路の年間損失電力量はいくらか．ただし，負荷は等分布とし，かつ，同一の負荷曲線によるものとする．また，年損失係数は0.3とする．

解 答

題意から**解図**のような最大負荷電流の分布になるから，給電点より x[km]の点の電流 I_x は，給電点電流 I_s，配電距離 L として，

$$\frac{I_s}{L} = \frac{100}{1} = \frac{I_x}{L-x} \rightarrow I_x = 100(1-x)\,[\mathrm{A}] \quad \cdots (1)$$

微小区間 dx の電力損失 dw は，抵抗を r[Ω/km]とすると，

$$dw = I_x^2 r\,dx = 100^2(1-x)^2 r\,dx\,[\mathrm{W}] \quad \cdots (2)$$

解法のポイント

① 解図のような平等分布負荷の線路電流線図から，微小区間の電力損失の式を求める．

② ①で求めた式を全区間にわたって積分する．

よって，配電線全体の損失 w は，(2)式の3倍(∵3線)を全区間にわたり積分することになるので，

$$w = 3\times\int_0^1 dw = 3\times 100^2 r\int_0^1 (1-x)^2 dx$$

$$= 3\times 100^2 r\left[x-x^2+\frac{x^3}{3}\right]_0^1$$

$$= 100^2 r = 100^2 \times 0.8264 = 8264[W] = 8.264[kW]$$

ここで，$r = \dfrac{1}{22\times 55}[\Omega/m] \fallingdotseq 0.8264[\Omega/km]$

年間損失電力量 $W_1[kW\cdot h]$ は，年損失係数が 0.3 なので，

$$W_1 = w\times 365\times 24\times 0.3 = 8.264\times 8760\times 0.3$$
$$\fallingdotseq 21720[kW\cdot h] \quad (答)$$

③ 年間損失電力量は，年損失係数を乗じる．

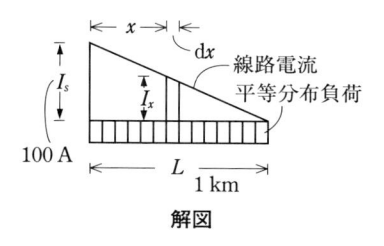

解図

演習問題 7.5　分布負荷の計算2

図は負荷電流密度[A/m]を表し，末端Bにいくほど直線的に減少する分布負荷である．線路途中に給電点Pを設けるとき，両端A, Bの電圧降下値を等しくするには，A点から何[m]の点に給電すればよいか．ただし，線路は抵抗のみとしてよい．

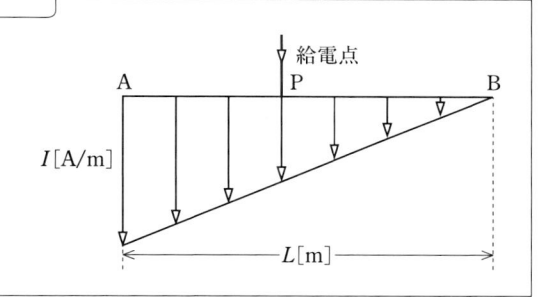

解答

(1) P〜A間の電圧降下　A点から給電点Pまでの距離を l [m]とする．**解図1**のように，Pから x の地点の負荷電流密度を I_x とすると，

$$I_x = \frac{L-l+x}{L}\cdot I [A/m] \quad \cdots (1)$$

この地点の線路電流を i_x とすると，

$$i_x = \int_x^l I_x dx = \frac{I}{L}\left[(L-l)x+\frac{x^2}{2}\right]_x^l$$

$$= \frac{I}{2L}\{l(2L-l)-2(L-l)x-x^2\}[A] \quad \cdots (2)$$

x の地点の微小区間 dx の電圧降下 dv は，単位長の抵抗を r とすると，$dv = i_x\cdot r\cdot dx$ であるから，P〜A間の電圧降下 v_{PA} は，

解法のポイント

① 給電点Pから x の地点の負荷電流密度を問図により定める．

② 負荷電流密度を積分して，x の地点の線路電流を求める．積分区間は，x の地点から区間の末端までである．ここがポイントである．

③ 線路電流による微小区間の電圧降下を積分して区間の電圧降下を求める．

$$v_{PA} = \int_0^l i_x \cdot r\,\mathrm{d}x = \frac{rI}{2L}\left[l(2L-l)x - (L-l)x^2 - \frac{x^3}{3}\right]_0^l$$

$$= \frac{rI}{2L}\left\{l^2(2L-l) - (L-l)l^2 - \frac{l^3}{3}\right\}$$

$$= \frac{rIl^2}{6L}(3L-l)\,[\mathrm{V}] \quad \cdots (3)$$

(2) P～B間の電圧降下 問(1)と同様，解図2のように，Pからxの地点の負荷電流密度をI_xとすると，

$$I_x = \frac{L-l-x}{L} \cdot I\,[\mathrm{A/m}] \quad \cdots (4)$$

この地点の線路電流をi_xとすると，

$$i_x = \int_x^{L-l} I_x\,\mathrm{d}x = \frac{I}{L}\left[(L-l)x - \frac{x^2}{2}\right]_x^{L-l}$$

$$= \frac{I}{2L}\left\{(L-l)^2 - 2(L-l)x + x^2\right\}$$

$$= \frac{I}{2L}(x-L+l)^2\,[\mathrm{A}] \quad \cdots (5)$$

よって，P～B間の電圧降下v_{PB}は，

$$v_{PB} = \int_0^{L-l} i_x \cdot r\,\mathrm{d}x = \frac{rI}{2L}\left[\frac{1}{3}(x-L+l)^3\right]_0^{L-l}$$

$$= \frac{rI}{6L}(L-l)^3\,[\mathrm{V}] \quad \cdots (6)$$

(3) 題意から，(3)式と(6)式が等しければよい．ゆえに，

$$\frac{rIl^2}{6L}(3L-l) = \frac{rI}{6L}(L-l)^3,$$

$$l^2(3L-l) = (L-l)^3, \quad L^3 - 3L^2l = 0, \quad L - 3l = 0$$

$$\therefore\ l = \frac{L}{3}\,[\mathrm{m}]$$

A点から，$L/3\,[\mathrm{m}]$の地点に給電点を設ける．**(答)**

④ Pから両区間に対して①〜③の計算を行い，電圧降下が等しいとして給電点の距離を求める．

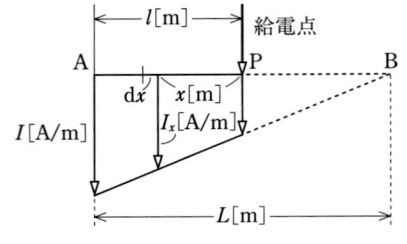

解図1　A側への給電

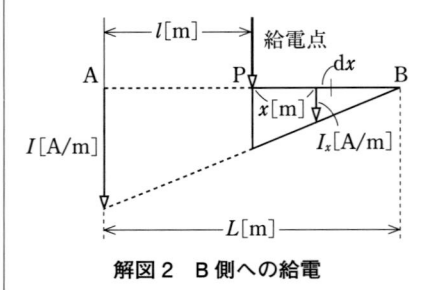

解図2　B側への給電

解　説

問図の負荷分布は，電流そのものではなく，線路単位長さ当たりの負荷電流密度[A/m]を示す．ゆえに，給電点での給電電流I_s[A]は，負荷分布図の面積で求められる．本問の場合は，$I_s = LI/2$[A]になる．

重要項目で示したように，<u>分布負荷の末端での電圧降下は，集中負荷に対して，平等分布負荷は1/2，直線減少負荷は1/3，直線増加負荷は2/3になる</u>から，これを用いると，別解が導ける．直線減少負荷の電圧降下は，p.204のコラムを参照のこと．

別　解

給電点 P の負荷電流密度 I_p は，

$$I_p = \frac{L-l}{L}I \text{ [A/m]} \quad \cdots \text{ (1)}$$

区間 AP は，I_p の平等分布負荷と末端が $(I-I_p)$ の直線増加負荷の合成である．平等分布負荷分の供給電流 $I_{sa1} = I_p l$ [A] であるから，末端の電圧降下 v_{A1} は，

$$v_{A1} = \frac{1}{2}I_{sa1}rl = \frac{1}{2}I_p r l^2 \quad \cdots \text{ (2)}$$

直線増加負荷分の供給電流 $I_{sa2} = (I-I_p)l/2$ [A] であるから，末端の電圧降下 v_{A2} は，

$$v_{A2} = \frac{2}{3}I_{sa2}rl = \frac{I-I_p}{3}rl^2 \quad \cdots \text{ (3)}$$

区間 BP は，始端が I_p の直線減少負荷である．この分の供給電流 $I_{sb} = I_p(L-l)/2$ [A] であるから，末端の電圧降下 v_B は，

$$v_B = \frac{1}{3}I_{sb}r(L-l) = \frac{1}{6}I_p r(L-l)^2 \quad \cdots \text{ (4)}$$

題意から，$v_{A1} + v_{A2} = v_B$ であるから，

$$l^2\{3I_p + 2(I-I_p)\} = (L-l)^2 I_p \quad \cdots \text{ (5)}$$

(5)式に，(1)式の I_p を代入して整理すると，

$$L^2 - 3Ll = 0 \quad \cdots \text{ (6)}$$

が導けるから，$l = L/3$ [m] となる．**(答)**

演習問題 7.6　分布負荷の計算 3

図 1，図 2 のように，末端 B の負荷電流密度が I [A/m] で，末端にいくほど直線的に増加する負荷が分布している，亘長 L の三相配電線路がある．この配電線路の損失について，次の問に答えよ．ただし，配電線路の線路特性は均一とし，電源電圧は一定とする．また，単位長の抵抗を r とする．

(1) 図 1 のように A から供給する場合の線路損失はいくらか．
(2) 図 2 のように B から供給する場合の線路損失はいくらか．
(3) 図 2 の場合は，図 1 の場合と比較して線路損失は何 [%] になるか．

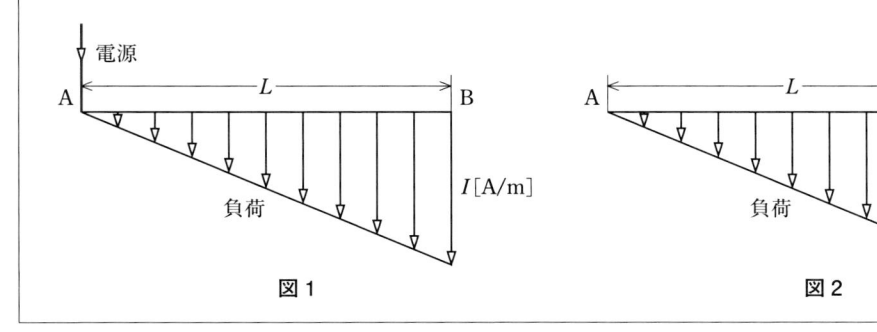

図 1

図 2

解　答

(1) A から供給　解図 1 のように，A から x の地点の負荷電流密度 I_x は，

$$I_x = \frac{x}{L} \cdot I \text{ [A/m]} \quad \cdots \text{ (1)}$$

解法のポイント

① 各地点の負荷電流密度から，その点の線路電流を求める手順は，前問と同じである．

この地点の線路電流を i_a とすると，

$$i_a = \int_x^L I_x \, dx = \frac{I}{L}\left[\frac{x^2}{2}\right]_x^L = \frac{I}{2L}(L^2 - x^2) \, [\text{A}] \quad \cdots (2)$$

となる．x の地点の微小区間 dx の電力損失 dw_a は，単位長の抵抗を r とすると，

$$dw_a = 3{i_a}^2 \cdot r \, dx = \frac{3I^2 r}{4L^2}(L^4 - 2L^2 x^2 + x^4) \, [\text{W}]$$

これより，全損失 w_a は，

$$w_a = \int_0^L dw_a = \frac{3I^2 r}{4L^2}\left[L^4 x - \frac{2L^2}{3}x^3 + \frac{x^5}{5}\right]_0^L$$

$$= \frac{2}{5} r I^2 L^3 \, [\text{W}] \quad \cdots (3) \quad \textbf{(答)}$$

(2) Bから供給 解図2のように，B から x の地点の負荷電流密度 I_x は，

$$I_x = \frac{L-x}{L} \cdot I \, [\text{A/m}] \quad \cdots (4)$$

この地点の線路電流を i_b とすると，

$$i_b = \int_x^L I_x \, dx = \frac{I}{L}\left[Lx - \frac{x^2}{2}\right]_x^L = \frac{I}{2L}(L^2 - 2Lx + x^2) \, [\text{A}] \quad \cdots (5)$$

となる．x の地点の微小区間 dx の電力損失 dw_b は，

$$dw_b = 3{i_b}^2 \cdot r \, dx = \frac{3I^2 r}{4L^2}(L^2 - 2Lx + x^2)^2 \, dx \, [\text{W}]$$

これより，全損失 w_b は，

$$w_b = \int_0^L dw_b = \frac{3I^2 r}{4L^2}\int_0^L (L^2 - 2Lx + x^2)^2 \, dx$$

$$= \frac{3I^2 r}{4L^2}\int_0^L (x^4 - 4Lx^3 + 6L^2 x^2 - 4L^3 x + L^4) \, dx$$

$$= \frac{3I^2 r}{4L^2}\left[\frac{x^5}{5} - Lx^4 + 2L^2 x^3 - 2L^3 x^2 + L^4 x\right]_0^L$$

$$= \frac{3}{20} r I^2 L^3 \, [\text{W}] \quad \cdots (6) \quad \textbf{(答)}$$

(3) 以上から，電力損失の比は，

$$\frac{w_b}{w_a} = \frac{3}{20} \times \frac{5}{2} = 0.375 \rightarrow 37.5 \, [\%]$$

となり，線路損失は 37.5[%] に減少する．**(答)**

② 線路電流により微小区間の線路損失を求め，これを全区間で積分すればよい．この際，三相線路であるから，3倍することを忘れないようにする．

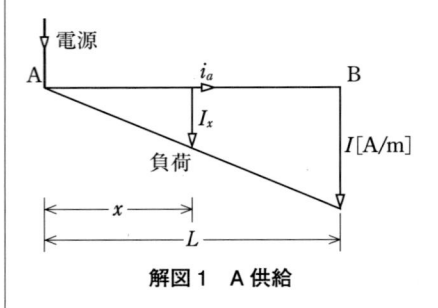

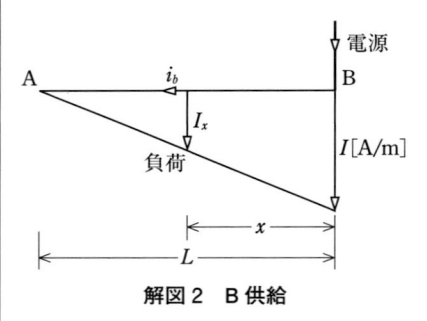

解図1　A供給

解図2　B供給

解説

負荷電流密度の大きい地点に供給することにより，線路損失が大きく減少する．また，線路の電圧降下についても同様なことがいえる．

2.7 配電設備

演習問題 7.7　異容量 V 結線 1

図のように，定格容量 30[kV·A] 及び 50[kV·A] の変圧器を異容量 V 結線とした対称三相交流電源がある．低圧側にまず三相の最大平衡負荷を接続し，次に単相負荷を図のように接続して，変圧器の利用率（負荷の合計/変圧器の定格容量の合計）を最大とする．このとき，次の値を求めよ．ただし，変圧器及び線路のインピーダンスは無視するものとし，負荷力率は 1 を含む遅れとする．また，各変圧器の相は適切に定めるものとする．

(1) 三相の最大平衡負荷[kW]，(2) 単相負荷の合計[kW]，(3) 変圧器の利用率（％）

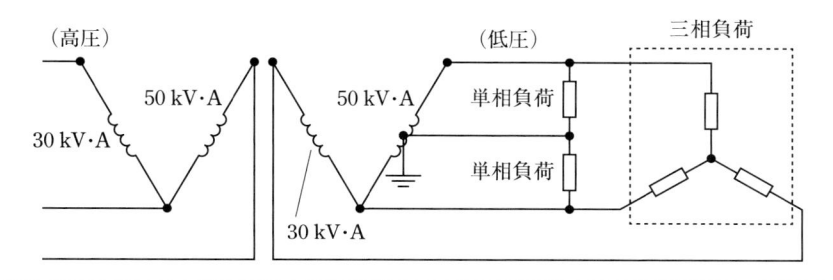

解　答

(1) 相順を a, b, c とし，解図のように相を定める．cb 間に単相負荷を接続し，50[kV·A] の変圧器 T_C を設置する．二つの単相負荷は同一容量とする．変圧器 T_A には，三相負荷電流のみが流れる．三相平衡負荷 P_3 は，線間電圧を V，三相負荷の電流を I_3，力率を $\cos\theta_3$ とすると，

$$P_3 = \sqrt{3}VI_3\cos\theta_3 \quad \cdots (1)$$

であるが，VI_3 は T_A の容量であり，$\cos\theta_3 = 1$ のときに三相最大負荷 P_{3m}[kW] となる．よって，

$$P_{3m} = \sqrt{3} \times 30 \times 1 \fallingdotseq 51.96 \rightarrow 52[\text{kW}] \quad \textbf{(答)}$$

解法のポイント

① 三相の最大平衡負荷は，30[kV·A] の変圧器で制限される．力率 1 の場合が最大負荷になる．

② 50[kV·A] の変圧器には，単相負荷と三相負荷の両者が加わるので，ベクトル図により，単相負荷の合計を求める．<u>両負荷の電流のベクトル和を，50[kV·A] の変圧器の線間電圧と同相とすれば，最大負荷となる．</u>ここが一番のポイントである．

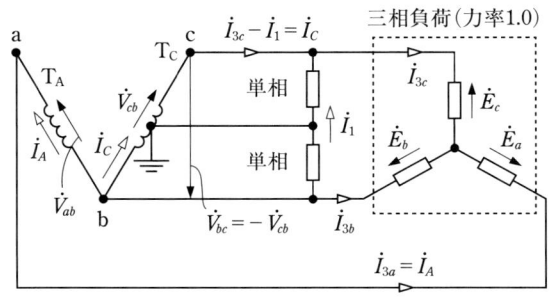

(a) 結線図（相順 a, b, c）

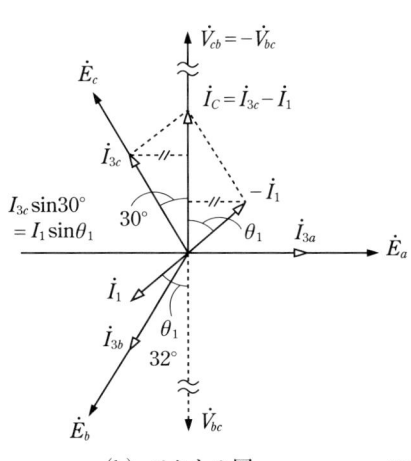

(b) ベクトル図

解図　異容量 V 結線

(2) 変圧器 T_C の電圧は $\dot{V}_{cb}(=-\dot{V}_{bc})$ であり，三相負荷電流 $\dot{I}_{3c}$ と単相負荷電流 $\dot{I}_1$ が流れるが，I_1 は相順から b → c へ流れる．よって，解図(b)のように，$\dot{I}_{3c}$ と $-\dot{I}_1$ の和 $\dot{I}_C$ が $\dot{V}_{cb}$ と同相のときに最大負荷となる．前記のように，$\dot{I}_3$ は相電圧に対して力率1である．単相負荷電流 $\dot{I}_1$ の $\dot{V}_{bc}$ に対する遅れを θ_1 とすると，これらの電流の和 I_C は，

$$I_C = I_3 \cos 30° + I_1 \cos \theta_1 \quad \cdots (2)$$

となる．よって，T_C の容量 VI_C は，

$$VI_C = 50 = VI_3 \cos 30° + VI_1 \cos \theta_1 = 30 \times \frac{\sqrt{3}}{2} + VI_1 \cos \theta_1 \quad \cdots (3)$$

となるから，単相最大負荷 P_{1m} は，

$$P_{1m} = VI_1 \cos \theta_1 = 50 - 30 \times \frac{\sqrt{3}}{2} ≒ 24.02 \to 24 [\text{kW}] \quad \textbf{(答)}$$

(3) 変圧器の利用率 α は，P_{TA}，P_{TC} を T_A，T_C の容量とすると，

$$\alpha = \frac{P_{3m} + P_{1m}}{P_{TA} + P_{TC}} = \frac{51.96 + 24.02}{30 + 50} ≒ 0.9498 \to 95.0 [\%] \quad \textbf{(答)}$$

[注] 三相負荷の力率は，線間電圧ではなく，相電圧に対して考える．ベクトル図から $VI_3 \sin 30° = 30 \times 0.5$ $VI_1 \sin \theta_1$ であるから，$VI_1 \cos \theta_1 = 24.02$ の両式から，$\theta_1 = \tan^{-1}(15/24.02) ≒ 32 [°]$ となる．

③ 変圧器の利用率は，取付負荷 / 変圧器容量である．

解説

V 結線では，三相負荷は巻線の各端子から各相電流が流れるが，<u>単相負荷は相順により電流方向が定まる</u>．進み側接続と遅れ側接続がある．

bc 間の単相負荷接続は遅れ側であり，相順は bc（$\dot{V}_{bc}$ が起電力）で電流は b → c に流れ，巻線では三相負荷と逆方向になる．ab 間の単相負荷接続時は進み側であり，巻線では三相負荷と同一電流方向になる．本問のように三相負荷の力率が1であれば，遅れ側接続でなければ題意（単相負荷力率は遅れ）を満たさない．一般的には，三相負荷の力率は単相負荷よりも悪いので，進み側接続とすることが多い．

演習問題 7.8　異容量 V 結線 2

図のように，三相高圧配電線に，V 結線接続した定格容量 30 [kV·A] 及び 50 [kV·A] の変圧器がある．％インピーダンスは，どちらも機器容量基準で 5 [％] であり，短絡前の低圧側端子電圧は 200 [V] であった．この変圧器について，次の問に答えよ．

(1) 30 [kV·A] 及び 50 [kV·A] の各々のインピーダンス $Z_1 [\Omega]$ と $Z_2 [\Omega]$ の値を求めよ．

(2) 変圧器の低圧側の端子付近で，両変圧器に共通の線以外の 2 線が短絡した．このときの低圧側の短絡電流 $I_s [\text{A}]$ の値を求めよ．ただし，電源インピーダンス及び負荷電流は無視する．

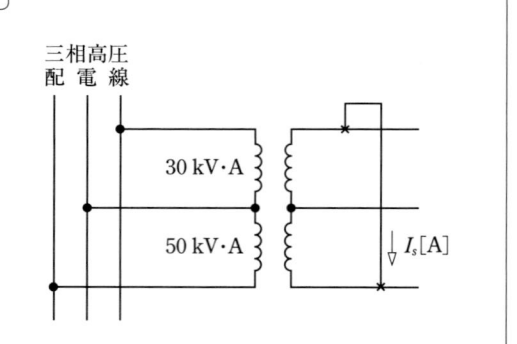

解 答

(1) 単位法で表した $Z(\mathrm{pu})$ は，$\%Z$ の1/100であり，定格電圧を V_n，定格容量を P_n とすると，

$$Z(\mathrm{pu}) = \frac{Z \cdot P_n}{V_n^2} \qquad \therefore Z = \frac{Z(\mathrm{pu}) \cdot V_n^2}{P_n} \quad \cdots \text{(1)}$$

(1)式から，$Z_1[\Omega]$，$Z_2[\Omega]$ は，題意の数値を代入して，

$$Z_1 = \frac{0.05 \times 200^2}{30 \times 10^3} \fallingdotseq 0.066\,67\,[\Omega] \quad \textbf{(答)}$$

$$Z_2 = \frac{0.05 \times 200^2}{50 \times 10^3} = 0.04\,[\Omega] \quad \textbf{(答)}$$

(2) 短絡前の電圧を V_2 とすると，短絡電流 $I_s[\mathrm{A}]$ は，テブナンの定理により，

$$I_s = \frac{V_2}{Z_1 + Z_2} = \frac{200}{0.066\,67 + 0.04} \fallingdotseq 1\,875\,[\mathrm{A}] \quad \textbf{(答)}$$

解法のポイント

① 三種程度のやさしい問題である．$\%Z$ から $Z[\Omega]$ の変換は，$\%Z$ の定義から考えればよい．

② この場合の2線短絡は，要するにV結線の外側の短絡である．2台の変圧器のインピーダンスが直列であるとして，テブナンの定理を用いて短絡電流を求める．

[注] 通常の電流に対して，かなり大きな電流が流れる．

演習問題 7.9 三相昇圧器1

図1のように，巻数比 n の単巻変圧器を2台用いたV結線の三相昇圧器がある．この昇圧器について，次の問に答えよ．ただし，n は変圧比（巻数比）であり図の V_1/V_2 である．

(1) この昇圧器の線路容量 W を示せ．

(2) この昇圧器の自己容量 P_V を W 及び n により示せ．

(3) 図1の昇圧器では，図からも分かるように，b相の電位は同じであり昇圧されない．このように，V結線方式の三相昇圧器は2相昇圧であり，他の1相は昇圧されない．よって，昇圧器以降の中性点は，電源側の中性点に対して上昇することになる．この中性点電位の差 e を電源側の相電圧 E と n により示せ．

(4) 図2のように，配電線の1線当たりの対地静電容量が，昇圧器の一次側は C_1，二次側は C_2 であるとき，電源側に現れる零相電圧を(3)の結果を用いて求めよ．

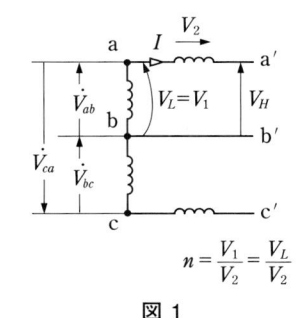

$$n = \frac{V_1}{V_2} = \frac{V_L}{V_2}$$

図1

図2

解 答

(1) 線路容量 W は，問図1で昇圧後の電圧が V_H，通過電流が I であるから，
$$W = \sqrt{3}\,V_H I \quad \cdots (1) \quad \text{(答)}$$

(2) 昇圧器の自己容量 P_V は，直列巻線の電圧 V_2 と I の積であるが，全体では2相分なので2倍する．よって，P_V は(1)式及び $n = V_1/V_2$，$V_H = V_1 + V_2$ から，
$$P_V = 2V_2 I = 2V_2 \frac{W}{\sqrt{3}\,V_H} = \frac{2}{\sqrt{3}} \cdot W \cdot \frac{V_2}{V_H} \fallingdotseq \frac{1.15\,W}{1+n} \quad \cdots (2) \quad \text{(答)}$$

(3) V結線形昇圧器の電圧三角形は，**解図1**のように示せる．正三角形の重心の位置から，電源側の中性点 N に対して，昇圧器以降の中性点は N′ になり，その差 NN′ が e となる．図から NN′ の長さは cd の長さに等しいから，
$$e = \frac{V_2}{2} \cdot \frac{1}{\cos 30°} = \frac{V_1}{2n} \cdot \frac{2}{\sqrt{3}} = \frac{\sqrt{3}\,E}{n\sqrt{3}} = \frac{E}{n} \quad \cdots (3) \quad \text{(答)}$$

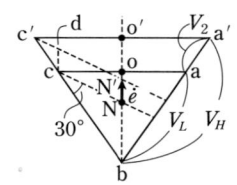

解図1 電圧三角形
△abc → △a′bc′
Nは△abcの重心
N′は△a′bc′の重心

(4) 昇圧器前後の状況は**解図2**のように示せる．電源側のEVT に現れる零相電圧 V_0 は，昇圧器の中性点電位の差 e に対して，昇圧器一次側線路の静電容量 C_1 の分圧である．よって，V_0 は(3)式から，
$$V_0 = \frac{1/3\omega C_1}{\dfrac{1}{3\omega C_1} + \dfrac{1}{3\omega C_2}} e = \frac{C_2}{C_1 + C_2} \cdot \frac{E}{n} \quad \cdots (4) \quad \text{(答)}$$

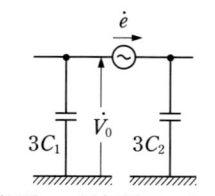

解図2 零相電圧の発生

解法のポイント

① **線路容量**は，普通の V 結線の出力に相当する．

② **自己容量**は，単相の単巻変圧器と同じく，直列巻線電圧×通過電流であるが，合計容量なので2倍する．n を用いて式をまとめる．

解 説

(4)式が示すように昇圧器以降の配電線路が長いと，C_2 が大きくなるから V_0 も大きくなる．地絡保護装置の感度に影響を与えるおそれがある．対策としては，零相電圧の設定を適切に行うほか，昇圧器を複数個設置する場合には昇圧相を交互に変更するようにする．

変圧比の逆数を**昇圧比**といい，V_2/V_1 である．高圧配電線の一般的な昇圧器の使い方では，V_2 は数百[V]であるから，$n \gg 1$ となる．ゆえに，$1 + n \fallingdotseq n$ となり，(2)式の P_V は，
$$P_V \fallingdotseq \frac{1.15\,W}{n} \quad \cdots (5)$$
としてよい．よって昇圧器の容量は，(5)式から，昇圧比より約15[%]多い容量が必要となる．

演習問題 7.10 三相昇圧器2

6.6[kV]の三相3線式配電線路の途中に,図のようなΔ結線の三相昇圧器を設置して,配電電圧を300[V]昇圧したい.昇圧器の必要容量はいくらか.ただし,昇圧器の負荷電流は100[A]とし,励磁電流を無視する.

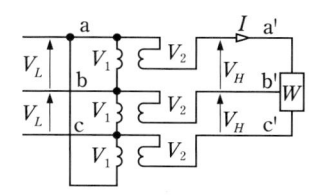

解答

解図のベクトル図から,各相の昇圧電圧 $E(=V_2)$,一次電圧 $V_L(=V_1)$,二次電圧 V_H とすると,

$$V_H = \sqrt{(V_L + E + E\cos 60°)^2 + (E\sin 60°)^2}$$

$$= \sqrt{\left(V_L + \frac{3}{2}E\right)^2 + \left(\frac{\sqrt{3}}{2}E\right)^2} \fallingdotseq V_L + \frac{3}{2}E \quad (\because a'b' \fallingdotseq a'O)$$

題意から,$V_H - V_L = 300$[V]なので,

$$\therefore E \fallingdotseq \frac{2}{3}(V_H - V_L) = \frac{2}{3} \times 300 = 200 \text{[V]}$$

よって,昇圧器の容量 P は,昇圧後の負荷電流を I とすると,
$P = 3EI = 3 \times 200 \times 100 \times 10^{-3}$
$= 60$[kV·A](3相分) **(答)**

[注] 上記の計算で,略算式によらずに,正式に計算しても,$E = 198.5$[V]であり,誤差は1[%]にも満たない.

解法のポイント

① 問図は,辺延びΔ結線と呼ばれる昇圧器である.V結線式と異なり,各相の電圧が不平衡にならない長所がある.

② Δ結線の三相昇圧器のベクトル図は,解図のように示せる.ベクトル図から,各相の昇圧電圧 E を求める.このとき,電圧降下の近似式と同様の考え方で略算式を導く.

③ 三相容量(自己容量)は,通過電流を I とすると,$3EI$ になる.

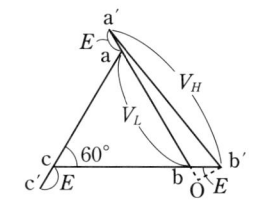

解図 Δ結線昇圧器のベクトル図

演習問題 7.11 配電線の混触,EVTの計算1

図1に示す6 600[V],50[Hz]の三相3線式配電系統において,A配電線に接続された単相変圧器(6.6[kV]/110[V])内部で高低圧混触事故が発生し,1線がB種接地(抵抗 R_g)を通じて地絡を生じた場合について,次の問に答えよ.

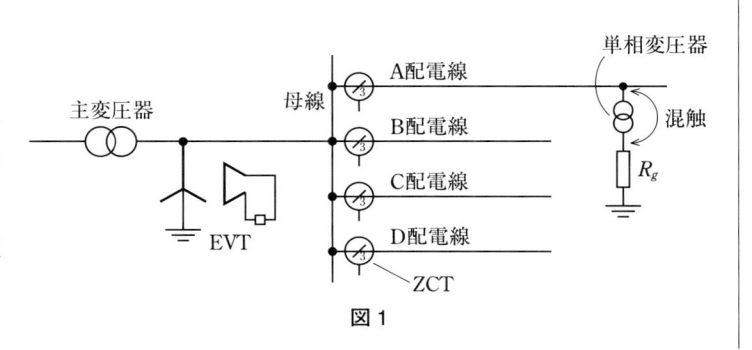

図1

ただし，配電線はA～Dともに，亘長は各々10[km]，配電線1線当たりの対地静電容量は0.01[μF/km]とする．接地形計器用変圧器（EVT）二次側の開放三角結線端子間の抵抗は25[Ω]，EVTの変成比は6 600[V]/110[V]とし，逆相分及びその他の定数は無視するものとする．

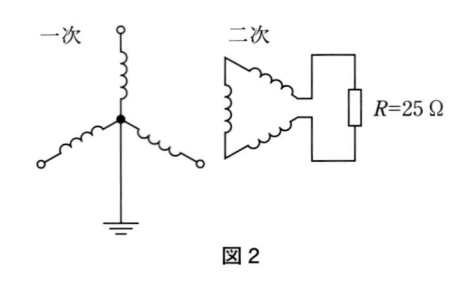

図2

(1) EVTは**図2**のような等価回路で表すことができる．一次換算時の等価中性点抵抗値R_n[Ω]を求めよ．
(2) 単相変圧器内部で高低圧混触事故が発生した際の，高圧系統の等価回路図を図示せよ．
(3) この等価回路を用いて，単相変圧器二次側に生じる対地電位V_gを150[V]以内に抑えるために必要となるB種接地回路の抵抗値の最大許容値R_g[Ω]，及びその際のR_gに流れる電流I_g[A]の大きさを求めよ．ただし，計算にあたっては高低圧混触事故点にかかる電圧（地絡相の事故前の対地電圧）はV_gに比べ十分大きいため，両電圧の位相差は無視しても計算結果には大きな差を与えないものとして計算してよい．

解 答

(1) EVT二次側の制限抵抗Rは，各相に均等に配分されるから，EVTの変成比をnとすると，一次側換算の1相当たりの抵抗R_1は，

$$R_1 = n^2 \frac{R}{3} = \left(\frac{6\,600}{110}\right)^2 \times \frac{25}{3} = 30\,000\,[\Omega]$$

となる．一次側換算の等価中性点抵抗R_nは，R_1が3個並列の状態であるから，

$$R_n = \frac{R_1}{3} = \frac{30\,000}{3} = 10\,000\,[\Omega] \quad \text{(答)}$$

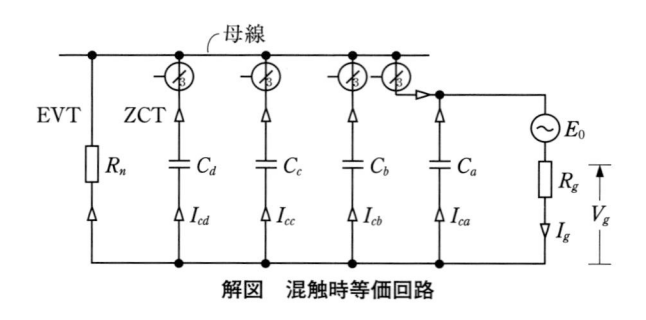

解図　混触時等価回路

解法のポイント

① EVT二次側の制限抵抗Rは，一次側Y結線の各相に配分される．一次側は，中性点から見て3相が並列の状態である．巻数比を考慮すると，一次換算の等価中性点抵抗が求まる．

② 高圧系統の等価回路は，テブナンの定理を適用すればよい．地絡前に現れる電圧は，6.6[kV]の相電圧に相当する．対地静電容量のリアクタンスの計算では，3線分を考慮する．

③ 等価回路図により，R_gを未知数として求める．I_gは$V_g = 150$[V]として逆算する．

(2) 高圧系統の等価回路は，**解図**のように，地絡点から見て，各回線の対地静電容量 $C_a \sim C_d$ と EVT の中性点抵抗 R_n が並列の状態である．**(答)**

(3) 対地電位 V_g は，等価回路の $C_a \sim C_d$ の 4 回線分のリアクタンスを $-jX_c$ とすると，

$$V_g \geq R_g I_g = R_g \cdot \frac{E_0}{R_g + \frac{-jR_n X_c}{R_n - jX_c}} = \frac{R_g E_0 (R_n - jX_c)}{R_g R_n - jX_c(R_g + R_n)}$$

$$= \frac{(R_n - jX_c)E_0}{R_n - jX_c\{1+(R_n/R_g)\}} \quad \cdots (1)$$

となるが，$R_n/R_g = \alpha$ として，(1)式を絶対値で示すと，

$$V_g^2 \geq \frac{(R_n^2 + X_c^2)E_0^2}{R_n^2 + X_c^2(1+\alpha)^2} \quad \cdots (2)$$

(2)式を順次展開すると，

$$(1+\alpha)^2 \geq \frac{(R_n^2+X_c^2)E_0^2}{X_c^2 V_g^2} - \frac{R_n^2}{X_c^2}$$

$$\therefore \alpha \geq \frac{\sqrt{(R_n^2+X_c^2)E_0^2 - R_n^2 V_g^2}}{X_c V_g} - 1 \quad \cdots (3)$$

地絡事故に関連する 1 線当たりの対地静電容量 C は，配電線 A〜D の 4 回線分であるから，

$$C = 0.01 \times 10^{-6} \times 10 \times 4 = 0.4 \times 10^{-6} [F]$$

となる．よって，容量リアクタンス X_c は，3 線分を考慮して，周波数を f とすると，

$$X_c = \frac{1}{3 \times 2\pi f C} = \frac{1}{3 \times 2\pi \times 50 \times 0.4 \times 10^{-6}} \fallingdotseq 2.653 \times 10^3 [\Omega]$$

(3)式に，$R_n = 10 \times 10^3 [\Omega]$，$V_g = 150 [V]$，$E_0 = 6\,600/\sqrt{3}\,[V]$ を代入すると，

$$\alpha \geq \frac{\sqrt{\{(10^2+2.653^2) \times 6.6^2/3\} - (10^2 \times 0.15^2)}}{2.653 \times 0.15} - 1 \fallingdotseq 97.99$$

ゆえに，求める R_g は，

$$\alpha = \frac{R_n}{R_g} \geq 97.99 \quad \therefore R_g \leq \frac{10\,000}{97.99} \fallingdotseq 102 \rightarrow 100\,[\Omega] \quad \textbf{(答)}$$

よって，地絡電流 I_g は，

$$I_g = \frac{V_g}{R_g} = \frac{150}{100} \fallingdotseq 1.5\,[A] \quad \textbf{(答)}$$

解 説

高低圧混触の場合の地絡電流 I_g は，「電気設備技術基準の解釈第 17 条」の規定によるのが一般的である．これによると，I_g は最低が 2 [A] であり，この場合には R_B は 75 [Ω] 以下とする．配電線の亘長が長くなるほど I_g は増えるので，R_B は小さくしなければならない．I_g は解釈の規定の式により求めることができる．

本問のように，多数の配電線からなる高圧系統で地絡事故が発生すると，健全回線にも，解図の $I_{cb} \sim I_{cd}$ のように充電電流が流れる．図から分かるように，b〜d 回路の充電電流 $I_{cb} \sim I_{cd}$ が ZCT に流れる方向は a 回路とは逆である．地絡電流値のみで動作する継電器では，健全回線の誤作動のおそれがある．よって，方向性の地絡継電器を用いて，健全回線の誤作動を防止する．線路の亘長が長くなると対地静電容量 C が増加して地絡電流が大きくなる．特に，ケーブルは架空線に比べて C が大きいので，注意が必要である．

コラム　高圧以上の地絡遮断装置

解釈第 36 条第 4 項の規定により，以下の箇所の高圧又は特別高圧の電路には，地絡遮断装置を原則として設けること．

① 発電所又は変電所若しくはこれに準ずる場所の引出口．
② 他の者から供給を受ける受電点．
③ 配電用変圧器の施設箇所．

演習問題 7.12 配電線の混触, EVT の計算 2

図のような, EVT を接続した三相 3 線式 1 回線の負荷側遮断器を開放時に, EVT 二次側の Δ 結線開放端の電圧 V_0 はいくらになるか. ただし, 線間電圧値を V, 配電線の対地静電容量を図のように C_1, C_1, C_2 とし, EVT の巻数比を n とする.

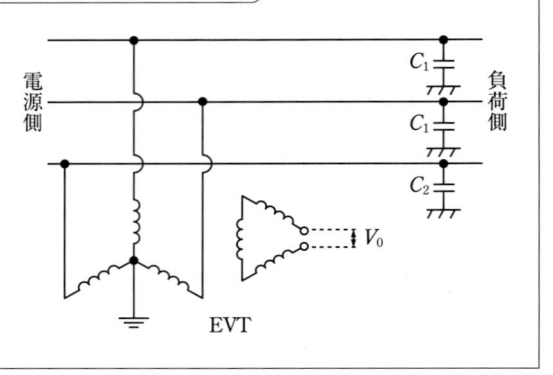

解答

負荷側遮断器を開放しているから, **解図**のように C_1, C_1, C_2 の Y 結線で負荷側を接地している状態である. C が不平衡であるから電源の中性点に電位が生じる. 電源各相の電圧を $\dot{E}_a, \dot{E}_b, \dot{E}_c$, 中性点の残留電圧を $\dot{E}_n$ とすると, 各相の対地電圧 $\dot{V}_a, \dot{V}_b, \dot{V}_c$ は,

$$\dot{V}_a = \dot{E}_a + \dot{E}_n, \quad \dot{V}_b = \dot{E}_b + \dot{E}_n, \quad \dot{V}_c = \dot{E}_c + \dot{E}_n \quad \cdots (1)$$

各線の電流の和は, $\dot{I}_a + \dot{I}_b + \dot{I}_c = 0$ であるから,

$$\dot{I}_a + \dot{I}_b + \dot{I}_c = j\omega(C_1\dot{V}_a + C_1\dot{V}_b + C_2\dot{V}_c)$$
$$= j\omega(C_1 + C_1 + C_2)\dot{E}_n + j\omega(C_1\dot{E}_a + C_1\dot{E}_b + C_2\dot{E}_c) = 0 \quad \cdots (2)$$

(2)式から, $\dot{E}_n$ は, 相回転を a, b, c とし, $\dot{E}_a = E$, $\dot{E}_b = a^2 E$, $\dot{E}_c = aE$ とすると,

$$\dot{E}_n = -\frac{C_1\dot{E}_a + C_1\dot{E}_b + C_2\dot{E}_c}{2C_1 + C_2}$$
$$= -\frac{C_1 + a^2 C_1 + a C_2}{2C_1 + C_2} E = -\frac{a(C_2 - C_1)}{2C_1 + C_2} E \quad \cdots (3)$$

(3)式で, $E = V/\sqrt{3}$ は相電圧の絶対値である. (3)式から, $\dot{E}_n$ の絶対値は,

$$E_n = \frac{|C_2 - C_1|}{2C_1 + C_2} E \quad \cdots (4)$$

EVT 一次側の各相には, $\dot{V}_a, \dot{V}_b, \dot{V}_c$ が加わり, 二次側の各相には一次側電圧の $1/n$ が現れる. よって, 開放端には, それらの総和が現れる. これを $\dot{V}_0$ とすると, (1)式の関係から,

解法のポイント

① 負荷がないから C の充電電流のみが流れる. ここで, C が不平衡であると, 各相の電流の絶対値が異なるから, 電源の中性点には電位 E_n が生じる. 各相の電圧は, 中性点電位の分だけ上昇することになる. ここが一番のポイントである.

② 各線の電流は, $j\omega C(\dot{E} + \dot{E}_n)$ で求められるが, その総和は零であることから, E_n を求めることができる.

③ EVT も普通の VT と同じく, 二次側には $1/n$ の電圧が現れるが, 開放端には三相分の和が現れる. 元の対称電圧の和は三相交流の原理から零であるから, E_n の成分のみになる.

④ 三相交流のベクトルオペレータ a を用いて, 式を適切に展開する.

$$1 + a + a^2 = 0$$

$$\dot{V}_0 = \frac{1}{n}(\dot{V}_a + \dot{V}_b + \dot{V}_c)$$
$$= \frac{1}{n}\{(\dot{E}_a + \dot{E}_n) + (\dot{E}_b + \dot{E}_n) + (\dot{E}_c + \dot{E}_n)\} = \frac{3\dot{E}_n}{n} \quad \cdots \text{ (5)}$$

$\therefore \dot{E}_a + \dot{E}_b + \dot{E}_c = 0$

よって，$\dot{V}_0$ の絶対値は，(4)式の関係から，

$$V_0 = \frac{3E_n}{n} = \frac{3}{n} \cdot \frac{|C_2 - C_1|}{2C_1 + C_2} E$$
$$= \frac{3}{n} \cdot \frac{|C_2 - C_1|}{2C_1 + C_2} \cdot \frac{V}{\sqrt{3}} = \frac{\sqrt{3}|C_2 - C_1|}{n(2C_1 + C_2)} V \quad \text{(答)}$$

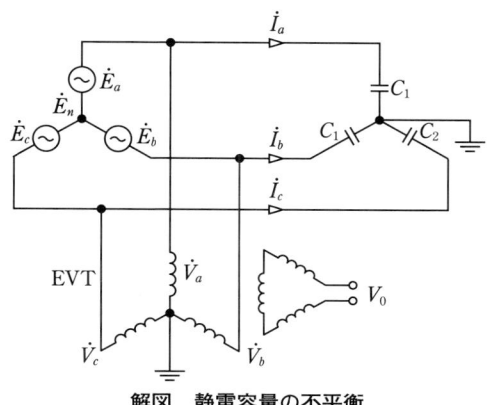

解図　静電容量の不平衡

演習問題 7.13　分散型電源の連系 1

図に示す三相高圧配電線の末端に，自家用発電設備を有する需要家が接続されている．需要家から配電線へ逆潮流 600[kW] がある場合について，需要家の相電圧（1線と中性点間の電圧）$\dot{E}_r$ と変電所の相電圧 $\dot{E}_s$ の関係を示すベクトル図を描け．また，このベクトル図から需要家端の線間電圧値を求めよ．ただし，需要家端の力率は 1 であり，高圧配電線は当該需要家のみの専用線とし，1 相当たりの抵抗及びリアクタンスはそれぞれ 5[Ω] 及び $5\sqrt{3}$ [Ω]，変電所端の線間電圧は 6 600[V] で一定とする．

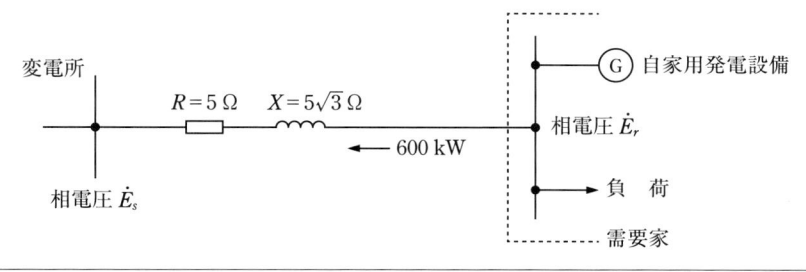

解 答

(1) 抵抗を R，リアクタンスを X，線路電流を I とすると，需要家から逆潮流があるので，相電圧 $\dot{E}_r$ を基準にとると，$\dot{E}_r - (R + jX)\dot{I} = \dot{E}_s$ である．よって，**解図**のようなベクトル図が

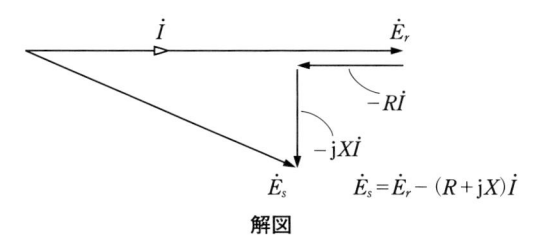

解図　$\dot{E}_s = \dot{E}_r - (R + jX)\dot{I}$

解法のポイント

① 需要家の自家用発電設備から逆潮流がある場合は，連系点が送電端になり，変電所の母線が受電端になる．この考え方に基づいてベクトル図を描けばよい．

② 需要家端の力率が 1 で，逆潮流は有効電力のみになるから，ベクトルの基準は $\dot{E}_r$ とする．

203

描ける．（**答**）

(2) ベクトル図から，次式が成立する．

$$E_s^2 = (E_r - RI)^2 + (XI)^2 \quad \cdots (1)$$

逆潮電力は $P = 3E_r I$，つまり $I = P/3E_r$ であるから，(1)式は，

$$E_s^2 = \left(E_r - \frac{PR}{3E_r}\right)^2 + \left(\frac{PX}{3E_r}\right)^2 \quad \cdots (2)$$

となる．(2)式で電圧を[kV]にとると，P は[MW]になるから，題意の $P = 0.6$[MW]，$R = 5$[Ω]，$X = 5\sqrt{3}$[Ω]，$E_s = 6.6/\sqrt{3}$[kV] を(2)式に代入する．

$$\frac{6.6^2}{3} = \left(E_r - \frac{0.6 \times 5}{3E_r}\right)^2 + \left(\frac{0.6 \times 5\sqrt{3}}{3E_r}\right)^2$$

$$= E_r^2 - 2 + \frac{1}{E_r^2} + \frac{3}{E_r^2}$$

$$16.52 = E_r^2 + \frac{4}{E_r^2}$$

$$E_r^4 - 16.52 E_r^2 + 4 = 0 \quad \cdots (3)$$

(3)式を解いて，E_r^2 は，

$$E_r^2 = \frac{16.52 \pm \sqrt{16.52^2 - 4 \times 4}}{2}$$

$$\fallingdotseq \frac{16.52 \pm 16.028}{2} = 16.274, \ 0.246 \ [\text{kV}^2]$$

となるが，明らかに 0.246 は不適である．よって，需要家端の線間電圧 V_r は，

$$V_r = \sqrt{3} E_r = \sqrt{3} \times \sqrt{16.274} \fallingdotseq 6.987 [\text{kV}] \to 6\,990 [\text{V}] \quad (\text{答})$$

コラム　直線減少負荷の電圧降下（演習問題 7.5 参照）

始端電流密度 I[A/m]，亘長 L[m]の線路では，供給電流 I_s は，$I_s = LI/2$[A] である．

始端から x の点の電流密度 I_x は，

$$I_x = \frac{L-x}{L} I [\text{A/m}]$$

となる．x の個所の線路電流 i_x は，

$$i_x = \int_x^L I_x \mathrm{d}x = \frac{I}{L} \int_x^L (L-x) \mathrm{d}x = \frac{I}{2L}(L-x)^2 [\text{A}]$$

---

③ ベクトル図から，電圧平衡式を求めて，電流 I を電力 P に変換する．E_r に関する 4 次方程式が得られるが，E_r^2 に関する 2 次方程式と考えて，E_r^2 を求める．これを開平して線間値を求める．なお，電圧の単位を[kV]，電力の単位を[MW]にとると，桁数が少なくなって計算が簡単になる．

コラム　分散型電源連系時の留意事項

分散型電源の連系では，供給信頼度や電力品質（電圧，周波数，高調波など）に問題を生じないようにする．また，共用線では他需要家での短絡事故時に，当該需要家の遮断容量不足を避けなければならない．そのために自家用発電設備側で，インピーダンスが大きい発電機の採用または限流リアクトルの設置等により対処する．

[注] このケースでは，需要家端の電圧が 6 600[V]系統の最高電圧 6 900[V]を超過している．逆潮流を減少するか，または自家用発電機の進相運転を行って，電圧を 6 900[V]以下としなければならない．ただし，発電機では進相運転の限度に注意．

よって，全区間の電圧降下 v は，単位長さの抵抗を r[Ω/m]とすると，

$$v = \int_0^L i_x \cdot r \mathrm{d}x = \frac{rI}{2L} \int_0^L (L-x)^2 \mathrm{d}x$$

$$= \frac{rI}{2L} \cdot \frac{L^3}{3} = \frac{1}{3} rLI_s [\text{V}] \quad (\text{集中負荷の} \frac{1}{3})$$

演習問題 7.14 分散型電源の連系2

図に示す三相高圧配電線の末端に，力率1で一定の電力600[kW]を消費する工場を需要家端に建設する．これに合わせて分散型電源としてディーゼル発電機と太陽光発電装置を需要家端に設置する予定である．

分散型電源の力率はいずれも1とし，ディーゼル発電機は常時一定出力で運転，太陽光発電装置は日射によって出力が変動する．高圧配電線は当該需要家の専用線とし，1相当たりの抵抗及びリアクタンスはそれぞれ6[Ω]及び8[Ω]，変電所端の線間電圧は6 600[V]で一定とする．次の問に答えよ．

(1) 分散型電源を全く設置しないときの，需要家端の線間電圧[V]を求めよ．

(2) 需要家端線間電圧の下限値を6 270[V]，上限値を6 930[V]とするとき，導入すべきディーゼル発電機の最低出力[kW]を求めよ．また，このディーゼル発電機に加えて発電可能な太陽光発電装置の最大出力[kW]を求めよ．

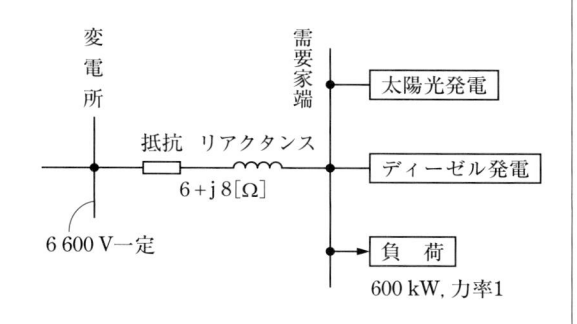

解 答

(1) 受電端の相電圧 $\dot{E}_r$ を基準にしてベクトル図を描くと，力率が1であるから**解図**のように示せる．ここで，$\dot{E}_s$ は変電所相電圧，$\dot{I}$ は線路電流，R は抵抗，X はリアクタンスである．ベクトル図から，

$$E_s^2 = (E_r + RI)^2 + (XI)^2 \quad \cdots (1)$$

が成り立つが，電圧を線間電圧 $V_s = \sqrt{3}E_s$，$V_r = \sqrt{3}E_r$ にとり，負荷電力 $P = \sqrt{3}V_r I$ の関係を用いると，(1)式は，次式になる．

$$V_s^2 = \left(V_r + \frac{RP}{V_r}\right)^2 + \left(\frac{XP}{V_r}\right)^2 \quad \cdots (2)$$

$$V_s^2 = V_r^2 + 2RP + \frac{(RP)^2}{V_r^2} + \frac{(XP)^2}{V_r^2}$$

$$\therefore V_r^4 + (2RP - V_s^2)V_r^2 + (R^2 + X^2)P^2 = 0 \quad \cdots (3)$$

(3)式に，[kV]，[MW]を単位として，題意の数値を代入する．

$$V_r^4 + (2 \times 6 \times 0.6 - 6.6^2)V_r^2 + (6^2 + 8^2) \times 0.6^2 = 0$$

$$V_r^4 - 36.36 V_r^2 + 36 = 0$$

解法のポイント

① 問(1)の分散型電源がない場合の需要家端の電圧 V_r を求める問題は，前問と同様，ベクトル図から，電圧の式を立てる．ただし，この場合は受電の状態である．前問と同様に，V_r についての4次方程式を解くことになる．

② 問(2)の発電設備の出力を求める問題では，V_r の下限値を維持するためには，ディーゼル発電機の運転によって，受電電力を抑える必要がある．①で求めた式を受電電力 P の式に変換し，答を求める．ディーゼル発電機の最低出力が導ける．

$$\therefore V_r^2 = \frac{36.36 \pm \sqrt{36.36^2 - 4 \times 36}}{2}$$

$$\fallingdotseq \frac{36.36 \pm 34.32}{2} = 35.34,\ 1.02\,[\text{kV}^2]$$

となるが，明らかに 1.02 は不適である．よって，V_r は，

$$V_r = \sqrt{35.34} \fallingdotseq 5.945\,[\text{kV}] \to 5\,945\,[\text{V}] \quad \textbf{(答)}$$

(2) 題意から，需要家端の下限値は 6 270[V] であるが，この値は問(1)で求めた分散型電源を設置しない場合の線間電圧を上回る．太陽光発電装置は気象条件により出力が一定しないので，ディーゼル発電機を運転することにより，受電電力 P を抑える必要がある．

このため，(3)式を P に関する式に変換し，$V_r = 6\,270\,[\text{V}]$ を満足する P を求める．(3)式から，

$$(R^2 + X^2)P^2 + (2RV_r^2)P - (V_s^2 - V_r^2)V_r^2 = 0 \quad \cdots\text{(4)}$$

(4)式に題意の数値を代入すると，

$$(6^2 + 8^2)P^2 + (2 \times 6 \times 6.27^2)P - (6.6^2 - 6.27^2) \times 6.27^2 = 0$$

$$100P^2 + 471.75P - 166.97 = 0,$$

$$P^2 + 4.717\,5P - 1.669\,7 = 0 \quad \cdots\text{(5)}$$

(5)式を解くと，受電電力 P は，

$$P = \frac{-4.717\,5 \pm \sqrt{4.717\,5^2 + 4 \times 1.669\,7}}{2}$$

$$\fallingdotseq \frac{-4.717\,5 \pm 5.379\,0}{2} \fallingdotseq -5.048,\ 0.330\,[\text{MW}]$$

となるが，明らかに -5.048 は不適である．ゆえに，ディーゼル発電機で負担すべき電力 P_g は，

$$P_g = 600 - 330 = 270\,[\text{kW}] \quad \textbf{(答)}$$

次に，需要家端の上限値 6 930[V] について，同様の検討を行う．(4)式に数値を代入し整理すると，次式が得られる．

$$P^2 + 5.763P + 2.144\,3 = 0 \quad \cdots\text{(6)}$$

(6)式を解くと，$P = -0.399\,8,\ -5.363\,[\text{MW}]$ となるが，明らかに -5.363 は不適である．値が負であるから，400[kW]の逆潮流が限界である．

ゆえに，太陽光発電装置の最大出力 P_p は，$P_g = 270\,[\text{kW}]$ が運転している状況を考えて，

$$P_p = 400 - P_g + 600 = 400 - 270 + 600 = 730\,[\text{kW}] \quad \textbf{(答)}$$

③ 一方，V_r の上限値については，太陽光発電装置の出力が制約になる．②で求めた P の式により解くことになる．

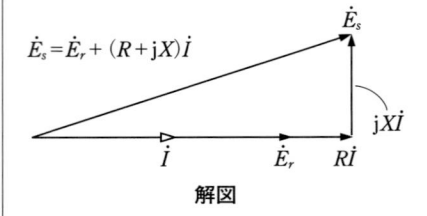

$$\dot{E}_s = \dot{E}_r + (R + jX)\dot{I}$$

解図

解 説

需要家における分散型電源の増加により，配電線のインピーダンスが大きい場合などに，配電線の電圧上昇の問題が起こり得る．その際に本問のような検討が必要である．特に共用線では低圧需要家なども存在するので，低圧の電圧に対して電気事業法で規定する $101 \pm 6\,[\text{V}]$，$202 \pm 20\,[\text{V}]$ の範囲を逸脱しないようにしなければならない．

コラム　単独運転と自立運転

両者は紛らわしいが，基本的に単独運転は好ましくない状態である．

単独運転：連系している電力系統が系統電源から切り離された状態で，分散型電源が線路負荷に電力を供給している状態．

自立運転：解列状態において，分散型電源の構内負荷にのみ電力を供給している状態．

演習問題 7.15　分散型電源の連系３

図の高圧配電系統で誘導発電機を連系した際，次の問に答えよ．ただし，基準容量は10 [MV·A]で，アルミ電線240[mm²]の%インピーダンスは1[km]当たり2.9+j7.1[%/km]，アルミ電線120[mm²]の%インピーダンスは1[km]当たり5.9+j7.9[%/km]とし，その他は図示による．

(1) 基準容量10[MV·A]において，配電系統の連系点から見た系統側の%インピーダンスを R_0+jX_0[%]とした場合，R_0 及び X_0 の値をそれぞれ求めよ．

(2) 基準容量10[MV·A]において，誘導発電機の拘束インピーダンスは，リアクタンス成分のみとし，これを X[%]とした場合，X の値を求めよ．

(3) 誘導発電機の連系によって発生する配電系統との連系点における瞬時電圧低下率を求めよ．なお，配電系統との連系点から誘導発電機端までのインピーダンス及び誘導発電機の抵抗成分は無視する．

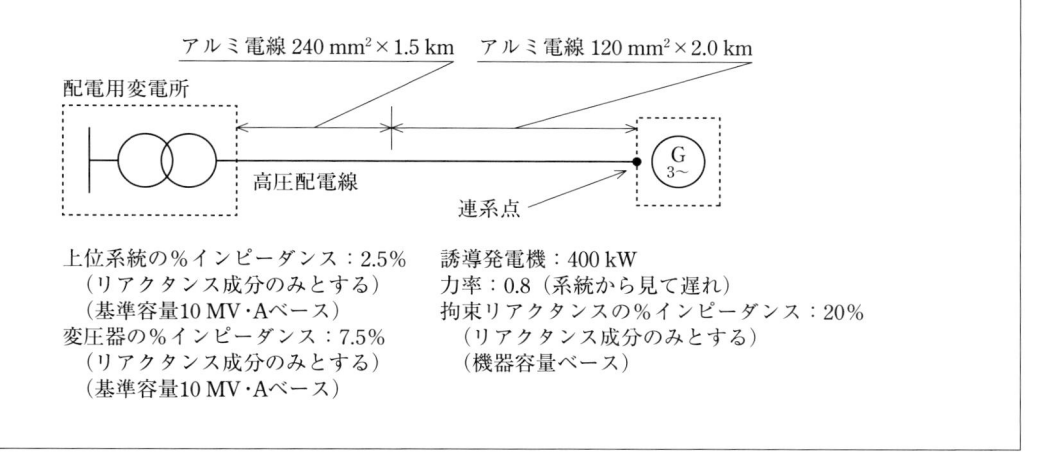

```
                アルミ電線 240 mm²×1.5 km    アルミ電線 120 mm²×2.0 km
配電用変電所
                              高圧配電線        連系点        G 3～
```

上位系統の%インピーダンス：2.5%
（リアクタンス成分のみとする）
（基準容量10 MV·Aベース）
変圧器の%インピーダンス：7.5%
（リアクタンス成分のみとする）
（基準容量10 MV·Aベース）

誘導発電機：400 kW
力率：0.8（系統から見て遅れ）
拘束リアクタンスの%インピーダンス：20%
（リアクタンス成分のみとする）
（機器容量ベース）

解　答

(1) 基準容量10[MV·A]にて，各部の%インピーダンスは，題意から以下のとおりである．

　a．変電所変圧器より上位側：j2.5[%]
　b．変電所変圧器：j7.5[%]
　c．高圧配電線　アルミ電線240[mm²]：
　　　$1.5×(2.9+j7.1) = 4.35+j10.65$[%]
　d．高圧配電線　アルミ電線120[mm²]：
　　　$2×(5.9+j7.9) = 11.8+j15.8$[%]

求める%インピーダンスは，a～dの総和であり，

$R_0+jX_0 = (4.35+11.8)+j(2.5+7.5+10.65+15.8)$
　　　　 $= 16.15+j36.45$[%]

解法のポイント

① 問(1)は取り立てて説明する必要もない設問である．

② 問(2)の拘束リアクタンスは，拘束電流すなわち始動電流を律するリアクタンスと考えればよい．発電機の[kW]を[kV·A]に換算して，基準容量の%インピーダンスを求める．

∴ $R_0 = 16.15\,[\%]$, $X_0 = 36.45\,[\%]$ (答)

(2) 誘導発電機容量は $400\,[\mathrm{kW}]$，力率 0.8 であるから，定格容量 $[\mathrm{kV \cdot A}]$ は，

$$\frac{400}{0.8} = 500\,[\mathrm{kV \cdot A}]$$

ゆえに，$10\,[\mathrm{MV \cdot A}]$ 基準の拘束リアクタンス $X\,[\%]$ は，

$$X = 20 \times \frac{10\,000}{500} = 400\,[\%] \quad (答)$$

(3) 誘導発電機を連系した直後は滑り $s=1$ であるから，一次側から見たインピーダンスは拘束インピーダンス X に等しい．発電機の並列後は，系統のインピーダンス $R_0 + jX_0$ と誘導発電機の X が直列状態になる．電圧降下はインピーダンスに比例するから，発電機における瞬時電圧低下率 ε は，系統の電圧を1とおくと，

$$\varepsilon = 1 - \frac{X}{\sqrt{R_0^2 + (X_0 + X)^2}} = 1 - \frac{400}{\sqrt{16.15^2 + (36.45 + 400)^2}}$$

$$\fallingdotseq 1 - 0.915\,9 = 0.084\,1 \rightarrow 8.41\,[\%] \quad (答)$$

③ 発電機並列後は，発電機と系統のインピーダンスが直列状態となるので，発電機の電圧降下率はインピーダンスの比により定まる．

解説

誘導発電機は，並列瞬時（始動時）には滑り $s=1$ であり過大な突入電流が流れ，電圧降下も大きい．原理的には誘導電動機の始動と同じ状況である．瞬時電圧低下率は $10\,[\%]$ 以下が基準である．突入電流の抑制のために，発電機に始動用リアクトルなどが設けられる．

コラム　系統連系の要件

分散型電源を系統連系する場合には，保安に関する事項と電力品質に係る事項の両方の条件を満たす必要がある．前者は「電気設備技術基準の解釈」により，後者は資源エネルギー庁が定める「ガイドライン」に準拠する．

(1) 保安上の基本的要件

連系電圧に応じた連系用保護装置を受電点に設けるほか，下記によること．

① **直流流出防止変圧器の施設**　逆変換装置を用いて系統連系を行う場合．

② **限流リアクトル等の施設**　連系により，当該分散型電源設置者以外の者が設置する遮断器の遮断容量または電線の瞬時許容電流を上回るおそれがあるときは，限流リアクトルその他の短絡電流を制限する装置を設置する．

③ **自動負荷制限**　高圧，特高連系で，分散型電源の脱落時等に連系送電線路が過負荷になるおそれがあるときは，分散型電源設置者において自動的に構内負荷を制限する．

④ **再閉路時の事故防止**　高圧，特高連系では，線路無電圧確認装置または転送遮断による．

⑤ **連絡用電話設備の施設**

(2) 電力品質上の指針

特に重要なものは下記である．

① **連系区分**　低圧連系は電力容量（契約電力または発電設備容量の大きい方）が $50\,[\mathrm{kW}]$ 未満，高圧連系は $2\,000\,[\mathrm{kW}]$ 未満が原則．

② **連系点の力率**　$85\,[\%]$ 以上とし，系統側から見て進みとしない（発電機側から見て遅れ無効電力を系統に出さない）．

③ **電圧変動**　並解列時の瞬時 $10\,[\%]$ 以下．常時は低圧需要家の電圧を $101 \pm 6\,[\mathrm{V}]$ 以下とすること．

2.8 施設管理

学習のポイント

対象とする施設は，配電・需要施設と発電関係の施設に区分できる．配電計画や進相コンデンサの運用は，三種と基本的に同じである．変圧器の絶縁耐力試験や高調波回路をしっかりマスターする．発電施設の管理では，水力発電所の運用以外は，二種で新しく学ぶ項目である．問題演習を行うことにより，理解を深めるようにする．

---——— 重 要 項 目 ———---

1 配電・需要施設の管理

① **配電計画の数値**

$$需要率 = \frac{最大電力}{設備容量} \times 100\,[\%] \quad (8\text{-}1)$$

$$不等率 = \frac{個々の最大電力の和}{合成最大電力} > 1 \quad (8\text{-}2)$$

$$負荷率 = \frac{期間中平均電力}{期間中最大電力} \times 100\,[\%] \quad (8\text{-}3)$$

日負荷率，月負荷率，年負荷率がある．

② **進相コンデンサの運用（図8-1）**

(a) **力率改善**

負荷電力 P 一定で，コンデンサ容量 Q_C により力率 $\cos\theta_1 \to \cos\theta_2$ に改善．皮相電力は $K_0 \to K_1$ に減少．

$$Q_C = P(\tan\theta_1 - \tan\theta_2) \quad (8\text{-}4)$$

$$損失比 = (\cos\theta_1/\cos\theta_2)^2 \quad (8\text{-}5)$$

(b) **供給電力増加**

Q_C により有効電力 P_1 から (P_1+P_2) に増加，皮相電力は K_1 で同じ．

$$Q_C = (P_1+P_2)(\tan\theta_1 - \tan\theta_2) \quad (8\text{-}6)$$

増加分 $P_2 = K_1(\cos\theta_2 - \cos\theta_1) \quad (8\text{-}7)$

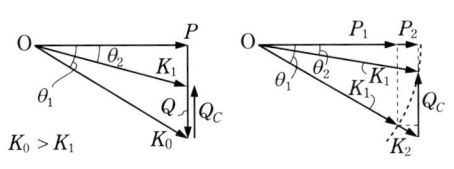

③ **変圧器の絶縁耐力試験**

試験電圧算出用の最大使用電圧 E は，

$$E = (1.15\,/\,1.1) \times 公称電圧 \quad (8\text{-}8)$$

電技解釈第16条により，**表8-1** の試験電圧を試験される巻線と他の巻線，鉄心及び外箱間に連続して10分間印加する．

・**加圧試験**：1〜4, 8, 9 は，巻線のすべての部分に同一電圧を印加．

・**誘導試験**：5〜7 は，試験される巻線自体に誘導により電圧を発生させる（変圧器の中性点に従い**低減絶縁**のため），5 は三相交流試験が原則だが，単相交流試験も可能．

④ **高調波回路**

高調波発生源は**定電流源**と考え，基本波成分と各調波成分とを重ね合わせる．

リアクタンスの算出は，第 n 調波に対して，

$$L : jn\omega L,\quad C : 1/jn\omega C \quad (8\text{-}9)$$

実効値 I，ひずみ率 k，電力 P は，I_0：直流分，I_1：基本波，$I_2, I_3, \cdots$：高調波とすると，

$$I = \sqrt{I_0^2 + I_1^2 + I_2^2 + \cdots} \quad (8\text{-}10)$$

$$k = \frac{\sqrt{I_2^2 + I_3^2 + \cdots}}{I_1} \quad (I_0 = 0) \quad (8\text{-}11)$$

$$P = \sum E_n I_n \cos\theta_n \quad (8\text{-}12)$$

(a) 力率改善　　(b) 供給電力増加

図8-1 進相コンデンサの運用

表 8-1 変圧器の絶縁耐力試験 (E：最大使用電圧[V])

	巻線の種類	試験電圧[V]
1	$E ≦ 7\,000$	$1.5E$(最低500)
2	$7\,000 < E ≦ 15\,000$ の中性点多重接地式電路に接続	$0.92E$
3	$7\,000 < E ≦ 60\,000$（2を除く）	$1.25E$(最低10 500)
4	$E > 60\,000$ の中性点非接地式電路に接続	$1.25E$
5	$E > 60\,000$ の中性点直接接地式電路に接続(星形結線のみ)し，中性点を直接接地	$E ≦ 170\,000$：$0.72E$ $E > 170\,000$：$0.64E$
6	$E > 60\,000$ の中性点直接接地式電路に接続(星形結線のみ)し，中性点に避雷器を施設	$0.72E$ 中性点端子に$0.3E$
7	$E > 60\,000$ の中性点接地式電路に接続(星形結線のみ)し，中性点に避雷器を施設(6,8を除く)	$1.1E$(最低75 000) 単相試験の場合はさらに中性点端子に$0.64E$
8	$E > 60\,000$ のその他のもの	$1.1E$(最低75 000)
9	$E > 60\,000$ の整流器接続巻線	$1.1E$

2 発電施設の管理

① 水力発電所の調整能力

(a) 調整池式発電所（図 8-2(a)）

V：調整池有効貯水量[m³]，Q_1：最低使用水量[m³/s]，Q_2：最大使用水量[m³/s]，Q_0：河川平均流量[m³/s]，T：ピーク時間[h]で，

$$(Q_2 - Q_0)T = (Q_0 - Q_1)(24 - T) \quad (8\text{-}13)$$
$$V = (Q_2 - Q_0)T \times 3\,600 \quad (8\text{-}14)$$

(b) 流込(自流)式発電所

発生電力量は流況曲線(図8-2(b))から有効分のΣ(流量×日数)を求めて算出．

② 火力発電所の経済的負荷配分

等増分燃料費の法則を適用．$P_1, P_2 \cdots$：発電機出力，$F_1(P_1), F_2(P_2) \cdots$：発電機燃料費，$\lambda$：未定係数とすると，

$$\frac{\partial F_1}{\partial P_1} = \frac{\partial F_2}{\partial P_2} = \cdots = \frac{\partial F_n}{\partial P_n} = \lambda \quad (8\text{-}15)$$

のとき最適経済配分．λ を求めて各発電機の出

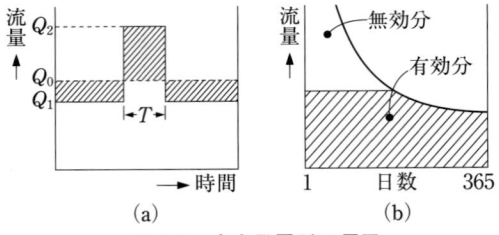

図 8-2 水力発電所の運用

力を計算する．$\partial F/\partial P$ は**増分燃料費**．

送電損失 L を考慮するときは，

$$\frac{\partial F_i}{\partial P_i} \cdot \frac{1}{1 - (\partial L / \partial P_i)} = \lambda \quad (8\text{-}16)$$

$$L_f = \frac{1}{1 - (\partial L / \partial P_i)} \quad (8\text{-}17)$$

(8-16)式の λ は負荷端の増分燃料費に相当．L_f は**ペナルティ係数**といい，この逆数を増分送電効率という．$\partial L / \partial P_i$ は**増分送電損失**という．

③ 発電原価

(a) 火力発電所等の原価

$$\frac{\text{固定費} + \text{変動費}}{\text{発生電力量}} [\text{円}/(\text{kW·h})] \quad (8\text{-}18)$$

・**固定費**：減価償却費，金利，その他(租税公課，人件費，修繕費等)であるが，一括して，建設費×年経費率で示すことも多い．

・**減価償却費**は，**定額法**では次式による．

$$\frac{\text{取得価格} - \text{残存価格}}{\text{耐用年数}} [\text{円}] \quad (8\text{-}19)$$

一般に，残存価格10[%](注：現在は全額償却可能)，耐用年数15年で計算することが多い．

・**変動費**：主に燃料費．

・**送電端の発電原価**は，発電端原価を，(1−所内比率)で除す．

・上記の原価計算は，水力などほかの発電設備でも適用可能．

(b) 純揚水発電所の原価(需要端)

$$\frac{\text{揚水用電力費} + \text{年経費}}{\text{需要端電力量}} [\text{円}/(\text{kW·h})] \quad (8\text{-}20)$$

揚水用電力費は，発電電力量を W_g [kW·h]，揚水発電総合効率を η_0，送電損失率を k_l，揚水用電力費単価を β [円/(kW·h)]とすると，

$$揚水用電力費 = \frac{W_g}{\eta_0} \cdot \frac{1}{1-k_l} \cdot \beta \ [円] \quad (8\text{-}21)$$

④ 連系線の潮流，周波数

(a) 系統定数(図8-3)

・**負荷の系統定数** K_L：<u>自己制御性あり，右上がりの特性</u>．周波数が上がれば負荷が増える．負荷変化量を ΔP_L [MW]，周波数変化量を ΔF [Hz]とすると，$K_L = \Delta P_L / \Delta F$ [MW/Hz] (8-22)

・**電源の系統定数** K_G：<u>右下がりの特性</u>．発電力変化量を ΔP_G [MW]，周波数変化量を ΔF [Hz]とすると，$K_G = \Delta P_G / \Delta F$ [MW/Hz] (8-23)

・**系統定数** K [MW/Hz]は，電源または負荷の周波数変化に対する出力変化を表す．

$$K = K_L + K_G = \frac{\Delta P}{\Delta F} = \frac{\Delta P_L + \Delta P_G}{\Delta F} \quad (8\text{-}24)$$

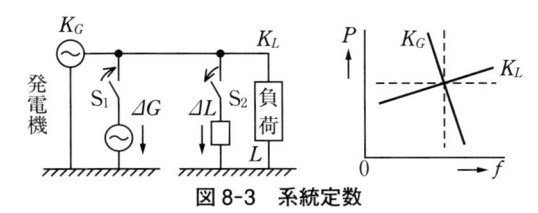

図8-3 系統定数

(b) 連系線の潮流，周波数変化

図8-4のように，A, B両系統が連系線で結ばれている場合，系統定数をそれぞれ K_A, K_B とし，潮流 P_T の正号をA→Bとする．いま，A系統に ΔP_A の電力変化があると，

$$\left. \begin{array}{l} \text{Aで，}\Delta G_A - \Delta L_A = \Delta P_A = K_A \Delta f + \Delta P_T \\ \text{Bで，}\Delta G_B - \Delta L_B = 0 = K_B \Delta f - \Delta P_T \end{array} \right\} \quad (8\text{-}25)$$

$$\therefore \Delta f = \frac{\Delta P_A}{K_A + K_B}, \quad \Delta P_T = \frac{K_B \Delta P_A}{K_A + K_B} \quad (8\text{-}26)$$

同様に，B系統の ΔP_B の電力変化では，

$$\Delta f = \frac{\Delta P_B}{K_A + K_B}, \quad \Delta P_T = \frac{K_A \Delta P_B}{K_A + K_B} \quad (8\text{-}27)$$

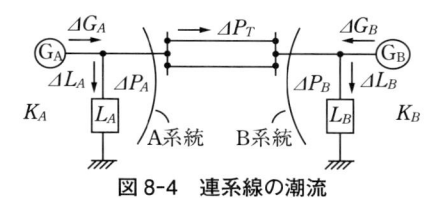

図8-4 連系線の潮流

⑤ 電力系統の信頼度

各設備の p：運転確率，q：事故確率($=1-p$)とすると，<u>直列系統の運転確率</u> p_0 は，

$$p_0 = p_1 \cdot p_2 \cdots p_n \quad (8\text{-}28)$$

<u>並列系統の事故確率</u> q_0 は，

$$q_0 = q_1 \cdot q_2 \cdots q_n \quad (8\text{-}29)$$

⑥ 電力系統の安定度

(a) 定態安定度

図8-5の電力系統で，送電電力 P は，V_s：送電端電圧，V_r：受電端電圧，x：線路リアクタンス，δ：相差角とすると，

$$P = \frac{V_s V_r}{x} \sin \delta \quad (8\text{-}30)$$

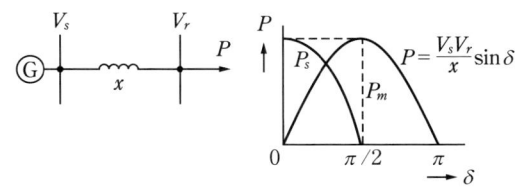

図8-5 定態安定度

(b) 過渡安定度(等面積法，図8-6)

負荷急変時や地絡事故時などの過渡的な状態での安定度の判断は，図の面積 S_1, S_2 で，

$$S_2(減速域) \geq S_1(加速域) \quad (8\text{-}31)$$

ならば安定．$S_2 = S_1$ のとき δ_c は極限角を示す．

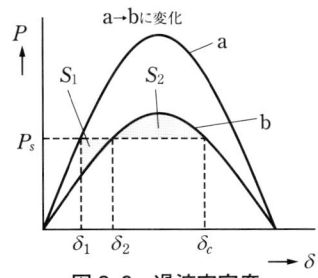

図8-6 過渡安定度

演習問題 8.1　配電設備の計画 1

三相 7 500[kV·A]の変圧器 1 台を有する変電所から，配電線 A 及び B の 2 回線により，表のような需要家群に電力を供給している．このとき，次の値を求めよ．ただし，各設備間及び配電線間の不等率は，無効電力についても表中の値が適用されるものとする．

(1) 変電所の総合最大電力[kW]及び力率
(2) 変電所の総合負荷率
(3) 変電所が過負荷となる場合，変圧器定格容量以下に負荷を抑制するために必要なコンデンサの容量[kvar]

配電線	需要設備	設備容量 [kV·A]	力率	需要率	負荷率	設備間 不等率	配電線間 不等率
A	a	4 000	0.95	0.75	0.70	1.25	1.1
A	b	3 500	0.70	0.70	0.80		
B	c	7 500	0.85	0.70	0.60	—	

解答

(1) 表の数値から，各需要設備の最大電力を，設備容量×力率×需要率で求める．配電線 A については，

a. $4\,000 \times 0.95 \times 0.75 = 2\,850$ [kW]，
b. $3\,500 \times 0.7 \times 0.7 = 1\,715$ [kW]

よって，配電線 A の最大電力は設備間の不等率を用いて，

$(2\,850 + 1\,715) \div 1.25 = 3\,652$ [kW]

配電線 B については，c のみであり，

c. $7\,500 \times 0.85 \times 0.7 = 4\,462.5$ [kW]

上記から，総合最大電力 P は，配電線間の不等率により，

$P = (3\,652 + 4\,462.5) \div 1.1 ≒ 7\,377 \to 7\,380$ [kW]　**(答)**

総合力率を求めるために，各設備の無効電力を求める．

a. $4\,000 \times \sqrt{1-0.95^2} \times 0.75 ≒ 936.7$ [kvar]，
b. $3\,500 \times \sqrt{1-0.7^2} \times 0.7 ≒ 1\,749.6$ [kvar]

よって，配電線 A の最大無効電力は，

$(936.7 + 1\,749.6) \div 1.25 ≒ 2\,149$ [kvar]

c. $7\,500 \times \sqrt{1-0.85^2} \times 0.7 ≒ 2\,766$ [kvar]

これらの数値から，総合最大無効電力 Q は，

$Q = (2\,149 + 2\,766) \div 1.1 ≒ 4\,468$ [kvar]

となる．ゆえに変電所の総合力率は，

解法のポイント

① 需要率，負荷率，不等率の定義を確実に適用すれば簡単に解ける．三種程度の問題である．

② 設備容量は[kV·A]で与えられているので，力率を乗じて[kW]に変換すること．

③ 問(3)は，力率改善にほかならない．

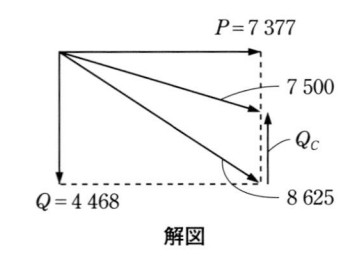

解図
$P = 7\,377$
$7\,500$
Q_C
$Q = 4\,468$
$8\,625$

$$\frac{7\,377}{\sqrt{7\,377^2+4\,468^2}} \fallingdotseq \frac{7\,377}{8\,625} \fallingdotseq 0.855\,3 \rightarrow 85.5[\%] \quad \cdots(1) \quad \text{(答)}$$

(2) 各需要設備の平均電力を，最大電力×負荷率で求める．
　a．$2\,850 \times 0.7 = 1\,995[kW]$，b．$1\,715 \times 0.8 = 1\,372[kW]$，c．$4\,462.5 \times 0.6 = 2\,677.5[kW]$
よって，総合負荷率は，平均電力の和を総合最大電力で除して，

$$\frac{1\,995+1\,372+2\,677.5}{7\,377} \fallingdotseq 0.819\,4 \rightarrow 81.9[\%] \quad \text{(答)}$$

(3) (1)式分母のように，皮相電力は $8\,625[kV \cdot A]$ であり，変圧器の定格容量 $7\,500[kV \cdot A]$ を超過している．解図のように，コンデンサ容量 Q_C により，最大無効電力 Q を補償し，皮相電力を $7\,500[kV \cdot A]$ 以下にしなければならない．最大電力を P とすると，$P^2 + (Q - Q_C)^2 \leq 7\,500^2 \quad \cdots(2)$
を満足しなければならない．よって，$(Q - Q_C)$ は，(2)式から，

$$Q - Q_C = 4\,468 - Q_C \leq \sqrt{7\,500^2 - 7\,377^2} \fallingdotseq 1\,353$$

$$\therefore Q_C \geq 4\,468 - 1\,353 \fallingdotseq 3\,115 \rightarrow 3\,120[\text{kvar}] \quad \text{(答)}$$

[補充問題] 不等率，負荷率の算定

図1のように2群の負荷からなる配電系統において，各負荷群の1日の負荷曲線が図2である．次の問に答えよ．
(1) 負荷群 A，B 間の不等率
(2) フィーダの負荷率

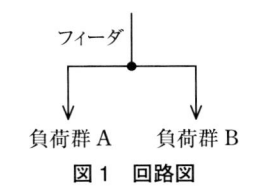

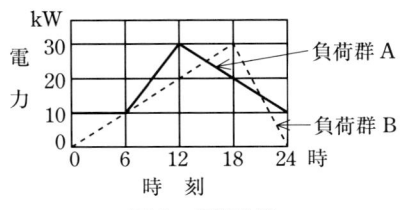

図1　回路図

図2　負荷曲線

[解　答]

(1) 問図2の負荷群 A と B の曲線を足すと，12〜18時の間で最大電力 $P_m = 50[kW]$ となる．負荷 A，B の最大電力は，$P_{ma} = P_{mb} = 30[kW]$ であるから，不等率 K_u は，

$$K_u = \frac{P_{ma} + P_{mb}}{P_m} = \frac{30+30}{50} = 1.2 \quad \text{(答)}$$

(2) 負荷群 A の平均電力 P_{aa} は，

$$P_{aa} = \frac{10 \times 6 + \{(10+30)/2\} \times 6 + \{(30+10)/2\} \times 12}{24}$$

$$= \frac{60+120+240}{24} = 17.5[kW]$$

負荷群 B の平均電力 P_{ab} は，

$$P_{ab} = \frac{(30/2) \times 18 + (30/2) \times 6}{24}$$

$$= \frac{270+90}{24} = 15[kW]$$

よって，フィーダの負荷率 K_F は，

$$K_F = \frac{P_{aa} + P_{ab}}{P_m} = \frac{17.5+15}{50}$$

$$= 0.65 \rightarrow 65[\%] \quad \text{(答)}$$

演習問題 8.2　配電設備の計画2

ある負荷に電力を供給している配電線の送電端電力のパターンが図のとおりであるとする（電力，時間は基準化してある）．この配電線の単位電力当たりの送電損失をRとするとき，次の問に答えよ．ただし，送電損失は抵抗分のみとし，送電端電圧，送電端力率は一定とする．

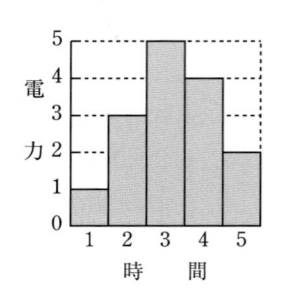

(1) 次の各値を求めよ．
a. 送電端負荷率，b. 損失係数

(2) 一般に，kW・h損失率（ある期間の送電損失率）とkW損失率（その期間の最大電力時の送電損失率）の比は，損失係数と送電端負荷率の比に等しいことを示せ．

解　答

(1) **a. 送電端負荷率**　平均の送電端電力P_aは，問図から，

$$P_a = \frac{1+3+5+4+2}{5} = \frac{15}{5} = 3$$

となる．最大の送電端電力P_mは，5であるから，送電端負荷率K_Lは，

$$K_L = \frac{P_a}{P_m} = \frac{3}{5} = 0.6 \quad \text{(答)}$$

b. 損失係数　損失係数K_Sは，平均損失電力P_{as}と最大損失電力P_{ms}の比である．

$$K_S = \frac{P_{as}}{P_{ms}} = \frac{(1^2+3^2+5^2+4^2+2^2)R/5}{5^2 R} = \frac{11R}{25R} = 0.44 \quad \text{(答)}$$

(2) 題意から，kW・h損失率K_{kWh}は，損失電力量と送電端電力量の比であるが，問(1)の平均損失電力P_{as}と平均送電端電力P_aの比にほかならないから，

$$K_{kWh} = \frac{P_{as}}{P_a} \quad \cdots (1)$$

一方，kW損失率K_{kW}は，題意から，問(1)の最大損失電力P_{ms}と最大送電端電力P_mの比である．よって，

$$K_{kW} = \frac{P_{ms}}{P_m} \quad \cdots (2)$$

これらから，K_{kWh}とK_{kW}の比は，問(1)の記号K_s，K_Lを用いて，

$$\frac{K_{kWh}}{K_{kW}} = \frac{P_{as}}{P_a} \cdot \frac{P_m}{P_{ms}} = \frac{P_{as}}{P_{ms}} \cdot \frac{P_m}{P_a} = \frac{K_S}{K_L} \quad \text{(証明終わり)}$$

解法のポイント

① 問(1)aの送電端負荷率は，平均電力/最大電力である．bの損失係数は，平均損失電力/最大負荷の損失電力である．

② 問(2)では，kW・h損失率とkW損失率が定義されているから，これに従う．kW・h損失率は，平均電力でその比を考えればよい

コラム　損失係数

損失係数K_Sは「ある期間の電流の2乗の平均とその期間の最大電流の2乗の比」で示せるが，負荷曲線から求めることはかなり面倒なので，近似的に次式が用いられる．

$$K_S = \alpha F + (1-\alpha) F^2 \quad (8\text{-}32)$$

Fは負荷率で，αは負荷種別より異なる定数で，$\alpha = 0.2 \sim 0.5$程度である．

2.8 施設管理

演習問題 8.3 力率改善

図のような二つの負荷 A 及び B に電力を供給し、かつ、力率改善のために 5 000 [kvar] の電力用コンデンサを使用している変電所がある。ある日の負荷の最大電力は、A が 8 000 [kW]、B が 5 000 [kW] で、変電所における負荷相互間の不等率は 1.3 であった。力率は、A が遅れ 0.8、B が遅れ 0.7 で 1 日を通してそれぞれ一定である。また、総合負荷 C が最大となった時刻 t_0 における総合力率(コンデンサによる改善後の力率)は、遅れ 0.95 であった。この時刻における A, B 両負荷の電力は、それぞれいくらか。

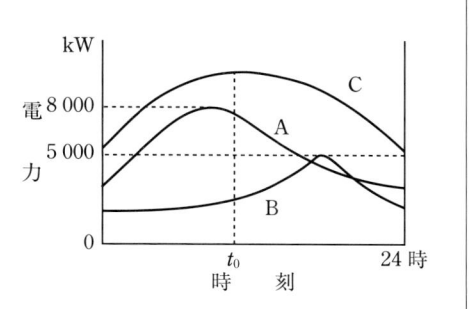

解 答

負荷 A の最大電力を P_{ma}、負荷 B の最大電力を P_{mb} とすると、総合最大電力 P_m は、不等率が 1.3 であるから、

$$P_m = \frac{P_{ma} + P_{mb}}{1.3} = \frac{8+5}{1.3} = 10 \,[\text{MW}]$$

である。このときのコンデンサによる改善後の力率は 0.95 である。よって、総合最大電力時の負荷 A, B 自体の無効電力 Q_m は、全体の無効電力に、コンデンサの容量 Q_c を加えて、

$$Q_m = \frac{P_m}{0.95} \times \sqrt{1-0.95^2} + Q_c = \frac{10}{0.95} \times \sqrt{1-0.95^2} + 5$$
$$\fallingdotseq 8.287 \,[\text{Mvar}]$$

総合最大負荷時の負荷 A の電力を P_a、負荷 B の電力を P_b とすると、有効電力のバランスは、

$$P_a + P_b = P_m = 10 \quad \cdots (1)$$

同じく負荷の無効電力のバランスは、

$$\frac{P_a}{0.8} \cdot \sqrt{1-0.8^2} + \frac{P_b}{0.7} \cdot \sqrt{1-0.7^2} = 0.75P_a + 1.020P_b$$
$$= Q_m = 8.287 \quad \cdots (2)$$

(1), (2) 式から P_a, P_b を求める。(1) 式から、$P_b = 10 - P_a$ である。これを (2) 式に代入すると、

$$0.75P_a + 1.020 \times (10-P_a) = 8.287, \quad 0.27P_a = 1.913$$
$$\therefore P_a = 1.913/0.27 \fallingdotseq 7.085 \,[\text{MW}]$$
$$\therefore P_b = 10 - P_a = 10 - 7.085 = 2.915 \,[\text{MW}]$$

時刻 t_0 における負荷 A の電力 7 085 [kW]、負荷 B の電力 2 915 [kW] **(答)**

解法のポイント

① 不等率 1.3 を用いて、総合最大電力を求める。

② 総合最大電力時の力率が与えられているから、これにより無効電力を出し、コンデンサ容量を加えると、負荷自体の無効電力が求まる。

③ 負荷の力率は一定であるから、時刻 t_0 における有効電力及び無効電力のバランスから連立方程式が成立するので、これを解くと各負荷の電力が分かる。

[注] この変電所の変圧器容量 P_T を求めると、

$$P_T = \sqrt{P_m^2 + (Q_m - Q_c)^2}$$
$$= \sqrt{10^2 + (8.287-5)^2}$$
$$\fallingdotseq 10.53 \rightarrow 11 \,[\text{MV·A}]$$

となる。もしコンデンサがないと、

$$P_T' = \sqrt{10^2 + 8.287^2} \fallingdotseq 13 \,[\text{MV·A}]$$

で、13 [MV·A] が必要になる。

演習問題 8.4　変圧器の絶縁耐力試験

一次巻線中性点に避雷器を施設する一次電圧 154[kV]，二次電圧 6.6[kV]，Y-Δ 結線の三相変圧器が変電所に設置されており，公称電圧 154[kV] の中性点抵抗接地方式の送電線路に接続されている．当該変圧器の絶縁耐力試験を，「電気設備技術基準の解釈」の規定により，最高発生電圧 110[kV] の試験装置を用いて単相交流で実施する場合について，次の問に答えよ．

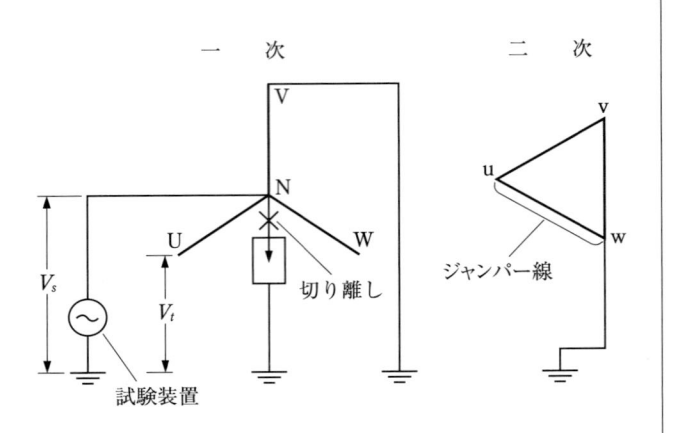

(1) 図は，当該変圧器の一次側 U 相の試験方法の回路図（V_t：試験電圧，V_s：印加電圧）である．この図と同一の試験装置で一次側 V 相の試験を行う場合の試験方法の回路図を示すとともに，試験電圧及び印加電圧の値を求めよ．

(2) 次に，一次側中性点 N の絶縁耐力試験を行う場合の試験方法の回路図を示すとともに，試験電圧及び印加電圧の値を求めよ．

解　答

(1) 試験回路図は，解図 1 のとおりである．（答）

「電気設備技術基準の解釈」（以下「解釈」という）第 16 条により，「最大使用電圧が 60 000[V] を超える中性点接地式電路に接続する星形結線の巻線であって，中性点に避雷器を施設するもの」では，「最大使用電圧の 1.1 倍で試験する」ことを規定している．

最大使用電圧は公称電圧の 1.15/1.1 倍であるから，試験電圧 V_t は，

$$V_t = 154\,000 \times \frac{1.15}{1.1} \times 1.1 = 177\,100\,[\text{V}] \quad \text{（答）}$$

解図 1 から V_t は，印加電圧 V_s の 2 倍であるから，V_s は，

$$V_s = \frac{V_t}{2} = \frac{177\,100}{2} = 88\,550\,[\text{V}] < 110\,[\text{kV}] \quad \text{（答）}$$

[注]　解図 1 で，NU 間に V_s を印加→二次側の uv 間に v_s が誘導→鉄心の磁束により vw 間にも v_s が誘導→一次側の VN 間に V_s が誘導される→ UV 間には合計で $2V_s$ が生じる．

解法のポイント

① 本問の根拠になる規定は，「電気設備技術基準の解釈」第 16 条である．中性点直接接地式電路以外に接続するものであって，中性点に避雷器を施設するものは，巻線には最大使用電圧の 1.1 倍を印加する．

② 問図をよく理解する．二次の uw 間のジャンパー線により，この巻線には電圧が誘起されず，磁束は wv 及び vu 間の二つの巻線のみを貫通する（三相変圧器であるから磁束の通路は確保される）．ゆえに，一次側には印加電圧の倍の電圧が得られる．試験装置の最高発生電圧が 110[kV] なので，このような試験方法が必要になる．

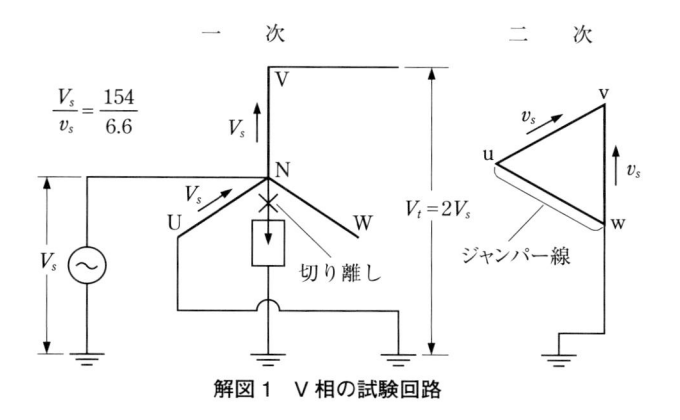

$\dfrac{V_s}{v_s} = \dfrac{154}{6.6}$

解図1 V相の試験回路

(2) 試験回路図は，**解図2**のとおりである．（**答**）

本試験は単相交流によるから，解釈第16条により，問(1)の試験の後，「さらに中性点端子と大地との間に最大使用電圧の0.64倍の電圧を加える」ことを規定している．

よって，試験電圧 V_t は，

$$V_t = 154\,000 \times \dfrac{1.15}{1.1} \times 0.64 = 103\,040\,[\text{V}] \quad (\text{答})$$

解図2から V_t は，印加電圧 V_r と同じであるから，

$$V_r = V_t = 103\,040\,[\text{V}] < 110\,[\text{kV}] \quad (\text{答})$$

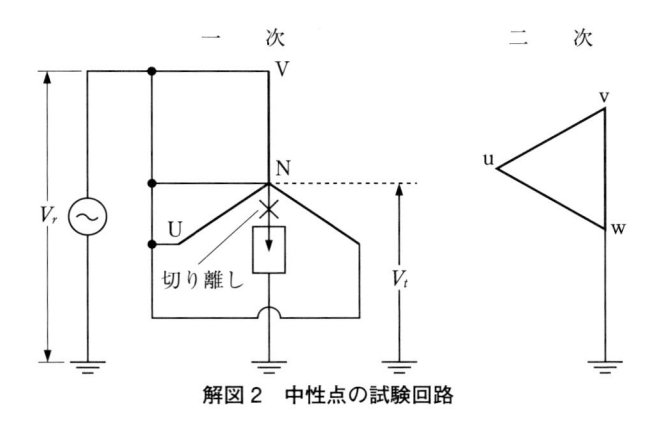

解図2 中性点の試験回路

[**参　考**] 第二種電気主任技術者の監督範囲は，170[kV]未満の事業用電気工作物であるから，表8-1のうちで，この範囲のものについては確実にマスターすること．なお，表8-1の中性点非接地式電路には，EVTなどの電位変成器を用いて接地するものを含むので注意すること．

③ 単相交流試験であるから，問題にもあるように巻線自体の試験の後に，中性点への印加試験が必要になる．中性点と大地との間には，最大使用電圧の0.64倍を印加する．

解　説

一般に超高圧の変圧器は中性点を接地させており，中性点に近づくに従い絶縁を低減する**段絶縁**が用いられているから，巻線のすべての部分に同一の電圧を印加する**加圧試験**は好ましくない．本問のように，中性点に避雷器を施設する一次巻線について，「解釈」の本則では，三相交流を印加し，巻線自体に誘導により試験電圧を発生させる**誘導試験**としているのもそのためである．しかし，高電圧の三相交流電源を得ることは難しいことから，本問のような単相交流試験の方法も認めている．中性点には，線間電圧の $1/\sqrt{3} = 0.577$ 倍の電圧が加わるから，問(1)の場合のように0.5倍では不足する．そのため，中性点には，別途 $0.577 \times 1.1 \fallingdotseq 0.64$ 倍の電圧で試験をする．

本問のような試験回路とすれば，高電圧試験装置の電圧を下げることができる．そのため，解法のポイントにも述べたように，ジャンパー線が必要になる．なお，問図でいえば，一次側のNW間にジャンパーを掛けても同じ効果が得られるが，普通は低電圧側でジャンパーする．

演習問題 8.5　高調波の計算

図のように，三相3線式高圧配電系統から6.6[kV]で受電している需要家がある．負荷の一部に定格入力容量600[kV·A]の三相の高調波発生機器があり，この機器から発生する第5次高調波電流は定格入力電流に対して17[%]である．いま，進相コンデンサ(200[kvar])にそのリアクタンスの6[%]のリアクタンスを有する直列リアクトルを接続した場合，受電点から配電系統に流出する第5次高調波電流を求めよ．

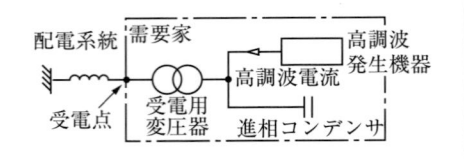

ただし，受電点より配電系統側のインピーダンスは10[MV·A]基準でj8[%]，受電用変圧器は1 000[kV·A]でそのインピーダンスはj4[%]とし，高調波発生機器は電流源とみなす．

解答

高調波発生機器からの第5次高調波電流 I_5 は，題意から定格入力電流の17[%]なので，

$$I_5 = \frac{600 \times 10^3}{\sqrt{3} \times 6\,600} \times 0.17 \fallingdotseq 8.92 \,[\text{A}]$$

各部のインピーダンスを1 000[kV·A]基準にて単位法で表す．受電点より配電系統側のインピーダンス jX_B は，

$$jX_B = j8 \times \frac{1}{100} \times \frac{1\,000}{10 \times 10^3} = j0.008\,[\text{pu}]$$

受電用変圧器のインピーダンス jX_T は，

$$jX_T = j4 \times (1/100) = j0.04\,[\text{pu}]$$

進相コンデンサのインピーダンス $-jX_C = 1/j\omega C$ は，

$$-jX_C = \frac{1}{j\omega C} = -j\frac{1\,000}{200} = -j5\,[\text{pu}]$$

進相コンデンサに接続された直列リアクトルのインピーダンス $jX_L = j\omega L$ は，題意から進相コンデンサの6[%]なので，

$$jX_L = j\omega L = j5 \times (6/100) = j0.3\,[\text{pu}]$$

第5次高調波に対する各部のリアクタンスは，誘導性は基本波の5倍，容量性は基本波の1/5倍になる．また，第5次高調波は電流源とみなせるので，**解図**のような等価回路が描ける．

よって，配電系統に流出する第5次高調波電流 I_{5B} は，

$$I_{5B} = I_5 \times \frac{j5X_L - (jX_C/5)}{j5X_B + j5X_T + j5X_L - (jX_C/5)}$$

$$= 8.92 \times \frac{5 \times 0.3 - (5/5)}{5(0.008 + 0.04 + 0.3) - (5/5)} \fallingdotseq 6.03\,[\text{A}] \quad \textbf{(答)}$$

解法のポイント

① 題意から，第5次高調波電流の値を求める．

② 各部の基本波におけるインピーダンスを求めるが，計算簡略化のため，単位法(pu)を用いる．

③ 進相コンデンサは200[kvar]で，インピーダンス1[pu]と考える．直列リアクトルは，その6[%]になる．

④ 第5次高調波においてインピーダンスは，誘導性は基本波の5倍，容量性は基本波の1/5倍になる．

⑤ 高調波発生機器を定電流源とした等価回路は，解図になる．

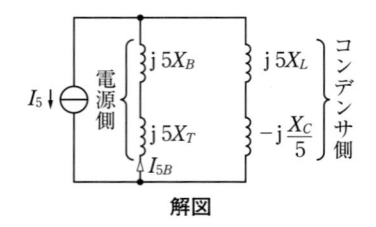

解図

解説

進相コンデンサの直列リアクトル $j5X_L$ により，第5調波の流出電流が抑えられている．各自確認されよ．

演習問題 8.6　水力発電所の運用1

図に示す流況曲線の河川において，最大使用流量 $90\,[\mathrm{m^3/s}]$，有効落差 $40\,[\mathrm{m}]$ の自流式水力発電所がある．年間の発生電力量 $[\mathrm{GW\cdot h}]$ を求めよ．ただし，総合効率は，流量を Q として，総合効率 $\eta = 0.004Q + 0.49$ により算出されるものとする．

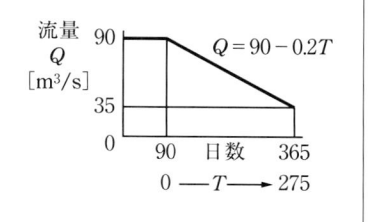

解答

まず，発電所の最大出力 P_m を求める．流量を $Q\,[\mathrm{m^3/s}]$，有効落差を $H\,[\mathrm{m}]$，総合効率を η とする．最大流量 $Q_m = 90\,[\mathrm{m^3/s}]$ のときの総合効率 η_m は，題意の式から，

$$\eta_m = 0.004Q_m + 0.49 = 0.004 \times 90 + 0.49 = 0.85$$

$$\therefore P_m = 9.8 Q_m H \eta_m$$
$$= 9.8 \times 90 \times 40 \times 0.85 = 29\,988 \fallingdotseq 30\,000\,[\mathrm{kW}]$$

(a) 流況曲線の $0 \sim 90$ 日間の発生電力量 W_1

$$W_1 = P_m \times 24 \times 90 = 30\,000 \times 24 \times 90 = 64.8 \times 10^6\,[\mathrm{kW\cdot h}]$$

(b) 流況曲線の $91 \sim 365$ 日間の発生電力量 W_2

解図で，$T\,[\mathrm{日}] \sim T + \varDelta T\,[\mathrm{日}]$ の間の発生電力量 $\varDelta W$ は，

$$\varDelta W = 9.8 Q H \eta \varDelta T \times 24 \quad \cdots (1)$$

(1) 式に題意から，$Q = 90 - 0.2T$，$\eta = 0.004Q + 0.49$，$H = 40$ を代入して，

$$\varDelta W = 9.8 \times (90 - 0.2T) \times 40 \times \{0.004 \times (90 - 0.2T) + 0.49\}$$
$$\times \varDelta T \times 24$$
$$\fallingdotseq (0.062\,72 T^2 - 94.86 T + 29\,988) \times \varDelta T \times 24 \quad \cdots (2)$$

よって，W_2 は (2) 式を $T = 0 \sim 275\,[\mathrm{日}]$ で積分して，

$$W_2 = \int_0^{275} \varDelta W$$
$$= 24 \times \int_0^{275} (0.062\,72 T^2 - 94.86 T + 29\,988)\, \varDelta T$$
$$= 24 \times \left[\frac{0.062\,72}{3} T^3 - \frac{94.86}{2} T^2 + 29\,988 T \right]_0^{275}$$
$$\fallingdotseq 24 \times (434\,793 - 3\,586\,894 + 8\,246\,700)$$
$$\fallingdotseq 122.3 \times 10^6\,[\mathrm{kW\cdot h}]$$

したがって，年間発生電力量 W_0 は，

$$W_0 = W_1 + W_2 = (64.8 + 122.3) \times 10^6\,[\mathrm{kW\cdot h}]$$
$$= 187.1\,[\mathrm{GW\cdot h}] \quad \textbf{(答)}$$

解法のポイント

① 流況曲線の $91 \sim 365$ 日については，解図のようになる．

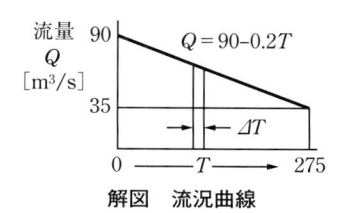

解図　流況曲線

② 解図から，$\varDelta T\,[\mathrm{日}]$ 分の発生電力量 $\varDelta W$ を求める．ここで，

$$\varDelta W = 9.8 Q H \eta \varDelta T \times 24$$

になるが，Q，η ともに T の関数として表される．

③ ② の $0 \sim 275$ 日分について積分し，これに 90 日分を加えれば年間の発生電力量が求まる．

④ $1\,[\mathrm{GW}] = 10^9\,[\mathrm{W}] = 10^6\,[\mathrm{kW}]$

[注]　本発電所の年間設備利用率 α は，次のように求める．

最大出力 P_m で 365 日運転時の発生電力量を W_m とすると，

$$\alpha = \frac{W_0}{W_m} = \frac{187.1 \times 10^6}{30\,000 \times 24 \times 365}$$
$$\fallingdotseq 0.712 \to 71.2\,[\%]$$

演習問題 8.7　水力発電所の運用２

流況曲線が**図1**に示される河川に設けたダムの直下に，発電所を施設した調整池式発電所がある．この発電所の最大使用水量は豊水量に等しく，また有効落差は120[m]，水車・発電機の総合効率は89[%]で，使用水量に関係なく一定とするとき，次の値を求めよ．ただし，この調整池は，日間調整用のものとする．

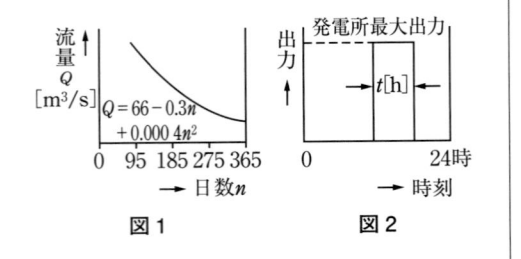

(1) 発電所最大出力[kW]．(2) 最渇水の日における平均出力[kW]．
(3) 最渇水の日において調整池を利用し，**図2**のように発電所最大出力で連続運転を行うときの連続運転時間 t [h]．
(4) (3)のような運転を行うために最低限必要な調整池の有効貯水容量[m³]

解　答

(1) 豊水量とは，1年のうち95日，これより下がらない流量なので，$n=95$ とすると豊水量 Q は題意の式から，

$$Q = 66 - 0.3 \times 95 + 0.0004 \times 95^2 = 41.11 [\text{m}^3/\text{s}]$$

よって，発電所の最大出力 P は，有効落差を H[m]，効率を η とすると，

$$P = 9.8QH\eta = 9.8 \times 41.11 \times 120 \times 0.89 \fallingdotseq 43\,000 [\text{kW}] \quad \textbf{(答)}$$

(2) 最渇水量 Q' は，$n=365$ とすると問(1)と同様にして，

$$Q' = 66 - 0.3 \times 365 + 0.0004 \times 365^2 \fallingdotseq 9.79 [\text{m}^3/\text{s}]$$

よって，最渇水時の平均出力 P' は，

$$P' = 9.8Q'H\eta = 9.8 \times 9.79 \times 120 \times 0.89 \fallingdotseq 10\,200 [\text{kW}] \quad \textbf{(答)}$$

(3) 調整池を利用して，発電所最大出力で運転するためには，最渇水時では1時間当たり $(Q-Q') \times 3\,600$[m³] の水量が不足する．したがって，不足分を調整池により確保するには，解図の①と②の面積が等しくなればよいから，

$$(Q-Q') \times 3\,600t = Q'(24-t) \times 3\,600$$

$$\therefore t = \frac{Q'}{Q} \times 24 = \frac{9.79}{41.11} \times 24 \fallingdotseq 5.72 [\text{h}] \quad \textbf{(答)}$$

(4) 問(3)の運転を行うために最低限必要な有効貯水容量 V は，解図の②の水量に相当するので，

$$V = (Q-Q') \times 3\,600t$$
$$= (41.11 - 9.79) \times 3\,600 \times 5.72 \fallingdotseq 645\,000 [\text{m}^3] \quad \textbf{(答)}$$

解法のポイント

① 流況曲線から，問題が指定している時期の流量を求めるのがポイントである．

② 河川流量は，流況曲線の上から年間利用可能日数によって，以下のように分類されている．

渇水量	355日はこれより下がらない
低水量	275日はこれより下がらない
平水量	185日はこれより下がらない
豊水量	95日はこれより下がらない

③ 調整池容量を，解図に示す．

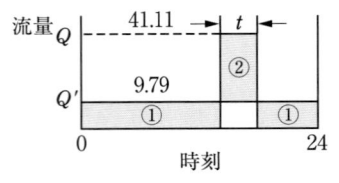

解図　調整池容量

[注] 最渇水の日の流量と渇水量とを混同しないこと．

2.8 施設管理

演習問題 8.8　揚水発電用の重油焚き増し量

最大出力300[MW]，総落差375[m]，損失水頭10[m]（発電時，揚水時とも），上池容量$3\,400\times10^3$[m³]の純揚水発電所において，水車・発電機及びポンプ・電動機の効率がそれぞれ86[%]及び84[%]とするとき，次の問に答えよ．

(1) 上池が満水の状態から空の状態になるまで，最大出力で何時間発電可能か．

(2) 上池を空の状態から満水の状態にするのに必要な揚水電力量に相当する火力発電所での重油焚き増し量[kL]はいくらか．ただし，火力発電所の発電端熱効率を40[%]，所内比率を4[%]，重油発熱量を40 960[kJ/L]，送電損失率を5[%]とし，また下池容量は上池容量より大きいものとする．

解答

(1) 最大出力P[kW]での流量Qは，有効落差（＝総落差－損失水頭）をH[m]，発電時効率をη_gとすると，

$$Q=\frac{P}{9.8H\eta_g}=\frac{300\times10^3}{9.8\times(375-10)\times0.86}\approx97.52\,[\text{m}^3/\text{s}]$$

最大出力での運転時間T[h]は，上池容量をV[m³]とすると，

$$T=\frac{V}{3\,600Q}=\frac{3\,400\times10^3}{3\,600\times97.52}\approx9.68\,[\text{h}]\quad\text{（答）}$$

(2) 上池を満水の状態にするのに必要な揚水電力量Wを求める．いま，最大出力での流量Qで揚水したとすると，所要時間は問(1)のTになるから，揚水電力をP_p[kW]，全揚程（＝総落差＋損失水頭）をH_p[m]，揚水時効率をη_pとすると，

$$W=P_p\cdot T=\frac{9.8QH_p}{\eta_p}\cdot\frac{V}{3\,600Q}=\frac{9.8VH_p}{3\,600\eta_p}$$

$$=\frac{9.8\times3\,400\times10^3\times(375+10)}{3\,600\times0.84}$$

$$\approx4\,242\times10^3\,[\text{kW}\cdot\text{h}]$$

一方，火力発電所の発電端での必要な発生電力量W'は，所内比率α，送電損失率βを考慮すると，

$$W'=\frac{W}{(1-\alpha)\times(1-\beta)}=\frac{4\,242\times10^3}{(1-0.04)\times(1-0.05)}$$

$$\approx4\,651\times10^3\,[\text{kW}\cdot\text{h}]$$

1[kW·h]＝3 600[kJ]なので，重油の焚き増し量B[kL]は，重油発熱量をH[kJ/L]，発電端熱効率をηとすると，

$$B=\frac{3\,600W'}{1\,000H\eta}=\frac{3\,600\times4\,651\times10^3}{1\,000\times40\,960\times0.4}\approx1\,022\,[\text{kL}]\quad\text{（答）}$$

解法のポイント

① 最大出力時の必要流量を算出する．上池の容量を，この流量で割れば最大出力での運転時間が求まる．

② 揚水発電所と火力発電所の相互関係は解図になる．

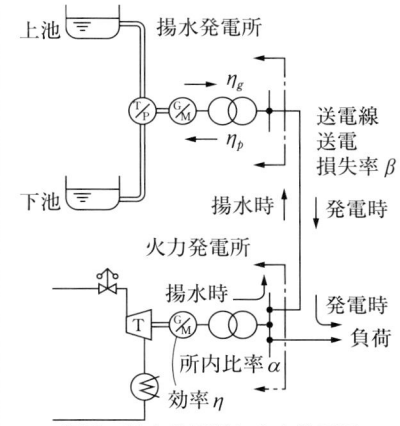

解図　揚水発電所と火力発電所

③ 上池を満水にする揚水時間は，最大出力時の流量と同じ揚水量として算出すればよい．

④ 火力発電所での発電電力をP'とすると，揚水発電所での揚水電力Pは解図から，

　$P=P'\times(1-\alpha)\times(1-\beta)$

になる．これにより，必要な電力量を求める．

演習問題 8.9 火力発電所の経済運用

火力発電所において，4台の発電機が並行運転し，一定の負荷 $P_R = 980$ [MW] に電力を供給する場合，最も経済的な発電機出力は，それぞれいくらになるか．ただし，発電機 1～4 の燃料費特性 F は，P を発電機出力 [MW] として下記のとおりとする．

$F_1 = 5P_1^2 + 800P_1 + 8\,000$ [円/h]　　$F_2 = 6P_2^2 + 600P_2 + 16\,000$ [円/h]

$F_3 = 7P_3^2 + 750P_3 + 12\,000$ [円/h]　　$F_4 = 6P_4^2 + 800P_4 + 10\,000$ [円/h]

[解 答]

題意の燃料費特性の式に λ を未定係数として，等増分燃料費の法則を適用する．

$$\frac{\partial F_1}{\partial P_1} = 10P_1 + 800 = \lambda \quad \therefore P_1 = \frac{\lambda - 800}{10} \quad \cdots (1)$$

$$\frac{\partial F_2}{\partial P_2} = 12P_2 + 600 = \lambda \quad \therefore P_2 = \frac{\lambda - 600}{12} \quad \cdots (2)$$

$$\frac{\partial F_3}{\partial P_3} = 14P_3 + 750 = \lambda \quad \therefore P_3 = \frac{\lambda - 750}{14} \quad \cdots (3)$$

$$\frac{\partial F_4}{\partial P_4} = 12P_4 + 800 = \lambda \quad \therefore P_4 = \frac{\lambda - 800}{12} \quad \cdots (4)$$

一方，負荷と発電機出力の関係は題意から，

$P_1 + P_2 + P_3 + P_4 = P_R = 980$

$$\therefore \frac{\lambda - 800}{10} + \frac{\lambda - 600}{12} + \frac{\lambda - 750}{14} + \frac{\lambda - 800}{12} = 980$$

$\therefore 0.338\,1\lambda = 980 + 250.2 = 1\,230.2, \quad \lambda = 3\,638.6$

したがって，最も経済的な発電機の各出力は，(1)式～(4)式に λ を代入して，次式になる．

$$\left.\begin{aligned} P_1 &= \frac{3\,638.6 - 800}{10} \fallingdotseq 284\,[\text{MW}] \\ P_2 &= \frac{3\,638.6 - 600}{12} \fallingdotseq 253\,[\text{MW}] \\ P_3 &= \frac{3\,638.6 - 750}{14} \fallingdotseq 206\,[\text{MW}] \\ P_4 &= \frac{3\,638.6 - 800}{12} \fallingdotseq 237\,[\text{MW}] \end{aligned}\right\} \text{(答)}$$

[解法のポイント]

① 等増分燃料費の法則の(8-15)式により，各発電機の出力 P_1～P_4 を未定係数 λ で表す．

② $P_1 + P_2 + P_3 + P_4 = 980$ から，λ を求めて，①で求めている各発電機の式に λ を代入する．

[補充問題]　送電損失考慮の運用

送電損失を考慮時，図において，発電電力を $\Delta P_1 = 12$ [MW] 増加時の負荷電力の増加分 ΔP を求めよ．ただし，発電端の増分燃料費を 2 [円/(kW·h)]，負荷端の増分燃料費を 2.2 [円/(kW·h)] とする．

[解 答]　(8-16)式で，λ は負荷端の増分燃料費なので，

$$\lambda = \frac{\partial F}{\partial P_1} \Big/ \left(1 - \frac{\partial L}{\partial P_1}\right)$$

$\lambda = 2.2$ [円/(kW·h)]，$\partial F/\partial P_1 = 2$ [円/(kW·h)]，$\partial L/\partial P_1 = \Delta L/\Delta P_1 = \Delta L/12$ を代入すると，

$2.2 = 2/\{1 - (\Delta L/12)\}$

$\therefore \Delta L \fallingdotseq 1.09$ [MW]

$\therefore \Delta P = \Delta P_1 - \Delta L = 12 - 1.09$
　　$= 10.91$ [MW]　（答）

2.8 施設管理

演習問題 8.10 発電原価1

1[kW]当たりの建設費190 000[円]の重油火力発電所を建設し，年負荷率70[%]で運転した場合の発電原価[円/(kW·h)]を求めよ．ただし，発電端熱効率40[%]，耐用年数15年，残存価格10[%]，減価償却は定額法，金利は5[%]，その他の固定費は建設費に対して年4[%]とする．また，重油（発熱量40 770[kJ/L]）の価格は，12 400[円/kL]とする．

解答

(1) 減価償却率 $= \dfrac{\text{取得価格} - \text{残存価格}}{\text{耐用年数}} = \dfrac{1.0 - 0.1}{15}$

　　　　　　　$= 0.06 \to 6[\%]$

(2) 年間固定費 = 建設費 ×（減価償却率 + 金利 + その他）
　　　　　　 $= 190\,000 \times (0.06 + 0.05 + 0.04) = 28\,500$[円/kW] … (1)

　1kWの年間発電電力量 = 出力 × 負荷率 × 24 × 365
　　　　　　　　　　　 $= 1 \times 0.7 \times 24 \times 365 = 6\,132$[kW·h]　… (2)

　1kW·h当たり固定費 $= \dfrac{(1)\text{式}}{(2)\text{式}} = \dfrac{28\,500}{6\,132} \fallingdotseq 4.65$[円/(kW·h)]
　　　　　　　　　　　　　　　　　　　　　　　　　　　　… (3)

(3) 1[kW·h]（= 3 600[kJ]）当たり重油消費量

　$= \dfrac{3\,600[\text{kJ}]}{\text{発熱量[kJ/L]} \times \text{熱効率}} = \dfrac{3\,600}{40\,770 \times 0.4} \fallingdotseq 0.220\,8$[L]

　1[kW·h]当たり燃料費 = 燃料価格[円/L] × 消費量[L]
　　　　　　　　　　 $= 12.4 \times 0.220\,8 \fallingdotseq 2.74$[円/kW·h]　… (4)

(4) 1[kW·h]当たりの発電原価 = (3)式 + (4)式
　　　　　　　　　　　　　 = 固定費 + 燃料費 = 4.65 + 2.74 = 7.39[円/(kW·h)]　**（答）**

[注] 最近の例では，残存価格 = 0 とする．また，利率は2[%]程度である．建設費，燃料費は上記よりも高い．燃料費は為替相場により変動する．

解法のポイント

① 減価償却は，償却率として求め，他の固定費の項目と合わせて算出する方がよい．

② 償却率は，取得額1.0，残存額0.1として求める．

③ 発電端熱効率 η

$\eta = \dfrac{\text{発生電力量} \times 3\,600[\text{kJ/(kW·h)}]}{\text{燃料消費量} \times \text{発熱量}}$

④ 1[kW·h]当たりの燃料消費量

$= \dfrac{3\,600[\text{kJ/(kW·h)}]}{\text{発熱量} \times \text{熱効率}\,\eta}$

解説

年間発電電力量が多くなるほど，発電原価が安くなるので，負荷率，利用率の向上が大切である

演習問題 8.11 発電原価2

最大出力1 000[MW]，年間発電電力量 $1\,500 \times 10^6$[kW·h]の純揚水発電所がある．いま，この発電所の年間経費を180億円（揚水用電力費を除く），揚水発電所総合効率を70[%]とし，揚水用電力費を原子力発電所の送電端で9[円/(kW·h)]とした場合，需要端における[kW·h]当たりの電力原価を求めよ．ただし，送電損失率は，揚水時，発電時ともそれぞれ2.5[%]とし，送電線路の経費は考えないものとする．

解答

(1) 需要端電力量（揚水発電所の送出電力量 − 送電損失）

$$需要端電力量 = 1\,500 \times 10^6 \times (1 - 0.025)$$
$$= 1\,462.5 \times 10^6 \,[\text{kW·h}]$$

(2) 原子力発電の発電電力量 揚水発電所の総合効率と送電損失を考慮する．

$$原子力発電の発電電力量 = \frac{1\,500 \times 10^6}{0.7 \times (1 - 0.025)}$$
$$= 2\,197.8 \times 10^6 \,[\text{kW·h}] \quad \cdots \quad (1)$$

(3) 揚水用電力費（(1)式 × 電力費単価[円/(kW·h)]）

$$揚水用電力費 = 2\,197.8 \times 10^6 \times 9 \fallingdotseq 19\,780 \times 10^6 \,[円]$$

(4) 総経費（揚水用電力費 + 年経費）

$$総経費 = 19\,780 \times 10^6 + 18\,000 \times 10^6 = 37\,780 \times 10^6 \,[円]$$

(5) $需要端の電力原価 = \dfrac{総経費}{需要端電力量} = \dfrac{37\,780 \times 10^6}{1\,462.5 \times 10^6}$

$$\fallingdotseq 25.8 \,[円/(\text{kW·h})] \quad \textbf{(答)}$$

解法のポイント

① 演習問題 8.8 の解答も関連するので参照する．

② 原子力発電所での発電（送出）電力量は，年間発電電力量を揚水発電所総合効率で除し，さらに送電損失分を見込む(**解図**)．

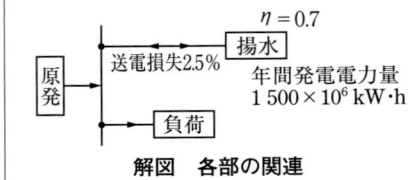

解図 各部の関連

③ 需要端電力量は，送電損失分だけ減少する．

解説

減価償却の**定率法**は，初期に償却額を大きくする方法であり，毎年の償却額 D は，

$$D = 未償却残額 \times 定率\,\gamma$$

$$\gamma = 1 - \sqrt[n]{\frac{S}{V}}$$

ここで，S は残存価格，V は取得価格，n は耐用年数である．定率法は，投下資本の早期回収が図られるので，原子力発電ではこの方式を採用することが多い．

発電所の経費比較には，いろいろな方法があるが，利子率を考慮した**現在価値比較法**，予想利益に対する**回収期間法**などが代表的である．また，水力発電所や揚水発電所の開発に際しては，**火力価値代替法**により開発規模の検討が行われる．この方法は，その水力発電所を火力発電所に換算した場合，どれくらいの価値を持っているかを示すものである．

演習問題 8.12 連系線の潮流，周波数 1

10 000[MW]の電力系統において，1 000[MW]の負荷が脱落したとき，系統周波数及び系統電力はいくらになるか．ただし，系統の周波数は 60[Hz]であり，発電機の 70[%]がロードリミッタ運転を，残りの 30[%]がガバナフリー運転を行っている．ガバナフリー発電機の速度調定率は 3.5[%]，負荷の周波数特性は 3[%MW/Hz]で，どちらも直線的変化をするものとする．

2.8 施設管理

解 答

負荷の脱落により，発電電力は過剰になり，周波数は上昇する．過剰分電力は，ガバナフリー(GF)発電所で調整する．負荷電力 P_L は，負荷の周波数特性を K_L，周波数変化を Δf として，

$$P_L = (10\,000 - 1\,000)(1 + K_L \Delta f) = 9\,000(1 + 0.03\Delta f)$$
$$= 9\,000 + 270\Delta f\,[\text{MW}] \quad \cdots (1)$$

過剰発電出力 ΔP_G は，系統の発電電力 $10\,000\,[\text{MW}]$ との差なので，

$$\Delta P_G = 10\,000 - P_L = 1\,000 - 270\Delta f\,[\text{MW}] \quad \cdots (2)$$

この ΔP_G が，発電機の速度調定率 R により調整される．

$$R = \frac{\Delta f/f_n}{\Delta P_G/P_G} \times 100\,[\%] \quad \cdots (3)$$

ここで，P_G：GF発電機の出力 $= 3\,000\,[\text{MW}]$，f_n：系統周波数 $= 60\,[\text{Hz}]$，

$$\therefore 3.5 = \frac{\Delta f/60}{(1\,000 - 270\Delta f)/3\,000} \times 100 \quad \cdots (4)$$

(4)式を整理して，

$$50\Delta f = 0.035(1\,000 - 270\Delta f) = 35 - 9.45\Delta f$$
$$\therefore \Delta f = 35/59.45 = 0.589\,[\text{Hz}]$$

よって，系統周波数 f は，

$$f = f_n + \Delta f = 60 + 0.589 = 60.589\,[\text{Hz}] \quad \textbf{(答)}$$

また，系統電力 P は，(1)式から，

$$P = 9\,000 + 270\Delta f = 9\,000 + 270 \times 0.589 \fallingdotseq 9\,160\,[\text{MW}] \quad \textbf{(答)}$$

解法のポイント

① この種の問題は，公式をヤミクモに適用するのではなく，物理現象をよく考えて，じっくり解くようにする．

② ロードリミッタは負荷制限運転で出力一定，ガバナフリーは調速機運転を，それぞれ意味する．

③ 電源は系統定数でなく，発電機の速度調定率 R で示されることが多い．R は2.1節を参照．

④ 本問は，解図1のように，1個の発電機と1個の負荷と考えると理解しやすい．

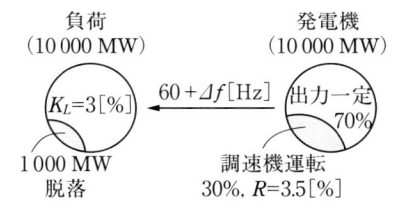

解図1 本問の状況

解 説

本問の結果を図示すると，解図2のようになる．(2)，(3)式から，P_G と Δf の関係を求めると，

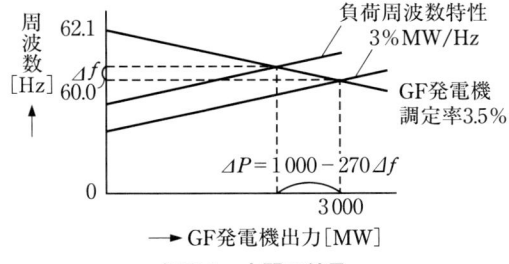

解図2 本問の結果

$$\Delta f = \frac{2\,100}{P_G + 567}\,[\text{Hz}]$$

となる．仮に $P_G = 0$，すなわち全発電機が負荷制限運転のときは，$\Delta f = 2\,100/567 \fallingdotseq 3.7\,[\text{Hz}]$ になり，過剰発電出力は周波数の大幅な上昇により処理されることになる．

逆に $P_G = 10\,000$，つまり全部の発電機が調速機運転のときは，$\Delta f = 2\,100/10\,567 \fallingdotseq 0.20\,[\text{Hz}]$ となり，周波数の変動は抑制される．通常の系統では，本問のように調速機運転の発電機が3割程度である．

演習問題 8.13　連系線の潮流，周波数 2

一つの連系線でつながれた A, B 二つの電力系統がある．系統容量は，A が 3 000 [MW]，B が 5 000 [MW] である．各系統の系統周波数特性定数を，$\%K_A = 1.0$ [%MW/0.1Hz]，$\%K_B = 0.8$ [%MW/0.1Hz] とするとき，A 系統に 400 [MW] の負荷変化を生じたときの周波数変化及び連系線の潮流変化を求めよ．

解答

需給変化時の周波数変化 Δf は，ΔA を需給変化量 [MW]，K を系統周波数特性定数 [MW/Hz]，K_G を発電機の周波数特性定数 [MW/Hz]，K_L を負荷の周波数特性定数 [MW/Hz] とすると，

$$\Delta f = \frac{\Delta A}{K} = \frac{\Delta A}{K_G + K_L} \quad \cdots (1)$$

で表せる．ΔA は発電力 ΔP [MW] − 負荷 ΔL [MW] である．Δf の符号は，発電力の減少または負荷の増加で，$\Delta A < 0$ で $\Delta f < 0$ となる．その逆は周波数の上昇である．

系統周波数特性定数の単位を [%MW/0.1Hz] から，下記のように [MW/Hz] に変換する．

$$K_A = 3\,000 \times \frac{1.0}{100} \times 10 = 300\,[\text{MW/Hz}],$$

$$K_B = 5\,000 \times \frac{0.8}{100} \times 10 = 400\,[\text{MW/Hz}]$$

$$\therefore K = K_A + K_B = 300 + 400 = 700\,[\text{MW/Hz}]$$

ゆえに，本問の $\Delta A = 400$ [MW] の変化での Δf は，(1) 式から，

$$\Delta f = \frac{\Delta A}{K} = \frac{400}{700} \fallingdotseq 0.571\,4\,[\text{Hz}] \quad \textbf{(答)}$$

$\Delta f = 0.571\,4$ [Hz] の周波数変化により，A 系統では，

$$K_A \cdot \Delta f = 300 \times 0.571\,4 \fallingdotseq 171.4\,[\text{MW}]$$

の自己変化が起こる．自己変化量は，$\Delta f < 0$ なら −，$\Delta f > 0$ なら + である．

負荷変化量は 400 [MW] であるから，連系線の潮流変化量 ΔP_T は，自己変化量との差になり，

$$\Delta P_T = 400 - 171.4 = 228.6\,[\text{MW}] \quad \textbf{(答)}$$

A 系統の負荷減少なら $\Delta f > 0$ となり，潮流は A → B の方向である．負荷増加なら $\Delta f < 0$ となり，潮流は B → A の方向になる．

解法のポイント

① 電力系統では，発電力や負荷の変化により周波数が変化する．その定数が周波数特性定数である．需給変化量を周波数特性定数で割れば，周波数変化量が算出できる．

② 計算をしやすくするために，周波数特性定数の単位は [MW/Hz] にする方がよい．

③ 周波数が変化すると，連系するすべての系統に影響が出る．自系統が原因でなくても，周波数が変化すれば系統容量が変化し，この変化分が連系線の潮流変化量となる．

④ 問題では，単に負荷変化量としているので，一般的な状況を考える．

解説

潮流変化量は，周波数変化から B 系統の自己変化量として直ちに求められる．

$$K_B \cdot \Delta f = 400 \times 0.571\,4$$
$$\fallingdotseq 228.6\,[\text{MW}]$$

となる．つまり，負荷や電源の変化がない系統の自己変化量が，潮流変化量にほかならない．

演習問題 8.14 連系線の潮流，周波数 3

A系統，B系統及びC系統の三つの電力系統が図のように連系されている場合において，次の問に答えよ．

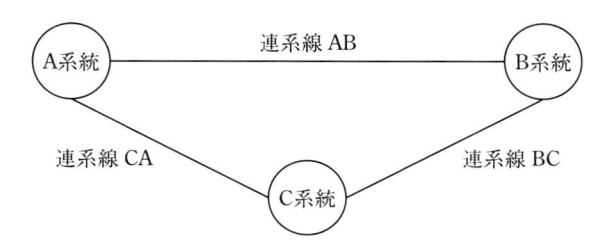

(1) A系統において負荷変化(ΔP_A[MW])が発生した場合，系統全体の周波数変化量(ΔF[Hz])を求める式を示せ．ただし，A系統，B系統及びC系統の系統周波数特性定数(系統容量換算)をそれぞれ，K_A[MW/Hz]，K_B[MW/Hz]，K_C[MW/Hz]とする．

(2) 上記(1)の場合において，連系線ABの潮流変化量(ΔP_{TAB}[MW])を求める式を，ΔP_A[MW]，ΔF[Hz]，K_A[MW/Hz]，K_B[MW/Hz]及びK_C[MW/Hz]のうち，必要な項を使用して示せ．ただし，A系統の負荷変化によって，連系線BCに潮流変化は生じないものと仮定する．

(3) 各系統が下記の条件であるとき，A系統に360[MW]の負荷変化が起きた場合の系統全体の周波数変化量[Hz]を求めよ．

	A系統	B系統	C系統
系統容量[MW]	4 000	8 000	5 000
系統周波数特性定数 (％換算)[％MW/Hz]	14	8	12

(4) 上記(2)及び(3)の条件で，連系線AB及び連系線CAの潮流変化量(ΔP_{TAB}及びΔP_{TCA})[MW]を求めよ．

解答

(1) A, B, Cの系統容量をそれぞれP_A[MW]，P_B[MW]，P_C[MW]とすると，A系統において負荷変化ΔP_A[MW]が発生した場合，系統全体の周波数変化量ΔFは，

$$\Delta F = \frac{\Delta P_A}{K_A + K_B + K_C} \text{[Hz]} \quad \cdots (1) \ \textbf{(答)}$$

(2) 題意から，A系統の負荷変化によって，連系線BCに潮流変化は生じないので，連系線ABの潮流変化量ΔP_{TAB}[MW]は，B系統の電力変化になる．

解法のポイント

① 本問は3系統であるが，基本的な考え方は前問と同じである．

② 設問に従って，順次解答すればよい．

第2章 電力・管理科目

$$\Delta P_{TAB} = \Delta F \cdot K_B = \frac{K_B \cdot \Delta P_A}{K_A + K_B + K_C} [\text{MW}] \quad \cdots (2) \quad (答)$$

(3) $\Delta P_A = 360$ [MW]の負荷変化時の周波数変化量 ΔF は，(1)式に題意の数値を代入して，

$$\Delta F = \frac{360}{0.14 \times 4\,000 + 0.08 \times 8\,000 + 0.12 \times 5\,000}$$

$$= \frac{360}{560 + 640 + 600} = 0.2\,[\text{Hz}] \quad (答)$$

(4) 連系線 AB の潮流変化量 ΔP_{TAB} [MW]は，(2)式から，

$$\Delta P_{TAB} = \Delta F \cdot K_B = 0.2 \times 0.08 \times 8\,000 = 128\,[\text{MW}] \quad (答)$$

同様にして，連系線 CA の潮流変化量 ΔP_{TCA} [MW]は，C系統の電力変化から，

$$\Delta P_{TCA} = \Delta F \cdot K_C = 0.2 \times 0.12 \times 5\,000 = 120\,[\text{MW}] \quad (答)$$

解 説

A系統内の電力変化量は，

$$\Delta F \cdot K_A = 0.2 \times 0.14 \times 4\,000$$
$$= 112\,[\text{MW}]$$

となり，連系線 AB 及び連系線 CA の潮流変化量と合わせると，A系統の負荷変化量 360[MW]に等しいことが分かる．

演習問題 8.15 電力系統の信頼度

図に示す系統において，母線，遮断器，変圧器及び送電線の設備当たりの事故確率及び平均事故継続時間がそれぞれ表のように与えられるとき，負荷側から見た系統全体の次の値を有効数字2桁で求めよ．なお，各設備に事故が発生した場合，供給支障が生じるものとする．

(1) 事故確率，(2) 平均運転持続時間[h]，(3) 事故頻度[回/年]，
(4) 事故継続時間(事故持続時間)[h]

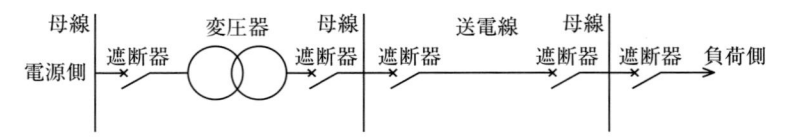

電源側─母線─遮断器─変圧器─母線─遮断器─遮断器─送電線─母線─遮断器─遮断器─負荷側

	母 線	遮断器	変圧器	送電線
設 備 数	3箇所	5台	1バンク	1回線
設備当たりの事故確率	7×10^{-6}	5×10^{-6}	4×10^{-6}	8×10^{-5}
平均事故継続時間[時間]*	0.7	2.6	10	0.5

＊各設備に事故が発生した場合における復旧までの平均時間

解 答

(1) **事故確率** 問図は直列系統であるから，総合稼働率 α（$= 1 - \beta$，β は事故率）は，各要素の α の累積になる．よって，添字1を母線，2を遮断器，3を変圧器，4を送電線とすると，

$$\alpha = 1 - \beta = (1-\beta_1)^3 (1-\beta_2)^5 (1-\beta_3)(1-\beta_4) \quad \cdots (1)$$

解法のポイント

① 直列システムの故障率，稼働率で考えるとよい．故障率とは事故確率にほかならない．

228

各要素の $\beta \ll 1$ であるから，β の2乗以上の項を無視できる．よって，総合事故確率 β は，

$$1 - \beta \fallingdotseq 1 - 3\beta_1 - 5\beta_2 - \beta_3 - \beta_4$$

$$\therefore \beta = 3\beta_1 + 5\beta_2 + \beta_3 + \beta_4 \quad \cdots (2)$$

$$= 3 \times 7 \times 10^{-6} + 5 \times 5 \times 10^{-6} + 4 \times 10^{-6} + 8 \times 10^{-5}$$

$$= 130 \times 10^{-6} = 1.3 \times 10^{-4} \quad \textbf{(答)}$$

(2) 平均運転持続時間 ある設備の運転持続時間を T_r，事故継続時間を T_f とすると，事故確率 β は次式で示せる．

$$\beta = \frac{T_f}{T_r + T_f}$$

これより，T_r は，

$$T_r = \frac{T_f}{\beta} - T_f \fallingdotseq \frac{T_f}{\beta} \quad (\because 1 \gg \beta) \quad \cdots (3)$$

(3)式から，各設備の T_r を求める．

母線：$T_{r1} = T_{f1}/\beta_1 = 0.7/(7 \times 10^{-6}) = 1.0 \times 10^5 [\text{h}]$

遮断器：$T_{r2} = T_{f2}/\beta_2 = 2.6/(5 \times 10^{-6}) = 5.2 \times 10^5 [\text{h}]$

変圧器：$T_{r3} = T_{f3}/\beta_3 = 10/(4 \times 10^{-6}) = 2.5 \times 10^6 [\text{h}]$

送電線：$T_{r4} = T_{f4}/\beta_4 = 0.5/(8 \times 10^{-5}) = 6.25 \times 10^3 [\text{h}]$

したがって，(2)式と(3)式から，このシステムは，**解図1**のように，T_r が抵抗の並列接続，β が各抵抗に流れる電流，回路の起電力が T_f に相当する回路に近似できる．よって，この系統が健全状態にある平均運転持続時間 T_r は，並列回路の合成抵抗になるから，次式で求められる．

$$\frac{1}{T_r} = \frac{3}{T_{r1}} + \frac{5}{T_{r2}} + \frac{1}{T_{r3}} + \frac{1}{T_{r4}}$$

$$= \frac{3}{1 \times 10^5} + \frac{5}{5.2 \times 10^5} + \frac{1}{2.5 \times 10^6} + \frac{1}{6.25 \times 10^3}$$

$$\fallingdotseq 2.0 \times 10^{-4} [\text{h}^{-1}]$$

$$\therefore T_r = 10^4/2.0 = 5.0 \times 10^3 [\text{h}] \quad \textbf{(答)}$$

(3) 事故頻度 x [回/年] は，1年の時間数を T_r で割ればよい．

$$x = \frac{365 \times 24}{T_r} = \frac{8\,760}{5\,000} = 1.752 \fallingdotseq 1.8 \,[\text{回/年}] \quad \textbf{(答)}$$

(4) 事故継続時間 T_s は，平均運転持続時間 T_r に，事故確率 β を掛ける．

$$T_s = T_r \times \beta = 5\,000 \times 1.3 \times 10^{-4} = 0.65 [\text{h}] \quad \textbf{(答)}$$

② 直列システムの稼働率 α は，各要素の累積である．故障率 β は，$(1-\alpha)$ である．

③ 運転持続時間 ≒ 事故継続時間/事故確率と近似できるので，並列回路による方法を考える．

④ 一般に，事故確率 $\ll 1$ であるから，省略計算 $(1+x)^n \fallingdotseq 1 + nx$ を活用する．

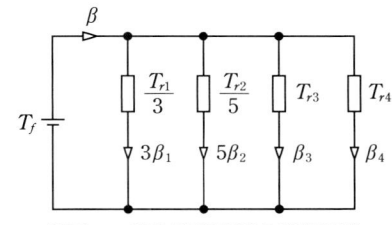

解図1 事故継続時間の等価回路

解 説

電力系統の信頼度は，**解図2**の直列系または並列系で考えればよい．系統が直並列を構成しているときは，運転確率 p または事故確率 q を用いて，(8-28)式または(8-29)式により計算すればよい．

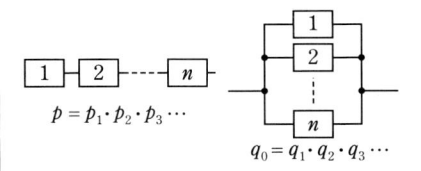

(a)直列系　(b)並列系
解図2 電力系統の信頼度

演習問題 8.16　電力系統の安定度

図のような電力系統があり，発電所から，A, B の 2 回線送電線（電圧 154[kV]，周波数 60[Hz]，亘長 50[km]）で変電所に 450[MW] の有効電力を送電している．両端の母線電圧は常に維持されるものとして，次の問に答えよ．計算に必要な値を下記に示すが，その他の数値は無視するものとする．また，基準電圧は 154[kV] とし，単位法（pu）により計算せよ．なお，計算にあたっては，角度 θ を [rad] で表したとき，$\sin\theta \fallingdotseq \theta$ としてよい．

$V_s = 1.0$[pu]，$V_r = 1.0$[pu]，送電線路の作用インダクタンス 1.3[mH/km]，各変圧器の％インピーダンス 12[％]（500[MV・A] 基準）．

(1) 定常状態での送電電力 P を，発電所側と変電所側の相差角 δ により示せ．
(2) 定常状態での相差角 δ[°] はいくらか．
(3) B 回線で地絡事故が発生し，B 回線が遮断された．B 回線が遮断後の P を，相差角 δ により示せ．ただし，B 回線の遮断は故障と同時に行われたものとし，故障継続中の状態は考えなくてもよいものとする．
(4) B 回線の遮断後，安定運転ができたものとして，その場合の相差角 δ'[°] を示せ．
(5) B 回線の遮断後の最大の相差角 δ'' を等面積法により求めて，安定度を検討せよ．安全を考えて $1.2\delta'' \leqq 90$[°] なら脱調が生じないものとする．

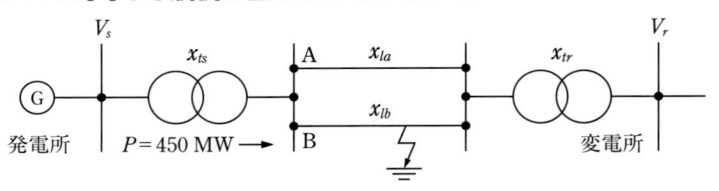

解答

(1) 各量を単位法（pu）に変換する．基準単位を容量 $P_n = 500$[MV・A]，電圧 $V_n = 154$[kV] とし，添字 a は A 回線，b は B 回線とする．

・変圧器のインピーダンス x_{ts}(pu) $= x_{tr}$(pu) $= 0.12$[pu]
・送電線のリアクタンス $x_{la} = x_{lb}$ は，周波数を f[Hz]，作用インダクタンスを L[H/km]，亘長を l[km] とすると，

$$x_{la} = x_{lb} = 2\pi fL \cdot l = 2\pi \times 60 \times 1.3 \times 10^{-3} \times 50 \fallingdotseq 24.5[\Omega]$$

$$\therefore x_{la}(\text{pu}) = x_{lb}(\text{pu}) = \frac{x_{la} P_n}{V_n^2} = \frac{24.5 \times 500}{154^2} \fallingdotseq 0.5165[\text{pu}]$$

以上により，合成リアクタンス x(pu) は，**解図 1(a)** のインピーダンスマップで示せるから，

$$x = x_{ts} + x_{tr} + (x_{la}/2) = 0.12 + 0.12 + (0.5165/2) \fallingdotseq 0.4983[\text{pu}]$$

よって，この電力系統の送電電力 P は，送電端電圧を V_s，

解法のポイント

① 基準電圧，基準容量を定めて，諸量を単位法（pu）に変換する．

② 2 回線の場合と 1 回線の場合のインピーダンスマップを描く．$P = V_s V_r \sin\delta/x$ の公式により，それぞれの場合の送電電力 P の式が求められる．

③ $\sin\theta \fallingdotseq \theta$ の近似を適用して，それぞれの場合の相差角を求める．

受電端電圧を V_r, 相差角を δ とすると, 前記の諸量を代入して, 以下のように示せる.

$$P = \frac{V_s V_r}{x} \sin\delta = \frac{1.0 \times 1.0}{0.4983} \sin\delta ≒ 2.0068 \sin\delta \quad \cdots (1) \quad \text{(答)}$$

(2) 定常状態の送電電力 P_s は, $P_s = 450/P_n = 450/500 = 0.9$ [pu]である. (1)式を用いて, δ を求める.

$$\delta ≒ \sin\delta = \frac{P_s}{2.0068} = \frac{0.9}{2.0068} ≒ 0.4485 \text{[rad]} ≒ 25.7\text{[°]} \quad \text{(答)}$$

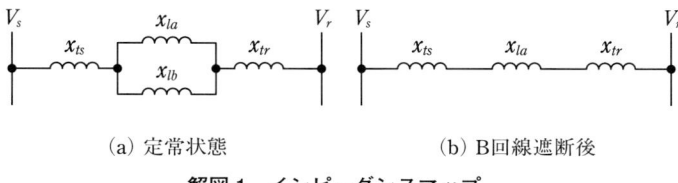

解図1 インピーダンスマップ
(a) 定常状態　　(b) B回線遮断後

(3) B回線遮断後の合成リアクタンス x' (pu) は, 解図1(b)のように, 線路が x_{la} のみになるから,

$$x' = x_{ts} + x_{tr} + x_{la} = 0.12 + 0.12 + 0.5165 = 0.7565 \text{[pu]}$$

よって, この場合の送電電力 P' の式は,

$$P' = \frac{V_s V_r}{x'} \sin\delta = \frac{1.0 \times 1.0}{0.7565} \sin\delta ≒ 1.322 \sin\delta \quad \cdots (2) \quad \text{(答)}$$

(4) 遮断後も原動機からの入力は一定不変と考えて, $P' = P_s = 0.9$ [pu]とする. この場合の相差角 δ' は, (2)式から,

$$\delta' ≒ \sin\delta' = \frac{P'}{1.322} = \frac{0.9}{1.322} ≒ 0.6808 \text{[rad]} ≒ 39.0\text{[°]} \quad \text{(答)}$$

(5) 安定度の検討を行う. 題意の $\sin\delta ≒ \delta$ の近似を適用すると, 送電電力を示す(1)式及び(2)式は, **解図2**のように直線で示せる. 故障発生時にB回線を遮断すると, 出力曲線は, (1)式の直線から(2)式の直線の δ の位置に移る. この点では, 原動機からの入力 P_s が送電電力より大きいので, 発電機は(2)式の直線に沿って加速され, 相差角が開いていく. 本来なら δ' で平衡するはずであるが, 慣性があるために, 相差角はそれよりも開く. 加速エネルギーを示す図の S_1 と, 減速エネルギーを示す図の S_2 が等しくなる δ'' が最大角度となる. 面積 S_1 は, 図から,

④ 等面積法の適用は, 加速エネルギー＝減速エネルギーが基本的な考え方であり, その際, 原動機(タービンや水車)からのエネルギーは一定と考える. $\sin\theta ≒ \theta$ の近似があるので, 三角形の面積を比較することになる.

解　説

試験場では関数電卓を使えないので, sinを直線近似する問題とした. 一方, 本問の場合, 三角関数により正確に計算すると, 表のような結果になる. よって, 大体の見当をつけるときには, sinの直線近似は使える方法である. ただし, 本問では, 故障継続時間を零としたが, 実際には遮断時間を考えてこれを考慮しなければならない. 最低でも3〜5サイクルで, 0.1秒程度は必要である. 故障継続中は, (2)式よりもはるかに低い送電電力となるので, 十分注意しなければならない. そのため設問では, 安定の判定は $1.2\delta''$ とし, 許容最大角度も 90[°] とした.

以上のことから, 電力系統の送受両端の相差角は, 本問の定常状態のように, おおよそ 30[°] 以下として運転される. 大電力系統の送電電力は, ほとんどの場合, 系統の安定度で定まる.

相差角の比較

角度	近似値	真値	誤差
δ	25.7°	26.6°	−3.4%
δ'	39.0°	42.9°	−9.1%
δ''	52.3°	59.2°	−11.7%

$$S_1 = \frac{1}{2} \cdot (P_s - 1.322\delta) \cdot (\delta' - \delta)$$

$$= \frac{1}{2} \times (0.9 - 1.322 \times 0.448\,5) \times (0.680\,8 - 0.448\,5)$$

$$\fallingdotseq 0.5 \times 0.307\,1 \times 0.232\,3 \fallingdotseq 0.035\,70 \quad \cdots (3)$$

一方,面積 S_2 は,図から,

$$S_2 = \frac{1}{2} \cdot (1.322\delta'' - P_s) \cdot (\delta'' - \delta')$$

$$= \frac{1}{2} \times (1.322\delta'' - 0.9) \times (\delta'' - 0.680\,8)$$

$$\fallingdotseq 0.661\delta''^2 - 0.9\delta'' + 0.306\,4 \quad \cdots (4)$$

となる.δ'' は,$S_1 = S_2$ の場合,すなわち,(3)式=(4)式であるから,

$$0.661\delta''^2 - 0.9\delta'' + 0.270\,7 = 0 \quad \cdots (5)$$

が成り立つ.(5)式を解くと,δ'' は,

$$\delta'' = \frac{0.9 \pm \sqrt{0.9^2 - 4 \times 0.661 \times 0.270\,7}}{2 \times 0.661} = \frac{0.9 \pm 0.307\,03}{1.322}$$

$$\fallingdotseq 0.913\,0,\ 0.448\,5\,[\text{rad}]$$

$$\fallingdotseq 52.3,\ 25.7\,[°]$$

となるが,明らかに 25.7 は不適である(この解は δ にほかならない).よって,$\delta'' = 52.3\,[°]$ **(答)**

$1.2\delta'' = 1.2 \times 52.3 \fallingdotseq 62.8\,[°] \leqq 90\,[°]$ なので題意から,安定である.**(答)**

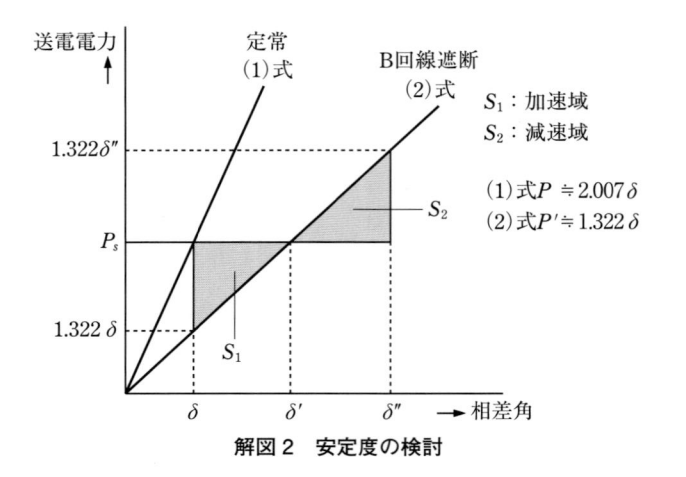

解図2 安定度の検討

コラム 電力系統の安定度

(1) 段々法

等面積法では,位相角の時間経過が分からない.運動方程式に基づく下記の段々法が使われる.

発電機の慣性モーメントを J,角速度を ω,位相角を δ とすると,運動方程式から,ω_0 を同期角速度として,加(減)速出力 P_a は,

$$P_a = \omega_0 J \frac{\Delta\omega}{\Delta t} = \omega_0 J \frac{1}{\Delta t}\left(\frac{\Delta\delta}{\Delta t}\right)$$

$$\therefore \Delta\delta = \frac{(\Delta t)^2}{\omega_0 J} \cdot P_a \cdots ①$$

定常状態の出力を P_s,故障後の発電機出力を P_g とすると,$P_a = P_s - P_g$ である.$t = t_0$ の故障瞬時に $\delta = \delta_0$ とすると,時間 Δt 経過後 $t = t_1$ の δ_1 は,

$$\delta_1 = \delta_0 + \frac{(\Delta t)^2}{\omega_0 J} \cdot (P_s - P_{g0}) \cdots ②$$

$\Delta t = 0.05\,[\text{s}]$ 程度の短時間にとる.P_g は $t = t_0$ の故障瞬時のみ,t_{0-} と t_{0+} の平均で,$P_{g0} = (P_s + P_{g(\delta=0)})/2$ とする.次に,$t_2 = t_1 + \Delta t$ では,

$$\delta_2 = \delta_1 + \frac{(\Delta t)^2}{\omega_0 J} \cdot (P_s - P_{g1}) \cdots ③$$

$$P_{g1} = P_g \quad (\delta = \delta_1)$$

として,以下同様に順次計算を行い,t と δ の関係を求める.

(2) 安定度向上対策

①発電機の同期リアクタンス小(短絡比大),②逆相,零相 Z を大(故障電流減少),③発電機慣性モーメント大,④高速度励磁で発電機電圧維持,⑤タービン高速バルブ制御などを行う.

第3章

機械・制御科目

本章のねらい

二次試験の「機械・制御科目」の出題範囲は，電気機械並びに自動制御に関する部分である．本章では，過去問題や新作問題を精選し，分野ごとに学習の効果が上がるように編集した．質及び量ともに十分な問題を解くことにより，真の実力を養成できるようにする．また，解説や注により，応用能力を養うようにする．

試験の問題数及び配点

4問が出題され，そのうちの任意の2問を解答する．最近では，ほとんどが計算問題である．すべて記述式の出題である．

配点は，1問当たり30点で合計60点である．合格基準は，「電力・管理科目」と「機械・制御科目」の合計得点が60％（180点中108点）以上，かつ，各科目の得点が平均点以上である．ただし，合格基準は例年，問題の難易度等により，引き下げられることが多い．

出題傾向の概略と対策

(1) 電気機械分野

毎年3問出題されるが，このうち1問はパワーエレクトロニクスである．残りの2問は，古典電気機械の直流機，同期機，変圧器，誘導機から出題されるが，特に，変圧器，誘導機が多い．ほとんどが計算問題である．古典電気機械は出題数が多く，最も注力すべき分野である．

古典電気機械の分野では，各機械に共通して等価回路やベクトル図に関する問題が多い．ジャンルにとらわれることなく関連付けて学習しよう．パワーエレクトロニクスでは，波形図に関する理解が重要であり，これを計算と結び付ける必要がある．

(2) 自動制御分野

毎年1問が出題される．高度な理解を要する計算問題が多い．伝達要素，周波数伝達関数，制御系の応答，定常偏差，安定判別など各分野から満遍なく出題される．交流理論→周波数伝達関数→伝達関数の順序で学習するのが効果的である．

3.1 直流機

学習のポイント

まず,「電気機械の共通事項」をよく理解する.またこれと関連するが,直流機は,電気機械全般の基礎であるから,誘導起電力,電機子反作用,電圧平衡,トルクなどについて十分理解すること.他の電気機械でも応用がきく.

[注] 直流電動機の電圧制御,チョッパ制御は本節に含めた.

―――――― 重　要　項　目 ――――――

1 電気機械の共通事項

① 電圧の平衡(図1-1)

端子電圧と起電力の平衡が重要.

発電機: $\dot{V} = \dot{E} - \dot{I}\dot{Z}_i$ 　　　(1-1)

電動機: $\dot{V} = \dot{E} + \dot{I}\dot{Z}_i$ 　　　(1-2)

V:端子電圧, E:誘導起電力, I:電流, Z_i:内部インピーダンス

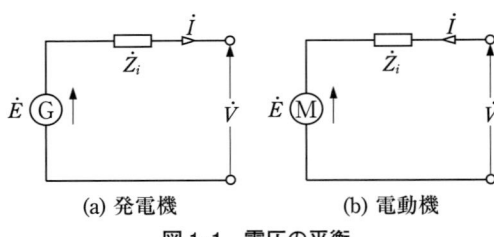

(a) 発電機　　(b) 電動機

図1-1　電圧の平衡

② 回転速度,トルク

・同期速度 N_s (交流機)

f:周波数[Hz], p:極数とすると,

$$N_s = \frac{120f}{p} [\text{min}^{-1}] \quad (1\text{-}3)$$

・角速度 ω

N:回転速度[min^{-1}]とすると,

$$\omega = \frac{2\pi N}{60} [\text{rad/s}] \quad (1\text{-}4)$$

・トルク T[N·m]と出力 P[W]

$$P = \omega T = \frac{2\pi NT}{60} [\text{W}] \quad (1\text{-}5)$$

③ 効率と損失

・効率 η

P_o:出力, P_i:入力, P_l:損失とすると,

$$\eta = \frac{P_o}{P_i} = \frac{P_o}{P_o + P_l} = \frac{P_i - P_l}{P_i} \quad (1\text{-}6)$$

・損失

(a) 固定損

鉄損:ヒステリシス損,渦電流損.

機械損:風損,摩擦損.

(b) 負荷損

(負荷)^2 に比例,**銅損**,**漂遊負荷損**.

固定損＝負荷損のときに最大効率.

④ 出力係数

出力 P は,電機子周辺単位長さ当たりのアンペア導体数を A[A/m],空隙磁束密度を B[T],電機子直径を D[m],電機子有効長を l[m],回転速度を n[s^{-1}]とすると,

$$P = \pi^2 ABD^2 l \cdot n = KD^2 l \cdot n [\text{W}] \quad (1\text{-}7)$$

$K = \pi^2 AB$:**出力係数**, A:**電気比装荷**(I を導体電流とすると, $ZI/\pi D$[A/m], Z は導体数), B:**磁気比装荷**

A 大が**銅機械**, B 大が**鉄機械**.

2 直流機一般

① 構造,種類

・構造　固定子:界磁(磁界を作る)

回転子：電機子（主電流が流れる）．

- **種　類**

  自励式（分巻，直巻，複巻），**他励式**．
  複巻式には，**内分巻**と**外分巻**がある．

② **電機子巻線法**

一般に二層巻，短節巻を採用．

- **波巻**（直列巻）

  並列回路数 $a=2$，端絡環が不要．

- **重ね巻**（並列巻）

  $a=$ 極数（p），大電流機に適用．

③ **誘導起電力 E**

速度：$N[\min^{-1}]$，$n=N/60[\mathrm{s}^{-1}]$，極数：p，毎極磁束[Wb]：ϕ で，導体1本の起電力 e は，

$$e = p\phi n [\mathrm{V}] \tag{1-8}$$

$$E = eZ/a = K_V \phi N [\mathrm{V}] \tag{1-9}$$

Z：導体総数，a：並列回路数，K_V：電圧定数

④ **トルク T**

I_a：電機子電流[A]，K_T：トルク定数とすると，

$$T = \frac{pZ}{2\pi a}\phi I_a = K_T \phi I_a [\mathrm{N \cdot m}] \tag{1-10}$$

⑤ **電機子反作用**

電機子電流 I_a による<u>直交磁束が主磁束分布を乱す作用</u>．

- **影　響**

  電気的中性軸移動，主磁束減少，整流子間電圧不均一が発生．

- **対　策**

  電機子巻線と直列に**補極**，**補償巻線**（高価）の設置．ブラシの移動（小形機のみ）．

⑥ **整流作用**

整流子とブラシで電機子電流を反転．

- **整流の改善**

  火花の発生の防止．

  (a) **抵抗整流**：ブラシ抵抗大とする．

  (b) **電圧整流**：補極の起磁力でリアクタンス電圧を打ち消す．

3 直流発電機

① **発電機回路**（図1-2）

- **出　力 P**

  $$P = VI [\mathrm{W}] \tag{1-11}$$

  誘導起電力：E，端子電圧：V，負荷（端子）電流：I，励磁電流：I_f，電機子抵抗：r_a，界磁抵抗：r_f，電機子反作用降下：e_a，ブラシ降下：e_b とする．

- **分巻式**（$I = I_a - I_f$），**他励式**（$I = I_a$）

  $$V = E - I_a r_a - e_a - e_b \fallingdotseq E - I_a r_a [\mathrm{V}] \tag{1-12}$$

- **直巻式**（$I = I_a = I_f$）

  $$V = E - I_a(r_a + r_f) - e_a - e_b$$
  $$\fallingdotseq E - I_a(r_a + r_f) [\mathrm{V}] \tag{1-13}$$

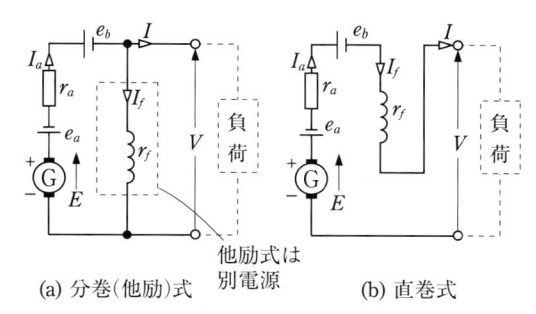

(a) 分巻（他励）式　　(b) 直巻式

図1-2　発電機回路

② **発電機の特性**

- **電圧変動率 ε**（図1-3）

  $$\varepsilon = (V_0 - V_n)/V_n \tag{1-14}$$

  V_0：無負荷電圧，V_n：定格電圧

  ε の定義式は同期機も同じ．

  通常は $\varepsilon > 0$ の**降下特性**である．

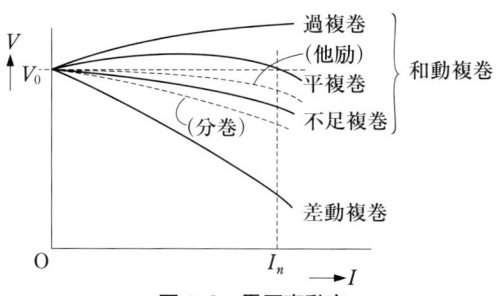

図1-3　電圧変動率

概ね，不足複巻，分巻，差動複巻（ε 大）の順．過複巻は $\varepsilon < 0$，平複巻は $\varepsilon \fallingdotseq 0$．

4 直流電動機

① **電動機回路（図 1-4）**

$\omega = 2\pi N/60 [\text{rad/s}]$ は角速度．

入力：$P = VI [\text{W}]$ （1-15）

出力：$P_o = EI_a = \omega T [\text{W}]$ （1-16）

記号は 3 ①の発電機回路の例に倣う．

・**分巻式**（$I = I_a + I_f$），**他励式**（$I = I_a$）

$E = V - I_a r_a + e_a - e_b \fallingdotseq V - I_a r_a [\text{V}]$ （1-17）

・**直巻式**（$I = I_a = I_f$）

$E = V - I_a(r_a + r_f) + e_a - e_b$
$\fallingdotseq V - I_a(r_a + r_f) [\text{V}]$ （1-18）

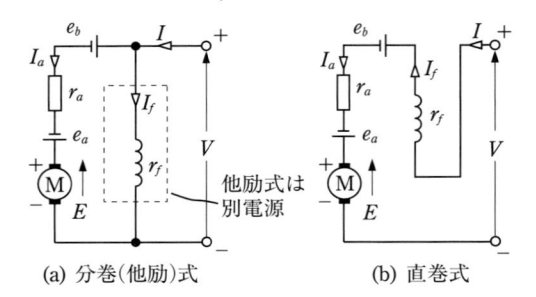

(a) 分巻（他励）式　　(b) 直巻式

図 1-4　電動機回路

② **電動機の特性（表 1-1）**

表 1-1　分巻，直巻電動機の特性

種類	磁束 ϕ	速度特性 N 対 I_a	トルク特性 T 対 I_a	速度-トルク N 対 T	出力特性 その他
分巻	一定 I_f 一定	$N \fallingdotseq$ 一定 **分巻特性 定速度**	$T \propto I_a$ I_a 大では飽和	$N \fallingdotseq$ 一定	$P \propto T$ ($\because N \fallingdotseq$ 一定) $N \propto 1/I_f$
直巻	$\phi \propto I_a$ $I_a = I_f$	$N \propto 1/I_a$ **直巻特性 変速度**	$T \propto I_a^2$ I_a 大では $T \propto I_a$	$T \propto 1/N^2$ 始動トルク大	$P \propto \sqrt{T}$ ($\because P \propto NT$) $T \propto 1/N^2$

③ **速度制御**

ϕ, r_a, V により速度 N を制御，(1-9)式，(1-17)式から，

$$N = \frac{E}{K_V \phi} = \frac{V - I_a r_a}{K_V \phi} [\text{min}^{-1}]$$ （1-19）

・**界磁制御**（ϕ）

弱め界磁で N が上昇．簡便・小損失だが，N の調整範囲が小．

・**抵抗制御**（r_a）

損失が大，直並列と併用．

・**電圧制御**（V）　損失小，調整範囲大．

(a) **ワードレオナード**：専用の他励発電機 G で駆動し，G の V を変化，精密制御だが高価．

(b) **直並列**：直巻式に適用，低速で直列，高速で並列運転．

(c) **整流回路**で電圧制御（3.5 節参照）．

・**チョッパ制御**

半導体のスイッチングにより，電機子チョッパ制御，界磁チョッパ制御がある．**通流率**により，電圧・電流を制御（3.5 節参照）．

④ **始　動**

始動時 $E \fallingdotseq 0$ なので，**始動電流** I_s を外付け抵抗 R_s により抑制．

$$I_s = V/(r_a + R_s)$$ （1-20）

⑤ **制　動**

機械的制動のほか，下記の電気的制動がある．原理は他種の電動機でも同じ．

・**発電制動**

電源から切り離して発電機運転とし，外部抵抗で運動エネルギーを消費．

・**回生制動**

巻上機の巻下しなど負のトルクの場合，発電機運転で電力を電源へ返還．省エネ．

・**逆転制動**

電機子の接続を逆にして制動トルクを得る（プラッギング）．回転子の発熱が大．

3.1 直流機

演習問題 1.1　直流発電機の誘導起電力

極数 4，回転速度 720[min^{-1}]，並列回路数 4 の重ね巻の直流発電機がある．スロット数は 144，1 スロット内の一層当たりのコイル辺数は 2，各巻線は 2 ターンである．また，1 極当たりの磁束は 0.02[Wb]，電機子電流は 100[A]である．この発電機について，次の諸量の値を求めよ．

(1) 電機子導体の総数 Z，(2) 誘導起電力 E[V]，(3) 一つの並列回路に流れる電流 I[A]，
(4) 発電機自体の出力 P_a[kW]，(5) 発電機のトルク T[N·m]

解　答

(1) **電機子導体総数** Z は，

Z = 溝数 × 同左一層当たりのコイル辺数 × 各巻線ターン数
　　= 144 × 2 × 2 = 576　**（答）**

(2) **誘導起電力** E は，導体の周辺速度を v[m/s]，空隙部の平均磁束密度を B[T]，導体長さを l[m]，直列導体数を m とすると，フレミングの右手則により，1 本の導体で vBl の起電力があるから，

$E = vBlm$ [V]　…（1）

電機子直径を D[m]，回転速度を N[min^{-1}]，極数を p，毎極の磁束を ϕ[Wb]，並列回路数を a とすると，v，B 及び m は，B は総磁束 $p\phi$ を電機子周回面積 πDl で割るから，

$v = \dfrac{\pi DN}{60}$ [m/s]，$B = \dfrac{p\phi}{\pi Dl}$ [T]，$m = \dfrac{Z}{a}$　…（2）

となる．(1)式に(2)式を代入すると，E は，

$E = \dfrac{\pi DN}{60} \cdot \dfrac{p\phi}{\pi Dl} \cdot l \cdot \dfrac{Z}{a} = \dfrac{pZN\phi}{60a}$

$= \dfrac{4 \times 576 \times 720 \times 0.02}{60 \times 4} = 138.24 \fallingdotseq 138$ [V]　…（3）　**（答）**

(3) **一並列回路の電流** I は，電機子電流を I_a[A]とすると，

$I = \dfrac{I_a}{a} = \dfrac{100}{4} = 25$ [A]　**（答）**

(4) **発電機自体の出力** P_a は，起電力 E に電機子電流 I_a を乗じて，

$P_a = EI_a = 138.24 \times 100 = 13\,824$ [W] $\fallingdotseq 13.8$ [kW]　**（答）**

(5) **トルク** T は，角速度を ω[rad/s]とすると，

$T = \dfrac{P_a}{\omega} = \dfrac{P_a}{2\pi N/60} = \dfrac{13\,824 \times 60}{2\pi \times 720} \fallingdotseq 183$ [N·m]　**（答）**

解法のポイント

① スロット（溝）内の導体数を把握する．本問は，コイルを上下 2 層に重ねているので，2 層巻である．誘導起電力は，フレミングの右手則を適用するが，1 本の導体に直列導体数を掛ける．

② 発電機自体の出力は，誘導起電力に電機子電流を掛けたものになる．一般にいう発電機の出力は，発電機端子のそれであるから，電機子の抵抗損などを差し引かなければならない．

③ 回転体の出力 P とトルク T は，回転角速度を ω とすると，$P = \omega T$ の関係にある．

解　説

本問は発電機についての出題であるが，電動機として考えても全く同じ結果になる．本質的に，発電機と電動機は同じである．電動機では，常に誘導起電力に等しい逆起電力が働いており，これが出力の源泉になる．問(5)のトルク T は，フレミングの左手則による力 $F = IBl$[N]（I は 1 本の導体に流れる電流）から，$T = F \cdot (D/2) \cdot Z$[N·m]としても求められる（演習問題 1.8 参照）．

演習問題 1.2 分巻発電機の効率

定格出力 500[kW],定格電圧 600[V]の直流分巻発電機がある.この発電機の電機子回路抵抗は 0.025[Ω],界磁回路の抵抗は 200[Ω],鉄損及び機械損の合計は 10[kW]である.次の値を求めよ.
(1) 全負荷時の誘導起電力,(2) 全負荷時効率,(3) 最高効率

解答

(1) 全負荷時誘導起電力 E この発電機の等価回路は,**解図**のようになる.定格負荷電流 I_{Ln} は,定格出力を P_o,定格電圧を V とすると,

$$I_{Ln} = \frac{P_o}{V} = \frac{500 \times 10^3}{600} \fallingdotseq 833.3[\text{A}]$$

励磁電流 I_f は,界磁抵抗を r_f とすると,

$$I_f = \frac{V}{r_f} = \frac{600}{200} = 3[\text{A}]$$

よって,電機子電流 $I_a = I_{Ln} + I_f = 833.3 + 3 = 836.3[\text{A}]$ である.ゆえに,全負荷時の誘導起電力 E は,

$$E = V + I_a r_a = 600 + 836.3 \times 0.025 \fallingdotseq 621[\text{V}] \quad \textbf{(答)}$$

解図

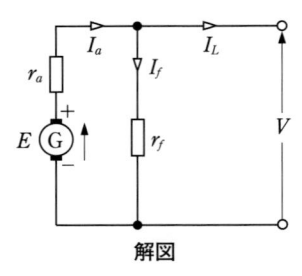

(2) 全負荷時効率 η_n 電機子抵抗損を P_a,界磁抵抗損を P_f,鉄損及び機械損を P_i とすると,η_n は,次式で示せる.

$$\eta_n = \frac{P_o}{P_o + P_a + P_f + P_i} \quad \cdots (1)$$

P_a, P_f は,電機子抵抗を r_a とすると,

$P_a = I_a^2 r_a = 836.3^2 \times 0.025 \fallingdotseq 17.485 \times 10^3 [\text{W}]$

$P_f = I_f^2 r_f = 3^2 \times 200 = 1.8 \times 10^3 [\text{W}]$

η_n は,(1)式に題意及び求めた数値を代入して,

$$\eta_n = \frac{500}{500 + 17.485 + 1.8 + 10} \fallingdotseq 0.9447 \rightarrow 94.5[\%] \quad \textbf{(答)}$$

解法のポイント

① 分巻発電機の等価回路図を描いて,電機子電流 I_a,励磁電流 I_f,負荷電流 I_L の関係を理解する.

 $I_a = I_L + I_f$ となる.I_f は V/r_f で求める.誘導起電力 $E = V + I_a r_a$ である.

② 損失は,電機子抵抗損,界磁抵抗損,鉄損及び機械損の合計である.

③ 効率 = 出力/入力 = 出力/(出力 + 損失)で求めることができる.

④ 最高効率の算出では,端子電圧は常に定格電圧 V で一定と考える.任意の出力は,負荷電流を I_L とすると,VI_L で示せる.また,$I_a \gg I_f$ であるから,$I_a \fallingdotseq I_L$ と考えてよい.

⑤ 効率の式に,これらの関係を代入して,分母分子を I_L で割る.分母に着目して,これが最小になればよい.微分よりも代数定理による方がよい.

(3) 最高効率 η_m 負荷電流 I_L が変化すると，電機子回路の電圧降下が変化するが，一般に，界磁抵抗を調整して定格電圧 V は一定である．ゆえに，前記の P_f と P_i は一定と考えることができる．また，$I_a \gg I_f$ であるから，$I_a \fallingdotseq I_L$ と考えられる．よって，任意の出力 VI_L 時の効率 η は，(1)式から，

$$\eta = \frac{VI_L}{VI_L + I_L^2 r_a + P_f + P_i} = \frac{V}{V + I_L r_a + \dfrac{P_f + P_i}{I_L}} \quad \cdots (2)$$

となる．(2)式の分母の第2項と第3項の積は，I_L が消去されて一定である．よって，代数定理によりこの2項が等しいときに最小値となり，η は最大となる．ゆえに，最高効率時の電流を I_{Lm} とすると，

$$I_{Lm} r_a = \frac{P_f + P_i}{I_{Lm}} \quad \cdots (3)$$

$$\therefore I_{Lm} = \sqrt{\frac{P_f + P_i}{r_a}} = \sqrt{\frac{(1.8 + 10) \times 10^3}{0.025}} \fallingdotseq 687 [\mathrm{A}]$$

ゆえに，最高効率 η_m は，(2)式及び(3)式から，

$$\eta_m = \frac{V}{V + 2 I_{Lm} r_a} = \frac{600}{600 + 2 \times 687 \times 0.025}$$

$$\fallingdotseq 0.9459 \rightarrow 94.6 [\%] \quad \textbf{(答)}$$

解 説

(2)式の結果から，<u>負荷損(銅損)と固定損(鉄損など)が等しいときに，その機械は最高効率を示すこと</u>が分かる．この関係は変圧器でよく出題されるが，直流機などの回転機一般に対しても成立する重要な関係である．

コラム　直流機雑損失の概数

ブラシ電気損：炭素及び黒鉛ブラシで1[V]，金属黒鉛ブラシで0.3[V]の電圧降下とする．

漂遊負荷損：負荷電流により生じる漏れ磁束による鉄部の渦電流が主体であり，負荷の2乗に比例する．規格により決められることが多く，定格容量で，補償巻線のあるものは入力の0.5[%]，ないものは1[%]としている．なお，変圧器の漂遊負荷損については，演習問題3.4(p.276)，3.8(p.283)を参照のこと．

演習問題 1.3　複巻発電機の起電力

定格出力20[kW]，電機子巻線抵抗0.02[Ω]，直巻界磁巻線抵抗0.05[Ω]，分巻界磁巻線抵抗125[Ω]の直流内分巻複巻発電機がある．定格出力で運転しているときに，端子電圧が200[V]であった．次の問に答えよ．

(1) 電機子電流及び誘導起電力はいくらか．

(2) 上記の複巻発電機の結線を変更して外分巻とし，出力20[kW]で運転したところ，励磁電流が1.8[A]になった．このときの電機子電流及び誘導起電力はいくらか．

解　答

(1) **内分巻複巻発電機**の等価回路は，**解図1**のように示せる．電機子抵抗を r_a，直巻界磁抵抗を r_s，分巻界磁抵抗を r_f，定格出力を P，端子電圧を V とすると，負荷電流 I は，

$$I = \frac{P}{V} = \frac{20 \times 10^3}{200} = 100 \,[\text{A}]$$

分巻界磁の励磁電流 I_f は，

$$I_f = \frac{V + r_s I}{r_f} = \frac{200 + 0.05 \times 100}{125} = 1.64 \,[\text{A}]$$

ゆえに，電機子電流 I_a は，

$$I_a = I + I_f = 100 + 1.64 = 101.64 \rightarrow 102 \,[\text{A}] \quad \text{(答)}$$

電機子誘導起電力 E は，

$$E = V + r_s I + r_a I_a = 200 + 0.05 \times 100 + 0.02 \times 101.64$$
$$\fallingdotseq 207 \,[\text{V}] \quad \text{(答)}$$

(2) **外分巻複巻発電機**の等価回路は，**解図2**のように示せる．図から，端子電圧 V と界磁抵抗の電圧が等しいから，V は，

$$V = r_f I_f = 125 \times 1.8 = 225 \,[\text{V}]$$

となる．よって，負荷電流 I は，

$$I = \frac{P}{V} = \frac{20 \times 10^3}{225} \fallingdotseq 88.89 \,[\text{A}]$$

ゆえに，電機子電流 I_a は，

$$I_a = I + I_f = 88.89 + 1.8 \fallingdotseq 90.69 \rightarrow 90.7 \,[\text{A}] \quad \text{(答)}$$

電機子誘導起電力 E は，

$$E = V + (r_s I_a + r_a) I_a = 225 + (0.05 + 0.02) \times 90.69$$
$$\fallingdotseq 231 \,[\text{V}] \quad \text{(答)}$$

I_f の増加により，起電力 E が増加していることが分かる．

解　説

内分巻は主に発電機に用いられ，外分巻は主に電動機に用いられる．複巻式では直巻界磁と分巻界磁の働きにより，図1-3の電圧変動率の図に示したように，様々な特性を得ることが可能である．

解法のポイント

① 複巻式直流機では，界磁巻線が分巻巻線と直巻巻線からなる．**内分巻**と**外分巻**の違いを理解することがポイントである．

② 内分巻では，直巻界磁に負荷電流が流れる（解図1）．

③ 外分巻では，分巻界磁電圧と端子電圧が同じになる（解図2）．

④ 本問は要するに，両方の回路図を描いて，必要な値を順次求めていけばよい．

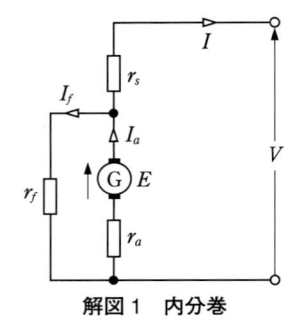

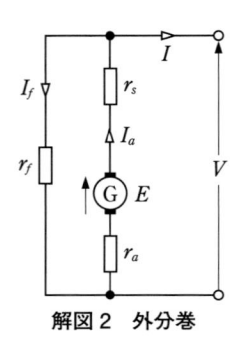

解図1　内分巻

解図2　外分巻

演習問題 1.4 分巻電動機のトルク，効率

定格電圧220[V]の直流分巻電動機がある．端子電圧220[V]で，ある負荷状態のとき，電機子電流は50[A]，回転速度は1 600[min^{-1}]であった．この電動機の電機子抵抗（ブラシ抵抗を含む）は0.2[Ω]，界磁抵抗は200[Ω]である．この電動機の次の値を求めよ．

(1) 電動機の発生トルク[N·m]，(2) 効率[%]

解 答

(1) 等価回路は，**解図**のように描ける．電動機の逆起電力Eは，端子電圧をV，電機子電流をI_a，電機子抵抗をr_aとすると，

$$E = V - r_a I_a = 220 - 0.2 \times 50 = 210 [\text{V}]$$

よって，**発生トルク**Tは，電動機の出力をP[W]，回転角速度をω[rad/s]，回転速度をN[min^{-1}]とすると，$P = EI_a$であるから，

$$T = \frac{P}{\omega} = \frac{EI_a}{2\pi N/60} = \frac{210 \times 50 \times 60}{2\pi \times 1\,600} \fallingdotseq 62.7 [\text{N·m}] \quad \text{(答)}$$

(2) 電機子抵抗損P_aは，$P_a = r_a I_a^2 = 0.2 \times 50^2 = 500$[W]である．界磁抵抗損$P_f$は，界磁抵抗を$r_f$とすると，

$$P_f = \frac{V^2}{r_f} = \frac{220^2}{200} = 242 [\text{W}]$$

となる．**電動機の効率**ηは，出力$P = EI_a$であるから，

$$\eta = \frac{EI_a}{EI_a + P_a + P_f} = \frac{210 \times 50}{210 \times 50 + 500 + 242}$$

$$\fallingdotseq 0.934 \to 93.4 [\%] \quad \text{(答)}$$

解法のポイント

① 分巻電動機の等価回路を描く．回路図から，電動機の逆起電力を求める．

② 電動機のトルクは，$P = \omega T$の式を用いる．

③ 効率は，発電機の場合と同様に考えればよい．

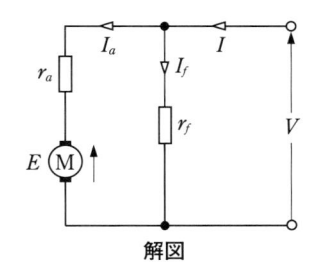

解図

演習問題 1.5 分巻電動機の誘導起電力，トルク

電圧が220[V]一定の電源に接続された直流分巻電動機がある．補極を含む電機子巻線の抵抗は0.13[Ω]，界磁巻線の抵抗は73.3[Ω]，ブラシ電圧降下の合計は2[V]である．磁気回路に飽和はなく，電機子反作用は無視するものとして，次の問に答えよ．

(1) 入力電流75[A]のときの電機子電流と誘導起電力を求めよ．

(2) 上記(1)の場合のトルクを求めよ．ただし，回転速度は1 200[min^{-1}]とする．

(3) 上記(2)で求めたトルクを保持したまま，界磁回路の抵抗を1.5倍にしたときの電機子電流を求めよ．

(4) 上記(3)の場合の誘導起電力と回転速度を求めよ．

解答

(1) 等価回路は，**解図**のように描ける．励磁電流 I_f は，端子電圧を V，界磁抵抗を r_f とすると，$I_f = V/r_f = 220/73.3 = 3.00$ [A]である．よって，**電機子電流** I_a は，入力電流を I とすると，

$$I_a = I - I_f = 75 - 3 = 72\,[\text{A}] \quad \text{(答)}$$

電動機の**誘導起電力** E は，ブラシ電圧降下を v_b，電機子抵抗を r_a とすると，

$$E = V - v_b - r_a I_a = 220 - 2 - 0.13 \times 72 = 208.64 \fallingdotseq 209\,[\text{V}] \quad \text{(答)}$$

解図

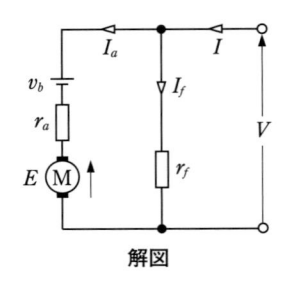

(2) 電動機の**トルク** T は，出力を P，角速度を ω [rad/s]，回転速度を N [min^{-1}] とすると，

$$T = \frac{P}{\omega} = \frac{EI_a}{2\pi N/60} = \frac{208.64 \times 72 \times 60}{2\pi \times 1\,200} \fallingdotseq 119.54 \fallingdotseq 120\,[\text{N}\cdot\text{m}] \quad \text{(答)}$$

(3) **トルク** T は，磁束 ϕ と電機子電流 I_a の積に比例する．また，$\phi \propto I_f = V/r_f$ なので，

$$T = K_1 I_a \frac{V}{r_f} = K_2 \frac{I_a}{r_f} \quad (K_1, K_2 \text{は定数}) \quad \cdots (1)$$

よって，T が一定の場合は，$I_a \propto r_f$ となるから，r_f を増加後の電機子電流 $I_a{'}$ は，

$$I_a{'} = I_a \frac{r_f{'}}{r_f} = I_a \frac{1.5 r_f}{r_f} = 1.5 I_a = 1.5 \times 72 = 108\,[\text{A}] \quad \text{(答)}$$

(4) 上記(3)の場合の**誘導起電力** E' は，

$$E' = V - v_b - r_a I_a{'} = 220 - 2 - 0.13 \times 108 = 203.96$$
$$\fallingdotseq 204\,[\text{V}] \quad \text{(答)}$$

出力 $P = \omega T$ である．T が一定ならば，$P \propto \omega \propto N$ となるから，r_f を**増加後の回転速度** N' は，

$$N' = N \frac{P'}{P} = N \frac{E' I_a{'}}{E I_a} = 1\,200 \times \frac{203.96 \times 108}{208.64 \times 72}$$
$$\fallingdotseq 1\,759.6 \fallingdotseq 1\,760\,[\text{min}^{-1}] \quad \text{(答)}$$

解法のポイント

① 分巻電動機の等価回路を描く．誘導起電力 E を求めるときには，ブラシの電圧降下に注意する．

② トルク T は，$P = \omega T$ から求める．$P = E I_a$ である．

③ 界磁抵抗を変化させた場合には，磁束 ϕ が比例して変化する．また，トルク $T = K\phi I_a$ である（K は定数）．$\phi \propto I_f = V/r_f$ の関係がある．

④ T が一定であることから，上記の関係を用いて，E や回転速度 N を求めればよい．

解説

直流電動機の誘導起電力 $E = K\phi N$ であるから，回転速度 N は次式で示せる．

$$N = \frac{E}{K\phi} = \frac{V - r_a I_a}{K\phi} \quad \cdots (2)$$

速度制御は，電圧制御（V），抵抗制御（r_a），界磁制御（ϕ）のいずれかによればよい．本問は界磁制御であり，r_f を大きくすると，励磁電流が減少して回転速度が上昇する．これを**弱め界磁**ともいう．

3.1 直流機

演習問題 1.6 他励電動機の速度制御 1

定格電圧 200[V]，定格出力 45[kW]の他励直流電動機がある．この電動機を定格電圧で運転したとき，回転速度は 900[min^{-1}]，電機子電流は 270[A]であった．励磁電流を一定に保ち，回転速度を 600[min^{-1}]にする場合の電動機の端子電圧を求めよ．ただし，負荷トルクは回転速度の 2 乗に比例するものとし，電動機の電機子抵抗は 0.04[Ω]，ブラシ電圧降下は合計で 3[V]とする．また，電機子反作用の影響は無視する．

解 答

電動機のトルク T は，磁束を ϕ，電機子電流を I_a，K_T をトルク定数とすると，$T = K_T \phi I_a$ であるが，励磁が一定であるから，$T \propto I_a$ となる．一方，題意から，負荷トルクは回転速度 N の 2 乗に比例する．よって，速度低下時の電機子電流 I_a' は，

$$I_a' = I_a \frac{T'}{T} = I_a \left(\frac{N'}{N}\right)^2 = 270 \times \left(\frac{600}{900}\right)^2 = 120 [A]$$

回転速度 N は，誘導起電力を E，端子電圧を V，電機子抵抗を r_a，ブラシ電圧降下を v_b，K_V を電圧定数とすると，

$$N = \frac{E}{K_V \phi} = \frac{V - r_a I_a - v_b}{K_V \phi} \quad \cdots (1)$$

となる．題意から $K_V \phi$ は一定であるから，(1)式から次式が成り立つ．

$$\frac{N'}{N} = \frac{600}{900} = \frac{V' - r_a I_a' - v_b}{V - r_a I_a - v_b} = \frac{V' - 0.04 \times 120 - 3}{200 - 0.04 \times 270 - 3}$$

$$= \frac{V' - 7.8}{186.2} \quad \cdots (2)$$

よって，端子電圧 V' は，(2)式から，

$$V' = \frac{600}{900} \times 186.2 + 7.8 \fallingdotseq 131.93 \to 132 [V] \quad \textbf{(答)}$$

解法のポイント

① 前問の解説の(2)式を適用するのがよい．励磁が一定であるから，回転速度の比は，誘導起電力の比に等しくなる．

② また，トルク $T = K_T \phi I_a$ であるが，これも励磁が一定なので，$T \propto I_a$ となる．

③ 負荷トルクが N の 2 乗に比例することに注意して，速度低下時の I_a を求める．

④ 求めた I_a を①の式に代入して，端子電圧を求める．

⑤ 直流機では，起電力 $E = K_V \phi N$，トルク $T = K_T \phi I_a$ の両式は非常に重要である．

別 解

$N = 900 [min^{-1}]$ 時の誘導起電力 E は，

$E = V - r_a I_a - v_b = 200 - 0.04 \times 270 - 3$
$= 186.2 [V]$

となる．一方，誘導起電力 $E = K_V \phi N$ であるが，$K_V \phi$ が一定であるから，$E \propto N$ である．よって，

速度低下時の E' は，

$$E' = E \frac{N'}{N} = 186.2 \times \frac{600}{900} \fallingdotseq 124.13 [V]$$

ゆえに，速度低下時の V' は，

$V' = E' + r_a I_a' + v_b = 124.13 + 0.04 \times 120 + 3$
$= 131.93 \fallingdotseq 132 [V] \quad \textbf{(答)}$

演習問題 1.7　他励電動機の速度制御 2

サイリスタによる三相全波整流回路により，他励直流電動機が運転されている．交流側線間電圧 200[V] で制御角 30[°] のときに，電機子電流は 30[A]，回転速度は 1 000[min^{-1}] であった．負荷トルクを一定としたとき，制御角が 60[°] の場合の回転速度はいくらか．ただし，電動機の電機子抵抗は 1[Ω]，励磁電流は一定とし，また，直流側のリアクトルのインダクタンスは十分大きく，重なり角は無視できるものとする．

解答

三相ブリッジ整流回路の直流側電圧 E_d は，交流側線間電圧を V，制御角を α とすると，

$$E_d = 1.35 V \cos\alpha \quad \cdots (1)$$

である．ゆえに，制御角 30[°] の場合の直流電圧 E_{d30} は，

$$E_{d30} = 1.35 \times 200 \times \cos 30°$$
$$= 1.35 \times 200 \times \frac{\sqrt{3}}{2} \fallingdotseq 233.8 [\text{V}]$$

電動機の誘導起電力 E は，磁束を ϕ，回転速度を N，電圧定数を K_V とすると，$E = K_V \phi N$ であるが，励磁が一定であるから，励磁定数 $K_V \phi$ も一定である．ゆえに，E_{d30} の場合から，$K_V \phi$ は，電機子抵抗を r_a，電機子電流を I_a とすると，

$$K_V \phi = \frac{E_{d30} - r_a I_a}{N} = \frac{233.8 - 1 \times 30}{1\,000} = 0.203\,8 \quad \cdots (2)$$

一方，トルク定数を K_T とすると，トルク $T = K_T \phi I_a$ であるが，題意から，T が一定なので，I_a も一定である．制御角が 60[°] の場合の直流側電圧 E_{d60} は，

$$E_{d60} = 1.35 \times 200 \times \cos 60°$$
$$= 1.35 \times 200 \times \frac{1}{2} = 135 [\text{V}]$$

である．ゆえに，この場合の回転速度 N' は，(2)式と同様の考え方から，

$$N' = \frac{E_{d60} - r_a I_a}{K_V \phi} = \frac{135 - 1 \times 30}{0.203\,8} \fallingdotseq 515.2 \rightarrow 515 [\text{min}^{-1}] \quad \textbf{(答)}$$

解法のポイント

① 三相ブリッジ整流回路の直流側電圧 E_d は，制御角 α では，$E_d = 1.35 V \cos\alpha$ で求める．3.5 節参照．

② 励磁が一定なので，$E = K_V \phi N$ の式から，$K_V \phi$ の値を求める．

③ トルク T が一定なので，$T = K_T \phi I_a$ から，I_a も一定である．

④ $E = K_V \phi N$ の式から，制御角変更後の回転速度 N' を求める．

解説

電圧制御は，界磁制御や抵抗制御に比べて，低損失で広範囲の速度制御が可能である．パワーエレクトロニクスの発達により一般的に用いられている．

全波整流回路の電圧公式(3.5 節「パワーエレクトロニクス」参照)は必ず記憶しておくこと．

演習問題 1.8 チョッパ制御の計算 1

極数 $2p$ が 6，電機子は単重重ね巻で全導体数 Z が 600，1 極当たりの磁束 ϕ が 0.01 [Wb] の直流他励電動機がある．この電動機 M を図に示すようにチョッパ制御しているとき，直流電源電圧 E は 200 [V]，電動機出力 P_m は 5 [kW]，回転速度 N は 1 200 [min^{-1}] であった．D は環流ダイオード，リアクトル L の抵抗分を含む電機子回路の全抵抗 R_a は 0.1 [Ω]，L のインダクタンスは十分大きく電機子電流は連続しているものとして，次の値を求めよ．ただし，ブラシの電圧降下，電機子反作用，鉄損，風損及び摩擦損は無視するものとする．なお，単重重ね巻では並列回路数 $2a = 2p = 6$ である．

(1) 発生トルク T [N·m]
(2) 電機子電流 I_a [A]
(3) 誘導起電力（逆起電力）E_a [V]
(4) チョッパの通流率 α

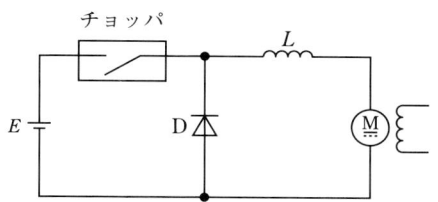

解 答

(1) **発生トルク** T は，電動機出力を P_m，角速度を ω [rad/s]，回転速度を N [min^{-1}] とすると，

$$T = \frac{P_m}{\omega} = \frac{P_m}{2\pi N/60} = \frac{5\,000 \times 60}{2\pi \times 1\,200} \fallingdotseq 39.79 \rightarrow 39.8 \text{[N·m]} \quad \textbf{(答)}$$

(2) 電動機に働くトルク T は，1 本の導体に働く力を f [N]，電機子直径を D [m]，導体総数を Z とすると，次式で示せる．

$$T = f \cdot \left(\frac{D}{2}\right) \cdot Z \text{[N·m]} \quad \cdots (1)$$

導体に流れる電流を I [A]，空隙部の平均磁束密度を B [T]，導体長さを l [m] とすると，フレミングの左手則により，

$$f = BIl \text{[N]} \quad \cdots (2)$$

であるが，極数を $2p$，每極の磁束を ϕ [Wb]，並列回路数を $2a$，電機子電流を I_a [A] とすると，B 及び I は，

$$B = \frac{2p\phi}{\pi Dl} \text{[T]}, \quad I = \frac{I_a}{2a} \text{[A]} \quad \cdots (3)$$

となる．(1)式に(2)，(3)式を代入すると，T は，

$$T = \frac{I_a}{2a} \cdot \frac{2p\phi}{\pi Dl} \cdot l \cdot \left(\frac{D}{2}\right) \cdot Z = \frac{I_a \phi Z}{2\pi} \text{[N·m]} \quad \cdots (4)$$

($\because 2p = 2a$)

よって，電機子電流 I_a は，(4)式から，

解法のポイント

① 発生トルク T は，$P_m = \omega T$ から求める．

② 1 本の導体に働く力 f は，フレミングの左手則で，$f = BIl$ [N] である．トルク T は，$T = f \cdot (D/2) \cdot Z$ である．$I = I_a/2a$ であり，これより，電機子電流 I_a を求める．

③ 誘導起電力 E_a は，フレミングの右手則で求められるが，$P_m = E_a I_a$ から求めるのが簡単である．

④ 降圧チョッパの通流率 α は，1 周期にチョッパがオンする比であるが(**解図**)，これは電動機入力電圧と電源電圧との比にほかならない．3.5 節参照．

⑤ 電動機入力電圧は，誘導起電力に電機子抵抗の電圧降下を加えること．

$$I_a = \frac{2\pi T}{\phi Z} = \frac{2\pi \times 39.79}{0.01 \times 600} ≒ 41.67 \to 41.7 [\text{A}] \quad (答)$$

(3) 誘導起電力 E_a は，

$$E_a = \frac{P_m}{I_a} = \frac{5\,000}{41.67} ≒ 120 [\text{V}] \quad (答)$$

(4) 上記(3)の場合に必要な入力電圧の平均値 E_i は，電機子抵抗 R_a の電圧降下を加えて，

$$E_i = E_a + R_a I_a = 120 + 0.1 \times 41.67 ≒ 124.17 [\text{V}]$$

降圧チョッパの通流率 α は，E_i と電源電圧 E の比にほかならない．ゆえに，α は，

$$\alpha = \frac{E_i}{E} = \frac{124.17}{200} ≒ 0.620\,8 \to 0.621 \quad (答)$$

解図

別　解

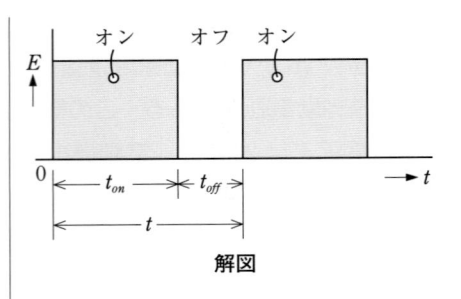

問(3)は，演習問題1.1のように，フレミングの右手則から求めてもよい．各自確認されよ．

演習問題 1.9　チョッパ制御の計算2

他励直流電動機を**図1**の200[V]の直流電源で，定格トルクを課したところ，軸出力は3.75[kW]，回転速度は1500[min^{-1}]，電機子電流は20[A]，正負のブラシの電圧降下は合計で2.5[V]であった．この電動機を**図2**の可逆チョッパに接続した場合について，次の値を求めよ．ただし，直流入力電圧は200[V]，IGBTの電圧降下は2[V]，逆並列ダイオードの電圧降下は1[V]とし，スイッチング損失，平滑リアクトルの抵抗及び出力電流リプルは無視する．また，電動機の最大回転速度は十分高く，励磁電流は一定とし，鉄損，界磁損，機械損は無視できるものとする．

(1) この電動機の電機子巻線抵抗
(2) 定格トルクを課し回転速度1 500[min^{-1}]時の誘導起電力
(3) 可逆チョッパに接続し，定格トルクを課したときの最大速度[min^{-1}]
(4) 回転速度1 000[min^{-1}]で50%トルクの負荷を課したときの電機子の端子電圧
(5) 上記(4)の運転状態とするためのIGBT S_1 の通流率
(6) 制動トルクを定格トルクに制御できる回転速度[min^{-1}]の範囲

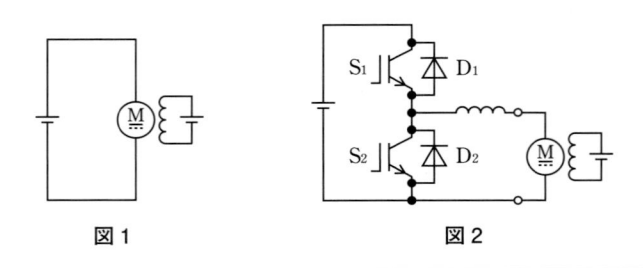

図1　　　　図2

3.1 直流機

解 答

(1) 電動機の誘導起電力 E は，軸出力を P_m，電機子電流を I_a とすると，

$$E = \frac{P_m}{I_a} = \frac{3\,750}{20} = 187.5\,[\text{V}]$$

ゆえに，端子電圧を V，ブラシ電圧降下を v_b とすると，電機子抵抗 r_a は，

$$r_a = \frac{V - E - v_b}{I_a} = \frac{200 - 187.5 - 2.5}{20} = 0.5\,[\Omega] \quad \textbf{(答)}$$

(2) 上記 (1) の計算から，誘導起電力 $E = 187.5\,[\text{V}]$ **(答)**

(3) 電圧定数を K_V，トルク定数を K_T，励磁磁束を ϕ，回転速度を N とすると，直流機の起電力 $E = K_V \phi N$，トルク $T = K_T \phi I_a$ の両式から，ϕ が一定なので，$E \propto N$，$T \propto I_a$ の関係が成り立つ．また，T が一定であるから，I_a は変化がない．

可逆チョッパに接続時（**解図 1**）の最大電圧 V_m は，IGBT S_1 の通流率が 1 の場合であり，IGBT の電圧降下 v_I が 2 [V] であるから，$V_m = 200 - v_I = 200 - 2 = 198\,[\text{V}]$ になる．この場合の誘導起電力 E_m は，

$$E_m = V_m - r_a I_a - v_b = 198 - 0.5 \times 20 - 2.5 = 185.5\,[\text{V}]$$

となる．よって，この場合の回転速度 N_m は，元の速度を N とすると，

$$N_m = N \frac{E_m}{E} = 1\,500 \times \frac{185.5}{187.5} = 1\,484\,[\text{min}^{-1}] \quad \textbf{(答)}$$

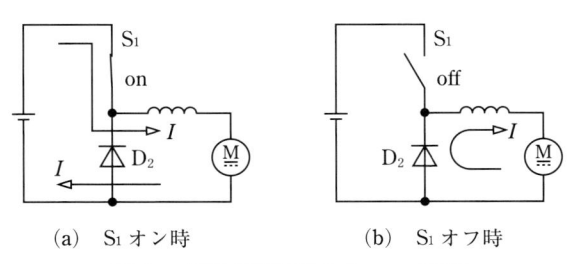

(a) S_1 オン時 (b) S_1 オフ時

解図 1 電動機運転時のチョッパ制御

(4) 回転速度 $N_1 = 1\,000\,[\text{min}^{-1}]$ 時の誘導起電力 E_1 は，$E \propto N$ の関係から，

$$E_1 = E \frac{N_1}{N} = 187.5 \times \frac{1\,000}{1\,500} = 125\,[\text{V}]$$

定格トルクの 50% 時の電機子電流 I_{a1} は，$T \propto I_a$ の関係から，

解法のポイント

① 問 (1), (2) は，通常の直流機の計算であり，簡単である．

② 問 (3) 以降は，チョッパ制御の問題になる．前問と異なり，本問は可逆チョッパであり，電流を電源側に還流できる．

③ 解図 1 は電動機運転時であり，上側の S_1 がオンオフして，電圧が制御できる（S_2 はオフ状態）．ただし，電源電圧よりは高くできず，最大でも 200 [V] から IGBT の電圧降下を差し引いたものになる．

④ 解図 2 は電動機制動時であり，下側の S_2 がオンオフする（S_1 はオフ状態）．題意から，定格トルクで制動するから，電機子電流は定格の 20 [A] で環流することになる．

⑤ 本問でも，$E = K_V \phi N$，$T = K_T \phi I_a$ の関係が重要である．

$I_{a1} = 0.5 I_a = 0.5 \times 20 = 10 [\text{A}]$

この場合の端子電圧 V_1 は，

$V_1 = E_1 + r_a I_{a1} + v_b = 125 + 0.5 \times 10 + 2.5 = 132.5 [\text{V}]$ **（答）**

(5) S_1 が導通時の端子電圧は，$200 - 2 = 198 [\text{V}]$，S_1 が非導通時は D_2 に電流が流れるが，端子電圧は，$0 - 1 = -1 [\text{V}]$ となる．通流率を α とすると，

$198\alpha + (-1) \cdot (1-\alpha) = 199\alpha - 1 = V_1$

$\therefore \alpha = \dfrac{V_1 + 1}{199} = \dfrac{132.5 + 1}{199} \fallingdotseq 0.670\,8 \to 0.671$ **（答）**

(6) 電動機の制動時の状況は，**解図2**のように，S_2 がオンオフする．題意から，定格トルクで制動するから，電機子電流 I_a は定格の $20 [\text{A}]$ で逆流させなければならない．図(a)の S_2 オフ時は昇圧チョッパになり，通流率1で端子電圧は最大になる．この場合の誘導起電力 E_h は，v_D を D_1 の電圧降下とすると，

$E_h = 200 + v_D + r_a I_a + v_b = 200 + 1 + 0.5 \times 20 + 2.5$
$\quad = 213.5 [\text{V}]$

図(b)の S_2 オン時は，短絡電流 $20 [\text{A}]$ が流れ，端子電圧が最小になる．この場合の誘導起電力 E_l は，

$E_l = v_T + r_a I_a + v_b = 2 + 0.5 \times 20 + 2.5 = 14.5 [\text{V}]$

制動時の最高速度 N_h，最低速度 N_l は，$E \propto N$ の関係から，

$N_h = N \dfrac{E_h}{E} = 1\,500 \times \dfrac{213.5}{187.5} = 1\,708 [\text{min}^{-1}]$，

$N_l = N \dfrac{E_l}{E} = 1\,500 \times \dfrac{14.5}{187.5} = 116 [\text{min}^{-1}]$

回転速度の範囲：$116 \sim 1\,708 [\text{min}^{-1}]$ **（答）**

S_2 の通流率を変えることにより，上記の範囲内で制動時の回転速度を変えられる．

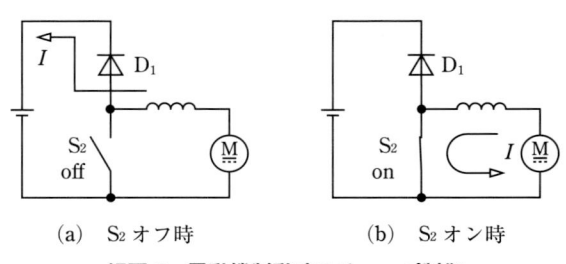

(a) S_2 オフ時　　(b) S_2 オン時

解図2　電動機制動時のチョッパ制御

解　説

① ブラシ，IGBT，ダイオードの電圧降下は通過電流に関係せず，一定と考える．

② 電動機運転時の端子電圧は**解図3**の状況である．S_1 オフ時は平滑リアクトル L のエネルギーを放出している．

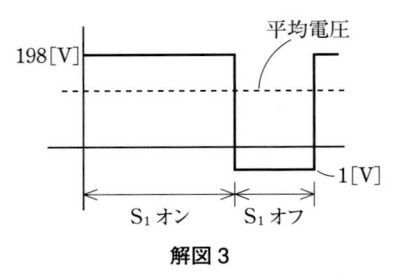

解図3

③ 制動運転時は常に S_1 がオフなので，D_1 に阻止されて電源からは電流が流れ込めない．S_2 がオフでは電動機の誘導起電力により電流が D_1 経由で電源へ戻る．誘導起電力は**解図4**の状態になる．

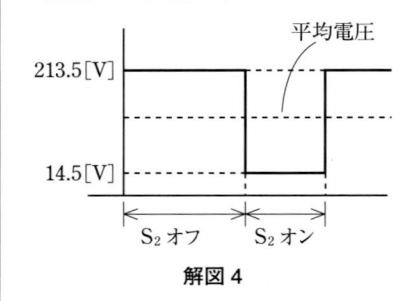

解図4

3.2 同期機

学習のポイント

円筒機のベクトル図と出力，短絡比と同期インピーダンス，同期電動機のV特性などが重要項目である．電機子反作用の位相による影響により，増磁作用，減磁作用が生じる．発電機の運転に関する事項は，2.3節「発電機」も参照のこと．

―――――――――― 重 要 項 目 ――――――――――

1 同期機一般

① **同期速度 N_s，誘導起電力 E（相電圧）**

$$N_s = 120 f/p \, [\text{min}^{-1}] \quad (2\text{-}1)$$

f：周波数[Hz]，p：極数

$$E = 4.44 K_w f w \phi \, [\text{V}] \quad (2\text{-}2)$$

w：直列巻数，ϕ：毎極磁束[Wb]，K_w：巻線係数（≒0.9〜0.95）

② **構造** 直流機とは逆になる．

固定子：電機子，回転子：界磁．

- **突極機**（多極機）：空隙磁束分布が不揃い．
水車用，電動機，短絡比大，鉄機械．
- **円筒機**：空隙の磁束分布が一様．
蒸気タービン用，2, 4極の高速機，銅機械．

③ **電機子反作用**（表2-1）

原理は直流機と同じだが，特に設備的な対策はとらない．**直軸**は磁極軸，**横軸**はそれと電気角で直角方向の軸を指すが，作用が異なる．

- **横軸反作用** 同相電流，偏磁作用．
- **直軸反作用**（発電機の場合） 遅相電流は減磁作用（Eの減少），進相電流は増磁作用（Eの増大）．

表2-1 電機子反作用の分類

	同 相	零力率90°遅れ	零力率90°進み
発電機	横軸，偏磁作用 磁極前端で減磁	直軸，減磁作用	直軸，増磁作用
電動機	横軸，偏磁作用 磁極前端で増磁	直軸，増磁作用	直軸，減磁作用

2 同期発電機

① **同期発電機の回路**（図2-1）

$$\dot{V} = \dot{E}_0 - \dot{I}(r_a + jx_s) \, [\text{V}] \quad (2\text{-}3)$$

V：端子電圧，E_0：公称誘導起電力，I：電機子電流，$\dot{Z}_s = r_a + jx_s \, [\Omega]$：同期インピーダンス．

- **電圧変動率 ε は直流機(1-14)式に同じ．**

E_0 は無負荷電圧と考える．

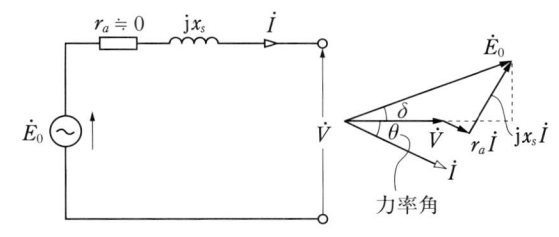

図2-1 同期発電機の回路

② **出力 P**（円筒機，1相分，図2-2）

V, E_0 が線間電圧なら3相分になる．

$$P = VE_0 \sin\delta / x_s \, [\text{W}] \quad (2\text{-}4)$$

δ：負荷角，$r_a \simeq 0$，$\delta = 90°$ 以上は**脱調**，安定度向上は x_s 小（短絡比 K_s 大），速応励磁が有効．

可能出力曲線は2.3節「発電機」を参照．

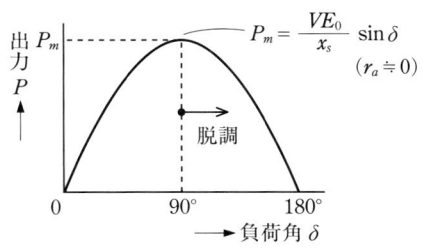

図2-2 同期発電機の出力

③ 短絡比K_sと%Z_sの関係(図2-3)

$$K_s = \frac{I_{f1}}{I_{f2}} = \frac{I_s}{I_n} \quad (2\text{-}5)$$

$$\%Z_s = \frac{I_n}{I_s} \times 100 = \frac{100}{K_s} \quad (2\text{-}6)$$

I_{f1}:V_n(定格電圧),I_s発生時の励磁電流,I_{f2}:I_n発生時の励磁電流,I_s:永久短絡電流,I_n:定格電流

・**短絡比と発電機**(表2-2)

K_s 大:**鉄機械**,高価,電圧変動率小,安定度大,効率低,寸法大.

K_s 小:**銅機械**で性質は鉄機械の反対.

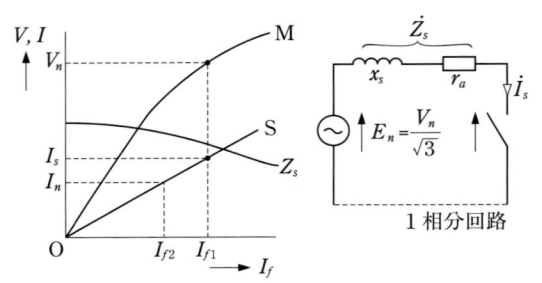

OM:無負荷飽和曲線,OS:三相短絡曲線

図2-3 短絡比

表2-2 短絡比と発電機の特徴

K_s	性質	用途	寸法	価格	効率	電圧変動率	安定度	過負荷耐量
大	鉄機械	水車	大	高	低	小	高	大
小	銅機械	タービン	小	低	高	大	低	小

K_sは,タービン発電機で0.5〜1.0(大容量0.6,中小容量0.8〜0.9程度),水車発電機で0.9〜1.2(標準1.0)である.

④ **突極機の出力P(二反作用理論,図2-4)**
詳細は次頁のコラム参照.

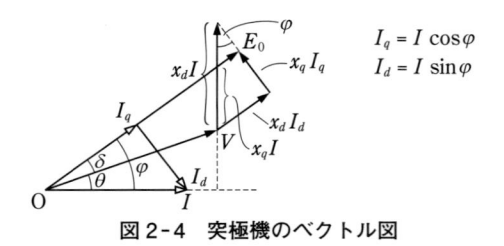

図2-4 突極機のベクトル図

$$P = \frac{VE_0 \sin\delta}{x_d} + \frac{V^2(x_d - x_q)}{2x_d x_q}\sin 2\delta \quad (2\text{-}7)$$

x_d:直軸同期リアクタンス,x_q:横軸同期リアクタンス($0.6 \sim 0.7 x_d$),直軸は磁軸方向.

⑤ **各種リアクタンスの関係**(表2-3)

表2-3 各種リアクタンス等の関係

記号	名称	記事
r_a	電機子抵抗	無視できることが多い
x_a	電機子反作用リアクタンス	
x_l	電機子漏れリアクタンス	$0.06 x_s$(円)〜$0.2 x_s$(突)
x_s	同期リアクタンス	$x_a + x_l$
Z_s	同期インピーダンス	$r_a + jx_s \fallingdotseq jx_s$
$\overline{x_d}$	直軸反作用リアクタンス(突)	x_aを分解
$\overline{x_q}$	横軸反作用リアクタンス(突)	
x_d	直軸リアクタンス(突)	$x_l + \overline{x_d}$
x_q	横軸リアクタンス(突)	$x_l + \overline{x_q}$,$0.6 \sim 0.7 x_d$

[注](突)は突極機,(円)は円筒機を示す.円筒機では,$x_d = x_q = x_s$である.

⑥ **突発短絡現象** 演習問題2.7参照.
短絡直後は電機子反作用が現れず,突発短絡電流I_s''は主に巻線漏れリアクタンスx_lが制限.I_s''はI_sの数〜数10倍で,数秒後にはI_sに減衰.

⑦ **発電機の並行運転** 2.3節「発電機」を参照.

⑧ **自己励磁現象** 2.3節「発電機」を参照.

3 同期電動機

① **同期電動機の回路**(図2-5)

$$\dot{V} = \dot{E}_0 + \dot{I}(r_a + jx_s) \text{ [V]} \quad (2\text{-}8)$$

V:端子電圧,E_0:公称誘導起電力,I:電機子電流,$\dot{Z}_s = r_a + jx_s [\Omega]$:同期インピーダンス

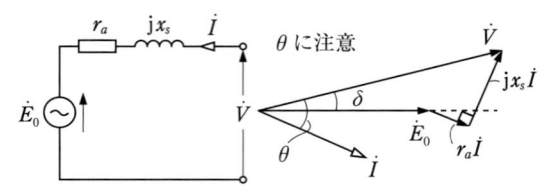

図2-5 同期電動機の回路

② **出力** P(1相分)

線間電圧なら3相分になる．δ は負荷角．
$$P = E_0 I \cos\varphi = E_0 V \sin\delta / x_s \text{[W]} \quad (2\text{-}9)$$

③ **V特性**(図2-6)

励磁電流 I_f の調整により任意力率の運転が可能．力率=1.0で電流 I は最小．I_f の増加で進み．

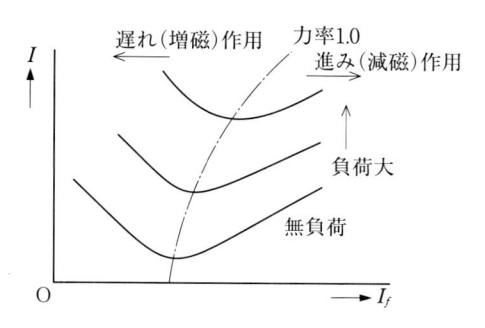

図2-6 同期電動機のV特性

④ **始動方法**

同期電動機は始動トルク=0．何らかの方法で同期速度 N_s までの加速が必要．

・**自己始動法**

制動巻線により，誘導機として始動し，N_s 付近で励磁投入し同期引込み．始動時の電圧印加方法は，誘導機と同様の方法による．

・**始動電動機法**

直結の始動用電動機で始動し，速度上昇後に同期化．始動用誘導機は主機よりも2極少ない極数とする．

・**同期始動法**

始動用発電機との組合せ．低周波から運転し速度上昇後に同期化．

⑤ **同期調相機**

同期電動機の無負荷運転に相当．連続的に進相，遅相無効電力の供給可能．励磁を強めると，線路から進相電流を取りコンデンサとして機能する．弱めるとリアクトルの役目(同期発電機では界磁弱めで進相運転になる)．

コラム　突極機の出力－二反作用理論

突極機の空隙は，直軸方向は小さく横軸方向は大きいため，円筒機とは違って磁束分布が一様ではない．よって，**二反作用理論**では，電機子起磁力を直軸分と横軸分に分けて考え，電流 I は図2-4のように E_0 と同相の横軸分 I_q と，それと直角方向の直軸分 I_d とに分ける．同期リアクタンス x_s もこれに対応して，直軸分 x_d，横軸分 x_q に分ける．図2-4のベクトル図で，

$$\dot{E}_0 = \dot{V} + \dot{I}_d \cdot jx_d + \dot{I}_q \cdot jx_q \quad \cdots (1)$$
$$V\cos\delta = E_0 - x_d I_d, \quad V\sin\delta = x_q I_q$$
$$\therefore I_d = \frac{E_0 - V\cos\delta}{x_d}, \quad I_q = \frac{V\sin\delta}{x_q} \quad \cdots (2)$$

1相分の出力 P は，
$$P = VI\cos\theta = VI\cos(\varphi - \delta)$$
$$= VI\cos\varphi\cos\delta + VI\sin\varphi\sin\delta$$
$$= VI_q\cos\delta + VI_d\sin\delta \quad \cdots (3)$$

(3)式に(2)式を代入して，
$$P = \frac{V^2\sin\delta\cos\delta}{x_q} + \frac{V(E_0 - V\cos\delta)\sin\delta}{x_d}$$
$$= \frac{VE_0\sin\delta}{x_d} + V^2\sin\delta\cos\delta\left(\frac{1}{x_q} - \frac{1}{x_d}\right)$$
$$= \frac{VE_0\sin\delta}{x_d} + \frac{V^2(x_d - x_q)}{2x_d x_q}\sin 2\delta \quad \cdots (4)$$

(4)式の第2項が影響するので，$\delta = 60 \sim 70°$ のときに P が最大になる．なお，第2項は E_0 に無関係であり，無励磁であっても線路から励磁を取り発電機は回転し得る．これは $x_d \neq x_q$ に起因している．

演習問題 2.1　同期発電機の誘導起電力と巻線係数

同期発電機の誘導起電力と巻線係数に関して，図を参照して次の問に答えよ．

(1) 同期発電機のコイル辺間隔が磁極間隔に等しく電気角で π[rad]隔たり（全節巻），かつ，毎極毎相のスロット数が1（集中巻）の場合，1相の誘導起電力の実効値 E[V]を，周波数 f[Hz]，1相のコイル直列巻数 n_c，及びコイルと鎖交する磁束の最大値 Φ_m[Wb]を用いて表す式を導出せよ．ここで，コイルと鎖交する磁束の瞬時値 ϕ[Wb]は $\phi = \Phi_m \cos \omega t$ とする．

(2) 毎極毎相の導体を1個のスロットに収めないで，何個かのスロットに分布して配置するのを分布巻という．一般に，毎極毎相のスロット数を n，相数を m とすれば，各コイル間の誘導起電力の基本波の場合の位相差は π/mn となり，n 個のコイルが発生する誘導起電力に関して，そのベクトル和の代数和に対する比を分布巻係数 K_d という．図1を参照して，基本波に対する分布巻係数 K_d を m 及び n を用いて表す式を導出せよ．また，その算出式を使って，$m = 3$，$n = 3$ として，基本波に対する比を分布巻係数 K_d を算出せよ．

　なお，$\sin(\pi/9) = 0.342\,02$，$\sin(\pi/18) = 0.173\,65$，$\sin(\pi/27) = 0.116\,09$ とする．

(3) コイル辺の間隔を磁極間隔より狭いコイルを用いた巻線を短節巻といい，コイル両辺の誘導起電力に位相差が生じ，コイル両辺の誘導起電力のベクトル和がコイル1個の誘導起電力となり，このベクトル和のコイル両辺の誘導起電力の代数和に対する比を短節巻係数 K_p という．図2を参照して，コイル間隔が $\beta\pi$[rad]（$\beta < 1$）で，基本波に対する短節巻係数 K_p を β を用いて表す式を導出せよ．また，その算出式を使って，$\beta = 2/3$ の場合の基本波に対する短節巻係数 K_p を算出せよ．

(4) 分布巻で短節巻である巻線の1相の誘導起電力の実効値 E[V]を，上記(1)で導出した全節巻及び集中巻の場合の1相の誘導起電力の実効値の式と，分布係数 K_d と短節巻係数 K_p を用いて表す式を導出せよ．また，$f = 50$[Hz]，$n_c = 12$，$\Phi_m = 1.5$[Wb]として，$m = 3$，$n = 3$ の基本波に対する K_d，及び $\beta = 2/3$ の場合の基本波に対する K_p を代入して，分布巻で短節巻である巻線の E[V]を算出せよ．

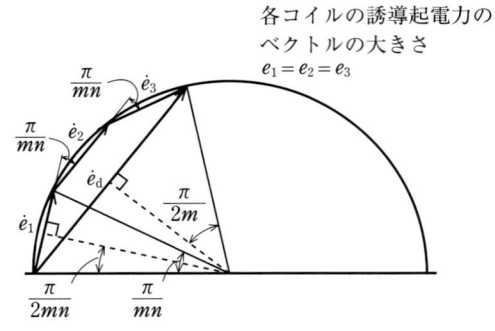

図1　分布係数の説明図（$n = 3$ の場合の例）

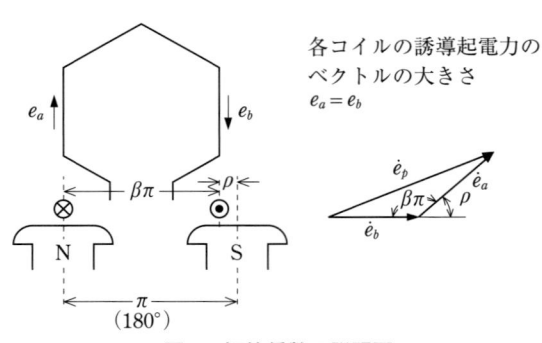

図2　短節係数の説明図

3.2 同期機

解答

(1) 全節巻の電機子コイル(往復でコイルを形成)の誘導起電力の瞬時値 e は,ファラデーの法則から,ω を電気角速度[rad/s]とすると,磁束 ϕ の題意の式から,

$$e = -n_c \frac{d\phi}{dt} = -n_c \frac{d}{dt}(\Phi_m \cos\omega t) = \omega n_c \Phi_m \sin\omega t \, [\text{V}]$$

誘導起電力の実効値 E は,$\omega = 2\pi f$ であるから,

$$E = \frac{\omega n_c \Phi_m}{\sqrt{2}} = \frac{2\pi f n_c \Phi_m}{\sqrt{2}} = \sqrt{2}\pi f n_c \Phi_m$$

$$\fallingdotseq 4.44 f n_c \Phi_m \, [\text{V}] \quad \textbf{(答)} \quad \cdots (1)$$

(2) 題意及び問図1のように,各コイルには π/mn [rad]の位相差がある.図から,1個のコイルの起電力 e_1 及び $e_1, e_2, e_3, \cdots, e_n$ をベクトル和とした e_d は,問図1の円の半径を1とすると,絶対値で,

$$e_1 = 2\sin\frac{\pi}{2mn} \quad \cdots (2)$$

$$e_d = 2\sin\left(\frac{1}{2} \cdot \frac{n\pi}{mn}\right) = 2\sin\frac{\pi}{2m} \quad \cdots (3)$$

ゆえに,分布巻係数 K_d は,ベクトル和の代数和に対する比なので,(2),(3)式から,

$$K_d = \frac{e_d}{n \cdot e_1} = \frac{2\sin(\pi/2m)}{n \cdot 2\sin(\pi/2mn)} = \frac{\sin(\pi/2m)}{n\sin(\pi/2mn)} \quad \textbf{(答)} \quad \cdots (4)$$

題意の $m=3, n=3$ を(4)式に代入すると,

$$K_d = \frac{\sin\{\pi/(2\times 3)\}}{3\sin\{\pi/(2\times 3\times 3)\}} = \frac{\sin(\pi/6)}{3\sin(\pi/18)}$$

$$= \frac{0.5}{3\times 0.173\,65} \fallingdotseq 0.959\,8 \rightarrow 0.960 \quad \textbf{(答)}$$

(3) 短節巻では対辺のコイルが問図2のように ρ だけ進む.コイル間の角度は $\beta\pi$ で,$\beta\pi + \rho = \pi$ である.1個のコイルの誘導起電力を e_a とすると,2個のコイルの合成起電力 e_p は,図から絶対値で,

$$e_p = 2e_a \sin\frac{\beta\pi}{2} \quad \cdots (5)$$

よって,短節巻係数 K_p は,ベクトル和の代数和に対する比なので,(5)式から,

解法のポイント

① コイルの誘導起電力は,ファラデーの法則により求める.磁束 ϕ の瞬時値が時間的に変化している式が与えられている.励磁は直流であるから,回転子の磁極の磁束自体は一定であるが,電機子から見ると磁極の回転により,時々刻々に正弦波状で変化していることになる.

② 誘導起電力の波形を良好にするために,短節巻や分布巻が行われる.問題の中に,分布巻や短節巻の説明がされているので,よく読んで解答すれば難しくはない.

③ 分布巻では,1相のコイルを複数の溝に分けて配置するので,各コイルの起電力が溝間隔の角度だけ位相がずれる.**解図**のように,合成起電力は複数コイルのベクトル和である.問図1の円の半径は1と考えればよい.

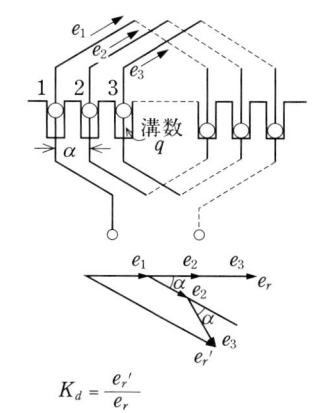

$$K_d = \frac{e_r'}{e_r}$$

e_r:起電力の算術和
e_r':起電力のベクトル和
$\quad e_r > e_r'$

解図

$$K_p = \frac{e_p}{2e_a} = \frac{2e_a \sin(\beta\pi/2)}{2e_a} = \sin\frac{\beta\pi}{2} \quad \textbf{(答)} \quad \cdots (6)$$

題意の $\beta = 2/3$ を(6)式に代入すると，

$$K_p = \sin\left(\frac{2}{3} \cdot \frac{\pi}{2}\right) = \sin\frac{\pi}{3} \fallingdotseq 0.866 \quad \textbf{(答)}$$

(4) 上記の結果から，分布巻で短節巻の1相の誘導起電力の実効値 E は，

$$E = 4.44 f n_c \Phi_m \times K_d \times K_p \text{ [V]} \quad \textbf{(答)} \quad \cdots (7)$$

題意より，$f = 50\text{[Hz]}$，$n_c = 12$，$\Phi_m = 1.5\text{[Wb]}$ 及び (2)，(3) で求めた K_d, K_p を(7)式に代入すると，

$$E = 4.44 \times 50 \times 12 \times 1.5 \times 0.9598 \times 0.866$$
$$\fallingdotseq 3\,321 \to 3\,320\text{[V]} \quad \textbf{(答)}$$

④ 短節巻では，コイルピッチが磁極ピッチよりも狭くなり，対辺のコイルは電気角180[°]よりも位相が進む．ゆえに，この場合も誘導起電力はベクトル和なので，代数和よりも小さくなる．

⑤ 短節巻や分布巻では，問(1)で求めた誘導起電力の式に，それらの係数を掛ける必要がある．

コラム　巻線係数と波形の改善

(1) 巻線係数

巻線係数には，分布巻係数 K_d と短節巻係数 K_p のほかに，磁束分布の偏りを示す磁束分布係数 K_φ がある．これを考慮すると巻線係数 K_w は，次式で示せる．

$$K_w = \frac{K_d \cdot K_p}{K_\varphi} \quad (2\text{-}10)$$

K_φ は主に突極機で適用し，0.96～1.04程度の値である．K_w は0.9～0.95程度になる．

分布巻や短節巻は，起電力は低下するが，固定子または回転子の全周を有効に使用し，起電力を正弦波形に近づけるのに効果がある．

また，短節巻は高調波の打消しに効果がある．普通，第5，第7調波を考慮して，$\beta = 5/6$ の短節巻とする．この場合，$K_p = 0.96$ となる．

(2) 波形の改善

起電力の波形は，空隙の磁束密度分布の影響を受けるので，特に突極機の場合には，**図2-7**のように磁極面の形と空隙長を適正にして，磁束分布を正弦波とすることが必要である．そのほかに下記のような対策をとり，波形の改善を行う．

① 固定子巻線のくさび(スロットに収めた巻線を押し付ける金具)に磁気くさびを用いて，高調波の発生を防ぐ．

② 制動巻線を設けて高調波を打ち消す．なお，制動巻線は同期電動機では，始動電流の抑制に用いるほか，乱調の防止に効果がある．

③ 溝数の少ない機械では，電機子に斜め溝を用いる．斜め溝は高調波成分を除去できるので，磁気騒音も小さくなる．

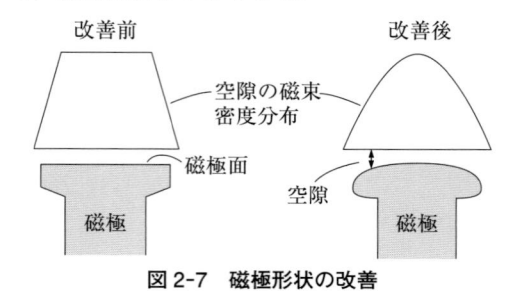

図2-7　磁極形状の改善

3.2 同期機

演習問題 2.2 電圧変動率と短絡比 1

電機子1相の抵抗が r_a, リアクタンスが x_s で, 端子相電圧が V, 定格電流が I, 力率が遅れ $\cos\theta$ なる円筒形三相同期発電機がある. 次の問に答えよ.

(1) この発電機の1相分のベクトル図を描き, 電圧変動率 ε[%]の式を導出せよ.

(2) 同一の V, I でも力率が悪くなる(遅れ方向)と電圧変動率が大きくなる理由を, ベクトル図を利用して説明せよ.

(3) 短絡比の定義を発電機の励磁電流以外の量で示し, 短絡比の大きな機械は電圧変動率が小さい理由を述べよ.

(4) 定格出力 7 000[kV·A], 定格電圧 6.6[kV], $r_a=0.1$[Ω], $x_s=4$[Ω]の三相同期発電機について, 力率 0.9 における電圧変動率[%]を求めよ.

解 答

(1) 端子相電圧 V を基準とした1相のベクトル図を**解図1**に示す. E_0 は無負荷(公称)誘導起電力, δ は内部相差角(負荷角)である. ベクトル図から, 次式が成り立つ.

$$E_0^2 = (V + r_a I\cos\theta + x_s I\sin\theta)^2 + (x_s I\cos\theta - r_a I\sin\theta)^2$$
$$= V^2 + 2VI(r_a\cos\theta + x_s\sin\theta) + (r_a^2 + x_s^2)I^2 \quad \cdots (1)$$

電圧変動率 ε は, V に対する E_0 と V の差の比率であり, 次式で求めることができる.

$$\varepsilon = \frac{E_0 - V}{V} \times 100$$
$$= \frac{\sqrt{V^2 + 2VI(r_a\cos\theta + x_s\sin\theta) + (r_a^2 + x_s^2)I^2} - V}{V} \times 100 \, [\%]$$

(答) … (2)

解図1

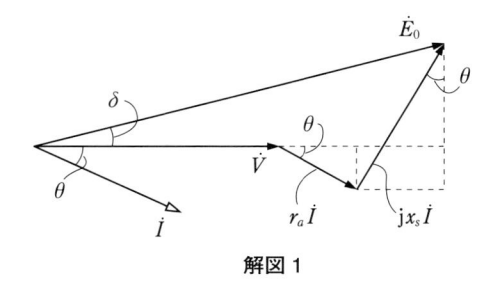

(2) **解図2**に, 同一値の I, V を保ち, V を基準として負荷の力率角 θ を0から遅らせたときのベクトル図を示す. 図から, θ が大きくなると, E_0 が大きくなることが分かる. ゆえに, (2)式から電圧変動率 ε は大きくなる. **(答)**

解法のポイント

① ベクトル図は, 端子相電圧を基準にして描くこと. 送配電線路と全く同じ考え方で, 端子電圧(受電端)から誘導起電力(送電端)にさかのぼればよい.

② 電圧変動率は, 端子電圧に対する無負荷誘導起電力と端子電圧の差の比で定義する. ベクトル図の電圧三角形から求める.

③ 問(2)は, 力率が悪い場合, 送電端の電圧が大きくなる(受電端電圧一定として)のと同じことである.

④ 短絡比 K_s は, 無負荷飽和曲線と三相短絡曲線の励磁電流からも定義できるが, ここでは単純に, その名のように, 永久短絡電流 I_s と定格電流 I_n の比とすればよい.

解図2

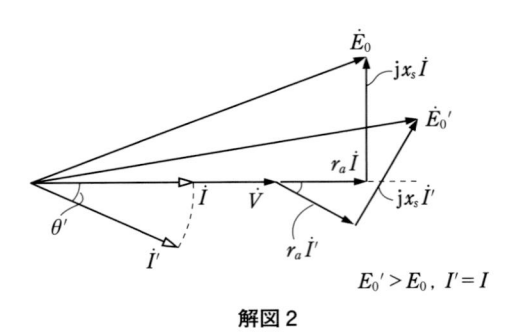

$E_0' > E_0$, $I' = I$

(3) 短絡比 K_s は，発電機の永久短絡電流を I_s，定格電流を I_n とすると，次式のようにその比で定義される．

$$K_s = \frac{I_s}{I_n} \text{（無名数）} \quad \text{（答）} \cdots (3)$$

一方，発電機の同期インピーダンス $\dot{Z}_s = r_a + jx_s$ は，定格端子相電圧を V_n とすると，

$$Z_s = \frac{V_n}{I_s} [\Omega] \quad \cdots (4)$$

となるが，これを単位法 $Z_s(\text{pu})$ で表すと，

$$Z_s(\text{pu}) = \frac{Z_s I_n}{V_n} = \frac{V_n}{I_s} \cdot \frac{I_n}{V_n} = \frac{1}{K_s} \quad \cdots (5)$$

となり，短絡比の逆数である．短絡比が大きい機械は Z_s が小さいことになる．よって，ベクトル図からも明らかなように，同一電流であっても内部の電圧降下が小さいので E_0 が小さくなり，電圧変動率も小さくなる．**（答）**

(4) 定格電流 I 及び定格相電圧 V は，題意の数値から，

$$I = \frac{7\,000 \times 10^3}{\sqrt{3} \times 6\,600} \doteq 612.3 [\text{A}]$$

$$V = \frac{6\,600}{\sqrt{3}} \doteq 3\,811 [\text{V}]$$

(1)式により，無負荷誘導起電力 E_0 を求める．$\sin\theta = \sqrt{1-0.9^2} \doteq 0.436$ であるから，

$$E_0 = \sqrt{3\,811^2 + 2 \times 3\,811 \times 612.3 \times (0.1 \times 0.9 + 4 \times 0.436) + (0.1^2 + 4^2) \times 612.3^2}$$
$$\doteq 5\,393 [\text{V}]$$

ゆえに，電圧変動率 ε は，(2)式から，

$$\varepsilon = \frac{E_0 - V}{V} \times 100 = \frac{5\,393 - 3\,811}{3\,811} \times 100 \doteq 41.5 [\%] \quad \text{（答）}$$

(5) 同期インピーダンス Z_s は，端子から見た発電機内部のインピーダンスであるから，V_n / I_s で求められる．Z_s が小さい方が電圧降下が少ないので，電圧変動率は小さくなる．Z_s を単位法で表すと，K_s との関係が導ける．

解説

問題の数値のように，同期発電機の抵抗は，リアクタンスに比べて非常に小さい．本例の場合，r_a を無視して計算すると，$E_0 = 5\,354 [\text{V}]$，$\varepsilon = 40.5 [\%]$ になる．ε の誤差は $-2.4 [\%]$ ほどであり，通常は r_a を無視して差し支えない．また，本例の場合，力率 0.8 で計算すると，$E_0 = 5\,666 [\text{V}]$，$\varepsilon = 48.7 [\%]$ になり，E_0 及び電圧変動率は増加する．

問(2)では，力率を遅れ方向とした場合を考えたが，逆にこれを進み方向にすると解図2から類推して，E_0 は小さくなることが分かる（各自ベクトル図で確認されよ）．

E_0 は励磁電流に比例するから，界磁を弱めると発電機は進相方向となり，電圧を下げることができる．軽負荷時など系統電圧が上がる場合には，このように進相運転を行うことがある．このときに，タービン発電機では**固定子端部の過熱**に注意しなければならない．

3.2 同期機

演習問題 2.3 電圧変動率と短絡比 2

三相同期発電機の短絡比に関連して，次の問に答えよ
(1) 三相同期発電機の同期インピーダンスを単位法で表すと，その逆数が短絡比に等しくなることを無負荷飽和曲線と三相短絡曲線の関係から証明せよ．
(2) 定格出力 10[MV·A]，定格電圧 11[kV]，三相永久短絡電流 600[A] の発電機の短絡比及び同期インピーダンス[Ω]を求めよ．

解答

(1) 解図に，無負荷飽和曲線 M と三相短絡曲線 S を示す．無負荷飽和曲線で定格電圧 V_n を生じる励磁電流を I_{f1}，三相短絡曲線で定格電流 I_n を生じる励磁電流を I_{f2} とすると，短絡比 K_s は，次式で定義される．

$$K_s = I_{f1}/I_{f2} \quad \cdots (1)$$

発電機が無負荷の状態で短絡したときの永久短絡電流 I_s は，I_{f1} の線上に位置する．ここで，三相短絡曲線は直線であるから，$I_{f1}/I_{f2} = I_s/I_n$ となる．よって，K_s は次式になる．

$$K_s = I_s/I_n \quad \cdots (2)$$

次に，同期インピーダンス Z_s のオーム値は，短絡時の内部インピーダンスである．これと，(2)式の関係を考慮すると，次式のようになる．

$$Z_s = \frac{V_n}{\sqrt{3}I_s} = \frac{1}{K_s} \cdot \frac{V_n}{\sqrt{3}I_n}[\Omega] \quad \cdots (3) \quad \therefore \frac{1}{K_s} = \frac{\sqrt{3}Z_s I_n}{V_n} \quad \cdots (4)$$

(4)式の右辺は，単位法で表した Z_s の定義式であるから，これを $Z_s(\text{pu})$ とすると，

$$K_s = 1/Z_s(\text{pu}) \quad \textbf{(証明終わり)} \quad \cdots (5)$$

(2) 定格電流 I_n は，定格出力を P_n とすると，

$$I_n = \frac{P_n}{\sqrt{3}V_n} = \frac{10\,000 \times 10^3}{\sqrt{3} \times 11 \times 10^3} = \frac{10\,000}{11\sqrt{3}}[\text{A}]$$

よって，K_s は，(2)式から，

$$K_s = \frac{I_s}{I_n} = 600 \times \frac{11\sqrt{3}}{10\,000} \fallingdotseq 1.14 \quad \textbf{(答)}$$

同期インピーダンスのオーム値 Z_s は，(3)式から，

$$Z_s = \frac{V_n}{\sqrt{3}I_s} = \frac{11 \times 10^3}{\sqrt{3} \times 600} \fallingdotseq 10.6[\Omega] \quad \textbf{(答)}$$

解法のポイント

① 三種程度の基礎的な問題である．無負荷飽和曲線と三相短絡曲線が，確実に描けるようにする．三相短絡曲線は直線になることに注意する．

② 無負荷飽和曲線上の定格電圧 V_n と，三相短絡曲線上の短絡電流 I_s が，同じ励磁電流であることを理解する．

③ 単位法インピーダンスは，％インピーダンスと本質的に同じであり，100倍しないだけである．定格電流を通電時のインピーダンス降下と定格電圧の比で表せる．

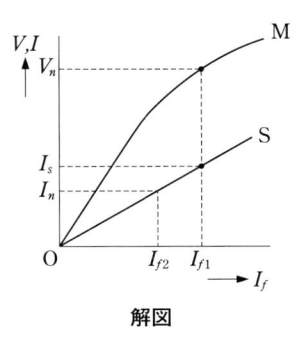

解図

第3章 機械・制御科目

演習問題 2.4 電圧変動率と短絡比3

同期発電機を定格周波数，定格電圧，力率 $\cos\varphi$ で運転している．次の問に答えよ．ただし，$\cos\varphi=1$ のとき電圧変動率 ε は $P_1[\%]$，$\cos\varphi=0$ のとき ε は $P_2[\%]$ とし，発電機内部のインピーダンスは一定とする．

(1) この発電機の％抵抗降下を p，％リアクタンス降下を q，端子相電圧を V としたとき，定格状態の公称誘導起電力 E_0 を，p, q, φ, V で示せ．ただし，式の展開で，インピーダンスの2乗の項は無視してよい．また，$x \ll 1$ のとき，$(1+x)^n \fallingdotseq 1+nx$ の近似式を用いてよい．

(2) 励磁電流を一定にしたまま無負荷にした場合の ε は，定格電圧に対し何[％]になるか．P_1, P_2, φ で示せ．

(3) 上記(2)の ε が最大となる $\cos\varphi$ を求めよ．

解 答

(1) 端子相電圧を V，定格電流を I，電機子1相の抵抗を r_a，リアクタンスを x_s とする．公称誘導起電力 E_0^2 は，演習問題2.2の(1)式で示せる．題意により，r_a, x_s の2乗の項を無視すると，

$$E_0^2 \fallingdotseq V^2 + 2VI(r_a\cos\varphi + x_s\sin\varphi) \quad \cdots (1)$$

ここで，r_a, x_s を，それぞれ％抵抗降下 p，％リアクタンス降下 q で表すと，

$$r_a = \frac{pV}{100I}, \quad x_s = \frac{qV}{100I} \quad \cdots (2)$$

(2)式を(1)式に代入すると，$x \ll 1$ のとき，$(1+x)^n \fallingdotseq 1+nx$ を用いて，

$$E_0^2 = V^2 + 2VI\left(\frac{pV}{100I}\cos\varphi + \frac{qV}{100I}\sin\varphi\right)$$

$$= V^2 + \frac{2V^2}{100}(p\cos\varphi + q\sin\varphi)$$

$$\therefore E_0 = V\left\{1 + \frac{2}{100}(p\cos\varphi + q\sin\varphi)\right\}^{1/2}$$

$$\fallingdotseq V\left\{1 + \frac{1}{100}(p\cos\varphi + q\sin\varphi)\right\} \quad \textbf{(答)} \cdots (3)$$

(2) 無負荷の端子電圧は E_0 となる．よって，電圧変動率 ε は，

$$\varepsilon = \frac{E_0 - V}{V} \times 100 = \left(\frac{E_0}{V} - 1\right) \times 100$$

$$= p\cos\varphi + q\sin\varphi \,[\%] \quad \cdots (4)$$

題意及び(4)式より，$\cos\varphi=1$ のとき $\varepsilon = p = P_1[\%]$，$\cos\varphi=0$ のとき $\varepsilon = q = P_2[\%]$ である．

$$\therefore \varepsilon = P_1\cos\varphi + P_2\sin\varphi\,[\%] \quad \textbf{(答)} \cdots (5)$$

解法のポイント

① 演習問題2.2のベクトル図から，誘導起電力 E_0^2 を求める．ここで，題意から，r_a, x_s の2乗の項を無視すると式が簡略化される．

② r_a, x_s を，それぞれ％抵抗降下 p，％リアクタンス降下 q で表す．

③ E_0^2 を開平するが，$x \ll 1$ のときに $(1+x)^n \fallingdotseq 1+nx$ の近似式を用いて展開する．

④ ε が最大となる $\cos\varphi$ を求めるには，微分によるか，三角関数の展開により単項式にするかのいずれかによる．後者は**解図**による．

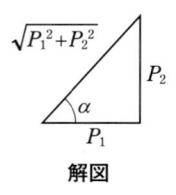

解図
（直角三角形：底辺 P_1，対辺 P_2，斜辺 $\sqrt{P_1^2+P_2^2}$，角 α）

(3) (5)式を φ で微分して 0 とおくと,

$$\frac{d\varepsilon}{d\varphi} = -P_1 \sin\varphi + P_2 \cos\varphi = 0$$

$$\therefore \frac{\sin\varphi}{\cos\varphi} = \tan\varphi = \frac{P_2}{P_1} \quad \cdots (6)$$

(6)式の角度 φ は,底辺 P_1,垂辺 P_2 の三角形を表すから,ε が最大となる $\cos\varphi_m$ は,次式で示せる[注].

$$\cos\varphi_m = \frac{P_1}{\sqrt{P_1^2 + P_2^2}} \quad (答) \quad \cdots (7)$$

別解 問(3)

(5)式を単項式で示す.解図のように,$\alpha = \tan^{-1}(P_2/P_1)$ とし,加法定理で展開すると,

$$\varepsilon = \sqrt{P_1^2 + P_2^2}\left(\frac{P_1}{\sqrt{P_1^2+P_2^2}} \cdot \cos\varphi + \frac{P_2}{\sqrt{P_1^2+P_2^2}} \cdot \sin\varphi\right)$$

$$= \sqrt{P_1^2 + P_2^2}(\cos\alpha \cos\varphi + \sin\alpha \sin\varphi)$$

$$= \sqrt{P_1^2 + P_2^2}\cos(\varphi - \alpha) \quad \cdots (8)$$

(8)式で,ε が最大となるのは,$\cos(\varphi - \alpha) = 1$,すなわち $\varphi = \alpha$ であるから,ε が最大となる $\cos\varphi_m$ は,

$$\cos\varphi_m = \cos\alpha = \frac{P_1}{\sqrt{P_1^2 + P_2^2}} \quad (答) \quad \cdots (9)$$

解説

(4)式の電圧変動率の近似式,$\varepsilon = p\cos\varphi + q\sin\varphi$ は,変圧器でよく使われるが,ベクトル図から近似を行うと,同期機でも同様の結果になる.ただし,この近似式は E_0 を水平方向のみとしており,垂直方向を無視している.同期機では,$r_a \ll x_s$ であり(x_s は垂直方向の電圧降下が大きくなる),この近似式で ε を求めると誤差が大きくなるから,通常は用いないことが多い.

[注] (7)式の確認

$$\frac{d^2\varepsilon}{d\varphi^2} = -P_1\cos\varphi - P_2\sin\varphi < 0$$

となるから,(7)式は極大を示す.

演習問題 2.5 電圧変動率と短絡比 4

定格電圧 6[kV],定格容量 20[MV·A],定格力率 0.8 遅れ,短絡比 0.9 の円筒形三相同期発電機の電圧変動率を,起磁力法により求めよ.ただし,無負荷定格電圧を生じる励磁電流は 200[A] とし,励磁電流の補正係数は 1.15 とする.なお,無負荷飽和曲線で端子電圧 V_0 は,励磁電流を I_f[A] として,次式で表される.また,電機子抵抗その他の事項は無視する.

$$V_0 = \frac{(21 \times 10^3)I_f}{500 + I_f}[\text{V}]$$

解答

無負荷飽和曲線上で,定格電圧に対応する励磁電流 I_{f1} は,題意から $I_{f1} = 200$[A] である.

三相短絡曲線上で,定格電流に対応する励磁電流 I_{f2} は,短絡比を K_s として,$I_{f2} = I_{f1}/K_s = 200/0.9 \fallingdotseq 222$[A] になる.

解法のポイント

① 解図 1 のようにして,無負荷飽和曲線 M と三相短絡曲線 S から電圧変動率 ε を求める方法を**起磁力法**という.図は力率 1.0 の場合である.

定格負荷，力率 $\cos\theta$ での励磁電流 I_{f3} は，補正係数 k では，

$$I_{f3} = \sqrt{I_{f1}^2 + k^2 I_{f2}^2 + 2k I_{f1} I_{f2} \sin\theta}$$
$$= \sqrt{200^2 + (1.15 \times 222)^2 + 2 \times 1.15 \times 200 \times 222 \times \sqrt{1 - 0.8^2}}$$
$$\fallingdotseq 408 [\text{A}]$$

よって，I_{f3} に対する無負荷端子電圧 V_0 は，題意の式から，

$$V_0 = \frac{21 \times 10^3 \times 408}{500 + 408} \fallingdotseq 9\,436 [\text{V}]$$

ゆえに，電圧変動率 ε は，

$$\varepsilon = \frac{V_0 - V_n}{V_n} \times 100 = \frac{9\,436 - 6\,000}{6\,000} \times 100 \fallingdotseq 57.3[\%] \quad \text{（答）}$$

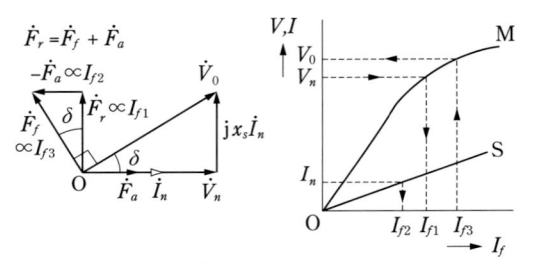

解図 1　力率 1

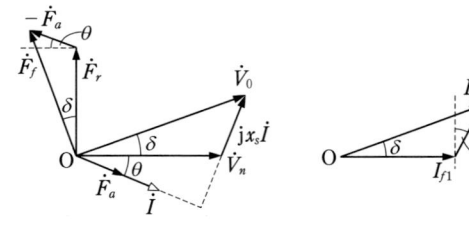

解図 2　力率 $\cos\theta$

コラム　起電力法

無負荷飽和曲線と負荷飽和曲線から，ε を直接求める方法である．**図 2-8** でいうと，例えば力率 1.0 のときの ε は，

$$\varepsilon = (\overline{ab}/\overline{bc}) \times 100 [\%] \quad (2\text{-}11)$$

のようになる．

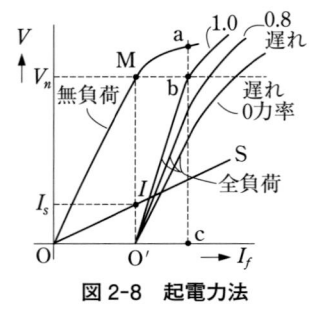

図 2-8　起電力法

② 起磁力は電圧よりも 90[°] 進むから，図のように電圧三角形と起磁力三角形は相似になる．無負荷で定格電圧 V_n を生じるのが M 上の励磁電流 I_{f1} であり，三相短絡状態で定格電流 I_n による減磁力を生じるのが S 上の I_{f2} である．よって，V_0 を生じる I_{f3} はベクトル和から，

$$I_{f3}^2 = I_{f1}^2 + I_{f2}^2$$

であり，M 上で，I_{f3} に相当する V_0 を求めればよい．

③ 任意の力率 $\cos\theta$ では，**解図 2** のベクトル図の関係から，次式で I_{f3} を求める．

$$I_{f3} = \sqrt{I_{f1}^2 + I_{f2}^2 + 2 I_{f1} I_{f2} \sin\theta} \cdots (1)$$

ただし，力率が低下すると磁気飽和の影響が現れるので，F_f の増加の割合よりも I_{f3} は大きくしなければならない．ゆえに，補正係数 k を用いて，$I_{f2} \rightarrow k I_{f2}$ として (1) 式を適用する．

解　説

同期発電機の電圧変動率 ε の算定には，**起磁力法**と**起電力法**がある．起電力法ではコラムのように，無負荷飽和曲線と負荷飽和曲線から直接変動率を求める．任意力率の負荷飽和曲線が必要なため，あまり用いられない．ε の値は，起磁力法では実際よりも小さく，起電力法では大きくなる傾向にある．

3.2 同期機

演習問題 2.6 負荷接続時の発電機端子電圧

定格出力 3 300[kV·A]，定格電圧 6 600[V]，力率 0.95 の三相同期発電機があり，星形結線の1相当たりの抵抗は 1.11[%]，同期リアクタンスは 96[%] である．次の問に答えよ．ただし，磁気回路の飽和は無視できるものとする．

(1) 発電機の定格状態での誘導起電力（線間値）はいくらか．
(2) 励磁を定格状態に保ったまま，この発電機に 6 600[V] で 2 700[kW]，力率 0.8 遅れの三相定インピーダンス負荷を接続した．この場合の発電機の端子電圧はいくらか．

解　答

(1) 解図1に，発電機が定格状態での1相分のベクトル図を示す．V_n は定格電圧，I_n は定格電流，r_a は抵抗，x_s は同期リアクタンス，$\cos\theta_n$ は定格力率である．計算を簡略化するために，V_n を基準 1.0[pu] として単位法で表す．ベクトル図の各量は，題意から以下のようになる．

$V_n = 1.0$，$\sqrt{3} r_a I_n = 0.011\,1$，$\sqrt{3} x_s I_n = 0.96$，$\cos\theta_n = 0.95$

ベクトル図から，定格時の発電機の誘導起電力 E_0 は，

$$E_0^2 = (V_n \cos\theta_n + \sqrt{3} r_a I_n)^2 + (V_n \sin\theta_n + \sqrt{3} x_s I_n)^2 \quad \cdots \quad (1)$$
$$= (1 \times 0.95 + 0.011\,1)^2 + (1 \times \sqrt{1 - 0.95^2} + 0.96)^2$$
$$\fallingdotseq 2.542\,3\,[\mathrm{pu}]$$

∴ $E_0 \fallingdotseq 1.594\,5\,[\mathrm{pu}] = 1.594\,5 \times 6\,600 \fallingdotseq 10\,520\,[\mathrm{V}]$　**（答）**

解図1

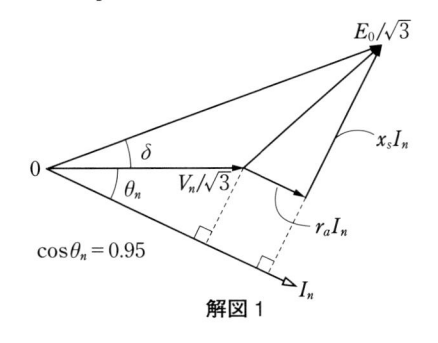

(2) 解図2に，負荷接続時のベクトル図を示す．負荷接続時の端子電圧を V，電流を I とする．W を負荷容量[V·A]とすると，題意から，負荷インピーダンス $Z_L = V_n^2/W$ である．発電機の定格出力を $W_n = \sqrt{3} V_n I_n$[V·A]とすると，I は以下のように求められる．

$$I = \frac{V}{\sqrt{3} Z_L} = \frac{V}{\sqrt{3}} \cdot \frac{W}{V_n^2} = \frac{V}{\sqrt{3}} \cdot \frac{W}{V_n} \cdot \frac{\sqrt{3} I_n}{W_n} = \frac{V}{V_n} \cdot \frac{W}{W_n} I_n \quad \cdots \quad (2)$$

解法のポイント

① 定格運転時のベクトル図を描いて，公称誘導起電力 E_0 を求める．定格電圧 $V_n = 1$ とした単位法を用いると計算を簡略化できる．

② 発電機の抵抗 r_a，リアクタンス x_s は[%]値で示されているから，これらは定格電流が流れたときの電圧降下にほかならない．1相分の[pu]値では，$r_a I_n/E_n$，$x_s I_n/E_n$ である（E_n は相電圧）．

③ 2 700[kW] 負荷接続時のベクトル図も，定格運転時と基本的に同様に描ける．このとき，励磁は定格状態のままなので E_0 の大きさは変わらない．

④ 負荷インピーダンス Z_L は，容量を W とすると，$Z_L = V_n^2/W$ である．また，発電機の定格出力は，$W_n = \sqrt{3} V_n I_n$ である．これらの関係を用いて，負荷電流 I を端子電圧 V で表現する．

⑤ r_a，x_s の電圧降下を④で求めた結果を用いて，未知数 V でまとめる．ベクトル図を解くと，E_0 が既知であるから，V が求まる．

$W_n = 3\,300\,[\text{kV}\cdot\text{A}]$, $W = 2\,700/0.8 = 3\,375\,[\text{kV}\cdot\text{A}]$ ($\because \cos\theta = 0.8$) であるから, r_a の電圧降下は, (2)式の I を用いて,

$$\sqrt{3}r_a I = \frac{\sqrt{3}r_a I_n}{V_n} \cdot \frac{W}{W_n} V = \frac{0.011\,1}{1} \times \frac{3\,375}{3\,300} \cdot V \fallingdotseq 0.011\,35V \quad \cdots \text{(3)}$$

同様にして, x_s の電圧降下は,

$$\sqrt{3}x_s I = \frac{\sqrt{3}x_s I_n}{V_n} \cdot \frac{W}{W_n} V = \frac{0.96}{1} \times \frac{3\,375}{3\,300} \cdot V \fallingdotseq 0.981\,8V \quad \cdots \text{(4)}$$

$\sin\theta = \sqrt{1-\cos^2\theta} = \sqrt{1-0.8^2} = 0.6$ であるから, E_0 は, 解図2のベクトル図から, (3), (4)式の値を用いて,

$$\begin{aligned}E_0^2 &= (V\cos\theta + \sqrt{3}r_a I)^2 + (V\sin\theta + \sqrt{3}x_s I)^2 \\ &= (0.8V + 0.011\,35V)^2 + (0.6V + 0.981\,8V)^2 \\ &\fallingdotseq 0.658\,3V^2 + 2.502\,1V^2 = 3.160\,4V^2 \quad \cdots \text{(5)}\end{aligned}$$

よって, 負荷接続時の発電機端子電圧 V は, (5)式から,

$$V = \frac{E_0}{\sqrt{3.160\,4}} = \frac{1.594\,5}{\sqrt{3.160\,4}} \fallingdotseq 0.896\,9\,[\text{pu}]$$

$= 0.896\,9 \times 6\,600 \fallingdotseq 5\,920\,[\text{V}]$ **(答)**

解図2

解図3

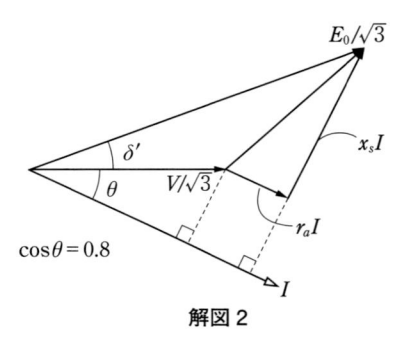

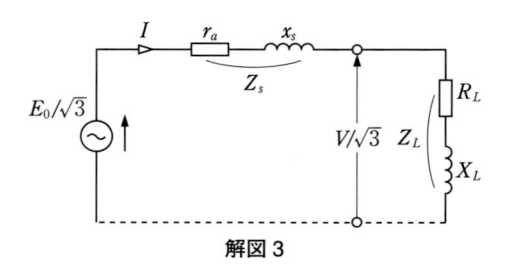

別解 問(2)

負荷接続時の1相分の回路図は, 解図3のようになる. 発電機の抵抗 r_a, リアクタンス x_s は, 定格電圧を $V_n\,[\text{kV}]$, 定格出力を $P_n\,[\text{MV}\cdot\text{A}]$ とすると,

$$r_a = \frac{\%r_a \cdot V_n^2}{100P_n} = \frac{1.11 \times 6.6^2}{100 \times 3.3}$$
$$\fallingdotseq 0.146\,5\,[\Omega]$$
$$x_s = \frac{\%x_s \cdot V_n^2}{100P_n} = \frac{96 \times 6.6^2}{100 \times 3.3}$$
$$\fallingdotseq 12.67\,[\Omega]$$

負荷インピーダンス Z_L は, 負荷容量を W とすると,

$$Z_L = \frac{V_n^2}{W} = \frac{6\,600^2}{3\,375 \times 10^3}$$
$$\fallingdotseq 12.91\,[\Omega]$$

よって, 負荷抵抗 R_L, リアクタンス X_L は, 力率 $\cos\theta = 0.8$, $\sin\theta = 0.6$ なので,

$$R_L = Z_L \cos\theta = 12.91 \times 0.8$$
$$\fallingdotseq 10.33\,[\Omega]$$
$$X_L = Z_L \sin\theta = 12.91 \times 0.6$$
$$\fallingdotseq 7.746\,[\Omega]$$

回路の合成抵抗 R, 合成リアクタンス X, 合成インピーダンス Z は,

$$R = r_a + R_L \fallingdotseq 10.48\,[\Omega]$$
$$X = x_s + X_L \fallingdotseq 20.42\,[\Omega]$$
$$Z = \sqrt{R^2 + X^2} \fallingdotseq 22.95\,[\Omega]$$

発電機の端子電圧 V は,

$$V = \frac{Z_L}{Z} E_0 = \frac{12.91}{22.95} \times 10\,520$$
$$\fallingdotseq 5\,920\,[\text{V}] \quad \textbf{(答)}$$

[注] 上記から, 負荷リアクタンスよりも発電機リアクタンスがかなり大きいことが分かる.

3.2 同期機

演習問題 2.7 突発短絡試験

三相突発短絡試験による円筒界磁形同期発電機の定数測定法に関して，次の問に答えよ．

(1) 三相突発短絡試験による定数測定法とは，同期発電機を無負荷定格回転速度で運転し，電機子定格電圧の 15～30[％] の電圧が発生した状態で電機子三相を開閉器で突発短絡し，電機子電流及び励磁電流の変化をオシログラフで記録し，直軸初期過渡リアクタンス，直軸過渡リアクタンス，短絡初期過渡時定数及び短絡過渡時定数を求める方法である．

無負荷で電圧が発生している同期発電機の端子を三相突発短絡させた場合の突発短絡相電流 i_{ph} は次式で表され，交流分の振幅は大きな初期過渡状態から時間の経過とともに減衰して過渡状態を経て持続短絡状態になる．

$$i_{ph} = \left[(A)\exp\left(\frac{-t}{T_d''}\right) + (B)\exp\left(\frac{-t}{T_d'}\right) + (C)\right]\cos(\omega t - \alpha) + i_{dc}$$

ここで，T_d''：短絡初期過渡時定数，T_d'：短絡過渡時定数，$\omega: 2\pi f$（fは周波数），t：時間，α：短絡瞬時の電圧の位相角，i_{dc}：過渡直流電流．

上記の突発短絡相電流の交流分の振幅の A, B 及び C の式を直軸初期過渡リアクタンス X_d''，直軸過渡リアクタンス X_d'，直軸同期リアクタンス X_d，及び短絡前の電機子相電圧（波高値）E_0 を用いて示せ．

(2) 突発短絡相電流 i_{ph} の交流分に関して，振幅の減衰曲線を振幅の第 1 項，第 2 項及び第 3 項の時間特性が分かるように下図の様式で示せ．さらに，直軸初期過渡リアクタンス X_d'' 及び直軸過渡リアクタンス X_d' の算出式を E_0, A, B 及び C を用いて示せ．

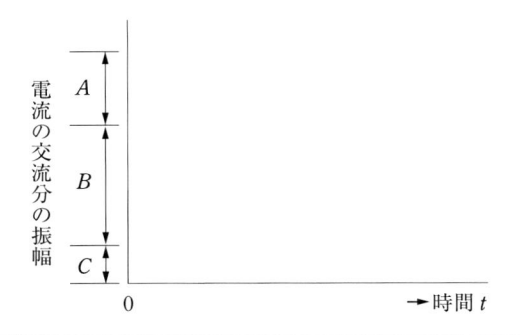

解　答

(1) 同期発電機を定格速度で運転し，励磁電流を流して波高値 E_0 の相電圧を発生させているときに，突発短絡した場合の各相に流れる電流は，**解図 1** のようになる．突発短絡は RL 交流回路の閉路時の過渡現象であり，過渡直流分と交流分に大別できる．電流の交流分は，減衰短絡電流と持続（永久）短絡電流に分けられ，前者はさらに，直軸初期過渡リアクタンス X_d'' によるものと，直軸過渡リアクタンス X_d' によるものとに分け

解法のポイント

① 突発短絡電流の交流分は，減衰電流と持続短絡電流に区分できる．題意の式の第 1 項と第 2 項が減衰電流であり，指数関数により減衰する．
② 時間 $t=0$ における波高値について見ると，第 1 項の分は，X_d'' により制限される．第 2 項の分は，X_d'

解図1

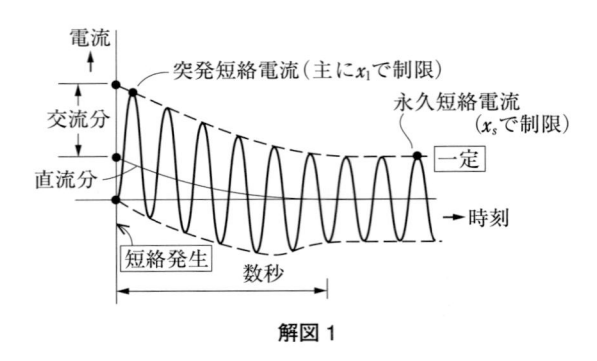

られる．

減衰する角周波数 ω，初期位相 α の交流電流 i は，電圧を E，リアクタンスを X，時定数を T とすると，一般に次式で表せる．

$$i = \frac{E}{X}\exp\left(-\frac{t}{T}\right)\cos(\omega t - \alpha) \quad \cdots (1)$$

題意の式の第1項の $t=0$ での波高値は E_0/X_d'' であり，時定数 T_d'' で減衰する．第2項の $t=0$ での波高値は E_0/X_d' であり，時定数 T_d' で減衰する．第3項は持続短絡電流であり，波高値は E_0/X_d である．よって，第1項及び第2項自体の最大の波高値 E_1 及び E_2 は，それらの差となり次式で示せる．

$$E_1 = \left(\frac{1}{X_d''} - \frac{1}{X_d'}\right)E_0, \quad E_2 = \left(\frac{1}{X_d'} - \frac{1}{X_d}\right)E_0 \quad \cdots (2)$$

ゆえに題意の式は，次式で示せる．

$$i_{ph} = \left[\left(\frac{1}{X_d''} - \frac{1}{X_d'}\right)E_0\exp\left(\frac{-t}{T_d''}\right) + \left(\frac{1}{X_d'} - \frac{1}{X_d}\right)E_0\exp\left(\frac{-t}{T_d'}\right) \right.$$
$$\left. + \left(\frac{E_0}{X_d}\right)\right]\cos(\omega t - \alpha) + i_{dc} \quad \cdots (3)$$

これより，設問の A, B, C は次式で示せる．

$$A = \left(\frac{1}{X_d''} - \frac{1}{X_d'}\right)E_0, \quad B = \left(\frac{1}{X_d'} - \frac{1}{X_d}\right)E_0, \quad C = \frac{E_0}{X_d} \quad \textbf{(答)}$$
$$\cdots (4)$$

(2) 突発短絡相電流 i_{ph} の交流分に関して，振幅の減衰曲線を**解図2**に示す．**(答)**

X_d'' 及び X_d' は，(4)式を解くことにより，次式のとおり求められる．

$$X_d'' = \frac{E_0}{A+B+C}, \quad X_d' = \frac{E_0}{B+C} \quad \textbf{(答)}$$

により制限される．第3項は永久短絡電流であり，X_d により支配される．ここがポイントである．
③ 第1項及び第2項自体の最大の波高値は，それらの差となることに注意する．

解　説

減衰電流は2種類あるが，突発短絡の際には，電機子巻線に過渡電流が流れて，回転子側に過渡的な電機子反作用を発生させる．回転子の磁極面に設けられていて電機子巻線に近い制動巻線との鎖交磁束で決まるのが時定数の短い T_d''，制動巻線より遠くにある界磁巻線との鎖交磁束で決まるのが時定数の長い T_d' である．突発短絡時は，電機子反作用が効かないために，電機子漏れリアクタンス及び界磁漏れリアクタンスのみであり，過大な電流が流れる．

実際の突発短絡電流の計算は，上記の X_d'' を用いて行い，これに直流分を加味した**非対称係数** K_3 を乗じることが多い．K_3 は，RL 回路の X/R の比が大きいほど大きくなるが，一般には $K_3 = 1.3$ 程度で考えればよい．

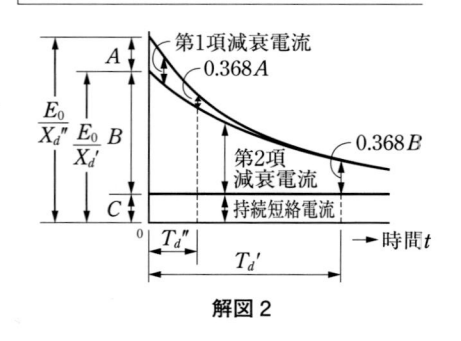

解図2

3.2 同期機

演習問題 2.8 同期電動機 1

定格周波数 60[Hz]，定格電圧 3 300[V]，定格出力 2 000[kW]，力率 1.0, 30 極の三相同期機があり，その短絡比は 1.2 である．この同期機を電動機として使用し，これに 60[Hz]，3 300[V]の電源から電力を供給し，定格負荷において力率 1.0 となるような励磁にしたとき，この電動機の出し得る最大トルクはいくらか．ただし，電動機は非突極機とし，その損失は無視できるものとする．

解 答

題意から，電動機は非突極機とし，その損失は無視できるとあるので，この電動機の最大出力 P_m は，印加電圧を V，内部リアクタンス電圧（誘導起電力）を E，同期リアクタンスを x_s とすると，

$$P_m = \frac{VE}{x_s} \ [\text{W}] \quad \cdots (1)$$

同期角速度 ω_s は，周波数を f，極数を p とすると，

$$\omega_s = 2\pi \frac{2f}{p} = \frac{4\pi f}{p} \ [\text{rad/s}] \quad \cdots (2)$$

よって，電動機の最大トルク T_m は，

$$T_m = \frac{P_m}{\omega_s} = \frac{pVE}{4\pi f x_s} \ [\text{N·m}] \quad \cdots (3)$$

この電動機の定格電流 I_n は，定格出力を P_n，定格電圧を V_n とすると，

$$I_n = \frac{P_n}{\sqrt{3}V_n} = \frac{2\,000 \times 10^3}{\sqrt{3} \times 3\,300} \fallingdotseq 349.9\,[\text{A}]$$

同期リアクタンス x_s は，短絡電流を I_s，短絡比を K_s とすると，

$$x_s = \frac{V_n}{\sqrt{3}I_s} = \frac{V_n}{\sqrt{3}K_s I_n} = \frac{3\,300}{\sqrt{3} \times 1.2 \times 349.9} \fallingdotseq 4.538\,[\Omega]$$

力率 1.0 での 1 相分のベクトル図は，**解図**のようになるから，内部リアクタンス電圧 E（線間値）は，

$$E = \sqrt{V_n^2 + (\sqrt{3}I_n x_s)^2} = \sqrt{3\,300^2 + 3 \times 349.9^2 \times 4.538^2}$$
$$\fallingdotseq 4\,296\,[\text{V}]$$

よって，最大トルク T_m は印加電圧 $V = V_n$ であるから，(3)式に数値を代入して，

$$T_m = \frac{30 \times 3\,300 \times 4\,296}{4\pi \times 60 \times 4.538} \fallingdotseq 124.3 \times 10^3\,[\text{N·m}] \quad \text{（答）}$$

解法のポイント

① 最大トルクとは，最大出力時のトルクにほかならない．

② 同期機の最大出力 P_m は，$P_m = VE/x_s$ で表せる．

③ x_s は，短絡電流により求める．短絡電流は定格電流に短絡比を掛ければよい．

④ トルク T は，$P = \omega T$ の定番の式を用いる．

⑤ 本問は，線間電圧または相電圧のいずれを用いるかを明確にして計算すること．

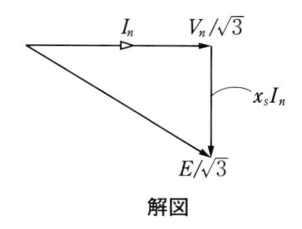

解図

[注] 負荷力率 1 であるため，$E > V$ となる．力率が 1 より遅れてくると $E < V$ となる．これは同期電動機の特徴である．次問参照．

第3章 機械・制御科目

演習問題 2.9　同期電動機2

定格電圧，一定出力の下で運転している非突極形三相同期電動機がある．励磁電流 I_f を調整して I_{f0} としたところ，入力電流が 0.5 [pu]，力率 1 となった．次の問に答えよ．ただし，短絡比は 0.8 であり，電機子抵抗，機械損及び鉄心の磁気飽和は無視できるものとする．

(1) 自己容量基準の単位法で表した無負荷誘導起電力 E_0 及び出力 P を求めよ．

(2) 一定出力を維持できる励磁電流の範囲で，I_f を変化させても，負荷角を δ とするとき $E_0 \sin\delta$ が一定であることを示し，その値（単位法）を求めよ．

(3) 励磁電流 I_f を kI_{f0} に設定した．このときの無負荷誘導起電力を E_{01}，負荷角を δ_1 とする．

　a. 端子電圧 $\dot{V}$ を基準ベクトル（フェーザ）とするとき，E_{01} 及び δ_1 を用いて入力電流 I_{a1} を表す式を求めよ．

　b. $k = 1.5$ に調整したときの無負荷誘導起電力 E_{01}（単位法）を求めよ．

　c. $k = 1.5$ に調整したときの入力電流 I_{a1} の大きさ（単位法）及び力率を求めよ．また，この場合の力率は，遅れまたは進みのどちらか．

解　答

(1) 端子電圧 $\dot{V}$（相電圧）を基準とした1相分のベクトル図は，**解図1**のように示せる．単位法の同期リアクタンス x_s は，短絡比を K_s とすると，

$$x_s = \frac{1}{K_s} = \frac{1}{0.8} = 1.25 \,[\text{pu}]$$

となる．無負荷誘導起電力 E_0 は，$V = 1.0$ [pu] にとると，入力電流 $I = 0.5$ [pu] であるから，

$$E_0 = \sqrt{V^2 + (x_s I)^2} = \sqrt{1^2 + (1.25 \times 0.5)^2} \fallingdotseq 1.179\,[\text{pu}] \quad \text{(答)}$$

出力 P は，負荷角を δ として，

$$P = \frac{VE_0}{x_s}\sin\delta = \frac{VE_0}{x_s} \cdot \frac{x_s I}{E_0} = VI = 1 \times 0.5 = 0.5\,[\text{pu}] \quad \text{(答)}$$

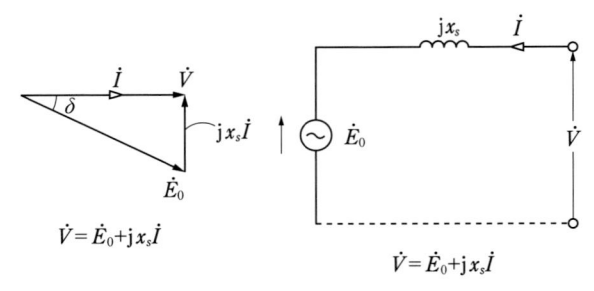

解図1

$\dot{V} = \dot{E}_0 + jx_s \dot{I}$

解法のポイント

① 前問と同様に，力率1の場合のベクトル図を描く．無負荷誘導起電力 E_0 はたやすく求まる．

② 出力 $P = E_0 V \sin\delta / x_s$ であるが，$\sin\delta = x_s I / E_0$ であるから，$P = VI$ になる．

③ 励磁電流 I_f を増加した場合には，E_0 は増加する．ただし，定格電圧は一定なので V は変わらない．これらを考慮してベクトル図を描く．よって，電流は進みになる．ここがポイントである．

④ 問(3)は，ベクトル図から，$x_s I_{a1}$ を直角三角形の斜辺として，電圧三角形を解けば，I_{a1} の式が求められる．

(2) 励磁電流 I_f を増加した場合の無負荷誘導起電力 E_0' は，$E_0' > E_0$ となるが，一定出力であるから電流の有効分は変わら

ない．ゆえに，ベクトル図は**解図2**のようになる．

元の電流 I と I_f 増加後の電流 I' とがなす角を φ とすると，$I = I'\cos\varphi$ で示せる．この場合の $E_0'\sin\delta'$ は，

$$E_0'\sin\delta' = x_s I'\cos\varphi = x_s I = E_0\sin\delta \quad \cdots (1)$$

となり，$E_0\sin\delta$ は一定である．ゆえに，

$$E_0\sin\delta = x_s I = 1.25 \times 0.5 = 0.625 \,[\text{pu}] \quad (\text{答})$$

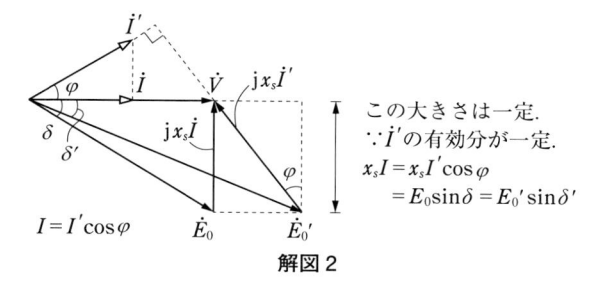

解図2

この大きさは一定．
∴ I' の有効分が一定．
$x_s I = x_s I'\cos\varphi$
$= E_0\sin\delta = E_0'\sin\delta'$

(3) **a. 入力電流の式** 励磁電流を kI_{f0} に設定した場合のベクトル図は解図2で，$E_{01} = E_0'$，$\delta_1 = \delta'$，$I_{a1} = I'$ に相当する．よって図から，次式が成り立つ．

$$(x_s I_{a1})^2 = (E_{01}\sin\delta_1)^2 + (E_{01}\cos\delta_1 - V)^2$$
$$= E_{01}^2 + V^2 - 2E_{01}V\cos\delta_1$$
$$\therefore I_{a1} = \frac{1}{x_s}\sqrt{E_{01}^2 + V^2 - 2E_{01}V\cos\delta_1} \quad (\text{答}) \quad \cdots (2)$$

b. $kI_{f0} = 1.5 I_{f0}$ **の無負荷誘導起電力** E_{01}　鉄心の磁気飽和を無視するので，E_{01} は励磁電流に比例して増加する．

$$\therefore E_{01} = 1.5 E_0 = 1.5 \times 1.179 \fallingdotseq 1.77\,[\text{pu}] \quad (\text{答})$$

c. $kI_{f0} = 1.5 I_{f0}$ **の入力電流** I_{a1}**, 力率**　(1)式の関係から，$\sin\delta_1$ は，

$$\sin\delta_1 = \frac{x_s I}{E_{01}} = \frac{0.625}{1.769} \fallingdotseq 0.3533\,[\text{pu}]$$

$$\therefore \cos\delta_1 = \sqrt{1 - \sin^2\delta_1} = \sqrt{1 - 0.3533^2} \fallingdotseq 0.9355$$

よって，I_{a1} は，(2)式に，数値を代入して，

$$I_{a1} = \frac{1}{1.25}\sqrt{1.769^2 + 1^2 - 2 \times 1.769 \times 1 \times 0.9355}$$
$$= 0.7242 \fallingdotseq 0.724\,[\text{pu}] \quad (\text{答})$$

となる．力率 $\cos\varphi_1$ は，次式となる．

$$\cos\varphi_1 = \frac{I}{I_{a1}} = \frac{0.5}{0.7242} \fallingdotseq 0.690\,[\text{pu}] \quad (\text{答})$$

解図2のベクトル図のように，進み力率である．(**答**)

解　説

解図3は，遅れ力率の場合のベクトル図である．E_0 は解図2の場合よりも小さく，E_0 の先端は V よりも左側にきて，V よりも値が小さくなる．

励磁電流により E_0 は変化するが，発電機の場合とは異なり，励磁電流の増加により，電流は進み方向となる．

円筒機の出力 P は，解図3で，逆起電力 E_0 と電機子電流 I のスカラ積である．図から，

$$V\sin\delta = x_s I\cos\varphi$$

なので，

$$P = E_0 I\cos\varphi = \frac{E_0 V\sin\delta}{x_s}\,[\text{W}]$$
$$\cdots (3)$$

となる．結果的には，発電機の出力式と同じになる．ただし，E_0 と V の位相関係が異なることに注意する．なお，E_0 と V を相電圧にとった場合は，(3)式を3倍しなければならない．

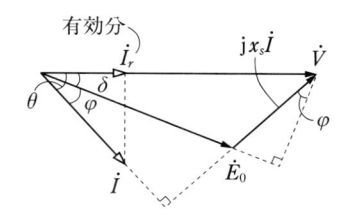

解図3

$V\sin\delta = x_s I\cos\varphi$

第3章　機械・制御科目

3.3　変　圧　器

学習のポイント

理想変圧器及び簡易等価回路が最重要である．電圧変動率εでは，%短絡インピーダンス(%Z)と%抵抗降下(p)，%リアクタンス降下(q)の関係をベクトル図で描けるようにする．またεは，精密式の導き方を理解し記憶すること．損失と効率では，鉄損と銅損の違いを理解する．変圧器の運転に関する事項は，2.4節「変電所」も参照のこと．

────── 重　要　項　目 ──────

1 変圧器一般

① 理想変圧器

鉄心の磁気飽和なし，巻線抵抗零，銅損・鉄損零，漏れ磁束なし，励磁電流無限小．
一次巻数N_1，二次巻数N_2の理想変圧器で，E：誘導起電力，I：電流とすると，

巻数比　　$a = N_1/N_2 = E_1/E_2$ 　　　　(3-1)

等起磁力の法則
　　$N_1I_1 = N_2I_2$，$I_1/I_2 = 1/a$ 　　　　(3-2)

② 種類，構造

・巻　線
単巻，二巻線(一般的)，三巻線．

・鉄心配置
内鉄形(鉄心を巻線で包む)，**外鉄形**．

・冷却方式
油入式，乾式，ガス絶縁式など．

2 等価回路

① 簡易等価回路(図3-1)
励磁部は一次端子に並列とする．
諸量の一次，二次換算は表3-1による．

表3-1　一次，二次の換算

換　算	Z	Y	電　圧	電　流
二次→一次	a^2倍	$1/a^2$倍	a倍	$1/a$倍
一次→二次	$1/a^2$倍	a^2倍	$1/a$倍	a倍

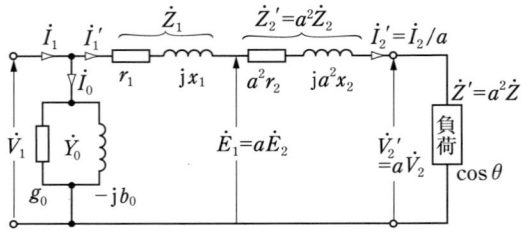

図3-1　変圧器の簡易等価回路(一次換算)

② %短絡インピーダンス

・インピーダンス電圧V_Z　変圧器の二次側短絡時に一次側に定格電流I_{1n}が流れるときの印加電圧．その入力が**インピーダンスワット**W_Z．

・%短絡インピーダンス%Z

$$\%Z = \frac{V_Z}{V_{1n}} \times 100$$

$$= \frac{I_{1n}Z_1'}{V_{1n}} \times 100 = \frac{I_{2n}Z_2'}{V_{2n}} \times 100 [\%] \quad (3\text{-}3)$$

V_{1n}：定格一次電圧．Z_1'：一次側から見たインピーダンス値．I_{2n}, V_{2n}, Z_2'は各々二次側からを示す．%Zは，一次側，二次側で同一値．

・%**抵抗降下**p，%**リアクタンス降下**q

$$p = \frac{I_{1n}r_1'}{V_{1n}} \times 100 = \frac{W_Z}{P_n} \times 100 [\%] \quad (3\text{-}4)$$

$$q = \frac{I_{1n}x_1'}{V_{1n}} \times 100 = \sqrt{(\%Z)^2 - p^2} [\%] \quad (3\text{-}5)$$

P_n：定格容量．r_1', x_1'は一次側から見た抵抗，リアクタンス値($r_1' = r_1 + a^2r_2$, $x_1' = x_1 + a^2x_2$)．

③ **電圧変動率** ε　V_{2n}：定格二次電圧，V_{20}：無負荷二次電圧，$\cos\theta$：負荷力率とすると，

$$\begin{aligned}\varepsilon &= \frac{V_{20}-V_{2n}}{V_{2n}} \times 100 \\ &= p\cos\theta + q\sin\theta + \frac{(q\cos\theta - p\sin\theta)^2}{200} \\ &\fallingdotseq p\cos\theta + q\sin\theta \end{aligned} \quad (3\text{-}6)$$

3 変圧器の損失，効率，運転

① **損　失**　鉄損と銅損からなる．
鉄損 P_i，銅損 $P_c \propto$ (負荷)^2

・**ヒステリシス損** P_h，**渦電流損** P_e

$$P_h \propto fB_m^2 \propto V^2/f \quad (3\text{-}7)$$
$$P_e \propto t^2 f^2 B_m^2 \propto V^2 \quad (3\text{-}8)$$

$B_m \propto V/f$：最大磁束密度，t：鉄板厚さ．

② **効　率** η (図 3-2)

$P_i = P_c$ 時に最高効率 η_m を示す．

$$規約効率 = \frac{出力}{出力 + P_i + P_c} \times 100\,[\%] \quad (3\text{-}9)$$

$$全日効率 = \frac{1日の出力電力量}{1日の入力電力量} \times 100\,[\%] \quad (3\text{-}10)$$

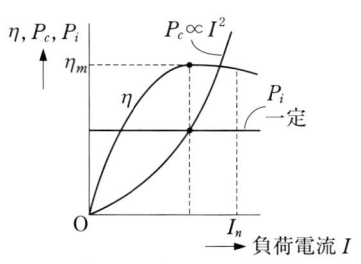

図 3-2 変圧器の効率

③ **温度上昇** θ　θ は指数関数で上昇．

$$\theta = \frac{Q}{H}(1 - e^{t/T})\,[\text{K}] \quad (3\text{-}11)$$

Q：損失[W]，H：熱放散係数[W/K]で逆数が熱抵抗[K/W]，$T = C/H$：時定数[s]（C は熱容量[J/K]）．T は $2 \sim 5$[h] 程度．

④ **並行運転**

・**負荷配分**　%Z の逆比で分担．%Z を基準容量に統一すること．

・**条件**（□は絶対）
 極性 ，巻数比 ，定格電圧 ，%Z，r/x 比を一致．三相では，上記＋ 相回転及び角変位 ．

4 その他の変圧器

① **三巻線変圧器**（図 3-3）

三次巻線は Δ で第 3 調波循環．

・**等起磁力の法則**

$$N_1 I_1 = N_2 I_2 + N_3 I_3 \quad (3\text{-}12)$$

I_3 の無効電流（調相設備）で I_1 の力率を改善できる．

・**電圧変動率** ε　一次 ε_1，二次 ε_2，三次 ε_3．

$$\varepsilon_{12} = \varepsilon_1 + \varepsilon_2,\ \varepsilon_{13} = \varepsilon_1 + \varepsilon_3,\ \varepsilon_{23} = \varepsilon_3 - \varepsilon_2 \quad (3\text{-}13)$$

（ε_{23} の符号に注意）

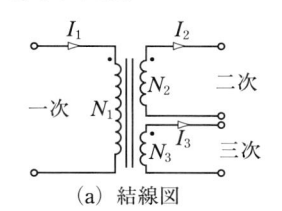

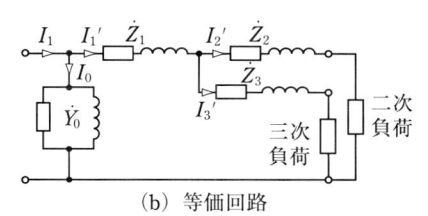

図 3-3 三巻線変圧器

② **三相結線**

Y と Δ の組合せで構成する（表 3-2）．

・**Y-Δ の等価回路**（演習問題 3.4 参照）．

着目している結線を適用して，Z を算定する．

・**Y 結線**　高電圧に適する．

線間電圧 $= \sqrt{3} \times$ 相電圧で 30[°] 進み，Y-Y 結線単独は不可（第 3 調波の影響あり）．

- **Δ結線** 大電流に適する.
  線電流＝$\sqrt{3}\times$相電流で30[°]遅れ
- **V結線** Δ結線で1相分なし.
  利用率＝$\sqrt{3}/2$, 出力比＝$\sqrt{3}/3$

表 3-2　Y結線とΔ結線の比較

結線	線間電圧		線電流		第3調波分
	大きさ	位相	大きさ	位相	
Y	相電圧×$\sqrt{3}$倍	相電圧の30°進み	相電流に同じ	相電流に同じ	悪影響ある
Δ	相電圧に同じ	相電圧に同じ	相電流×$\sqrt{3}$倍	相電流の30°遅れ	循環する起電力歪まない

③ **単巻変圧器**(図 3-4)

変圧器容量は自己容量で可なので価格低，一次・二次分離不可(非絶縁変圧器).

直列巻線 N_1, I_h, **分路巻線**(共通部分)N_2, I_2
高圧側端子：V_h, I_h，低圧側端子：V_l, I_l

$a = (N_1 + N_2)/N_2$,　$I_2 = I_l - I_h$　(3-14)

$V_h/V_l = a$,　$I_h/I_l = 1/a$,　$N_1 I_h = N_2 I_2$　(3-15)

自己容量 P_1(直列巻線)
　　＝**分路容量** P_2(分路巻線)

$P_1 = (V_h - V_l)I_h$,　$P_2 = V_l(I_l - I_h)$　(3-16)

線路容量：$V_h I_h = V_l I_l$　(3-17)

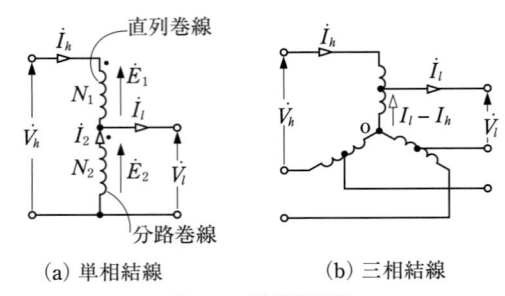

(a) 単相結線　　(b) 三相結線

図 3-4　単巻変圧器

④ **スコット結線**(図 3-5)

三相→二相の変換．M座変圧器とT座変圧器で構成．演習問題 3.16 参照．

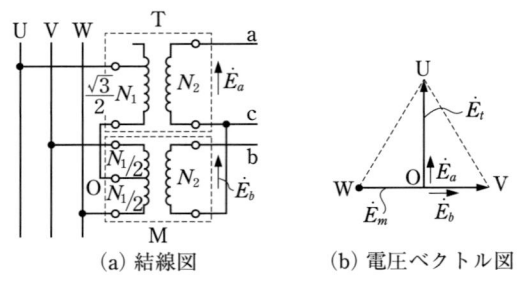

(a) 結線図　　(b) 電圧ベクトル図

図 3-5　スコット結線

演習問題 3.1　変圧器の等価回路 1

定格容量 1000[kV·A]，定格一次電圧 6.6[kV]，定格二次電圧 210[V]，定格周波数 50[Hz]の三相変圧器があり，星形 1 相換算の諸量は次のとおりである．

一次巻線抵抗(r_1) 0.29[Ω]，一次巻線漏れリアクタンス(x_1) 1.15[Ω]

二次巻線抵抗(r_2) 0.25[mΩ]，二次巻線漏れリアクタンス(x_2) 1.2[mΩ]

励磁コンダクタンス(g_0) 0.043[mS]

この変圧器の二次側を定格電圧に保ち，容量 1000[kV·A]，力率 0.8(遅れ)の負荷を接続して運転する場合について，次の値を求めよ．ただし，計算には簡易等価回路を用いるものとする．

(1) 星形 1 相一次換算の二次巻線の抵抗 r_2'[Ω]と漏れリアクタンス x_2'[Ω]

(2) 一次電圧 V_1 の大きさ(線間)[V]

(3) 電圧変動率 ε[%]．ただし，ベクトル図から正確に求めること．

3.3 変圧器

解 答

(1) この変圧器の一次換算1相分の簡易等価回路を**解図1**に示す．変圧比 a は，定格一次電圧を E_1，定格二次電圧を E_2 とすると，

$$a = \frac{E_1}{E_2} = \frac{6.6 \times 10^3}{210} = \frac{220}{7}$$

よって，一次換算の二次抵抗 r_2'，二次漏れリアクタンス x_2' は，

$$r_2' = a^2 r_2 = \left(\frac{220}{7}\right)^2 \times 0.25 \times 10^{-3} \fallingdotseq 0.247 \, [\Omega] \quad \textbf{(答)}$$

$$x_2' = a^2 x_2 = \left(\frac{220}{7}\right)^2 \times 1.2 \times 10^{-3} \fallingdotseq 1.185 \, [\Omega] \quad \textbf{(答)}$$

(2) 一次換算の負荷電流 I_1' は，題意の数値から，

$$I_1' = \frac{1\,000 \times 10^3}{\sqrt{3} \times 6.6 \times 10^3} \fallingdotseq 87.48 \, [\text{A}]$$

一次換算の二次電圧 E_2' を基準とした1相分のベクトル図を**解図2**に示す．二次側を定格電圧に保つから，$E_2' = 6.6/\sqrt{3}\,[\text{kV}]$ である．ベクトル図から，次式の電圧平衡が成り立つ．式に数値を代入して，

$$\begin{aligned}
E_1^2 &= \{E_2' + (r_1+r_2')I_1'\cos\theta + (x_1+x_2')I_1'\sin\theta\}^2 \\
&\quad + \{(x_1+x_2')I_1'\cos\theta - (r_1+r_2')I_1'\sin\theta\}^2 \\
&= \left\{\frac{6\,600}{\sqrt{3}} + (0.29+0.247) \times 87.48 \times 0.8\right. \\
&\quad \left. + (1.15+1.185) \times 87.48 \times \sqrt{1-0.8^2}\right\}^2 \\
&\quad + \left\{(1.15+1.185) \times 87.48 \times 0.8\right. \\
&\quad \left. - (0.29+0.247) \times 87.48 \times \sqrt{1-0.8^2}\right\}^2 \\
&\fallingdotseq 3\,970.65^2 + 135.23^2
\end{aligned}$$

$$\therefore E_1 = \sqrt{3\,970.65^2 + 135.23^2} \fallingdotseq 3\,973 \, [\text{V}]$$

よって，一次線間電圧 V_1 は，

$$V_1 = \sqrt{3} E_1 = \sqrt{3} \times 3\,973 \fallingdotseq 6\,880 \, [\text{V}] \quad \textbf{(答)}$$

(3) 電圧変動率 ε [注] は，

$$\varepsilon = \frac{E_1 - E_2'}{E_2'} = \frac{3\,973 - (6\,600/\sqrt{3})}{6\,600/\sqrt{3}} \fallingdotseq 0.042\,64 \to 4.26 \, [\%] \quad \textbf{(答)}$$

解法のポイント

① 変圧器の簡易等価回路の基本的な問題である．等価回路には，一次換算と二次換算があるが，本問は一次換算の回路である．

② インピーダンスの二次→一次の換算は，変圧比 a の2乗を掛ける．

③ 問(3)の電圧変動率 ε は，二次側電圧を基準としたおなじみのベクトル図を描いて求める．この際，二次側を定格電圧に保つので，一次換算では $6\,600/\sqrt{3}\,[\text{V}]$ の相電圧になる．ε の算出では%インピーダンスを用いた近似式を使用してはならない．

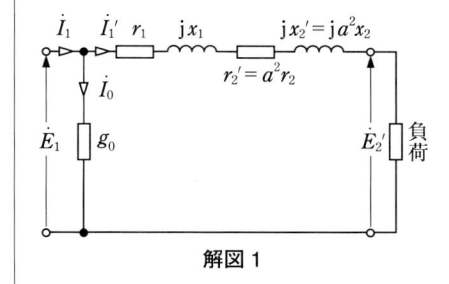

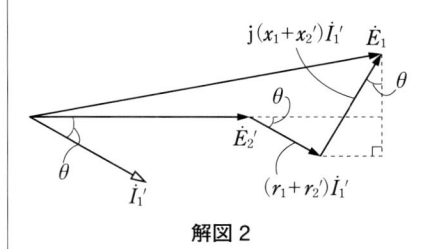

解図1

解図2

[注] (3-6)式との関係 解図2を定格状態とすると，E_2' が(3-6)式の V_{2n} に相当する．この状態から無負荷になると（$\dot{I}_1' = 0$），$E_2' = E_1$ となる．すなわち E_1 が V_{20} に対応する．

演習問題 3.2　変圧器の等価回路2

単相変圧器 1 000[kV·A]，変圧比 33 000/6 600[V]の変圧器の高圧側（一次側）にコンデンサを負荷として接続し，低圧側（二次側）に 6 600[V]を加えたときに高圧側の電流が 15.5[A]であった．この変圧器の高圧側及び低圧側のインピーダンスは各々次の値である．

　　高圧側：$\dot{Z}_H = 8.5 + j30.5\,[\Omega]$，低圧側：$\dot{Z}_L = 0.08 + j1.36\,[\Omega]$

これらの条件で，次の問に答えよ．ただし，コンデンサ回路の抵抗分や誘導リアクタンス分はないものとし，変圧器の励磁電流及び鉄損は無視できるものとする．

(1) 低圧側電流 I_L は何[A]となるか．

(2) 低圧側 6 600[V]を基準とした，この変圧器のインピーダンス（短絡インピーダンス）の抵抗 $R_T\,[\Omega]$ とリアクタンス $X_T\,[\Omega]$ を求めよ．また，この変圧器の自己容量基準の短絡インピーダンス $Z_T\,[\%]$ を求めよ．

(3) コンデンサが接続された状態での変圧器高圧側の端子電圧 $V_H\,[\mathrm{V}]$ を求めよ．また，高圧側に接続したコンデンサは定格電圧が 33 000[V]である．接続したコンデンサの定格電圧での定格容量 $Q_C\,[\mathrm{kvar}]$ を求めよ．

解　答

(1) 変圧器の二次側換算等価回路を**解図 1**に示す．変圧比 $a = 33\,000/6\,600 = 5$ なので，I_L は，高圧側電流を I_H とすると，

$$I_L = aI_H = 5 \times 15.5 = 77.5\,[\mathrm{A}] \quad \textbf{（答）}$$

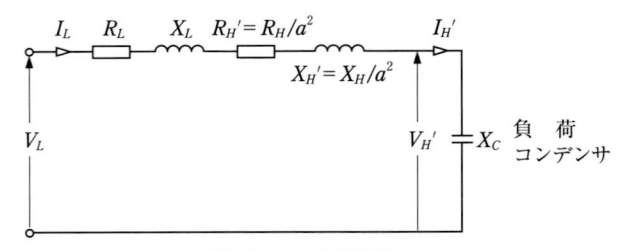

解図 1　二次側換算

(2) 低圧側（二次側）換算の抵抗 R_T，リアクタンス X_T は，

$$R_T = \frac{R_H}{a^2} + R_L = \frac{8.5}{5^2} + 0.08 = 0.42\,[\Omega] \quad \textbf{（答）}$$

$$X_T = \frac{X_H}{a^2} + X_L = \frac{30.5}{5^2} + 1.36 = 2.58\,[\Omega] \quad \textbf{（答）}$$

ゆえに，低圧側から見たインピーダンス Z_T は，

$$Z_T = \sqrt{R_T^2 + X_T^2} = \sqrt{0.42^2 + 2.58^2} \approx 2.614\,[\Omega]$$

よって，$\%Z_T$ は，定格容量を P_n，定格二次電圧を V_{Ln} とすると，

解法のポイント

① 本問でも変圧器の等価回路を描くこと．この際，題意から，励磁回路は無視してよい．電圧は，低圧側（二次側）から印加しているので，低圧側換算の等価回路とする．高圧側と 6 600[V]を混同しないこと．

② 本問では，高圧側（一次側），すなわち 33[kV]側にコンデンサを接続している．

③ 高圧側インピーダンスの低圧側換算は，巻数比 a として，$1/a^2$ 倍である．

④ 問(3)は，ベクトル図を描いて計算すること．電圧平衡から低圧側換算の高圧側の端子電圧を求め，値を高圧側に換算する．

$$\%Z_T = \frac{Z_T P_n}{V_{Ln}^2} \times 100 = \frac{2.614 \times 1\,000 \times 10^3}{(6.6 \times 10^3)^2} \times 100 \fallingdotseq 6.00 [\%] \quad \textbf{(答)}$$

(3) 低圧側換算の高圧側端子電圧 V_H' 基準のベクトル図を解図2に示す．図から，次式の電圧平衡が成り立つ．

$$(V_H' - I_L X_T)^2 + (I_L R_T)^2 = V_L^2$$
$$(V_H' - 77.5 \times 2.58)^2 + (77.5 \times 0.42)^2 = 6\,600^2$$
$$V_H' - 199.95 = \sqrt{6\,600^2 - 32.55^2} \fallingdotseq 6\,599.9 [V]$$
$$\therefore V_H' = 6\,599.9 + 199.95 \fallingdotseq 6\,800 [V]$$

よって，高圧側の端子電圧 V_H は，

$$V_H = aV_H' = 5 \times 6\,800 = 34\,000 [V] \quad \textbf{(答)}$$

これより，コンデンサのリアクタンス X_C は，

$$X_C = \frac{V_H}{I_H} = \frac{34\,000}{15.5} \fallingdotseq 2\,194 [\Omega]$$

ゆえに，コンデンサ定格電圧 V_C でのコンデンサ容量 Q_C は，

$$Q_C = \frac{V_C^2}{X_C} = \frac{33\,000^2}{2\,194} \fallingdotseq 496.4 \times 10^3 [var] \rightarrow 496 [kvar] \quad \textbf{(答)}$$

⑤ 高圧側の端子電圧から，コンデンサのリアクタンス値を求め，これを用いて，定格33 000[V]でのコンデンサ容量を算出する．

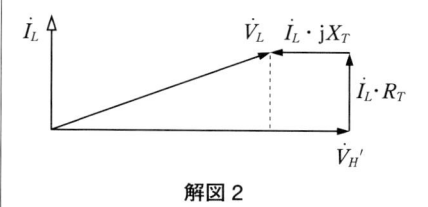

解図 2

解 説

本問のように，進相コンデンサの接続により，受電端電圧が送電端電圧より高くなることを，ベクトル図及び計算により理解する．

コラム　電圧変動率の精密式

演習問題3.1の解図2を二次側から見たベクトル図とする．$E_2' \rightarrow V_{2n}$, $E_1 \rightarrow V_{20}$, $I_1' \rightarrow I_{2n}$, $r_1 + r_2' \rightarrow r$, $x_1 + x_2' \rightarrow x$ で定格状態を表す（前問の[注]参照）．この場合，V_{20} は，

$$V_{20}^2 = (V_{2n} + I_{2n} r \cos\theta + I_{2n} x \sin\theta)^2$$
$$+ (I_{2n} x \cos\theta - I_{2n} r \sin\theta)^2 \quad \cdots ①$$

①式に p, q の定義式を適用する．

$$p = \frac{I_{2n} r}{V_{2n}} \times 100, \quad q = \frac{I_{2n} x}{V_{2n}} \times 100$$

$$V_{20}^2 = V_{2n}^2 \left(1 + \frac{p}{100}\cos\theta + \frac{q}{100}\sin\theta\right)^2$$
$$+ V_{2n}^2 \left(\frac{q}{100}\cos\theta - \frac{p}{100}\sin\theta\right)^2 \quad \cdots ②$$

ここで，②式の（　）内を

$$\frac{p}{100}\cos\theta + \frac{q}{100}\sin\theta = a$$
$$\frac{q}{100}\cos\theta - \frac{p}{100}\sin\theta = b$$

とおくと，電圧変動率 ε は，

$$\varepsilon = \left(\frac{V_{20}}{V_{2n}} - 1\right) \times 100$$
$$= \left\{\sqrt{(1+a)^2 + b^2} - 1\right\} \times 100$$
$$= \left\{(1+a)\sqrt{1 + \left(\frac{b}{1+a}\right)^2} - 1\right\} \times 100$$
$$\fallingdotseq \left[(1+a)\left\{1 + \frac{b^2}{2(1+a)^2}\right\} - 1\right] \times 100$$
$$= \left\{a + \frac{b^2}{2(1+a)}\right\} \times 100 \fallingdotseq \left(a + \frac{b^2}{2}\right) \times 100 \quad \cdots ③$$

上記の式展開では，$x \ll 1$ のとき，$(1+x)^n \fallingdotseq 1 + nx$, $a \ll 1$ のとき，$1 + a \fallingdotseq 1$ の近似を用いた．③式に，a, b を代入すると，p, q で示した(3-6)式の電圧変動率の式を導ける．

演習問題 3.3 変圧器の電圧変動率 1

定格容量 300[kV·A]，定格電圧（一次／二次）6 600/210[V]，定格周波数 60[Hz]の単相変圧器について，無負荷試験及び短絡試験を行ったところ，次のデータが得られた．ただし，諸量は 75[℃]に換算してある．この試験データから，次の問に答えよ．

試験名	一次電圧[V]	一次電流[A]	電力[W]
無負荷試験	6 600	1.18	720
短絡試験	247.5	45.45	4 150

(1) 変圧器の一次側から見た抵抗 $R[\Omega]$，漏れリアクタンス $X[\Omega]$，励磁コンダクタンス $G_0[S]$，励磁サセプタンス $B_0[S]$ を求めて，等価回路を示せ．
(2) 短絡インピーダンス%Z[%]，同抵抗分 p[%]，同リアクタンス分 q[%]を求めよ．
(3) 定格負荷での電圧変動率 ε[%]を求めよ．ただし，力率は遅れ 0.8 とする．
(4) 変圧器の最高効率 η_m[%]を求めよ．ただし，力率は 1.0 とする．

解 答

(1) 一次換算のインピーダンス Z，抵抗 R，リアクタンス X は，短絡試験の一次電圧を V_{s1}，一次電流を I_{s1}，電力を W_s とすると，

$$Z = \frac{V_{s1}}{I_{s1}} = \frac{247.5}{45.45} \fallingdotseq 5.446[\Omega]$$

$$R = \frac{W_s}{I_{s1}^2} = \frac{4\,150}{45.45^2} \fallingdotseq 2.009 \to 2.01[\Omega] \quad \text{（答）}$$

$$X = \sqrt{Z^2 - R^2} = \sqrt{5.446^2 - 2.009^2} \fallingdotseq 5.06[\Omega] \quad \text{（答）}$$

一次換算の励磁アドミタンス Y_0，励磁コンダクタンス G_0，励磁サセプタンス B_0 は，無負荷試験の一次電圧を V_{01}，一次電流を I_{01}，電力を W_0 とすると，

$$Y_0 = \frac{I_{01}}{V_{01}} = \frac{1.18}{6\,600} \fallingdotseq 0.178\,8 \times 10^{-3}[S],$$

$$G_0 = \frac{P_0}{V_{01}^2} = \frac{720}{6\,600^2} \fallingdotseq 0.016\,5 \times 10^{-3}[S] \quad \text{（答）}$$

$$B_0 = \sqrt{Y_0^2 - G_0^2} = \sqrt{(0.178\,8 \times 10^{-3})^2 - (0.016\,5 \times 10^{-3})^2}$$
$$\fallingdotseq 0.178 \times 10^{-3}[S] \quad \text{（答）}$$

上記の結果から，等価回路を**解図**に示す．（**答**）

解法のポイント

① 無負荷試験と短絡試験は，変圧器の重要な試験である．この試験により，変圧器の基本的な特性を知ることができる．

② **短絡試験**は，普通，低圧側を短絡して，高圧側に定格電流が流れるような電圧を加える．試験結果から，主回路の定数を求める．このとき加えた電圧を**インピーダンス電圧** V_z，入力を**インピーダンスワット** W_z という．短絡インピーダンス%Zは，(3-3)式のように V_z と定格電圧 V_n の比である．抵抗分 p[%]は，(3-4)式のように W_z と定格容量 P_n の比である．リアクタンス分 q[%]は，(3-5)式のように前二者のベクトル差である．

3.3 変圧器

解図

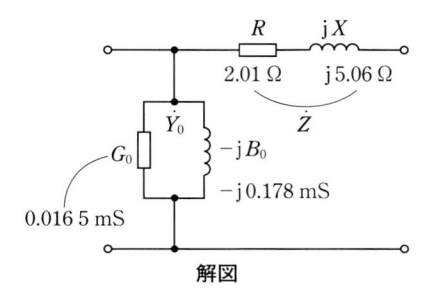

(2) 短絡インピーダンス%Z, 同抵抗分 p, 同リアクタンス分 q は, 定格容量を P_n, 定格一次電圧を V_{1n}, インピーダンス電圧を V_{1s}, インピーダンスワットを W_s とすると,

$$\%Z = \frac{V_{1s}}{V_{1n}} \times 100 = \frac{247.5}{6\,600} \times 100 = 3.75 [\%] \quad \text{(答)}$$

$$p = \frac{W_s}{P_n} \times 100 = \frac{4\,150}{300 \times 10^3} \times 100 \fallingdotseq 1.383 \to 1.38 [\%] \quad \text{(答)}$$

$$q = \sqrt{(\%Z)^2 - p^2} = \sqrt{3.75^2 - 1.383^2}$$
$$\fallingdotseq 3.486 \to 3.49 [\%] \quad \text{(答)}$$

(3) 定格負荷, 力率 $\cos\theta = 0.8$ での電圧変動率 ε は,

$$\varepsilon = p\cos\theta + q\sin\theta$$
$$= 1.383 \times 0.8 + 3.486 \times \sqrt{1 - 0.8^2} \fallingdotseq 3.198 \to 3.20 [\%] \quad \text{(答)}$$

(4) 変圧器の効率 η は, 負荷率を α, 鉄損を P_i, 全負荷銅損を P_{c0} とすると,

$$\eta = \frac{\alpha P_n \cos\theta}{\alpha P_n \cos\theta + P_i + \alpha^2 P_{c0}} \quad \cdots (1)$$

となるが, P_i は無負荷試験の電力 720 [W], P_{c0} は短絡試験の電力 4 150 [W] である. η は, $P_i = \alpha^2 P_{c0}$ のときに最高となるから,

$$\therefore \alpha = \sqrt{\frac{P_i}{P_{c0}}} = \sqrt{\frac{720}{4\,150}} \fallingdotseq 0.416\,5$$

よって, 最高効率 η_m は, (1) 式から,

$$\eta_m = \frac{0.416\,5 \times 300 \times 1}{0.416\,5 \times 300 \times 1 + 2 \times 0.72} \fallingdotseq 0.988\,6 \to 98.86 [\%] \quad \text{(答)}$$

別解 問(2)

問(1)で求めた Z, R, X のオーム値から, %インピーダンスの定義式で求めてもよい.

③ **無負荷試験**は, 高圧側を開放した状態で低圧側に定格電圧を印加し, 励磁電流 I_o 及び無負荷損 P_o を計測する. 鉄損 P_i は, 一次巻線抵抗を r_1 とすると,

$$P_i = P_o - I_o^2 r_1 [\text{W}] \quad (3\text{-}18)$$

そのほか, 励磁回路の定数を求めることができる.

④ 問(3)の電圧変動率は, 近似式を適用すればよい.

⑤ 問(4)の変圧器の効率計算では, 「負荷損∝(負荷)²」と, 「負荷損=鉄損のときに最高効率になる」の二点がポイントである.

解 説

本問の電圧変動率 ε を (3-6) 式の精密式で計算すると,

$$\varepsilon = p\cos\theta + q\sin\theta + \frac{(q\cos\theta - p\sin\theta)^2}{200}$$
$$= 3.198 + \frac{(3.486 \times 0.8 - 1.383 \times 0.6)^2}{200}$$
$$\fallingdotseq 3.198 + 0.019 = 3.217 [\%] \quad \cdots (2)$$

となるが, ほとんど近似式と変わらない. JEC-2200 によると, %Z が 4 [%] 以下の場合は (2) 式の第 3 項を無視してもよいとされている. ただし, %Z が 10 [%] 以下であれば, p が極端に低い場合以外では, 近似式を適用しても誤差は小さいことが多い.

なお, 無負荷試験, 短絡試験ともに, 題意に述べたのとは反対側に試験電圧を加えてもよい. 全く同じ結果になる. 試験電圧を得やすい側に電圧を印加することになる.

演習問題 3.4　変圧器の電圧変動率 2

定格容量 3 000[kV·A]，定格一次電圧 31 500[V]，定格二次電圧 400[V]，定格一次電流 55[A]，定格周波数 50[Hz]で Y-Δ 結線の三相変圧器がある．鉄損は 4 850[W]，短絡試験において一次側に 1 710[V]を加えたときの入力が 24.6[kW]，各端子間の巻線直流抵抗は，一次側は 2.68[Ω]，二次側は 0.000 38[Ω](いずれも測定時の温度は 28[℃]とする)であった．

次の手順で，この変圧器の電圧変動率[%]（巻線温度 75[℃]に換算したもの）を求めよ．

(1) 短絡試験の結果から，温度 28[℃]における短絡インピーダンス%Z，同抵抗分 p，同リアクタンス分 q を求めよ．

(2) 抵抗分 p の基になる変圧器の負荷損は，抵抗損と漂遊損の和である．巻線直流抵抗の値を用いて，温度 28[℃]における抵抗損と漂遊損を求めよ．

(3) 漂遊損は負荷電流により生じる漏れ磁束による渦電流が主体であり，温度に逆比例する．これを参考にして，温度 75[℃]における抵抗損と漂遊損を求めよ．ここで，t[℃]から T[℃]へ温度上昇時の抵抗の温度係数 α は次式を用いよ．なお，逆比例の場合，係数は $1/\alpha$ になる．

$$\alpha = \frac{234.5 + T}{234.5 + t}$$

(4) (3)の結果から 75[℃]の負荷損を求め，全負荷で力率 80[%]における変圧器の電圧変動率[%]を算出せよ．変動率の計算は近似式を用いてよい．

解答

(1) 短絡インピーダンス%Z，同抵抗分 p，同リアクタンス分 q は，インピーダンス電圧を V_{1s}，インピーダンスワットを W_s，定格容量を P_n，定格一次電圧を V_{1n} とすると，題意の値から，

$$\%Z = \frac{V_{1s}}{V_{1n}} \times 100 = \frac{1\,710}{31\,500} \times 100 \fallingdotseq 5.429[\%] \quad \text{(答)}$$

$$p = \frac{W_s}{P_n} \times 100 = \frac{24.6}{3\,000} \times 100 = 0.82[\%] \quad \text{(答)} \cdots (1)$$

$$q = \sqrt{(\%Z)^2 - p^2} = \sqrt{5.429^2 - 0.82^2} \fallingdotseq 5.367[\%] \quad \text{(答)}$$

(2) 一次 1 相の抵抗 r_1 は，Y 結線端子間抵抗の 1/2 で，

$$r_1 = \frac{2.68}{2} = 1.34[\Omega]$$

二次 1 相の抵抗 r_2 は，Δ 結線であるが，等価 Y 結線とみて r_1 同様に，

$$r_2 = \frac{0.000\,38}{2} = 0.000\,19[\Omega]$$

よって，一次換算の全抵抗 R は，

解法のポイント

① 問(1)では，前問と同様に，短絡試験の結果から，%インピーダンス，抵抗分 p，リアクタンス分 q を求める．

② 問(2)では，抵抗損を分離するために，1 相分の抵抗を求める．変圧器が Y-Δ 結線であるが，一次側の Y 結線では，端子間抵抗の 1/2 とする．二次側の Δ 結線は，等価 Y 結線と考えて，やはり端子間抵抗の 1/2 とすればよい．漂遊損は負荷損から抵抗損を差し引く．

③ 問(3)では，題意の α の式を用いて，75[℃]での漂遊損と抵抗損を求める．

$$R = r_1 + r_2\left(\frac{V_1}{V_2}\right)^2 = 1.34 + 0.000\,19 \times \left(\frac{31\,500}{400}\right)^2 \fallingdotseq 2.518\,[\Omega]$$

ゆえに，28[℃]での抵抗損 W_{r28} は，一次電流を I とすると，
$$W_{r28} = 3I^2R = 3 \times 55^2 \times 2.518 \fallingdotseq 22.85 \times 10^3\,[\text{W}] \quad \text{（答）}$$

よって，28[℃]での漂遊損 W_{s28} は，負荷損を W_s とすると，
$$W_{s28} = W_s - W_{r28} = 24.6 - 22.85 = 1.75\,[\text{kW}] \quad \text{（答）}$$

(3) 28[℃]から75[℃]へ温度上昇時の抵抗の温度係数 α は，題意の式から，
$$\alpha = \frac{234.5 + 75}{234.5 + 28} \fallingdotseq 1.179$$

よって，題意により，75[℃]での抵抗損 W_{r75} 及び漂遊損 W_{s75} は，
$$W_{r75} = W_{r28} \cdot \alpha = 22.85 \times 1.179 \fallingdotseq 26.94\,[\text{kW}] \quad \text{（答）} \cdots (2)$$
$$W_{s75} = \frac{W_{s28}}{\alpha} = \frac{1.75}{1.179} \fallingdotseq 1.48\,[\text{kW}] \quad \text{（答）} \cdots (3)$$

(4) 75[℃]における負荷損 W_{75} は，(2)式と(3)式の和であるから，
$$W_{75} = W_{r75} + W_{s75} \fallingdotseq 26.94 + 1.48 = 28.42\,[\text{kW}] \quad \text{（答）}$$

ゆえに，75[℃]における抵抗分 p_{75} は，(1)式を適用して，
$$p_{75} = \frac{W_{75}}{P_n} \times 100 = \frac{28.42}{3\,000} \times 100 \fallingdotseq 0.947\,[\%]$$

q は温度によって変化しないから，75[℃]における全負荷，力率80[%]の電圧変動率 ε は，
$$\varepsilon = p_{75}\cos\theta + q\sin\theta$$
$$= 0.947 \times 0.8 + 5.367 \times \sqrt{1-0.8^2} \fallingdotseq 3.98\,[\%] \quad \text{（答）}$$

④ 問(4)では問(3)の結果から，改めて75[℃]での抵抗分 p_{75} を求める．リアクタンス分 q は温度による変化がない．電圧変動率の計算は，他の問題と同様に行えばよい．

解説

本問は，負荷損から漂遊損を分離して，正確に電圧変動率を求める手法を示す．抵抗損を求めるために，端子間の抵抗値から各相の抵抗を求めるとき，結線がY-Δなので少し戸惑うが，三相結線の変圧器において，Y-Δ結線またはΔ-Y結線となる場合，<u>一次換算の等価回路は，一次側の結線のみに注目すればよい</u>．逆に，二次換算の場合は，二次側結線のみに注目する．

渦電流損は磁性体である鉄部で発生するが，抵抗の温度係数は，実用上は銅も鉄もほとんど変わりがないので，両者ともに題意の α の式を用いる．

渦電流 i_e は，誘導起電力を e，鉄部の抵抗を R_m とすると，$i_e = e/R_m$ である．渦電流損 $p_e = e^2/R_m$ であるが，R_m は温度上昇で増加するから，p_e は温度上昇に逆比例する．

演習問題 3.5　変圧器の損失・効率 1

図は，定格容量 12[MV·A]，定格二次電圧 22[kV] の単相変圧器の二次側に換算した簡易等価回路である．定格負荷時（12[MV·A]，力率0.8）の効率を求めよ．抵抗，リアクタンス等の数値は図示のとおりである．

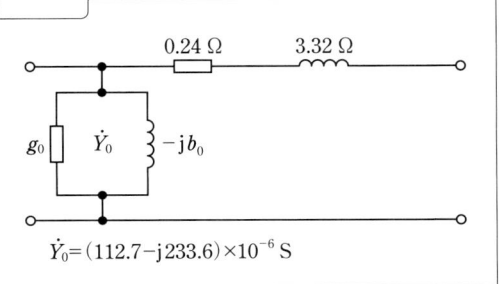

$\dot{Y}_0 = (112.7 - j233.6) \times 10^{-6}\,\text{S}$

回路定数：0.24 Ω，3.32 Ω，g_0，$\dot{Y}_0$，$-jb_0$

解 答

負荷を含んだ定格負荷時の等価回路を**解図**に示す．定格運転時には，定格二次電圧 V_{2n} は 22[kV]である．よって，定格二次電流 I_{2n} は，定格容量を P_n とすると，

$$I_{2n} = \frac{P_n}{V_{2n}} = \frac{12 \times 10^6}{22 \times 10^3} \fallingdotseq 545.45 [\text{A}]$$

負荷のインピーダンス Z_L は，

$$Z_L = \frac{V_{2n}}{I_{2n}} = \frac{22\,000}{545.45} \fallingdotseq 40.33 [\Omega]$$

これらの抵抗分 R_L，リアクタンス分 X_L は，力率を $\cos\theta$ とすると，

$$R_L = Z_L \cos\theta = 40.33 \times 0.8 \fallingdotseq 32.26 [\Omega],$$
$$X_L = Z_L \sin\theta = 40.33 \times \sqrt{1-0.8^2} \fallingdotseq 24.20 [\Omega]$$

ゆえに，励磁回路より二次側の負荷を含む合成インピーダンス Z は，R_2 及び X_2 を二次側に換算した抵抗及びリアクタンスとすると，

$$Z = \sqrt{(R_2+R_L)^2 + (X_2+X_L)^2}$$
$$= \sqrt{(0.24+32.26)^2 + (3.32+24.20)^2} \fallingdotseq 42.59 [\Omega]$$

以上から，一次端子電圧の二次換算値 V_1' は，

$$V_1' = ZI_{2n} = 42.59 \times 545.45 \fallingdotseq 23\,231 [\text{V}]$$

となる．鉄損 P_i は，励磁コンダクタンス g_0 の損失であるから，

$$P_i = V_1'^2 \cdot g_0 = (23.231 \times 10^3)^2 \times 112.7 \times 10^{-6}$$
$$\fallingdotseq 60\,822 [\text{W}] \fallingdotseq 60.82 [\text{kW}]$$

となる．定格負荷時の負荷銅損 P_c は，

$$P_c = I_{2n}^2 R_2 = 545.45^2 \times 0.24 \fallingdotseq 71\,404 [\text{W}] \fallingdotseq 71.40 [\text{kW}]$$

となる．よって，定格負荷時の効率 η は，負荷力率を $\cos\theta$ とすると，

$$\eta = \frac{P_n \cos\theta}{P_n \cos\theta + P_i + P_c} = \frac{12\,000 \times 0.8}{12\,000 \times 0.8 + 60.82 + 71.40}$$

$$\fallingdotseq 0.986\,4 \rightarrow 98.64 [\%] \quad \text{(答)}$$

解法のポイント

① 定格負荷を接続した場合の変圧器の効率を求める問題であるが，特に難しいところはない．

② 変圧器の定格負荷は，二次端子が定格二次電圧で定格容量の負荷が接続されている状態である．これによって，負荷のインピーダンスが求められる．力率を用いて，これを抵抗分とリアクタンス分に分ける．

③ 変圧器自体のインピーダンスと負荷インピーダンスにより，二次換算の一次端子電圧を求める．これによって，励磁コンダクタンスから鉄損が求まる．

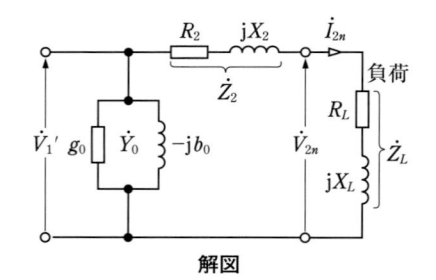

解図

演習問題 3.6　変圧器の損失・効率2

定格容量 100[kV·A]，定格一次電圧 6.6[kV]，定格周波数 60[Hz] の単相変圧器があり，その特性は右表のとおりである．この変圧器について次の問に答えよ．ただし，

定格容量，力率1における効率	98.0[%]
定格容量，力率1における電圧変動率	1.6[%]
無負荷電流	5.0[%]

リアクタンス降下は抵抗降下の 1.5 倍とし，鉄心の飽和は無視するものとする．また，図の等価回路のように励磁回路を励磁インピーダンスで表現するものとし，鉄損抵抗 r_M は周波数にかかわらず一定とする．

(1) 定格電圧，周波数 60[Hz] で運転時の，次の値を求めよ．
　a. 無負荷損[W]，b. 力率 0.8 における電圧変動率[%]，c. 励磁電流[A]及び鉄損抵抗[Ω]

(2) 定格電圧，周波数 50[Hz] で運転時の無負荷損[W]を求めよ．ただし，励磁電流の計算では，鉄損抵抗は励磁リアクタンスに比べて十分小さいものとする．

(3) 周波数 50[Hz] で運転時の全損失を，周波数 60[Hz] で運転時の全損失と同一とするためには，負荷容量[kV·A]がいくらになるかを求めよ．ただし，いずれの場合も電圧を定格値とする．

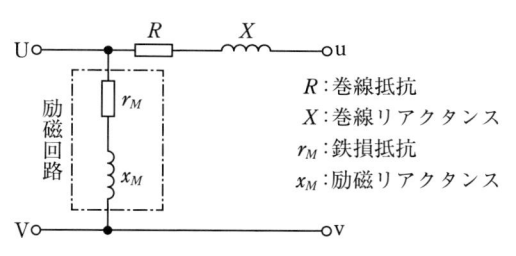

R：巻線抵抗
X：巻線リアクタンス
r_M：鉄損抵抗
x_M：励磁リアクタンス

解 答

(1) 変圧器の抵抗降下を p，リアクタンス降下を q とすると，定格容量の電圧変動率 ε は，

$$\varepsilon = p\cos\theta + q\sin\theta\,[\%] \quad \cdots (1)$$

であるが，題意から $\cos\theta = 1$ で，$\varepsilon = 1.6\,[\%]$ である．ゆえに，$p = 1.6\,[\%]$ である（$\because \sin\theta = 0$）．

また，題意から，$q = 1.5p = 1.5 \times 1.6 = 2.4\,[\%]$ となる．

a. 無負荷損　p は，負荷損 P_c と定格容量 P_n の比である．よって，P_c は，

$$P_c = p \cdot P_n = 0.016 \times 100 = 1.6\,[\text{kW}]$$

となる．定格容量，力率1における効率 η は，無負荷損を P_i とすると，

解法のポイント

① 与えられた条件から，変圧器の抵抗降下 p とリアクタンス降下 q を求める．

② p は負荷損 P_c と定格容量の比にほかならないから，P_c が求まる．

③ 効率 η の式から，鉄損 P_i を求める．

$$\eta = \frac{P_n}{P_n + P_c + P_i} = \frac{100}{100 + 1.6 + P_i} = 0.98$$

$$\therefore P_i = \frac{100}{0.98} - 101.6 \fallingdotseq 0.440\,8\,[\mathrm{kW}] \fallingdotseq 441\,[\mathrm{W}] \quad \text{(答)}$$

b. 電圧変動率 $\cos\theta = 0.8$ では，$\sin\theta = 0.6$ なので，電圧変動率 ε は，(1)式から，

$$\varepsilon = 1.6 \times 0.8 + 2.4 \times 0.6 = 2.72\,[\%] \quad \text{(答)}$$

c. 励磁電流，鉄損抵抗 定格一次電流 I_{1n} は，定格一次電圧を V_{1n} とすると，

$$I_{1n} = \frac{P_n}{V_{1n}} = \frac{100}{6.6} \fallingdotseq 15.152\,[\mathrm{A}]$$

ゆえに，励磁電流(無負荷電流) I_0 は，題意から，

$$I_0 = 0.05\,I_{1n} = 0.05 \times 15.152 \fallingdotseq 0.757\,6\,[\mathrm{A}] \quad \text{(答)}$$

鉄損抵抗 r_M は，

$$r_M = \frac{P_i}{I_0^2} = \frac{440.8}{0.757\,6^2} \fallingdotseq 768\,[\Omega] \quad \text{(答)}$$

(2) 題意から，r_M は励磁リアクタンス x_M に比べて十分小さいから，I_0 は x_M により定まる．周波数が $50\,[\mathrm{Hz}]$ になると，x_M は，$(50/60)$ 倍になる．よって，励磁電流 I_0' は，$(60/50)$ 倍になり，

$$I_0' = \frac{60}{50} I_0 = \frac{60}{50} \times 0.757\,6 \fallingdotseq 0.909\,1\,[\mathrm{A}]$$

となる．ゆえに，$50\,[\mathrm{Hz}]$ 運転時の無負荷損 P_i' は，

$$P_i' = I_0'^2 \cdot r_M = 0.909\,1^2 \times 768 \fallingdotseq 634.7 \fallingdotseq 635\,[\mathrm{W}] \quad \text{(答)}$$

(3) $60\,[\mathrm{Hz}]$ 運転時の全損失 P_{L60} は，

$$P_{L60} = P_c + P_i = 1\,600 + 440.8 = 2\,040.8\,[\mathrm{W}]$$

となる．$50\,[\mathrm{Hz}]$ 運転時の負荷率を α として，その全損失 P_{L50} を P_{L60} と同じとすると，次式が成り立つ．

$$P_{L50} = \alpha^2 P_c + P_i' = 1\,600\alpha^2 + 634.7 = 2\,040.8 \quad \cdots\,(2)$$

$$\therefore \alpha = \sqrt{\frac{2\,040.8 - 634.7}{1\,600}} \fallingdotseq 0.937$$

よって，$50\,[\mathrm{Hz}]$ 運転時の負荷 P は，

$$P = \alpha P_n = 0.937 \times 100 = 93.7\,[\mathrm{kV\cdot A}] \quad \text{(答)}$$

④ P_i は，鉄損抵抗 r_M のジュール損であるから，励磁電流 I_0 を基にして r_M を算出する．

⑤ $50\,[\mathrm{Hz}]$ で運転したときは，励磁リアクタンス x_M が低下するので，I_0 は増加する．この際，題意から r_M は無視してよい．

⑥ $50\,[\mathrm{Hz}]$ では I_0 の増加により鉄損が増加するので，損失が $60\,[\mathrm{Hz}]$ と同じなら負荷損を減らさなければならない．負荷損は負荷率 α の2乗に比例することに留意して，α を求め，負荷容量を算出する．

解 説

$60\,[\mathrm{Hz}]$ 用の変圧器を，本問のように $50\,[\mathrm{Hz}]$ で運転すると，励磁電流の増加により鉄損が増加し，出力の制限も生じ得るので注意が必要である．$50/60\,[\mathrm{Hz}]$ 共用とする場合には，励磁電流が大きくなる $50\,[\mathrm{Hz}]$ として設計しなければならない．この場合，$60\,[\mathrm{Hz}]$ で運転すると容量に余裕があることになる．

演習問題 3.7　変圧器の損失・効率 3

定格容量 100[kV·A]，定格電圧における無負荷損 460[W]の電力用変圧器があり，力率 1 で運転したとき，定格容量の 40[%]負荷時の効率と定格容量の 70[%]負荷時の効率とが等しくなった．この変圧器について，次の問に答えよ．

(1) 力率 1 で定格容量運転を行ったときの負荷損 W_{c1}[W]を求めよ．

(2) 力率 0.9 で定格容量運転を行ったときの効率 η_{100}[%]を求めよ．

(3) 力率 0.9 で運転したとき，最大効率を与える負荷 P_1[kW]，及び最大効率 η_{max}[%]を求めよ．

(4) 力率 0.9 で運転したとき，定格容量運転時と効率が等しくなる負荷 P_2[kW]，及びその負荷における負荷損 W_{c2}[W]を求めよ．

解答

(1) 変圧器の効率 η は，定格容量を P_n，負荷率を α，力率を $\cos\theta$，無負荷損を W_i，全負荷銅損を W_{c0} とすると，次式で示せる．$\alpha^2 W_{c0}$ は負荷損である．

$$\eta = \frac{\alpha P_n \cos\theta}{\alpha P_n \cos\theta + W_i + \alpha^2 W_{c0}} \quad \cdots (1)$$

題意から，力率 1 で，$\alpha = 0.4$ と $\alpha = 0.7$ の効率が等しいので，(1)式から次式が成り立つ．

$$\frac{0.4 \times 100 \times 1}{0.4 \times 100 \times 1 + 0.46 + 0.4^2 W_{c0}} = \frac{0.7 \times 100 \times 1}{0.7 \times 100 \times 1 + 0.46 + 0.7^2 W_{c0}}$$
$$\cdots (2)$$

(2)式を整理すると，

$$8.4 W_{c0} = 13.8 \quad \therefore W_{c0} = \frac{13.8}{8.4} \fallingdotseq 1.643 \text{[kW]}$$

W_{c1} は，全負荷銅損にほかならないから，

$W_{c1} = W_{c0} = 1\,643$[W]　**(答)**

(2) 力率 0.9 で定格容量運転を行ったときの効率 η_{100} は，(1)式から，

$$\eta_{100} = \frac{100 \times 0.9}{100 \times 0.9 + 0.46 + 1.643} \fallingdotseq 0.977\,2 \to 97.7\text{[%]} \quad \textbf{(答)}$$
$$\cdots (3)$$

(3) 変圧器の最大効率は，無負荷損 W_i＝負荷損 $\alpha^2 W_{c0}$ のときである．その負荷率を α_1 とすると，

解法のポイント

① 意外に計算力が試される問題である．きちんと式を立てて数値を代入し，ミスを犯さないようにする．

② まず，題意の 40[%]負荷時と 70[%]負荷時の効率が等しいことから，全負荷銅損を求める．

③ それを基にして，問(2)の効率を求める．

④ 問(3)では，最大効率時は，無負荷損＝負荷損であるから，そのときの負荷率 α_1 を算出する．それを基にして負荷[kW]及び最大効率を求める．

⑤ 問(4)では，問(2)の効率 η_{100}[%]と等しくなる負荷率 α_2 をまず求める．α_2 に関する 2 次方程式を解いて，適切な解を出す．当然，最大効率時の負荷率より低くなる．

$$\alpha_1 = \sqrt{\frac{W_i}{W_{c0}}} = \sqrt{\frac{460}{1\,643}} \fallingdotseq 0.529\,1$$

よって，力率 0.9 で最大効率の負荷 P_1 は，

$$P_1 = \alpha_1 P_n \times 0.9 = 0.529\,1 \times 100 \times 0.9 \fallingdotseq 47.62 \text{[kW]} \quad \text{（答）}$$

最大効率 η_{max} は，(1)式から，

$$\eta_{max} = \frac{47.62}{47.62 + 2 \times 0.46} \fallingdotseq 0.981\,0 \to 98.1\text{[\%]} \quad \text{（答）}$$

(4) 力率 0.9 で定格容量運転時の効率は，$\eta_{100} = 0.977\,2$ であるから，これと効率が等しい負荷率を α_2 とすると，(1)式から，次式が成り立つ．

$$0.977\,2 = \frac{90\alpha_2}{90\alpha_2 + 0.46 + 1.643\alpha_2^2} \quad \cdots (4)$$

(4)式を整理すると，$\alpha_2^2 - 1.278\alpha_2 + 0.280\,0 = 0$ $\cdots$ (5)

(5)式を解くと，α_2 は，

$$\alpha_2 = \frac{1.278 \pm \sqrt{1.278^2 - 4 \times 0.28}}{2} \fallingdotseq 0.997\,2,\ 0.280\,8 \quad \cdots (6)$$

α_2 は最大効率時の α_1 より小さくなるから，$0.280\,8$ をとる[注]．ゆえに，負荷 P_2 は，

$$P_2 = \alpha_2 P_n \times 0.9 = 0.280\,8 \times 100 \times 0.9 \fallingdotseq 25.3\text{[kW]} \quad \text{（答）}$$

負荷 P_2 における負荷損 W_{c2} は，

$$W_{c2} = 1\,643\alpha_2^2 = 1\,643 \times 0.280\,8^2 \fallingdotseq 129.5\text{[W]} \quad \text{（答）}$$

力率 0.9 で運転時の負荷率と効率の関係を**解図**に示す．

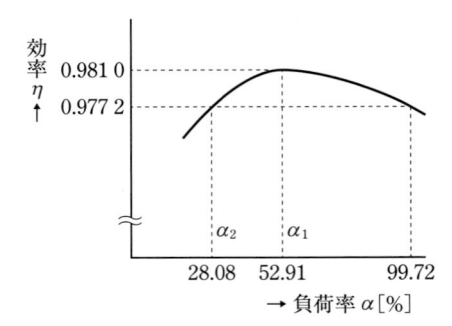

解図　力率 0.9 運転時

[注] (6)式の非選択解は，(3)式の定格容量にほかならない．

[補充問題]　鉄損の分離

定格容量 300[kV·A]，定格電圧 6 600/210[V]，定格周波数 60[Hz]の単相変圧器がある．周波数 60[Hz]で電圧 6 600[V]を印加して無負荷試験をしたところ，無負荷損は 780[W]であった．次に，この変圧器を周波数 50[Hz]で電圧 6 000[V]を印加して無負荷試験をしたところ，無負荷損は 750[W]になった．この変圧器の周波数 60[Hz]でのヒステリシス損 P_{h6} と渦電流損 P_{e6} を求めよ．ただし，無負荷損はすべて鉄損とする．

[解　答]

ヒステリシス損定数を K_h，渦電流損定数を K_e，周波数を f，電圧を V とすると，ヒステリシス損 P_h，渦電流損 P_e は，

$$P_h = K_h V^2/f,\quad P_e = K_e V^2$$

であるから，鉄損 P_i は，添字を 60[Hz]で 6，50[Hz]で 5 とすると，題意の数値から，

$$P_{i6} = P_{h6} + P_{e6} = 780$$
$$= K_h \frac{6\,600^2}{60} + K_e \cdot 6\,600^2 \quad \cdots ①$$
$$P_{i5} = P_{h5} + P_{e5} = 750$$
$$= K_h \frac{6\,000^2}{50} + K_e \cdot 6\,000^2 \quad \cdots ②$$

①，②式を解くと，K_h，K_e は，

$$K_h \fallingdotseq 0.882 \times 10^{-3}$$
$$K_e \fallingdotseq 0.003\,2 \times 10^{-3}$$

よって，P_{h6}，P_{e6} は，

$$P_{h6} = 0.882 \times 10^{-3} \times \frac{6\,600^2}{60}$$
$$\fallingdotseq 640 \text{[W]}$$
$$P_{e6} = P_{i6} - P_{h6} = 780 - 640 = 140 \text{[W]}$$

演習問題 3.8 変圧器の損失・効率 4

定格容量 50[kV·A]，定格周波数 60[Hz]，定格一次電圧 6 600[V]の単相変圧器がある．この変圧器の定格容量運転時の損失は，無負荷損が 250[W]で，このうちヒステリシス損が 200[W]，渦電流損が 50[W]であり，また，負荷損が 750[W]で，このうち抵抗損が 700[W]，漂遊損が 50[W]である．次の問に答えよ．ただし，漂遊損は，（電流）^{2}×（周波数）^{2} に比例するものとする．

(1) 定格周波数，定格電圧で，力率 0.9 の定格容量運転を行ったときの効率 η_1[%]を求めよ．

(2) 次に，この変圧器を周波数 50[Hz]，一次電圧 6 000[V]，力率 0.9 で定格容量運転したときの効率 η_2[%]を求めよ．また，損失の増減はいくらか．

解 答

(1) 無負荷損を P_i，負荷損を P_c，定格容量を P_n とする．定格状態で，力率 0.9 での効率 η_1 は，

$$\eta_1 = \frac{0.9 P_n}{0.9 P_n + P_i + P_c} = \frac{0.9 \times 50}{0.9 \times 50 + 0.25 + 0.75}$$

$$\approx 0.978\,3 \to 97.8[\%] \quad \text{(答)}$$

(2) ヒステリシス損を P_h，渦電流損を P_e，抵抗損を P_r，漂遊損を P_s，電圧を V，電流を I，周波数を f とする．V，f の変化により，各損失が変化する．まず，無負荷損 P_i' を求めるが，これは，P_h と P_e に分かれる．

$$P_h \propto \frac{V^2}{f} \quad \therefore P_h = 200 \times \left(\frac{6.0}{6.6}\right)^2 \times \frac{60}{50} \approx 198.3[\text{W}]$$

$$P_e \propto V^2 \quad \therefore P_e = 50 \times \left(\frac{6.0}{6.6}\right)^2 \approx 41.3[\text{W}]$$

$$\therefore P_i' = P_h + P_e = 198.3 + 41.3 = 239.6[\text{W}]$$

次に，負荷損 P_c' を求めるが，P_r と P_s に分かれる．

$$P_r \propto I^2 \propto \frac{1}{V^2} \quad \therefore P_r = 700 \times \left(\frac{6.6}{6.0}\right)^2 = 847[\text{W}]$$

$$P_s \propto I^2 f^2 \propto \frac{f^2}{V^2} \quad \therefore P_s = 50 \times \left(\frac{50}{60}\right)^2 \times \left(\frac{6.6}{6.0}\right)^2 \approx 42.0[\text{W}]$$

$$\therefore P_c' = P_r + P_s = 847 + 42 = 889[\text{W}]$$

よって，50[Hz]，6 000[V]，力率 0.9 で定格容量運転したときの効率 η_2 は，

$$\eta_2 = \frac{0.9 P_n}{0.9 P_n + P_i' + P_c'} = \frac{0.9 \times 50}{0.9 \times 50 + 0.239\,6 + 0.889} \approx 0.975\,5 \to 97.6[\%] \quad \text{(答)}$$

変化後の全損失 = $P_i' + P_c'$ = 239.6 + 889 ≒ 1 129[W]，元の損失 = 250 + 750 = 1 000[W]である．よって，損失は 129[W]の増加である．**(答)**

解法のポイント

① 問(2)では，各損失別に，損失の変化を計算する．ヒステリシス損 $P_h \propto V^2/f$，渦電流損 $P_e \propto V^2$ である．

② 漂遊損は題意により，計算する．

③ 電圧の変化があるので抵抗損も変化することに注意する．

[注] 漂遊損 P_s の電流 I 及び周波数 f による変化は，題意のように，$P_s \propto I^2 \cdot f^2$ となる．P_s の源泉は I によって生じる漏れ磁束により，鉄部に発生する渦電流 i_e である．$i_e \propto I \cdot f$ となるから，$P_s \propto i_e^2 \propto I^2 \cdot f^2$ で表せる．また，電圧 V に対して，$I \propto 1/V$ なので，$P_s \propto f^2/V^2$ となる．P_s は鉄損であるが，励磁電流によるものではない．

演習問題 3.9　変圧器の並行運転 1

二種類の三相油入変圧器がある．一方の変圧器 A は定格容量が 500[kV·A]，無負荷損が 1.28[kW]，定格負荷時の負荷損が 7.35[kW]，短絡インピーダンスが定格容量基準で 3[%] であり，他方の変圧器 B は定格容量が 300[kV·A]，無負荷損が 0.92[kW]，定格負荷時の負荷損が 4.8[kW]，短絡インピーダンスが定格容量基準で 4[%] である．また，定格運転時の熱平衡状態での最終温度上昇値は，いずれの変圧器も 50[K] である．

これらの変圧器について，次の問に答えよ．ただし，電圧及び周囲温度は一定とし，熱平衡状態では巻線と油の温度上昇値は同一とする．また，温度上昇は損失に比例する．

(1) 500[kV·A] の変圧器 2 台を並行運転して 700[kW]，力率 1 の負荷をかけたとき，変圧器 1 台の全損失[kW]と，熱平衡状態に達したときの最終温度上昇値[K]を求めよ．

(2) 500[kV·A] 及び 300[kV·A] の変圧器各 1 台を並行運転して 700[kW]，力率 1 の負荷をかけたとき，各変圧器の負荷分担[kW]を求めよ．ただし，各変圧器のインピーダンス降下の位相差は無視するものとする．

(3) 上記(2)の運転状態における各変圧器の全損失[kW]と，熱平衡状態に達したときの最終温度上昇値[K]を求めよ．

解　答

(1) 変圧器 1 台の負担する負荷 P_1 は，$P_1 = 700/2 = 350[\text{kW}]$
変圧器 1 台の全損失 W_1 は，

$$W_1 = 1.28 + \left(\frac{P_1}{500}\right)^2 \times 7.35 = 1.28 + \left(\frac{350}{500}\right)^2 \times 7.35 \fallingdotseq 4.882[\text{kW}] \quad \text{(答)}$$

最終温度上昇値 ΔT_1 は，

$$\Delta T_1 = \frac{W_1}{1.28 + 7.35} \times 50 = \frac{4.882}{8.63} \times 50 \fallingdotseq 28.3[\text{K}] \quad \text{(答)}$$

(2) 300[kV·A] の変圧器の $\%Z_B$ を 500[kV·A] 基準とする．

$$Z_B' = Z_B \frac{P_{An}}{P_{Bn}} = 4 \times \frac{500}{300} \fallingdotseq 6.667[\%]$$

$P = 700[\text{kW}]$，力率 1 の負荷に対する各変圧器の分担負荷 P_A，P_B は，

$$P_A = \frac{Z_B'}{Z_A + Z_B'} P = \frac{6.667}{3 + 6.667} \times 700 \fallingdotseq 482.8[\text{kW}] \quad \text{(答)} \qquad P_B = P - P_A = 700 - 482.8 \fallingdotseq 217.2[\text{kW}] \quad \text{(答)}$$

(3) 各変圧器の全損失 W_{2A}，W_{2B} は，

$$W_{2A} = 1.28 + \left(\frac{P_A}{500}\right)^2 \times 7.35 \fallingdotseq 8.133[\text{kW}] \quad \text{(答)} \qquad W_{2B} = 0.92 + \left(\frac{P_B}{300}\right)^2 \times 4.8 \fallingdotseq 3.436[\text{kW}] \quad \text{(答)}$$

各変圧器の最終温度上昇値 ΔT_{2A}，ΔT_{2B} は，

$$\Delta T_{2A} = \frac{W_{2A}}{1.28 + 7.35} \times 50 \fallingdotseq 47.1[\text{K}] \quad \text{(答)} \qquad \Delta T_{2B} = \frac{W_{2B}}{0.92 + 4.8} \times 50 \fallingdotseq 30.0[\text{K}] \quad \text{(答)}$$

解法のポイント

① 各変圧器の負荷分担は，インピーダンスの逆比により定まる．$\%Z$ は，容量をいずれかに合わせること．

② 負荷損は，負荷の 2 乗に比例する．

③ 最終温度上昇値は，熱平衡状態となって，全損失に比例する．

演習問題 3.10　変圧器の並行運転２

定格一次電圧 66[kV]，定格二次電圧 6.6[kV] の A，B 2 台の変圧器がある．変圧器 A の定格容量は 20[MV·A]，％リアクタンス降下は 12[％] である．一方，変圧器 B の定格容量は 10[MV·A]，％リアクタンス降下は不明である．これら 2 台の変圧器を定格二次電圧で並行運転したところ，負荷電力が 22.5[MV·A] となったところで変圧器 B が定格容量に達した．励磁電流及び抵抗分は無視するものとして，次の値を求めよ．

(1) 変圧器 B の％リアクタンス降下（自己容量基準）[％]
(2) この負荷条件による変圧器 B の電圧変動率[％]．ただし，負荷力率は 0.8（遅れ）とする．

解答

(1) 題意から，負荷電力 $P_L = 22.5$[MV·A] に対して，B 変圧器では $P_{LB} = 10$[MV·A] の分担である．各変圧器の％リアクタンス降下を 20[MV·A] 基準で，q_A, q_B' とする．励磁電流及び抵抗分を無視するので，次式の負荷配分が成り立つ．

$$P_{LB} = 10 = \frac{q_A}{q_A + q_B'} P_L = \frac{12}{12 + q_B'} \times 22.5$$

$10 \cdot q_B' = 12 \times 22.5 - 12 \times 10 = 150$　∴ $q_B' = 15$[％]

これを自己容量基準に変換すると，q_B は，

$$q_B = q_B' \times \frac{10}{20} = 15 \times \frac{10}{20} = 7.5 [％] \quad \textbf{(答)}$$

(2) 単位法[pu]で電圧変動率を求める．66/6.6[kV]，20[MV·A] を基準値 1 とする．単位法で表示した B 変圧器の電流を I_B，負荷時の電圧を $V_{2n} = 1$[pu]，無負荷時の電圧を V_{20}，リアクタンスを X_B とすると，V_{20} は，V_{2n} を基準ベクトルとして，**解図**のように，

$$\dot{V}_{20} = V_{2n} + jX_B \dot{I}_B \quad \cdots (1)$$

となる．I_B は，分担電力が $P_B = 10$[MV·A] $= 0.5$[pu] であるから，

$$I_B = \frac{P_B}{V_{2n}} = \frac{0.5}{1} = 0.5 [\text{pu}]$$

負荷力率が題意から $\cos\theta = 0.8$ であるから，$\dot{I}_B$ は，

$$\dot{I}_B = I_B(0.8 - j0.6) = 0.5 \times (0.8 - j0.6) = 0.4 - j0.3 [\text{pu}]$$

(1)式に数値を代入して V_{20} を求める．20[MV·A] では $X_B = 0.15$[pu] であるから，

$$|\dot{V}_{20}| = |1 + j0.15(0.4 - j0.3)| = |1.045 + j0.06| \fallingdotseq 1.046\,72 [\text{pu}]$$

ゆえに，電圧変動率 ε は，

解法のポイント

① 問(1)は，リアクタンスの逆比により負荷配分が定まるから，それにより B 変圧器の％リアクタンス降下を求める．ただし，答は自己容量基準とすること．

② 電圧変動率の算出は，電圧変動率の公式による方法と，ベクトル的に電圧降下から求める方法がある．前者で求める場合は，精密式によること．後者は正確である．

③ ベクトルで電圧変動率を求めるときは，単位法を用いると計算が簡略化できる．66/6.6[kV]，20[MV·A] を基準値 1 とするとよい．

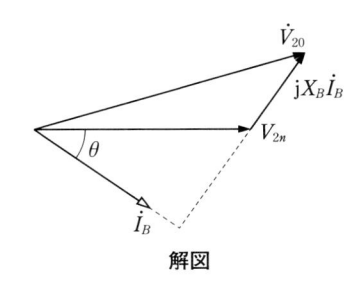

解図

$$\varepsilon = \frac{V_{20} - V_{2n}}{V_{2n}} = \frac{1.0467 - 1}{1} = 0.0467 \to 4.67 [\%] \quad \text{(答)}$$

別解 問(2)

電圧変動率の公式により求める．q_B は 4[%] 以上なので，精密式を用いる．$p_B = 0$（∵ 抵抗分を無視する），力率 $\cos\theta = 0.8$，$\sin\theta = 0.6$ であるから，ε は，

$$\varepsilon = p_B \cos\theta + q_B \sin\theta + \frac{(q_B \cos\theta - p_B \sin\theta)^2}{200}$$

$$= q_B \sin\theta + \frac{(q_B \cos\theta)^2}{200} = 7.5 \times 0.6 + \frac{7.5^2 \times 0.8^2}{200}$$

$$= 4.68 [\%] \quad \text{(答)}$$

解説

電圧変動率であるが，第1近似式では，$7.5 \times 0.6 = 4.5 [\%]$ で誤差が大きいが，別解の精密式においてもベクトルから求めた値に対して誤差がある．この精密式も近似展開をしており，第2近似式である（p.273 のコラムを参照）．よって，より正確には，ベクトル図から無負荷の電圧を求めて計算する（演習問題 3.1, 3.2 参照）．

演習問題 3.11　3巻線変圧器 1

一次巻線容量 100[kV·A]，一次定格電圧 10[kV]，二次巻線容量及び三次巻線容量 50[kV·A]，二次定格電圧及び三次定格電圧 100[V] の単相3巻線変圧器がある．各2巻線間の%インピーダンス電圧は，100[kV·A] 基準で，一次・二次間 10[%]，一次・三次間 10[%]，二次・三次間 5[%] であった．以下の問に答えよ．

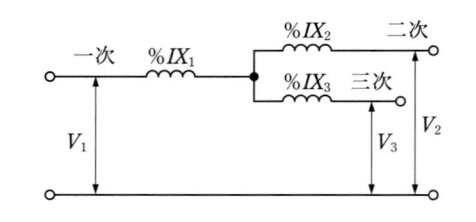

(1) 励磁アドミタンスと抵抗分を無視して，3巻線変圧器の等価回路を図のように表したとき，各ブランチの%インピーダンス電圧 $\%IX_1$, $\%IX_2$, $\%IX_3$ は，100[kV·A] 基準でそれぞれ何[%]になるか．

(2) 一次端子電圧を定格電圧 10[kV] に保ち，三次端子を開放したまま二次端子を短絡したとき，三次端子電圧はいくらになるか．

(3) 上記(2)で，二次端子を短絡しても三次端子電圧が 90[V] 以下に降下しないためには，二次と三次間の%インピーダンス電圧を何[%]以上にすればよいか．ただし，一次・二次間及び一次・三次間の%インピーダンス電圧は 10[%] のままとする．

3.3 変圧器

解　答

(1) 100[kV·A]基準でインピーダンス電圧を，一次・二次間$\%IX_{12}[\%]$，一次・三次間$\%IX_{13}[\%]$，二次・三次間$\%IX_{23}[\%]$とすると，次式が成り立つ．

$\%IX_1 + \%IX_2 = \%IX_{12}$,　$\%IX_2 + \%IX_3 = \%IX_{23}$,
$\%IX_1 + \%IX_3 = \%IX_{13}$　…　(1)

(1)の各式を解いて，題意の数値を代入する．

$\%IX_1 = \dfrac{\%IX_{12}+\%IX_{13}-\%IX_{23}}{2} = \dfrac{10+10-5}{2} = 7.5[\%]$　**(答)**

$\%IX_2 = \dfrac{\%IX_{23}+\%IX_{12}-\%IX_{13}}{2} = \dfrac{5+10-10}{2} = 2.5[\%]$　**(答)**

$\%IX_3 = \dfrac{\%IX_{13}+\%IX_{23}-\%IX_{12}}{2} = \dfrac{10+5-10}{2} = 2.5[\%]$　**(答)**

(2) この場合の状況は，テブナンの定理により，二次端子から見て一次電源電圧を$V_{1n}'=100[V]$と考えた**解図1**のような等価回路となる．V_{1n}'を$\%IX_1$と$\%IX_2$の直列で負担しているから，三次端子電圧V_3は，$\%IX_2$の分圧で，

$V_3 = \dfrac{\%IX_2}{\%IX_1+\%IX_2}V_{1n}' = \dfrac{2.5}{7.5+2.5}\times 100 = 25[V]$　**(答)**　…　(2)

解図1

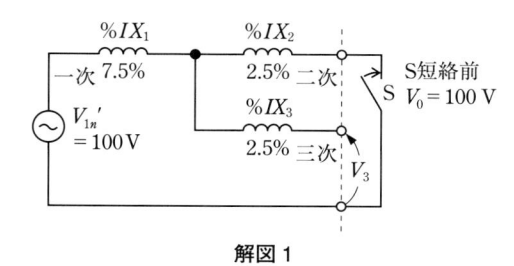

(3) この場合のインピーダンスにダッシュ(')を付ける．題意の条件及び問(1)の結果，並びに(2)式により，以下の式が成り立つ．

$\%IX_1' + \%IX_2' = 10$　…　(3)
$\%IX_1' + \%IX_3' = 10$　…　(4)

$\dfrac{\%IX_2'}{\%IX_1'+\%IX_2'}\times 100 = 90$　…　(5)

(3)〜(5)式を解くと，$\%IX_1'$，$\%IX_2'$，$\%IX_3'$は，
$\%IX_1' = 1[\%]$，$\%IX_2' = 9[\%]$，$\%IX_3' = 9[\%]$．
∴ $\%IX_{23}' = \%IX_2' + \%IX_3' = 9+9 = 18[\%]$　**(答)**

解法のポイント

① 巻線間で，$\%IX_1 + \%IX_2 = \%IX_{12}$等の関係が成り立つ．これらから3元連立方程式を立てて解くと，各巻線単独のインピーダンスが求まる．

② 問(2)で二次端子の短絡前には，二次側には100[V]が現れているから，テブナンの定理を適用して，解図1のように，一次電圧を100[V]とした等価回路を考えればよい．

③ 問(3)は，上記の①及び②で求めた関係から，式を立てて解く．

[補充問題]　3巻線変圧器

問図の変圧器で二次端子電圧を定格電圧100[V]に保ち，三次端子を開放したまま，一次端子を短絡した場合，三次端子の電圧はいくらになるか．

[**解 答**]

本問の状況は**解図2**となる．一次端子10[kV]側を短絡時には，$V_{2n}=100[V]$を$\%IX_1$と$\%IX_2$の直列で負担するから，三次端子電圧V_3は，$\%IX_1$の分圧となり，(2)式より高くなる．

$V_3 = \dfrac{\%IX_1}{\%IX_1+\%IX_2}V_{2n} = \dfrac{7.5}{7.5+2.5}\times 100$
$= 75[V]$　**(答)**

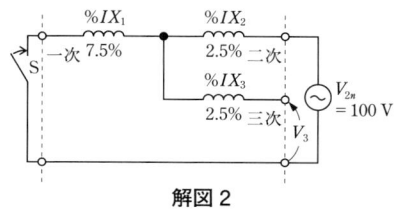

解図2

演習問題 3.12 3巻線変圧器2

容量 5 000[kV·A] 基準で各巻線のインピーダンス $\dot{Z}_1, \dot{Z}_2, \dot{Z}_3$ が次に示す値である3巻線変圧器がある．いま，二次巻線に遅れ力率 0.8 の 5 000[kV·A] の負荷，三次巻線に 2 000[kvar] のコンデンサを接続した．この場合の一次・二次間及び一次・三次間の電圧変動率を求めよ．

一次 $\dot{Z}_1 = 0.30 + j5.00$ [%], 二次 $\dot{Z}_2 = 0.20 + j3.40$ [%], 三次 $\dot{Z}_3 = 0.25 + j4.85$ [%]

解答

二次巻線の電圧変動率 ε_2 は，$\dot{Z}_2 = r_2 + jx_2$ とすると，負荷が基準容量であるから，

$$\varepsilon_2 = r_2 \cos\theta_2 + x_2 \sin\theta_2 = 0.2 \times 0.8 + 3.4 \times 0.6 = 2.2 [\%] \quad \cdots (1)$$

三次巻線の電圧変動率 ε_3 は，負荷が 2 000[kvar] であり，$\dot{Z}_3 = r_3 + jx_3$ とすると，$\sin\theta_3$ は進みに注意して，

$$\varepsilon_3 = \frac{2\,000}{5\,000}(r_3 \cos\theta_3 + x_3 \sin\theta_3) = 0.4(0.25 \times 0 - 4.85 \times 1.0)$$
$$= -1.94 [\%] \quad \cdots (2)$$

次に，一次入力は，二次及び三次負荷と，二次及び三次巻線に消費される電力の合計である．遅れ無効電力を正として，

- 二次負荷　$W_2 = 5\,000 \times (0.8 + j0.6) = 4\,000 + j3\,000$ [kV·A]
- 三次負荷　$W_3 = 2\,000 \times (0 - j1.0) = -j2\,000$ [kvar]
- 二次巻線電力　$W_{l2} = 5\,000 \times \left(\frac{0.2}{100} + j\frac{3.4}{100}\right) = 10 + j170$ [kV·A]
- 三次巻線電力　$W_{l3} = 2\,000 \times \left\{\left(\frac{0.25}{100} + j\frac{4.85}{100}\right) \times \frac{2\,000}{5\,000}\right\}$
$= 2 + j38.8$ [kV·A]

よって，一次入力 W_1 は，
$$W_1 = W_2 + W_3 + W_{l2} + W_{l3} = 4\,012 + j1\,208.8 [kV\cdot A]$$
$$\therefore |W_1| = \sqrt{4\,012^2 + 1\,208.8^2} \fallingdotseq 4\,190 [kV\cdot A]$$
$$\cos\theta_1 = \frac{4\,012}{4\,190} \fallingdotseq 0.957\,5, \quad \sin\theta_1 = \sqrt{1 - 0.957\,5^2} \fallingdotseq 0.288\,4$$

よって，一次巻線の電圧変動率 ε_1 は，$\dot{Z}_1 = r_1 + jx_1$ として，

$$\varepsilon_1 = \frac{|W_1|}{5\,000}(r_1\cos\theta_1 + x_1\sin\theta_1) = \frac{4\,190}{5\,000}(0.3 \times 0.957\,5 + 5 \times 0.288\,4)$$
$$\fallingdotseq 1.449 [\%]$$

電圧変動率を一次・二次間 ε_{12}，一次・三次間 ε_{13} とすると，

$$\left.\begin{array}{l}\varepsilon_{12} = \varepsilon_1 + \varepsilon_2 = 1.449 + 2.2 \fallingdotseq 3.65 [\%]\\\varepsilon_{13} = \varepsilon_1 + \varepsilon_3 = 1.449 - 1.94 \fallingdotseq -0.49 [\%]\end{array}\right\} \quad \text{(答)}$$

解法のポイント

① 電圧変動率 ε は，巻線インピーダンス $r + jx$，力率 $\cos\theta$ で，
$$\varepsilon = r\cos\theta + x\sin\theta$$
となるが，容量に比例するので注意が必要である．また，進み力率の場合は符号に注意する．

② 二次巻線及び三次巻線の単独の状態での電圧変動率 ε_2 及び ε_3 を求める．

③ 一次巻線単独での電圧変動率 ε_1 を求めるときに，対象となる入力は，二次負荷及び三次負荷に加えて，二次及び三次巻線の消費電力も加算する．$\dot{Z}_3$ は 2 000[kvar] に換算する．

④ 合成の電圧変動率は，(3-13)式によればよい．

解説

3巻線変圧器は，主に変電所で用いられ，三次巻線に調相設備を設けることが多い．

本問では，ε_{13} が負の値になっているが，3巻線変圧器でコンデンサを設置した場合に生じる．これはコンデンサによる電圧上昇を意味している．

演習問題 3.13 異容量の三相結線

66/6.6[kV]，2 000[kV·A]，%Z=12[%]の単相変圧器2台と，66/6.6[kV]，1 500[kV·A]，%Z=12[%]の単相変圧器1台とでΔ-Δ結線をした．各相の電流比と負荷容量の限度及びそのときの変圧器利用率を求めよ．ただし，負荷は三相平衡とし，また変圧器の抵抗と漏れリアクタンスの比は等しいものとする．

解 答

変圧器A, Bを2 000[kV·A]，変圧器Cを1 500[kV·A]とする．Δ-Δ結線の二次側は，**解図**であるから，

$$\left.\begin{array}{l} \dot{Z}_A \dot{I}_A + \dot{Z}_B \dot{I}_B + \dot{Z}_C \dot{I}_C = 0 \\ \dot{I}_A \quad\quad - \dot{I}_C = \dot{I}_a \\ -\dot{I}_A + \dot{I}_B \quad\quad = \dot{I}_b \end{array}\right\} \quad \cdots (1)$$

(1)式を行列式により解く．共通の分母 Δ は，

$$\Delta = \begin{vmatrix} \dot{Z}_A & \dot{Z}_B & \dot{Z}_C \\ 1 & 0 & -1 \\ -1 & 1 & 0 \end{vmatrix} = \dot{Z}_A + \dot{Z}_B + \dot{Z}_C \quad \cdots (2)$$

$$\therefore \dot{I}_A = \begin{vmatrix} 0 & \dot{Z}_B & \dot{Z}_C \\ \dot{I}_a & 0 & -1 \\ \dot{I}_b & 1 & 0 \end{vmatrix} \Big/ \Delta = \frac{\dot{Z}_C \dot{I}_a - \dot{Z}_B \dot{I}_b}{\dot{Z}_A + \dot{Z}_B + \dot{Z}_C} \quad \cdots (3)$$

$$\dot{I}_B = \begin{vmatrix} \dot{Z}_A & 0 & \dot{Z}_C \\ 1 & \dot{I}_a & -1 \\ -1 & \dot{I}_b & 0 \end{vmatrix} \Big/ \Delta = \frac{\dot{Z}_C \dot{I}_a + (\dot{Z}_A + \dot{Z}_C) \dot{I}_b}{\dot{Z}_A + \dot{Z}_B + \dot{Z}_C} \quad \cdots (4)$$

$$\dot{I}_C = \begin{vmatrix} \dot{Z}_A & \dot{Z}_B & 0 \\ 1 & 0 & \dot{I}_a \\ -1 & 1 & \dot{I}_b \end{vmatrix} \Big/ \Delta = \frac{-(\dot{Z}_A + \dot{Z}_B) \dot{I}_a - \dot{Z}_B \dot{I}_b}{\dot{Z}_A + \dot{Z}_B + \dot{Z}_C} \quad \cdots (5)$$

いま，線電流（負荷電流）の絶対値を I とし，相回転を $\dot{I}_a, \dot{I}_b, \dot{I}_c$ の順とすると，$\dot{I}_a = I, \dot{I}_b = a^2 I, \dot{I}_c = aI$ $\cdots$ (6)

ただし，$a = -0.5 + j0.5\sqrt{3}$，$a^2 = -0.5 - j0.5\sqrt{3}$ である．

2 000[kV·A]を%Zの基準にとると，

$Z_A = Z_B = 12[\%]$, $Z_C = 12 \times (2\,000/1\,500) = 16[\%]$ $\cdots$ (7)

よって，(6)式，(7)式の関係を(3)～(5)式に代入すると，

$$\dot{I}_A = \frac{16 - 12a^2}{40} I = \frac{22 + j6\sqrt{3}}{40} I$$

$$\therefore |\dot{I}_A| = \frac{\sqrt{22^2 + (6\sqrt{3})^2}}{40} I = \frac{\sqrt{592}}{40} I \doteqdot 0.608 I \quad \cdots (8)$$

解法のポイント

① 異容量のΔ-Δ結線の基本的な問題である．Δ-Δ結線の二次側は解図のようになる．

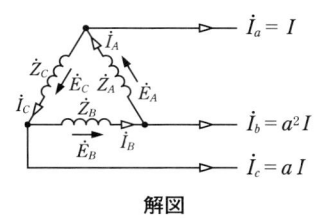

解図

② 解図で，誘導起電力は，

$\dot{E}_A + \dot{E}_B + \dot{E}_C = 0$

$\therefore \dot{I}_A \dot{Z}_A + \dot{I}_B \dot{Z}_B + \dot{I}_C \dot{Z}_C = 0$

が成り立つ．これと電流バランスを組み合わせ，方程式を立てて $\dot{I}_A, \dot{I}_B, \dot{I}_C$ を求めればよい．

③ 題意から，$\dot{Z}$ の抵抗とリアクタンスの比は等しいので，Z は算術的に取り扱ってよい．

④ ②の方程式は，行列式によって解けばよいが，計算は根気よくミスのないように行う．特にベクトルオペレータの a, a^2 の計算に注意．

⑤ 電流の比が求まると，これと容量の比を比較して，全体負荷を制限する変圧器を見いだす．

別 解 I_A, I_B, I_C の求め方

Z_A, Z_B の並列回路の電流配分で，

$$\dot{I}_B = \frac{16+28a^2}{40}I = \frac{2-j14\sqrt{3}}{40}I$$

$$\therefore |\dot{I}_B| = \frac{\sqrt{2^2+(14\sqrt{3})^2}}{40}I = \frac{\sqrt{592}}{40}I \fallingdotseq 0.608I \quad \cdots (9)$$

$$\dot{I}_C = \frac{-24-12a^2}{40}I = \frac{-18+j6\sqrt{3}}{40}I$$

$$\therefore |\dot{I}_C| = \frac{\sqrt{18^2+(6\sqrt{3})^2}}{40}I = \frac{\sqrt{432}}{40}I \fallingdotseq 0.520I \quad \cdots (10)$$

$$\therefore I_A : I_B : I_C = 0.608 : 0.608 : 0.520 \fallingdotseq 1 : 1 : 0.855 \text{ (答)} \quad \cdots (11)$$

変圧器Cの電流I_Cの比0.855は，容量の比$P_C/P_A = 1\,500/2\,000 = 0.75$より大きいので，最大負荷は1 500[kV·A]の変圧器で決まる．

線間電圧をVとすると，変圧器Cの容量P_Cは(10)式から，$P_C = VI_C = 0.52VI$となる．よって，最大負荷容量Pは，

$$P = \sqrt{3}\,VI = \sqrt{3}\,\frac{VI_C}{0.52} = \frac{\sqrt{3}}{0.52} \times 1\,500 \fallingdotseq 4\,996\,[\text{kV·A}] \quad \text{(答)}$$

変圧器利用率は，

$$\frac{4\,996}{2\,000 \times 2 + 1\,500} \fallingdotseq 0.908 \rightarrow 90.8\,[\%] \quad \text{(答)}$$

Z_Aに流れる$\dot{I}_A$は，

$$\dot{I}_A = \frac{\dot{Z}_B \dot{I}}{\dot{Z}_A + \dot{Z}_B} \quad \cdots ①$$

となるが，①式と本問を関連付けて理解しよう．①式のポイントは，分母が閉回路のZの和であること，分子の$\dot{Z}\dot{I}$の形で$\dot{Z}$は他の枝路であることの二点である．

解図のA巻線の電流$\dot{I}_A$に注目する．a相側の線路電流$\dot{I}_a$は同方向であり，$\dot{Z}_C$と関連し，b相側の$\dot{I}_b$は逆方向で$\dot{Z}_B$と関連する．よって，①式の$\dot{Z}_B\dot{I}$に相当するのは，$\dot{Z}_C\dot{I}_a - \dot{Z}_B\dot{I}_b$である．ゆえに，$\dot{I}_A$は，

$$\dot{I}_A = \frac{\dot{Z}_C \dot{I}_a - \dot{Z}_B \dot{I}_b}{\dot{Z}_A + \dot{Z}_B + \dot{Z}_C} \quad \cdots (3)$$

三相交流では，$\dot{I}_a + \dot{I}_b + \dot{I}_c = 0$であるから，対称性により$\dot{I}_B, \dot{I}_C$は，

$$\dot{I}_B = \frac{\dot{Z}_A \dot{I}_b - \dot{Z}_C \dot{I}_c}{\dot{Z}_A + \dot{Z}_B + \dot{Z}_C} \quad \cdots (4)'$$

$$\dot{I}_C = \frac{\dot{Z}_B \dot{I}_c - \dot{Z}_A \dot{I}_a}{\dot{Z}_A + \dot{Z}_B + \dot{Z}_C} \quad \cdots (5)'$$

このように理解しておけば，試験場でいきなり(3)，(4)′，(5)′式を書き下ろせる．また，(4)，(5)式よりも形が美しい．

演習問題 3.14 単巻変圧器

図のような容量5[kV·A]，端子U-V間の電圧200[V]，端子u-v間の電圧100[V]の単相2巻線変圧器がある．これを，一次電圧300[V]，二次電圧200[V]の単巻変圧器として定格容量で用いる場合について，次の問に答えよ．ただし，2巻線変圧器の効率は，遅れ力率0.8の定格負荷時で96[%]である．

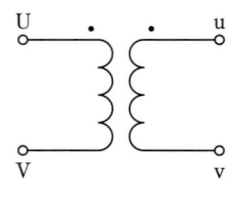

(1) 単巻変圧器としての結線図を描き，一次側端子及び二次側端子を明示せよ．
(2) 単巻変圧器としての負荷容量[kV·A]はいくらか．
(3) 遅れ力率0.8の全負荷時における単巻変圧器の効率[%]はいくらか．

解答

(1) 単巻変圧器としての結線図を，**解図1**に示す．（**答**）

単相2巻線変圧器の二次巻線が直列巻線，一次巻線が分路巻線になる．

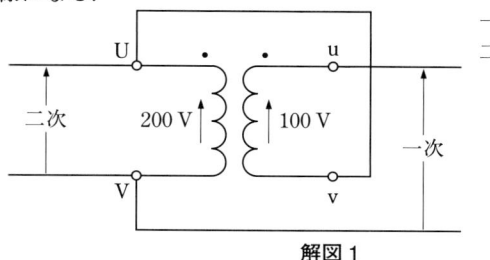

一次側端子：u - V
二次側端子：U - V

解図1

(2) 単相2巻線変圧器の場合の一次(UV)及び二次(uv)電圧を V_1, V_2，一次及び二次電流を I_1, I_2，負荷容量を P とすると，

$$I_1 = \frac{P}{V_1} = \frac{5\,000}{200} = 25\,[\text{A}], \quad I_2 = \frac{P}{V_2} = \frac{5\,000}{100} = 50\,[\text{A}]$$

単巻変圧器として使用した場合の状況を**解図2**に示す．単巻変圧器の一次及び二次電圧を V_1', V_2'，一次及び二次電流を I_1', I_2' とする．直列巻線電流は，$I_1' = I_2 = 50\,[\text{A}]$ である．分路巻線電流は，$I_1 = 25\,[\text{A}]$ である．I_2' は両者の和であるから，

$$I_2' = I_1 + I_2 = 25 + 50 = 75\,[\text{A}]$$

単巻変圧器としての負荷（線路）容量 P_l は，

$$P_l = V_2' I_2' = V_1 I_2' = 200 \times 75$$
$$= 15 \times 10^3\,[\text{V} \cdot \text{A}] = 15\,[\text{kV} \cdot \text{A}] \quad (\textbf{答})$$

(3) 2巻線変圧器の全負荷時($5\,[\text{kV} \cdot \text{A}]$)，力率 $\cos\theta = 0.8$ の効率 η は，損失を W とすると，

$$\eta = \frac{P\cos\theta}{P\cos\theta + W}$$

$$\therefore W = P\cos\theta\left(\frac{1}{\eta} - 1\right) = 5 \times 0.8 \times \left(\frac{1}{0.96} - 1\right) \fallingdotseq 0.166\,7\,[\text{kW}]$$

単巻変圧器として遅れ力率0.8，全負荷で使用する場合，各部の電圧，電流は，2巻線変圧器の場合と変わらない．よって，損失は同じである．単巻変圧器の全負荷時効率 η_1 は，

$$\eta_1 = \frac{P_l \cos\theta}{P_l \cos\theta + W} = \frac{15 \times 0.8}{15 \times 0.8 + 0.166\,7} \fallingdotseq 0.986 \rightarrow 98.6\,[\%] \quad (\textbf{答})$$

単巻変圧器として使用した場合，負荷容量が3倍($5 \rightarrow 15\,[\text{kV} \cdot \text{A}]$)になるので，効率は良くなる．

解法のポイント

① 問図の2巻線変圧器では，片方の巻線の極性記号(・)から電流が流れ込むと，他の巻線では・から電流が流れ出す．この原理から解図2のような典型的な単巻変圧器の図が描ける．一次側 $300\,[\text{V}]$，二次側 $200\,[\text{V}]$ となるように結線する．2巻線変圧器の二次巻線(uv)が直列巻線になる．

② 問(2)で負荷容量とあるのは，**線路容量**のことであり，一次端子または二次端子の電圧×電流である．変圧器本来の容量である自己容量と勘違いしないこと．**自己容量**は，各巻線の電圧×電流である．

③ 問(3)は，与えられている効率から，2巻線変圧器の場合の損失を求める．単巻変圧器として使うときも各部の電流，電圧は同じなので，損失は変わらない．効率の式に負荷容量を当てはめて，単巻変圧器としての効率を求める．

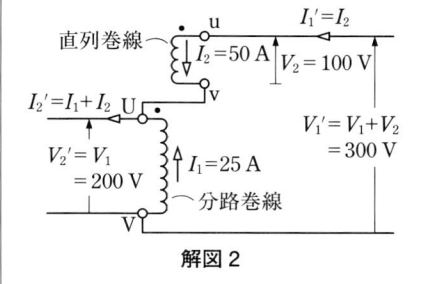

解図2

解説

単巻変圧器では同一負荷容量に対して小さな容器の変圧器でよく，また，効率も良くなる．ただし，一次と二次が非絶縁になる．

演習問題 3.15　変圧器のV結線

図のように同一の単相変圧器をV結線し，一次側を線間電圧400[V]の平衡三相交流電源に接続する．一次巻線と二次巻線の巻数比は2：1であり，一次及び二次の漏れリアクタンスはそれぞれ0.32[Ω]，0.12[Ω]である．ある三相負荷を二次側に接続すると，三相交流電源には50[A]で力率1の平衡三相電流が流れた．次の問に答えよ．ただし，励磁電流，鉄損及び巻線抵抗は無視でき，変圧器鉄心は磁気飽和しないものとする．

(1) 負荷接続時の変圧器二次電圧 V_{2ab}[V] 及び V_{2cb}[V] を求めよ．

(2) 2台の変圧器がそれぞれの負荷に供給する電力[kW]を求めよ．

(3) 変圧器二次側端子電圧の不平衡率 k を求めよ．ただし， k は次式で計算するものとする．

$$k = \frac{各線間電圧と平均電圧の最大差}{平均電圧} \times 100 [\%]$$

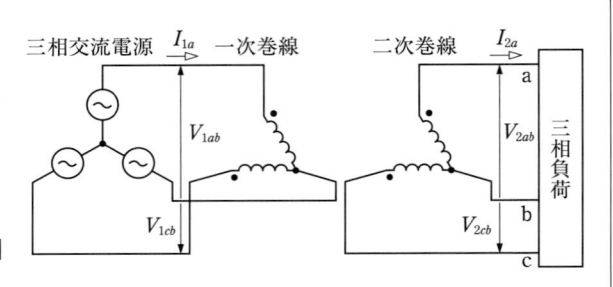

解答

(1) この変圧器の巻数比は $a=2$ であり，励磁電流，鉄損，巻線抵抗及び磁気飽和を無視できるから，変圧器の二次側換算の電源線間電圧 V_1'，線電流 I_2 は，一次側電源線間電圧を V_1，一次線電流を I_1 とすると，

$$V_1' = \frac{V_1}{a} = \frac{400}{2} = 200 [V], \quad I_2 = a \cdot I_1 = 2 \times 50 = 100 [A] \quad \cdots (1)$$

変圧器の二次側に換算した合成リアクタンス x は，一次リアクタンスを x_1，二次リアクタンスを x_2 とすると，

$$x = \frac{x_1}{a^2} + x_2 = \frac{0.32}{2^2} + 0.12 = 0.2 [\Omega]$$

三相の相順及び添字を a, b, c とし，各相の電源相電圧を $\dot{E}_a, \dot{E}_b, \dot{E}_c$ とすると，変圧器二次換算の等価回路は**解図1**で示せる．また，電源線間電圧 V_{1ab}' を基準としたベクトル図は**解図2**で示せる．関連する電圧，電流は，記号法により，(1)式の数値を代入すると以下のとおりである．

$$\dot{V}_{1ab}' = V_1' \angle 0° = 200 [V],$$
$$\dot{V}_{1cb}' = V_1' \angle 60° = 200 \cdot (\cos 60° + j \sin 60°) \fallingdotseq 100 + j173.2 [V]$$
$$\dot{I}_{2a} = I_2 \angle -30° = 100 \cdot (\cos 30° - j \sin 30°) \fallingdotseq 86.6 - j50 [A]$$
$$\dot{I}_{2c} = I_2 \angle 90° = 100 \cdot j \sin 90° = j100 [A]$$

よって，求める $\dot{V}_{2ab}, \dot{V}_{2cb}$ は，

解法のポイント

① 変圧器の巻数比が与えられているから，電圧，電流，リアクタンスを二次側に換算して，二次換算の等価回路を描く（解図1）．

② 等価回路を基にして，ベクトル図を描く．この際，基準ベクトルを適切にとることが必要である．ab間の一次線間電圧を基準ベクトルにとるのが最も簡単である．線間電圧は相電圧より30[°]進むから，相電圧及び線電流(力率1)が描ける．

③ 関係する電圧，電流を記号法で表示する．二次線間電圧は，一次線間電圧からリアクタンス降下を引けばよい．

④ 変圧器の供給電力は，二次側線間電圧と電流の積による方法で求め

3.3 変圧器

$$\dot{V}_{2ab} = \dot{V}_{1ab}' - jx \cdot \dot{I}_{2a} = 200 - j0.2 \times (86.6 - j50)$$
$$= 190 - j17.32 \text{[V]} \quad \cdots \text{(2)}$$
$$\dot{V}_{2cb} = \dot{V}_{1cb}' - jx \cdot \dot{I}_{2c} = 100 + j173.2 - j0.2 \times j100$$
$$= 120 + j173.2 \text{[V]} \quad \cdots \text{(3)}$$

ゆえに,二次電圧 V_{2ab} 及び V_{2cb} は,(2),(3)式から,
$$V_{2ab} = \sqrt{190^2 + 17.32^2} \fallingdotseq 190.8 \text{[V]} \quad \text{(答)}$$
$$V_{2cb} = \sqrt{120^2 + 173.2^2} \fallingdotseq 210.7 \text{[V]} \quad \text{(答)}$$

(2) 2台の変圧器の皮相電力 $\dot{K}_{2ab}$, $\dot{K}_{2cb}$ は,進み無効電力を正とすると,
$$\dot{K}_{2ab} = \overline{V}_{2ab} \cdot \dot{I}_{2a} = (190 + j17.32) \times (86.6 - j50)$$
$$= 17\,320 - j8\,000 \text{[V·A]} \quad \cdots \text{(4)}$$
$$\dot{K}_{2cb} = \overline{V}_{2cb} \cdot \dot{I}_{2c} = (120 - j173.2) \times j100$$
$$= 17\,320 + j12\,000 \text{[V·A]} \quad \cdots \text{(5)}$$

よって,2台の変圧器の有効電力 P_{2ab}, P_{2cb} は,
$$P_{2ab} = P_{2cb} = 17.32 \text{[kW]} \quad \text{(答)}$$

(3) 二次電圧 V_{2ca} は,$\dot{V}_{2ab} + \dot{V}_{2bc} + \dot{V}_{2ca} = 0$ であり,$\dot{V}_{2bc} = -\dot{V}_{2cb}$ なので,
$$\dot{V}_{2ca} = \dot{V}_{2cb} - \dot{V}_{2ab} = 120 + j173.2 - (190 - j17.32) = -70 + j190.52 \text{[V]}$$
$$\therefore V_{2ca} = \sqrt{70^2 + 190.52^2} \fallingdotseq 203.0 \text{[V]}$$

ゆえに,二次線間平均電圧 V_{2ave} は,
$$V_{2ave} = \frac{V_{2ab} + V_{2bc} + V_{2ca}}{3} = \frac{190.8 + 210.7 + 203.0}{3} = 201.5 \text{[V]}$$

また,各線間電圧と V_{2ave} の最大差 V_{2md} は,$V_{2md} = V_{2ave} - V_{2ab} = 201.5 - 190.8 = 10.7 \text{[V]}$ である.よって,電圧不平衡率 k は,題意の式から,
$$k = \frac{V_{2md}}{V_{2ave}} \times 100 = \frac{10.7}{201.5} \times 100 \fallingdotseq 5.31 \text{[\%]} \quad \text{(答)}$$

る.または,題意で変圧器の損失を無視するから,一次入力電力を求めてもよい.

⑤ 二次電圧の不平衡率を求めるには,ca間の線間電圧が必要である.これは,二次線間電圧のベクトル和=0 から求まる.題意の式から不平衡率を算出する.

解 説

三相の**電圧不平衡率**は,正式には,正相電圧を E_1,逆相電圧を E_2 とすると,E_2/E_1 の比で表すが,計算が非常に面倒である.題意の式は,アメリカのNEMA規格のNEMA-MG1の計算式であるが,実用的には数値はほとんど変わらないから,通常はこれを用いればよい.また,電圧不平衡率が10[%]未満程度であれば特に問題とすることはない.

c相の電流 $\dot{I}_{2c}$ を生じる起電力は解図2の $\dot{V}_{1cb}'$ であるが,$\dot{I}_{2c}$ より進みである.ゆえに,(5)式のように進相電力が生じて,線間電圧が200[V]よりも上昇する.

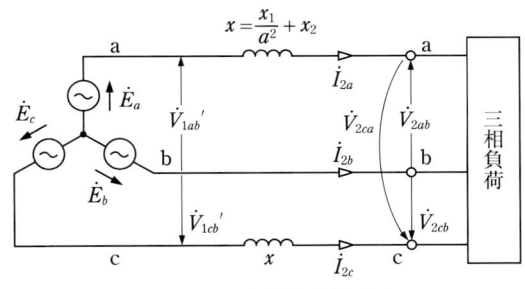

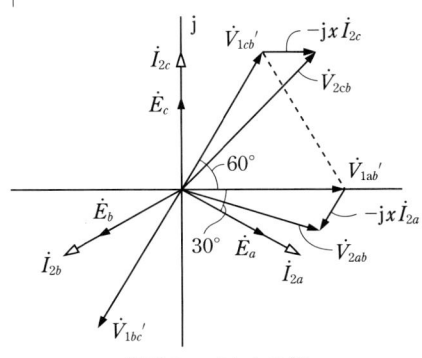

解図1 二次換算等価回路

解図2 ベクトル図

演習問題 3.16 スコット結線変圧器

図に示すように，線間電圧110[kV]の対称三相交流にスコット結線した2台の単相変圧器T_m(主座変圧器)及びT_t(T座変圧器)を接続した．各変圧器の二次側定格出力は，ともに皮相電力10[MV·A]，電圧60[kV]で，二次側の電圧及び電流の位相はいずれも主座変圧器がT座変圧器に対して90[°]遅れているものとする．変圧器の励磁電流及び短絡インピーダンスは無視できるものとして，以下の問に答えよ．

(1) 主座変圧器及びT座変圧器それぞれについて，次の値を求めよ．ただし，主座変圧器に関する値の記号は添字m，T座変圧器に関する値の記号は添字tを付している．

　a. 巻数比(一次巻線の巻数の二次巻線の巻数に対する比) a_m, a_t
　b. 定格皮相電力を出力したときの一次巻線に流れる電流 I_V, I_U
　c. 一次巻線の容量 P_m, P_t

(2) このスコット結線変圧器の総合利用率を求めよ．

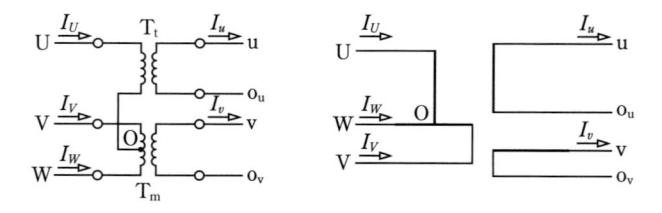

解 答

(1) a. 巻数比 主座変圧器の一次電圧V_{VW}は線間電圧の110[kV]であるから，その巻数比a_mは，

$$a_m = \frac{110}{60} \fallingdotseq 1.833 \rightarrow 1.83 \quad \text{(答)}$$

T座変圧器の一次電圧V_{UO}は，解図1の電圧ベクトル図(正三角形)から，線間電圧の$\sqrt{3}/2$である．よって，その巻数比a_tは，

$$a_t = \frac{110 \times (\sqrt{3}/2)}{60} \fallingdotseq 1.588 \rightarrow 1.59 \quad \text{(答)}$$

解図1

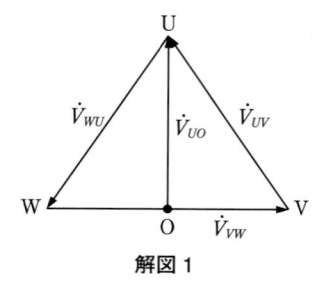

解法のポイント

① スコット結線は，三相交流から大容量の単相交流を得るときに使われる．主座変圧器とT座変圧器から構成される．

② T座変圧器は，問図のように，一端が主座変圧器の中点につながっている．よって，T座変圧器の電圧は線間電圧の$\sqrt{3}/2$倍になる．電圧三角形を書いてみよう．

③ 一次端子に流れ込む電流は，三相平衡交流であるから，主座，T座ともに同じである．これはスコット結線の長所である．

b. 一次巻線電流 二次巻線に流れる電流は，主座，T座ともに等しく，$I_u = I_v = 10\,000/60$ [A]である．T座変圧器の一次電流 I_U は，I_u を巻数比 a_t で除して，

$$I_U = \frac{I_u}{a_t} = \frac{10\,000}{60} \times \frac{60}{110} \times \frac{2}{\sqrt{3}} \fallingdotseq 104.97 \to 105 \text{[A]} \quad \text{（答）}$$

となる．主座変圧器の一次電流 I_V は，平衡三相交流であるから，I_u に等しい．よって，

$I_V = I_U = 105$ [A]　（答）

c. 一次巻線容量 主座変圧器の一次巻線容量 P_m は，

$$P_m = V_{VW} I_V = 110 \times 10^3 \times 104.97$$
$$\fallingdotseq 11.547 \times 10^6 \text{[V·A]} \to 11.5 \text{[MV·A]} \quad \text{（答）}$$

T座変圧器の一次巻線容量 P_t は，二次巻線の皮相容量と等しく，$P_t = 10$ [MV·A]　（答）

(2) 総合利用率 K は，二次の合計皮相容量の一次の合計皮相容量に対する比なので，

$$K = \frac{10 \times 2}{P_m + P_t} = \frac{20}{11.547 + 10} \fallingdotseq 0.928 \to 92.8 \text{[\%]} \quad \text{（答）}$$

別解 問(1)b

主座変圧器には，二次電流 I_v による起磁力を打ち消す一次電流 I_m が，解図2のように流れる．I_m は，I_v を巻数比 a_m で除して，

$$I_m = \frac{I_v}{a_m} = \frac{10\,000}{60} \times \frac{60}{110} \fallingdotseq 90.909 \text{[A]}$$

主座変圧器の一次巻線には，I_m のほかに，位相が 90[°] 遅れの T座変圧器の電流 I_U が流れ込み，これが V相と W相に，$I_U/2$ ずつ分流する．よって，I_V は両者のベクトル和となり，

$$I_V = \sqrt{I_m^2 + \left(\frac{I_U}{2}\right)^2} = \sqrt{90.909^2 + \left(\frac{104.97}{2}\right)^2}$$
$$\fallingdotseq 104.97 \to 105 \text{[A]} \quad \text{（答）}$$

④ 主座変圧器の一次では，二次電流による起磁力を打ち消す電流と，これとは 90[°] 位相の異なる T座変圧器からの電流が中点に流れ込んでいる（これはさらに両側に 1/2 ずつ分流する）として，そのベクトル和をとってもよい．

⑤ スコット結線変圧器の総合利用率は，二次容量/一次容量で求めればよい．

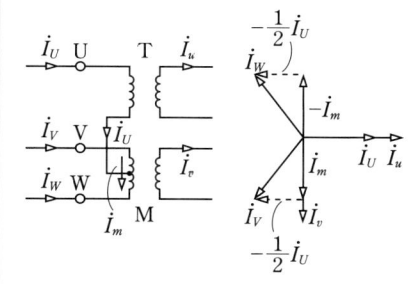

解図2

解 説

電圧の位相は，解図1の電圧ベクトル図から，主座変圧器の V_{VW} が T座変圧器の V_{UO} より 90[°] 遅れていることが分かる．ゆえに，二次側の電圧も主座変圧器が T座変圧器よりも 90[°] 遅れる．

このように，$\pi/2$ の位相差がある大きさの等しい二つの単相交流を組み合わせたものを**二相交流**という．

スコット結線変圧器は，交流式電気鉄道の変電所でよく用いられる．

3.4 誘 導 機

学習のポイント

誘導機の原理は，変圧器の考え方が適用できる．学習上，最も押さえたいのは**滑り**である．各項目については必ず滑りとの関係を理解する．計算ではL形回路を適用するが，特に二次回路の変換や円線図との関係が重要である．始動方法，速度制御については，トルク及び滑りから理解する．

─── 重 要 項 目 ───

1 誘導機一般

① 同期速度 N_s，滑り s

f：一次側周波数，p：極数，N：回転速度とすると，

$$N_s = \frac{120f}{p} [\text{min}^{-1}] \ , \ s = \frac{N_s - N}{N_s} \quad (4\text{-}1)$$

同期角速度 $\omega_s = 2\pi N_s/60 [\text{rad/s}]$

・二次側周波数

$$f_2 = sf [\text{Hz}] \quad (4\text{-}2)$$

② 種類，構造

鉄心・固定子は同期機に類似．
かご形：堅牢，安価，回転子導体はかご状．
巻線形：二次抵抗制御可能だが，高価．

2 等価回路と特性

① L形等価回路（図4-1，表4-1）

三相分の入出力は，表4-1を3倍する．

・二次回路変換（考え方が重要）

$sE_2 \to E_2$，$r_2 \to r_2/s$，$sx_2 \to x_2$

・二次抵抗の分離

$r_2/s = r_2$（巻線抵抗）$+ R$（負荷抵抗）

・二次側入力 P_2，出力 P_o，銅損 P_{c2} で，

$$P_2 = P_o + P_{c2} = P_o + sP_2 \quad (4\text{-}3)$$

P_2 は，**同期ワット**とも呼ばれる．

・同期ワット $\propto$ トルク T

$$P_2 = \omega_s T \quad (4\text{-}4)$$

表4-1 誘導機の入力，出力等（1相分）

項 目	式	
負荷電流 I_1'	$\dot{I}_1' = \dfrac{\dot{V}_1}{\{r_1+(r_2'/s)\}+\text{j}(x_1+x_2')}[\text{A}]$	(4-5)
一次力率 $\cos\theta_1'$	$\cos\theta_1' = \dfrac{r_1+r_2'/s}{\sqrt{\{r_1+(r_2'/s)\}^2+(x_1+x_2')^2}}$	(4-6)
一次入力 P_1	$P_1 = V_1 I_1 \cos\theta_1 \fallingdotseq V_1 I_1' \cos\theta_1' [\text{W}]$（鉄損無視）	(4-7)
二次入力 P_2	$P_2 = I_1'^2 \cdot \dfrac{r_2'}{s} [\text{W}] \propto T$（トルク）	(4-8)
二次銅損 P_{c2}	$P_{c2} = I_1'^2 r_2' = sP_2 [\text{W}]$	(4-9)
二次出力 P_o	$P_o = P_2 - P_{c2} = P_2(1-s)$ $= I_1'^2 \cdot \dfrac{1-s}{s} r_2' = I_1'^2 R [\text{W}]$	(4-10)
	$P_2 : P_{c2} : P_o = 1 : s : (1-s)$	(4-11)
軸出力 P_o'	$P_o' = P_o - P_m [\text{W}]$（$P_m$ は機械損）	(4-12)

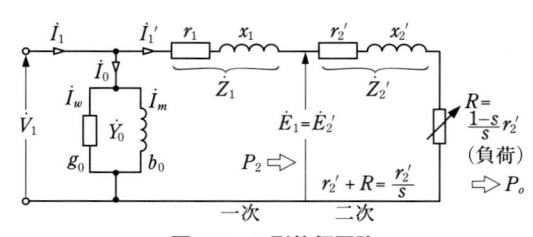

図4-1 L形等価回路

② 誘導機の特性（図4-2）

トルク $T \propto$ 電圧 V^2

・電流 I 対速度 N の関係

始動時 $I \fallingdotseq$ 一定，N_s 付近 $I \propto s$

・トルク T 対速度 N の関係

始動時 $T \propto 1/s$，N_s 付近 $T \propto s$

3.4 誘導機

図 4-2 誘導機の特性

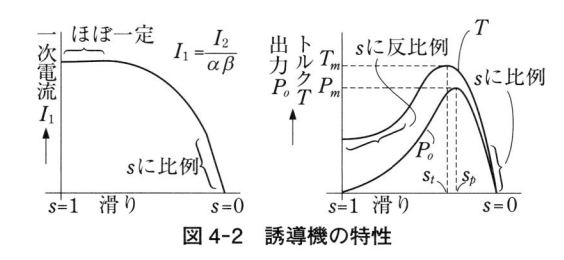

③ 比例推移（図 4-3）

r_2/s 一定の場合，二次抵抗 m 倍 → 同一 T の滑り m 倍になる．電流も比例推移する．

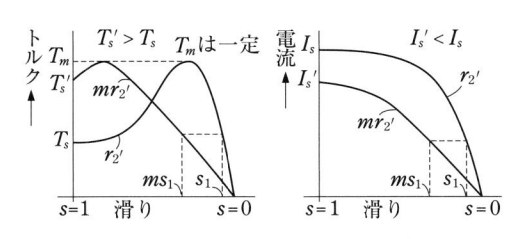

図 4-3 比例推移

④ 円線図（図 4-4）

L 形回路の Y ベクトル軌跡，縦軸有効分．

- **作図に必要な試験（計測）**
  - (a) **無負荷試験**：励磁電流と鉄（無負荷）損．
  - (b) **拘束試験**：始動電流と銅損．
  - (c) **一次巻線抵抗測定**：基準温度に換算．

$\overline{\text{OP}}:I_1$, $\overline{\text{NP}}:I_1'$, $\overline{\text{ON}}:I_0$,
$\overline{\text{PP}_4}$：一次入力，$\overline{\text{PP}_2}$：二次入力，$\overline{\text{P}_3\text{P}_4}$：鉄損，
$\overline{\text{P}_2\text{P}_3}$：一次銅損，$\overline{\text{P}_1\text{P}_2}$：二次銅損

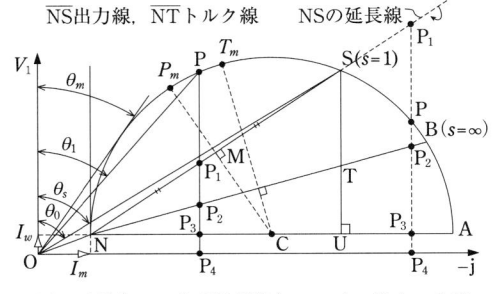

図の破線（$P_1 \sim P_4$）は制動機（$s=1 \sim \infty$）の場合の入出力の関係を示す．$\overline{\text{P}_1\text{P}}$ は機械軸からの入力．

図 4-4 円線図

3 特殊誘導機

① 誘導発電機（図 4-5）

$N > N_s$, $s < 0$ の状態．

系統からの励磁必要，大幅な進み（演習問題 4.15 参照），始動時に系統への影響大，装置が簡単で安価．

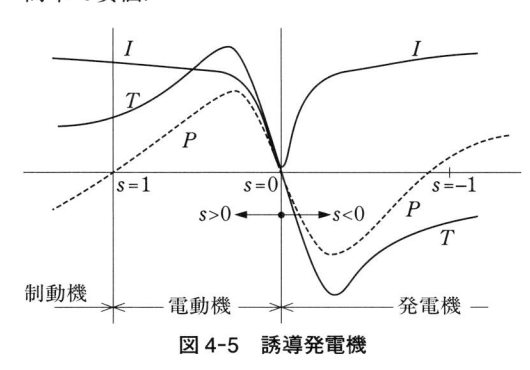

図 4-5 誘導発電機

② 特殊誘導機

・**特殊かご形**

回転子構造の工夫により始動特性を改善．

深溝かご形，二重かご形，高抵抗かご形（主にエレベータ用）がある．

・**単相誘導電動機**　小形モータ用．

単相交流による交番磁界を利用．

始動方式で **分相始動形，コンデンサ始動形**（主流），くまとりコイル形等に分類．

4 誘導機の運転

① 始動方式　I_s の抑制．

始動電流 I_s, 同トルク T_s, 電圧比 n

・**かご形**

(a) **全電圧始動**：$I_s = 5 \sim 6 I_n$, 小容量向き．
(b) **Y-Δ 始動**：線電流 1/3, T_s 1/3．一般的．
(c) **リアクトル始動**：加速が円滑．
I_s は n, T_s は n^2.
(d) **補償器始動**：装置が複雑，高価．
I_s, T_s とも n^2.

第3章 機械・制御科目

・巻線形
比例推移により始動抵抗で加速.

② **速度制御 (表 4-2)** N_s または s を変化.

・**二次励磁法** 巻線形に限る.

二次回路に接続の直流電動機 (DM) の励磁を変化して速度制御. 二次銅損分 sP_2 を電気または機械エネルギーで回収. 省エネ, 高価.

(a) **クレーマ方式** 誘導電動機 (IM) と DM を同軸結合. 機械エネルギーで回収, **定出力特性**.

(b) **セルビウス方式** DM 直結の発電機により, 電気エネルギーで回収, **定トルク特性**.

表 4-2 速度制御の手法

手法	内容
N_s を変化	・周波数 f を変化 (インバータ). ・極数 p を変化, 極数変換電動機.
s を変化	・二次抵抗を変化 (比例推移), 巻線形のみ. ・一次電圧を変化 ($T \propto V^2$). ・二次励磁 (クレーマ, セルビウス).
その他	・誘導機は定速運転とし, 負荷との間に**電磁継手**, **液体継手**を用いて速度を変える.

演習問題 4.1 L 形等価回路と特性 1

定格電圧 200 [V], 定格周波数 50 [Hz], 4 極の三相かご形誘導電動機がある. この電動機の試験を行って, 下表の結果を得た. この電動機について, 次の値を求めよ. ただし, 計算には図に示す星形1相換算の L 形等価回路を用いるものとし, 一次リアクタンス x_1 と二次リアクタンス x_2 (一次換算値) の値は等しいものとする.

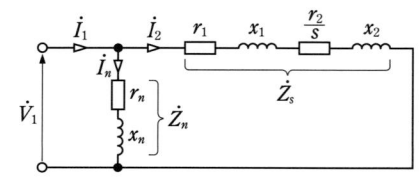

試験名	端子電圧	入力電流	入力
無負荷試験	200 [V]	2.5 [A]	120 [W]
拘束試験	40 [V]	8.0 [A]	240 [W]
固定子巻線抵抗 (線間, 75 [℃] 換算) 1.0 [Ω]			

(1) 星形 1 相換算の一次巻線抵抗 r_1 [Ω]
(2) 等価回路中のインピーダンス $|\dot{Z}_n|$ [Ω], 抵抗 r_n [Ω] 及びリアクタンス x_n [Ω]. ただし, ここでは $\dot{Z}_s$ の影響を無視してよい.
(3) 等価回路中のインピーダンス $|\dot{Z}_s|$ [Ω], Z_s の抵抗分 R_s [Ω] 及びリアクタンス分 X_s [Ω]. ただし, ここでは励磁回路の影響を無視してよい.
(4) 二次抵抗 (一次換算値) r_2 [Ω] 及び二次リアクタンス (一次換算値) x_2 [Ω]
(5) この電動機の滑り $s = 4$ [%] のときの出力 P_o [W]

解 答

(1) **一次抵抗** r_1 は, 等価星形一次換算として,
$r_1 = 1.0/2 = 0.5$ [Ω] **(答)**

(2) **励磁回路** 無負荷試験の電圧を V_n, 電流を I_n, 入力を P_n とすると, $|\dot{Z}_n|$, r_n, x_n は,

解法のポイント

① 本問に掲げられた試験は, 誘導機の基本的な試験であり, 誘導機の特性を知ることができる. 内容は, 変圧器の場合と同様である.

$$|\dot{Z}_n| = \frac{V_n/\sqrt{3}}{I_n} = \frac{200/\sqrt{3}}{2.5} ≒ 46.19[\Omega] \quad (答)$$

$$r_n = \frac{P_n}{3I_n^2} = \frac{120}{3 \times 2.5^2} = 6.4[\Omega] \quad (答)$$

$$x_n = \sqrt{Z_n^2 - r_n^2} = \sqrt{46.19^2 - 6.4^2} ≒ 45.74[\Omega] \quad (答)$$

(3) 主回路 拘束試験の電圧を V_s，電流を I_s，入力を P_s とすると，$|\dot{Z}_s|$，R_s，X_s は，

$$|\dot{Z}_s| = \frac{V_s/\sqrt{3}}{I_s} = \frac{40/\sqrt{3}}{8} ≒ 2.887[\Omega] \quad (答)$$

$$R_s = \frac{P_s}{3I_s^2} = \frac{240}{3 \times 8^2} = 1.25[\Omega] \quad (答)$$

$$X_s = \sqrt{Z_s^2 - R_s^2} = \sqrt{2.887^2 - 1.25^2} ≒ 2.602[\Omega] \quad (答)$$

(4) 二次回路 二次抵抗（一次換算値）r_2 は，

$$r_2 = R_s - r_1 = 1.25 - 0.5 = 0.75[\Omega] \quad (答)$$

二次リアクタンス（一次換算値）x_2 は，題意から，

$$x_2 = X_s/2 = 2.602/2 ≒ 1.301[\Omega] \quad (答)$$

(5) 出力 滑りが s の場合，出力 P_o は，二次入力 P_2 から二次銅損 sP_2 を引けばよい．

$$P_o = P_2(1-s) = 3I_2^2 \frac{r_2}{s}(1-s)$$

$$= 3 \cdot \frac{V_1^2}{\{r_1 + (r_2/s)\}^2 + (x_1+x_2)^2} \cdot \frac{r_2}{s} \cdot (1-s)$$

$$= 3 \times \frac{(200/\sqrt{3})^2}{\{0.5 + (0.75/0.04)\}^2 + 2.602^2} \times \frac{0.75}{0.04} \times (1-0.04)$$

$$≒ 1\,910[W] \quad (答)$$

② 拘束試験は，回転子を拘束（$s=1$）して動かないようにし，一次巻線に定格電流程度の電流を流す．変圧器の短絡試験に相当する．

③ 試験で加えている電圧は三相であるから，計算の場合には，相電圧に直す必要がある．また，電力から抵抗を求める場合には，$3I^2R$ として，3倍することを忘れないこと．

④ 問図にあるように，回転中の二次抵抗は，r_2/s となり，停止中の抵抗よりも相当大きくなる．このうち，$I_2^2 r_2$ が二次銅損となり，その他の部分が出力になる．r_2/s は，誘導機の問題解法のキーポイントである．

別解 問(5)

二次抵抗 r_2/s を，巻線抵抗 r_2 + 負荷抵抗 R_0 と考えて，$R_0 = \frac{r_2}{s}(1-s)$ とし，$P_o = 3I_2^2 R_0$ で求める．

演習問題 4.2 L形等価回路と特性2

三相誘導電動機があり，星形一次換算1相分のL形等価回路の諸量は次のとおりである．
一次抵抗 $r_1 = 0.1[\Omega]$，一次漏れリアクタンス $x_1 = 0.5[\Omega]$，二次抵抗（一次換算値）$r_2' = 0.19[\Omega]$，二次漏れリアクタンス（一次換算値）$x_2' = 0.5[\Omega]$，励磁コンダクタンス $g_0 = 0.02[S]$，励磁サセプタンス $b_0 = 0.1[S]$

この電動機が電源電圧（線間）220[V]，電源周波数60[Hz]，滑り4[%]で運転されているとき，次の値を求めよ．ただし，P_o では機械損を無視する．

(1) 一次負荷電流 $I_1'[A]$，(2) 鉄損 $P_i[W]$，(3) 一次銅損 $P_{c1}[W]$，(4) 二次入力 $P_2[W]$，
(5) 二次銅損 $P_{c2}[W]$，(6) 出力 $P_o[kW]$，(7) 電動機の効率 $\eta[\%]$

解 答

(1) 本問のL形等価回路を**解図1**に示す．**一次負荷電流** I_1' は，図の記号を用いて，

$$I_1' = \frac{V_1}{\sqrt{\{r_1+(r_2'/s)\}^2+(x_1+x_2')^2}}$$

$$= \frac{220/\sqrt{3}}{\sqrt{\{0.1+(0.19/0.04)\}^2+(0.5+0.5)^2}}$$

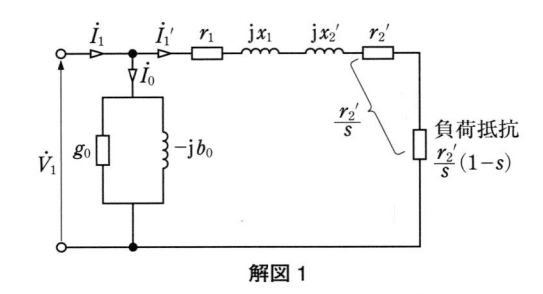

$$\fallingdotseq 25.65 \rightarrow 25.7 \,[\text{A}] \quad \text{(答)}$$

解図1

(2) **鉄損** P_i は，g_0 の消費電力であるから，

$$P_i = 3V_1^2 g_0 = 3 \times \left(\frac{220}{\sqrt{3}}\right)^2 \times 0.02 = 968\,[\text{W}] \quad \text{(答)}$$

(3) **一次銅損** P_{c1} は，r_1 の消費電力であるから，

$$P_{c1} = 3I_1'^2 r_1 = 3 \times 25.65^2 \times 0.1 \fallingdotseq 197.4 \rightarrow 197\,[\text{W}] \quad \text{(答)}$$

(4) **二次入力** P_2 は，r_2'/s における発生電力であるから，

$$P_2 = 3I_1'^2\left(\frac{r_2'}{s}\right) = 3 \times 25.65^2 \times \left(\frac{0.19}{0.04}\right) \fallingdotseq 9\,375.4 \rightarrow 9\,375\,[\text{W}] \quad \text{(答)}$$

(5) **二次銅損** P_{c2} は，r_2' の消費電力であるから，

$$P_{c2} = 3I_1'^2 r_2' = 3 \times 25.65^2 \times 0.19 \fallingdotseq 375.0 \rightarrow 375\,[\text{W}] \quad \text{(答)}$$

(6) **出力** P_o は，P_2 と P_{c2} の差であるから，

$$P_o = P_2 - P_{c2} = 9\,375.4 - 375 = 9\,000.4\,[\text{W}] \rightarrow 9.00\,[\text{kW}] \quad \text{(答)}$$

(7) **電動機の効率** η は，

$$\eta = \frac{P_o}{P_o+P_i+P_{c1}+P_{c2}} = \frac{9\,000}{9\,000+968+197+375}$$

$$\fallingdotseq 0.853\,9 \rightarrow 85.4\,[\%] \quad \text{(答)}$$

解法のポイント

① 前問とほぼ同様の問題である．L形等価回路を正確に描くことから始める．このとき，二次抵抗を r_2'/s とするのがポイントである．

② 一次負荷電流 I_1' は，RL の直列回路の電流を求めるのと同じである．相電圧を適用すること．

③ 鉄損は，励磁コンダクタンスの消費電力である．励磁サセプタンスの方ではない．

④ 銅損の算出では，$I^2 r$ を3倍すること．

⑤ 出力は，二次入力と二次銅損の差で出すのが一番簡単である．

解 説

二次入力 P_2，二次銅損 P_{c2}，二次出力 P_o は，滑りを s として，**解図2**のように，

$$P_2 : P_{c2} : P_o = 1 : s : (1-s)$$

の関係がある．この図は非常に重要である．

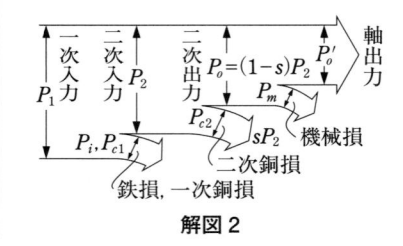

解図2

演習問題 4.3 L形等価回路と円線図

図のような三相誘導電動機のL形円線図がある．図で，P点は電動機の運転点である．線分FSと線分NUは平行，D点は線分NSの延長線の横軸との交点，Y点は線分DPの延長線の線分FSとの交点，線分GSと線分NTは平行，R点は線分NPの延長線の線分GSとの交点，P点からの垂線と線分NSとの交点がQ_1点，線分NTとの交点がQ_2点である．

この円線図から，次の値はどのように求められるかを式で示せ．ただし，定格一次電圧（線間）をV_1[V]，同期速度をN_s[min^{-1}]とする．また，円線図上の単位長さは1[A]を表すものとする．

(1) 出力Pに対する特性のうち，（イ）力率，（ロ）効率（補助線FSを用いて答えよ），（ハ）滑り（補助線GSを用いて答えよ），（ニ）トルク
(2) 最大出力

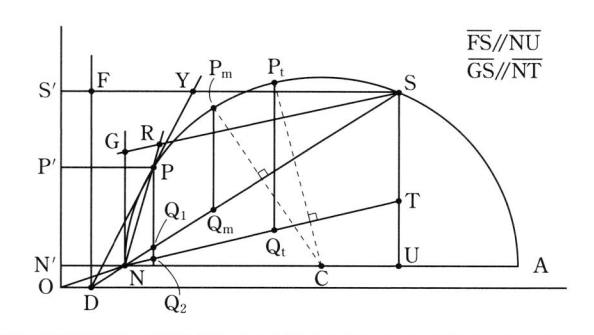

$$\overline{FS} \mathbin{/\!/} \overline{NU}$$
$$\overline{GS} \mathbin{/\!/} \overline{NT}$$

解 答

(1) 出力Pに対する特性のうち，

（イ）**力率** $\overline{OP}$が一次電流，$\overline{OP'}$がその有効分であるから，

力率$= (\overline{OP'}/\overline{OP}) \times 100$ [%] **（答）**

（ロ）**効率** 解図1のように，$\overline{PQ_1}$の延長線が横軸との交点をQ_0とすれば，$\sqrt{3}V_1 \cdot \overline{PQ_1} =$ 出力，$\sqrt{3}V_1 \cdot \overline{PQ_0} =$ 入力であるから，$\overline{PQ_1}/\overline{PQ_0}$が効率$\eta$である．

図で，$\triangle PQ_0D \infty \triangle DFY$，$\triangle DQ_0Q_1 \infty \triangle SFD$であるから，次式が成り立つ．

$$\frac{\overline{PQ_0}}{\overline{DQ_0}} = \frac{\overline{FD}}{\overline{FY}}, \quad \frac{\overline{Q_1Q_0}}{\overline{DQ_0}} = \frac{\overline{FD}}{\overline{FS}}$$

$$\therefore \eta = \frac{\overline{PQ_1}}{\overline{PQ_0}} = \left(1 - \frac{\overline{Q_1Q_0}}{\overline{PQ_0}}\right) = \left(1 - \frac{\overline{FY}}{\overline{FS}}\right) = \frac{\overline{YS}}{\overline{FS}} \quad \text{（答）}$$

$$\therefore \begin{cases} \overline{PQ_1} = \overline{PQ_0} - \overline{Q_1Q_0} \\ \overline{Q_1Q_0} = \frac{\overline{FD}}{\overline{FS}} \cdot \overline{DQ_0} = \frac{\overline{FD}}{\overline{FS}} \cdot \frac{\overline{FY}}{\overline{FD}} \cdot \overline{PQ_0} \\ \overline{FY} = \overline{RS} - \overline{YS} \end{cases}$$

解法のポイント

① 円線図は，誘導電動機の特性を図上で表すことができる．縦軸を一次相電圧にとる．すなわち，<u>縦軸が有効分，横軸が無効分</u>になる．つまり，普通のベクトル図とは異なる．演習問題4.1に記述の各種試験結果により作図する．円周上のP点が運転点になる．

② 線分ONは励磁電流であり，N点が負荷電流の起点になる．線分NPが負荷電流，問図には記していないが，線分OPが一次電流である．

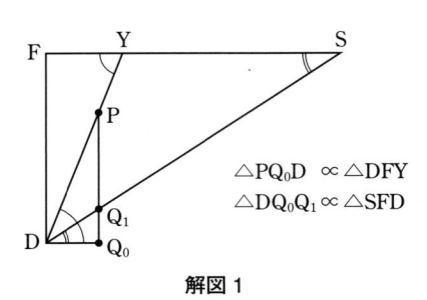

解図1

△PQ₀D ∽ △DFY
△DQ₀Q₁ ∽ △SFD

（ハ）**滑り** s は，二次銅損 sP_2 と二次入力 P_2 の比で求められるから，$s = \overline{Q_1Q_2}/\overline{PQ_2}$ である．解図2のように，△Q_1Q_2N ∽ △NGS，△NQ₂P ∽ △RGN であるから，次式が成り立つ．

$$\frac{\overline{Q_1Q_2}}{\overline{NQ_2}} = \frac{\overline{GN}}{\overline{GS}}, \quad \frac{\overline{NQ_2}}{\overline{PQ_2}} = \frac{\overline{GR}}{\overline{GN}}$$

$$\therefore s = \frac{\overline{Q_1Q_2}}{\overline{PQ_2}} = \frac{\overline{GR}}{\overline{GS}} \quad \text{(答)}$$

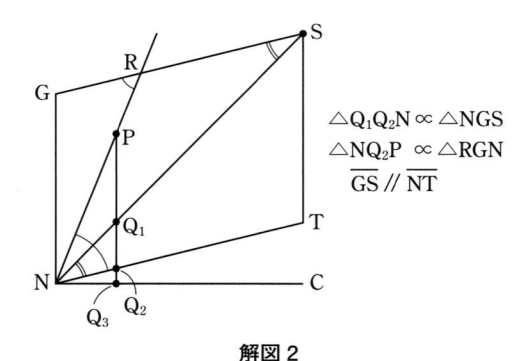

解図2

△Q_1Q_2N ∽ △NGS
△NQ₂P ∽ △RGN
$\overline{GS} // \overline{NT}$

（ニ）**トルク** 二次入力を P_2，同期角速度を ω_s[rad]，同期速度を N_s[min⁻¹] とすると，トルク T は，

$$T = \frac{P_2}{\omega_s} = \frac{60 P_2}{2\pi N_s} = \frac{60 \cdot \sqrt{3} V_1 \cdot \overline{PQ_2}}{2\pi N_s}$$

$$\fallingdotseq \frac{16.54 V_1 \cdot \overline{PQ_2}}{N_s} [\text{N·m}] \quad \text{(答)}$$

(2) 最大出力 P_m は，$\overline{P_m Q_m}$ の長さに相当する．よって，

$$P_m = \sqrt{3} V_1 \cdot \overline{P_m Q_m} [\text{W}] \quad \text{(答)}$$

③ 線分NSを**出力線**，線分NTを**トルク線**という．線分PQ₁が出力，線分PQ₂が二次入力すなわちトルクを示す．線分Q₁Q₂が二次銅損になる．

④ 効率や滑りの算出は，三角形の相似の関係を用いる．

解　説

線分OSが拘束電流 I_s に相当し，線分の ST/TU $= r_2'/r_1$ である．円中心Cは，線分NSの垂直二等分線と線分NUの交点である．最大トルクは，問図の線分 P_tQ_t の長さに相当する．線分ON′の長さが無負荷損である．解図2の線分 Q₂Q₃ が一次銅損である．

拘束試験で，もし抵抗分 r がなくリアクタンス分 x のみとすると，I_s は V_1 から 90[°] 遅れとなる．この場合の電流の大きさは，円線図の直径 $\overline{NA} = 2\overline{NC}$ になる．

よって，電動機の一次換算のリアクタンス $x = x_1 + x_2'$ は，

$$x = \frac{V}{2 \times \overline{NC}}$$

で求められる．なお，x を一次と二次に分解するのは簡単ではないので，演習問題4.1のように $x_1 = x_2' = x/2$ とすることが多い．

演習問題 4.4　滑りとトルク 1

定格電圧 200[V]，定格周波数 50[Hz]，4 極の三相かご形誘導電動機があり，L 形等価回路において星形 1 相一次換算の抵抗値及びリアクタンス値は，次のとおりである．

一次抵抗 $r_1 = 0.0707$[Ω]，一次漏れリアクタンス $x_1 = 0.172$[Ω]
二次抵抗 $r_2 = 0.0710$[Ω]，二次漏れリアクタンス $x_2 = 0.267$[Ω]

この電動機に回転速度の 2 乗に比例するトルクを要求する負荷をかけ，一次周波数制御を行って運転しているとき，次の問に答えよ．

(1) 一次周波数を定格値に保ち，回転速度 1 455[min^{-1}]で運転しているときのトルク[N・m]を求めよ．

(2) 回転速度 1 200[min^{-1}]で運転しているときに負荷が要求するトルク[N・m]，及び定格一次周波数にてこのトルクを発生させるための電動機の滑り[%]を求めよ．

(3) (2)で求めた負荷トルクを負って 1 200[min^{-1}]で運転するための電動機の一次周波数[Hz]を求めよ．ただし，電動機の同期速度に対する滑りは，トルクが同一ならば一次周波数にかかわらず一定とし，また，電動機の滑りとトルクの関係は直線で表せるものとする．

解　答

(1) 同期速度 N_s は，周波数を f，極数を p とすると，

$$N_s = \frac{120f}{p} = \frac{120 \times 50}{4} = 1\,500 [\text{min}^{-1}]$$

である．よって，$N = 1\,455$[min^{-1}]時の滑り s は，

$$s = \frac{N_s - N}{N_s} = \frac{1\,500 - 1\,455}{1\,500} = 0.03$$

一次換算の二次電流 I_2 は，一次電圧を V_1 とすると，題意の記号から，

$$I_2 = \frac{V_1/\sqrt{3}}{\sqrt{\{r_1 + (r_2/s)\}^2 + (x_1 + x_2)^2}}$$

$$= \frac{200/\sqrt{3}}{\sqrt{\{0.0707 + (0.071/0.03)\}^2 + (0.172 + 0.267)^2}}$$

$$\fallingdotseq 46.62 [\text{A}] \quad \cdots (1)$$

二次入力 $P_2 = 3I_2^2 \cdot (r_2/s)$ は，同期角速度を ω_s とすると，$P_2 = \omega_s T$ であるから，トルク T は，

$$T = \frac{P_2}{\omega_s} = \frac{3I_2^2 r_2}{s} \cdot \frac{60}{2\pi N_s}$$

$$= \frac{90 \times 46.62^2 \times 0.071}{0.03 \times \pi \times 1\,500} \fallingdotseq 98.24 [\text{N·m}] \quad \textbf{(答)} \cdots (2)$$

解法のポイント

① 問(1)は，まず滑りを求める．その後，二次抵抗を r_2/s として，二次電流を求める．二次入力 P_2 とトルク T の関係 $P_2 = \omega_s T$ から，T が求まる．

② 問(2)は，負荷トルクは回転速度の 2 乗に比例することを用いて，1 200[min^{-1}]時のトルクを求める．この場合の二次入力は，上記①の関係から簡単に求められる．P_2 を求める式に，二次電流 I_2 を組み込んで，r_2/s を未知数として答を出す．2 次方程式になるので，解の吟味を行う．

③ 問(3)のただし書きの関係から，問(2)で求めたトルクの値により，1 200[min^{-1}]において 50[Hz]の場合と同じ滑りになる周波数を見いだす．

(2) 題意から，トルクは回転速度の2乗に比例するから，$N'=1\,200\,[\text{min}^{-1}]$ でのトルク T' は，

$$T' = \left(\frac{N'}{N}\right)^2 T = \left(\frac{1\,200}{1\,455}\right)^2 \times 98.24 \fallingdotseq 66.82\,[\text{N·m}] \quad \textbf{(答)}$$

この場合の二次入力 P_2' は，

$$P_2' = \omega_s T' = \frac{2\pi N_s}{60} T' = \frac{2\pi \times 1\,500 \times 66.82}{60} \fallingdotseq 10\,496\,[\text{W}]$$

一方，(1)，(2)式の関係から，P_2' は，この場合の滑りを s' とすると，

$$P_2' = 10\,496 = 3I_2'^2 \cdot \frac{r_2}{s'} = \frac{V_1^2}{\{r_1+(r_2/s')\}^2 + (x_1+x_2)^2} \cdot \frac{r_2}{s'} \quad \cdots (3)$$

$r_2/s' = m$ とし，(3)式に数値を代入して整理する．

$10\,496m^2 - 38\,516m + 2\,075 = 0,$

$\therefore m^2 - 3.67m + 0.197\,7 = 0 \quad \cdots (4)$

$$m = \frac{3.67 \pm \sqrt{3.67^2 - 4 \times 0.197\,7}}{2} \fallingdotseq 3.615,\ 0.055$$

$$\therefore s' = \frac{r_2}{m} = \frac{0.071}{3.615} \fallingdotseq 0.019\,64,$$

または，$s' = \dfrac{r_2}{m} = \dfrac{0.071}{0.055} \fallingdotseq 1.291$（不適），

よって，$s' = 0.019\,6 \rightarrow 1.96\,[\%]$ **(答)**

(3) 題意から，同期速度に対する滑りは，トルクが同一なら一次周波数に関係なく一定である．よって，$N'=1\,200\,[\text{min}^{-1}]$ で，滑り $s'=0.019\,6$ となる周波数 f' を求めればよい．ゆえに，

$$N' = \frac{120f'}{p} \cdot (1-s')\,[\text{min}^{-1}] \quad \therefore f' = \frac{pN'}{120(1-s')} = \frac{4 \times 1\,200}{120 \times (1-0.019\,6)} \fallingdotseq 40.8\,[\text{Hz}] \quad \textbf{(答)}$$

解 説

問(3)のただし書きが，問(2)にも適用されると解釈すると，s' は，

$$s' = s \cdot \frac{T'}{T} = 0.03 \times \frac{66.82}{98.24}$$

$$\fallingdotseq 0.020\,4 \quad \cdots (5)$$

となるが，この解釈は解答としては適切ではない．問(3)のただし書きが問(2)にも適用されるときは，通常，問題文の冒頭に記述されるはずである．このただし書きは，個別に適用されると解釈すべきである．

しかし，誘導機の性質から考えて，同期速度付近では，滑りとトルクはほぼ比例するので，概略の検討を付けるときには，(5)式の方法は有用である．数値的にもさほど違わない．

演習問題 4.5　滑りとトルク2

定格出力 15[kW]，定格周波数 50[Hz]，4極の三相かご形誘導電動機があり，定格回転速度が 1 440[min^{-1}]，定格運転時の効率が 88.5[%] である．この電動機について，次の値を求めよ．ただし，滑りとトルクは比例関係にあり，負荷損は銅損で代表し，また，一次銅損と二次銅損は常に等しいものとする．

(1) 出力 15[kW]時の滑り s_1[%] 及びトルク T_1[N·m]
(2) 出力 15[kW]時の二次銅損 P_{c21}[W] 及び固定損 P_F[W]
(3) 出力 7.5[kW]時の滑り s_2[%] 及びトルク T_2[N·m]

3.4 誘導機

解 答

(1) 同期速度 N_s は，周波数を f，極数を p として，

$$N_s = \frac{120f}{p} = \frac{120 \times 50}{4} = 1\,500\,[\text{min}^{-1}]$$

出力 15[kW]時の滑り s_1 は，回転速度を N_1 とすると，

$$s_1 = \frac{N_s - N_1}{N_s} = \frac{1\,500 - 1\,440}{1\,500} = 0.04 \to 4[\%] \quad \text{(答)}$$

トルク T_1 は，出力を $P_{o1}[\text{W}]$，回転角速度を $\omega_1[\text{rad/s}]$ とすると，

$$T_1 = \frac{P_{o1}}{\omega_1} = \frac{60 P_{o1}}{2\pi N_1} = \frac{60 \times 15 \times 10^3}{2\pi \times 1\,440} \fallingdotseq 99.47\,[\text{N·m}] \quad \text{(答)}$$

(2) 出力 15[kW]時の二次銅損 P_{c21} は，二次入力を P_{21}，同期角速度を ω_s とすると，

$$P_{c21} = s_1 P_{21} = s_1 \omega_s T_1 = s_1 \cdot \frac{2\pi N_s}{60} \cdot T_1$$

$$= \frac{0.04 \times 2\pi \times 1\,500 \times 99.47}{60} \fallingdotseq 625.0\,[\text{W}] \quad \text{(答)}$$

出力 15[kW]時の効率 η は，一次銅損を P_{c11}，固定損を P_F とすると，題意から $P_{c11} = P_{c21}$ なので，

$$\eta = \frac{P_{o1}}{P_{o1} + P_{c11} + P_{c21} + P_F} = \frac{P_{o1}}{P_{o1} + 2P_{c21} + P_F} \quad \cdots (1)$$

よって，P_F は，(1)式から，数値を代入して，

$$P_F = \frac{P_{o1}}{\eta} - (P_{o1} + 2P_{c21}) = \frac{15}{0.885} - (15 + 2 \times 0.625) \fallingdotseq 0.699\,[\text{kW}] \to 699[\text{W}] \quad \text{(答)}$$

(3) 出力 7.5[kW]時の添字を 2 とする．二次入力 P_2 について出力 15[kW]時との比をとると，

$$\frac{P_{22}}{P_{21}} = \frac{T_2}{T_1} = \frac{s_2}{s_1} \quad \cdots (2)$$

同様にして，出力 P_o の比をとり，(2)式の関係を考慮すると，

$$\frac{P_{o2}}{P_{o1}} = \frac{P_{22}(1-s_2)}{P_{21}(1-s_1)} = \frac{s_2}{s_1} \cdot \frac{1-s_2}{1-s_1} \quad \therefore \frac{7.5}{15} = 0.5 = \frac{s_2 - s_2^2}{0.04 \times 0.96} \quad \cdots (3)$$

$$\therefore s_2^2 - s_2 + 0.019\,2 = 0$$

$$s_2 = \frac{1 \pm \sqrt{1^2 - 4 \times 0.019\,2}}{2} \fallingdotseq 0.980\,(\text{不適}),\ 0.019\,6 \quad \therefore s_2 = 1.96[\%] \quad \text{(答)}$$

滑りとトルクは比例するから，T_2 は，

$$T_2 = T_1 \cdot \frac{s_2}{s_1} = 99.47 \times \frac{1.96}{4} \fallingdotseq 48.74[\text{N·m}] \quad \text{(答)}$$

解法のポイント

① 問(1)は簡単である．同期速度から滑りを求めて，$P = \omega T$ の関係を用いて，トルク T を得る．

② 問(2)は，同期角速度 ω_s から，二次入力 $P_2 = \omega_s T$ の関係を利用する．二次銅損 $P_{c2} = sP_2$ である．一次と二次銅損が等しいから，与えられた効率から，固定損 P_F が出る．

③ 問(3)は，出力の比をとり，これに二次入力の比の関係を考慮して，式を展開する．これらにより，滑り s_2 に関する 2 次方程式を導く．s_2 が分かれば，滑りとトルクの比例関係により，出力 7.5[kW]時のトルク T_2 が算出できる．

演習問題 4.6　比例推移 1

6極，定格周波数60[Hz]，回転子巻線が星形結線の三相巻線形誘導電動機がある．回転子巻線を短絡し，定格電圧，定格周波数の電源にこの電動機を接続して全負荷トルクで運転すると回転速度は1 140[min^{-1}]であり，スリップリングを介して回転子巻線の各相に0.225[Ω]の外部抵抗を挿入して同じ負荷トルクで運転すると回転速度は600[min^{-1}]であった．この電動機について，次の問に答えよ．ただし，外部抵抗は星形結線で，スリップリングの抵抗は無視できるものとする．

(1) 回転速度が600[min^{-1}]の滑りs_1と1 140[min^{-1}]の滑りs_fとの比s_1/s_fを求めよ．
(2) 電動機の回転子巻線の1相分の抵抗[Ω]はいくらか．
(3) 電動機を全負荷トルクで始動するために，回転子巻線の各相に挿入すべき外部抵抗の値[Ω]はいくらか．
(4) 回転子巻線の各相に0.1[Ω]の外部抵抗を挿入して，全負荷トルクでこの電動機を運転したときの回転速度[min^{-1}]はいくらか．

解答　(1) 同期速度N_sは，周波数をf，極数をpとして，

$$N_s = \frac{120f}{p} = \frac{120 \times 60}{6} = 1\,200\,[\text{min}^{-1}]$$

滑りs_1，s_fは，

$$s_1 = \frac{N_s - N_1}{N_s} = \frac{1\,200 - 600}{1\,200} = 0.5, \quad s_f = \frac{1\,200 - 1\,140}{1\,200} = 0.05$$

$$\therefore \frac{s_1}{s_f} = \frac{0.5}{0.05} = 10 \quad \text{(答)}$$

(2) 回転子1相の巻線抵抗をrとして，比例推移から，

$$\frac{r}{s_f} = \frac{r+0.225}{s_1}, \quad \frac{r}{0.05} = \frac{r+0.225}{0.5} \quad \therefore r = 0.025\,[\Omega] \quad \text{(答)}$$

(3) 始動時は$s=1$であるから，始動抵抗をR_sとすると，

$$\frac{r}{s_f} = \frac{0.025}{0.05} = \frac{R_s + 0.025}{1}$$

$$\therefore R_s = 0.5 - 0.025 = 0.475\,[\Omega] \quad \text{(答)}$$

(4) 0.1[Ω]の外部抵抗を挿入したときの滑りをsとすると，

$$\frac{r}{s_f} = \frac{0.025}{0.05} = \frac{0.1+0.025}{s} \quad \therefore s = \frac{0.125}{0.5} = 0.25$$

よって，そのときの回転速度Nは，

$$N = N_s(1-s) = 1\,200 \times (1-0.25) = 900\,[\text{min}^{-1}] \quad \text{(答)}$$

解法のポイント

① 比例推移に関する基本的な問題である．誘導機では，既述のようにr_2/sがキーポイントである．巻線形では，外部抵抗を挿入することにより，r_2を増加することができる．

② 一次電圧が一定であると，電流やトルクは，r_2/sの関数になる．同一トルクや同一電流を発生させる滑りをm倍にしたいときは，外部抵抗を挿入して二次抵抗をm倍にし比例推移させる．

演習問題 4.7 比例推移2

定格出力100[kW]，4極，二次巻線抵抗値 $r_2 = 0.12[\Omega]$ の三相巻線形誘導電動機がある．端子電圧400[V]，周波数50[Hz]で全負荷運転したとき，回転速度は1 470[min^{-1}]であった．この誘導電動機の二次側に抵抗 R を挿入して運転したところ，回転速度は1 380[min^{-1}]となり，入力電流が全負荷電流と等しくなった．このとき，次の値を求めよ．ただし，r_2 及び R の値はL形等価回路における星形1相一次側に換算した値である．

(1) 抵抗挿入後の滑り[％]，(2) 挿入した抵抗 $R[\Omega]$，(3) 機械的出力[kW]，
(4) 発生トルク[N・m]

解答

(1) 同期速度 N_s は，周波数を f，極数を p として，

$$N_s = \frac{120f}{p} = \frac{120 \times 50}{4} = 1\,500\,[\text{min}^{-1}]$$

$N_1 = 1\,380\,[\text{min}^{-1}]$ のときの滑り s_1 は，

$$s_1 = \frac{N_s - N_1}{N_s} = \frac{1\,500 - 1\,380}{1\,500} = 0.08 \to 8[\%] \quad (答)$$

(2) 最初の $N = 1\,470\,[\text{min}^{-1}]$ のときの滑り s は，

$$s = \frac{N_s - N}{N_s} = \frac{1\,500 - 1\,470}{1\,500} = 0.02$$

よって，比例推移の関係から，

$$\frac{r_2}{s} = \frac{r_2 + R}{s_1} \quad \therefore \frac{0.12}{0.02} = \frac{0.12 + R}{0.08}$$

$$\therefore R = 0.48 - 0.12 = 0.36\,[\Omega] \quad (答)$$

(3) 最初の二次入力 P_2 を，定格出力 $P_o = 100[\text{kW}]$ から求める．

$$P_o = P_2(1 - s)$$

$$\therefore P_2 = \frac{P_o}{1 - s} = \frac{100}{1 - 0.02} \fallingdotseq 102.04\,[\text{kW}] \quad \cdots (1)$$

抵抗挿入後も二次電流が変わらないから，P_2 は一定である．よって，抵抗挿入後の機械的出力 P_{o1} は，(1)式から，

$$P_{o1} = P_2(1 - s_1) = 102.04 \times 10^3 \times (1 - 0.08)$$
$$\fallingdotseq 93.88 \times 10^3\,[\text{W}] \to 93.9\,[\text{kW}] \quad (答)$$

(4) 抵抗挿入後の発生トルク T_1 は，角速度を ω_1 とすると，

$$T_1 = \frac{P_{o1}}{\omega_1} = \frac{60 P_{o1}}{2\pi N_1} = \frac{60 \times 93.88 \times 10^3}{2\pi \times 1\,380} \fallingdotseq 650\,[\text{N·m}] \quad (答)$$

解法のポイント

① 挿入した抵抗 R は，挿入前後の滑りの関係から，比例推移により求める．

② 二次入力を P_2 とすると，機械的出力 $P_o = P_2(1 - s)$ の関係があるから，まず最初の P_2 を求める．

③ 抵抗挿入後も入力電流は全負荷電流に等しいから，二次電流は変わらない．よって，P_2 は一定である．これが一番のポイントである．これにより抵抗挿入後の出力が決まる．

④ トルクは，$P = \omega T$ の関係を用いて算出する．角速度 ω は $2\pi N/60$ で求める．

演習問題 4.8　比例推移 3

定格周波数 60[Hz]，6 極の三相巻線形誘導電動機がある．二次は星形結線で，1 相の抵抗は 0.034[Ω]，静止時の誘導起電力は端子間で 315[V] である．この電動機の二次巻線を短絡し，送風機を運転したとき，二次電流 $I_2 = 190$[A] であった．この送風機を回転速度 960[min^{-1}] で運転するには，二次回路に何 [Ω] の抵抗を挿入すればよいか．ただし，送風機の要求するトルクは，回転速度の 2 乗に比例して変化するものとし，電動機の二次巻線のリアクタンスの影響は無視してよい．

解答

同期速度 N_s は，周波数を f，極数を p として，

$$N_s = \frac{120f}{p} = \frac{120 \times 60}{6} = 1\,200 \,[\text{min}^{-1}]$$

誘導電動機の二次回路を，**解図**に示す．題意から，二次リアクタンス x_2 を無視し，二次抵抗 r_2 のみを考える．滑り s の場合の電圧平衡は，静止時二次相電圧を E_2，二次電流を I_2 とすると，$sE_2 = r_2 I_2$ … (1)

よって，二次巻線短絡時 ($I_2 = 190$[A]) の滑り s_1 は，

$$s_1 = \frac{r_2 I_2}{E_2} = \frac{0.034 \times 190 \times \sqrt{3}}{315} \fallingdotseq 0.035\,52$$

したがって，この場合の回転速度 N_1 は，

$$N_1 = N_s(1 - s_1) = 1\,200 \times (1 - 0.035\,52) \fallingdotseq 1\,157 \,[\text{min}^{-1}]$$

次に，$N_2 = 960$[min^{-1}] のときの滑り s_2 は，

$$s_2 = \frac{N_s - N_2}{N_s} = \frac{1\,200 - 960}{1\,200} = 0.2$$

よって，この場合の二次巻線の誘導電圧 E_2' は，(1) 式から，
$E_2' = s_2 E_2 = 0.2 \times (315/\sqrt{3}) \fallingdotseq 36.37 \,[\text{V}]$

二次巻線の電流 I_2' は，x_2 を無視するから (力率 = 1) 負荷トルクに比例し，題意からトルクは回転速度の 2 乗に比例する．結局，二次電流は速度の 2 乗に比例するから，

$$I_2' = 190 \times \left(\frac{960}{1\,157}\right)^2 \fallingdotseq 130.8 \,[\text{A}]$$

となる．ゆえに，960[min^{-1}] のときの二次回路の全抵抗 r_2' は，x_2 を無視できるから，(1) 式から，次式になる．

$$r_2' = \frac{E_2'}{I_2'} = \frac{36.37}{130.8} \fallingdotseq 0.278 \,[\Omega]$$

∴ 外部抵抗 $R_s = r_2' - r_2 = 0.278 - 0.034 = 0.244 \,[\Omega]$　**(答)**

解法のポイント

① 誘導機の理解には，二次回路の理解が欠かせない．二次回路は同一の二次電流 I_2 とするために，E_2, r_2, x_2 の項すべてを滑り s で割る変換を行っている．

② 二次回路の式から，二次巻線短絡時 ($I_2 = 190$[A]) の滑り s_1 を求める．回転速度 N_1 を算出する．

③ 次に，$N_2 = 960$[min^{-1}] のときの滑り s_2 を求めて，そのときの二次巻線の誘導電圧 E' を出す．二次電流はトルクに比例し，これは速度の 2 乗に比例する．その関係から，$I_2 = 190$[A] を基にして，I_2' が求まる．

④ 外部抵抗は，二次回路の式から，E' と I_2' により必要な抵抗値を算定し，巻線抵抗を引く．

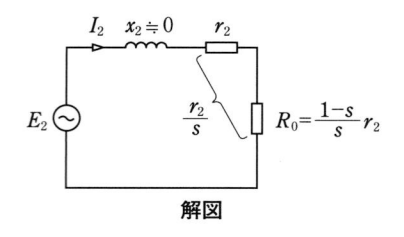

解図

3.4 誘導機

演習問題 4.9 比例推移4

周波数60[Hz]，8極で，二次巻線の1相当たりの抵抗が0.002[Ω]の三相巻線形誘導電動機がある．二次端子間に，1相当たりの抵抗が0.004[Ω]の三相抵抗器を接続して回転速度864[min^{-1}]で運転した場合のトルクが160[N・m]であった．三相抵抗器を切り離して，この電動機の二次側を短絡して，同じ864[min^{-1}]の速度で運転すれば，出力はいくらになるか．ただし，二次抵抗が一定の場合，トルクは滑りに比例するものとする．

解答

同期速度N_sは，周波数をf，極数をpとして，

$$N_s = \frac{120f}{p} = \frac{120 \times 60}{8} = 900[\text{min}^{-1}]$$

$N = 864[\text{min}^{-1}]$のときの滑りs_1は，

$$s_1 = \frac{N_s - N}{N_s} = \frac{900 - 864}{900} = 0.04$$

次に，外部抵抗Rを取り除き，巻線抵抗rのみの状態で，同一トルクT_1となる滑りs_2を比例推移の関係から，**解図**のように求める．

$$\frac{R+r}{s_1} = \frac{r}{s_2} \quad \therefore s_2 = \frac{r}{R+r}s_1 = \frac{0.002 \times 0.04}{0.004 + 0.002} ≒ 0.01333$$

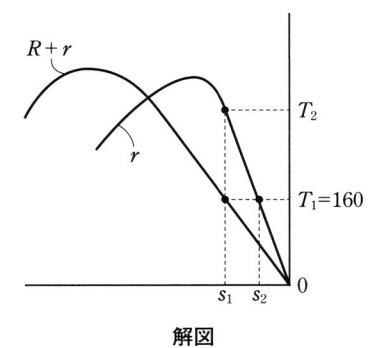

解図

滑りとトルクは比例するから，rのみで滑りs_1で運転するには，トルクT_2は，

$$T_2 = \frac{s_1}{s_2} \times 160 = \frac{0.04}{0.01333} \times 160 ≒ 480[\text{N・m}]$$

よって，出力Pは，角速度をωとすると，

$$P = \omega T = \frac{2\pi N T_2}{60} = \frac{2\pi \times 864 \times 480}{60}$$

$$≒ 43.43 \times 10^3[\text{W}] \rightarrow 43.4[\text{kW}] \quad （答）$$

解法のポイント

① まず，外部抵抗挿入時の滑りs_1を求める．

② 次に，同一トルク160[N・m]で，巻線抵抗のみのときの滑りs_2を比例推移の関係から求める．

③ 題意から，トルクは滑りに比例するので，外部抵抗切り離し後に当初と同一速度で運転するトルクを比例により求める．

④ 求めたトルクから，出力を求める．

解説

本問でつまずきやすいのは，比例推移の適用方法である．外部抵抗切り離し後に，同じトルクで運転したとして比例推移を適用し，そのときの滑りを求める．ただし，求めた滑りが運転ポイントではない．この点に注意する．運転ポイントは元の864[min^{-1}]である．トルク∝滑りなので，巻線抵抗のみの場合のトルクが求まる．

演習問題 4.10　速度制御1

4極の三相誘導電動機がある．端子電圧400[V]，周波数50[Hz]で運転したところ，滑り25[%]のときに最大トルク100[N·m]を発生した．次の問に答えよ．ただし，一次抵抗は無視できるものとし，二次抵抗は周波数により変化しないものとする．

(1) この電動機を60[Hz]で同一の端子電圧で運転する場合，発生する最大トルクと，そのときの滑りはいくらか．

(2) 最大トルクを50[Hz]で運転した場合と同じにするためには，端子電圧をいくらにする必要があるか．

解答

(1) 最大トルクと滑り　この誘導電動機の等価回路を解図に示す．二次入力をP_2，同期角速度をω_sとすると，$P_2=\omega_s T$であり，$P_2=3I_2^2\cdot(r_2/s)$であるから，トルクTは，図の記号を参照して，

$$T=\frac{P_2}{\omega_s}=\frac{1}{\omega_s}\cdot 3I_2^2\cdot\frac{r_2}{s}=\frac{1}{\omega_s}\cdot\frac{3(V/\sqrt{3})^2}{(r_2/s)^2+x^2}\cdot\frac{r_2}{s}$$

$$=\frac{1}{\omega_s}\cdot\frac{V^2 r_2}{(r_2^2/s)+sx^2}\quad\cdots(1)$$

となる．(1)式の分母が最小であれば，最大トルクを示すことになる．分母の2項の積は，$r_2^2 x^2$で一定である．よって代数定理により，この2項が等しいときに，その和は最小となるので，

$$\frac{r_2^2}{s}=sx^2\quad\cdots(2)$$

であれば，Tは最大になる．一方，ω_sは，同期速度をN_s，周波数をf，極数をpとすると，

$$\omega_s=\frac{2\pi N_s}{60}=\frac{2\pi}{60}\cdot\frac{120f}{p}=\frac{4\pi f}{p}\quad\cdots(3)$$

解図

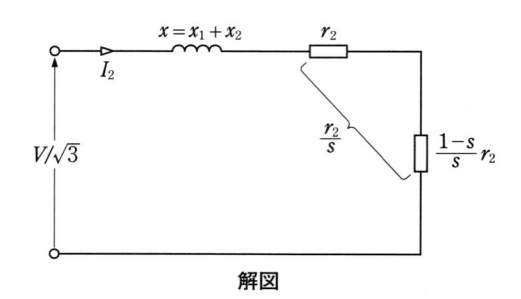

よって，最大トルクT_mは，(1)式に，(2)，(3)式を代入して，次式で示せる．

解法のポイント

① 意外に計算過程が複雑な問題である．順序よく解くようにする．とにかく，まず回路図を正確に描くことから始める．

② さて，トルクとくれば，すなわち二次入力P_2を計算する．$P_2=\omega_s T$の関係から，Tの式を立てる．これが最大T_mになる条件を見つけるが，分母が最小になるようにすればよい．微分ではなく，代数定理を使う．抵抗r_2とリアクタンスxの関係から，T_mの式をまとめる．

③ T_mの式から，題意の数値を代入して，r_2とxを算出する．

④ 以上の準備をすれば，60[Hz]で同一の端子電圧で運転する場合の値が求められる．

⑤ 50[Hz]と60[Hz]で同一のトルクを満たす条件は，両方のT_mの式を等しいとおいて求めればよい．両者の滑りの比は周波数の比に等しくなることを利用する．

3.4 誘導機

$$T_m = \frac{p}{4\pi f} \cdot \frac{V^2 r_2}{2(r_2^2/s)} = \frac{psV^2}{8\pi f r_2} \quad \cdots (4)$$

題意の条件から，(4)式により，r_2 を求める．

$$r_2 = \frac{psV^2}{8\pi f T_m} = \frac{4 \times 0.25 \times 400^2}{8\pi \times 50 \times 100} = \frac{4}{\pi} \doteqdot 1.273 [\Omega]$$

また，(2)式の条件から，x は，

$$x = \frac{r_2}{s} = \frac{r_2}{0.25} = 4r_2 \quad \cdots (5)$$

次に，$f' = 60 [\mathrm{Hz}]$ で同一の端子電圧で運転した場合，リアクタンス x' は増加する．

$$x' = \frac{f'}{f} x = \frac{60}{50} x = 1.2 x \quad \cdots (6)$$

この場合の最大トルクを生じる滑り s' は，(2)，(5)，(6)式から，

$$\frac{r_2^2}{s'} = s' x'^2$$

$$\therefore s' = \sqrt{\frac{r_2^2}{x'^2}} = \frac{r_2}{1.2x} = \frac{r_2}{1.2 \times 4r_2} \doteqdot 0.2083 \;\;\textbf{(答)} \quad \cdots (7)$$

よって，最大トルク T_m' は，(4)式から，

$$T_m' = \frac{ps'V^2}{8\pi f' r_2} = \frac{4 \times 0.2083 \times 400^2}{8\pi \times 60 \times 1.273} \doteqdot 69.45 [\mathrm{N \cdot m}] \;\;\textbf{(答)} \quad \cdots (8)$$

(2) 端子電圧 (4)式＝(8)式を満たす V' を求めればよい．よって，

$$\frac{sV^2}{f} = \frac{s'V'^2}{f'}$$

$$\therefore V'^2 = V^2 \cdot \frac{f'}{f} \cdot \frac{s}{s'} \quad \cdots (9)$$

ここで，s/s' は，(2)，(6)，(7)式から，

$$\frac{s}{s'} = \frac{r_2}{x} \cdot \frac{x'}{r_2} = \frac{f'}{f} \quad \cdots (10)$$

ゆえに，V' は，(9)，(10)式から，

$$V' = V \cdot \frac{f'}{f} = 400 \times \frac{60}{50} = 480 [\mathrm{V}] \;\;\textbf{(答)}$$

解 説

本問の解答からも分かるように，同一トルクで電圧を変更する場合には，V/f の比を一定にしなければならない現今の速度制御の主流であるインバータ制御の原理である．

計算問題では，最大，最小を求める問題がよく出るが，微分のみでなく，代数定理によく習熟しておこう．これが適用できる場合は，2階微分による極大，極小の判別が不要なので，手間が省ける．

コラム　最大・最小の求め方

① **微分法**　$y = f(x)$ のとき，$f'(x) = 0$ を解いて x を求める（必要条件）．
　$f''(x) > 0$ で極小，$f''(x) < 0$ で極大．

② **代数定理**

・**最小定理**：n 個の数の積＝定数なら，それらの和は各数が等しいときに最小．

・**最大定理**：n 個の数の和＝定数なら，それらの積は各数が等しいときに最大．

③ **三角関数**

　$\sin\theta$，$\cos\theta$ の絶対値で，最大値は 1，最小値は 0．$a\sin\theta + b\cos\theta$ の 2 項式は，

　$\sqrt{a^2 + b^2} \sin(\theta + \alpha), \alpha = \tan^{-1}(b/a)$

の単項式の形とする．

第3章 機械・制御科目

演習問題 4.11 速度制御2

回転速度の2乗に比例する負荷トルクを負った三相誘導電動機の速度制御を二次抵抗制御法で行う場合，二次銅損が最大となる滑りを求めよ．

解答

二次銅損 P_{c2} は，二次入力を P_2，トルクを T，同期角速度を ω_s，滑りを s とすると，

$$P_{c2} = sP_2 = s\omega_s T \quad \cdots (1)$$

題意から，T は回転速度の2乗に比例するから，角速度を ω とすると，$\omega = \omega_s(1-s)$ の関係により，

$$T = K\omega^2 = K\omega_s^2(1-s)^2 \quad (K\text{は比例定数}) \quad \cdots (2)$$

よって，P_{c2} は，(1), (2)式から，

$$P_{c2} = s\omega_s \cdot K\omega_s^2(1-s)^2 = K_1 s(1-s)^2 \quad (K_1\text{は比例定数}) \cdots (3)$$

(3)式を s で微分する．

$$\frac{dP_{c2}}{ds} = K_1\left\{\frac{ds}{ds}\cdot(1-s)^2 + s\cdot\frac{d}{ds}(1-s)^2\right\} = K_1\{(1-s)^2 - 2s(1-s)\}$$

$$= K_1(1-s)\{(1-s) - 2s\} = K_1(1-s)(1-3s) \quad \cdots (4)$$

(4)式=0となる解は，$s=1$，または，$s=1/3$ であるが，$s=1$ は明らかに，不適である．

2階微分により，$s=1/3$ の極大の判別を行う．

$$\left.\frac{d^2 P_{c2}}{ds^2}\right|_{s=1/3} = K_1\{(1-s)'\cdot(1-3s) + (1-s)\cdot(1-3s)'\}$$

$$= K_1\{(3s-1) + (3s-3)\}$$

$$= K_1\left\{\left(3\times\frac{1}{3}-1\right) + \left(3\times\frac{1}{3}-3\right)\right\}$$

$$= K_1(0-2) = -2K_1 < 0 \quad \cdots (5)$$

(5)式から，$s=1/3$ は P_{c2} が最大となる滑りである．**(答)**

解法のポイント

① 二次銅損 P_{c2} は，今までの問題で述べたとおり，$P_{c2} = sP_2 = s\omega_s T$ の関係を用いる．

② ①の式を，角速度 $\omega = \omega_s(1-s)$ の関係により，滑り s の式に展開する．ここが一番のポイントである．

③ 滑り s の式を微分して零とおき，解を求める．その後，さらに2階微分を行い，極大の判別を行うこと．

解説

最大の判別は，1階微分=0のみで終わってはならない．必ず2階微分により，極大の判別を行うこと．これを行っていないと減点の対象になり得る．なお，本問では代数定理は使えない．

演習問題 4.12 逆相制動1

電動機の慣性モーメントを $J[\text{kg}\cdot\text{m}^2]$，同期回転角速度を $\omega_0[\text{rad/s}]$，回転角速度を $\omega[\text{rad/s}]$ とし，負荷の反抗トルク及び回転部分の摩擦はないものとして，三相誘導電動機の逆相制動について，次の問に答えよ．

(1) 逆相制動時の滑り s を，ω_0 及び ω を用いて表せ．

(2) 二次銅損 $P_{c2}[\text{W}]$ を，J, ω_0, ω 及び $d\omega/dt$ を含む式として示せ．

(3) 電動機が停止するまでの間に，二次回路で消費される全エネルギー $W_c[\text{J}]$ を，J 及び ω_0 を用いて表せ．ただし，逆相制動開始時の電動機回転角速度 ω は ω_0 とする．

3.4 誘導機

解答

(1) 滑り s　逆相制動時の回転子は回転磁界と反対方向に回転しているから，s は，

$$s = \frac{\omega_0 - (-\omega)}{\omega_0} = \frac{\omega_0 + \omega}{\omega_0} \quad \text{（答）} \cdots (1)$$

(2) 二次銅損 P_{c2}　トルク T は，運動方程式から，

$$T = J\frac{d\omega}{dt} \quad \cdots (2)$$

一方，P_{c2} は，二次入力を P_2 とすると，次式で示せる．

$$P_{c2} = sP_2 = s\omega_0 T \quad \cdots (3)$$

(3)式に，(1)，(2)式を代入する．ただし，逆相制動時のトルクは回転方向と逆であるから，T は符号を負にとる．よって，P_{c2} は，

$$P_{c2} = \frac{\omega_0 + \omega}{\omega_0} \cdot \omega_0 \cdot -J\frac{d\omega}{dt} = -J(\omega_0 + \omega)\frac{d\omega}{dt} \quad \text{（答）} \cdots (4)$$

(3) 全消費エネルギー W_c　W_c は，(4)式を題意より $\omega = \omega_0$ から，停止状態の $\omega = 0$ まで積分すればよい．

$$W_c = \int_{\omega_0}^{0} P_{c2}\,dt = -J\int_{\omega_0}^{0}(\omega_0 + \omega)\frac{d\omega}{dt}dt = -J\int_{\omega_0}^{0}(\omega_0 + \omega)d\omega$$

$$= -J\left[\omega_0\omega + \frac{1}{2}\omega^2\right]_{\omega_0}^{0} = -J\left(-\omega_0^2 - \frac{1}{2}\omega_0^2\right)$$

$$= \frac{3}{2}J\omega_0^2\,[\text{J}] \quad \text{（答）} \cdots (5)$$

[注]　滑りを用いて計算を進めることもできるが，問題で要求しているように，ω_0，ω で行う方が簡単である．

解法のポイント

① 逆相制動は，3相のうちの2線を入れ替えて，回転磁界を逆にして制動する．滑り $s > 1$ の状態で，回転速度が負になり，同期速度に対して逆回転である．切換瞬時が $s = 2$ で，減速により $s = 1$ に近づく．

② 逆相制動は急速停止に用い，他の制動法よりも一般に制動力が大きいが，制動期間中に多量の熱が回転子に生じるので注意が必要．回転子が逆転する手前で電源を切る．

③ 滑り s の式，回転体の運動方程式，二次入力と同期ワットの三つの式を用いて計算を進める．s は，角速度 ω で表示する．s の基準になる同期速度は，固定子の回転磁界の速度であることに留意する．

④ 逆相制動の期間は，題意にあるように同期角速度 ω_0 の状態から 0 までを考えればよい．

解説　起動，正逆転時の発熱

通常の起動や正逆転でも，回転子に多量の熱が発生する．**通常の起動時**は，滑り $s = (\omega_0 - \omega)/\omega_0$ であり，回転方向とトルクの方向は同じだから，P_{c2} を示す(4)式にも負号は付かない．通常の起動は，$\omega = 0$ から $\omega = \omega_0$ までであるから，W_c は次式になり，逆相制動の 1/3 である．

$$W_c = J\int_0^{\omega_0}(\omega_0 - \omega)d\omega = J\left[\omega_0\omega - \frac{1}{2}\omega^2\right]_0^{\omega_0} = \frac{1}{2}J\omega_0^2\,[\text{J}] \quad \cdots (6)$$

正逆転は逆相制動よりもさらに過酷である．この場合，逆相制動の状態から逆回転に至るから，計算式は(5)式を適用できる．$\omega = \omega_0$ から $\omega = -\omega_0$ までの積分になる．

$$W_c = -J\left[\omega_0\omega + \frac{1}{2}\omega^2\right]_{\omega_0}^{-\omega_0} = -J\left(-\omega_0^2 + \frac{1}{2}\omega_0^2 - \omega_0^2 - \frac{1}{2}\omega_0^2\right) = 2J\omega_0^2 \quad \cdots (7)$$

逆相制動 + 通常起動の発熱が生じる．

演習問題 4.13 逆相制動 2

定格電圧 200[V]，定格周波数 50[Hz]，4極の三相かご形誘導電動機がある．L形等価回路の一次巻線抵抗 $r_1 = 0.1[\Omega]$，一次漏れリアクタンス $x_1 = 0.3[\Omega]$，二次巻線抵抗の一次側換算値 $r_2' = 0.15[\Omega]$，二次漏れリアクタンスの一次側換算値 $x_2' = 0.4[\Omega]$ である．誘導電動機を定格電圧，定格周波数の三相交流電源に接続して運転するとき，次の問に答えよ．ただし，励磁電流による電圧降下と鉄損は無視できるものとする．

(1) 滑りが $s = 0.05$ のときのトルク $T[\text{N·m}]$ を求めよ．
(2) 最大トルクが得られる滑り s_{MAX} を求めよ．
(3) 誘導電動機が同期速度で回転しているものとする．三相交流電源のうち 2 線を入れ替えて逆相制動を行うとき，静止するまでの間で制動トルクが最大となる回転速度を求めよ．
(4) 上記(3)で 2 線を入れ替えた直後の制動トルクを求めよ．

解答

(1) 本問の等価回路を**解図 1** に示す．二次入力 P_2 は，図の記号を用いて，

$$P_2 = 3I_1^2 \frac{r_2'}{s} = 3 \cdot \frac{(V/\sqrt{3})^2}{\{r_1 + (r_2'/s)\}^2 + (x_1 + x_2')^2} \cdot \frac{r_2'}{s}$$

$$= \frac{V^2}{\{r_1 + (r_2'/s)\}^2 + (x_1 + x_2')^2} \cdot \frac{r_2'}{s} \quad \cdots (1)$$

$$= \frac{200^2}{\{0.1 + (0.15/0.05)\}^2 + (0.3 + 0.4)^2} \cdot \frac{0.15}{0.05} \approx 11\,881[\text{W}]$$

トルク T は，同期角速度を ω_s，同期速度を N_s，周波数を f，極数を p とすると，

$$T = \frac{P_2}{\omega_s} = \frac{60}{2\pi N_s} P_2 = \frac{60}{2\pi} \cdot \frac{p}{120f} P_2$$

$$= \frac{pP_2}{4\pi f} = \frac{4 \times 11\,881}{4\pi \times 50} \approx 75.6[\text{N·m}] \quad \textbf{(答)} \quad \cdots (2)$$

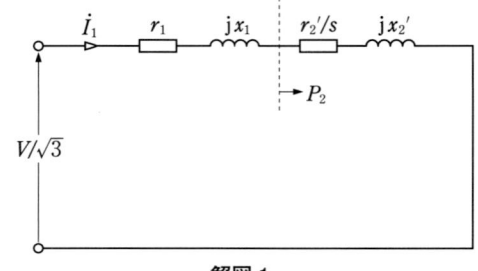

解図 1

解法のポイント

① 問(1)は，他の問題と同様に，等価回路を正しく描いて，二次入力 P_2 を求め，これからトルク T を出す．

② 最大トルクが得られる滑りでは，P_2 の式の分母に注目するが，本問は r_1 を省略していないので，代数定理が使えない．分母の式の微分により答を求める．

③ 誘導機が静止するまでの制動トルクの状況をよく理解する．速度低下に伴い制動トルクが増加し，停止直前が最大である．他の制動法にはない特色である．

④ 制動直後は，今までとは正反対の速度が回転子に加わるので，$s = 2$ になる．減速に従い $s = 1$ に近づく．問(1)で求めた式に，この滑りを代入して答を出す．

(2) 最大トルクにおいては，(1)式の分母が最小である．分母を y とおいて，$x_1+x_2'=x$ とすると，

$$y = s\left(r_1 + \frac{r_2'}{s}\right)^2 + sx^2 = r_1^2 s + 2r_1 r_2' + \frac{r_2'^2}{s} + x^2 s \quad \cdots \text{(3)}$$

(3)式を微分して，滑り s_{MAX} を求める．

$$\frac{dy}{ds} = r_1^2 + x^2 - \frac{r_2'^2}{s^2} = 0$$

$$\therefore s_{MAX} = \frac{r_2'}{\sqrt{r_1^2 + x^2}} = \frac{0.15}{\sqrt{0.1^2 + 0.7^2}} \fallingdotseq 0.2121$$

$$\frac{d^2 y}{ds^2} = -r_2'^2 \cdot -2s^{-3} = \frac{2r_2'^2}{s^3} > 0 \quad (\because s > 0)$$

$$\therefore s_{MAX} \fallingdotseq 0.212 \quad \text{(答)}$$

(3) 制動期間中においては，解図2のように，制動トルクは回転速度の低下とともに増加し，$s=1$，すなわち，停止直前に最大となる．制動トルク最大の回転速度は $0[\text{min}^{-1}]$．**(答)**

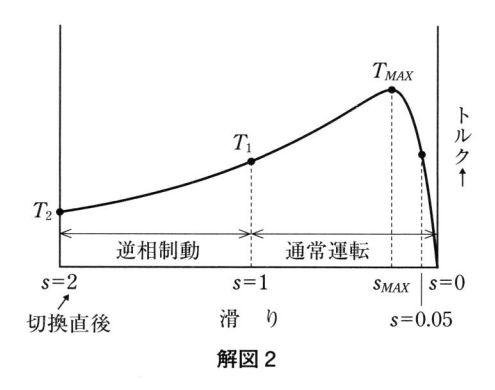

解図2

(4) 制動直後は，固定子回転磁界が $-N_s$ となり，解図2のように，$s=2$ である．よって，そのときの二次入力 P_{2s} は，(1)式から，

$$P_{2s} = \frac{200^2}{\{0.1+(0.15/2)\}^2+(0.3+0.4)^2} \cdot \frac{0.15}{2} \fallingdotseq 5762[\text{W}]$$

よって，制動トルク T_s は，(2)式から，

$$T_s = \frac{pP_{2s}}{4\pi f} = \frac{4 \times 5762}{4\pi \times 50} \fallingdotseq 36.7[\text{N·m}] \quad \text{(答)}$$

コラム　制動の方法

制動とは急速に電動機を停止させる方法である．機械的な摩擦による方法（ブレーキシューなど）や，逆相制動以外にも下記の電気的制動法がある．いずれも回転エネルギーを電気エネルギーに変換して対処する．

① 発電制動

誘導機を電源から切り離し，2端子をまとめて他の1端子との間に直流励磁を加える．固定磁界を生じて交流発電機となり，回転子には短絡電流により制動トルクが生じる．発生電力は二次抵抗で消費する．

② 回生制動

巻上機を吊り降ろす場合などで電動機を同期速度以上として誘導発電機として運転し，位置エネルギーを消費することなく電源に返還する．

③ 単相制動

巻線形誘導電動機の固定子（一次）の2端子をまとめて他の1端子との間に単相交流を供給する．二次抵抗を大きくして制動トルクを得る．単相誘導機の原理の応用である．

演習問題 4.14 残留電圧

三相誘導電動機の電源側遮断器を運転中に開放すると，誘導電動機の一次電圧はすぐに零とはならず，いわゆる残留電圧が現れる．この残留電圧に関し，次の問に答えよ．

(1) 誘導電動機回転子に鎖交する磁束は，二次電流に比例して減衰する．このときの開路時定数 T_0[s] を求めよ．ただし，誘導電動機は定格周波数が 60[Hz]，一次側に換算した T 形等価回路の定数は，一次抵抗 $r_1 = 0.0198$[Ω]，一次漏れリアクタンス $\omega_0 L_1 = 0.501$[Ω]，二次抵抗 $r_2 = 0.0198$[Ω]，二次漏れリアクタンス $\omega_0 L_2 = 0.501$[Ω] 及び励磁リアクタンス $\omega_0 L_m = 20.4$[Ω] とする．ここでは，$\omega_0 = 2\pi \times 60 = 377$[rad/s] として計算せよ．

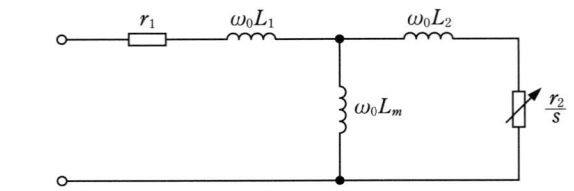

一次側に換算した三相誘導電動機の 1 相分の T 形等価回路（s は滑り）

(2) ある相の残留電圧 v_a の波形が，遮断器開放時点からの時刻 t を用いて，近似的に次式で表されるもとする．

$$v_a = -\sqrt{2}\omega_m L_m I_{20}\, e^{-t/T_0} \sin(\omega_m t + \theta_0) = -\sqrt{2}V_a(t)\sin(\omega_m t + \theta_0)$$

ここで，ω_m は 2 極機として考えたときの回転子角速度，I_{20} は二次電流の実効値，θ_0 は遮断器開放直後の電圧位相角である．

時刻 $t = T_0/2$[s] において，回転子角速度 ω_m が遮断器開放直後の 80[%] となった．このときの残留電圧の大きさ $V_a(t)$ は，遮断器開放直後の電圧の何倍であるかを求めよ．ただし，自然対数の底 e の値は 2.718 とする．

(3) 力率改善用の進相コンデンサが，誘導電動機端子に接続されている場合を考える．誘導電動機と進相コンデンサとが，共通の遮断器で電源側から開放された場合の誘導電動機の残留電圧の様相について，この場合に進相コンデンサ容量が過大なときに生じる特有な異常現象名も挙げて説明せよ．

解　答

(1) **開路時定数**　電源側遮断器開放時は，滑り $s=1$ であるから，二次回路の r_2, $\omega_0 L_2$, $\omega_0 L_m$ で構成される RL 回路になる．よって，時定数 T_0 は，

$$T_0 = \frac{L_2 + L_m}{r_2} = \frac{1}{\omega_0} \cdot \frac{\omega_0 L_2 + \omega_0 L_m}{r_2}$$

$$= \frac{1}{377} \times \frac{0.501 + 20.4}{0.0198} \approx 2.80\text{[s]} \quad \text{（答）}$$

解法のポイント

① 一見すると難しそうであるが，問題をよく読むとそうではない．問(1)は，RL 回路の過渡現象の時定数 L/R を求める問題である．T 形等価回路なので，<u>電源を遮断しても二次側で閉回路を構成する</u>と考える．

(2) 残留電圧の大きさ 題意の式により，残留電圧の大きさ $V_a(t)$ を，$t = T_0/2$ と $t = 0$ で比較する．ω_{m0} を遮断器開放直後の回転子角速度とすると，

$$\frac{V_a(T_0/2)}{V_a(0)} = \frac{\omega_m L_m I_{20} e^{-\frac{T_0/2}{T_0}}}{\omega_{m0} L_m I_{20}} = \frac{\omega_m}{\omega_{m0}} \cdot e^{-\frac{1}{2}}$$

$$= 0.8 \times \frac{1}{\sqrt{e}} = \frac{0.8}{\sqrt{2.718}} \fallingdotseq 0.485\ 2$$

遮断器開放直後の電圧の0.485倍になる．**(答)**

② 問(2)は，題意の式により，$t = T_0/2$ と開放直後の電圧を比較する．絶対値の比較なので，sin の項は関係ない．

③ 問(3)は，同期機で学習した自己励磁現象と同じ原理である．進相コンデンサの容量は，過大なものを避けることが必要である．

(3) 残留電圧の様相 電動機端子に接続されている進相コンデンサの静電容量を $C[\text{F}]$，残留電圧の大きさを $V[\text{V}]$，周波数を $f[\text{Hz}]$ とすると，$I_c = 2\pi f C V[\text{A}]$ の大きさの進相電流が電動機に流れる．この進相電流により，誘導電動機の回転子電流による磁束の増加を生じて電圧を上昇させる．進相コンデンサのない場合よりも残留電圧は上昇傾向を示し，やがて減衰する．これを**自己励磁現象**という．**(答)**

- -

解説

進相コンデンサの静電容量が過大である場合には，異常電圧を発生するおそれがあるので，注意が必要である．進相コンデンサ電流が誘導電動機の無負荷電流以下の場合には，自己励磁現象は起きない．なお，大形電動機などで，ケーブルの亘長が長い場合には，ケーブルの C が働くので，同様の現象が起こる可能性がある．

演習問題 4.15　誘導発電機

定格電圧440[V]，定格周波数60[Hz]，6極の三相かご形誘導電動機が風車用の発電機として使われている．L形等価回路の定数は，1相分一次側換算で，一次抵抗 $r_1 = 0.08[\Omega]$，一次漏れリアクタンス $x_1 = 0.4[\Omega]$，二次抵抗 $r_2 = 0.12[\Omega]$，二次漏れリアクタンス $x_2 = 0.6[\Omega]$ である．この誘導機が440[V]の母線に接続されて，回転速度 $N = 1\ 250[\text{min}^{-1}]$ で運転している．次の問に答えよ．ただし，励磁回路及び電動機以外のインピーダンスは無視するものとし，端子電圧は440[V]で一定とする．

(1) 誘導機の滑り[%]はいくらか．
(2) 誘導機に流れる電流[A]及び力率はいくらか．電流は，端子電圧(相電圧)を基準として記号法及び絶対値で示せ．また，力率は遅れ，進みの別も明らかにせよ．
(3) 誘導機端子での出力[kW]はいくらか．
(4) 誘導機の内部起電力[V]はいくらか．線間電圧の換算値で答えよ．
(5) 効率[%]を求めよ．

解答

(1) 滑り　同期速度 N_s は，周波数を f，極数を p として，

$$N_s = \frac{120f}{p} = \frac{120 \times 60}{6} = 1\,200\,[\text{min}^{-1}]$$

$N = 1\,250\,[\text{min}^{-1}]$ のときの滑り s は，

$$s = \frac{N_s - N}{N_s} = \frac{1\,200 - 1\,250}{1\,200} \fallingdotseq -0.041\,67$$

$$\to -4.17\,[\%] \quad \textbf{(答)}$$

(2) 電流及び力率　この誘導機の１相分の等価回路を**解図1**に示す．電流 $\dot{I}_2$ は，相電圧 $\dot{V}_1$ を基準にして，図中の記号を用いると，

$$\dot{I}_2 = \frac{\dot{V}_1}{\{r_1 + (r_2/s)\} + j(x_1 + x_2)}$$

$$= \frac{440/\sqrt{3}}{\{0.08 - (0.12/0.041\,67)\} + j(0.4 + 0.6)}$$

$$\fallingdotseq -80.46 - j28.74\,[\text{A}] \quad \textbf{(答)} \cdots (1)$$

$$\therefore |\dot{I}_2| = \sqrt{80.46^2 + 28.74^2} \fallingdotseq 85.44\,[\text{A}] \quad \textbf{(答)}$$

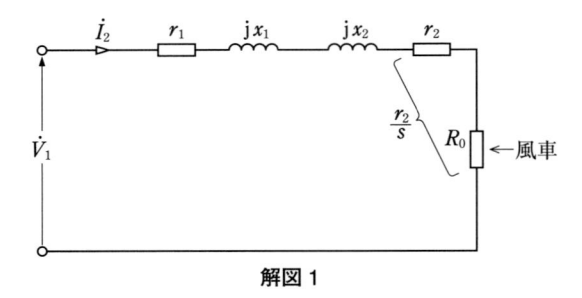

解図1

力率 $\cos\theta$ は，(1)式から，

$$\cos\theta = \frac{80.46}{85.44} \fallingdotseq 0.941\,7$$

となるが，この場合，**解図2**のようなベクトル図で示せる．$\dot{I}_2$ は，端子から誘導機の方向を正にとっているが，(1)式からも明らかなように，有効分が負であるから実際の電流は誘導機から外部へ流出している．よって，外部方向を基準にとると，ベクトル図の破線矢印（--▷）のようになり，進み電流である．

ゆえに，力率は進みの 94.2[%]．　**(答)**

解法のポイント

① 風車などで誘導発電機がよく利用される．誘導発電機に関する基本的な問題である．

② 回転速度は，一見して明らかなように，同期速度より大きい．よって，滑りは負になり，発電機の状態である．

③ 電流は，電動機のときと同じようにして求めればよい．計算の仕方としては，特に電動機と区別することはない．ただし，滑りが負になることに注意する．計算の結果，電流の符号は負になることから，発電機として電流が流出していることを理解する．

④ 端子での出力は，通常の計算と同じである．

⑤ 内部起電力は等価負荷抵抗に生じる．等価負荷抵抗が負であるから，原動機から動力を得て，発電機の作用を成している．

⑥ 効率は，出力/入力である．入力はいうまでもなく，等価負荷抵抗に生じる．

3.4 誘導機

解図2

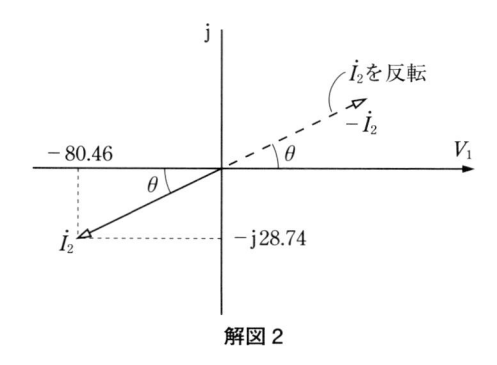

(3) **出力 P** 端子での出力 P は，
$$P = \sqrt{3}V_1 I_2 \cos\theta = \sqrt{3} \times 440 \times 85.44 \times 0.9417$$
$$\fallingdotseq 61\,318\,[\text{W}] \rightarrow 61.3\,[\text{kW}] \quad \text{(答)}$$

(4) **内部起電力 E** 誘導機の等価負荷抵抗 R_0 は，
$$R_0 = \frac{1-s}{s}r_2 = \frac{1-(-0.04167)}{-0.04167} \times 0.12 \fallingdotseq -3.000\,[\Omega]$$

となり，負の値である．ゆえに，R_0 では原動機から動力を受けて起電力を生じる．E は，R_0 の絶対値と電流の積になるから，
$$E = |R_0| I_2 = 3.00 \times 85.44 = 256.32\,[\text{V}]$$

よって，これを線間電圧 E' に換算すると，
$$E' = \sqrt{3}E = \sqrt{3} \times 256.32 \fallingdotseq 444\,[\text{V}] \quad \text{(答)}$$

(5) **効率 η** η は，出力 P と入力 P_I の比である．P_I は R_0 の入力であるから，$3EI_2$ である．よって，η は，
$$\eta = \frac{P}{P_I} = \frac{P}{3EI_2} = \frac{61\,318}{3 \times 256.32 \times 85.44} \fallingdotseq 0.9333 \rightarrow 93.3\,[\%] \quad \text{(答)}$$

別解 問(5)

一次，二次抵抗での銅損 P_c は，
$$P_c = 3I_2^2(r_1 + r_2) = 3 \times 85.44^2 \times (0.08 + 0.12) \fallingdotseq 4\,380\,[\text{W}]$$
題意より励磁回路を無視するから，効率 η は，
$$\eta = \frac{P}{P+P_c} = \frac{61\,318}{61\,318 + 4\,380} \fallingdotseq 0.9333 \rightarrow 93.3\,[\%] \quad \text{(答)}$$

解説

問題では励磁回路を省略したが，実際には励磁が必要である．これを考慮した回路とベクトル図は，**解図3**のようになる．図から，励磁電流 $\dot{I}_0$ は，系統側から得ていることが分かる．これが誘導発電機の単独運転ができない原因である．

また，電動機の場合と同様に起動電流が大きいので，その対策が必要である．発電機の投入時には，当該配電線の電圧を 10 [%] 以上低下することがないようにしなければならない．

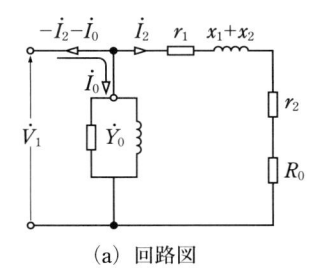

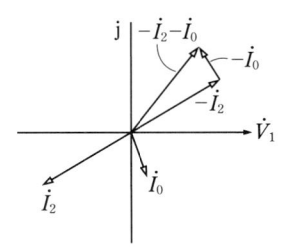

(a) 回路図

(b) ベクトル図
I_2 は流出方向が正

解図3

3.5 パワーエレクトロニクス

学習のポイント

パワーエレクトロニクスは，電力用半導体を用いて，強電分野の周波数，電圧，電流制御を行う．高速，高効率の制御が可能であり，技術進歩が著しい．ただし，高調波対策が必要である．学習上の重要項目は，パワーデバイスに関する理解，整流回路の直流電圧公式，インバータ動作の理解である．波形の問題がよく出題されるので，実際に自分で図を描いて理解しよう．

───── 重 要 項 目 ─────

1 電力用半導体素子（図5-1）

- **ダイオード**
  A（アノード）→K（カソード）が順方向，整流作用．
- **サイリスタ**（SCR）
  pnpn構造，ゲート（G）信号でターンオン（A→Kが導通），逆電圧でターンオフ．
- **GTO**（ゲートターンオフサイリスタ）
  SCRを改良，G信号でターンオフ．
- **パワートランジスタ**　自己消弧形素子．
- **パワーMOSFET**
  自己消弧形，電圧駆動形，ソース（S）からドレン（D）へキャリヤ（正孔（p）または電子（n））が流れる．
- **IGBT**（絶縁ゲートバイポーラトランジスタ）
  パワーMOSFETを改良，高速素子，<u>近時の主流</u>．主電流部分がトランジスタでゲート部分がMOSFET構造．

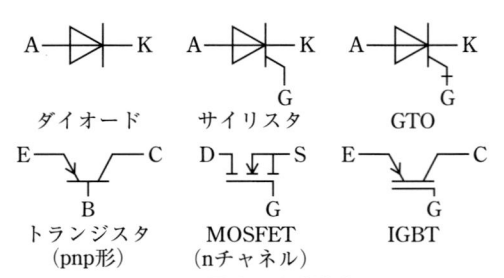

図5-1　電力用半導体素子

2 順変換装置（AC→DC）

直流平均電圧：E_d，相電圧：E，線間電圧：V，制御角：α，$\cos\alpha$：**格子率**．

① 単相半波整流回路（図5-2）

$$E_d = \frac{1}{2\pi}\int_\alpha^\pi \sqrt{2}E\sin\theta\,d\theta = \frac{\sqrt{2}E}{2\pi}(1+\cos\alpha)$$

$$\fallingdotseq 0.225E(1+\cos\alpha) \qquad (5\text{-}1)$$

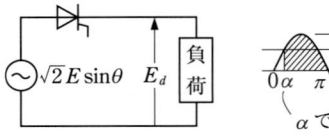

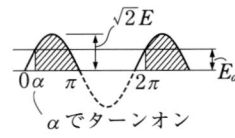

図5-2　単相半波整流回路

② 三相半波整流回路（図5-3）

$$E_d = \frac{3}{2\pi}\int_{\pi/6+\alpha}^{5\pi/6+\alpha}\sqrt{2}E\sin\theta\,d\theta = \frac{3\sqrt{6}E}{2\pi}\cos\alpha$$

$$\fallingdotseq 1.17E\cos\alpha \fallingdotseq 0.675V\cos\alpha \qquad (5\text{-}2)$$

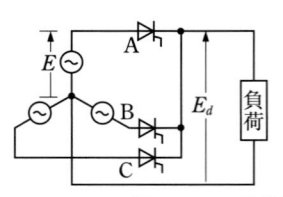

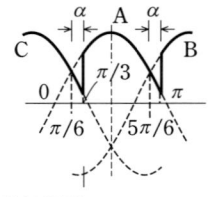

図5-3　三相半波整流回路

③ 単相全波整流回路

- 負荷がRのみの場合は，(5-1)式の倍．
$$E_d = 0.45E(1+\cos\alpha) \qquad (5\text{-}3)$$

・平滑リアクトル L がある場合（図5-4）

$$E_d = \frac{1}{2\pi}\int_\alpha^{\pi+\alpha}\sqrt{2}E\sin\theta\,d\theta = \frac{2\sqrt{2}E}{\pi}\cos\alpha$$
$$\fallingdotseq 0.9E\cos\alpha \qquad (5\text{-}4)$$

・制御角 α は，$0 \sim 90[°]$．$\alpha > 90[°]$ では他励式インバータ．

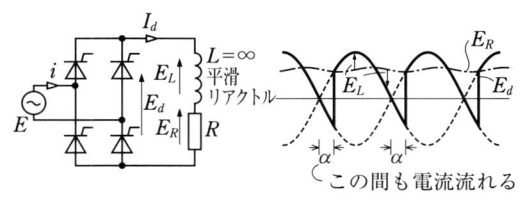

図5-4 平滑リアクトルがある単相ブリッジ

④ 三相全波整流回路（図5-5）

(5-2)式の倍になる．α は $0 \sim 90[°]$ の範囲．

$$E_d = 2.34E\cos\alpha = 1.35V\cos\alpha \qquad (5\text{-}5)$$

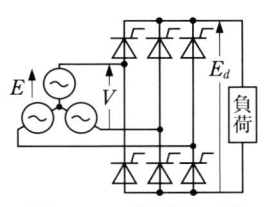

図5-5 三相ブリッジ

3 チョッパ制御

図5-6, 5-7のGTOは，IGBTなどの他の自己消弧形素子でもよい．

① 降圧チョッパ（図5-6）

$$E_o = \frac{t_{ON}}{t_{ON}+t_{OFF}}E_i\,[\text{V}] \qquad (5\text{-}6)$$

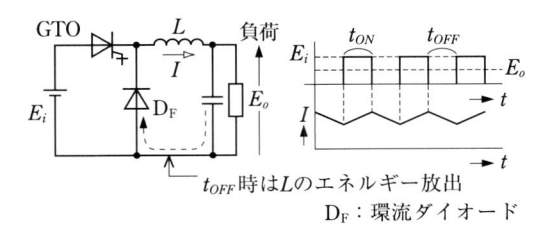

図5-6 降圧チョッパ

② 昇圧チョッパ（図5-7）

$$E_o = \frac{t_{ON}+t_{OFF}}{t_{OFF}}E_i\,[\text{V}] \qquad (5\text{-}7)$$

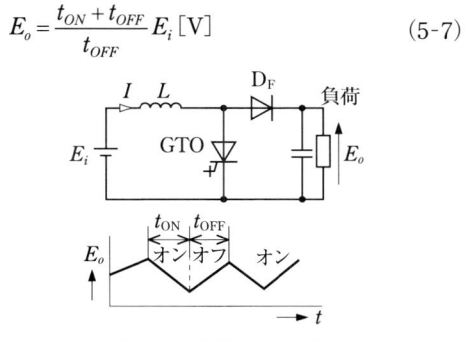

図5-7 昇圧チョッパ

4 逆変換装置（DC → AC）

① 他励式インバータ（図5-8）

整流回路と原理は同じ，制御角 α は $\pi/2 \sim \pi$ の範囲，転流はACの逆電圧利用，周波数変換所に利用．

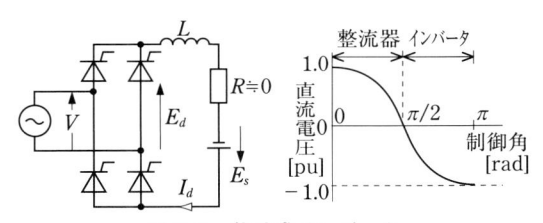

図5-8 他励式インバータ

② 自励式インバータ

素子自体で転流，任意の周波数発生が可能，自己消弧形素子利用．

電圧形（図5-9）：DC側コンデンサ，電圧源（電圧波形は方形波），汎用インバータに使用．

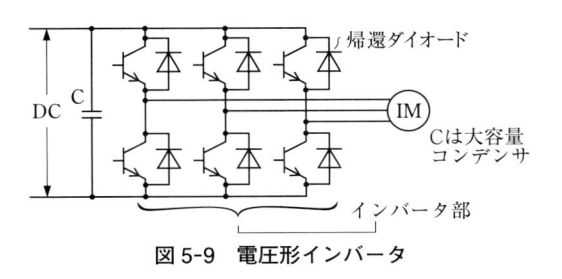

図5-9 電圧形インバータ

電流形（図5-10）：DC側リアクトル，電流源（電流波形は方形波），電力回生が可能．

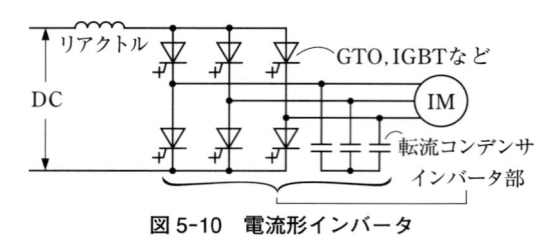

図5-10 電流形インバータ

5 応用装置

① **誘導電動機用** かご形モータ使用．
・**V/f制御** 汎用形インバータによる，PWM（パルス幅変調）機能を付加．
・**ベクトル制御** トルク電流と励磁電流を個別に制御，精密制御が可能．

② **無停電電源装置**（UPS）（図5-11） CVCF（一定電圧一定周波数）制御．

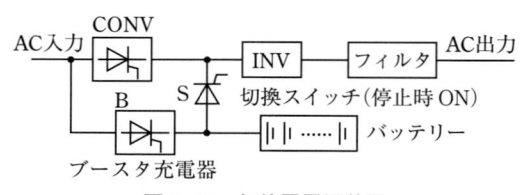

図5-11 無停電電源装置

③ **アクティブフィルタ**（図5-12）
発生高調波と反対位相の高調波を発生し，高調波を打ち消す．

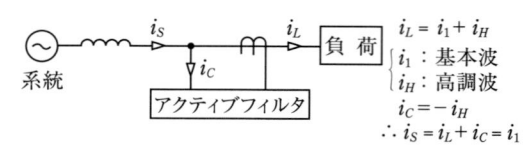

$i_L = i_1 + i_H$
i_1：基本波
i_H：高調波
$i_C = -i_H$
∴ $i_S = i_L + i_C = i_1$

図5-12 アクティブフィルタの原理

④ **サイクロコンバータ**（図5-13）
原理はブリッジ整流回路が2組（正群，負群）用意された形，直接式周波数変換，出力周波数は入力の1/3以下．

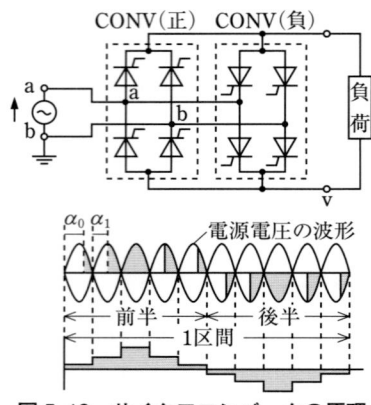

図5-13 サイクロコンバータの原理

⑤ **静止形無効電力制御装置**（SVC）
受動形（図5-14）と能動形（図5-15）がある．無効電力の連続制御が可能．

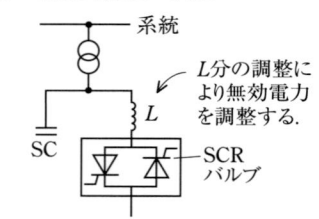

図5-14 受動形SVC（TCR方式）

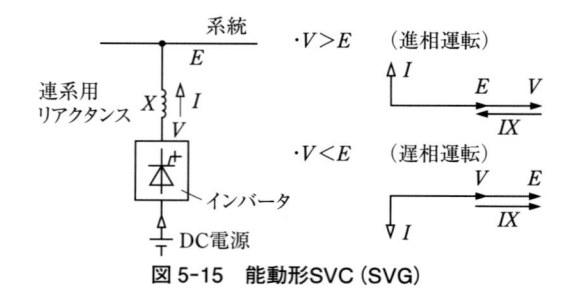

図5-15 能動形SVC（SVG）

⑥ **系統連系インバータ**（図5-16）
太陽電池用・風力発電用，フィルタや電力制御機能を付加．

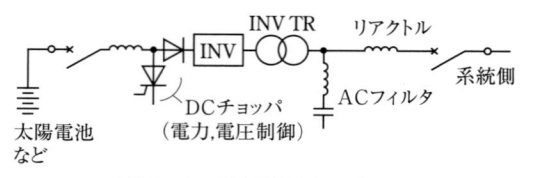

図5-16 系統連系インバータ

演習問題 5.1 整流回路 1

図のような三相ブリッジ整流回路について，次の問に答えよ．

(1) 整流回路の負荷時の出力平均電圧 E_d は，転流時の重なり角を無視すると，次式で与えられることを証明せよ．

$$E_d = \frac{3\sqrt{2}}{\pi} E_2 \cos\alpha \quad \cdots \text{①}$$

ここで，E_2：整流器用変圧器の直流側線間電圧，α：ゲート制御角　である．

(2) 実際の整流回路では，電源のリアクタンスの影響を受けて，転流時の重なり現象が生じる．この場合，X を電源側の転流リアクタンス，I_d を直流平均電流とすると，出力電圧 E_d は，次式で示される．

$$E_d = \frac{3\sqrt{2}}{\pi} E_2 \cos\alpha - \frac{3XI_d}{\pi} \quad \cdots \text{②}$$

②式を用いて，$E_2 = 2\,200\,[\text{V}]$，$I_d = 1\,200\,[\text{A}]$，$\alpha = 15\,[°]$ のとき，E_d を求めよ．ただし，X は変圧器のインピーダンスのみとし，その％インピーダンスは $4\,000\,[\text{kV·A}]$ において $20\,[\%]$ とする．また，整流器に流れる電流は，方形波として扱うものとする．

(3) (2)の運転状態のとき，交流側から見た皮相力率はいくらか．

(4) (2)の運転状態のとき，サイリスタにかかる逆ピーク電圧と順電流の平均値はいくらか．

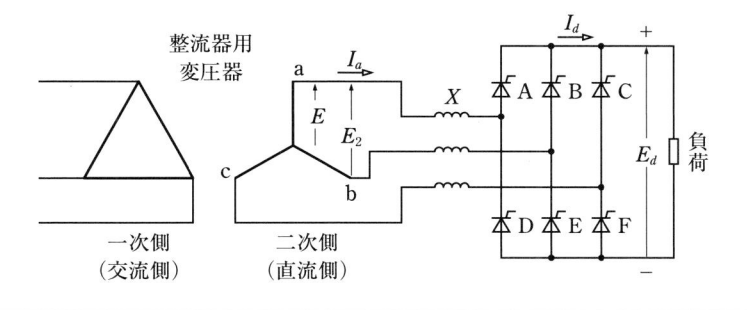

解　答

(1) 公式の証明 問図の直流＋側 A～C の素子と－側 D～F の素子の組み合わせにより順次整流を行う．6 通りの組み合わせがあり，1 つの組み合わせの周期は $60\,[°]$（$\pi/3\,[\text{rad}]$）である．相電圧 e_a, e_b, e_c の波形を，e_a を基準として描くと**解図**(a)のようになる．いま，$e_a \to e_b$ すなわち A→E の導通に注目すると，$-\pi/6$ で $e_a = e_b$ になる．この点の位相を 0 とすると，AE 間の線間電圧 e_2 は，$e_2 = \sqrt{2} E_2 \sin\theta$ で表せる．図から，AE 間が導通状態になるのは，A の電圧が C よりも大きくなる位相 $\pi/3$ から，E(b相)の電圧（絶対値）が F(c相)よりも小さくな

解法のポイント

① 問(1)は，解図のように，整流回路の波形を描くことから始める．素子は，$\alpha = 0$ では波形の頭が飛び出している区間で導通する（例：B では $5\pi/6 \sim 3\pi/2$ の間）．導通区間の積分計算を行って，周期で割れば平均電圧が求まる．

る $2\pi/3$ までの間である．ここで，ゲート制御角が α の場合，A がターンオンするまでの α の間は以前の C の導通状態が続く．－側も同様にして，F(c 相)がターンオンするまでの α の間は E の導通状態が続く．

負荷の出力平均電圧 E_d は，e_2 の $\pi/3+\alpha$ から $2\pi/3+\alpha$ までの定積分を区間 $\pi/3$ で除せばよい．よって，

$$E_d = \frac{3}{\pi}\int_{\pi/3+\alpha}^{2\pi/3+\alpha} \sqrt{2}E_2 \sin\theta\, d\theta$$

$$= \frac{3\sqrt{2}}{\pi}E_2\bigl[-\cos\theta\bigr]_{\pi/3+\alpha}^{2\pi/3+\alpha}$$

$$= \frac{3\sqrt{2}}{\pi}E_2\left\{\cos\left(\frac{\pi}{3}+\alpha\right)-\cos\left(\frac{2\pi}{3}+\alpha\right)\right\}$$

$$= \frac{3\sqrt{2}}{\pi}E_2\left(\cos\frac{\pi}{3}\cos\alpha - \sin\frac{\pi}{3}\sin\alpha \right.$$
$$\left. -\cos\frac{2\pi}{3}\cos\alpha + \sin\frac{2\pi}{3}\sin\alpha\right)$$

$$= \frac{3\sqrt{2}}{\pi}E_2\cos\alpha \quad \text{(証明終わり)}$$

$$\because \cos\frac{\pi}{3}=0.5,\ \cos\frac{2\pi}{3}=-0.5$$

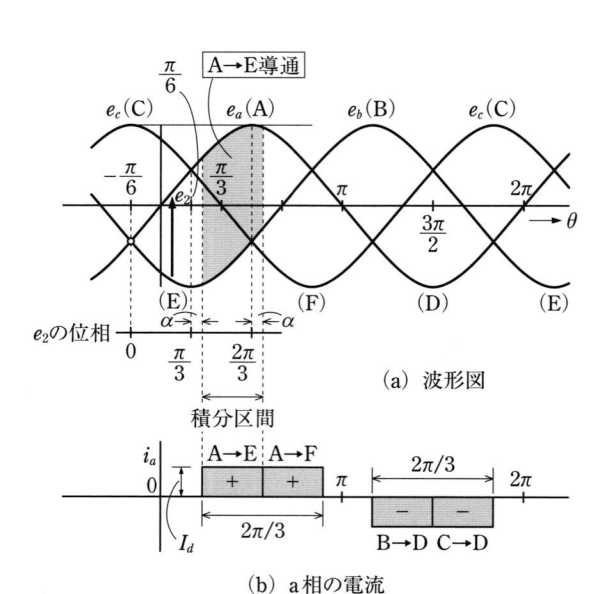

解図

(a) 波形図

(b) a相の電流

② 問(2)では，変圧器のリアクタンスと $\cos 15°$ を求めることが主な作業である．前者は％インピーダンスの意味から考えること．

後者で半角の公式は，
$$\cos 2\alpha = \cos^2\alpha - \sin^2\alpha$$
を加法定理で開いて求める[注]．その後，題意の(2)式に値を代入する．

③ 問(3)の皮相力率は，直流出力と変圧器の直流巻線容量(変圧器二次側)の比である．そのために，変圧器相電流 I_a の実効値が必要である．これは問(2)の中で，整流器に流れる電流は，方形波としているから簡単である．各相には，1 周期の中で，正負方向に各々 $2\pi/3$ だけ直流電流 I_d と等しい電流が流れることになる．これを基にして，2 乗平均の平方根から I_a の実効値が求まる．

④ 問(4)で各素子の非通電時の逆電圧の最大値は，交流の線間電圧である．また，各素子には，$2\pi/3$ の間だけ電流が流れるから，これにより順電流の平均値を求める．

[注]
$$\cos 2\alpha = \cos^2\alpha - \sin^2\alpha$$
$$= 2\cos^2\alpha - 1$$
$$\therefore \cos^2\alpha = \frac{1+\cos 2\alpha}{2}$$

$\alpha \to \alpha/2$ とすると，
$$\cos\frac{\alpha}{2} = \sqrt{\frac{1+\cos\alpha}{2}}$$

(2) 出力電圧 E_d 三相 4 000[kV·A]，2 200[V]の変圧器の定格電流 I は，

$$I = \frac{4\,000 \times 10^3}{\sqrt{3} \times 2\,200} = \frac{2\,000}{1.1\sqrt{3}}\,[\text{A}]$$

題意から，変圧器の $X = 20$[％]であるから，リアクタンス X のオーム値は，

$$\frac{20}{100} = \frac{\sqrt{3}IX}{E_2} = \frac{2\,000X}{1.1 \times 2\,200}$$

$$\therefore X = 0.2 \times 1.1 \times 1.1 = 0.242\,[\Omega]$$

また，$\cos 15° = \cos\dfrac{30°}{2} = \sqrt{\dfrac{1+\cos 30°}{2}} = \sqrt{\dfrac{1}{2}+\dfrac{\sqrt{3}}{4}} ≒ 0.965\,9$

よって，題意の(2)式に数値を代入すると，E_d は，

$$E_d = \frac{3}{\pi}(\sqrt{2} \times 2\,200 \times 0.965\,9 - 0.242 \times 1\,200)$$

$$≒ 2\,592 ≒ 2\,590\,[\text{V}] \quad \text{(答)}$$

(3) 皮相力率 題意から，整流器に流れる電流 I_d は方形波とみなされるので，解図(b)のように，各相には最大値が I_d に等しく，1 周期(2π)の間で正方向及び負方向にそれぞれ $2\pi/3$ の期間だけ流れる．よって，変圧器の直流側における相電流の実効値 I_a は，

$$I_a = \sqrt{\frac{1}{2\pi} \cdot I_d^2 \cdot \frac{4}{3}\pi} = \sqrt{\frac{2}{3}}I_d = 1\,200\sqrt{\frac{2}{3}}\,[\text{A}]$$

変圧器の交流側から見た皮相力率 $\cos\theta$ は，変圧器の出力≒直流出力 $= E_d I_d$ と変圧器の皮相入力≒変圧器の直流巻線容量 $\sqrt{3}E_2 I_a$ の比である．よって，$\cos\theta$ は，

$$\cos\theta = \frac{E_d I_d}{\sqrt{3}E_2 I_a} = \frac{2\,592 \times 1\,200}{\sqrt{3} \times 2\,200 \times 1\,200\sqrt{2/3}}$$

$$≒ 0.833 \rightarrow 83.3\,[\%] \quad \text{(答)}$$

(4) a. 逆ピーク電圧 V_p AEが導通のとき，Bには線間電圧 E_2 が加わる．ゆえに，V_p は，

$$V_p = \sqrt{2}E_2 = \sqrt{2} \times 2\,200 ≒ 3\,110\,[\text{V}] \quad \text{(答)}$$

b. 順電流平均値 I_a 各サイリスタは，1 周期(2π)に，$2\pi/3$ ずつ通電する．その平均値 I_a は，

$$I_a = \frac{1}{2\pi}\left(\frac{2\pi}{3} \cdot I_d\right) = \frac{1}{3} \times 1\,200 = 400\,[\text{A}] \quad \text{(答)}$$

解説

なお，$\cos 15°$ は，15[°]を[rad]に直し，$\cos\theta = \sqrt{1-\sin^2\theta} ≒ \sqrt{1-\theta^2} ≒ 0.965\,1$ としてもほとんど変わらない．

コラム　重なり現象

整流回路では，半導体素子の切替えが重要であるが，これを**転流**という．交流電源側のリアクタンスの影響で，厳密にいうと転流は瞬時には行われず**図 5-17** のように，重なり期間(重なり角)が生じる．オンしようとする素子とオフしようとする素子の両者がオンの状態にある．

重なりが生じると，直流側の電圧が図の斜線部の面積だけ減少し，平均電圧が低下する．一般に，p 相半波整流回路の重なりによる直流平均電圧の減少値 E_x は，電源リアクタンスを X_s，直流電流を I_d とすると，次式で示せる．

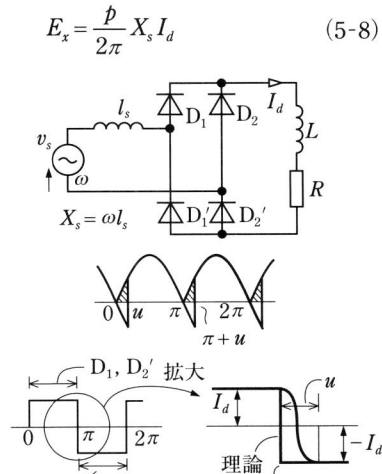

$$E_x = \frac{p}{2\pi}X_s I_d \quad (5-8)$$

図 5-17　重なり現象

第3章　機械・制御科目

演習問題 5.2　整流回路2

図1は，対称三相交流電源とサイリスタを使用した三相半波整流回路である．サイリスタ S_U, S_V 及び S_W による損失はないものとし，各サイリスタには制御遅れ角 α[rad]でゲートパルスが与えられ，重なり角はなく，抵抗 R[Ω]とインダクタンス L[H]からなる負荷に流れる直流電流は，L の値が十分に大きく，I_d[A]一定とする．次の問に答えよ．

(1) 図2には，三相交流電源 U, V, W 各相の相電圧 V_U[V], V_V[V], V_W[V] の波形と，この三相半波整流回路が制御遅れ角 $\pi/6$[rad]で運転しているときの U 相に接続されたサイリスタ S_U のゲートパルスのタイミングを示す．図2により，このときのサイリスタ S_V 及び S_W のゲートパルスのタイミング並びに負荷に印加される直流電圧 V_d[V] の波形を，交流電源の時刻位置に合わせて示せ．

(2) 交流電源の相電圧の実効値を V_1[V]としたとき，出力される直流電圧 V_d[V] の平均値 E_d[V]を，V_1 とそのときの制御遅れ角 α を用いて求めよ．

(3) ここで，制御遅れ角を変化させて，電流を制御することを考える．図1には示されていない定電流制御回路により，直流電流 I_d[A]は一定のままとして，負荷抵抗 R[Ω]を零にしたときの制御遅れ角 α[rad]の角度を示し，その値が求まる理由を述べよ．

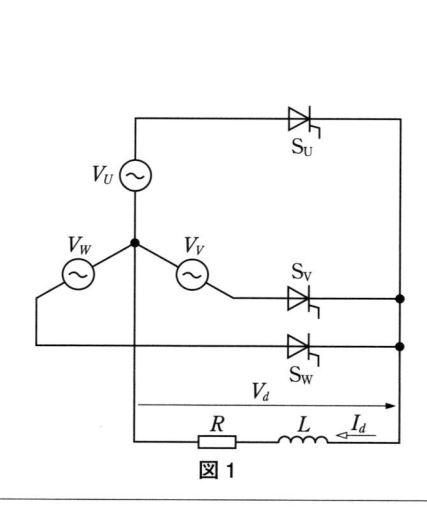

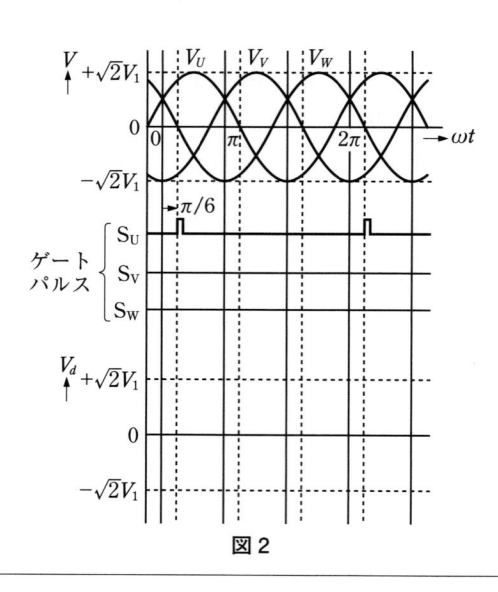

解答

(1) 電圧波形　S_V 及び S_W のゲートパルスのタイミング並びに負荷に印加される直流電圧 V_d は，解図1のとおりである．**(答)**
U 相，V 相，W 相の順序で，$\pi/6$ ごとにゲートパルスが加わる．

解法のポイント

① 問(1)の波形は，半波整流であるから，制御遅れ角 $\pi/6$（ゲートパルスのオン）までは，前の波形が続く．ゲートパルスのオンで垂直に立ち上がり，交流波形をなぞる．

解図1

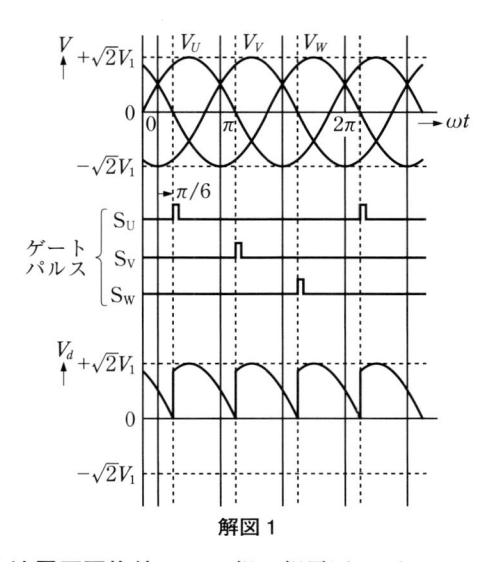

(2) **直流電圧平均値 E_d** U相の相電圧 v_u は，$\theta = \omega t$ として，$v_u = \sqrt{2}V_1 \sin\theta$ で表される．波形図から，素子 S_U は，$\alpha = 0$ の場合，$V_U = V_W$ の $\pi/6 \sim V_U = V_V$ の $5\pi/6$ の間で導通する．よって，E_d は，α を考慮して，

$$E_d = \frac{1}{2\pi/3}\int_{\pi/6+\alpha}^{5\pi/6+\alpha} v_u \, d\theta = \frac{3}{2\pi}\int_{\pi/6+\alpha}^{5\pi/6+\alpha} \sqrt{2}V_1 \sin\theta \, d\theta$$

$$= \frac{3\sqrt{2}V_1}{2\pi}[-\cos\theta]_{\pi/6+\alpha}^{5\pi/6+\alpha}$$

$$= \frac{3\sqrt{2}V_1}{2\pi}\left\{-\cos\left(\frac{5\pi}{6}+\alpha\right) + \cos\left(\frac{\pi}{6}+\alpha\right)\right\}$$

$$= \frac{3\sqrt{2}V_1}{2\pi}\sqrt{3}\cos\alpha = \frac{3\sqrt{6}V_1}{2\pi}\cos\alpha \quad \cdots (1)$$

$$\fallingdotseq 1.17V_1\cos\alpha \, [\text{V}] \quad \text{(答)}$$

(3) **制御遅れ角とその理由** 直流電流 I_d が一定なら，インダクタンス L にかかる電圧は常に零である．よって，E_d はすべて R に加わるが，$R = 0$ であれば，$E_d = IR = 0$ となる．よって，(1)式から，

$$E_d = \frac{3\sqrt{6}V_1}{2\pi}\cos\alpha = 0 \quad \therefore \cos\alpha = 0$$

$$\therefore \alpha = \cos^{-1}0 = \pi/2 \, [\text{rad}] \quad \text{(答)}$$

[注] この電力回生は，負荷を直流電源とすると他励式インバータの原理にほかならない．

② 問(2)の三相半波整流の直流電圧平均値の求め方は，三相全波整流の場合と同じである．

③ 問(3)の直流側の回路では，I_d が一定ならば，L に逆起電力は発生しないので，$E_d = I_d R$ が成り立つ．問(2)で求めた式により，$R = 0$ の場合を考察する．

解　説

問(3)の $\alpha = \pi/2$ の遅れ角のときは，**解図2**のような状況になり，$2\pi/3 \sim \pi$ の期間は電源→負荷に電力が供給され，$\pi \sim 4\pi/3$ の期間は負荷→電源に電力が回生されるが[注]，その和は零である．いずれの区間も I_d の向きは不変であり，一定の大きさである．これは L の値が非常に大きいためである．

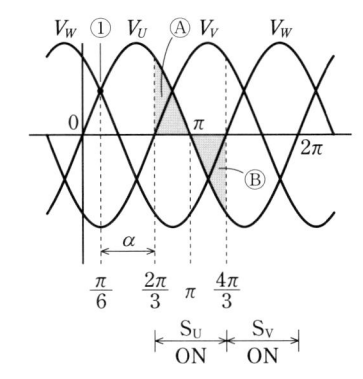

- S_U は，①($\pi/6$) から，$\alpha = \pi/2$ 遅れでON
- S_V がONする $4\pi/3$ まで導通の状態

Ⓐ：電源→負荷へ電力供給
Ⓑ：負荷→電源へ電力回生
トータルすると零．

解図2

演習問題 5.3　チョッパ制御 1

図のような降圧チョッパ回路において，周囲温度は 40[℃]，抵抗負荷 R に平均直流電圧 120[V]で一定の直流電流 50[A]が供給されているとする．このときの運転条件において，トランジスタ Tr のオン電圧は 3[V]，ダイオード D のオン電圧は 1[V]であった．Tr と D のスイッチング損失は無視できるものとし，リアクトル L に流れる電流は一定で，その損失は無視できるものとする．また，Tr の通流率(Tr のオン期間と1周期の比率)は 60[%]，ヒートシンクを含めた Tr のジャンクション－周囲空気の間の熱抵抗は 0.5[℃/W]とし，放射などの他の熱放散は無視できるものとする．

この装置においては Tr のジャンクション温度が装置の使用条件を制限しているので，この装置を高い周囲温度(50[℃])で使うために，装置の冷却風を強化して熱抵抗の改善を検討する．Tr と D の使用温度に依存するオン電圧の特性変化は無視できるものとして，次の問に答えよ．

(1) 一般的に，パワーデバイスの損失 P[W]，ジャンクション－周囲空気の間の熱抵抗 R_{th}[℃/W]及び周囲温度 T_a[℃]とするとき，使用しているパワーデバイスのジャンクション温度 T_j[℃]はどのように表されるか．ただし，他のパワーデバイスとの温度干渉はないものとする．

(2) 周囲温度 40[℃]のとき，Tr のオン損失 P_{Tr}[W]の値はいくらか．

(3) (2)の場合の電源電圧 E[V]及び装置の効率[%]はいくらか．

(4) 周囲温度 40[℃]のとき，Tr のジャンクション温度 $T_{j(Tr)}$[℃]の値はいくらか．

(5) 周囲温度 50[℃]で，周囲温度 40[℃]のときと同じジャンクション温度で使用するためには，Tr のジャンクション－周囲空気の間の熱抵抗を何[%]までに低減するようにしなければならないか．

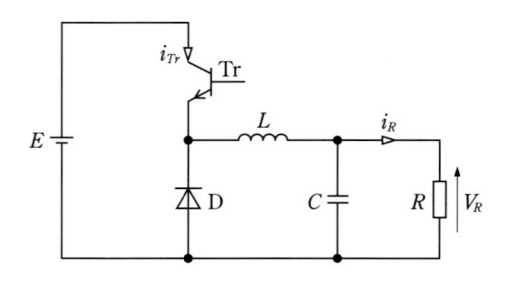

解　答

(1) 温度の関係式　温度差が $T_j - T_a$ であるから，熱回路のオームの法則により，

$$T_j - T_a = P \cdot R_{th} \quad \therefore \quad T_j = P \cdot R_{th} + T_a [\text{℃}] \quad \textbf{(答)} \cdots (1)$$

(2) Tr のオン損失 P_{Tr}　題意から，抵抗負荷 R に流れる電流

解法のポイント

① 問(1)は，熱回路のオームの法則を適用する．温度差＝熱抵抗×電力である．温度差は，ジャンクション温度と周囲温度の差である．

は，$i_R = 50$[A]で一定であるから，Tr に流れる電流 i_{Tr} も 50[A]でなければならない．よって，Tr のオン電圧を V_{Tr}，Tr の通流率を α とすると，P_{Tr} は，

$$P_{Tr} = V_{Tr} \cdot i_{Tr} \cdot \alpha = 3 \times 50 \times 0.6 = 90 \text{[W]} \quad \textbf{(答)} \quad \cdots (2)$$

(3) 電源電圧 E，効率 η

a. 電源電圧 D の電圧は，Tr のオン時には $E - V_{Tr} = E - 3$[V]であり，Tr のオフ時には環流回路に電流が流れ逆起電力の方向が反対になるから -1[V]であり，**解図1**のような波形になる．題意より，L に流れる電流は一定であるから，L の平均電圧は零である．ゆえに，D の平均電圧と R の電圧 V_R は等しくなる．つまり，

$$(E-3)\alpha + (-1) \times (1-\alpha) = V_R$$

$$\therefore E = \frac{V_R + 1}{\alpha} + 2 = \frac{120 + 1}{0.6} + 2$$

$$\fallingdotseq 203.67 \to 204 \text{[V]} \quad \textbf{(答)} \quad \cdots (3)$$

解図1

b. 効率 電源からの入力電力 P_i は，(3)式の E により，

$$P_i = E \cdot i_{Tr} \cdot \alpha = 203.67 \times 50 \times 0.6 \fallingdotseq 6\,110 \text{[W]}$$

抵抗負荷 R の電力 P_R は，問図の記号を用いて，

$$P_R = V_R \cdot i_R = 120 \times 50 = 6\,000 \text{[W]}$$

よって，効率 η は，

$$\eta = \frac{P_R}{P_i} = \frac{6\,000}{6\,110} \fallingdotseq 0.982 \to 98.2 \text{[\%]} \quad \textbf{(答)}$$

(4) Tr のジャンクション温度 $T_{j(Tr)}$ P_{Tr} を(1)式の P に代入すると，$T_{j(Tr)}$ が求まる．

$$T_{j(Tr)} = P_{Tr} \cdot R_{th} + T_a = 90 \times 0.5 + 40 = 85 \text{[℃]} \quad \textbf{(答)}$$

(5) 熱抵抗の低減率 周囲温度 $T_a' = 50$[℃]で，周囲温度 $T_a = 40$[℃]のときのジャンクション温度 $T_{j(Tr)}$ で用いるための熱抵抗を R_{th}' とすると，

$$T_{j(Tr)} = P_{Tr} \cdot R_{th}' + T_a'$$

$$\therefore R_{th}' = \frac{T_{j(Tr)} - T_a'}{P_{Tr}} = \frac{85 - 50}{90} \fallingdotseq 0.388\,9 \text{[℃/W]}$$

よって，熱抵抗の低減率は，

$$\frac{R_{th}'}{R_{th}} = \frac{0.388\,9}{0.5} \fallingdotseq 0.778 \to 77.8 \text{[\%]} \quad \textbf{(答)}$$

② 問(2)は，負荷 R に流れる電流は一定であるから，Tr の電流と等しいことに着目する．オン損失と通流率を掛けて損失を求める．

③ 問(3)は，D の電圧バランスに着目して，E の関係を導く．L の電圧が0なので，D の平均電圧と R の電圧は等しい．Tr のオフ時には D の環流回路に電流が流れて，電圧は -1[V]になる．

④ 問(4)は，P_{Tr} から熱回路のオームの法則により $T_{j(Tr)}$ を求める．

⑤ 問(5)は，熱回路のオームの法則により，周囲温度 50[℃]のときの熱抵抗を求め，元の値との比をとる．

[注] 熱回路のオームの法則は，p.141の重要項目「2. ケーブル線路」の③を参照のこと．

問題では，トランジスタのジャンクションの温度差の放熱を考えているが，チョッパ回路全体で見ればリアクトル L の抵抗分の放熱が特に問題になる．これらの放熱を適切に処置しないと周囲温度が上昇することになる．

第3章　機械・制御科目

別　解　問(3)の電源電圧 E

$P_i = P_R + (\text{D のオン損失電力 } P_D) + (\text{Tr のオン損失電力 } P_{Tr})$ の電力バランスから，電源電圧 E を求めてもよい．

ダイオード D のオン電圧を V_D とすると，D の損失 P_D は次式になる．

$$P_D = i_R \cdot V_D \cdot (1-\alpha) = 50 \times 1 \times (1-0.6) = 20 \, [\text{W}]$$

ゆえに，入力 P_i は，

$$P_i = E \cdot i_{Tr} \cdot \alpha = P_R + P_D + P_{Tr}$$

$$\therefore E = \frac{P_R + P_D + P_{Tr}}{i_{Tr} \cdot \alpha} = \frac{6\,000 + 20 + 90}{50 \times 0.6} \fallingdotseq 203.67 \, [\text{V}] \rightarrow 204 \, [\text{V}] \quad \text{(答)}$$

解　説

題意から，L の逆起電力 V_L の平均は 0 で，電流は一定としたが，その様子は，Tr と D のオン損失を無視すると**解図2**に示せる．Tr 導通時の V_L は 80 [V] であり，D の環流時は −120 [V] となり，それぞれ電圧平衡している．そのために，V_L を発生させる図のようにごく微小な電流変化がある．図の区間で直線近似をすると，$\Delta I = V_L \Delta t / L$ となるから，L が大きければ，実際上電流は一定とみなしてよい．なお，ΔI を小さくするには，Δt を小さくしてもよい．L を大きくすることは，装置が大きくなり経済的ではない．よって，高速スイッチングにより，ΔI を小さくする方法が一般的である．なお，問図のコンデンサ C は，V_R を安定させるのに効果がある．

一般に電子回路などでは，コンデンサ C よりもコイル L の方が価格が高く，体積が大きい傾向にある．ゆえに，同じ性能を発揮する場合に（例えば微分回路や積分回路），なるべく L を用いずに C を使うことを考える．

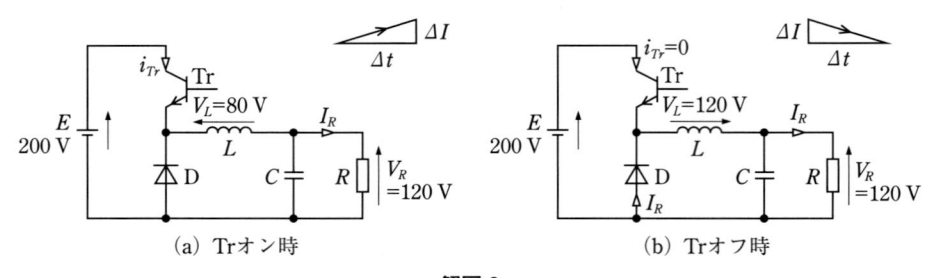

(a) Tr オン時　　(b) Tr オフ時

解図2

演習問題 5.4 チョッパ制御2

図1に示す昇降圧チョッパ回路の動作特性について，次の問に答えよ．ただし，リアクトル L のインダクタンスは適度に大きく電流は連続しており，また，出力側コンデンサ C の静電容量は十分大きく出力電圧は一定とみなせるものとする．

(1) 図2は，図1の回路の各部の電圧波形及び電流波形を示す．図1の回路で，電流 i_S, i_D 及び i_L 並びにリアクトル L の両端電圧 V_L の波形として，正しいものを図2の波形の中から選べ．

(2) 図2より通流率（デューティ比）α を求めよ．

(3) 入力電圧 V_i と出力電圧 V_o の関係を通流率 α を用いて表せ．

(4) 出力電力 P_o を，入力電圧 V_i，負荷抵抗 R_L 及び通流率 α を用いて表せ．

(5) (4)の結果を用いて，入力電流（スイッチSを通る電流）i_S の平均値 I_{Sa} を求めよ．ただし，回路の損失は無視できるものとする．

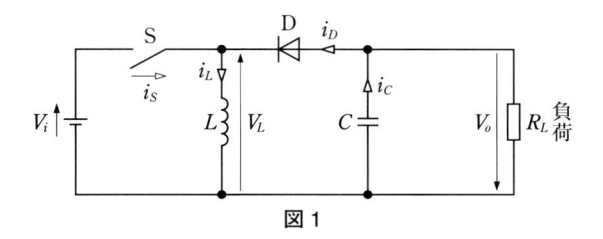

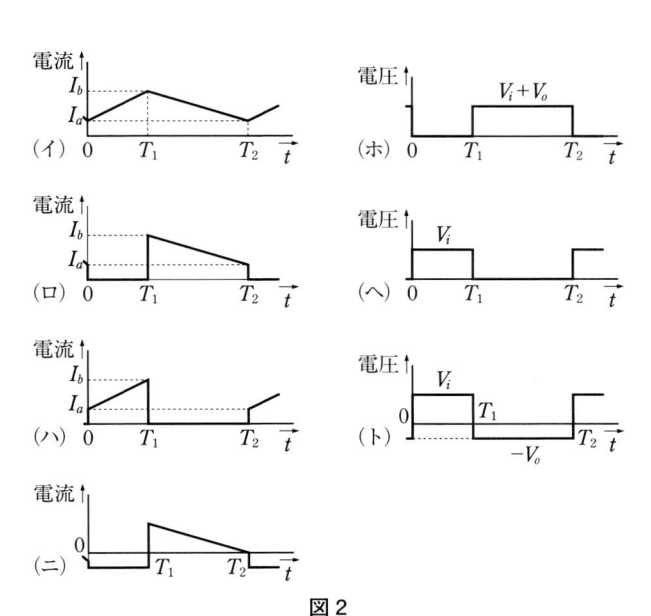

図1

図2

解 答

(1) 電流，電圧の波形 L の電流は連続しており，また出力電圧は一定とみなせるから，各部の電流，電圧は以下のような状況になる．

i_S：S がオンのときのみ流れる．L の影響により，$\Delta i_S / \Delta t = V_i / L$ の直線状で増加．

i_D：S がオフのときのみ流れる．このとき，$i_D = i_L$ である．

i_L：S がオンのとき $i_L = i_S$ である．S がオフのとき $i_L = i_D$ で $\Delta i_L / \Delta t = V_o / L$ の直線状で減少．

V_L：L の電流が直線状に変化するから一定値で，S がオンのとき V_i，S がオフのとき $-V_o$．

よって，各部の電流，電圧の波形は以下のとおりである．

$i_S = $ (ハ)，$i_D = $ (ロ)，$i_L = $ (イ)，$V_L = $ (ト) **(答)**

(2) 通流率 α 問図 2 で，$0 \sim T_1$ の間，スイッチがオンであるから，

$$\alpha = T_1 / T_2 \quad \textbf{(答)} \cdots (1)$$

(3) 入出力電圧の関係 L のエネルギーバランスを考える．L の電圧 V_L の平均値 $= 0$ であるから，L の貯蔵エネルギー(左辺)と放出エネルギー(右辺)は等しく，図 2 の (イ) の i_L の波形から，

$$V_i \left(\frac{I_a + I_b}{2} \right) T_1 = V_o \left(\frac{I_a + I_b}{2} \right) (T_2 - T_1)$$

となるが，(1) 式を考慮すると，

$$\frac{V_o}{V_i} = \frac{T_1}{T_2 - T_1} = \frac{T_1 / T_2}{1 - (T_1 / T_2)} = \frac{\alpha}{1 - \alpha} \quad \textbf{(答)} \cdots (2)$$

(4) 出力電力 P_o P_o は負荷抵抗 R_L の消費電力にほかならない．(2) 式の関係を考慮すると P_o は，

$$P_o = \frac{V_o^2}{R_L} = \frac{1}{R_L} \left(\frac{\alpha}{1 - \alpha} \right)^2 V_i^2 = \frac{\alpha^2 V_i^2}{R_L (1 - \alpha)^2} \quad \textbf{(答)} \cdots (3)$$

(5) 入力電流平均値 I_{Sa} 題意から，入力電力 $V_i I_{Sa} = $ 出力電力 P_o なので，(3) 式を用いて，

$$I_{Sa} = \frac{P_o}{V_i} = \frac{\alpha^2 V_i}{R_L (1 - \alpha)^2} \quad \textbf{(答)}$$

解法のポイント

① 昇降圧チョッパでは，L の貯蔵エネルギーと S の開閉により，任意の電圧が得られる．

② 問図 2 で T_1，T_2 はスイッチ S の開閉を示している．$0 \sim T_1$ の間がオン，$T_1 \sim T_2$ の間がオフで，$0 \sim T_2$ が 1 周期になる．これの繰り返しである．

③ 通流率は，1 周期の間のオン時間の比率である．i_S 及び i_L は，L があるために，ほぼ直線的な変化をする．i_S は S がオフ時は 0 である．i_D は S がオン時は 0 である．

④ 問(3) は，L の貯蔵エネルギーと放出エネルギーのバランスから求める．

⑤ 出力電力は負荷の消費電力である．

解 説

$i_L = i_S + i_D$ であり，問図 2 の電流波形の (ロ) + (ハ) が (イ) の i_L になっている．

演習問題 5.5 チョッパ制御3

図1に示すチョッパを使用して、二次電池を充放電することを考える。直流電源電圧 E_p は二次電池電圧 E_b に比べて十分高く、チョッパは安定に動作し、L のインダクタンスは十分大きく I_2 は一定であるものとする。電池SBは充放電のヒステリシス特性などがなく、図2に示すその等価回路は、一定の内部抵抗 R_i と電圧源 E_i との直列回路で表すことができるものとする。また、この電圧源 E_i は、電池容量[A·h]に対応する0[%]から100[%]までの充電量SOCと電圧 e_i が直線関係となる理想的な特性であるものとする。次の問に答えよ。

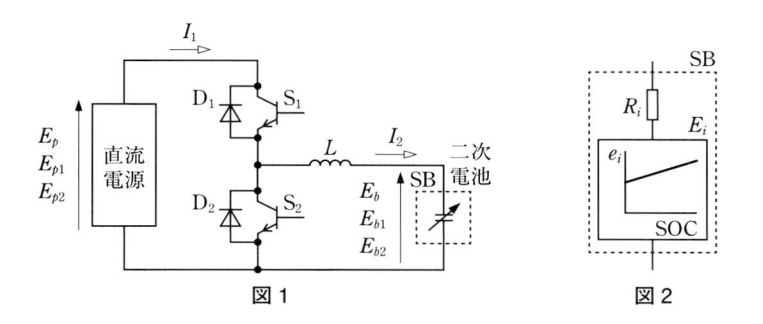

図1　　　　図2

(1) 二次電池の充電はトランジスタ S_1 または S_2 の一方だけをオン、オフ制御して行う。このとき電流が流れるのは、トランジスタ S_1, S_2, ダイオード D_1, D_2 のうちでどれか。

また、このときオンオフ制御するトランジスタのオン時間を T_{on}, オフ時間を T_{off}, 直流電源電圧を E_{p1}, 二次電池電圧を E_{b1} とすると、E_{p1} と E_{b1} との関係はどのような式で表されるか。

(2) 二次電池を放電して直流電源が負荷となる動作をするときも、トランジスタ S_1 または S_2 の一方だけをオンオフ制御する。このとき電流が流れるのは、トランジスタ S_1, S_2, ダイオード D_1, D_2 のうちでどれか。

また、このときオンオフ制御するトランジスタのオン時間を T_{on}, オフ時間を T_{off}, 直流電源電圧を E_{p2}, 二次電池電圧を E_{b2} とすると、E_{p2} と E_{b2} との関係はどのような式で表されるか。

(3) Cレートは電池の全容量を充放電しきる速度を表し、例えば3C放電とは、「全容量を放電するのに1時間かかる一定電流に対して、3倍の電流を流して放電する」という意味である。図3には時刻 t_0 でSOC 0[%]から1Cで充電を始めて時刻 t_1 で電池容量[A·h]の充電が完了し、同時に2Cで放電を始めて時刻 t_2 でその電池容量[A·h]の放電を完了するパターンを示している。二次電池は容量10[A·h]で、内部抵抗 $R_1 = 0.005[\Omega]$ であったとする。このときに、二次電池電圧 E_b 及び二次電池電流 I_2 が時刻 t_0 から時刻 t_2 までどのような値で変化するかを、図3を用いて示せ。また、図示する充電時間 T_c[h]及び放電時間 T_d[h]はいくらか。

第３章　機械・制御科目

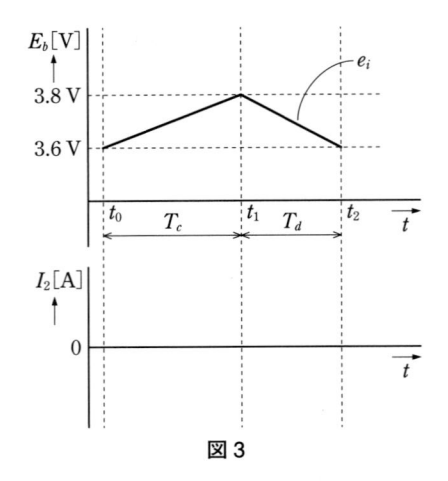

[図3: E_b[V]とI_2[A]の波形図。E_bはt_0で3.6V、T_cの区間で3.8Vまで上昇、T_dの区間で3.6Vまで下降。e_iと表示。I_2は0]

図3

(4) 二次電池を充電する方法には、一般に定電流充電と定電圧充電とがある。放電が進んで電圧が低くなった二次電池を、通常使用されている端子電圧以内で充電する電力量に対して、内部抵抗による損失が少ない、すなわちエネルギー効率の良い充電方法はいずれか。

解　答

(1) 充電動作　E_pはE_bに比べて十分高いので、充電時は降圧チョッパとしてS_1を制御する。S_1のオンオフによりE_{b1}を変えられる。S_1のオフ時は、D_2に電流I_2が環流し、Lの貯蔵エネルギーを放出する。

電流が流れる素子は、S_1とD_2である。**（答）**

1周期の間のLのエネルギーはバランスする。貯蔵エネルギーW_c、放出エネルギーW_dは、

$$W_c = (E_{p1} - E_{b1}) \cdot I_2 \cdot T_{on}, \quad W_d = E_{b1} \cdot I_2 \cdot T_{off}$$

$$\therefore E_{b1} = \frac{T_{on}}{T_{on} + T_{off}} E_{p1} \quad \textbf{（答）} \cdots (1)$$

(2) 放電動作　二次電池を電源として、Lの貯蔵エネルギーを利用して昇圧チョッパとして、S_2を制御する。S_2のオンオフによりE_{p2}を変えられる。S_2のオン時は、電流が環流し、Lにエネルギーを貯蔵する。S_2のオフ時は、Lの貯蔵エネルギー放出＋電池電圧E_{b2}によって、D_1を通じて直流電源に負荷電流I_2を供給する。

電流が流れる素子は、S_2とD_1である。**（答）**

1周期の間のLのエネルギーはバランスする。貯蔵エネルギーW_c、放出エネルギーW_dは、

解法のポイント

① 問図1は、昇降圧チョッパを示す。充電時は降圧チョッパでS_1をオンオフし、放電時は昇圧チョッパでS_2をオンオフする。すなわち、充電時は電源電圧＞二次電池電圧、放電時は電源電圧＜二次電池電圧である。いずれの場合も、Lのエネルギーの貯蔵・放出が関係する。

② SOC（State Of Charge）により、充放電時間が定まるので、電池容量[A·h]から充放電の電流が決まる。電池の内部抵抗を考慮して、充放電の電圧を計算する。

③ 電池の内部抵抗による損失∝(充電電流)^{2}なので、同一充電容量ならば、小電流で時間をかける方が損失が少ない。

$$W_c = E_{b2} \cdot I_2 \cdot T_{on}, \quad W_d = (E_{p2} - E_{b2}) \cdot I_2 \cdot T_{off}$$

$$\therefore E_{p2} = \frac{T_{on} + T_{off}}{T_{off}} E_{b2} \quad \text{(答)} \cdots (2)$$

(3) 充放電容量 充電時間 T_c, 放電時間 T_d は, 充電が 1C, 放電が 2C なので,

$T_c = 1\text{[h]}, \quad T_d = 1/2 = 0.5\text{[h]}$ **(答)**

二次電池の充電電流 I_{2c}, 放電電流 I_{2d} は, 電池容量を $P[\text{A}\cdot\text{h}]$ とすると,

$$I_{2c} = \frac{P}{T_c} = \frac{10}{1} = 10\text{[A]}$$

$$I_{2d} = \frac{P}{T_d} = \frac{10}{0.5} = 20\text{[A]} \quad (I_{2c} \text{とは逆方向})$$

二次電池の充電時電圧 E_{bc}, 放電時電圧 E_{bd} は, 電池の内部抵抗を R_i とすると,

$E_{bc} = e_i + R_i \cdot I_{2c} = e_i + 0.005 \times 10 = e_i + 0.05\text{[V]}$

$E_{bd} = e_i - R_i \cdot I_{2d} = e_i - 0.005 \times 20 = e_i - 0.1\text{[V]}$

上記から, E_b 及び I_2 の変化は, 次のように**解図**に示せる. **(答)**

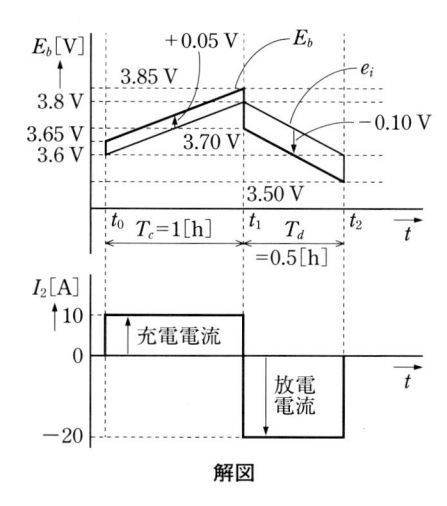

解図

(4) 充電方法 充電時の損失は内部抵抗に生じ, 充電電流の 2 乗に比例する. 定電圧充電では, 充電初期に大きな電流が流れるので損失が大きい. ゆえに, 小電流で定電流充電するのがよい. **(答)**

解 説
(1)式は降圧チョッパの原理式, (2)式は昇圧チョッパの原理式である. (1)式で, $T_{on}/(T_{on}+T_{off})$ は通流率 $\alpha < 1$ であるから, $E_{b1} = \alpha E_{p1}$ となる. また, 昇圧チョッパでは, $E_{p2} = E_{p1}/(1-\alpha)$ となり, α が小さいほど昇圧の度合いが大きくなる.

コラム　二次電池の容量

新エネルギーの普及等により, 二次電池の利用が増えているが, 電池容量の考え方について基本を理解しておく必要がある.

二次電池の容量は, **放電終止電圧**までに得られる**アンペア時**[A·h]で表す. 放電終止電圧は放電初期電圧の 90[%] が一般的である. 容量は, 通常, **時間率**を併せて示すことが多い. これは定格容量[A·h]を電流値[A]で割った値である. 鉛電池では 10 時間率放電, アルカリ電池では 5 時間率放電が標準である.

定格容量 500[A·h], 10 時間率の二次電池であれば, 50[A] で 10[h] の放電が可能である. 図 5-18 に電池から取り出せるエネルギーと電流の関係を示す.

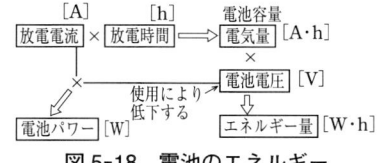

図 5-18　電池のエネルギー

演習問題 5.6　インバータ制御 1

図1は，三相サイリスタ変換器の応用例を示す．負荷側サイリスタ変換器に接続される負荷の電圧が確立すると安定な運転ができるので，例として同期電動機を示している．次の問に答えよ．

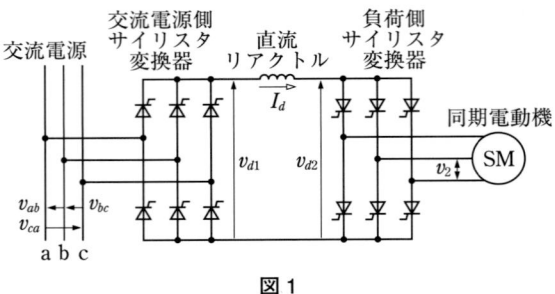

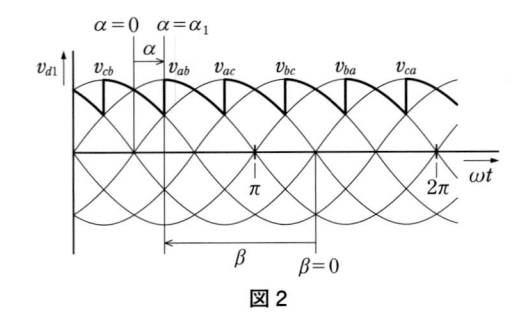

図1

図2

(1) 運転のモードとして，交流電源から負荷に電力を供給する力行モード及び負荷から交流電源に電力を戻す回生モードがある．それぞれのモードにおいて，交流電源側，負荷側それぞれのサイリスタ変換器の直流電圧平均値 V_{d1}[V]，V_{d2}[V]は正，負のいずれであるか．ただし，図示する方向の極性を正とする．

(2) 直流電流はリプルがなく一定の電流 I_d[A]とし，負荷側の交流線間電圧 v_2 は実効値 V_2[V]の正弦波電圧波形とする．このとき，負荷側サイリスタ変換器は，重なり角が無視できて，一般の三相サイリスタ変換器と同様の表記として制御進み角 β_2[rad]で運転しているものとする．実効値 V_2[V]と制御進み角 β_2[rad]を用いて直流電圧平均値 V_{d2}[V]の式を，その導出過程を含めて示せ．

なお，図2は制御遅れ角 $\alpha = \alpha_1$ で運転している交流電源側サイリスタ変換器の動作を線間電圧波形を用いて示した図であり，式を導出する際の参考にされたい．一般に制御進み角 β[rad]は，$\beta = \pi - \alpha$[rad]の関係があるので，$\beta = 0$ のタイミングは図2に示すようになる．

(3) このとき，負荷側サイリスタ変換器の損失を零として，力行モードで負荷に供給している有効電力の平均値 P_2[W]を，電流 I_d[A]と制御進み角 β_2[rad]を用いて式で示せ．

3.5 パワーエレクトロニクス

解 答

(1) 直流電圧の極性 問図1の回路は，電流形インバータ回路の力行モードを示している．電流形インバータでは，力行モード時は，交流電源側変換器を順変換動作，負荷側変換器を逆変換動作とし，V_{d1} と V_{d2} を正方向とする．通常の使い方である．

電流形インバータでは各変換器の極性を逆極性とし，電流方向を変えることなしに回生を可能としている．よって，回生モード時は，交流電源側変換器を逆変換動作，負荷側変換器を順変換動作とし，V_{d1} と V_{d2} を逆方向とする．これらから，

力行モード時：V_{d1} と V_{d2} を正方向
回生モード時：V_{d1} と V_{d2} を逆方向 **(答)**

(2) 負荷側直流電圧平均値 V_{d2} まず，問図2の波形図から，交流側順変換の直流電圧 V_{d1} を求める．線間電圧 v_{ab} を例にとると，制御遅れ角 α_1[rad] であるから，$\pi/3+\alpha_1 \sim 2\pi/3+\alpha_1$ の $\pi/3$ の区間で整流作用を行う．よって，電源側の V_{d1} は，$v_{ab}=\sqrt{2}V_1\sin\omega t$ とすると，

$$V_{d1}=\frac{1}{\pi/3}\int_{\pi/3+\alpha_1}^{2\pi/3+\alpha_1}\sqrt{2}V_1\sin\omega t\,\mathrm{d}(\omega t)$$

$$=\frac{3\sqrt{2}}{\pi}V_1[-\cos\omega t]_{\pi/3+\alpha_1}^{2\pi/3+\alpha_1}$$

$$=\frac{3\sqrt{2}}{\pi}V_1\left\{-\cos\left(\frac{2\pi}{3}+\alpha_1\right)+\cos\left(\frac{\pi}{3}+\alpha_1\right)\right\}^{[注]}$$

$$=\frac{3\sqrt{2}}{\pi}V_1\cos\alpha_1\,[\mathrm{V}] \quad \cdots (1)$$

負荷側変換器は，交流電源側変換器と原理的に同じであるから，電源側の(1)式を負荷側にも基本的に適用できる．ただし，制御進み角が β_2[rad] なので，制御遅れ角は $\pi-\beta_2$[rad] を適用すること，V_{d2} の極性は V_{d1} とは逆であること，v_2 の実効値 V_2 を適用することなどの注意が必要である．よって，V_{d2} は，(1)式から，

$$V_{d2}=\frac{3\sqrt{2}}{\pi}\cdot-(V_2)\cdot\cos(\pi-\beta_2)=\frac{3\sqrt{2}}{\pi}V_2\cos\beta_2\,[\mathrm{V}] \textbf{ (答)} \cdots (2)$$

(3) 負荷供給電力 P_2 力行モードでの負荷への有効電力平均値 P_2 は，直流平均電圧 V_{d2} と電流 I_d の積にほかならないから，(2)式の結果を用いて，

$$P_2=V_{d2}\cdot I_d=\frac{3\sqrt{2}}{\pi}V_2 I_d\cos\beta_2\,[\mathrm{W}] \quad \textbf{(答)}$$

解法のポイント

① 問題の装置は，電流形インバータである．電流形インバータはサイリスタ変換器の極性を変えることにより，同一電流方向での回生運転を可能にしている．

② 問(2)の負荷側の直流平均電圧の算出であるが，ヒントは問題の中にある．問図2に電源側の線間電圧基準の波形図を示し，式導出の参考とせよとの記述がある．順変換も逆変換も本質的には同じであることから，以下の手順で解けばよい．

③ 問図2の三相全波整流の波形図から，演習問題5.1等の整流回路の問題で行ったのと同様にして，電源側の V_{d1} を求める．

④ ③で求めた結果を，V_{d2} の算出に適用すればよい．ただし，進み角から遅れ角への変換と電圧の極性が電源側とは逆であることに留意する．進み角の考え方も問題文の中に書いてある．

[注] 式の展開

$$\begin{aligned}\{\ \} &= -\left(\cos\frac{2\pi}{3}\cos\alpha_1-\sin\frac{2\pi}{3}\sin\alpha_1\right) \\ &\quad +\left(\cos\frac{\pi}{3}\cos\alpha_1-\sin\frac{\pi}{3}\sin\alpha_1\right) \\ &= -\left(-0.5\cos\alpha_1-\frac{\sqrt{3}}{2}\sin\alpha_1\right) \\ &\quad +\left(0.5\cos\alpha_1-\frac{\sqrt{3}}{2}\sin\alpha_1\right) \\ &= 0.5\cos\alpha_1+0.5\cos\alpha_1 \\ &= \cos\alpha_1\end{aligned}$$

第3章 機械・制御科目

解 説

本問は電流形インバータの回路であるが，インバータには，電圧形と電流形がある．汎用形のインバータはほとんどが電圧形であるが，そのままでは回生運転ができないのが欠点である．電流形インバータでは，インダクタンスの大きな直列リアクトルを挿入して，電流源として作動し，電流波形は方形波となる．

交流電源側変換器の制御角 α を $\pi/2 < \alpha < \pi$ の他励形運転とするのみで，電力回生が可能である（電力回生時には誘導機は一定周波数で運転している）．そのほか，帰環ダイオードがないなど構造が簡単であること，速応性のある制御に優れること等の長所もある．ゆえに，電流形インバータは大形電動機に採用されることが多い．

逆変換器では，制御角は制御進み角で表現されることが一般的である．(2)式から明らかなように，制御角を進み角で表現すると，順変換器と同様な数式的な取扱いができる．

演習問題 5.7　インバータ制御 2

図1に示すように，三相IGBTインバータで負荷に電流を供給する動作を考える．図2に直流中間点Eを基準としたa相の出力電圧 v_a，及び負荷電流 i_a の波形を示す．この図のように，インバータは1パルス運転でも負荷電流 i_a は正弦波とみなすことができるものとする．このとき，次の問に答えよ．

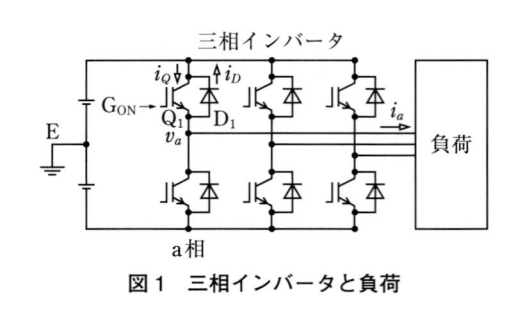

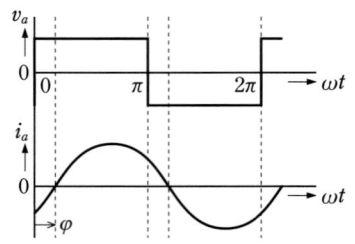

図1　三相インバータと負荷

図2　直流中間点Eを基準としたa相の出力電圧 v_a，及び負荷電流 i_a の波形
（負荷電流は正弦波，遅れ力率角 φ の場合）

(1) 負荷の力率（基本波力率，以下同じ）が遅れ $0.866 \left(\cos \dfrac{\pi}{6} \right)$ 及び遅れ $0 \left(\cos \dfrac{\pi}{2} \right)$ の二つの場合を考える．図3に示すように，a相アーム上のIGBT(Q_1)に与えられるゲート信号 G_{ON} のオンのタイミングに合わせて，a相の負荷電流 $i_{a(0.866)}$ 及び $i_{a(0)}$ が流れる．このとき，負荷力率が遅れ0.866及び遅れ0の場合に流れるIGBT(Q_1)，及びその逆並列ダイオード(D_1)の電流 $i_{Q(0.866)}$, $i_{D(0.866)}$, $i_{Q(0)}$ 及び $i_{D(0)}$ の波形を，図3の様式で描け．

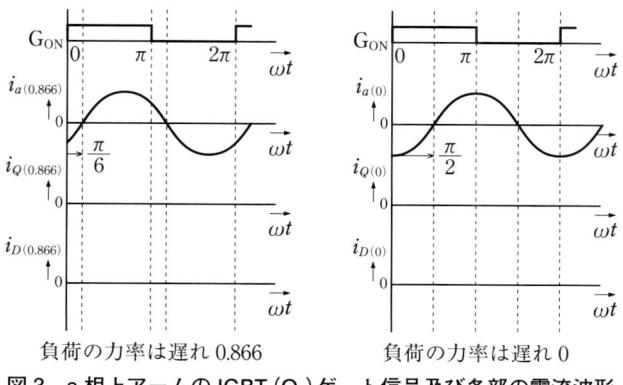

負荷の力率は遅れ 0.866　　　　　負荷の力率は遅れ 0

図3　a相上アームのIGBT(Q_1)ゲート信号及び各部の電流波形

(2) a相の負荷電流 i_a の実効値が 100[A] であったとする．負荷の力率が遅れ 0.866 の場合における IGBT(Q_1) 電流の平均値 $I_{Q(0.866)}$[A]，及び負荷の力率が遅れ 0 の場合におけるダイオード(D_1) の電流の平均値 $I_{D(0)}$[A] を求めよ．

解　答

(1) 電流の波形　IGBT では，「ゲート信号がオン」+「負荷電流が順方向」の 2 条件を満たすとき，i_Q が負荷電流と同じ大きさで流れる．一方，バイパスダイオード D では，「ゲート信号がオン」+「IGBT に電流が流れていない」の 2 条件を満たすとき，i_D が負荷電流と反対位相の同じ大きさで流れる．これは，位相が遅れている期間には，D を介して負荷から電源に遅れ位相分の電磁エネルギーが帰還されていることを意味する．i_D の方向が i_Q とは逆であるから，両者を合わせると負荷電流波形が実現されている．上記から，電流の波形は**解図**のようになる．**(答)**

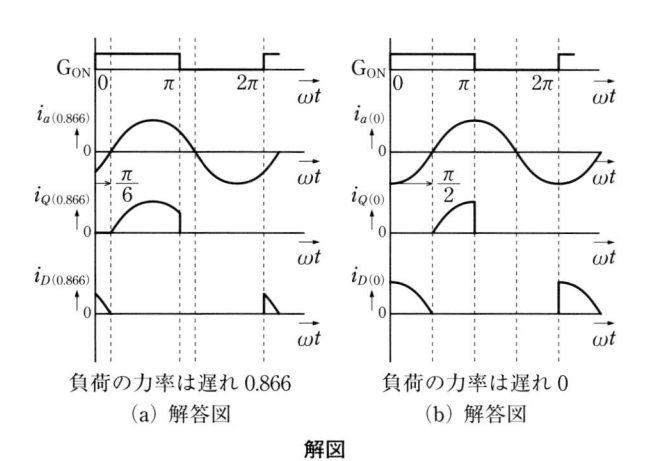

負荷の力率は遅れ 0.866　　　　負荷の力率は遅れ 0
(a) 解答図　　　　　　　　　(b) 解答図
解図

解法のポイント

① 電圧形三相インバータの問題である．インバータは 1 パルス運転でも負荷電流 i_a は正弦波とみなすとの条件があるから，比較的簡単に波形を描くことができる．

② IGBT は，ゲート信号がオンで，かつ，電流の流れが順方向のときに有効である．よって，電流に遅れのある場合には，その期間は逆方向なので通流しない．

③ ゲート信号がオンで，かつ，電流が遅れの期間は，バイパスのダイオードを通して，負荷から電源へ電流が帰還される．②と合わせると，負荷電流の波形が実現されることになる．

(2) 電流の平均値　a相の負荷電流 i_a の実効値が $100\,[\text{A}]$ なので，i_a は，遅れ角度を φ とすると，

$$i_a = 100\sqrt{2}\sin(\omega t - \varphi) \quad \cdots \text{(1)}$$

となる．IGBTの電流平均値 I_Q 及びダイオードの電流平均値 I_D は，$\omega t = \theta$ として，

$$I_Q = \frac{1}{2\pi}\int_{\varphi}^{\pi} i_a\, d\theta \quad \cdots \text{(2)}$$

$$I_D = \frac{1}{2\pi}\int_{0}^{\varphi}(-i_a)\, d\theta \quad \cdots \text{(3)}$$

となる．(3)式では，i_a は i_D の方向が逆であることを考慮し負号を付した．

よって，遅れ力率 0.866 の場合，$\varphi = 30° = \pi/6$ であるから，IGBT電流の平均値 $I_{Q(0.866)}$ は，(2)式から，

$$I_{Q(0.866)} = \frac{1}{2\pi}\int_{\pi/6}^{\pi} i_a\, d\theta = \frac{100\sqrt{2}}{2\pi}\left[-\cos\left(\theta - \frac{\pi}{6}\right)\right]_{\pi/6}^{\pi}$$

$$= -\frac{100\sqrt{2}}{2\pi}\left(\cos\frac{5\pi}{6} - \cos 0\right) = -\frac{100\sqrt{2}}{2\pi}\left(-\frac{\sqrt{3}}{2} - 1\right)$$

$$= \frac{100\sqrt{2}}{2\pi} \times \frac{\sqrt{3}+2}{2} \fallingdotseq 42.0\,[\text{A}] \quad \textbf{(答)}$$

遅れ力率 0 の場合，$\varphi = 90° = \pi/2$ であるから，ダイオード電流の平均値 $I_{D(0)}$ は，(3)式から，

$$I_{D(0)} = \frac{1}{2\pi}\int_{0}^{\pi/2}(-i_a)\, d\theta = \frac{100\sqrt{2}}{2\pi}\left[\cos\left(\theta - \frac{\pi}{2}\right)\right]_{0}^{\pi/2}$$

$$= \frac{100\sqrt{2}}{2\pi}\left\{\cos 0 - \cos\left(-\frac{\pi}{2}\right)\right\}$$

$$= \frac{100\sqrt{2}}{2\pi}(1-0) \fallingdotseq 22.5\,[\text{A}] \quad \textbf{(答)}$$

④ 問(2)は，交流の平均値を求める問題である．区間は1周期の 2π とすること．

解　説

本問は電圧形インバータ回路であり，バイパスダイオードDが設けられる．Dはフリーホイーリング(帰還)ダイオードなどとも呼ばれる．誘導負荷の遅れの期間は，負荷の電磁エネルギーを還流する役目を果たす．電圧形インバータでは，素子とダイオードの作用で電流が2方向に流れることができ，電力供給と電磁エネルギーの回生が同時に行われる．

一方，電流形インバータでは，電磁エネルギーの行き場がないので，出力側に転流用のコンデンサを設けて処理する．

電圧形インバータは，理想的には電源のインピーダンスは零であり，電圧源として作動する．電圧波形は問図2のように方形波となる．汎用インバータは，ほとんどがこの形である．

演習問題 5.8　インバータ制御3

図1に示す単相PWM制御電圧形インバータは，定格交流電流30[A]，直流電圧$E_d = 150$[V]であり，リアクタンス$X = 0.4$[Ω]のリアクトル（抵抗は無視できるものとする）を介して電圧$V_L = 100$[V]の交流電源に連系している．このインバータに，信号$s = K\sin(\omega t + \varphi)$を入力したとき，インバータにおける出力交流電圧の基本波瞬時値v_Vは，次式で示される．

$v_V = E_d \cdot K\sin(\omega t + \varphi)$ [V]

ここで，K：変調率（$0 \leq K \leq 1$）（1まで可能なものとする），ω：交流電源の角周波数，φ：交流電源電圧の位相を基準としたv_Vの位相角である．

このインバータで交流電流iを出力したときの動作について，次の問に答えよ．ただし，高調波は考えないものとする．

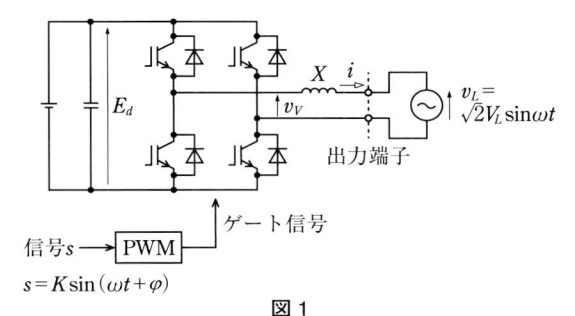

(1) フェーザで表したインバータ出力電流$\dot{I}$，交流電圧V_L（位相の基準としているので実数で表示）及びXを用いて，インバータ出力電圧$\dot{V}_V$を求める式を示せ．

(2) このインバータが図1に示す出力端子において3[kW]の有効電力を力率1で出力している．このとき，次の値を求めよ．
　a. $\dot{V}_V$の大きさV_V[V]（実効値）
　b. K
　c. $\tan\varphi$

(3) このインバータを力率1以外でも運転するものとする．出力電流$\dot{I}$を実数分I_Pと虚数分I_Qとに分けて，$\dot{I} = I_P + jI_Q$と表す．I_P，I_Q，V_L及びXを用いてV_V[V]の値を求める式を示せ（絶対値の記号を付けただけでは不可．その値を求める式とする）．

(4) I_P及びI_Qの出力可能な範囲は，図2の網掛け範囲となる．$\dot{I}$の大きさ（実効値）I[A]は，定格電流である30[A]に制限される．I_Pは，インバータとして正の範囲（零を含む）に限定している．このほか，上記(3)のV_Vの値を求める式で，V_Vが$K=1$のときの値$E_d/\sqrt{2}$[V]に制限されることによっても電流の範囲が制限される．$I_P = 0$[A]におけるI_Qの最小値I_{Qmin}[A]の値を求めよ．

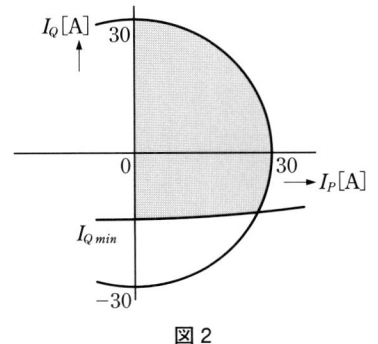

解　答

(1) **出力電圧**　インバータの出力電圧 $\dot{V}_V$ は，負荷側と電圧平衡するから，
$$\dot{V}_V = V_L + jX\dot{I} \quad \text{(答)} \cdots (1)$$

(2) a. V_V **の大きさ**　有効電力 P とすると，電流の実効値 I は，
$$I = \frac{P}{V_L} = \frac{3\,000}{100} = 30\,[\text{A}]$$

力率1であるから，I を(1)式に代入すると，$\dot{V}_V$ は，$\dot{V}_L$ を基準として，
$$\dot{V}_V = 100 + j0.4 \times 30 = 100 + j12\,[\text{V}]$$
$$\therefore V_V = \sqrt{100^2 + 12^2} \fallingdotseq 100.7\,[\text{V}] \quad \text{(答)}$$

b. **変調率 K**　題意の式 $v_V = E_d \cdot K \sin(\omega t + \varphi)$ から，実効値では次式が成り立つ．
$$E_d \cdot K = \sqrt{2}V_V \quad \therefore K = \frac{\sqrt{2}V_V}{E_d} = \frac{\sqrt{2} \times 100.7}{150} \fallingdotseq 0.949\,4 \quad \text{(答)}$$

c. **位相角 φ**　(1)式による**解図1**のフェーザ図より，
$$\tan\varphi = \frac{XI}{V_L} = \frac{0.4 \times 30}{100} = 0.12 \quad \text{(答)}$$

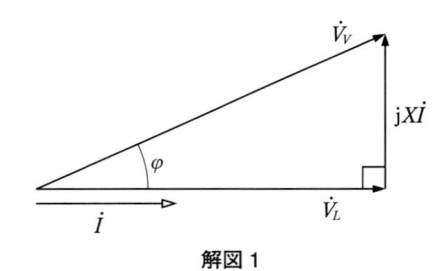

解図1

(3) V_V **の一般式**　題意の式 $\dot{I} = I_P + jI_Q$ を(1)式に代入して，
$$\dot{V}_V = V_L + jX(I_P + jI_Q) = V_L - XI_Q + jXI_P \quad \cdots (2)$$
$$\therefore V_V = |\dot{V}_V| = \sqrt{(V_L - XI_Q)^2 + (XI_P)^2} \quad \text{(答)} \cdots (3)$$

(4) I_Q **の最小値**　$I_P = 0$ の条件と，$V_V = E_d/\sqrt{2}$ を(3)式に代入すると，最小値 I_{Qmin} は，
$$I_{Qmin} = \frac{V_L - V_V}{X} = \frac{V_L - E_d/\sqrt{2}}{X} = \frac{100 - 150/\sqrt{2}}{0.4} \fallingdotseq -15.17\,[\text{A}] \quad \text{(答)}$$

解法のポイント

① インバータの問題としているが，内容は簡単な交流回路である．

② 問題の要求する内容で解いていけばよい．

解　説

(3)式から問図2の I_Q の式を求める．
$$V_V^2 = (V_L - XI_Q)^2 + (XI_P)^2$$
$$= V_L^2 - 2V_L XI_Q + (XI_Q)^2 + (XI_P)^2$$

上式を I_Q について解くと，
$$I_Q = \frac{V_L \pm \sqrt{V_V^2 - X^2 I_P^2}}{X} \quad \cdots (4)$$

(4)式の根号の負号をとり，題意の数値を代入すると(5)式で示せて，問図2の I_{Qmin} 曲線になる．$I_P = 0$ とすると問(4)の答になる．参考に，$I_P = 0$ 時の I_{Qmin} のフェーザ図を**解図2**に示す．$\dot{V}_L$ と $\dot{V}_V$ が同相になることや，解図1に比べて $|\dot{V}_L|$ に対して $|\dot{V}_V|$ が大きくなることが分かる．
$$I_Q = \frac{100 - \sqrt{150^2/2 - 0.16 I_P^2}}{0.4} \quad \cdots (5)$$

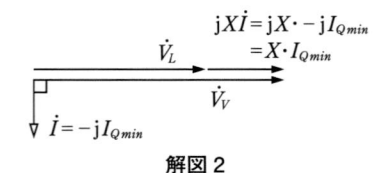

解図2

演習問題 5.9 電力調整回路 1

図 1 は，サイリスタを使用した双方向制御用単相交流電力調整回路を示す．図 1 において，入力電圧を $v_i = \sqrt{2}V_i \sin\omega t$，抵抗負荷を R，サイリスタを T_1, T_2 とし，それらの点弧角は等しく α として，次の問に答えよ．ただし，サイリスタの損失は無視するものとする．

(1) 負荷電圧の実効値 V_o を，入力電圧の実効値 V_i 及び点弧角 α を用いて表せ．
(2) 入力力率 $\cos\varphi$ を α を用いて表せ．
(3) サイリスタ T_1 に流れる電流の平均値 $\bar{I}_T$ を V_i, R 及び α を用いて表せ．
(4) 図 2 のようにサイリスタ T_2 をダイオード D_2 で置き換えたとき，負荷電圧の平均値 $\bar{V}_o$ を V_i 及び α を用いて表せ．ただし，ダイオードの損失は無視するものとする．

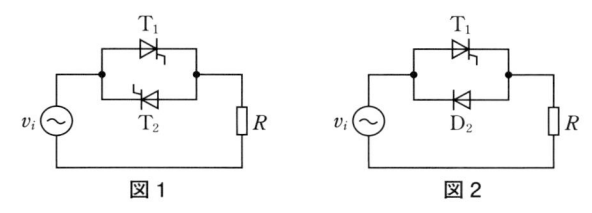

図 1   図 2

解答

(1) 負荷電圧実効値 実効値 V_o は $\theta = \omega t$ として，解図 1 から，

$$V_o = \sqrt{\frac{1}{\pi}\int_\alpha^\pi v_i^2\, d\theta} = \sqrt{\frac{1}{\pi}\int_\alpha^\pi (\sqrt{2}V_i\sin\theta)^2}$$

$$= V_i\sqrt{\frac{2}{\pi}\int_\alpha^\pi \sin^2\theta\, d\theta} = V_i\sqrt{\frac{2}{\pi}\int_\alpha^\pi \frac{1-\cos 2\theta}{2}d\theta}$$

$$= V_i\sqrt{\frac{1}{\pi}\left[\theta - \frac{1}{2}\sin 2\theta\right]_\alpha^\pi}$$

$$= V_i\sqrt{\frac{2(\pi-\alpha)+\sin 2\alpha}{2\pi}} \quad \text{(答)} \cdots (1)$$

(2) 入力力率 入力力率 $\cos\varphi$ は，出力/入力であるから，負荷電流実効値を I_L とすると，

$$\cos\varphi = \frac{V_o I_L}{V_i I_L} = \sqrt{\frac{2(\pi-\alpha)+\sin 2\alpha}{2\pi}} \quad \text{(答)}$$

(3) T_1 電流の平均値 平均値 $\bar{I}_T$ は，$\theta = \omega t$ として，

$$\bar{I}_T = \frac{1}{2\pi}\int_\alpha^\pi \frac{v_i}{R} d\theta = \frac{1}{2\pi R}\int_\alpha^\pi \sqrt{2}V_i\sin\theta\, d\theta$$

$$= \frac{\sqrt{2}V_i}{2\pi R}[-\cos\theta]_\alpha^\pi = \frac{\sqrt{2}V_i}{2\pi R}(1+\cos\alpha) \quad \text{(答)}$$

解法のポイント

① いずれも波形の面積を求める問題に帰着する．

② 問(1)の実効値は，2乗平均の平方根であるが，対称なので区間は 0 ～ π の平均である．

③ 問(2)の入力力率は，出力電力/入力電力でよい．いずれにも同じ電流が流れているので，結局は，出力電圧/入力電圧となる．

④ 問(3)の T_1 に流れる電流は，正の半波である．平均値は，v_i/R を平均するが，区間を 2π とすること．π としてはならない．

⑤ 問(4)は，問図 2 が対象である．単純な平均であり，区間を 2π とする．

(4) 負荷電圧平均値 問図2のように T_2 を D_2 に置き換えた場合，状況は**解図2**で示せる．負荷電圧の平均値 $\overline{V_o}$ は，$\theta = \omega t$ として，

$$\overline{V_o} = \frac{1}{2\pi}\int_\alpha^{2\pi} v_i\,d\theta = \frac{1}{2\pi}\int_\alpha^{2\pi}\sqrt{2}V_i\sin\theta\,d\theta$$

$$= \frac{\sqrt{2}V_i}{2\pi}\bigl[-\cos\theta\bigr]_\alpha^{2\pi} = \frac{\sqrt{2}V_i}{2\pi}(\cos\alpha - 1) \quad \text{(答)}$$

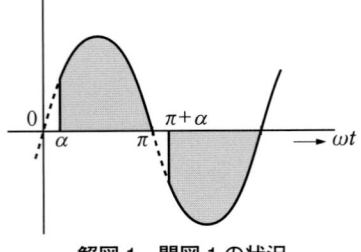

解図1 問図1の状況

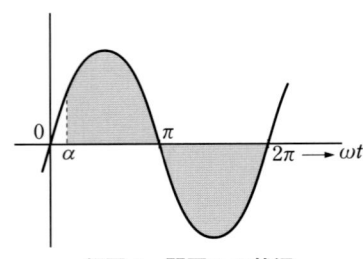

解図2 問図2の状況

演習問題 5.10　電力調整回路2

図は，電源電圧を E，負荷電圧を V とし，インダクタ L の抵抗分 R を考慮したブーストコンバータの等価回路を示す．負荷抵抗を R_L とし，スイッチ S が端子1に接続されている時間を t_{on}，端子2に接続されている時間を t_{off}，周期を $T_s(=t_{on}+t_{off})$，$\alpha = t_{on}/T_s$，$\beta = t_{off}/T_s$ とする．定常状態では，インダクタ電流 I 及び出力電圧 V の値は一定で，そのリップルは非常に小さく無視できるものとして，次の問に答えよ．

(1) スイッチが端子1に接続されているとき，インダクタ L の両端電圧 v_{L1} の式を求めよ．

(2) スイッチが端子2に接続されているとき，インダクタ L の両端電圧 v_{L2} の式を求めよ．

(3) 定常状態における出力電圧 V を E，I，R 及び α を用いて表せ．

(4) スイッチが端子1に接続されているとき，コンデンサ電流 i_{C1} の式を求めよ．

(5) スイッチが端子2に接続されているとき，コンデンサ電流 i_{C2} の式を求めよ．

(6) 定常状態における出力電圧 V を I，R_L 及び α を用いて表せ．

(7) 定常状態における出力電圧 V と電源電圧 E の比を R，R_L 及び α を用いて表せ．

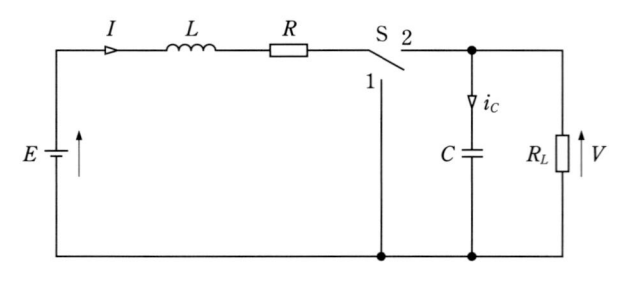

3.5 パワーエレクトロニクス

解 答

(1) 端子 1 接続時 v_{L1} 電圧平衡から，$E = v_{L1} + RI$ となる．よって，

$$v_{L1} = E - RI \quad \text{(答)} \cdots (1)$$

(2) 端子 2 接続時 v_{L2} 電圧平衡から，$E = v_{L2} + RI + V$ となる．よって，

$$v_{L2} = E - RI - V \quad \text{(答)} \cdots (2)$$

(3) 定常状態出力電圧 L のエネルギーに着目する．端子 1 接続時に貯蔵されるエネルギーは，端子 2 接続時に放出して，R で消費され，その和は 0 である．ゆえに，(1)，(2)式及び題意から，

$$v_{L1} \cdot I \cdot t_{on} + v_{L2} \cdot I \cdot t_{off} = 0,$$
$$(E-RI) \cdot I \cdot \alpha T_s + (E-RI-V) \cdot I \cdot \beta T_s = 0$$
$$(E-RI) \cdot \alpha + (E-RI-V) \cdot (1-\alpha) = 0 \quad (\because \alpha + \beta = 1)$$

$$\therefore V = (E-RI) + \frac{(E-RI)\alpha}{1-\alpha} = \frac{E-RI}{1-\alpha} \quad \text{(答)} \cdots (3)$$

(4) 端子 1 接続時 i_{C1} このとき C と R_L で閉回路をなすが，C の極性は上が + なので，i_{C1} は図示とは逆になり，

$$i_{C1} = -\frac{V}{R_L} \quad \text{(答)} \cdots (4)$$

(5) 端子 2 接続時 i_{C2} 電流 I は，C と R_L に分流するから，

$$I = i_{C2} + \frac{V}{R_L} \quad \therefore i_{C2} = I - \frac{V}{R_L} \quad \text{(答)} \cdots (5)$$

(6) 定常状態出力電圧 C のエネルギーに着目する．端子 2 接続時に貯蔵されるエネルギーは，端子 1 接続時に放出して，R で消費されその和は 0 である．ゆえに，(4)，(5)式を用いて，

$$V \cdot i_{C2} \cdot t_{off} + V \cdot i_{C1} \cdot t_{on} = 0, \quad \left(I - \frac{V}{R_L}\right) \cdot (1-\alpha) + \left(-\frac{V}{R_L}\right) \cdot \alpha = 0$$

$$I(1-\alpha) = \frac{V}{R_L} \quad \therefore V = R_L I(1-\alpha) \quad \text{(答)} \cdots (6)$$

(7) 定常状態の電圧比 V は，(3)式 = (6)式であるから，

$$\frac{E-RI}{1-\alpha} = R_L I(1-\alpha) \quad \therefore I = \frac{E}{R + R_L(1-\alpha)^2} \quad \cdots (7)$$

となるが，I を(6)式に代入して整理すると，

$$\frac{V}{E} = \frac{R_L(1-\alpha)}{R + R_L(1-\alpha)^2} \quad \text{(答)}$$

解法のポイント

① I 及び V の値は一定なことを用いて，回路理論から問題を解く．
② 問(1)，(2)は電圧平衡から解く．
③ 問(3)は，L のエネルギーから考える．貯蔵及び放出の過程で，その和は零である．
④ 問(4)は R_L と C の閉回路を考える．問(5)は，I が R_L と C に分流する．
⑤ 問(6)は，C のエネルギーから考える．貯蔵及び放出の過程で，その和は零である．
⑥ 問(7)は，問(3)と問(6)の V が等しいとして，展開すればよい．

解 説

端子 2 つまり負荷に流れる電流の平均値を I_2 とすると，(6)式を用いて，

$$I_2 = \frac{V}{R_L} = \frac{R_L I(1-\alpha)}{R_L} = I\beta$$

となる．R が十分小さいと，(3)式から，$V = E/\beta$ となるから，

$EI = V\beta \cdot I = VI_2$ となり，ブーストコンバータは，巻数比 β の直流変圧器に相当する．スイッチング時間を変えることにより，電圧の昇降が可能である．回路の接続を変えれば降圧形とすることもできる．

これらのコンバータは，スイッチング周波数を上げることにより，L や C の容量を低減できるので，小形で低損失な電源回路として広く使われる．

3.6　自動制御

学習のポイント

フィードバック制御系の構成とブロック線図が一番の基礎である．主なラプラス変換公式は記憶すること．周波数応答は交流理論が適用でき，$j\omega \to s$ の変換により伝達関数が求められる．これらを基にして，制御系の応答や安定判別に入るのがよい．安定判別は，s^3 の式までは確実にマスターすること．プロセス制御では，PIDの考え方をよく理解する．

―――――――――――― 重　要　項　目 ――――――――――――

1 自動制御の基礎

① ブロック線図と伝達関数

・ブロック線図（図6-1，表6-1）

信号の流れを表す線図．加え合わせ点は＋，−を記入．引出し点は同信号が出る．

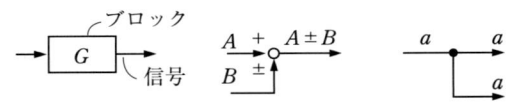

図6-1　ブロック線図

表6-1　ブロック線図の等価変換

② 伝達関数

制御系要素の出力信号 Y と入力信号 X のラプラス変換の比，s はラプラス演算子．

$$G(s) = Y(s)/X(s) \quad (6-1)$$

・伝達関数の合成（図6-2，(s) 表示を省略）

直列接続：$G_0 = G_1 \cdot G_2$ 　　　　(6-2)

並列接続：$G_0 = G_1 \pm G_2$ 　　　　(6-3)

フィードバック接続：$G_0 = \dfrac{G}{1 \mp GH}$ 　(6-4)

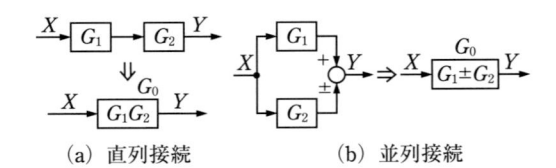

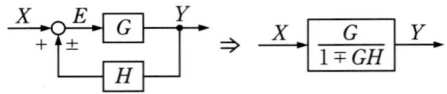

(a) 直列接続　　(b) 並列接続

G：前向き伝達関数，H：フィードバック伝達関数，GH：一巡伝達関数，直結フィードバックは $H=1$

(c) フィードバック接続

図6-2　伝達関数の合成

③ フィードバック制御系の構成（図6-3）

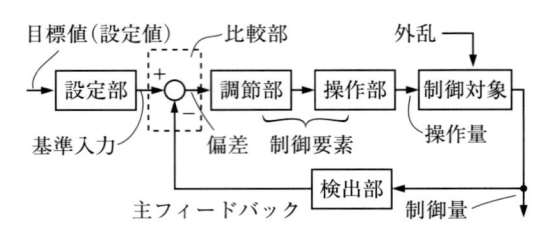

偏差は**制御動作信号**ともいう．

図6-3　フィードバック制御系

3.6 自動制御

2 ラプラス変換

伝達関数は**ラプラス演算子** s で表現し，変数は大文字とする．

① 定義式

時間関数 $f(t)$ に対して，ラプラス変換 $F(s)$ は，次式の定積分で定義する．$\mathscr{L}$ はラプラス変換を示す．

$$F(s) = \mathscr{L}\{f(t)\} = \int_0^\infty e^{-st} f(t) dt \quad (6\text{-}5)$$

② ラプラス変換表

主な $f(t)$ のラプラス変換を，**表6-2**に示す．$f(t) = 1\{u(t)\}$ は**単位ステップ関数**，$\delta(t)$ は**デルタ関数**または**インパルス関数**という．

表6-2 ラプラス変換表

$f(t)$	$F(s)$	$f(t)$	$F(s)$
$1\{u(t)\}$	$\dfrac{1}{s}$	$te^{-\alpha t}$	$\dfrac{1}{(s+\alpha)^2}$
$\delta(t)$	1	$\sin\omega t$	$\dfrac{\omega}{s^2+\omega^2}$
t	$\dfrac{1}{s^2}$	$\cos\omega t$	$\dfrac{s}{s^2+\omega^2}$
t^n	$\dfrac{n!}{s^{n+1}}$	$e^{-\alpha t}\sin\omega t$	$\dfrac{\omega}{(s+\alpha)^2+\omega^2}$
$\dfrac{t^{n-1}}{(n-1)!}$	$\dfrac{1}{s^n}$	$e^{-\alpha t}\cos\omega t$	$\dfrac{s+\alpha}{(s+\alpha)^2+\omega^2}$
$e^{-\alpha t}$	$\dfrac{1}{s+\alpha}$	$\sinh\omega t$	$\dfrac{\omega}{s^2-\omega^2}$
$\dfrac{1-e^{-\alpha t}}{\alpha}$	$\dfrac{1}{s(s+\alpha)}$	$\cosh\omega t$	$\dfrac{s}{s^2-\omega^2}$

[注] $\sinh$，$\cosh$ は次式で示す双曲線関数である．
$$\sinh ax = \frac{e^{ax}+e^{-ax}}{2} \qquad \cosh ax = \frac{e^{ax}-e^{-ax}}{2}$$

③ ラプラス変換の公式

定数：$\mathscr{L}\{cf(t)\} = cF(s)$ (6-6)

線形：$\mathscr{L}\{f_1(t)+f_2(t)\} = F_1(s)+F_2(s)$ (6-7)

微分：$\mathscr{L}\left\{\dfrac{df(t)}{dt}\right\} = sF(s)-f(0)$ (6-8)

$\mathscr{L}\left\{\dfrac{d^2 f(t)}{dt^2}\right\} = s^2 F(s) - sf(0) - f'(0)$ (6-9)

積分：$\mathscr{L}\left\{\int f(t)dt\right\} = \dfrac{F(s)}{s} + \dfrac{f^{(-1)}(0)}{s}$ (6-10)

ここで，$f^{(-1)}(t) = \int f(t)dt$

初期値=0では，微積分の公式は第1項のみ．

④ ラプラス逆変換 $\mathscr{L}^{-1}$ はラプラス逆変換を示す．

$F(s) \to f(t)$ で微分方程式の解を求める．
$$f(t) = \mathscr{L}^{-1}\{F(s)\} \quad (6\text{-}11)$$

3 周波数伝達関数と伝達要素

① 周波数伝達関数

角周波数 ω の正弦波入力の信号比，$s \to j\omega$ の変換，<u>交流回路理論の適用可</u>．

$$G(j\omega) = G(s)|_{s=j\omega} = Y(j\omega)/X(j\omega) \quad (6\text{-}12)$$

・ゲイン（振幅比）
$$|G(j\omega)| = |Y(j\omega)/X(j\omega)| \quad (6\text{-}13)$$

・位相角
$$\angle G(j\omega) = \angle Y(j\omega)/X(j\omega) \quad (6\text{-}14)$$

② 一次遅れ要素（図6-4）

RC 回路で C が出力（$T=RC$，$K=1$）の例．

$$G(j\omega) = \frac{1}{1+j\omega CR} = \frac{K}{1+j\omega T} \quad (6\text{-}15)$$

時定数 $T=RC$[s]，K：ゲイン定数．

$$|G(j\omega)| = \frac{K}{\sqrt{1+(\omega T)^2}} \quad (6\text{-}16)$$

$$\theta = -\tan^{-1}\omega T \,[°] \quad (6\text{-}17)$$

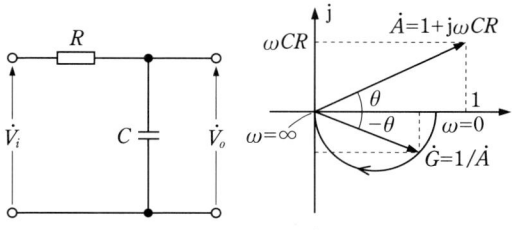

図6-4 一次遅れ要素（RC 回路）

③ 二次遅れ要素（図6-5）

RLC 回路で C が出力の例．

$$G(j\omega) = \frac{1}{(j\omega)^2 LC + j\omega CR + 1} \quad (6\text{-}18)$$

標準形の表示では，

$$G(s) = \frac{\omega_n^2}{s^2 + 2\zeta\omega_n s + \omega_n^2} \quad (6\text{-}19)$$

$$G(j\omega) = \frac{\omega_n^2}{\omega_n^2 - \omega^2 + j2\zeta\omega_n\omega} \quad (6\text{-}20)$$

ω_n：**固有周波数**, ζ：**減衰係数**（$\zeta < 1$ では系が振動的になる）

・**ピーク角周波数** ω_p　(6-20)式の分母の絶対値を求め，その根号内を ω で微分して，0 とおいて求める．

$$\omega_p = \sqrt{1 - 2\zeta^2} \cdot \omega_n \quad (6\text{-}21)$$

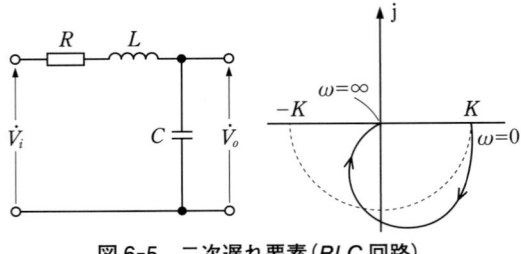

図 6-5　二次遅れ要素（RLC 回路）

④　**各種伝達要素（表 6-3）**

いずれも電気回路に対応可能．$j\omega \to s$ の変換で伝達関数になる．

表 6-3　各種伝達要素の周波数特性

制御要素	電気回路	周波数伝達関数
比　例	R	K（ゲイン定数,以下同じ）
微　分	L	$j\omega K$
積　分	C	$K/j\omega$
一次遅れ	RC	$K/(1+j\omega T)$, $T=RC$（時定数）
二次遅れ	RLC,ζ は減衰係数	$\dfrac{K}{1+2\zeta(j\omega T)+(j\omega)^2 T^2}$
高次遅れ	RC縦続	$\dfrac{K}{(1+j\omega T_1)\cdots(1+j\omega T_n)}$
一次進み	RL	$K(1+j\omega T)$, $T=L/R$
むだ時間 d	LC縦続, lは長さ	$Ke^{-j\omega d}$, $d=l\sqrt{LC}$

[注] 遅れ系及びむだ時間は C が出力側とする．

⑤　**その他の表現法**

・**記述関数法**　非線形要素に正弦波入力を加えたときに，高調波を無視し基本波のみで状態を表現する方法．演習問題 6.25 参照．

・**状態変数表現**　複数の状態変数（多入力）の微分方程式で制御系を表現する．初期値を考慮する場合も扱いやすい．演習問題 6.26 参照．

4 周波数応答

①　**周波数応答（図 6-6）**

主に制御系の定常特性を対象とする．周波数伝達関数により，$\omega = 0 \to \infty$ に変化時のゲインと位相の変化を見る．

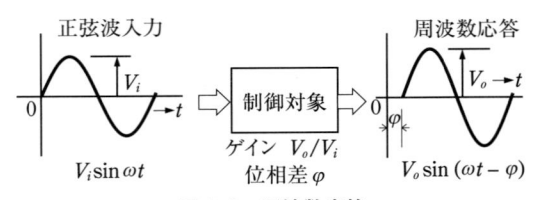

図 6-6　周波数応答

②　**ベクトル軌跡（図 6-7）**

ω を $0 \sim \infty$ に変化時の $G(j\omega)$ のベクトル軌跡を複素平面に表現．

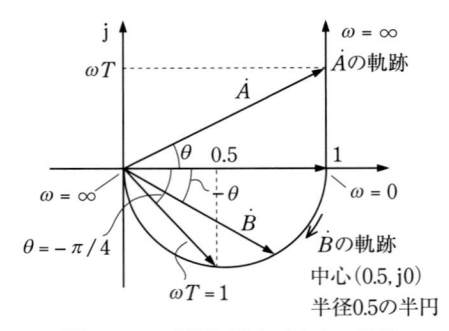

図 6-7　一次遅れ系のベクトル軌跡

③　**ボード線図（図 6-8，一次遅れの例）**

$G(j\omega)$ のゲイン・位相角対角周波数を表す．

・**縦軸**　ゲイン g，位相角 θ

$$g = 20\log_{10}|G(j\omega)|\text{[dB]} \quad (6\text{-}22)$$
$$\theta = \angle G(j\omega)\text{[°]} \quad (6\text{-}23)$$

・**横軸**　角周波数 ω の<u>対数目盛</u>．

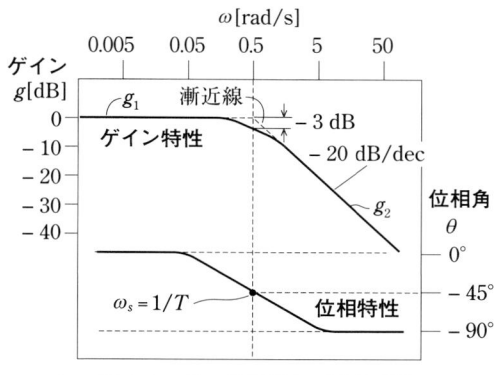

図 6-8　ボード線図(一次遅れ系)

- ベクトル軌跡とボード線図の特徴は，演習問題 6.7 の解説参照．

④　ナイキストの安定判別

ナイキストの安定判別は，一巡(開ループ)伝達関数で行う(図 6-2(c)の GH)．

- **ベクトル軌跡(図 6-9)**　軌跡が点 $(-1, j0)$ を左に見て通過すれば安定．

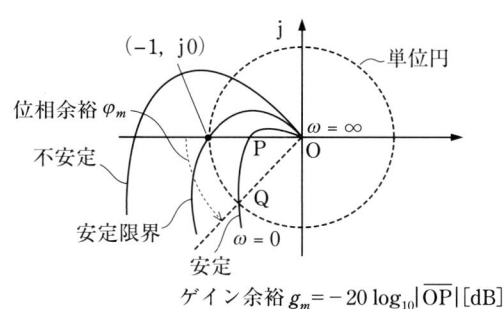

図 6-9　ナイキスト線図

- **ボード線図(図 6-10)**

以下の両条件満足なら安定．
(a) ゲイン 0 [dB] 時の位相角が $-180[°]$ まで．
(b) 位相 $-180[°]$ 時のゲインが負．

ゲイン K を上げるとゲイン特性が上がり，ゲイン交点 Q が右へシフトして位相余裕が減少する．また，位相特性に変化がないと，ゲイン余裕も減少する．

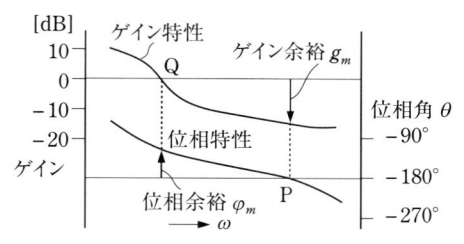

図 6-10　ボード線図の安定判別

5　過渡応答

①　ステップ応答

単位ステップ関数(図 6-11(a))の入力で制御系の応答を見る．入力 $X(s)=1$ のとき，伝達要素 $G(s)$ の応答 $Y(s)$ は，$\mathscr{L}\{1\}=1/s$ であるから，

$$Y(s) = X(s)G(s) = \frac{1}{s}G(s) \tag{6-24}$$

$$\therefore y(t) = \mathscr{L}^{-1}\{Y(s)\} \tag{6-25}$$

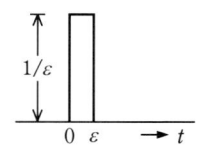

(a) 単位ステップ関数　　(b) 単位デルタ関数

図 6-11　制御系の入力

②　インパルス応答

単位デルタ関数(図 6-11(b))の入力で応答を見る．$\mathscr{L}\{\delta(t)\}=1$ だから，インパルス応答は，$G(s)$ のラプラス逆変換で求まる．

$$y(t) = \mathscr{L}^{-1}\{1 \cdot G(s)\} = \mathscr{L}^{-1}\{G(s)\} \tag{6-26}$$

③　ランプ応答

直線状入力の応答．$x(t)=x$ の応答は，$\mathscr{L}\{t\}=1/s^2$ であるから，

$$y(t) = \mathscr{L}^{-1}\left\{\frac{1}{s^2} \cdot G(s)\right\} \tag{6-27}$$

④　高次遅れ系の評価

二次遅れ以上の系では，振動の可能性がある．ステップ応答に対して，図 6-12 の特性値 $a \sim f$ で評価する．

a：最大行き過ぎ量，b：遅れ時間(最終値の 1/2)，c：立上り時間(10～90[%]の所要時間)，d：定常偏差，e：行き過ぎ時間(aが表れるまでの時間)，f：整定時間(許容範囲に達する時間)

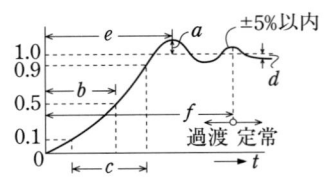

図6-12　ステップ応答の特性値

⑤　一次遅れ要素の応答例(図6-13)

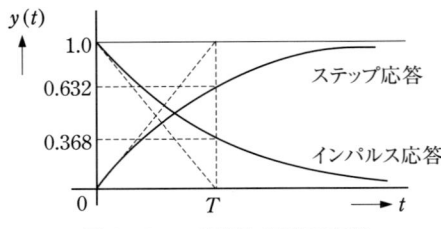

図6-13　一次遅れ要素の応答

⑥　二次遅れ要素の応答例(図6-14)

減衰係数 $\zeta<1.0$ では振動.

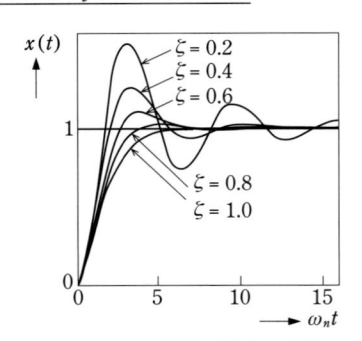

図6-14　二次遅れ要素の応答

⑦　s平面表示

特性方程式(伝達関数の分母の式)の複素根を $s=\sigma+\mathrm{j}\omega$ の s 平面(図6-15)に表示．

・極，零点

$|G(s)|\to\infty$ となる s の値を**極**，$G(s)=0$ となる s の値を**零点**という．

$$G(s)=\frac{1+T_1 s}{(1+T_2 s)(1+T_3 s)} \quad (6\text{-}28)$$

では，$s=-1/T_2$，$-1/T_3$ は極，$s=-1/T_1$ は零点(図6-15)．σ の値が正，つまり，極及び零点が s 平面の右半面では不安定．

・**代表極**　極は原点からの距離 $1/T$ で表されるから，原点から離れるほど時定数 T が小さくなり応答は早まる．複数極を持つ高次遅れ系では，原点に近い極を代表極(根)として選び，この極により一次または二次遅れで近似させる(p.391, 392 のコラム参照)．

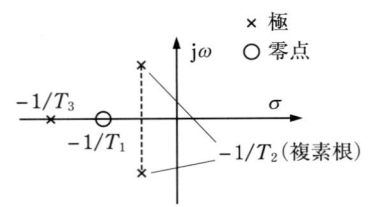

図6-15　s 平面と極，零点

6 定常特性

① 制御系の基本式(図6-16)

図の制御系で，制御量 C，偏差 E は[(s) を省略]，$G_0=G_1G_2H$(一巡)として，次式で示せる．

$$C=\frac{G_1 G_2}{1+G_0}R+\frac{G_2}{1+G_0}D \quad (6\text{-}29)$$

$$E=\frac{1}{1+G_0}R-\frac{G_2 H}{1+G_0}D \quad (6\text{-}30)$$

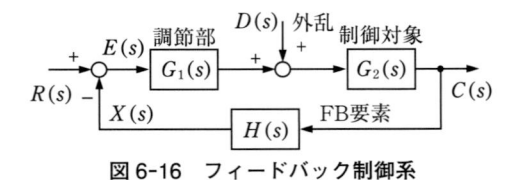

図6-16　フィードバック制御系

② E, C の評価

・定常偏差 E は，(6-30)式で外乱 $D=0$ として，R により評価．

$$\therefore \frac{E}{R}=\frac{1}{1+G_0} \quad (6\text{-}31)$$

- 制御量 C は，(6-29)式で $R=0$ として，D により評価．

$$\therefore \frac{C}{D} = \frac{G_2}{1+G_0} \quad (6-32)$$

③ **定常偏差**

制御系が定常状態に至った際の目標値からの誤差．オフセットともいう．

- **最終値の定理**：関数 $f(t)$ の $t\to\infty$ の値は，$F(s)$ に対して，次式で求められる．

$$\lim_{t\to\infty} f(t) = \lim_{s\to 0} s \cdot F(s) \quad (6-33)$$

- **定常位置偏差**：ステップ入力に対する偏差．単に偏差といえばこれを指す．
- **定常速度偏差**：直線入力に対する偏差．
- **定常加速度偏差**：2乗入力に対する偏差．
- 制御系の形と定常偏差は，p.384 のコラム参照．

7 安定判別

① **概　要**

伝達関数の分母の式を**特性方程式**という．特性方程式 $D(s)$ で安定判別する．

$$D(s) = (s-p_1)(s-p_2)\cdots(s-p_n) = 0 \quad (6-34)$$

(a) s の係数がすべて存在し，同符号．
(b) 特性根 $p_1, p_2, \cdots, p_n$ の実部 $\alpha_1, \alpha_2, \cdots, \alpha_n$ がすべて負．

の2条件を満たせば，その系は安定．実際には以下の方法による．4項の**ナイキスト法**も有効．

② **ラウスの方法**（表6-4）

$a_0 s^n + a_1 s^{n-1} + \cdots + a_{n-1} s + a_n = 0$ の係数 $a_0, a_1, \cdots, a_n$ について，

第1行　$a_0, a_2, a_4, \cdots$
第2行　$a_1, a_3, a_5, \cdots$

なる配列を定める．次に，

$$b_1 = -\frac{1}{a_1}\begin{vmatrix} a_0 & a_2 \\ a_1 & a_3 \end{vmatrix} = \frac{a_1 a_2 - a_0 a_3}{a_1}$$

$$b_2 = -\frac{1}{a_1}\begin{vmatrix} a_0 & a_4 \\ a_1 & a_5 \end{vmatrix} = \frac{a_1 a_4 - a_0 a_5}{a_1}$$

を順次計算し，これを第3行とする．次に，

$$c_1 = \frac{b_1 a_3 - a_1 b_2}{b_1}, \quad c_2 = \frac{b_1 a_5 - a_1 b_3}{b_1}$$

を第4行とし，以下同様に，その行がすべて零になるまで（一般に $n+1$ 行まで）計算し，表6-4 の係数配列表（ラウスの数表）を作る．

表6-4 で，第1列（網掛部）がすべて同符号（0は不可）なら安定である．符号変化の回数は正となる特性根の数に等しい．純虚根を持つ場合（実数 = 0）は安定限界である．

表6-4　ラウスの数表

行＼列	1	2	3	4	5	6	7
1	a_0	a_2	a_4	a_6	a_8	・	
2	a_1	a_3	a_5	a_7	a_9		
3	b_1	b_2	b_3	b_4	・	・	
4	c_1	c_2	c_3	c_4			
5	d_1	d_2					
6	e_1	e_2					
7	・	・					

③ **フルビッツの方法**

特性方程式の係数から，次のような**フルビッツの行列式** $H_k (k=1, 2, \cdots, n)$ を作る．

$$H_k = \begin{vmatrix} a_1 & a_3 & a_5 & \cdots & a_{2k-1} \\ a_0 & a_2 & a_4 & \cdots & a_{2k-2} \\ 0 & a_1 & a_3 & \cdots & a_{2k-3} \\ 0 & a_0 & a_2 & \cdots & a_{2k-4} \\ \vdots & \vdots & \vdots & & \vdots \\ 0 & 0 & 0 & \cdots & a_k \end{vmatrix} \quad (6-35)$$

これらの行列式 $H_1, H_2, \cdots, H_n$ のすべてが正であれば安定である．数式的な形式はフルビッツの方がすっきりしている．特性方程式が，$a_0 s^3 + a_1 s^2 + a_2 s + a_3 = 0$ の場合であれば，

$$H_1 = a_1, \quad H_2 = \begin{vmatrix} a_1 & a_3 \\ a_0 & a_2 \end{vmatrix}, \quad H_3 = \begin{vmatrix} a_1 & a_3 & a_5 \\ a_0 & a_2 & a_4 \\ 0 & a_1 & a_3 \end{vmatrix}$$

の3個の行列式がすべて正であればよい．

【例1】 ラウスの方法

特性方程式 $6s^4 + 6s^3 + 5s^2 + s + 2 = 0$

$a_0 = 6, \quad a_1 = 6, \quad a_2 = 5, \quad a_3 = 1, \quad a_4 = 2$

$b_1 = \dfrac{a_1 a_2 - a_0 a_3}{a_1} = \dfrac{6 \cdot 5 - 6 \cdot 1}{6} = 4$

$b_2 = \dfrac{a_1 a_4 - a_0 a_5}{a_1} = \dfrac{6 \cdot 2 - 6 \cdot 0}{6} = 2$

$c_1 = \dfrac{b_1 a_3 - a_1 b_2}{a_1} = \dfrac{4 \cdot 1 - 6 \cdot 2}{4} = -2$

$d_1 = \dfrac{c_1 b_2}{c_1} = b_2 = 2$

上記のように1列目の c_1 が負であり，この系は不安定である．本例では，符号の変化が2回なので正根は二つある．

【例2】 フルビッツの方法

特性方程式 $s^4 + 3s^3 + 3s^2 + 3s + 2 = 0$

$$H = \begin{vmatrix} 3 & 3 & 0 & 0 \\ 1 & 3 & 2 & 0 \\ 0 & 3 & 3 & 0 \\ 0 & 1 & 3 & 2 \end{vmatrix}, \quad H_1 = 3 > 0$$

$$H_2 = \begin{vmatrix} 3 & 3 \\ 1 & 3 \end{vmatrix} = 9 - 3 = 6 > 0$$

$$H_3 = \begin{vmatrix} 3 & 3 & 0 \\ 1 & 3 & 2 \\ 0 & 3 & 3 \end{vmatrix} = 27 - 18 - 9 = 0$$

上記の H_3 で，この系は0が現れるので，純虚根があり，安定ではなく安定限界にある．

④ ナイキストとラウス・フルビッツの関係

フィードバック接続の系で，伝達関数を前向き $G(s)$，フィードバック $H(s)$ とすると，閉ループ伝達関数は，$W(s) = G(s) / \{1 + G(s)H(s)\}$ である．

ラウス・フルビッツでは，特性方程式 $D(s)$ の

$D(s) = 1 + G(s)H(s) = 0$

で安定判別を行う．つまり，$G(s)H(s) = -1$ にほかならない．

一方，ナイキストでは，$G(\mathrm{j}\omega)H(\mathrm{j}\omega) = -1$ であるから，その原理は同じである．

8 プロセス制御

① PID制御

プロセス制御で多用される．K_p：**比例感度**，T_i：**積分時間**[s]，T_d：**微分時間**[s] とすると，PID調節計の伝達関数 $G(s)$ は，

$$G(s) = K_p \left(1 + \dfrac{1}{T_i s} + T_d s \right) \quad (6\text{-}36)$$

・**P動作** 制御の基本．出力が入力（偏差）に比例，K_p 大で残留偏差が減少（ただし，零にはならない），K_p の逆数が**比例帯**[％]．

・**I動作** 出力が入力の積分，定常偏差0にする．位相を遅らせるので系は不安定な方向になる．

・**D動作** 出力が入力の微分，伝達遅れ改善．温度制御などの高次遅れ系やむだ時間の長い系に用いる．

② PID動作の適用（表6-5）

プロセス特性に合わせて，PIDの中から適切な動作を選択する．いずれも比例ゲイン K_p の調整が中心となる．PI動作が最も多い．

表6-5 プロセス特性と制御動作

プロセス特性	ステップ応答	代表例	制御動作
比例(0次)		流量	P,PI動作
一次遅れ		圧力	PI動作
積 分		液位	P,PI動作
高次遅れ		温度	PID動作
むだ+一次遅れ		搬送系	PID動作

演習問題 6.1 伝達関数 1 - 導出の仕方

図に示すような直流他励電動機において，入力電圧 $e_i(t)$ [V] に対する回転角度 $\theta_o(t)$ [rad] の伝達関数 $G_M(s) = \Theta_o(s)/E_i(s)$ を求めよ．ただし，電機子のインダクタンスを無視し，内部抵抗を R_a [Ω] とし，電機子の誘起起電力係数を k_e [V/(rad/s)] とする．励磁電流 i_f は一定であり，発生トルク $\tau(t)$ [N·m] は電機子電流 $i_a(t)$ に比例するものとして，その係数を k_τ [N·m/A] とする．また，$\tau(t)$ は負荷及び電機子の慣性モーメント J [kg·m^2]，粘性摩擦係数 B [N·m/(rad/s)] による反抗トルクに抗して負荷を加速するものとする．

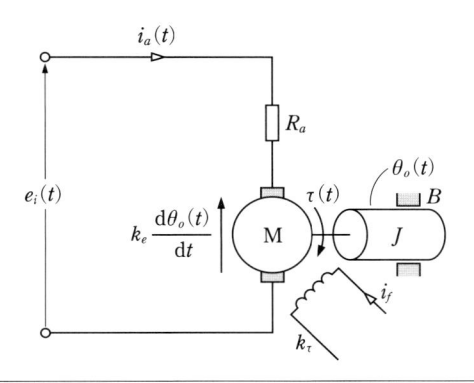

解答

電機子回路の電圧方程式は，

$$R_a i_a(t) + k_e \frac{d\theta_o}{dt} = e_i(t) \quad \cdots (1)$$

電動機回転体の運動方程式は，

$$J \frac{d^2\theta_o(t)}{dt^2} + B \frac{d\theta_o(t)}{dt} = \tau(t) \quad \cdots (2)$$

題意から，$\tau(t) = k_\tau i_a(t)$ であるから，(2)式は，

$$J \frac{d^2\theta_o(t)}{dt^2} + B \frac{d\theta_o(t)}{dt} = k_\tau i_a(t) \quad \cdots (3)$$

初期値を0として，(1)，(3)式をラプラス変換すると，

$$R_a I_a(s) + k_e s \Theta_o(s) = E_i(s) \quad \cdots (4)$$
$$J s^2 \Theta_o(s) + B s \Theta_o(s) = k_\tau I_a(s) \quad \cdots (5)$$

(5)式より，$I_a(s)$ は，

$$I_a(s) = \frac{Js^2 + Bs}{k_\tau} \Theta_o(s) \quad \cdots (6)$$

(4)式に(6)式を代入し整理する．

解法のポイント

① 電機子回路の電圧方程式を立てる．入力電圧は電機子抵抗降下と電機子の誘起起電力とバランスする．角速度は，$d\theta_o(t)/dt$ [rad/s] である．

② トルク $\tau(t)$ の式は，J の項と B の項からなる．直線運動の $F=ma$ と回転運動の $\tau=J(d\omega/dt)$ が対応する．また，$\tau(t)$ は電機子電流 $i_a(t)$ に比例する．

③ 上記の①，②をラプラス変換する．ラプラス変換では，t 表示の関数を s 表示にするが，変数は大文字とする．微分は $\times s$，2階微分は $\times s^2$ とする．$i_a(t)$ を消去して一つの式とする．

$$\frac{R_a}{k_\tau}(Js^2+Bs)\Theta_o(s)+k_e s\Theta_o(s)=E_i(s),$$

$$\left\{Js^2+\left(B+\frac{k_e k_\tau}{R_a}\right)s\right\}\Theta_o(s)=\frac{k_\tau}{R_a}E_i(s)$$

よって，伝達関数 $G_M(s)$ は，

$$G_M(s)=\frac{\Theta_o(s)}{E_i(s)}=\frac{k_\tau/R_a}{Js^2+\{B+(k_e k_\tau/R_a)\}s}=\frac{k_\tau}{R_a Js^2+(BR_a+k_e k_\tau)s}$$

$$=\frac{\dfrac{k_\tau}{BR_a+k_e k_\tau}}{s\left(\dfrac{R_a J}{BR_a+k_e k_\tau}s+1\right)}=\frac{K}{s(Ts+1)} \quad \text{（答）}$$

ただし，$K=\dfrac{k_\tau}{BR_a+k_e k_\tau},\quad T=\dfrac{R_a J}{BR_a+k_e k_\tau}$

④ 題意の $G_M(s)=\Theta_o(s)/E_i(s)$ により，伝達関数をまとめる．

⑤ 問題文の誘起起電力と誘導起電力は同じ意味である．

[注] 答の式で，T は時定数，K はゲイン（比例定数）である．この系は，s の2乗で表されるので，二次遅れの系になる．演習問題6.4 参照．

解 説

答で表された，時定数 T，ゲイン K について考察する．粘性摩擦係数 B や誘起起電力係数 k_e が大きいほど，K や T が小さくなる．電機子抵抗 R_a が大きいほど K は小さくなる．慣性モーメント J は大きくなるほど，T は小さくなる．このようにして，制御系を構成するハード面から K や T を求めて，いろいろな検討を行うことができる．

演習問題 6.2　伝達関数2 - 一次遅れ

図のような一次遅れの回路がある．次の問に答えよ．

(1) 図の一次遅れ回路の周波数伝達関数 $G(j\omega)=E_o(j\omega)/E_i(j\omega)$ を求めよ．

(2) (1)の結果から $G(j\omega)$ のベクトル軌跡が円となることを示せ．また，円の中心の位置と半径の値を求めよ．

(3) ω を 0 から ∞ まで変化したときの軌跡の範囲を図で示せ．

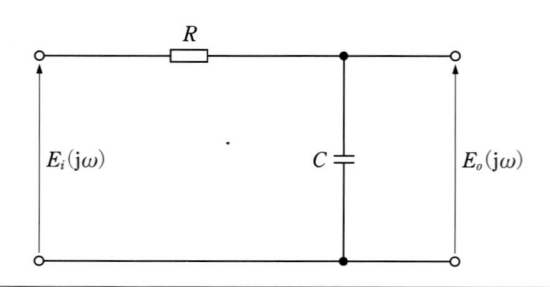

解 答

(1) 周波数伝達関数 $G(\mathrm{j}\omega)$ 入出力の電圧の比は，問図の RC 回路のインピーダンスの比で，

$$G(\mathrm{j}\omega) = \frac{E_o(\mathrm{j}\omega)}{E_i(\mathrm{j}\omega)} = \frac{1/\mathrm{j}\omega C}{R + (1/\mathrm{j}\omega C)} = \frac{1}{1 + \mathrm{j}\omega CR} \quad \textbf{(答)} \quad \cdots (1)$$

(2) 円軌跡の証明 (1)式を実部と虚部に分離する．

$$G(\mathrm{j}\omega) = \frac{1}{1+(\omega CR)^2} - \mathrm{j}\frac{\omega CR}{1+(\omega CR)^2} \quad \cdots (2)$$

(2)式 $= x + \mathrm{j}y$ とおくと，

$$x = \frac{1}{1+(\omega CR)^2}, \quad y = \frac{-\omega CR}{1+(\omega CR)^2} \quad \cdots (3)$$

(3)式から，ωCR を消去する．

$$x^2 + y^2 = \frac{1+(\omega CR)^2}{\{1+(\omega CR)^2\}^2} = \frac{1}{1+(\omega CR)^2} = x$$

$$\therefore (x^2 - x) + y^2 = 0$$

$$\left\{x^2 - x + \left(\frac{1}{2}\right)^2\right\} + y^2 = \left(\frac{1}{2}\right)^2$$

$$\therefore \left(x - \frac{1}{2}\right)^2 + y^2 = \left(\frac{1}{2}\right)^2 \quad \cdots (4)$$

(4)式は，中心 $(1/2, 0)$，半径 $1/2$ の円を表す．**(答)**

(3) $G(\mathrm{j}\omega)$ のベクトル軌跡 (2)式から，$\omega = 0$ で $G(\mathrm{j}\omega) = 1$，$\omega \to \infty$ で $G(\mathrm{j}\omega) \to 0$ である．また，虚部は常に負であるから，**解図**のように下半円の軌跡を描く．**(答)**

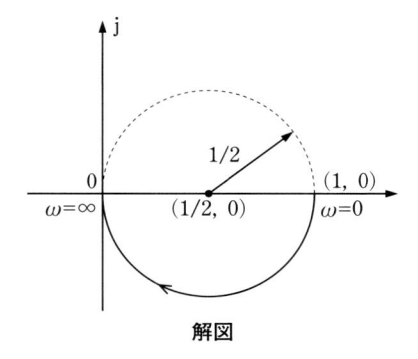

解図

解法のポイント

① 問(1)は，簡単な交流回路の問題である．

② 問(2)は，問(1)で求めた式を実部 x と虚部 $\mathrm{j}y$ に分けて，複素数 $x + \mathrm{j}y$ の形式とする．ここで，$x^2 + y^2$ の計算を行うと，円の方程式が導ける．

③ 実際のベクトル軌跡は，②で求めた $x + \mathrm{j}y$ の式を吟味して，軌跡の方向を決める．

解 説

一次遅れ要素は，制御系全般において，最も基本となる伝達要素である．ゲイン K と時定数 T により，系を記述する．本問では，$K = 1$，$T = RC$ である．二次遅れ要素などの高次遅れ要素のように振動はないが，適切な時定数が望まれる．また，ゲイン K の調整が重要である．

コラム　円の方程式

$$(x-a)^2 + (y-b)^2 = r^2 \quad \cdots (6\text{-}37)$$

(6-37)式で示される円は，中心 (a, b)，半径 r である．

演習問題 6.3　伝達関数 3 – むだ時間

むだ時間要素は，入力 $x(t)$ が時間 D 遅れてそのまま出力 $y(t)$ となるものである．次の問に答えよ．
(1) 入力と出力の時間領域での関係式を書け．
(2) (1)で求めた関係式から伝達関数を求めよ．
(3) むだ時間要素のナイキスト線図を描け．
(4) フィードバック制御系において，制御対象がむだ時間要素を含む場合，むだ時間要素が系の安定性に及ぼす影響について述べよ．

解答

(1) 入出力関係式　むだ時間要素では，入力 $x(t)$ は，むだ時間 D だけ遅れて出力されるから，出力 $y(t)$ は，
$$y(t) = x(t-D) \quad \text{(答)} \quad \cdots (1)$$

(2) 伝達関数　(1)式をラプラス変換する．
$$Y(s) = \int_0^\infty y(t) e^{-st} \, dt = \int_0^\infty x(t-D) e^{-st} \, dt \quad \cdots (2)$$

(2)式において，$t-D = p$ とおく．$t=0$ では，$p=-D$ であるから，積分下限は $-D$ になり，
$$Y(s) = \int_{-D}^\infty x(p) e^{-s(p+D)} \, dp$$
$$= \int_0^\infty x(p) e^{-s(p+D)} \, dp + \int_{-D}^0 x(p) e^{-s(p+D)} \, dp$$
$$= e^{-sD} \int_0^\infty x(p) e^{-sp} \, dp + e^{-sD} \int_{-D}^0 x(p) e^{-sp} \, dp \quad \cdots (3)$$

(3)式第1項の積分は，ラプラス変換の定義から，$x(p)$ のラプラス変換であるから $X(s)$ である．また，第2項は $p<0$ で $x(p)=0$ と初期化すると，0 である．

よって，伝達関数 $G(s) = Y(s)/X(s)$ であるから，
$$\therefore G(s) = e^{-sD} \quad \text{(答)} \quad \cdots (4)$$

(3) ナイキスト線図　(4)式で $s=j\omega$ とし，周波数伝達関数 $G(j\omega)$ に変換する．
$$G(j\omega) = e^{-j\omega D} = \cos(\omega D) - j\sin(\omega D) \quad \cdots (5)$$

(5)式は，ゲイン $|G(j\omega)|=1$，位相 $\theta=-\omega D$ である．**解図**のように，ゲインは 1 で，位相は ω に比例して遅れて，ぐるぐる回る円軌跡を描く．**(答)**

解法のポイント

① 時間が D 遅れて出力されるということは，出力側の時間 t では，入力側の時間 $t-D$ の値が出力されることを意味する．

② 上記①で求めた式をラプラス変換の定義式(6-5)式により展開する．このとき，$t-D=p$ の変数変換を行う．$t=0$ では，$p=-D$ であるから，ラプラス変換の定積分範囲 $0 \sim \infty$ は，$-D \sim \infty$ になる．これは，$-D \sim 0$ と $0 \sim \infty$ の二つの定積分になるが，前者は 0 である．

③ $s \to j\omega$ の変換により周波数伝達関数とし，オイラーの公式により展開する．この結果からナイキスト線図を描く．

④ むだ時間要素は，位相遅れにより位相余裕が減少する．また，系が安定している場合でも，時間遅れの信号により系が振動するおそれがある．

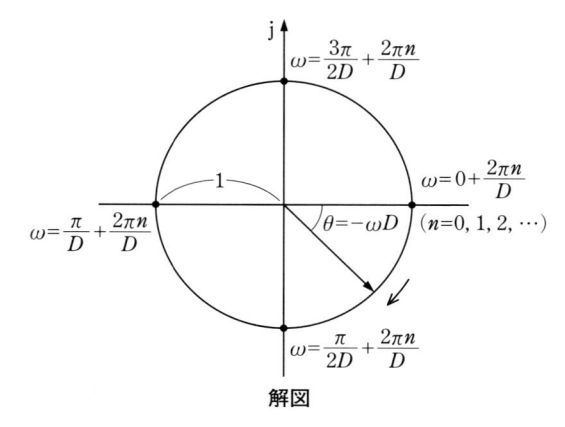

解図に、$\omega = \frac{3\pi}{2D} + \frac{2\pi n}{D}$、$\omega = 0 + \frac{2\pi n}{D}$、$\omega = \frac{\pi}{D} + \frac{2\pi n}{D}$、$\omega = \frac{\pi}{2D} + \frac{2\pi n}{D}$、$\theta = -\omega D$、$(n = 0, 1, 2, \cdots)$ が示されている。

解 説

プロセス制御などの制御対象は，前問の一次遅れ要素で表されるものが多いが，実際には本問のむだ時間要素が含まれるので，一次遅れ＋むだ時間で近似することが多い．ここで，制御系のむだ時間が長くなると，一次遅れ要素といえども系が不安定になることがあるので，注意が必要である．

なお，次式は，ゲイン K，時定数 T，むだ時間 d の場合の一次遅れ＋むだ時間近似の例である．

$$G(s) = \frac{K}{1 + Ts} e^{-ds} \qquad (6\text{-}38)$$

むだ時間は，温度計測などで，計測点が適切な位置ではなく離れている場合などに生じる．むだ時間の改善には，プロセスのハード面の改良が必要なことが少なくないことも重要ポイントである．

(4) 系安定性への影響 制御対象にむだ時間要素を含むフィードバック系では，位相特性は ω の増加とともに大きく遅れる．このため，位相余裕が少なくなり，安定性は悪くなる．これを時間的な変化で見ると，出力の誤差による訂正信号が入力として与えられても，その効果が現れるのに時間の遅れがあり，訂正信号が有効に機能しない．また，出力が目標値に一致しているにもかかわらず，過去の出力の誤差による訂正信号により誤った動作をするおそれがある．このため，むだ時間が大きいと，系が振動し不安定になりやすい．**(答)**

演習問題 6.4 伝達関数4 − 二次遅れ

図のような RLC の直列回路があり，角周波数 ω の入力電圧 $\dot{V}_i$ を加えて，C の端子から出力電圧 $\dot{V}_o$ を得ようとする．この系は，二次遅れ要素という重要な伝達要素であるが，次の手順により二次遅れ要素の標準形式を示せ．

(1) この系の周波数伝達関数を求め，これを $j\omega \to s$ の変換により伝達関数で示せ．ただし，分子が1となる形式とせよ．

(2) この RLC 回路が直列共振の状態にあったときの，固有角周波数（共振角周波数）ω_n と共振の尖鋭度（鋭さ）Q を求めよ．

(3) ω_n と Q により，(1)で求めた伝達関数を表せ．

(4) 標準形式では，$2\zeta = 1/Q$ で表される減衰係数 ζ を用いる．ω_n と ζ により二次遅れの標準形式を示せ．

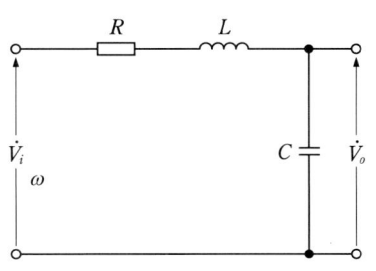

解 答

(1) 周波数伝達関数 $G(\mathrm{j}\omega)$ は、$\dot{V}_o$ と $\dot{V}_i$ の比であるから、インピーダンス比になり、

$$G(\mathrm{j}\omega) = \frac{\dot{V}_o}{\dot{V}_i} = \frac{1/\mathrm{j}\omega C}{R + \mathrm{j}\omega L + (1/\mathrm{j}\omega C)} = \frac{1}{(\mathrm{j}\omega)^2 LC + \mathrm{j}\omega CR + 1} \quad \text{(答)} \cdots (1)$$

$\mathrm{j}\omega \to s$ の変換により伝達関数 $G(s)$ は、(1)式から、

$$G(s) = \frac{1}{LCs^2 + CRs + 1} \quad \text{(答)} \cdots (2)$$

(2) 直列共振の状態では、$\omega L = 1/\omega C$ であるから、固有角周波数 ω_n は、

$$\omega_n^2 = \frac{1}{LC} \quad \therefore \omega_n = \frac{1}{\sqrt{LC}} \quad \text{(答)} \cdots (3)$$

共振の尖鋭度 Q は、C の端子電圧 $|\dot{V}_c|$ と $|\dot{V}_i|$ の比であるから、インピーダンス比になる。共振時の全インピーダンスは R であるから、

$$Q = \frac{|\dot{V}_c|}{|\dot{V}_i|} = \frac{1/\omega_n C}{R} = \frac{1}{\omega_n CR} \quad \text{(答)} \cdots (4)$$

(3) (3), (4)式から、LC 及び CR は、

$$LC = \frac{1}{\omega_n^2}, \quad CR = \frac{1}{\omega_n Q} \quad \cdots (5)$$

(5)式を(2)式に代入して整理すると、$G(s)$ は、

$$G(s) = \frac{1}{\dfrac{s^2}{\omega_n^2} + \dfrac{s}{\omega_n Q} + 1} = \frac{\omega_n^2}{s^2 + \dfrac{\omega_n s}{Q} + \omega_n^2} \quad \text{(答)} \cdots (6)$$

(4) 題意から、$2\zeta = 1/Q$ であるから、二次遅れの標準形式は、

$$G(s) = \frac{\omega_n^2}{s^2 + 2\zeta\omega_n s + \omega_n^2} \quad \text{(答)} \cdots (7)$$

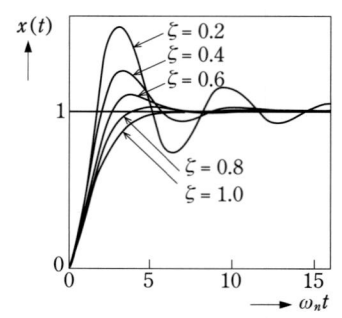

解図 二次遅れ系の応答曲線

解法のポイント

① 二次遅れ要素の物理的な意味を明確に把握するために出題した。問(1)と(2)は、交流回路のおさらいである。

② 問(3)と(4)は、問題が要求するように当てはめていけばよい。

解 説

二次遅れ要素は、RLC 回路の共振作用と深い関係がある。一次遅れ要素とは異なり、むだ時間がなくても振動のおそれがある。本問で示した標準形式の(6-19)式は、内容をよく理解した上で記憶しておく必要がある。減衰係数 ζ は振動に関係しており、$\zeta < 1$($Q > 0.5$ に相当)であればその系は振動する。その値が小さいほど振動の振幅が大きくなる(**解図**)。このとき、振動の角周波数が ω_n である。なお、制御系の伝達要素には、重要項目の表6-3のように一次遅れ、比例、積分、微分などいろいろなものがあるが、いずれも交流回路と結び付けて、その性質を理解するようにしよう。特に位相の進み、遅れに対する考察が重要である。

演習問題 6.5　周波数応答 1

図のようなユニティーフィードバックのサーボ系がある．次の問に答えよ．
(1) 閉路周波数伝達関数 $W(j\omega) = C(j\omega)/R(j\omega)$ を求めよ．
(2) $W(j\omega)$ の振幅特性が最大値を示すときの周波数を ω_p，その値を $M_p = |W(j\omega_p)|$ とする．M_p が 1.3 となるようなゲイン K，及びそのときの ω_p の値をそれぞれ求めよ．

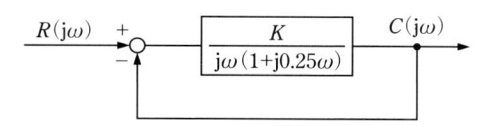

解答

(1) 閉路系周波数伝達関数 $W(j\omega)$　$W(j\omega)$ は，

$$W(j\omega) = \frac{C(j\omega)}{R(j\omega)} = \frac{K/\{j\omega(1+0.25j\omega)\}}{1+K/\{j\omega(1+0.25j\omega)\}}$$

$$= \frac{K}{j\omega(1+0.25j\omega)+K} = \frac{4K}{4K-\omega^2+j4\omega} \quad \text{(答)} \cdots (1)$$

(2) K 及び ω_p の値　$|W(j\omega)|$ は，(1)式から，

$$|W(j\omega)| = \frac{4K}{\sqrt{(4K-\omega^2)^2+(4\omega)^2}} = \frac{4K}{\sqrt{16K^2-8K\omega^2+\omega^4+16\omega^2}}$$

$$= \frac{4K}{\sqrt{\{\omega^2-4(K-2)\}^2+64(K-1)}} \quad \cdots (2)$$

(2)式から，分母根号内の第1項が0のときに，$|W(j\omega)|$ が最大になる．よって，ω_p は，

$$\omega_p^2 = 4(K-2) \quad \therefore \omega_p = 2\sqrt{K-2} \quad \cdots (3)$$

最大値 $M_p = 1.3$ なので，(2)式は，

$$M_p = \frac{K}{\sqrt{4(K-1)}} = 1.3, \quad K^2 = 1.3^2 \times 4(K-1)$$

$$\therefore K^2 - 6.76K + 6.76 = 0 \quad \cdots (4)$$

$$K = \frac{6.76 \pm \sqrt{6.76^2 - 4 \times 6.76}}{2} \fallingdotseq 5.540, \; 1.220$$

ここで，(3)式から，ω_p が実数であるためには根号内が正でなければならないから，$K > 2$ が必要である．

ゆえに，$K = 5.54$ **(答)**

ω_p は，(3)式に K を代入して，

$$\omega_p = 2\sqrt{K-2} = 2\sqrt{5.54-2} \fallingdotseq 3.76 \quad \text{(答)}$$

解法のポイント

① 本問は直結フィードバック（フィードバック系路に制御要素がない）であるが，これを**ユニティーフィードバック**ともいう．

② 直結フィードバック系の伝達要素を $G(j\omega)$ とすると，
$$W(j\omega) = G(j\omega)/\{1+G(j\omega)\}$$
である．この関係は，しばしば現れるので，よく理解するようにすること．

③ ②で求めた $W(j\omega)$ から絶対値を算出する．分母に着目し，分母根号内を $(\omega^2-A)^2+B$ の形とする．
$\omega^2 = A$ であれば値は最大になるから，ω と K の条件を見いだす．

④ 演算の結果，K の2次方程式が導けるので，これを解く．ただし，ω_p が実数となるように解を適切に選択する．

⑤ K の値により，ω_p を求める．

演習問題 6.6 周波数応答 2

前問の制御系において，その開ループ周波数伝達関数 $G(\mathrm{j}\omega)$ のベクトル軌跡は図のようになる．これに関して，次の問に答えよ．

(1) この制御系で位相余裕が $45[°]$ になるようにゲイン K を調整した．このときのゲイン特性が $0[\mathrm{dB}]$ となる角周波数 $\omega_c[\mathrm{rad/s}]$ 及び K の値を求めよ．

(2) 前問の閉ループ周波数伝達関数 $W(\mathrm{j}\omega)$ から，(1) の場合の固有角周波数 $\omega_n[\mathrm{rad/s}]$ 及び減衰係数 ζ の値を求めよ．

(3) $W(\mathrm{j}\omega)$ の周波数特性の振幅が最大となる角周波数 $\omega_p[\mathrm{rad/s}]$ 及び最大振幅値 M_p を求めよ．

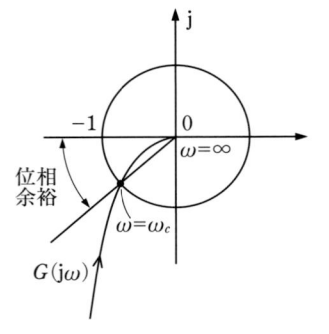

解答

(1) **角周波数 ω_c，ゲイン K** 開ループ伝達関数 $G(\mathrm{j}\omega)$ の絶対値及び偏角 θ は，前問の問図から，

$$|G(\mathrm{j}\omega)| = \frac{K}{\omega\sqrt{1+0.25^2\omega^2}} \quad \cdots (1),$$

$$\theta = \angle(-90° - \tan^{-1} 0.25\omega) \quad \cdots (2) \text{（解図参照）}$$

位相余裕が $45°$ となるためには，ゲイン $0[\mathrm{dB}]$（$|G(\mathrm{j}\omega)|=1$）のときに，位相が $-180+45 = -135°$ になることが必要である．よって，(2)式から，

$$-135° = -90° - \tan^{-1} 0.25\omega_c, \quad \tan^{-1} 0.25\omega_c = 45°$$

$$\therefore \omega_c = \frac{\tan 45°}{0.25} = 4 [\mathrm{rad/s}] \quad \textbf{（答）}$$

$\omega_c = 4$ を (1) 式に代入して，

$$K = 4 \times \sqrt{1+0.25^2 \times 4^2} = 4\sqrt{2} \fallingdotseq 5.657 \quad \textbf{（答）}$$

(2) 前問で求めた閉ループ伝達関数 $W(\mathrm{j}\omega)$ に，$K=4\sqrt{2}$ を代入すると，

$$W(\mathrm{j}\omega) = \frac{4K}{4K-\omega^2+\mathrm{j}4\omega} = \frac{4 \times 4\sqrt{2}}{4 \times 4\sqrt{2} - \omega^2 + \mathrm{j}4\omega}$$

$$= \frac{16\sqrt{2}}{16\sqrt{2} - \omega^2 + \mathrm{j}4\omega} \quad \cdots (3)$$

一方，二次遅れ要素の標準形は，次式で表される．

$$\left.\frac{\omega_n^2}{s^2+2\zeta\omega_n s+\omega_n^2}\right|_{s=\mathrm{j}\omega} = \frac{\omega_n^2}{\omega_n^2 - \omega^2 + \mathrm{j}2\zeta\omega_n\omega} \quad \cdots (4)$$

(3), (4) 式を比較すると，$\omega_n^2 = 16\sqrt{2}$，$4 = 2\zeta\omega_n$

よって，**固有角周波数 ω_n，減衰係数 ζ** は，

解法のポイント

① 周波数伝達関数では，常にその絶対値と偏角に着目する．いうまでもないが，角度は反時計方向が正である．本問のベクトルの偏角の関係を**解図**に示す．

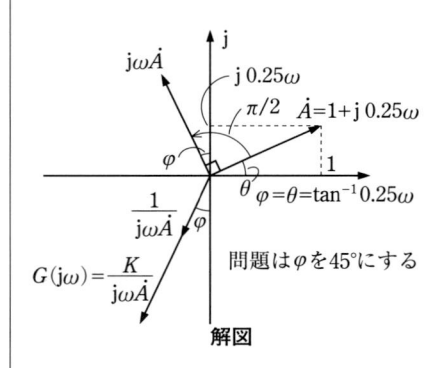

解図

問題は φ を $45°$ にする

② 位相余裕は問図にもあるように，ベクトル軌跡が半径 1 の円を横切るときに，$-180[°]$ となす角度である．よって，本問の場合，問図の ω_c は，$-135[°]$ の角度となる．

ゲイン $g[\mathrm{dB}]$ は，(6-22) 式のように $20\log_{10}|G(\mathrm{j}\omega)|$ であるから，$0[\mathrm{dB}]$ では $|G(\mathrm{j}\omega)|=1$ である．

$\omega_n = 4 \times 2^{1/4} \fallingdotseq 4.757 \,[\text{rad/s}]$ **(答)**

$\zeta = 2/\omega_n = 2/4.757 \fallingdotseq 0.42$ **(答)**

(3) ω_p, M_p (3)式から，振幅値 M は，

$$M = \frac{16\sqrt{2}}{\sqrt{(16\sqrt{2}-\omega^2)^2+(4\omega)^2}}$$

$$= \frac{16\sqrt{2}}{\sqrt{\omega^4+16(1-2\sqrt{2})\omega^2+512}} \quad \cdots (5)$$

(5)式の分母根号内を A として，ω で微分して 0 とおく．

$$\frac{dA}{d\omega} = 4\omega^3 + 32(1-2\sqrt{2})\omega = 4\omega\{\omega^2+8(1-2\sqrt{2})\} = 0 \quad \cdots (6)$$

最大振幅となる角周波数 ω_p は，(6)式から．

$$\omega_p = \sqrt{8(2\sqrt{2}-1)} \fallingdotseq 3.825\,[\text{rad/s}] \quad \textbf{(答)}$$

(6)式をさらに微分して，$\omega = 3.825$ を代入すると $d^2A/d\omega^2 > 0$ となるから[注]，このとき A の値は極小であり M は最大値を示す．

よって，最大振幅値 M_p は，(5)式に ω_p を代入して

$$M_p = \frac{16\sqrt{2}}{\sqrt{(16\sqrt{2}-\omega_p^2)^2+16\omega_p^2}}$$

$$= \frac{16\sqrt{2}}{\sqrt{(16\sqrt{2}-3.825^2)^2+16\times 3.825^2}} \fallingdotseq 1.311 \quad \textbf{(答)}$$

[注] $d^2A/d\omega^2$ の計算

(6)式から，計算すると，

$$\frac{d^2A}{d\omega^2} = 12\omega^2 + 32(1-2\sqrt{2})$$

$$= 12\omega^2 - 58.51$$

$$\therefore \left.\frac{d^2A}{d\omega^2}\right|_{\omega=3.825} = 12\times 3.825^2 - 58.51 \fallingdotseq 117 > 0$$

よって，$\omega_p = 3.825$ では，A の値は極小になる．

③ 問(1)で求めたゲイン K を $G(j\omega)$ の式に代入し，二次遅れ要素の標準形と比較することにより，ω_n 及び ζ が求まる．

④ 問(3)の M_p は，$G(j\omega)$ の絶対値 M の式を算出し，その分母の根号内を A として微分する．これを 0 とおいて ω_p を求め，その結果を M の式に代入する．

解 説

重要項目の(6-21)式の ω_p の公式は，本問のようにして求められる．なお，一般に高次遅れ要素の周波数応答において，ゲインにピークがあれば過渡応答で振動を生じる可能性が高い．これは減衰係数 ζ の値と関係しており，ζ が低いと振動が起こりやすい．

ピーク値 M_p の値は，適切な値の目安があり，定値制御では 1.5 ~ 2.5 程度，サーボ系などの追値制御では 1.1 ~ 1.5 程度とされる．

また，ω_p は(6-21)式からも分かるように，固有周波数 ω_n よりも少し小さい値になる．

演習問題 6.7 周波数応答 3

一巡伝達関数が $G(s) = 1 + s + \dfrac{1}{s}$ の制御系について，次の問に答えよ．

(1) ナイキスト線図を描け．
(2) 上記(1)の線図を用いて，この制御系の安定性を判別せよ．

解 答

(1) **ナイキスト線図** $G(s)$ を $s = j\omega$ として，周波数伝達関数 $G(j\omega)$ にする．

$$G(j\omega) = 1 + j\omega + \dfrac{1}{j\omega} = 1 + j\left(\omega - \dfrac{1}{\omega}\right) \quad \cdots (1)$$

(1)式で，$\omega = 0$（始点）：$1 - j\infty$，$\omega = \infty$（終点）：$1 + j\infty$ となる．また，$\omega = 1$ では，虚部が0である．よって，ナイキスト線図は，**解図2のような常に実部＝1の直線となる．（答）**

(2) **安定判別** ナイキスト線図の軌跡は，$-1 + j0$ の右側を通過するので，この制御系は安定である．**（答）**

解 説

負帰還の場合，接続点では逆位相で信号が加わる．このとき GH のフィードバック信号が負の実軸を通る場合には，結局，信号は＋の状態であり，発振回路の正帰還に相当する．$|GH| > 1$ であれば入力信号が0であっても，フィードバック信号はループを巡るたびに増幅されることになる．よって，$|GH| < 1$ が安定のための条件になる．

周波数伝達関数 $G(j\omega)$ の表現方法には，ベクトル軌跡（ナイキスト線図）とボード線図がある．前者は，ω の変化に対するゲインと位相の変化が明確に分かる．ただし，任意の ω に対してゲインと位相を正確に知るには，後者が優れている．また，後者では，高次遅れ要素などで，低次遅れ要素の直列と考えれば，個々のボード線図の和として合成のボード線図が容易に得られる．

解法のポイント

① 解図1のフィードバック制御系で，G を前向き伝達関数，H をフィードバック伝達関数，GH を一巡伝達関数または開ループ（開路）伝達関数という．$G/(1 + GH)$ は閉ループ（閉路）伝達関数である．直結フィードバック制御系では，$H = 1$ である．これらの用語をよく理解すること．

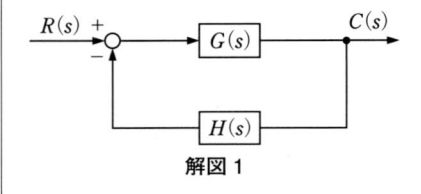

解図1

② ナイキスト線図は，一巡伝達関数 GH のベクトル軌跡である．

③ 安定限界の判断は，ベクトル軌跡が実軸上で -1 の点を左に見て通れば安定である．

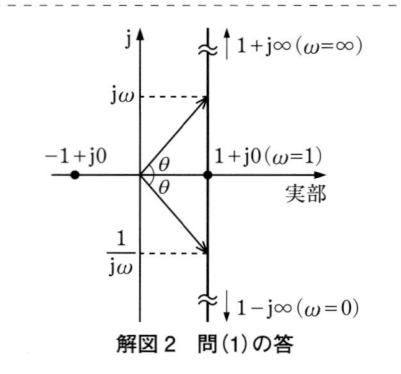

解図2 問(1)の答

3.6 自動制御

演習問題 6.8　周波数応答 4

図1に示すようなフィードバック制御系がある．$G(j\omega)$ を開路伝達関数として，そのベクトル軌跡を描くと，ゲイン K が安定限界の K_0 の場合，及びゲイン余裕が $12[dB]$ $(20\log_{10}4[dB])$ の K' の場合に図2のようになったという．次の問に答えよ．

(1) 安定限界のゲイン K_0 及びゲイン余裕 $12[dB]$ のときのゲイン K' の値を計算せよ．
(2) $G(j\omega)$ のベクトル軌跡が実軸を切る角周波数 ω_0 を求めよ．

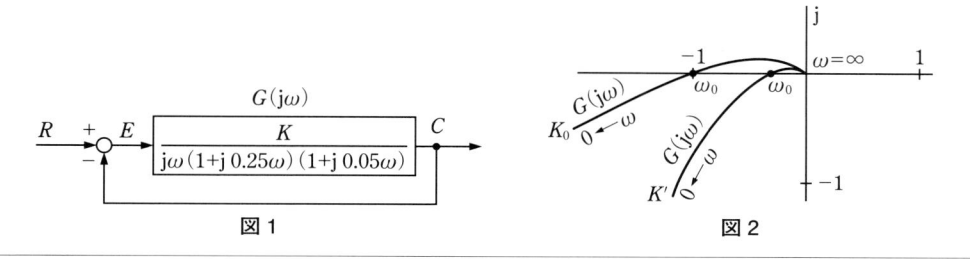

図1

図2

解　答

(1) 問図1の $G(j\omega)$ の式を整理する．

$$G(j\omega) = \frac{K}{j\omega(1+j0.25\omega)(1+j0.05\omega)}$$

$$= \frac{80K}{j\omega(4+j\omega)(20+j\omega)} = \frac{80K}{j\omega\{80+24\cdot j\omega+(j\omega)^2\}}$$

$$= \frac{80K}{-24\omega^2+j\omega(80-\omega^2)} \quad \cdots (1)$$

(a) **ゲイン K_0**　ベクトル軌跡が実軸を切るのは，$(-1, j0)$ の点であるから，(1)式より，虚部 $=0$ として，

$$\omega^2 = 80 \quad \cdots (2)$$

となる．そのときの $G(j\omega)$ は，虚部 $=0$ で絶対値は -1 であるから，(1)式より，

$$G(j\omega)\big|_{\omega^2=80} = \frac{80K_0}{-24\times 80} = \frac{K_0}{-24} = -1 \quad \cdots (3)$$

∴ $K_0 = 24$　（答）

(b) **ゲイン K'**　ゲイン余裕 g_m は，$g_m = -20\log_{10}|G(j\omega)|[dB]$ で表されるが，(3)式から，ゲイン K' では，$|G(j\omega)| = K'/24$ でなければならないから，

$$g_m = 12 = 20\log_{10}4 = -20\log_{10}|G(j\omega)| = -20\log_{10}\frac{K'}{24}$$

$$\log_{10}\frac{K'}{24} = -\log_{10}4 = \log_{10}\frac{1}{4} \quad \therefore K' = \frac{24}{4} = 6 \quad \text{（答）}$$

解法のポイント

① 問図1の $G(j\omega)$ の分母を整理する．有理化せずに $A+jB$ の形にするとよい．

② ゲイン K は実軸を横切る限界点 -1 であるから，虚部 $=0$ として求めればよい．

③ ゲイン K' の方は，ゲイン余裕 g_m の考え方を理解しなければならない．解図で，g_m は，軌跡が実軸と交わる位相交点 P と，線分 OP の -1 に対する余裕である．[dB] 値であるから，常用対数の 20 倍とする．

$$g_m = 20\log_{10}1 - 20\log_{10}|\overline{OP}|$$
$$= -20\log_{10}|G(j\omega)|[dB]$$

ゲインを $K = 6$ として，$|G(j\omega)| = 0.25$ になることが(3)式から分かる．

(2) 角周波数 ω_0 $G(j\omega)$ のベクトルが実軸を切る ω_0 は，(2)式から，

$$\omega_0 = \sqrt{80} = 4\sqrt{5} \fallingdotseq 8.94 \,[\text{rad/s}] \quad \text{（答）}$$

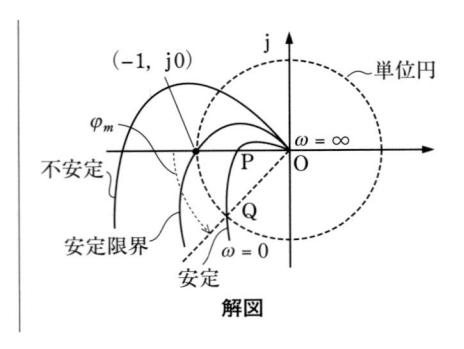

解図

解　説

解図で，位相余裕 φ_m とゲイン余裕 g_m をよく理解する．これらの余裕は，大きくとれると系は安定するが，反面，速応性に欠けることになる．定値制御では $\varphi_m = 30\,[°]$，$g_m = 3 \sim 10\,[\text{dB}]$ 程度，追値制御では $\varphi_m = 45\,[°]$，$g_m = 10 \sim 20\,[\text{dB}]$ 程度とされている．

本問の安定限界 K_0 は，ラウスまたはフルビッツの方法でも求められる．この場合，制御系の閉ループ伝達関数 $W(s)$ を求めて，

$$W(s) = \frac{G(s)}{1+G(s)} = \frac{80K/\{s(4+s)(20+s)\}}{1+80K/\{s(4+s)(20+s)\}} = \frac{80K}{s(4+s)(20+s)+80K} = \frac{80K}{s^3+24s^2+80s+80K} \quad \cdots \text{(4)}$$

となるが，(4)式の分母から，特性方程式 $D(s)$ を，

$$D(s) = s^3 + 24s^2 + 80s + 80K = 0 \quad \cdots \text{(5)}$$

として，(5)式をラウスまたはフルビッツの方法で解くことになる．解き方は，安定判別の項を参照されたいが，本問のように周波数伝達関数から，ナイキストの方法で解く方が簡単である．

演習問題 6.9　周波数応答5

図1のようなフィードバック制御系について，次の問に答えよ．ただし，$R(s)$ は目標値，$Y(s)$ は出力，$E(s)$ は偏差であり，時間信号 $r(t)$，$y(t)$，$e(t)$ をそれぞれラプラス変換したものである．

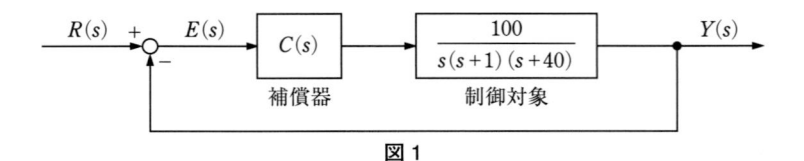

図1

3.6 自動制御

(1) 補償器を $C(s) = K_1$ に選ぶとき，図1のフィードバック系の安定限界を与える K_1 の値と，そのときの持続振動の角周波数 ω_1 を求めよ．ただし，答は平方根を含む形でよい．

(2) 図1において，$C(s) = K_1$ に選び，$K_1 = 1$ とおく．目標値 $r(t)$ が振幅1，角周波数 1[rad/s] の正弦波信号のとき，十分に時間が経過したときの偏差 $e(t)$ の振幅を求めよ．

(3) 補償器を $C(s) = K_2 \dfrac{s+1}{s+10}$ に選ぶとき，この補償器の名称を，その理由を説明して答えよ．

(4) 上記(3)において，$K_2 = 10$ のとき，補償器のゲイン（利得）特性の概形を折れ線近似で，図2の形式で図示せよ．

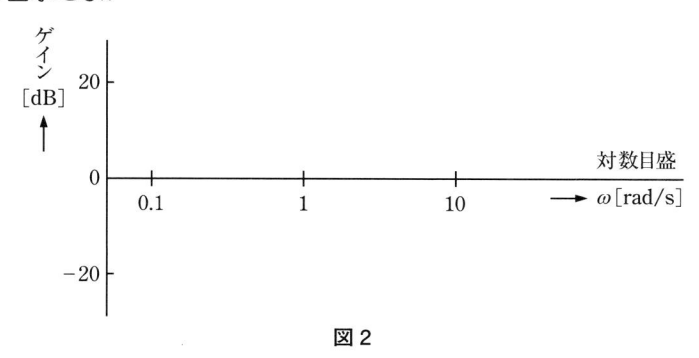

図2

(5) 一般に，上記(3)の補償器により改善できるフィードバック制御系の代表的な性能を述べよ．

解 答

(1) **安定限界の K_1, ω_1** 問図1の開ループ周波数伝達関数 $G(j\omega)$ は，$s = j\omega$，$C(s) = K_1$ とすると，

$$G(j\omega) = K_1 \cdot \frac{100}{j\omega(1+j\omega)(40+j\omega)} \quad \cdots (1)$$

$$= -\frac{100K_1}{\omega\{41\omega - j(40-\omega^2)\}} \quad \cdots (2)$$

となるが，安定限界で持続振動となるためには，$G(j\omega) = -1$ とならねばならない．よって，(2)式は実数でなければならないから，角周波数 ω_1 は，

$$40 - \omega_1^2 = 0 \quad \therefore \omega_1 = \sqrt{40} = 2\sqrt{10} \quad \textbf{(答)} \cdots (3)$$

$G(j\omega) = -1$ 及び虚部 = 0 の条件から，K_1 は，(2)，(3)式を用いて，

$$\frac{100K_1}{41\omega_1^2} = 1 \quad \therefore K_1 = \frac{41\omega_1^2}{100} = \frac{41 \times 40}{100} = 16.4 \quad \textbf{(答)} \cdots (4)$$

解法のポイント

① 本問は，伝達関数(s)で示されているが，すべて周波数伝達関数($j\omega$)に変換して解けばよい．その方が簡単である．

② 問(1)は，「安定限界」に着目する．$G(j\omega) = -1$ とならねばならないから，虚部 = 0 である．これによって ω_1 を求め，その結果を用いて K_1 を算出する．

③ 問(2)は，$E(s)/R(s)$ の伝達関数を求めて，$\omega = 1$ を代入する．

(2) $e(t)$ の振幅　問図1から，偏差 $E(s)$ は，前向き伝達関数を $G(s)$ とすると，

$$E(s) = R(s) - Y(s) = R(s) - E(s)G(s)$$

となる．ゆえに，$G_e(s) = E(s)/R(s)$ は，

$$\therefore G_e(s) = \frac{E(s)}{R(s)} = \frac{1}{1+G(s)} \quad \cdots (5)$$

題意から $C(s) = K_1 = 1$ であり，$s = j\omega$ として，(1), (5)式から $G_e(j\omega)$ を計算する．

$$G_e(j\omega) = \frac{1}{1+G(j\omega)} = \frac{1}{1+1\cdot\dfrac{100}{j\omega(1+j\omega)(40+j\omega)}}$$

$$= \frac{j\omega(1+j\omega)(40+j\omega)}{j\omega(1+j\omega)(40+j\omega)+100} \quad \cdots (6)$$

題意から $\omega = 1$ なので，(6)式は，

$$G_e(j\omega) = \frac{j(1+j1)(40+j1)}{j(1+j1)(40+j1)+100} = \frac{-41+j39}{59+j39} \quad \cdots (7)$$

目標値 $r(t)$ の振幅が1であるから $|R(j\omega)| = 1$ で，$e(t)$ の振幅 $|E|$ は(7)式の絶対値をとればよい．

$$\therefore |E| = \sqrt{\frac{41^2+39^2}{59^2+39^2}} \fallingdotseq 0.800 \quad \textbf{(答)}$$

(3) 補償器の名称　補償器の周波数伝達関数 $C(j\omega)$ は，$s \to j\omega$ の変換で，

$$C(j\omega) = K_2\frac{1+j\omega}{10+j\omega} \quad \cdots (8)$$

となるが，明らかに，分子の偏角 $\angle\tan^{-1}\omega$ が分母の偏角 $\angle\tan^{-1}(\omega/10)$ より大きいから，全体としては位相進み特性を持つ．よって，この補償器は，**位相進み補償器**である．**(答)**

(4) ゲイン特性の概形　(8)式に題意の $K_2 = 10$ を代入すると，$C(j\omega)$ は，

$$C(j\omega) = 10 \times \frac{1+j\omega}{10+j\omega} = \frac{1+j\omega}{1+j(\omega/10)} \quad \cdots (9)$$

となるから，補償器のゲイン g は，

$$g = 20\log_{10}|C(j\omega)| = 20\log_{10}\left\{\frac{(1+\omega^2)^{1/2}}{\{1+(\omega/10)^2\}^{1/2}}\right\}$$

$$= 20\log_{10}(1+\omega^2)^{1/2} - 20\log_{10}\{1+(\omega/10)^2\}^{1/2}$$

$$= g_1 + g_2 [\text{dB}] \quad \cdots (10)$$

④ 問(3)は，補償器の伝達関数 $C(j\omega)$ の分子と分母の偏角に着目し，全体として，遅れか進みかを判断する．

⑤ 問(4)は，補償器の $C(j\omega)$ から，ゲイン g の式，$g = 20\log_{10}|C(j\omega)|$ を求めるが，$C(j\omega)$ が分数なので，log の計算をすると g は2項式になる．2項のボード線図を加えることにより，合成のゲインが得られる．

⑥ 問(5)は，問(3), (4)の結果から補償器の機能を考える．

解　説

制御対象のゲイン特性は，$\omega = 1$ で 4.9 [dB]，$\omega = 10$ で -32 [dB] の右下りである（(2)式を基にして各自確かめられよ）．これを問(3)の補償器で，ゲイン要素のみで $K_2 = 10$ (20 [dB]) にすると，特性は全体的に 20 [dB] 上がり，ゲイン交点は右へシフトして位相余裕が少なくなる．そのため，位相進み要素を加えて，解図のように，低周波域のゲインはあまり高めずに，ゲイン交点周波数の上昇を抑えている．また，位相についても，$\omega = 1 \sim 10$ の領域を主体に $40 \sim 55$ [°] 程度進ませて，十分な位相余裕を確保している．

(10)式の右辺第1項の g_1 は，次式で示せる．

$\omega \ll 1 : g_1 = 20\log_{10} 1^{1/2} = 0 [\text{dB}]$,
$\omega \gg 1 : g_1 = 20\log_{10}(\omega^2)^{1/2} = 20\log_{10}\omega [\text{dB}]$ … (11)

折点角周波数 $\omega = 1 [\text{rad/s}]$ であり，$\omega < 1$ の領域は $0[\text{dB}]$，$\omega > 1$ の領域は $+20[\text{dB/dec}]$ の傾きの直線で近似できる．

次に，第2項の g_2 は，次式で示せる．

$\omega \ll 10 : g_1 = -20\log_{10} 1^{1/2} = 0 [\text{dB}]$,
$\omega \gg 10 : g_1 = -20\log_{10} \{(\omega/10)^2\}^{1/2}$
$= -20\log_{10}(\omega/10) [\text{dB}]$ … (12)

折点角周波数 $\omega = 10 [\text{rad/s}]$ であり，$\omega < 10$ の領域は $0[\text{dB}]$，$\omega > 10$ の領域は $-20[\text{dB/dec}]$ の傾きの直線で近似できる．

補償器のゲイン g は，(11)，(12)式の和であり，**解図**のように，$\omega < 1$ の領域は $0[\text{dB}]$，$1 < \omega < 10$ の領域は $+20[\text{dB/dec}]$ の傾きの直線，$\omega > 10$ の領域は $20[\text{dB}]$ の折れ線近似特性になる．**(答)**

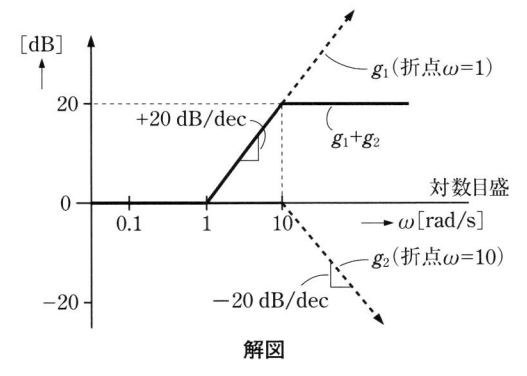

解図

(5) **補償器の性能** フィードバック制御系の速応性を高めるには，一巡伝達関数のゲインを大きくすればよいが，位相余裕が減少し安定性が悪くなる．進み補償器により，解図のように，$\omega = 1 \sim 10$ の間で徐々にゲインを高め，$\omega = 10$ 以上では $20[\text{dB}]$ 高めている．これにより，ゲイン交点周波数はあまり高くならないから，位相余裕を確保して安定性を維持しながら，速応性を改善できる（解説参照）．**(答)**

コラム　進み制御要素

(8)式の補償器は，**一次進み要素**である．(8)式の分母を有理化すると，

$$C(\text{j}\omega) = K_2 \frac{(1+\text{j}\omega)(10-\text{j}\omega)}{10^2 - (\text{j}\omega)^2}$$
$$= K_2 \frac{10+\omega^2 + \text{j}9\omega}{100+\omega^2}$$
$$= A + \text{j}B\omega$$

の形式となる．一次進み要素は，**図6-17** の RL 回路で示せ，入力電流 $\dot{I}$ が流れたときに出力端子電圧 $\dot{V}$ は，$\dot{V} = (R + \text{j}\omega L)\dot{I}$ となるから，周波数伝達関数 $G(\text{j}\omega)$ は，

$$G(\text{j}\omega) = \frac{\dot{V}}{\dot{I}} = R + \text{j}\omega L$$
$$= K(1 + \text{j}\omega T) \quad \cdots (6\text{-}39)$$

となる．$K = R$ はゲイン，$T = L/R$ は時定数である．$K = 1, T = 1$ の場合では，**図6-18** のようなボード線図になる．一次進み要素は，位相遅れの補償に有効であり，系の安定化に寄与する．

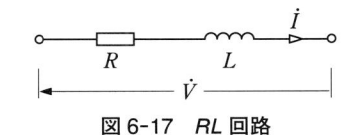

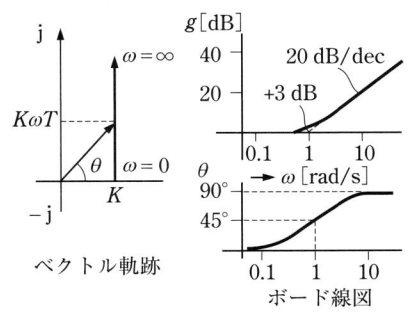

図6-17　RL 回路

図6-18　一次進み要素

演習問題 6.10 ステップ応答 1

伝達関数 $H(s)$ が, $H(s) = \dfrac{1}{1+sT}$ (T は正の実数)で与えられる回路がある. 次の問に答えよ.

(1) 入力として, 階段波 $x(t) = 0\ (t<0),\ x(t) = 1\ (t \geq 0)$ を入れたところ, 出力は図に示すような結果となった. 出力が最終値の 10 [%] から 90 [%] になるまでの立上り時間 t_r を求めよ.

[参考] $\log_e 0.1 = -2.3,\ \log_e 0.9 = -0.1$

(2) この回路に低周波の正弦波を入力した場合より, 3 [dB] 振幅が小さくなる周波数 f_0 を求め, t_r との関係を示せ. なお, $\log_{10} 2 \fallingdotseq 0.3$ としてよい.

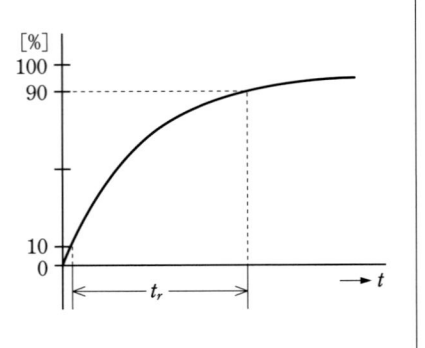

解答

(1) **立上り時間** 入力信号 $x(t)$ は, 単位ステップ入力であるから, ラプラス変換 $X(s)$ は, $X(s) = 1/s$ である. よって, 出力 $Y(s)$ は,

$$Y(s) = H(s) \cdot X(s) = \dfrac{1}{1+sT} \cdot \dfrac{1}{s} \quad \cdots (1)$$

(1)式を部分分数に展開する. A, B は未定係数である.

$$Y(s) = \dfrac{1}{s} \cdot \dfrac{1/T}{s + 1/T} = \dfrac{A}{s} + \dfrac{B}{s + 1/T} = \dfrac{1}{s} - \dfrac{1}{s + 1/T} \quad \cdots (2)$$

$$\therefore A = sY(s)\Big|_{s=0} = s \dfrac{1/T}{s(s+1/T)}\Big|_{s=0} = \dfrac{1/T}{s+1/T}\Big|_{s=0} = 1$$

$$\therefore B = \left(s + \dfrac{1}{T}\right)Y(s)\Big|_{s=-1/T} = \dfrac{1}{sT}\Big|_{s=-1/T} = -1$$

(2)式を逆ラプラス変換して, $y(t)$ を求める.

$$y(t) = \mathcal{L}^{-1}\{Y(s)\} = \mathcal{L}^{-1}\left\{\dfrac{1}{s}\right\} - \mathcal{L}^{-1}\left\{\dfrac{1}{s+1/T}\right\} = 1 - e^{-\frac{t}{T}} \quad \cdots (3)$$

次に, 出力が 10 [%] になる t_{10} は, (3)式から,

$$0.1 = 1 - e^{-\frac{t_{10}}{T}},\quad e^{-\frac{t_{10}}{T}} = 0.9,$$

$$-\dfrac{t_{10}}{T} = \log_e 0.9 = -0.1 \quad \therefore t_{10} = 0.1\,T \quad \cdots (4)$$

同様にして, 出力が 90 [%] になる t_{90} は, (3)式から,

解法のポイント

① 制御系の応答の計算では, 入力信号のラプラス変換と, その結果からの逆ラプラス変換の操作が基本である. よく出る関数 $f(t)$ のラプラス変換 $F(s)$ は, 表 6-2 からしっかり記憶すること.

② ラプラス変換の展開では, **未定係数**を用いた**部分分数**の計算がよく出てくる. 求める係数の項の分母に着目して, その分母を各項に乗じる. これで求める係数は単独になるが, 他の係数が消えるように, s の値を工夫する. 例えば, 掛ける式が $\alpha = s + 1/T$ であれば, $s = -1/T$ とする. すると, $\alpha = 0$ となって, 他の係数の項は 0 となる.

③ 問(2)は, 3 [dB] に着目する. 要するに折点周波数 f_0 である. f_0 は, $\omega_0 = 1/T$ で直接求めてもよい.

$$0.9 = 1 - e^{-\frac{t_{90}}{T}}, \quad e^{-\frac{t_{90}}{T}} = 0.1,$$

$$-\frac{t_{90}}{T} = \log_e 0.1 = -2.3 \quad \therefore t_{90} = 2.3T \quad \cdots (5)$$

$$\therefore t_r = t_{90} - t_{10} = 2.3T - 0.1T = 2.2T \quad \textbf{(答)}$$
$$\cdots (6)$$

(2) 3[dB]振幅が小さい周波数 $H(s)$ のゲイン G を $s = j\omega$ に変換して求める.

$$g = 20 \log_{10} |H(j\omega)| = 20 \log_{10} \left| \frac{1}{1 + j\omega T} \right|$$

$$= 20 \log_{10} \{1 + (\omega T)^2\}^{-\frac{1}{2}}$$

$$= -10 \log_{10} |1 + (\omega T)^2| \, [\text{dB}] \quad \cdots (7)$$

f_0 の角周波数を ω_0 とすると,題意から,

$$-3 = -10 \log_{10} |1 + (\omega_0 T)^2|$$

$$\therefore \log_{10} |1 + (\omega_0 T)^2| = 0.3, \ \log_{10} 2 \fallingdotseq 0.3 \text{ であ}$$

るから,

$$\omega_0 T = 1, \quad \omega_0 = \frac{1}{T}$$

よって,周波数 f_0 は,(6)式を考慮して,

$$f_0 = \frac{\omega_0}{2\pi} = \frac{1}{2\pi} \cdot \frac{1}{T} = \frac{1}{2\pi} \cdot \frac{2.2}{t_r} \fallingdotseq \frac{0.35}{t_r} \, [\text{Hz}] \quad \textbf{(答)}$$

演習問題 6.11 ステップ応答2

伝達関数が $\dfrac{s^2 + 16s + 36}{s^2 + 7s + 12}$ である系において,入力信号 $g(t)$ として,$g(t) = 4 \, (t \geq 0)$,$g(t) = 0 \, (t < 0)$ を与えた場合の応答(出力信号)を求めよ.

解答

入力信号 $g(t)$ のラプラス変換 $G(s)$ は,$G(s) = 4/s$ であるから,出力信号 $Y(s)$ は,

$$Y(s) = \frac{4(s^2 + 16s + 36)}{s(s^2 + 7s + 12)} = \frac{4(s^2 + 16s + 36)}{s(s+3)(s+4)}$$

$$= \frac{A}{s} + \frac{B}{s+3} + \frac{C}{s+4} \quad \cdots (1)$$

(1)式の未定係数 A, B, C を求める.

$$A = sY(s)\big|_{s=0} = \frac{4(s^2+16s+36)}{(s+3)(s+4)}\bigg|_{s=0} = \frac{4 \times 36}{3 \times 4} = 12$$

$$B = (s+3)Y(s)\big|_{s=-3} = \frac{4(s^2+16s+36)}{s(s+4)}\bigg|_{s=-3} = \frac{4 \times (9-48+36)}{-3 \times 1} = 4$$

$$C = (s+4)Y(s)\big|_{s=-4} = \frac{4(s^2+16s+36)}{s(s+3)}\bigg|_{s=-4} = \frac{4 \times (16-64+36)}{-4 \times (-1)} = -12$$

解法のポイント

① 入力信号 $g(t)$ は,単位ステップ入力の4倍である.

② 式の分母を因数分解して,3個の部分分数の式とする.未定係数法により係数を求めて,ラプラス逆変換を行う.何回も演習を重ねて問題を解くようにすること.

よって,出力信号 $y(t)$ は,

$$y(t) = \mathcal{L}^{-1}\{Y(s)\} = \mathcal{L}^{-1}\left\{\frac{12}{s}\right\} + \mathcal{L}^{-1}\left(\frac{4}{s+3}\right) - \mathcal{L}^{-1}\left(\frac{12}{s+4}\right) = 12 + 4e^{-3t} - 12e^{-4t} = 12\left(1 + \frac{1}{3}e^{-3t} - e^{-4t}\right) \quad \textbf{(答)}$$

演習問題 6.12 ステップ応答3

図のようなフィードバック制御系がある．次の問に答えよ．
(1) 閉路伝達関数 $W(s) = C(s)/R(s)$ を求めよ．
(2) 閉路系が振動的になるためのゲイン K の値の範囲を求めよ．
(3) 閉路系の減衰係数が $\zeta = 0.4$ になるように設計したい．そのときの K の値及び固有角周波数 ω_n の値を求めよ．
(4) $K = 5$ とした場合，$R(s)$ にステップ入力を加えたときの $C(s)$ の応答を計算せよ．

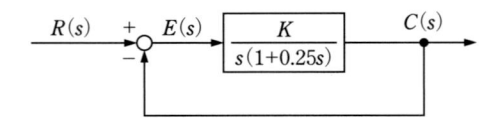

解 答

(1) 閉路伝達関数 $W(s)$ は，

$$W(s) = \frac{K/s(1+0.25s)}{1+K/s(1+0.25s)} = \frac{K}{s(1+0.25s)+K}$$

$$= \frac{4K}{s^2+4s+4K} \quad (答) \quad \cdots (1)$$

(2) 振動的な K の範囲 (1)式を二次遅れ要素の標準形

$$\frac{\omega_n^2}{s^2+2\zeta\omega_n s+\omega_n^2}$$

と比較すると，

$$\omega_n^2 = 4K \quad \therefore \omega_n = 2\sqrt{K}$$

$2\zeta\omega_n = 4$ であるから，ζ は，

$$\zeta = \frac{2}{\omega_n} = \frac{2}{2\sqrt{K}} = \frac{1}{\sqrt{K}} \quad \cdots (2)$$

$\zeta < 1$ であれば振動するから，

$$\sqrt{K} > 1 \quad \therefore K > 1 \quad (答)$$

(3) $\zeta = 0.4$ のときの K, ω_n (2)式から，ω_n, K は，

$$\omega_n = \frac{2}{\zeta} = \frac{2}{0.4} = 5 \quad (答)$$

$$\therefore K = \frac{\omega_n^2}{4} = \frac{5^2}{4} = 6.25 \quad (答)$$

(4) $K = 5$ のステップ応答 この場合 $K > 1$ なので，問(2)の結果から振動が発生する．ゆえに，応答の式には三角関数が現れる．$R(s) = 1$ の単位ステップ入力時の $C(s)$ は，

解法のポイント

① 問(2)，(3)は，二次遅れ要素の標準形から解くのが速い．振動的になる条件は，$\zeta < 1$ である．

② 問(4)は，まず，ステップ入力印加時の $C(s)$ の式の部分分数の未定係数の決め方に，一工夫が必要である．本問の場合，2次式が因数分解できないから，ステップ入力 $1/s$ と合わせて，次式のように未定係数を考える．

$$\frac{A}{s} + \frac{Bs+C}{as^2+bs+c}$$

$$= \frac{A(as^2+bs+c)+(Bs+C)s}{s(as^2+bs+c)} \quad (a)$$

そして，(a)式と $W(s)$ の式を比較して，A, B, C を決定する．

③ $K = 5$ の場合，応答は減衰振動になるから，指数関数×三角関数の形になる．よって，②で求めた未定係数により式を整える際に，適切なラプラス変換を適用して，うまくまと

$$C(s) = \frac{1}{s} \cdot W(s) = \frac{20}{s(s^2+4s+20)} = \frac{A}{s} + \frac{Bs+C}{s^2+4s+20}$$

$$= \frac{As^2+4As+20A+Bs^2+Cs}{s(s^2+4s+20)}$$

$$= \frac{(A+B)s^2+(4A+C)s+20A}{s(s^2+4s+20)} \quad \cdots (3)$$

(3)式の分子で,未定係数 A, B, C は,
$20A = 20, \therefore A = 1$
$A+B = 0, \therefore B = -A = -1$
$4A+C = 0, \therefore C = -4A = -4$

よって, $C(s)$ は,

$$C(s) = \frac{1}{s} - \frac{s+4}{s^2+4s+20} = \frac{1}{s} - \frac{s+2+2}{(s+2)^2+4^2}$$

$$= \frac{1}{s} - \frac{s+2}{(s+2)^2+4^2} - \frac{1}{2} \cdot \frac{4}{(s+2)^2+4^2} \quad \cdots (4)$$

ステップ応答 $c(t)$ は,(4)式をラプラス逆変換して,

$$c(t) = \mathcal{L}^{-1}\left\{\frac{1}{s}\right\} - \mathcal{L}^{-1}\left\{\frac{s+2}{(s+2)^2+4^2}\right\} - \mathcal{L}^{-1}\left\{\frac{1}{2} \cdot \frac{4}{(s+2)^2+4^2}\right\}$$

$$= 1 - e^{-2t}\cos 4t - \frac{1}{2}e^{-2t}\sin 4t$$

$$= 1 - \frac{e^{-2t}}{2}(2\cos 4t + \sin 4t)$$

$$= 1 - \frac{\sqrt{5}}{2}e^{-2t}\sin(4t + \tan^{-1} 2) \quad \textbf{(答)}$$

別 解 問(2)

振動的状態を減衰振動と理解すれば,安定判別にほかならない.(1)式の分母の特性方程式,

$$s^2 + 4s + 4K = 0 \quad \cdots (5)$$

において,①複素根または純虚根は共役根として存在すること,②特性方程式の係数がすべて存在し同符号であること,の2条件を満たす必要がある.(5)式の根は,

$$s = \frac{-4 \pm \sqrt{4^2 - 4 \cdot 4K}}{2} = -2 \pm 2\sqrt{1-K}$$

となるが,①,②の条件により,$K > 1$ となる.**(答)**

めること.

$C(s)$ の分母を $(s+\alpha)^2 + \omega^2$ の形にすることが必要である.α は指数関数の指数である.

④ ラプラス変換の公式(表6-2)

$$\mathcal{L}\{e^{-\alpha t}\sin \omega t\} = \frac{\omega}{(s+\alpha)^2+\omega^2}$$

$$\mathcal{L}\{e^{-\alpha t}\cos \omega t\} = \frac{s+\alpha}{(s+\alpha)^2+\omega^2}$$

⑤ 応答 $c(t)$ の式は,$a\cos\theta + b\sin\theta$ のように,三角関数の和の形となるが,$\varphi = \tan^{-1}(a/b)$ として,加法定理を適用し,$\sin$ の式とする.**解図**から,次式のように導ける.

$$a\cos\theta + b\sin\theta$$
$$= c\sin\varphi\cos\theta + c\cos\varphi\sin\theta$$
$$= c\sin(\theta+\varphi)$$
$$= \sqrt{a^2+b^2}\sin\left(\theta + \tan^{-1}\frac{a}{b}\right)$$

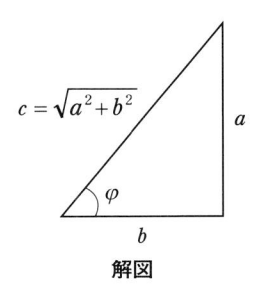

解図

解 説

特性方程式の根に虚数が含まれる場合(2次方程式であれば判別式<0)は,本問のように変幅正弦波になるから,適切にラプラス変換を行う必要がある.

演習問題 6.13 ステップ応答4

図のようなフィードバック制御系がある．ここで，$R(s)$は目標値，$C(s)$は制御量である．この制御系について，次の問に答えよ．

(1) この系の固有角周波数ω_n及び減衰係数ζをゲインK及び時定数Tを用いて表せ．

(2) 時定数Tが一定の場合，減衰係数ζを0.2から0.6に増加させるためには，ゲインKの値を元の何倍にすればよいか．

(3) 上記(2)において，固有角周波数ω_nの値は元の何倍になるか．

(4) この系において，$K = 100/12$，$T = 1/12$[s]とし，$R(s)$が単位ステップ関数のとき過渡応答$c(t)$を求めよ．

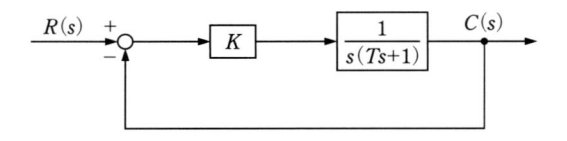

解 答

(1) ω_n及びζの値 制御系全体の伝達関数$W(s)$は，前向き伝達関数を$G(s)$とすると，

$$W(s) = \frac{G(s)}{1+G(s)} = \frac{K/s(Ts+1)}{1+K/s(Ts+1)} = \frac{K}{s(Ts+1)+K}$$

$$= \frac{K}{Ts^2+s+K} = \frac{K/T}{s^2+(s/T)+(K/T)} \quad \cdots (1)$$

(1)式と，二次遅れ要素の標準形$\dfrac{\omega_n^2}{s^2+2\zeta\omega_n s+\omega_n^2}$とを比較すると，

$$\omega_n^2 = \frac{K}{T} \rightarrow \omega_n = \sqrt{\frac{K}{T}} \quad \textbf{(答)} \quad \cdots (2)$$

$$2\zeta\omega_n = \frac{1}{T} \rightarrow \zeta = \frac{1}{2\omega_n T} = \frac{1}{2T}\cdot\sqrt{\frac{T}{K}} = \frac{1}{2\sqrt{KT}} \quad \textbf{(答)} \quad \cdots (3)$$

(2) Kの倍数 (3)式から，ζはKの平方根に反比例する．ゲインKの添字にζの値をとると，

$$\frac{0.6}{0.2} = \left(\frac{K_{0.2}}{K_{0.6}}\right)^{1/2} \therefore K_{0.6} = \frac{K_{0.2}}{(0.6/0.2)^2} = \frac{1}{3^2}K_{0.2} = \frac{1}{9}K_{0.2} \quad \cdots (4)$$

ゲインは元の値の1/9倍にすればよい．**(答)**

(3) ω_nの倍数 (2)式から，ω_nはTが一定の場合，Kの平方根に比例する．ωの添字にζの値をとると，(4)式を考慮して，

解法のポイント

① 問(1)は，この制御系全体の伝達関数を求めて，二次遅れ要素の標準形と比較する．

② 問(2)，(3)は，問(1)の結果から，ζ及びω_nのKに対する関係を求めて，答を出す．

③ 問(4)も特性方程式の解には虚数を含むから，過渡応答の計算は，前問の(4)と同様の解き方で行う．

$$\frac{\omega_{0.6}}{\omega_{0.2}} = \left(\frac{K_{0.6}}{K_{0.2}}\right)^{1/2} = \sqrt{\frac{1}{9}} = \frac{1}{3}$$

固有角周波数は元の値の 1/3 倍になる．**(答)**

(4) 過渡応答 $c(t)$　ステップ入力 $R(s)=1/s$ を与えたときの応答 $C(s)$ は，K, T に題意の数値を代入して，かつ，順次部分分数に展開する．

$$C(s) = R(s) \cdot W(s) = \frac{1}{s} \cdot \frac{K/T}{s^2 + (s/T) + (K/T)}$$

$$= \frac{1}{s} \cdot \frac{100}{s^2 + 12s + 100}$$

$$= \frac{A}{s} + \frac{Bs+C}{s^2+12s+100} \quad \cdots (5)$$

前問と同様にして，未定係数 A, B, C を決めると，

$A=1, B=-1, C=-12$ である．
よって，$C(s)$ は，

$$C(s) = \frac{1}{s} - \frac{s+12}{s^2+12s+100}$$

$$= \frac{1}{s} - \frac{s+6}{(s+6)^2+8^2} - \frac{3}{4} \cdot \frac{8}{(s+6)^2+8^2} \quad \cdots (6)$$

$c(t)$ は，(6)式をラプラス逆変換して，

$$c(t) = \mathcal{L}^{-1}\{C(s)\} = 1 - e^{-6t} \cdot \cos 8t - \frac{3}{4} e^{-6t} \cdot \sin 8t$$

$$= 1 - \frac{e^{-6t}}{4}(4\cos 8t + 3\sin 8t)$$

$$= 1 - \frac{5}{4} e^{-6t} \sin\left(8t + \tan^{-1}\frac{4}{3}\right) \quad \text{(答)}$$

演習問題 6.14　ステップ応答 5

入力を $u(t)$，出力を $x(t)$ とするとき，次の微分方程式で記述される制御システムがある．このシステムについて，次の問に答えよ．

$$T\frac{d^2x}{dt^2} + \frac{dx}{dt} = Ku, \quad T>0, \quad K>0$$

(1) 伝達関数 $G(s)$ を求めよ．
(2) 入力が単位ステップ関数のときの出力応答 $x(t)$ を求めよ．
(3) 周波数伝達関数を求め，そのベクトル軌跡を描くと図のようになる．この図の軌跡上に，角周波数 $\omega=0$，$\omega=1/T$ 及び $\omega=\infty$ における点の座標を直角座標によって示せ．

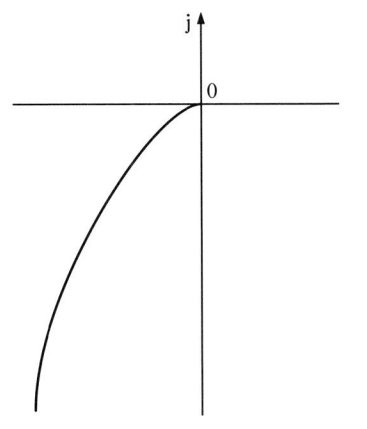

解　答

(1) 伝達関数 $G(s)$　題意の式を，初期値＝0 でラプラス変換すると，

$$T \cdot s^2 X(s) + sX(s) = X(s)(Ts^2+s) = K \cdot U(s) \quad \cdots (1)$$

よって，$G(s)$ は，

$$G(s) = \frac{X(s)}{U(s)} = \frac{K}{Ts^2+s} = \frac{K}{s(Ts+1)} \quad \text{(答)} \quad \cdots (2)$$

解法のポイント

① 問(1)は，初期値＝0 としてラプラス変換する．2階微分は，s^2 になる．

(2) 出力応答 $x(t)$　単位ステップ関数の入力 $U(s) = 1/s$ であるから，出力 $X(s)$ は，

$$X(s) = U(s)G(s) = \frac{1}{s} \cdot \frac{K}{s(Ts+1)}$$

$$= \frac{K}{s^2(Ts+1)} = \frac{A}{s^2} + \frac{B}{s} + \frac{C}{Ts+1} \quad \cdots (3)$$

(3)式を通分して，未定係数 A, B, C を求める．

$$\frac{A(Ts+1) + Bs(Ts+1) + Cs^2}{s^2(Ts+1)} = \frac{(BT+C)s^2 + (AT+B)s + A}{s^2(Ts+1)}$$

$$= \frac{K}{s^2(Ts+1)} \quad \cdots (4)$$

(4)式から，$A = K$, $B = -AT = -KT$, $C = -BT = KT^2$

$x(t)$ は，(3)式に A, B, C を代入し，ラプラス逆変換をして求める．

$$x(t) = \mathcal{L}^{-1}\left\{\frac{K}{s^2} - \frac{KT}{s} + \frac{KT^2}{Ts+1}\right\} = \mathcal{L}^{-1}\left\{\frac{K}{s^2} - \frac{KT}{s} + \frac{KT}{s+1/T}\right\}$$

$$= Kt - KT + KTe^{-t/T} = K\{t - T(1 - e^{-t/T})\} \quad \textbf{(答)}$$

(3) ベクトル軌跡　周波数伝達関数 $G(j\omega)$ は，(2)式で $s = j\omega$ として，

$$G(j\omega) = \frac{K}{j\omega(j\omega T + 1)} = -\frac{KT}{\omega^2 T^2 + 1} - j\frac{K}{\omega(\omega^2 T^2 + 1)} \quad \cdots (5)$$

(a) $\omega = 0$ のとき，$G(j\omega)$ は，(5)式から，

$$G(j\omega) = -\frac{KT}{0+1} - j\frac{K}{0(0+1)} = -KT - j\frac{K}{0} = -KT - j\infty$$

(b) $\omega = 1/T$ のとき，$G(j\omega)$ は，(5)式から，

$$G(j\omega) = -\frac{KT}{1+1} - j\frac{K}{\frac{1}{T}(1+1)} = -\frac{KT}{2} - j\frac{KT}{2}$$

$$= -\frac{KT}{2}(1+j)$$

(c) $\omega = \infty$ のとき，$G(j\omega)$ は，(5)式から，

$$G(j\omega) = -\frac{KT}{\infty+1} - j\frac{K}{\infty(\infty+1)} = 0$$

以上から，ベクトル軌跡は，**解図**のように描ける．**(答)**

② 問(2)では，未定係数の決め方に注意する．伝達関数の分母が，$s^2 \cdot (ms + n)$ のような形になった場合，未定係数の項は，s^2 と $(ms + n)$ が分母の2項のみではいけない．必ず，s が分母の未定係数の項も設定するようにすること．

③ 問(3)は，周波数伝達関数のおさらいである．$G(j\omega)$ は実部＋虚部の式とする．

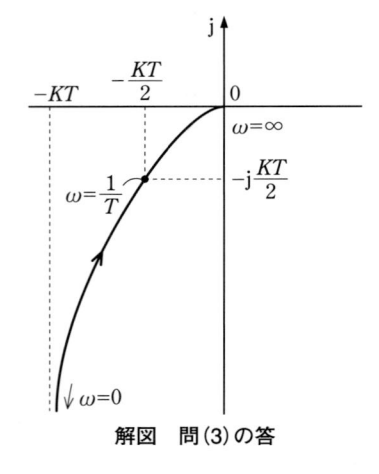

解図　問(3)の答

解　説

　一般に，伝達関数の分母に s^n の因数があるときは，s^n から s に至るまでのすべての次数の s を部分分数の分母とし，未定係数を考えること．本問は，その例である．

　また，未定係数の決め方には，いろいろな方法があるので，問題演習により解法を習得すること．

演習問題 6.15 ランプ応答

入力特性が次式で表される制御要素（図1）がある．次の問に答えよ．

$$y(t) + \frac{1}{T}\int y(t)\,dt = x(t)$$

(1) この制御系の伝達関数 $G(s)$ を求めよ．
(2) 図2のような，時間関数 $x(t) = t$ のラプラス変換 $X(s)$ を示せ．
(3) 図1の制御要素に入力 $x(t)$ として，図2のような時間関数が加わったときの出力の過渡応答 $y(t)$ を求めよ．

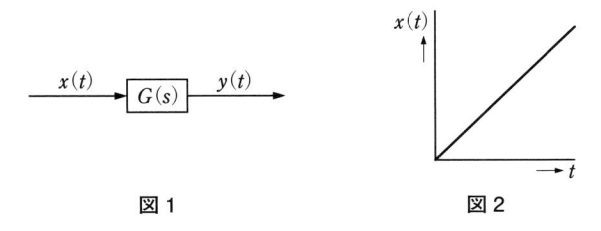

図1　図2

解答

(1) 伝達関数 $G(s)$　題意の式を，初期値＝0としてラプラス変換する．

$$\mathcal{L}\left\{y(t) + \frac{1}{T}\int y(t)\,dt\right\} = Y(s) + \frac{1}{T}\cdot\frac{Y(s)}{s}$$

$$= Y(s)\left(\frac{1+Ts}{Ts}\right) = X(s) \quad \cdots (1)$$

ゆえに，伝達関数 $G(s)$ は，(1)式から，

$$G(s) = \frac{Y(s)}{X(s)} = \frac{Ts}{Ts+1} \quad \textbf{(答)} \quad \cdots (2)$$

(2) $x(t) = t$ のラプラス変換　$x(t)$ のラプラス変換 $X(s)$ は，定義式から，

$$X(s) = \int_0^\infty e^{-st} x(t)\,dt = \int_0^\infty e^{-st}\cdot t\,dt$$

$$= \int_0^\infty \frac{d}{dt}\left(\frac{e^{-st}}{-s}\right)\cdot t\,dt = \left[\frac{e^{-st}\cdot t}{-s}\right]_0^\infty - \int_0^\infty \frac{e^{-st}}{-s}\cdot 1\,dt$$

$$= \frac{1}{-s}\left\{\frac{\infty}{e^\infty} - \frac{0}{e^0}\right\} - \frac{1}{s^2}\left[e^{-st}\right]_0^\infty$$

$$= 0 - \frac{1}{s^2}\times(-1) = \frac{1}{s^2} \quad \textbf{(答)} \quad \cdots (3)$$

解法のポイント

① 問(1)のラプラス変換では，初期値＝0と考えればよい．微積分記号の変換については，交流理論の $j\omega$ と同様である．

② 問(2)の $x(t) = t$ のラプラス変換では，次式のラプラス変換の定義式を用いる．

$$F(s) = \int_0^\infty e^{-st} f(t)\,dt$$

③ ②の定積分の実行では，次式の部分積分の公式が必要である．

$$\int f'(x) g(x)\,dx$$
$$= f(x)g(x) - \int f(x)g'(x)\,dx$$

④ 問(3)で示すような直線入力を**ランプ入力**という．解の求め方は，他の問題と同様である．

(3) 過渡応答 過渡応答 $Y(s)$ は，(2)，(3)式により，未定係数を A, B として，

$$Y(s) = X(s) \cdot G(s) = \frac{1}{s^2} \cdot \frac{Ts}{Ts+1}$$

$$= \frac{T}{s(Ts+1)} = \frac{A}{s} + \frac{B}{Ts+1} \quad \cdots \text{ (4)}$$

(4)式の未定係数を求めると，$A = T, B = -T^2$ である．よって，過渡応答 $y(t)$ は，次式で示せる．状況を**解図**に示す．

$$y(t) = \mathcal{L}^{-1}\{Y(s)\} = \mathcal{L}^{-1}\left\{\frac{T}{s} - \frac{T^2}{Ts+1}\right\}$$

$$= \mathcal{L}^{-1}\left\{\frac{T}{s}\right\} - \mathcal{L}^{-1}\left\{\frac{T}{s+(1/T)}\right\} = T(1 - e^{-t/T}) \quad \textbf{(答)}$$

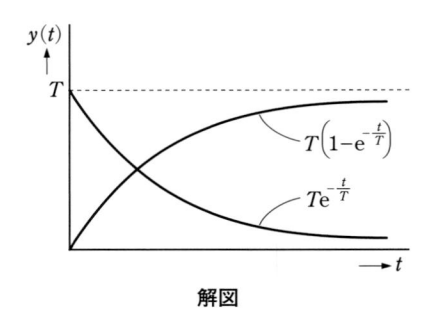

解説

本問のランプ入力は(3)式が示すように $1/s^2$ なので，ステップ入力の $1/s$ より，s の次数が大きい．一般に s の次数が大きいほど，位相が遅れて制御は難しくなる．ゆえに，(2)式の伝達関数のように，微分要素（分子の sT が相当）または一次進み要素(p.367のコラム参照)を加えて位相遅れを補償している．

(3)式の定積分の中の ∞/e^∞ の計算であるが，一般に，$x \ll e^x$ であるから，その結果は 0 になる．

なお，ラプラス変換の公式は，本問のように求め方が問題として出る可能性がある．公式の導出についても必ず学習しておこう．

解図

演習問題 6.16　インパルス応答 1

図のようなフィードバック制御系がある．次の問に答えよ．

(1) 図のブロック線図を等価変換し，$E(s)$ における引出し点を $G_2(s)$ の出力側に移したときのブロック線図を描け．

(2) 上記(1)で求めたブロック線図を用いて，入力 $R(s)$ と出力 $C(s)$ の間の伝達関数 $C(s)/R(s)$ を求めよ．

(3) 伝達関数が，$G_1(s) = 1, G_2(s) = 2/s$ の場合について，$R(s)$ が単位インパルス関数のときの応答，すなわち単位インパルス応答 $c(t)$ を求めよ．

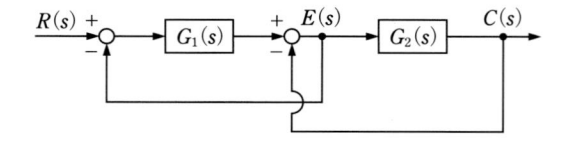

解 答

(1) ブロック線図の変換 $G_2(s)$ の出力側では $E(s)G_2(s)$ の信号が出るから，フィードバックの経路に $1/G_2(s)$ の伝達要素を置けばよい．解図にブロック線図を示す．**(答)**

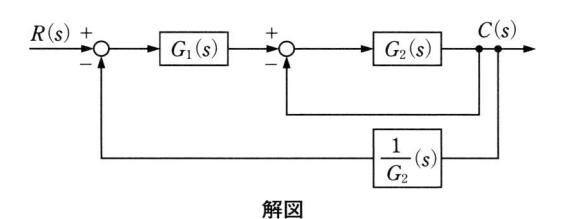

解図

(2) 伝達関数 $W(s)$ $G_2(s)$ を中心とした小ループの伝達関数 $G_{21}(s)$ は，

$$G_{21}(s) = \frac{G_2(s)}{1+G_2(s)} \quad \cdots (1)$$

よって，伝達関数 $W(s)$ は，

$$W(s) = \frac{C(s)}{R(s)} = \frac{G_1(s)G_{21}(s)}{1+G_1(s)G_{21}(s)/G_2(s)}$$

$$= \frac{G_1(s) \cdot \dfrac{G_2(s)}{1+G_2(s)}}{1+G_1(s) \cdot \dfrac{G_2(s)}{1+G_2(s)} \cdot \dfrac{1}{G_2(s)}}$$

$$= \frac{G_1(s)G_2(s)}{1+G_1(s)+G_2(s)} \quad \textbf{(答)} \quad \cdots (2)$$

(3) インパルス応答 $c(t)$ 単位インパルスの入力は，$R(s)=1$ である．よって，応答 $C(s)$ は，題意の数値を代入して，

$$C(s) = R(s)W(s) = 1 \cdot \frac{G_1(s)G_2(s)}{1+G_1(s)+G_2(s)}$$

$$= \frac{1 \cdot (2/s)}{1+1+2/s} = \frac{2}{2s+2} = \frac{1}{s+1} \quad \cdots (3)$$

応答 $c(t)$ は，$C(s)$ をラプラス逆変換して，

$$\therefore c(t) = \mathcal{L}^{-1}\{C(s)\} = \mathcal{L}^{-1}\left\{\frac{1}{s+1}\right\} = e^{-t} \quad \textbf{(答)}$$

解法のポイント

① 問(1)は，引出し点を変更したときに，変更前の同じ信号 $E(s)$ になるように，フィードバック経路に適切な伝達要素を挿入する．

② $G_2(s)$ を中心とした小ループの伝達関数を求め，それを基にして全体の伝達関数を求める．前向き G，フィードバック H で負帰還では，伝達関数 W は，次式で示せる．

$$W = \frac{G}{1+GH}$$

③ 単位インパルス関数は，デルタ関数ともいい，そのラプラス変換値は 1 である．

解 説

単位インパルス入力を行うと，制御対象のラプラス逆変換がそのまま現れるので，理論的な解析を行う場合に有利である．しかし，理想的なインパルス入力，すなわち，時間幅が無限小で，値が無限大の信号を正確に作ることは困難なことが多い．

演習問題 6.17　インパルス応答２

フィードバック制御系について，次の問に答えよ．

(1) 要素の単位インパルス応答 $g(t)$ が次式で表されるとき，この要素の伝達関数 $G(s)$ を求めよ．

$$g(t)=0 \quad (t<0), \quad g(t)=\frac{1}{2}-e^{-t}+\frac{1}{2}e^{-2t} \quad (t\geq 0)$$

(2) この要素に，図のようなフィードバックを掛けたときの閉ループ伝達関数 $W(s)=C(s)/U(s)$ を求めよ．ここで，K は定数であり，$K>0$ である．

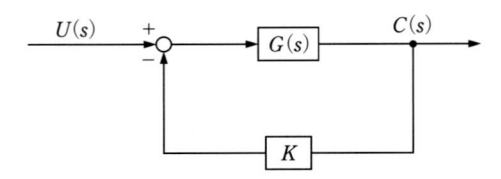

(3) 上記(2)の閉ループ系の安定限界における K の値，及びそのときの持続角周波数 ω [rad/s]を求めよ．

解答

(1) 伝達関数 $G(s)$ は，単位インパルス応答が $g(t)$ であるから，$g(t)$ をラプラス変換すればよい．

$$G(s)=\mathscr{L}\{g(t)\}=\mathscr{L}\left\{\frac{1}{2}-e^{-t}+\frac{1}{2}e^{-2t}\right\}=\frac{1}{2s}-\frac{1}{s+1}+\frac{1}{2}\cdot\frac{1}{s+2}$$

$$=\frac{1}{2}\times\left(\frac{1}{s}-\frac{2}{s+1}+\frac{1}{s+2}\right)=\frac{1}{2}\cdot\frac{2}{s(s+1)(s+2)}$$

$$=\frac{1}{s(s+1)(s+2)} \quad \text{(答)} \quad \cdots (1)$$

(2) 閉ループ伝達関数 $W(s)$ は，(1)式を用いて，

$$W(s)=\frac{C(s)}{U(s)}=\frac{G(s)}{1+K\cdot G(s)}=\frac{\dfrac{1}{s(s+1)(s+2)}}{1+\dfrac{K}{s(s+1)(s+2)}}$$

$$=\frac{1}{s(s+1)(s+2)+K} \quad \text{(答)} \quad \cdots (2)$$

(3) **安定限界の K, ω**　開ループ周波数伝達関数 $G_K(j\omega)$ により，ナイキストの安定判別法を用いる．$G_K(j\omega)$ は，開ループ伝達関数 $K\cdot G(s)$ で，$s=j\omega$ とすればよい．(1)式から，

解法のポイント

① 問(1)の $G(s)$ は，インパルス応答であるから，$g(t)$ のままラプラス変換をする．前問の解説で述べたが，この点が一番重要である．

② 問(2)は，フィードバック接続の伝達関数を求める．

③ 問(3)は，周波数伝達関数により，ナイキストの方法で行うのがよい．開ループ伝達関数で行う．演習問題 6.8 参照．

$$G_K(j\omega) = K \cdot G(j\omega) = \frac{K}{j\omega(j\omega+1)(j\omega+2)}$$

$$= \frac{K}{-3\omega^2 + j\omega(2-\omega^2)} \quad \cdots \text{(3)}$$

安定限界では,$G_K(j\omega)$の値は実軸上の-1である.ゆえに,(3)式の虚部は0である.$\omega=0$は不適.

$$\therefore 2-\omega^2 = 0 \rightarrow \omega^2 = 2$$
$$\therefore \omega = \sqrt{2} \quad (-\sqrt{2}\text{は不適}) \quad \textbf{(答)} \quad \cdots \text{(4)}$$

(3)式に,(4)式の値を代入して,Kを求める.

$$G_K(j\omega) = -1 = \frac{K}{-3 \times 2} = \frac{K}{-6}$$

$$\therefore K = 6 \quad \textbf{(答)}$$

ベクトル軌跡の概要を**解図**に示す.

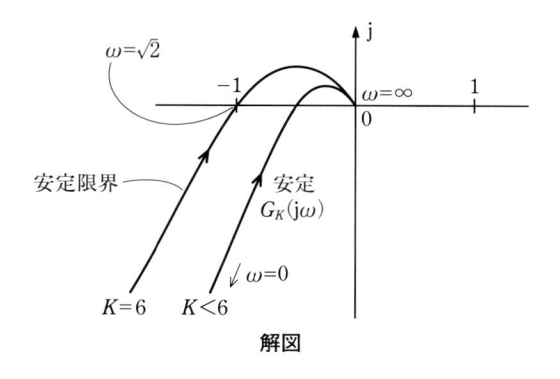

解図

コラム　ステップ応答とインパルス応答

ステップ応答とインパルス応答は,互いに微分と積分の関係になる.一次遅れのステップ応答$y(t)$は,

$$y(t) = 1 - e^{-t/T} \quad (6\text{-}40)$$

であるが,これを微分すると,

$$\frac{dy(t)}{dt} = \frac{1}{T}e^{-t/T} \quad (6\text{-}41)$$

となる.これは**図6-19**のように示せる.他の制御要素でも同様の関係にある.

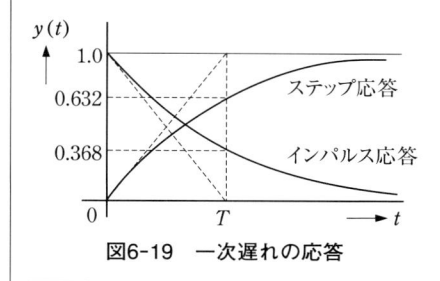

図6-19　一次遅れの応答

演習問題　6.18　定常偏差 1

図のようなブロック線図で表される制御系がある.次の問に答えよ.

(1) 閉路伝達関数 $W(s) = C(s)/R(s)$ を求めよ.

(2) $N=1$ なる場合に対して,$R(s) = 1/s$ なるステップ入力を加えたときの応答 $c(t)$ を求めよ.

(3) $N=0$ 及び $N=1$ とした場合について,$E(s)$ の定常位置偏差及び定常速度偏差を求めよ.

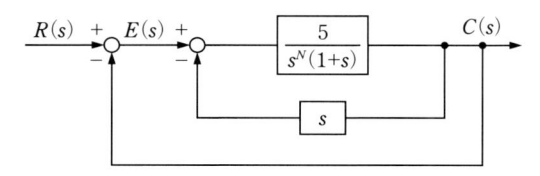

解 答

(1) 閉路伝達関数 $W(s)$ 内側ループの伝達関数 $G(s)$ は，

$$G(s) = \frac{5/s^N(1+s)}{1+5s/s^N(1+s)} = \frac{5}{s^N(1+s)+5s} \quad \cdots (1)$$

ゆえに，$W(s)$ は，(1)式を用いて，

$$W(s) = \frac{C(s)}{R(s)} = \frac{G(s)}{1+G(s)} = \frac{\dfrac{5}{s^N(1+s)+5s}}{1+\dfrac{5}{s^N(1+s)+5s}} = \frac{5}{s^N(1+s)+5s+5}$$

$$= \frac{5}{s^{N+1}+s^N+5s+5} \quad \textbf{(答)} \quad \cdots (2)$$

(2) $N=1$ のステップ応答 $c(t)$ 題意の条件での応答 $C(s)$ は，

$$C(s) = R(s)W(s) = \frac{1}{s} \cdot \frac{5}{s^2+6s+5}$$

$$= \frac{5}{s(s+1)(s+5)} = \frac{A}{s} + \frac{B}{s+1} + \frac{C}{s+5} \quad \cdots (3)$$

(3)式の未定係数 A, B, C は，

$$A = s \cdot C(s)|_{s=0} = \frac{5}{(s+1)(s+5)}\bigg|_{s=0} = \frac{5}{1\times 5} = 1$$

$$B = (s+1) \cdot C(s)|_{s=-1} = \frac{5}{s(s+5)}\bigg|_{s=-1} = \frac{5}{-1\times(-1+5)} = -\frac{5}{4}$$

$$C = (s+5) \cdot C(s)|_{s=-5} = \frac{5}{s(s+1)}\bigg|_{s=-5} = \frac{5}{-5\times(-5+1)} = \frac{5}{20} = \frac{1}{4}$$

となるから，応答 $c(t)$ は，

$$c(t) = \mathcal{L}^{-1}\{C(s)\} = \mathcal{L}^{-1}\left\{\frac{1}{s} - \frac{5}{4}\cdot\frac{1}{s+1} + \frac{1}{4}\cdot\frac{1}{s+5}\right\}$$

$$= 1 - \frac{5}{4}e^{-t} + \frac{1}{4}e^{-5t} \quad \textbf{(答)}$$

(3) 定常位置偏差及び定常速度偏差 偏差 $E(s)$ は，解図のブロック線図から，

$$E(s) = R(s) - C(s) = R(s) - E(s)G(s)$$

$$\therefore E(s) = \frac{R(s)}{1+G(s)} \quad \cdots (4)$$

よって，偏差の最終値 e は，最終値の定理により，

$$e = \lim_{s\to 0} sE(s) = \lim_{s\to 0} s\cdot\frac{R(s)}{1+G(s)} \quad \cdots (5)$$

解法のポイント

① 問(1)は，内側ループ $G(s)$ を求めてから，$W(s)$ を求めること．$G(s)$ は問(3)の偏差評価のときに重要である．

② 問(2)のステップ応答は，部分分数の未定係数をきちんと演算すること．

③ 問(3)の偏差の計算では，最終値の定理(6-33)式を用いる．
　定常位置偏差は，ステップ入力時であり，$R(s)=1/s$ とする．定常速度偏差は，ランプ入力時であり，$R(s)=1/s^2$ とする．

④ $N=0$ 及び $N=1$ の場合について，偏差を求めるが，状況が異なることに注意する．

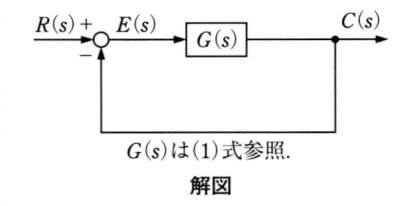

$G(s)$ は(1)式参照．
解図

で表される．$R(s)=1/s$ のときが定常位置偏差，$R(s)=1/s^2$ のときが定常速度偏差を示す．

(a) $N=0$ の場合　(1)式から $G(s)$ は，

$$G(s) = \frac{5}{1+6s} \quad \cdots \ (6)$$

ゆえに，定常位置偏差 e_p は，$R(s)=1/s$ で，(5)式から，

$$e_p = \lim_{s \to 0} s \cdot \frac{1}{s} \cdot \frac{1}{1+\{5/(1+6s)\}} = \lim_{s \to 0} \frac{1+6s}{6+6s} = \frac{1}{6} \quad \textbf{(答)}$$

一方，定常速度偏差 e_v は，$R(s)=1/s^2$ で，(5)式から，

$$e_v = \lim_{s \to 0} s \cdot \frac{1}{s^2} \cdot \frac{1}{1+\{5/(1+6s)\}} = \lim_{s \to 0} \frac{1}{s} \cdot \frac{1+6s}{6+6s} = \infty \quad \textbf{(答)}$$

(b) $N=1$ の場合　(1)式から $G(s)$ は，

$$G(s) = \frac{5}{s(1+s)+5s} = \frac{5}{s(6+s)} \quad \cdots \ (7)$$

ゆえに，定常位置偏差 e_p は，$R(s)=1/s$ で，(5)式から，

$$e_p = \lim_{s \to 0} s \cdot \frac{1}{s} \cdot \frac{1}{1+\{5/s(6+s)\}} = \lim_{s \to 0} \frac{s(6+s)}{s(6+s)+5} = 0 \quad \textbf{(答)}$$

一方，定常速度偏差 e_v は，$R(s)=1/s^2$ で，(5)式から，

$$e_v = \lim_{s \to 0} s \cdot \frac{1}{s^2} \cdot \frac{1}{1+\{5/s(6+s)\}} = \lim_{s \to 0} \frac{1}{s} \cdot \frac{s(6+s)}{s(6+s)+5} = \frac{6}{5} \quad \textbf{(答)}$$

解 説

積分要素の挿入は，定常偏差の是正に効果がある．直結フィードバック系の場合，一巡伝達関数の $F(s)$ の s の指数 N（挿入する積分要素の数）により，0形，1形，2形のように分類する．本問の $N=0$ の場合は0形であり，ステップ入力では偏差が残り，ランプ入力では発散（∞）する．$N=1$ の場合は1形であり，ステップ入力では偏差が零，ランプ入力では偏差が残る．偏差を零とするには，ステップ入力では積分要素を1個，ランプ入力では積分要素を2個挿入する必要がある（p.384のコラム参照）．

なお，問図の内側ループの s は，微分要素であり，積分要素により生じる遅れを補償している．

演習問題 6.19　定常偏差 2

図に示すフィードバック制御系について，次の問に答えよ．ただし，$R(s)$ は目標値，$C(s)$ は制御量，$E(s)$ は偏差，K_1 及び K_2 は定数である．

(1) 閉ループ伝達関数 $W(s) = C(s)/R(s)$ を求めよ．

(2) $W(s)$ を二次遅れ要素の標準形式で表したときの減衰係数 ζ が 0.5，固有角周波数 ω_n が 10〔rad/s〕であるとして，K_1 及び K_2 の値を求めよ．

(3) 上記(2)で求めた K_1 及び K_2 の値を用いて，閉ループ伝達関数 $W_e(s) = E(s)/R(s)$ を求めよ．

(4) 上記(3)の結果を用いて，$R(s)$ にランプ関数 $r(t)=t$ を加えたときの定常速度偏差 ε_S を求めよ．

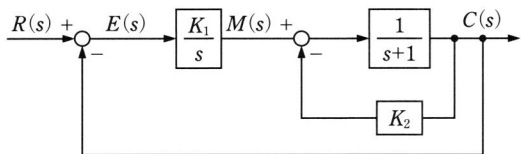

解 答

(1) 閉ループ伝達関数 $W(s)$　内側ループの伝達関数 $G(s)$ は，

$$G(s) = \frac{1/(s+1)}{1+K_2/(s+1)} = \frac{1}{s+1+K_2} \quad \cdots (1)$$

ゆえに，$W(s)$ は，(1)式を用いて，

$$W(s) = \frac{C(s)}{R(s)} = \frac{(K_1/s) \cdot G(s)}{1+(K_1/s) \cdot G(s)} = \frac{K_1}{s(s+1+K_2)+K_1}$$

$$= \frac{K_1}{s^2+(1+K_2)s+K_1} \quad \text{(答)} \quad \cdots (2)$$

(2) K_1 及び K_2 の値　二次遅れ要素の標準形式

$\dfrac{\omega_n^2}{s^2+2\zeta\omega_n s + \omega_n^2}$ と(2)式を比較すると，K_1 及び K_2 は，

$K_1 = \omega_n^2 = 10^2 = 100$　**(答)**

$1 + K_2 = 2\zeta\omega_n$

$\therefore K_2 = 2\zeta\omega_n - 1 = 2 \times 0.5 \times 10 - 1 = 9$　**(答)**

(3) 閉ループ伝達関数 $W_e(s)$　$E(s)$ は，(1)式の $G(s)$ を用いて，解図のように，

$$E(s) = R(s) - C(s) = R(s) - E(s) \cdot \frac{K_1}{s} \cdot G(s)$$

$$= R(s) - \frac{K_1}{s} \cdot \frac{1}{s+1+K_2} \cdot E(s)$$

$$\therefore W_e(s) = \frac{E(s)}{R(s)} = \frac{1}{1+\dfrac{K_1}{s(s+1+K_2)}} = \frac{s(s+1+K_2)}{s^2+(1+K_2)s+K_1}$$

$$= \frac{s(s+10)}{s^2+10s+100} \quad \text{(答)} \quad \cdots (3)$$

(4) 定常速度偏差 ε_S　$R(s)$ にランプ関数 $r(t) = t$ を加えたとき，$R(s) = 1/s^2$ であるから，ε_S は最終値の定理により，(3)式を用いて，

$$\varepsilon_S = \lim_{s \to 0} sE(s) = \lim_{s \to 0} sR(s)W_e(s) = \lim_{s \to 0} s \cdot \frac{1}{s^2} \cdot \frac{s(s+10)}{s^2+10s+100}$$

$$= \lim_{s \to 0} \frac{s+10}{s^2+10s+100} = \frac{10}{100} = 0.1 \quad \text{(答)}$$

解法のポイント

① 問(1)は，内側ループの伝達関数を求めた後，$W(s)$ を求める．

② 問(2)は，問(1)で求めた $W(s)$ を二次遅れ要素の標準形(6-19)式と比較する．二次遅れ要素の標準形は，頻出するので必ず記憶しておくこと．その意味は，演習問題6.4を参照のこと．

③ 問(3)は，定常偏差を求めるための伝達関数の算出である．

④ 問(4)のランプ関数のラプラス変換は，演習問題6.15で計算したように，$1/s^2$ である．定常速度偏差の算出は，前問と同じく最終値の定理を用いる．

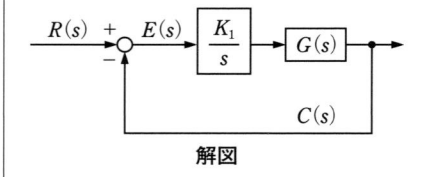

解図

演習問題 6.20 定常偏差3

図のようなフィードバック制御系について，次の問に答えよ．ただし，$R(s)$は目標値，$D(s)$は外乱，$Y(s)$は制御量，$E(s)$は偏差とする．

(1) $R(s)=0$，$C(s)=K$のとき，外乱$D(s)$の時間関数がランプ関数$d(t)=2t$で与えられる場合の定常速度偏差を求めよ．

(2) $C(s)=K$のとき，閉ループ系の安定性の指標の一つである減衰係数ζを0.8に設定するためのKの値を求めよ．

(3) $C(s)=A\cdot\dfrac{s+1}{0.1s+1}$ の場合について，$R(s)$から$Y(s)$までの閉ループ伝達関数を求めよ．

(4) 上記(3)の$C(s)$を用いた閉ループ系の減衰係数ζが0.8になるようなAの値を求めよ．このとき，上記(2)の場合と比較して閉ループ系の固有角周波数を求めることにより速応性はどのくらい変化したかを説明せよ．

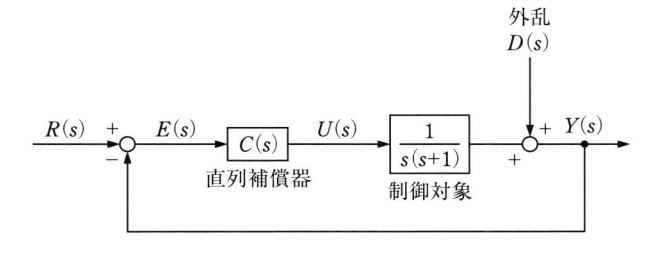

解 答

(1) 外乱による定常速度偏差 偏差$E(s)$は，制御対象を$G(s)$とすると，

$$E(s) = R(s) - Y(s) = R(s) - \{E(s)C(s)G(s) + D(s)\}$$

$$\therefore E(s) = \frac{R(s)-D(s)}{1+C(s)G(s)} = \frac{R(s)-D(s)}{1+C(s)/\{s(s+1)\}}$$

$$= \frac{s(s+1)}{s^2+s+C(s)}R(s) - \frac{s(s+1)}{s^2+s+C(s)}D(s)$$

題意で，$R(s)=0$，$C(s)=K$である．また，ランプ関数$d(t)=2t$のラプラス変換は，$D(s)=2/s^2$であるから，$E(s)$は，

$$E(s) = -\frac{s(s+1)}{s^2+s+K}\cdot\frac{2}{s^2} \quad \cdots \text{(1)}$$

外乱$d(t)$による定常速度偏差e_vは，(1)式に最終値の定理を適用して，

解法のポイント

① 問(1)は，ブロック線図により，偏差$E(s)$と$R(s)$及び$D(s)$の関係を導く．題意から，$R(s)=0$であるから，$E(s)$と$D(s)$の関係が分かる．$E(s)$に最終値の定理を適用して定常偏差を求めるが，外乱$d(t)$（ランプ入力）のラプラス変換を行うこと．

② 問(2)は，制御系全体の伝達関数を求めた後，二次遅れの標準形との比較で答を出す．この場合，$D(s)=0$としてよい．

$$e_v = \lim_{s \to 0} sE(s) = \lim_{s \to 0} s\left\{-\frac{s(s+1)}{s^2+s+K} \cdot \frac{2}{s^2}\right\}$$

$$= \lim_{s \to 0}\left\{-\frac{2(s+1)}{s^2+s+K}\right\} = -\frac{2}{K} \quad \text{(答)}$$

(2) $\zeta=0.8$ の場合の K の値 閉ループ全体の伝達関数 $G_0(s)$ は，$C(s)=K$ なので，

$$G_0(s) = \frac{Y(s)}{R(s)} = \frac{C(s)G(s)}{1+C(s)G(s)} = \frac{K/\{s(s+1)\}}{1+K/\{s(s+1)\}}$$

$$= \frac{K}{s^2+s+K} \quad \cdots \text{(2)}$$

(2)式を二次遅れの標準形と比較すると，

$$\frac{\omega_n^2}{s^2+2\zeta\omega_n s + \omega_n^2} = \frac{K}{s^2+s+K} \quad \cdots \text{(3)}$$

$2\zeta\omega_n = 2 \times 0.8\omega_n = 1$

$\therefore \omega_n = 1/1.6$ となる．よって，K は，

$$K = \omega_n^2 = \frac{1}{1.6^2} \fallingdotseq 0.3906 \quad \text{(答)}$$

(3) $C(s)$ 変更後の閉ループ伝達関数 この場合の $G_0(s)$ は，(2)式から，

$$G_0(s) = \frac{Y(s)}{R(s)} = \frac{C(s)G(s)}{1+C(s)G(s)} = \frac{A \cdot \frac{s+1}{0.1s+1} \cdot \frac{1}{s(s+1)}}{1+A \cdot \frac{s+1}{0.1s+1} \cdot \frac{1}{s(s+1)}}$$

$$= \frac{A}{s(0.1s+1)+A} = \frac{10A}{s^2+10s+10A} \quad \text{(答)} \quad \cdots \text{(4)}$$

(4) A の値と ω_n (4)式を(3)式の二次遅れの標準形と比べると，

$2\zeta\omega_n = 2 \times 0.8\omega_n = 10 \quad \therefore \omega_n = 10/1.6$．よって，$A$ は，

$$10A = \omega_n^2, \quad A = \frac{\omega_n^2}{10} = \frac{10^2}{1.6^2 \times 10} \fallingdotseq 3.906 \quad \text{(答)}$$

ω_n は，(2)の場合に比較して，10倍に増加している．固有角周波数数が大きいほど速応性は良いから，速応性が10倍改善された．**(答)**

［注］ 問(3)の $C(s)$ の補償器は一次進み要素を加味したものであり，ゲインを上げることによる位相余裕の減少をカバーしている(演習問題6.9参照)．

③ 問(3)は，問(2)で求めた伝達関数で，$C(s)$ の部分を変えればよい．

④ 問(4)も二次遅れの標準形との比較で答を出す．

コラム　制御系の形と定常偏差

　制御系の定常偏差は，開ループ伝達関数に含まれる積分要素の数により支配される．そこで，積分要素の個数の違いにより制御要素の形を定義する．一次遅れ要素直結フィードバックの場合，次式の伝達関数 $F(s)$ の s の指数 N(挿入する積分要素の数)により，0形，1形，2形のように分類する．

$$F(s) = \frac{K_N}{s^N(1+Ts)} \quad \cdots \text{(6-42)}$$

　(6-42)式に，①単位ステップ入力(定常位置偏差)，②単位ランプ入力(定常速度偏差)，③単位パラボラ入力($r=t^2/2$ の入力，定常加速度偏差)を加えた場合，制御系の形により，定常偏差は **表6-6** のようになる．②や③の入力(サーボ系に多い)は，積分要素の数が増えるので，位相遅れが生じて安定度の上で問題が起こり得る．

表6-6　直結フィードバック系定常偏差

入力	0形	1形	2形
①	$1/(1+K_1)$	0	0
②	∞	$1/K_2$	0
③	∞	∞	$1/K_3$

演習問題 6.21　安定判別 1

図のようなフィードバック制御系がある．次の問に答えよ．

(1) 系の特性方程式を求めよ．
(2) 系が安定であるための補償器の時定数 T の範囲を，ラウスの方法により求めよ．

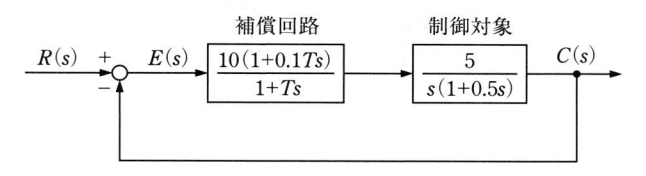

```
        +  E(s)    補償回路           制御対象
R(s) ──○──────→ 10(1+0.1Ts) ──→    5      ──→ C(s)
      -↑          ─────────      ─────────
       │            1+Ts          s(1+0.5s)
       │                                       │
       └───────────────────────────────────────┘
```

解答

(1) 特性方程式　補償回路を $G(s)$，制御対象を $H(s)$ とする．この系の特性方程式 $D(s)$ は，

$$D(s) = 1 + G(s)H(s) = 1 + \frac{10(1+0.1Ts)}{1+Ts} \cdot \frac{5}{s(1+0.5s)} = 0 \quad \cdots (1)$$

(1)式を整理して，

$$Ts^3 + (1+2T)s^2 + 2(1+5T)s + 100 = 0 \quad \textbf{(答)} \quad \cdots (2)$$

(2) 時定数の範囲　(2)式で s^0 の係数が 100 なので，すべての係数が正になる必要がある．よって，s^3 の項では $T>0$，s^2 の項では $1+2T>0 \to T>-0.5$，s の項では $1+5T>0 \to T>-0.2$．ゆえにこれらから，$T>0$ が条件の一つである．

s^3 の係数を a_0 とし順次 a_1, a_2 …とすると，ラウスの数表は，

第 1 行：$a_0 = T$，　$a_2 = 2(1+5T)$
第 2 行：$a_1 = 1+2T$，　$a_3 = 100$
第 3 行：$b_1 = \dfrac{a_1 a_2 - a_0 a_3}{a_1} = \dfrac{(1+2T)\cdot 2(1+5T) - T\cdot 100}{1+2T}$

$$= \frac{20T^2 - 86T + 2}{2T+1} \quad \cdots (3),\quad b_2 = 0$$

第 4 行：$c_1 = \dfrac{b_1 a_3 - a_1 b_2}{b_1} = a_3 = 100$

となるが (b_2 は解説参照)，第 1 列 (縦) がすべて正なら安定である．$T>0$ であるから，b_1 を検討する．(3)式の分子の式，

$$y = 10T^2 - 43T + 1 = 0 \quad \cdots (4)$$

の根を求める．

$$T = \frac{43 \pm \sqrt{43^2 - 4\times 10\times 1}}{2\times 10} \fallingdotseq 4.28,\ 0.023 \quad \cdots (5)$$

解法のポイント

① 特性方程式 $D(s)$ は，閉ループ伝達関数の分母の式である．前向き要素 $G(s)$，フィードバック要素 $H(s)$ とすれば，$D(s) = 1 + G(s)H(s) = 0$ で示される．

② 一般に，$D(s)$ の係数を調べて系の安定を判別する．ラウスの方法では，作成した数表の第 1 列 (縦) がすべて同符号であれば安定である．ただし 0 は不可である．

③ 安定判別の前提として，$D(s)$ の s の係数がすべて存在し，かつ，これらが同符号であることという重要な条件がある．これを忘れてはならない．

(5)式の解から，$0.023 < T < 4.28$ の区間では，$y < 0$，すなわち $b_1 < 0$ であるから，

$0 < T < 0.023$，または，$T > 4.28$ が時定数の範囲．**(答)**

実際的には前者の T の範囲は非常に狭いので，安定性を考えると，$T > 4.28$ を採用するのが普通である(**解図**)．

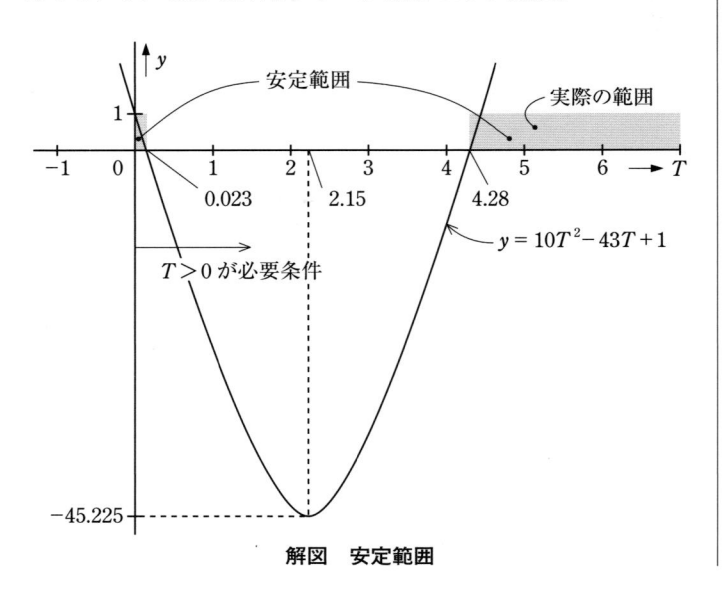

解図　安定範囲

解説

ラウスの数表は，s^n の係数式のときは，第 $n+1$ 行目までを検討すればよい．

$n = 3$ では，a_4 以上の係数は 0(存在しない)であるから，以下のように，$b_2 = 0$，$c_1 = a_3$ となり，係数の計算は実質的に b_1 のみになる．

$$b_2 = \frac{a_1 a_4 - a_0 a_5}{a_1}$$
$$= \frac{0}{a_1} = 0$$

$$c_2 = \frac{b_1 a_3 - a_1 b_2}{b_1}$$
$$= \frac{b_1 a_3}{b_1} = a_3$$

演習問題 6.22　安定判別 2

図のようなフィードバック制御系がある．この系について，次の問に答えよ．ここで，$R(s)$ は目標値，$E(s)$ は偏差，$D(s)$ は外乱，$C(s)$ は制御量である．

(1) この系の特性方程式を求めよ．

(2) 系が安定であるための補償器の比例ゲイン K の範囲を，フルビッツの方法により求めよ．

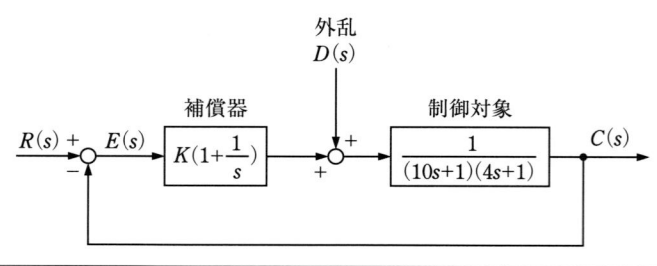

解答

(1) 特性方程式 補償器を $G_C(s)$，制御対象を $G(s)$ とする．外乱 $D(s)=0$ とすると，この系の伝達関数 $W(s)$ は，

$$W(s)=\frac{G_C(s)G(s)}{1+G_C(s)G(s)}=\frac{K\left(1+\dfrac{1}{s}\right)\cdot\dfrac{1}{(10s+1)(4s+1)}}{1+K\left(1+\dfrac{1}{s}\right)\cdot\dfrac{1}{(10s+1)(4s+1)}}$$

$$=\frac{K\left(1+\dfrac{1}{s}\right)}{(10s+1)(4s+1)+K\left(1+\dfrac{1}{s}\right)}=\frac{K(s+1)}{s(10s+1)(4s+1)+K(s+1)}$$

$$=\frac{K(s+1)}{40s^3+14s^2+(K+1)s+K} \quad \cdots (1)$$

よって，特性方程式は，(1)式の分母を 0 とし，

$$40s^3+14s^2+(K+1)s+K=0 \quad \textbf{(答)} \quad \cdots (2)$$

(2) K の範囲 (2)式の特性方程式の s の係数がすべて正の条件から，明らかに，$K>0$ が一つの条件である．特性方程式から，フルビッツの行列式 H を作る．

係数は，s^3 を a_0 とすると順次，$a_0=40$，$a_1=14$，$a_2=(K+1)$，$a_3=K$ となるから，

$$H=\begin{vmatrix}a_1 & a_3 & 0\\ a_0 & a_2 & 0\\ 0 & a_1 & a_3\end{vmatrix}=\begin{vmatrix}14 & K & 0\\ 40 & K+1 & 0\\ 0 & 14 & K\end{vmatrix} \quad \cdots (3)$$

$H_1=a_1=14>0$，

$$H_2=\begin{vmatrix}a_1 & a_3\\ a_0 & a_2\end{vmatrix}=a_1a_2-a_0a_3=14\cdot(K+1)-40\cdot K$$

$$=14-26K>0 \quad \cdots (4)$$

$$H_3=H=a_1a_2a_3-a_0a_3a_3=a_3(a_1a_2-a_0a_3)$$

$$=a_3\cdot H_2=K\cdot H_2>0 \quad \cdots (5)$$

(5)式で，$a_3=K>0$ であるから，H_2 までを検討すればよい．(4)式から，$14-26K>0$，$K<14/26\fallingdotseq 0.538$，

ゆえに，補償器の比例ゲインの範囲は，$0<K<0.538$ **(答)**

解法のポイント

① 系の特性方程式を求めるときは，外乱 $D(s)=0$ として扱う．

② 安定判別のフルビッツの方法は，フルビッツの行列式 H を作り，左上隅から順次対角線上に，部分行列式である H_1，H_2，… を作成する．部分行列式のすべてが正であれば安定である．

解説

一般に s^n の係数式のときは，H_n までを検討するが，$n=3$ では，(5)式のように，$H_3=a_3\cdot H_2$ となるから，実質的には H_2 のみをチェックすればよい（$H_1=a_1$ で自明である）．これは前問の解説で述べたように，ラウスの方法で，第 4 行目が，$c_1=a_3$ になるのと同じことである．

フルビッツの方法は，行列式を決めれば他の係数の計算は不要であり，ラウスの方法よりも数式的な形式はすっきりしている．

演習問題 6.23　安定判別 3，2自由度制御系

図のフィードバック制御系は，2自由度制御系といい，$F(s)$ 及び $K(s)$ の二つの補償器により，目標値 $R(s)$ 及び外乱 $D(s)$ に対して，独立して調整できる．次の問に答えよ．ただし，$U(s)$ は操作量，$Y(s)$ は出力であり，時間信号 $r(t), d(t), u(t), y(t)$ をそれぞれラプラス変換したものである．また，$G(s)$ は制御対象の伝達関数を表す．

(1) $R(s) = 0$ のとき，$D(s)$ から $Y(s)$ までの伝達関数を求めよ．

(2) $D(s) = 0$ のとき，$R(s)$ から $Y(s)$ までの伝達関数を求めよ．

(3) 図において，$G(s) = \dfrac{1}{s^2}$，$F(s) = \dfrac{c}{s^2 + as + b}$，$K(s) = K_P\left(1 + \dfrac{1}{T_I s} + T_D s\right)$ とおく．$D(s) = 0$ のとき，$R(s)$ から $Y(s)$ までの応答特性として，単位ステップ関数の目標値 $r(t) = 1$ に対して出力 $y(t)$ の定常値が 1 となり，かつ，減衰定数が 0.8，固有角周波数が 10[rad/s] を満たす二次系の補償器 $F(s)$ の係数 a, b, c を求めよ．

(4) 上記(3)の補償器 $K(s)$ の名称を答えよ．また，各係数 K_P, T_I, T_D についても答えよ．

(5) 上記(3)において，$F(s)$ は安定な補償器であり，図の制御系全体の安定性は $F(s)$ にはよらない．制御系全体が安定となるために補償器 $K(s)$ の係数 K_P, T_I, T_D が満たさなければならない条件を求めよ．ただし，$K_P > 0, T_I > 0, T_D > 0$ とする．

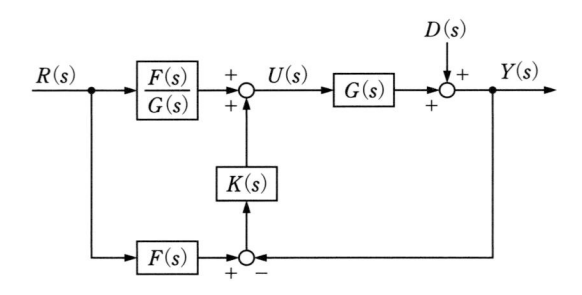

解答

(1) $D(s) \sim Y(s)$ の伝達関数　$U(s)$ は，問図から，

$$U(s) = R(s)\dfrac{F(s)}{G(s)} + K(s)\{R(s)F(s) - Y(s)\} \quad \cdots (1)$$

$R(s) = 0$ のときは，

$$\therefore U(s) = -K(s)Y(s)$$

$$Y(s) = D(s) + U(s)G(s) = D(s) - K(s)Y(s)G(s)$$

$$\therefore Y(s)\{1 + K(s)G(s)\} = D(s)$$

$$\therefore \dfrac{Y(s)}{D(s)} = \dfrac{1}{1 + G(s)K(s)} \quad \text{(答)} \quad \cdots (2)$$

解法のポイント

① 問(1)では，まず $U(s)$ の式を $R(s) = 0$ とせずに求める．この式は問(2)で使う．その後，$R(s) = 0$ として，$Y(s)/D(s)$ を算出する．

② 問(2)では，問(1)で求めた $U(s)$ の式を使って，計算を省力化する．

(2) $R(s) \sim Y(s)$ の伝達関数 $D(s) = 0$ のとき，問図から，(1)式の $U(s)$ を用いて，$Y(s)$ は，

$$Y(s) = U(s)G(s) = G(s)\left[R(s)\frac{F(s)}{G(s)} + K(s)\{R(s)F(s) - Y(s)\}\right]$$

$$= R(s)F(s) + G(s)K(s)R(s)F(s) - G(s)K(s)Y(s)$$

$$\therefore Y(s)\{1 + G(s)K(s)\} = R(s)F(s)\{1 + G(s)K(s)\}$$

$$\therefore \frac{Y(s)}{R(s)} = F(s) \quad \textbf{(答)} \quad \cdots (3)$$

(3) $F(s)$ の係数 減衰係数を ζ，固有角周波数 ω_n とすると，二次遅れ要素の標準形は，$\dfrac{\omega_n^2}{s^2 + 2\zeta\omega_n s + \omega_n^2}$ である．題意の $F(s)$ の係数と比較すると，

$$a = 2\zeta\omega_n = 2 \times 0.8 \times 10 = 16, \quad b = c = \omega_n^2 = 10^2 = 100 \quad \textbf{(答)}$$
$$\cdots (4)$$

次に，出力 $y(t)$ を確認する．単位ステップ信号 $r(t) = 1$ に対するラプラス変換 $R(s) = 1/s$ であるから，$y(t)$ は最終値の定理に，(3)式の関係，(4)式の数値を用いて，

$$y(t) = \lim_{s \to 0}\left\{s \cdot R(s) \cdot \frac{Y(s)}{R(s)}\right\} = \lim_{s \to 0}\{s \cdot R(s) \cdot F(s)\}$$

$$= \lim_{s \to 0}\left\{s \cdot \frac{1}{s} \cdot \frac{100}{s^2 + 16s + 100}\right\} = \frac{100}{100} = 1$$

となるから，前記の答は条件を満たしている．

(4) $K(s)$ の名称 名称は，PID調節計である．K_P は比例ゲイン（比例感度），T_I は積分時間（リセットタイム），T_D は微分時間（レートタイム）である．**(答)**

(5) $K(s)$ の係数の条件 題意から，制御系全体の安定性は $F(s)$ にはよらないから，$R(s)$ は直接関係がなくなり，外乱 $D(s)$ に対する応答が問題になる．よって，(2)式の特性方程式 $1 + G(s)K(s) = 0$ で安定判別を行う．$G(s), K(s)$ に題意の数値を代入すると，

$$1 + G(s)K(s) = 1 + \frac{1}{s^2} \cdot K_P\left(1 + \frac{1}{T_I s} + T_D s\right) = 0$$

$$s^3 + K_P T_D s^2 + K_P s + \frac{K_P}{T_I} = 0 \quad \cdots (5)$$

(5)式の安定判別をラウスの方法で行う．s^3 の係数を a_0 とし順次 $a_1, a_2, \cdots$ とすると，ラウスの数表は，

③ 問(3)は，二次遅れ要素の標準形と題意の $F(s)$ の式を比較して，係数 a, b, c を求めるが，この条件で出力 $y(t)$ の定常値が1になることを確認する．これを忘れると減点される可能性がある．

④ 問(4)では，$K(s)$ の式にある添字 P, I, D が一つのヒントになる．$1/s$ は積分要素，s は微分要素であり，それらが組み合わさっている．

⑤ 問(5)は，問題文をよく読む．系の安定性に $F(s)$ は関係しないから，$R(s)$ は関係しない．関係するのは外乱になる．ここで，問(1)で求めた伝達関数が必要になる．その特性方程式から安定判別を行う．

解 説

2自由度制御系は，問図のように目標値 $R(s)$ に対しては $F(s)$ で，外乱 $D(s)$ に対しては $K(s)$ で，それぞれ独立して自由に調整できる．普通の1自由度制御系では，目標値と制御量の偏差により操作量を決めるので，この両者を同時に制御することは一般に困難である．

PID調節計で注意したいのは，比例ゲイン K_P である．題意の式からも明らかなように，K_P は積分要素にも微分要素にも影響する．よって，PID制御系では，まず K_P の調整が基本になる．なお，K_P の逆数の［％］表示を**比例帯**という．

第 1 行：$a_0 = 1$，$a_2 = K_P$

第 2 行：$a_1 = K_P T_D$，$a_3 = K_P/T_I$

第 3 行：$b_1 = \dfrac{a_1 a_2 - a_0 a_3}{a_1} = \dfrac{K_P T_D \cdot K_P - 1 \cdot (K_P/T_I)}{K_P T_D}$

$= K_P - \dfrac{1}{T_D T_I}$ … (6)

第 4 行：$c_1 = a_3 = K_P/T_I$

となるが，第 1 列（縦）がすべて正なら安定である．題意の $K_P > 0, T_I > 0, T_D > 0$ の条件から，a_0, a_1, c_1 は問題ない．b_1 の検討を行う．(6)式から，

$K_P > \dfrac{1}{T_D T_I}$ ∴ $K_P T_D T_I > 1$ **（答）**

[注] 本問は平成 23 年に出題された内容であるが，平成 17 年にも類似の問題が出題されている．

演習問題 6.24 極に関する計算

図のような制御系について，次の問に答えよ．

(1) 図 1 のブロック線図において，$G(s) = 1/Js$ のとき，正弦波入力 $z(t) = \mathscr{L}^{-1}\{Z(s)\} = \sin 2t$ を加えて，十分時間が経過したときの出力応答 $y(t)$ を求めよ．ただし，$\mathscr{L}^{-1}$ はラプラス逆変換を表す．

図 1

(2) 図 2 のブロック線図において，入力 $U(s)$ から出力 $Y(s)$ までの伝達関数を $G_1(s), G_2(s)$ を用いて表せ．

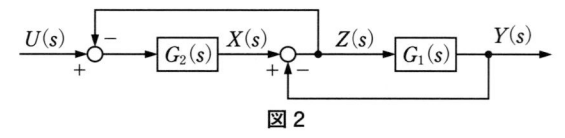

図 2

(3) 図 3 は，図 2 の系を制御対象とするフィードバック制御系を示す．ここで，$G_1(s) = 1/s$，$G_2(s) = 1/2s$ としたとき，目標値 $R(s)$ から出力（制御量）$Y(s)$ までの閉ループ伝達関数の極をすべて -10 とするためのコントローラのパラメータ K_1, K_2 の値を求めよ．

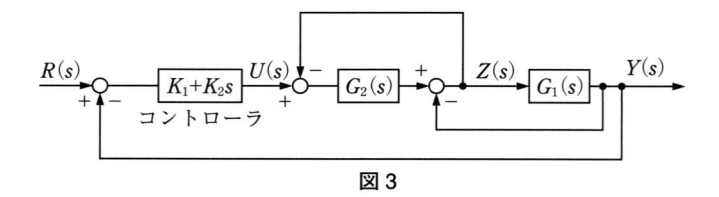

図 3

解答

(1) 正弦波入力の応答 出力 $Y(s) = G(s) \cdot Z(s)$ であるが，$Z(s)$ は，$\sin 2t$ をラプラス変換して，

$$Z(s) = \mathcal{L}\{\sin 2t\} = \frac{2}{s^2 + 2^2}$$

$$\therefore Y(s) = \frac{1}{Js} \cdot \frac{2}{s^2 + 2^2} = \frac{2}{J}\left(\frac{A}{s} + \frac{Bs}{s^2 + 2^2}\right) \quad \cdots \quad (1)$$

(1)式の未定係数 A, B を解く．

$$\frac{A}{s} + \frac{Bs}{s^2 + 2^2} = \frac{A(s^2 + 2^2) + Bs^2}{s(s^2 + 2^2)} = \frac{(A+B)s^2 + 4A}{s(s^2 + 2^2)} \quad \cdots \quad (2)$$

(2)式から，$4A = 1$，$\therefore A = 1/4$．$A + B = 0$，$\therefore B = -A = -1/4$．

$$\therefore Y(s) = \frac{2}{J}\left(\frac{1}{4s} - \frac{s}{4(s^2 + 2^2)}\right) = \frac{1}{2J}\left(\frac{1}{s} - \frac{s}{s^2 + 2^2}\right)$$

よって，出力応答 $y(t)$ は，

$$y(t) = \mathcal{L}^{-1}\{Y(s)\} = \frac{1}{2J}(1 - \cos 2t) \quad \textbf{(答)}$$

(2) $U(s) \sim Y(s)$ の伝達関数 問図 2 の $Z(s)$ の引出し点を $Y(s)$ に移すと，**解図**のようなブロック線図になる．図の $G_1(s)$ の小ループの伝達関数 $G_{10}(s)$ は，

$$G_{10}(s) = \frac{G_1(s)}{1 + G_1(s)}$$

となるから，系全体の伝達関数 $W(s)$ は，

$$W(s) = \frac{Y(s)}{U(s)} = \frac{G_{10}(s)G_2(s)}{1 + \dfrac{G_{10}(s)G_2(s)}{G_1(s)}} = \frac{\dfrac{G_1(s)G_2(s)}{1 + G_1(s)}}{1 + \dfrac{G_1(s)G_2(s)}{1 + G_1(s)} \cdot \dfrac{1}{G_1(s)}}$$

$$= \frac{G_1(s)G_2(s)}{1 + G_1(s) + G_2(s)} \quad \textbf{(答)} \quad \cdots \quad (3)$$

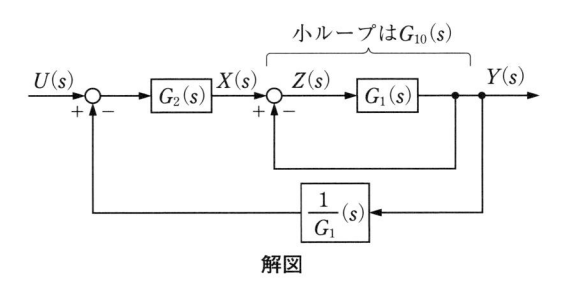

解図

解法のポイント

① 問(1)の $G(s)$ は，$1/Js$ なので積分要素である．入力が $\sin$ であると，出力は積分されて $\cos$ になる．$\cos$ のラプラス変換の分子は s になる．よって，未定係数を決めるときに，例えば，定数 A ではなく，As の形として係数を決めること．

② 問(2)は，$Z(s)$ の部分の引出し点を $Y(s)$ に移して考えるとよい．

③ 問(3)の極は，特性方程式の根であり，伝達関数 $|G(s)| \to \infty$ となる特異点である．一般的には共役複素根として対であるが，本問では実数の -10 であるから，特性方程式の根は重根である．

コラム　二次標準形の極

二次標準形の特性方程式

$$s^2 + 2\zeta\omega_n s + \omega_n^2 = 0 \quad (6\text{-}43)$$

を解くと，$\zeta < 1$ では，

$$s = -\zeta\omega_n \pm j\omega_n\sqrt{1 - \zeta^2} \quad (6\text{-}44)$$

となる．この 2 根を R_1, R_2 とすると，s 平面では，**図 6-20** である．極が原点から離れるほど，また，図の角度 φ が小さいほど減衰は速い．

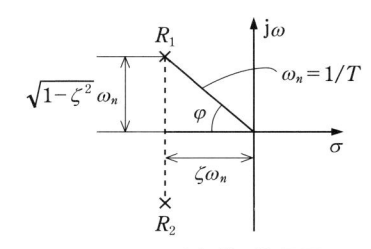

図 6-20　二次標準形極配置

(3) K_1, K_2 の値 $R(s)$ から出力 $Y(s)$ までの伝達関数 $F(s)$ を求める．(3)式の $W(s)$ を用いて，

$$F(s) = \frac{Y(s)}{R(s)} = \frac{(K_1 + K_2 s) \cdot W(s)}{1 + (K_1 + K_2 s) \cdot W(s)}$$

$$= \frac{(K_1 + K_2 s) \cdot \frac{G_1(s) G_2(s)}{1 + G_1(s) + G_2(s)}}{1 + (K_1 + K_2 s) \cdot \frac{G_1(s) G_2(s)}{1 + G_1(s) + G_2(s)}}$$

$$= \frac{(K_1 + K_2 s) G_1(s) G_2(s)}{1 + G_1(s) + G_2(s) + (K_1 + K_2 s) G_1(s) G_2(s)} \quad \cdots (4)$$

(4)式に，題意の値を代入する．

$$F(s) = \frac{(K_1 + K_2 s) \cdot \frac{1}{s} \cdot \frac{1}{2s}}{1 + \frac{1}{s} + \frac{1}{2s} + (K_1 + K_2 s) \cdot \frac{1}{s} \cdot \frac{1}{2s}}$$

$$= \frac{K_1 + K_2 s}{2s^2 + 2s + s + (K_1 + K_2 s)}$$

$$= \frac{K_1 + K_2 s}{2s^2 + (3 + K_2) s + K_1} \quad \cdots (5)$$

(5)式の分母は，s の2次式であるから極は本来2個であるが，題意より，極はすべて実数の -10 であるから，この場合は重根になる．よって，特性方程式の判別式 $D=0$ である．つまり，

$$D = (3 + K_2)^2 - 8K_1 = 0 \quad \cdots (6)$$

極 s_1, s_2 は，(5)式の分母を $D=0$ で解いて，

$$s_1 = s_2 = \frac{-(3 + K_2) \pm \sqrt{D}}{2 \times 2} = -\frac{3 + K_2}{4} = -10$$

$$\therefore K_2 = 10 \times 4 - 3 = 37 \quad \textbf{(答)}$$

K_2 を(6)式に代入すると K_1 は，

$$K_1 = \frac{(3 + K_2)^2}{8} = \frac{(3 + 37)^2}{8} = 200 \quad \textbf{(答)}$$

コラム　代表極

前頁の二次標準形のコラムで述べたように，一般に s 平面に描いた極が原点から離れるほど時定数は小さくなり応答が早まる．したがって，極が原点に近い方が問題になる可能性が高い．そこで複数の極を持つ高次遅れ系の場合では，原点に近い極を代表として選んで，この極により一次遅れ系または二次遅れ系で近似させることが行われる（p.357の解説参照）．

この選んだ極を**代表極**（**代表根**）という．**図 6-21** に示す高次遅れ系の例では，原点に近い p_1 極が代表極として選定される．なお，実軸（σ 軸）とのなす角度（図の φ_1, φ_2）が大きいと，同じ時定数であっても減衰が遅いので注意が必要である．

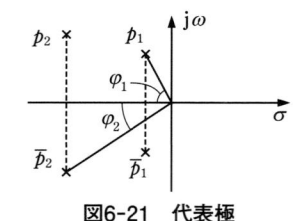

図6-21　代表極

3.6 自動制御

演習問題 6.25　記述関数法

記述関数法は，非線形制御系の解析及び設計によく用いられている．正弦波の入力信号に対するひずみ波出力の高調波を無視して基本波のみを考えたときの，出力の振幅の入力の振幅に対する比を求めたものが記述関数の振幅特性である．図に示される飽和特性の記述関数を求めよ．ただし，入力 $x(t) = X\sin\omega t$ とおき，出力は，$\alpha = \sin^{-1}(1/X)$ とおけば，

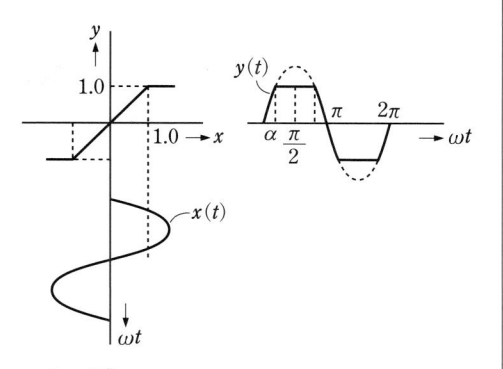

$$y(t) = X\sin\omega t\ (0 < \omega t < \alpha),\ y(t) = X\sin\alpha\ (\alpha < \omega t < \pi/2)$$

で表されるものとして計算せよ．

解答

出力 $y(t)$ で示された波形をフーリエ級数展開すると，

$$y(t) = a_0 + a_1\sin\omega t + a_2\sin 2\omega t + \cdots$$
$$+ b_1\cos\omega t + b_2\cos 2\omega t + \cdots \quad \cdots (1)$$

の形となるが，題意から，基本波のみを考えるので，a_0 及び $2\omega t$ 以上の項は考えなくてよい．また，本問の $y(t)$ は正負対称の奇関数なので，cos の項は存在しない．ゆえに，

$$y(t) = a_1\sin\omega t \quad \cdots (2)$$

とすればよい．題意の条件から，$\omega t = \theta$ とし，$0 \sim \pi/2$ の区間で積分して a_1 を求める．

$$a_1 = \frac{4}{\pi}\int_0^{\pi/2} y(t)\sin\theta\,d\theta$$

$$= \frac{4}{\pi}\left\{\int_0^{\alpha} X\sin\theta\cdot\sin\theta\,d\theta + \int_{\alpha}^{\pi/2} X\sin\alpha\cdot\sin\theta\,d\theta\right\}$$

$$= \frac{4X}{\pi}\left\{\int_0^{\alpha}\sin^2\theta\,d\theta + \sin\alpha\int_{\alpha}^{\pi/2}\sin\theta\,d\theta\right\}$$

$$= \frac{4X}{\pi}\left\{\int_0^{\alpha}\frac{1}{2}(1-\cos 2\theta)\,d\theta\ ^{[注]} + \sin\alpha\int_{\alpha}^{\pi/2}\sin\theta\,d\theta\right\}$$

$$= \frac{4X}{\pi}\left\{\frac{1}{2}\left[\theta - \frac{\sin 2\theta}{2}\right]_0^{\alpha} + \sin\alpha[-\cos\theta]_{\alpha}^{\pi/2}\right\}$$

$$= \frac{4X}{\pi}\left\{\frac{1}{2}\left(\alpha - \frac{\sin 2\alpha}{2}\right) + \sin\alpha\cos\alpha\right\}$$

解法のポイント

① 問図に現れている $y(t)$ の波形のフーリエ展開を行う．波形が対称波であることから，sin の項のみになる．フーリエ級数の sin の係数 a_n の公式は，次式で示される．

$$a_n = \frac{2}{\pi}\int_0^{\pi} y(\theta)\sin n\theta\,d\theta$$

② 題意より基本波のみであることから，基本波の係数 a_1 のみを求めればよい．また，対称波形であるから，区間も $0 \sim \pi/2$ として $4/\pi$ を掛ければよい．積分は $\omega t = \theta$ として行うのがよい．

③ 出力波形は，問図にあるように sin の頭がカットされた曲線である．よって，$\alpha \sim \pi/2$ の区間は，$X\sin\alpha$ の一定値である．

④ 記述関数の定義は問題に書いてある振幅比であるから，a_1/X になる．

$$= \frac{2X}{\pi}(\alpha + \sin\alpha\cos\alpha)$$
$$= \frac{2X}{\pi}\left(\sin^{-1}\frac{1}{X} + \frac{1}{X}\sqrt{1-\frac{1}{X^2}}\right)$$

($\because \sin 2\alpha = 2\sin\alpha\cos\alpha$，題意より $\alpha = \sin^{-1}(1/X)$)

記述関数の振幅特性 N は，出力の振幅の入力の振幅に対する比であるから，

$$N = \frac{a_1}{X} = \frac{2}{\pi}\left(\sin^{-1}\frac{1}{X} + \frac{1}{X}\sqrt{1-\frac{1}{X^2}}\right) \quad \text{(答)}$$

[注] $\sin^2\theta = (1-\cos 2\theta)/2$ の演算
$$\cos 2\theta = \cos(\theta+\theta) = \cos^2\theta - \sin^2\theta$$
$$= \cos^2\theta - \sin^2\theta - \sin^2\theta + \sin^2\theta = 1 - 2\sin^2\theta$$
$$\therefore \sin^2\theta = \frac{1-\cos 2\theta}{2}$$

問図の波形を得るためにリミッタ回路を用いる．

解 説

入力と出力の間に線形関係が成立しない要素がある制御系を**非線形制御系**という．代表的なものに，オンオフ，ヒステリシス，飽和などがある．非線形要素に正弦波を加えると，一般に高調波が発生する．しかし，高調波分は，基本波に対して一般に小さく，低域フィルタなどを適切に考えれば問題となることは少ない．このような系では，諸量を基本波の振幅のみとしてとらえる本問の記述関数法が使われる．また，基本波についても非線形の影響を避けるために，本問のようにピーク付近はカットすることが行われる．

演習問題 6.26 状態変数表現

制御系の状態変数表現は，伝達関数ではなく，システムの中の複数の状態変数（例えば，電圧，電流）を用いて，状態方程式と出力方程式により，その内容を表すものである．状態方程式は，一般に状態変数 x_1，x_2，…と入力変数 u との関係を示した微分方程式である．出力方程式は，状態変数 x_1，x_2，…と出力 y との関係を示した式である．これらは，通常，行列で表現される．

いま，あるシステムの状態方程式①式と出力方程式②式が以下のように与えられている．次の問に答えよ．ただし，$\dot{x} = dx/dt$ である．また，初期値 = 0 とする．

$$\begin{bmatrix} \dot{x}_1 \\ \dot{x}_2 \end{bmatrix} = \begin{bmatrix} 0 & 1 \\ -5 & -8 \end{bmatrix}\begin{bmatrix} x_1 \\ x_2 \end{bmatrix} + \begin{bmatrix} 0 \\ 1 \end{bmatrix}u \quad \cdots ①$$

$$y = \begin{bmatrix} 1 & 0 \end{bmatrix}\begin{bmatrix} x_1 \\ x_2 \end{bmatrix} \quad \cdots ②$$

(1) ①，②式の行列を $\dot{x}_1$, $\dot{x}_2$ 及び y に関する普通の式に変え，ラプラス変換せよ．ただし，行列で示された式のままでよい．また，変数の消去などは不要である．

(2) このシステムの単位インパルス応答を求めよ．

解 答

(1) **式の変換** 題意の行列を $\dot{x}_1$, $\dot{x}_2$ 及び y に関する普通の式で表すと，

解法のポイント

① 問(1)は，行列の簡単な知識があれば解答できる．行列について，おさらいをしておく．

$$\frac{dx_1}{dt} = x_2, \quad \frac{dx_2}{dt} = -5x_1 - 8x_2 + u, \quad y = x_1 \quad \cdots (1)$$

(1)の諸式を，初期値＝0でラプラス変換すると，

$$\left. \begin{array}{l} sX_1(s) = X_2(s) \quad \cdots (2) \\ sX_2(s) = -5X_1(s) - 8X_2(s) + U(s) \quad \cdots (3) \\ Y(s) = X_1(s) \quad \cdots (4) \end{array} \right\} \quad \text{(答)}$$

(2) インパルス応答 (2)式を(3)式に代入し，$X_1(s)$ の式とする．

$$s^2 X_1(s) = -5X_1(s) - 8sX_1(s) + U(s),$$
$$(s^2 + 8s + 5)X_1(s) = U(s) \quad \cdots (5)$$

よって，(4)式の関係から，$Y(s)$ は，

$$Y(s) = X_1(s) = \frac{1}{s^2 + 8s + 5} U(s) \quad \cdots (6)$$

インパルス応答では，$U(s) = 1$ であるから，出力応答 $Y(s)$ は，

$$Y(s) = \frac{1}{s^2 + 8s + 5} \cdot 1 = \frac{1}{(s-\alpha)(s-\beta)} = \frac{A}{s-\alpha} + \frac{B}{s-\beta} \quad \cdots (6)$$

(6)式で，α, β は，s^2 の式の根である．s^2 の式を解くと，

$$s = \frac{-8 \pm \sqrt{64 - 4 \times 5}}{2} = (\alpha, \beta) = (-0.683, -7.317)$$

未定係数 A, B を求めると，

$$A = \frac{1}{\alpha - \beta} = \frac{1}{-0.683 + 7.317} = \frac{1}{6.634}$$

$$B = -\frac{1}{\alpha - \beta} = -\frac{1}{6.634}$$

$$\therefore Y(s) = \frac{1}{6.634}\left(\frac{1}{s+0.683} - \frac{1}{s+7.32}\right) \quad \cdots (7)$$

ゆえに，出力応答 $y(t)$ は，

$$y(t) = \mathcal{L}^{-1}\{Y(s)\} \fallingdotseq 0.151(e^{-0.683t} - e^{-7.32t}) \quad \text{(答)}$$

[解図の例] $x_1 = i, x_2 = v, \dot{x}_1, \dot{x}_2$ は時間微分で，

$$L\dot{x}_1 + Rx_1 + x_2 = u(t) \quad \cdots ① \quad C\dot{x}_2 = x_1 \quad \cdots ②$$
$$y(t) = Rx_1 + x_2 \quad \cdots ③$$

行列形式では，次式で示せる．

$$\begin{bmatrix} \dot{x}_1 \\ \dot{x}_2 \end{bmatrix} = \begin{bmatrix} -R/L & -1/L \\ 1/C & 0 \end{bmatrix} \begin{bmatrix} x_1 \\ x_2 \end{bmatrix} + \begin{bmatrix} 1/L \\ 0 \end{bmatrix} u \quad \cdots ④$$

$$y = \begin{bmatrix} R & 1 \end{bmatrix} \begin{bmatrix} x_1 \\ x_2 \end{bmatrix} \quad \cdots ⑤$$

② 問(2)は，問(1)で求めた式から，変数 X_2 を消去して，X_1 と U との関係にまとめる．そして，出力 Y との関係を見いだす．

③ 問(2)で未定係数を求める場合に，特性方程式の因数分解ができないので，s の2次方程式の2根 α, β から，$A/(s-\alpha), B/(s-\beta)$ の形として，未定係数 A, B を求める

解説

制御系の伝達関数表現では，1入力，1出力以外の制御系は扱いにくい，非線形システムは扱いにくい，初期値を考慮する場合には扱いにくいなどの欠点がある．そのため，大規模なシステムや高度の制御性を求める場合には，状態変数表現が使われる．初期値を考慮するので，制御系内部の微分方程式を直接扱うことになる．

状態変数表現のごく簡単な例を挙げると，**解図**の RLC 回路で，例えば，状態変数として，電流 i を x_1，C の端子電圧 v を x_2 とする．そして，回路の微分方程式から，状態方程式を作成する．出力 y は，図の RC の両端の電圧であり，x_1, x_2 により出力方程式を作る．左記は計算結果である．

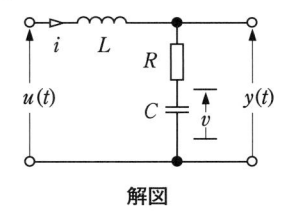

解図

出題傾向分析表

第1章 理論科目出題傾向

網掛部は計算問題、(文)は文章問題

年	静電気, 電気物理	磁気	直流回路	交流回路	過渡現象	電気計測	電子理論
95 (H7)	・孤立導体球の電位		・テブナンの定理 ・電流と電力の定義	・M を含む単相回路	・RL 回路の開路	・誘導型電力量計 ・球ギャップ電圧測定(文)	・接合トランジスタの原理(文)
96 (H8)	・電気物性による損失(文) ・導体球の静電容量, エネルギー ・コンデンサの接続	・中空円筒導体の磁界		・単相回路の計算	・RC 回路の開路	・リサジュー図形(文)	・FET の原理(文)
97 (H9)		・平行導線の電磁誘導 ・棒磁石のモーメント		・負荷の最大電力	・RL と RC の並列回路の電流	・オシロスコープ ・直流電流電圧の測定	・サイリスタの原理(文)
98 (H10)	・三角形配置電荷の電界 ・熱電気現象(文) ・各種効果(文)		・Y-Δ 変換, 電流源	・ひずみ波回路		・指示計器測定範囲(文)	・磁界中の電子の運動 ・演算増幅器
99 (H11)	・電気影像法, 導体平面 ・SI 単位(文)	・回転磁束の電磁誘導	・3電圧による R, X の計算			・直列共振による R, X の測定	・水晶振動子(文) ・FET ソース接地回路
00 (H12)	・同心コンデンサの容量, 力 ・電磁気の量の組合せ(文)	・環状鉄心の電磁誘導 ・板状導体の磁界		・高調波を含む回路	・RC 回路の電流, エネルギー		・整流回路の波形(文) ・発振回路の原理(文)
01 (H13)	・同軸コンデンサの容量 ・各種物理量の計算	・同軸ケーブルの磁界		・RL 回路の電力, 位相 ・4端子回路の定数		・各種波形の電圧測定 ・誘導型電力量計	・半導体の pn 接合(文)
02 (H14)	・埋設半球状導体の電位	・磁界による物理現象(文)	・各種回路の VI 特性(文)	・三相回路の電流	・RL 回路の電流	・2電力計法の原理	・半導体の性質(文)
03 (H15)	・各種導体等の電界	・コイルに働く電磁力	・ミルマンの定理 ・導体内の電気伝導	・理想変圧器を含む回路	・電流源による RC 回路	・オシロスコープ(文)	・磁界中の電子の運動
04 (H16)	・コンデンサの接続, エネルギー		・テブナン, 重ねの理	・ひずみ波回路	・各種回路の波形選択	・磁束量の計測 ・各種計器の原理	・半導体のエネルギー帯(文)
05 (H17)	・点電荷による電界	・環状鉄心のインダクタンス		・非線形回路の電力	・RC 回路の電圧変化	・各種測定器の使用用計器(文)	・MOSFET のインバータ回路
06 (H18)	・平行コンデンサの電界	・環状鉄心の L, M, 電流	・重ねの理	・三相平衡回路	・RC 回路の開路	・温度補償法	・真空中単一電子による電流 ・演算増幅器
07 (H19)	・6角配置電荷の電界	・環状鉄心の M	・ノートンの定理	・2電源の重ねの理	・電源による RC 回路	・接地抵抗測定	・電界中の電子の運動の雑音 ・負帰還増幅回路の雑音
08 (H20)	・平行コンデンサのエネルギー	・環状鉄心のインダクタンス	・非線形回路	・RLC 回路の電流, Z	・RC 回路の開路	・直流電力の測定誤差	・半導体の電気伝導度 ・トランジスタ増幅回路
09 (H21)	・正方形配置点電荷の電界, 力	・環状鉄心の磁界	・電流, 電圧源の変換	・単相回路の電力	・RC 回路の開路	・静電電圧計	・電界中の電子の運動 ・負帰還増幅回路
10 (H22)	・平行導体の静電容量	・円筒導体の磁界	・テブナンの定理	・2電源の重ねの理	・RC 回路の開路	・ヘイブリッジ	・ホール効果 ・演算増幅器
11 (H23)	・円筒導体の電界	・三相鉄心リアクトル	・ノートンの定理	・三相回路の電流	・電源による RL 回路	・抵抗の測定	・pn 接合層 ・バイポーラ増幅回路
12 (H24)	・平行コンデンサの電位	・環状鉄心の磁束, 磁界	・回路網の抵抗	・同相条件回路	・RLC 回路のエネルギー	・オシロスコープのプローブ	・npn バイポーラ増幅回路 ・演算増幅器
13 (H25)	・平行コンデンサの容量, 力	・環状鉄心の仮想変位, 力	・重ねの理	・変圧器のある回路	・RC 回路の電流, エネルギー	・可動コイル測定範囲拡大	・pn 接合ダイオード ・演算増幅器 ・磁界中の電子の運動 ・バイポーラ増幅回路

出題傾向分析表

第2章 電力・管理科目出題傾向

網掛部は計算問題、(文)は文章問題

年	水力発電	火力・原子力発電	発電機	変電所	送電線路	送電電気特性	配電設備	施設管理
95 (H7)		・変圧運転(文)		・地下変火災対策(文)	・ケーブルの許容電流	・電圧維持のSC容量		・周波数変動対策 ・絶縁診断の非破壊試験(文)
96 (H8)	・揚水発の出力	・原子炉の出力制御(文)			・架空線の着氷雪対策(文)	・送電線の電流		・高調波放電流の計算 ・負荷群の不等率、負荷率
97 (H9)	・水力発の出力			・変圧器二次の母線電圧			・平等分布負荷の損失電力(文)	・系統の電圧調整機器(文) ・送配電損失低減策(文)
98 (H10)		・ガスTのNO$_x$対策(文)		・33kV引出口短絡容量		・地絡時の電磁誘導電圧		・需要設備の事故対策(文)
99 (H11)		・軽水炉の反応出力(文)		・変圧器温度上昇試験	・電線のたるみ	・ベクトル図と受電端電圧		・自流式水力の出力 ・変圧器の絶縁耐力試験(文) ・非常用発電設備の保守(文) ・保護電器の具備条件(文)
00 (H12)	・負荷遮断試験	・ボイラ各部の概要(文)		・屋外開放形の安全対策(文)	・3心ケーブルの静電容量		・三相誘導機の負荷電流	・自家用変の漏電流保護(文)
01 (H13)		・コンバインドサイクル(文)	・T発電機の励磁(文)		・スリートジャンプ等(文) ・ケーブルの水トリー(文)		・20kV配電方式の利点(文)	・変圧器絶縁耐力試験(文) ・特高受電方式(文)
02 (H14)		・クロスコンパウンド式(文)	・自己励磁現象(文)		・ケーブルの充電電流			・塩害対策 ・系統連系GL(文) ・変圧器の全自動等
03 (H15)	・揚水発の貯水量他	・貫流ボイラの概要(文)		・接地網の抵抗測定			・配電自動化の概要(文)	・油入変圧器の診断(文)
04 (H16)	・速度調定率計算			・各部の短絡容量 ・調相設備の機能(文) ・母線保護リレー(文)	・電線のたるみ	・送電線路のI, P, Q	・変電所の負荷率等	
05 (H17)	・水力発の出力			・大容量変圧器の輸送(文)	・架空送電線の損失 ・特高線路の自動再閉路		・V結線の短絡容量等	・発電機の経済出力
06 (H18)	・水車の運転(文)		・T発電機の進相運転(文)	・移動変電所の概要(文)	・通信線の電磁誘導		・配電網同ループ電流	・系統間の潮流 ・特高需要家地絡保護
07 (H19)				・母線の短絡電流 ・変圧器の並行運転		・フェランチ現象のベクトル図		・分散電源の連系
08 (H20)	・負荷遮断試験 ・揚水発の計算			・接地設計、接触電圧 ・特高変電所の輸送電流	・電線のたるみ		・配電線の混触事故	・変圧器絶縁耐力試験(文) ・短絡容量増大対策(文)
09 (H21)	・水車出力計算	・中小規模電力貯蔵(文)		・変圧器の並行運転	・地中ケーブルの設計(文) ・送電線路の自動再閉路(文)		・発電機の経済出力	・安定度の安定化方式(文)
10 (H22)	・負荷遮断試験 ・揚水発の計算		・T発電機の励磁方式(文)		・活線電磁性吊点接地方式(文)		・電圧降下計算	・特殊受電方式(文)
11 (H23)			・同期発電機の励磁方式(文)			・各所の電圧、調相容量	・異容量V結線の負荷、利用率	・保安規程(文) ・誘導G連系の電圧低下
12 (H24)	・揚水発の計算			・分散電源連系の短絡電流 ・変電所電圧調整手法	・架空地線の雷事故(文)	・進へい線の効果		・系統の周波数変動 ・送配電負荷率、損失係数
13 (H25)		・自然循環ボイラの概要(文)			・3心ケーブルの静電容量	・電力円線図、電圧限度		・高圧連系時の保護RY(文) ・高調波放電流計算 ・電力の需給、貯蔵(文)

第3章 機械・制御科目出題傾向

網掛部は計算問題，(文)は文章問題　FBはフィードバックの略

年	直流機	同期機	変圧器	誘導機	パワーエレクトロニクス	自動制御
95 (H7)	・分巻Mの電圧，トルク	・水素冷却方式(文)	・変圧器の%Z降下			・安定のための時定数範囲
96 (H8)	・分巻Gの安定運転条件(文)		・3巻線変圧器の電圧，%Z		・浮動充電方式UPS(文)	・ナイキスト線図，安定条件
97 (H9)			・油入式の冷却方式(文)	・L形回路からトルク計算	・半導体電力変換装置(文)	・制御要素，ラプラス変換
98 (H10)	・電動機の起電力，出力		・2巻線変圧器を単巻変圧器に		・電力調整装置の原理(文)	・B線図変換，インパルス応答
99 (H11)		・発電機の損失(文)	・損失，効率計算		・電圧，電流形逆変換装置(文)	・直結FB系固有周波数伝達関数
00 (H12)	・電圧変動率の計算			・L形回路の定数，出力	・昇降圧チョッパ回路	・二次遅れ定常速度偏差
01 (H13)			・各種数値から損失等の計算	・L形回路から諸量計算	・DC電源装置電圧制御(文)	・ステップ応答，ベクトル軌跡
02 (H14)			・変圧器の並行運転	・諸特性の正誤(文)	・双方向電力変換回路	・二次遅れFB制御系過渡応答
03 (H15)			・各種数値からZ，効率	・逆相制動	・電圧，電流形インバータ(文)	・FB制御系安定限界のω
04 (H16)			・定数，電圧変動率，効率計算	・滑りとトルクの計算	・ブリッジ整流回路(文)	・外乱がある系の偏差
05 (H17)	・チョッパ制御のトルク他		・2巻線変圧器の単巻利用		・三相ブリッジ整流回路	・2自由度制御系
06 (H18)			・漂遊負荷損，効率の計算	・比例推移の計算	・ブーストコンバータ	・出力応答，極の計算
07 (H19)		・電動機起電力，出力	・損失，効率計算		・降圧チョッパの温度計算	・直列補償の定常速度偏差
08 (H20)			・負荷接続時の計算	・比例推移の計算	・三相半波整流回路	・二次遅れのステップ応答
09 (H21)			・並行運転の計算	・残留電圧の計算	・三相インバータの計算	・系安定のためのゲイン調整
10 (H22)		・三相突発短絡試験	・損失，効率計算		・三相インバータの計算	・直列補償器のゲイン特性
11 (H23)			・スコット結線	・滑り，制動トルク計算	・チョッパによる電池の充放電	・2自由度制御系
12 (H24)	・可逆チョッパでの速度制御	・発電機の巻線係数			・PM制御電圧型インバータ	・FB制御系の各種計算
13 (H25)			・V結線の計算	・T形等価回路計算	・逆並列接続電力調整回路	・FB制御系の安定判別，定常偏差

(注) 自動制御のジャンル別分類は次ページ参照．

自動制御ジャンル別分類

年	ブロック線図,伝達関数	ラプラス変換	周波数応答	安定判別	出力応答	定常偏差	2次標準形	その他
95 (H7)				○				
96 (H8)			○	○ ナイキスト				
97 (H9)		○			○ ランプ ○ インパルス			
98 (H10)		○	○	○ 位相余裕				
99 (H11)	○						○	
00 (H12)						○ ランプ	○	
01 (H13)	○	○			○ ステップ			
02 (H14)	○	○			○ ステップ		○	
03 (H15)	○	○		○ ナイキスト	○ インパルス			
04 (H16)	○			○				○ 特性方程式
05 (H17)	○		○		○ 正弦波		○	○ 2自由度系
06 (H18)	○							○ 極
07 (H19)	○				○ ステップ	○ ランプ	○	
08 (H20)	○			○			○	
09 (H21)	○		○			○ ランプ		
10 (H22)	○	○	○ ボード線図	○ ナイキスト		○ 正弦波		
11 (H23)	○	○					○	○ 2自由度系
12 (H24)	○				○ ステップ	○ ランプ		
13 (H25)	○			○	○ インパルス	○ ランプ		

索　引

（あ）
アクティブフィルタ ……… 322
圧力水頭 ………………… 86
アボガドロ数 …………… 108
アンダーソンブリッジ …… 68
安定度 …………………… 211
安定判別 ………………… 351
安定巻線 ………………… 175
アンペアの法則 ………… 14

（い）
位相角 …………………… 347
位相進み補償器 ………… 366
一次遅れ要素 …………… 347
一次進み要素 …………… 367
一巡伝達関数 …………… 346
位置水頭 ………………… 86
一般解 …………………… 49
移動度 ……………… 72, 77
イマジナリーショート …… 82
異容量V結線方式 ……… 184
インパルス応答 …… 349, 379
インパルス関数 ………… 347
インピーダンス電圧 … 268, 274
インピーダンスワット …… 274

（う）
ウィーヘルト法 ………… 67
渦電流損 ………… 14, 59, 269
内分巻 …………………… 240
運転持続時間 …………… 229

（え）
影像電荷 ………………… 7
影像力 …………………… 7
エネルギー密度 ……… 3, 15
エミッタ接地電流増幅率 … 72
エミッタ接地等価回路 … 73
円形コイル ……………… 14
演算増幅器 ………… 73, 82, 83

円線図 …………………… 297
エンタルピー …………… 99
円筒機 …………………… 249
エントロピー …………… 99
円の方程式 ……………… 355

（お）
オームの法則 ………… 28, 36
遅れ側接続 …………… 185, 196
オシロスコープ ……… 69, 70
温度上昇試験 …………… 121
温度補償 ………………… 63

（か）
加圧試験 …………… 209, 217
界磁制御 ………………… 236
回収期間法 ……………… 224
回生制動 …………… 236, 315
開放伝達アドミタンス …… 165
ガウスの定理 …………… 2
架空電線路 ……………… 140
角速度 …………………… 234
核燃料 …………………… 101
核分裂エネルギー ……… 101
かご形 …………………… 296
重ねの理 …………… 29, 31
重ね巻 …………………… 235
河川水量 ………………… 86
仮想短絡 ………………… 82
仮想変位 …………… 3, 8, 15
過渡安定度 ……………… 211
可動コイル形 ……… 58, 61, 63
可動鉄片形 ……………… 61
過渡応答 ………………… 349
過渡解 …………………… 48
過熱蒸気 ………………… 99
可能出力曲線 …………… 111
ガバナフリー ………… 93, 225
過負荷耐量 ……………… 118
過保償 …………………… 172

火力価値代替法 ………… 224
カルノーサイクル ……… 99
乾き度 …………………… 99
乾き燃焼ガス量 ………… 101
簡易等価回路 …………… 268
環状鉄心 ………………… 19

（き）
機械損 …………………… 234
記号法 …………………… 36
記述関数法 ………… 348, 393
起磁力 …………………… 15
起磁力法 …………… 259, 260
起電力法 ………………… 260
規約効率 ………………… 269
逆転制動 ………………… 236
キャビテーション ……… 86
起誘導電流 ……………… 155
境界条件 ………………… 3
供給電力最大の定理 …… 29
強磁性体 ………………… 14
共振回路 ………………… 37
共振の鋭さ ……………… 37
共役複素解 ……………… 49
許容抵抗モーメント …… 147
許容電流 …………… 141, 151
極 ………………………… 350
極性符号 ………………… 39
キルヒホッフの法則 …… 28

（く）
クーロンの法則（磁極）…… 15
クーロンの法則（電荷）…… 2
クレーマ方式 …………… 298
クロスボンド方式 ……… 151

（け）
計器用変圧器 …………… 58
軽水炉 …………………… 101
系統定数 ………………… 211

索　引

系統連系 ……………… 208
ゲイン ………………… 347
結合係数 ……………… 15
減価償却費 …………… 210
現在価値比較法 ……… 224
減速材 ………………… 101
限流リアクトル ……… 208

（こ）

降圧チョッパ ………… 321
格子率 ………………… 320
高調波回路 ………… 45, 209
効率 …………………… 234
交流励磁機方式 ……… 113
誤差 …………………… 58
誤差率 ………………… 58
固定損 ………………… 234
固定費 ………………… 210
ごみ発電 ……………… 111
コレクタ接地回路 …… 79
コレクタ接地等価回路 … 73
コンデンサ …………… 2
コンバインドサイクル … 100

（さ）

サーミスタ …………… 63
サイクロコンバータ … 322
最高使用電圧 ………… 150
最終値の定理 ………… 351
最小定理 ……………… 311
再生サイクル ………… 100
最大定理 ……………… 311
最大電力 ……………… 40
再熱サイクル ………… 100
再熱再生サイクル …… 100
サイリスタ …………… 320
サイリスタ始動方式 … 97
作用インダクタンス … 22, 152
作用静電容量 …… 11, 141, 152
三相昇圧器 …………… 185
三相全波整流回路 …… 321
三相短絡電流 ………… 120
三相半波整流回路 …… 320
三巻線変圧器 …… 122, 175, 269

（し）

シース損 …………… 141, 151
磁界の強さ …………… 14
磁気回路のオームの法則 … 15
磁気抵抗 ……………… 15
磁気比装荷 …………… 234
自己インダクタンス … 15
自己始動法 …………… 251
自己始動方式 ………… 97
自己制御性 …………… 94
自己容量 …………… 198, 291
自己励磁現象 …… 110, 317
磁性体 ………………… 14
支線 …………………… 140
磁束 …………………… 14
磁束鎖交数 …………… 15
磁束密度 ……………… 14
実効値 ……………… 36, 37
実数解 ………………… 49
始動電動機法 ………… 251
自動負荷制限 ………… 208
湿り燃焼ガス量 ……… 101
斜たるみ ……………… 140
遮へい係数 ………… 155, 179
遮へい材 ……………… 101
ジュール熱 …………… 28
重解 …………………… 49
縦続接続 ……………… 73
周波数応答 …………… 348
周波数伝達関数 ……… 347
出力係数 ……………… 234
受動形 SVC …………… 322
需要率 ………………… 209
循環電流 ……………… 133
瞬時値 ………………… 36
昇圧チョッパ ………… 321
昇圧比 ………………… 198
消弧リアクトル …… 154, 172
小水力発電 …………… 111
状態変数表現 ……… 348, 394
自立運転 ……………… 206
自流式発電所 ………… 210
自励式インバータ …… 321
新エネルギー発電 …… 111

進行波 ……………… 155, 182, 183
進相運転 ……………… 204
進相コンデンサ ……… 209
振動片形周波数計 …… 70
信頼度 ………………… 211

（す）

水圧変動率 …………… 87
垂直荷重 ……………… 140
水平縦荷重 …………… 141
水平横荷重 …………… 141
スインバーンの補償回路 … 63
スコット結線 …… 270, 294, 295
進み側接続 ………… 184, 196
進み制御要素 ………… 367
ステップ応答 ……… 349, 379
ステップ関数 ………… 347

（せ）

制御材 ………………… 101
正弦波交流 …………… 36
整合 …………………… 29
整合抵抗 ……………… 183
静止形無効電力制御装置 … 322
静止形無効電力補償装置 … 130
静止励磁方式 ………… 113
整数比 ………………… 70
正相インダクタンス … 154
静電エネルギー …… 3, 5, 6
静電電圧計 …………… 64
静電誘導 …………… 155, 181
静電容量 ……………… 2
制動 ………………… 236, 315
制動巻線 ……………… 254
整流形 ……………… 58, 62
整流作用 ……………… 235
積分回路 ……………… 82
積分時間 ……………… 352
絶縁耐力試験 ……… 209, 210
接触電圧 ……………… 121
接地形計器用変圧器 … 185
接地抵抗 …………… 35, 66
セルビウス方式 ……… 298
線間短絡電流 ………… 120

索　引

全電圧始動 …………………… 297
全日効率 …………………… 121, 269
線路容量 …………………… 198, 291

（そ）

相互インダクタンス …… 15, 39
増磁作用 …………………… 115
相当大地面の深さ …… 167, 177
増分送電損失 …………………… 210
増分燃料費 …………………… 210
速度水頭 …………………… 86
速度調定率 …………………… 87
速度変動率 …………………… 87
外分巻 …………………… 240
損失係数 …………………… 214

（た）

タービン室効率 …………………… 100
第5次高調波電流 …………………… 218
ダイオード …………………… 320
対称座標法 …………………… 154, 175
代表極（根） …………………… 350, 392
太陽電池 …………………… 111
脱調 …………………… 249
多導体 …………………… 173
他励式 …………………… 235
他励式インバータ …………………… 321
段絶縁 …………………… 217
単相制動 …………………… 315
単相全波整流回路 …………………… 320
単相半波整流回路 …………………… 320
単相誘導電動機 …………………… 297
段々法 …………………… 232
単独運転 …………………… 206
単巻変圧器 …………………… 270
短絡試験 …………………… 274
短絡伝達インピーダンス …… 165
短絡電流 …………………… 120
短絡比 …………………… 110, 250
短絡法 …………………… 121
短絡容量 …………………… 120

（ち）

地熱発電 …………………… 111

抽気 …………………… 100
中性点電圧 …………………… 43
調整池式発電所 …………………… 210
調速機試験 …………………… 95
直軸反作用 …………………… 249
直線減少負荷 …………………… 204
直線増加負荷 …………………… 184
直巻式 …………………… 235
直流励磁機方式 …………………… 113
直列コンデンサ …………………… 162
直列接続 …………………… 28
直列リアクトル …………………… 218
チョッパ制御 …………………… 236, 321
地絡遮断装置 …………………… 201
地絡電流 …………………… 153

（て）

定態安定度 …………………… 211
抵抗 …………………… 28
抵抗制御 …………………… 236
抵抗整流 …………………… 235
抵抗損 …………………… 141
定常位置偏差 …………………… 351
定常解 …………………… 48
定常加速度偏差 …………………… 351
定常速度偏差 …………………… 351
定常偏差 …………………… 384
低濃縮ウラン …………………… 108
定率法 …………………… 224
デジタル式周波数計 …………………… 70
鉄機械 …………………… 234, 250
鉄損 …………………… 59, 234
テブナンの定理 …………………… 29, 30
デルタ関数 …………………… 347
電圧形インバータ …………………… 321
電圧源 …………………… 29, 32
電圧降下 …………………… 120, 152
電圧上昇率 …………………… 87
電圧制御 …………………… 236
電圧整流 …………………… 235
電圧増幅度 …………………… 73
電圧定数 …………………… 165
電圧不平衡率 …………………… 293
電圧変動率 …………………… 235, 269, 273

電圧方程式 …………………… 158
電位 …………………… 2, 6
電位係数 …………………… 13
電位差法 …………………… 3
電位の傾き …………………… 2
電界の強さ …………………… 2
電気影像法 …………………… 3, 7, 11
電機子反作用 …………………… 235, 249
電気伝導 …………………… 76, 77
電気比装荷 …………………… 234
電子 …………………… 72
電磁エネルギー …………………… 15
電磁誘導 …………………… 155
電線の実長 …………………… 140
電線のたるみ …… 140, 142, 143
電束密度 …………………… 3
伝達関数 …………………… 346
電柱の曲げモーメント …… 141
伝播速度 …………………… 183
転流 …………………… 325
電流 …………………… 28
電流形インバータ …………………… 322
電流帰還バイアス回路 …………………… 80
電流源 …………………… 29, 32
電流増幅度 …………………… 73
電流増幅率 …………………… 72
電流定数 …………………… 165
電流密度 …………………… 28, 72
電力 …………………… 28
電力円線図 …………………… 158
電力増幅度 …………………… 73
電力量計 …………………… 59

（と）

等価負荷法 …………………… 129
銅機械 …………………… 234, 250
同期化電流 …………………… 110
同期始動法 …………………… 251
同期始動方式 …………………… 97
等起磁力の法則 …………………… 268, 269
同期速度 …………………… 234
同期調相機 …………………… 251
同期投入 …………………… 110
同期ワット …………………… 296

索 引

透磁率	14
同心球コンデンサ	9
等増分燃料費の法則	210
銅損	28, 234
導体球	4
灯動共用方式	184
特殊かご形	297
特性方程式	51, 350, 351
突極機	249
突発短絡	263, 264
トリチェリの定理	86
トルク	234

(な)

ナイキストの安定判別	349, 352
流込式発電所	210
波巻	235

(に)

二次遅れ要素	347
二次標準形の極	391
二次励磁法	298
二相交流	295
二反作用理論	251

(ね)

熱回路のオームの法則	141
熱サイクル効率	100
熱放散係数	139
熱力学の法則	99
燃料電池	111

(の)

ノード法	29, 33
ノートンの定理	29
能動形 SVC	322

(は)

バイポーラトランジスタ	72
倍率器	58
波形率	36
波高率	36
はしご形回路	34
発振	73

発電機の基本式	154
発電制動	236, 315
発電端(熱)効率	100
波動インピーダンス	155, 183
パワー MOSFET	320
パワートランジスタ	320
半減期	109
反射材	101

(ひ)

ピーク角周波数	348
比エンタルピー	99
比エントロピー	99
ビオ・サバールの法則	14, 26
微小コンデンサ法	3
ヒステリシス損	14, 59, 269
ヒステリシスループ	14
ひずみ波	37
ひずみ率	37
非絶縁変圧器	270
非線形回路	46
非線形素子	46
比速度	86, 89
比電荷	72
微分回路	82
微分時間	352
微分方程式	48
平等分布負荷	184
表面電荷密度	7
漂遊負荷損	234, 239
比率計形周波数計	70
比例感度	352
比例推移	297
比例帯	352, 389

(ふ)

ファラデーの法則	15
フィードバック	346
風力発電	111
フェランチ現象	115
負荷時タップ切換変圧器	132
負荷遮断試験	95
負荷制限機構	93
負荷損	234

負荷率	209
負帰還増幅回路	84
不等率	209
部分分数	368
ブラシ電気損	239
ブラシレス励磁方式	113
プラッギング	236
プランクの定数	72
ブリッジ回路	29
フルビッツの方法	351, 352
フレミングの左手則	14, 17
フレミングの右手則	15, 17
プロセス制御	352
ブロック線図	346
分圧器	58
分布定数回路	182
分巻式	235
分流器	58

(へ)

ベース接地電流増幅率	72
平均値	36
並行運転(発電機)	110
並行運転(変圧器)	269
平行平板コンデンサ	5, 12
ヘイブリッジ	68
並列接続	28
ベクトルオペレータ	36, 37, 154
ベクトル軌跡	44, 348
ベクトル制御	322
ペナルティ係数	210
ベルヌーイの定理	86
変位電流	21
変動費	210
辺延び Δ 結線形	185, 199
変流器	58

(ほ)

ボード線図	348
ホール素子	59
ボイラ効率	99
崩壊定数	109
補極	235
補償器始動	297

403

索 引

補償巻線 ………………… 235
補償リアクトル接地方式 …… 172
補正 ……………………… 58
補正率 …………………… 58
歩幅電圧 …………… 35, 121
ポンプ水車の比速度 …… 87, 90

（ま）

前向き伝達関数 …………… 346
巻数比 …………………… 268
巻線形 …………………… 296
巻線係数 ………………… 254

（み）

未定係数 ………………… 368
ミルマンの定理 …… 29, 33, 43

（む）

無限大母線 ……………… 123
無限長ソレノイド ………… 14
無効横流 ………………… 110
無損失線路 ………… 155, 182
無停電電源装置 ………… 322

（も）

モータコントリビューション
……………………… 124
模型水車 ………………… 86
モリエ線図 ……………… 103

（ゆ）

有効横流 ………………… 110
誘電損 …………………… 141
誘電体 …………………… 3
誘電率 …………………… 2
誘導係数 ………………… 13
誘導試験 …………… 209, 217
誘導障害 ………………… 155
誘導性リアクタンス ……… 36
誘導電荷 ………………… 13
誘導発電機 ……………… 297

（よ）

容量係数 ………………… 13

容量性リアクタンス ……… 36
横軸反作用 ……………… 249
弱め界磁 ………………… 242

（ら）

ラウスの方法 ……… 351, 352
ラプラス演算子 …… 346, 347
ラプラス逆変換 ………… 347
ラプラス変換 …………… 347
ランキンサイクル ………… 99
ランプ応答 ……………… 349
ランプ入力 ……………… 375

（り）

リアクトル始動 ………… 297
力率 ………………… 37, 209
力率角 …………………… 37
リサジュー図形 ………… 70
理想気体 ………………… 100
理想変圧器 ………… 47, 268
流況曲線 ………… 210, 219
流出係数 ………………… 86
理論空気量 ……………… 101
理論酸素量 ……………… 100
臨界点 …………………… 99

（る）

ループ法 ………………… 29
ループ利得 ……………… 84

（れ）

零位法 …………………… 58
冷却材 …………………… 101
零相インダクタンス …… 154
零相電圧 ………………… 154
零点 ……………………… 350
連続の原理 ……………… 86

（ろ）

ロードリミッタ ………… 225
ローレンツ力 …………… 76

（わ）

ワードレオナード ……… 236

（数字）

2階微分 ………………… 12
2自由度制御系 ………… 389
2線短絡 ………………… 176
2電力計法 …………… 59, 65
3電圧計法 …………… 41, 59
3電流計法 ……………… 59
4端子回路 ……………… 153
4端子定数 ……………… 153

（記号，アルファベット）

％インピーダンス …… 120, 268
％抵抗降下 ……………… 268
％リアクタンス降下 …… 268
A種柱 …………………… 147
BWR ……………………… 101
B種柱 …………………… 147
D動作 …………………… 352
EVT ……………………… 185
FET ………………… 73, 83
GTO ……………………… 320
h定数等価回路 ………… 73
IGBT ……………………… 320
I動作 …………………… 352
L形等価回路 …………… 296
OPアンプ ………………… 73
PD ………………………… 58
PID制御 ………………… 352
PID調節計 ……………… 389
PV ………………………… 111
PWR ……………………… 101
P動作 …………………… 352
SVC ………………… 130, 322
SVG ……………………… 130
UPS ……………………… 322
V/f制御 ………………… 322
VT ………………………… 58
V特性 …………………… 251
Y-Δ始動 ………………… 297
Y結線 …………………… 37
Δ-Y(Y-Δ)変換 …… 29, 32
Δ結線 …………………… 37

〈著者略歴〉

菅 原 秀 雄 （すがはら ひでお）

1948年生まれ．1971年(株)タクマ入社
平成4年度　電験第一種合格
博士(工学)，技術士(電気電子，衛生工学，総合技術監理)
現在　菅原技術士事務所所長
著書「電験二種攻略　一次重要事項と二次論説」
　　「電験三種合格一直線　理論」
　　「電験三種合格一直線　機械」
　　「電験三種合格一直線　電力」
　　「電験三種合格一直線　法規」
　　「電験三種機械科目の制覇」
　　「徹底理解 電気理論の攻略」（新電気2003年1月別冊）
共著「電験一, 二種二次試験計算の攻略」
　　「ごみ焼却技術絵とき基本用語（改訂増補版）」
　　「大気汚染防止技術絵とき基本用語」
　　「水処理技術絵とき基本用語」（以上，オーム社）

- 本書の内容に関する質問は，オーム社ホームページの「サポート」から，「お問合せ」の「書籍に関するお問合せ」をご参照いただくか，または書状にてオーム社編集局宛にお願いします．お受けできる質問は本書で紹介した内容に限らせていただきます．なお，電話での質問にはお答えできませんので，あらかじめご了承ください．
- 万一，落丁・乱丁の場合は，送料当社負担でお取替えいたします．当社販売課宛にお送りください．
- 本書の一部の複写複製を希望される場合は，本書扉裏を参照してください．

JCOPY ＜出版者著作権管理機構 委託出版物＞

電験二種　計算の攻略

2014年　7月22日　第1版第1刷発行
2025年　4月10日　第1版第9刷発行

著　者　菅原秀雄
発行者　髙田光明
発行所　株式会社オーム社
　　　　郵便番号　101-8460
　　　　東京都千代田区神田錦町3-1
　　　　電話　03(3233)0641(代表)
　　　　URL https://www.ohmsha.co.jp/

© 菅原秀雄 2014

印刷・製本　報光社
ISBN978-4-274-50486-0　Printed in Japan

● メモ&計算欄 ●

数学・物理の公式集

§1. 代数

乗法公式　　左→右は展開，右→左は分解
- $(a \pm b)^2 = a^2 \pm 2ab + b^2$
- $(a+b)(a-b) = a^2 - b^2$
- $(1 \pm x)^n \fallingdotseq 1 \pm nx \quad (x \ll 1)$

二次方程式
$$ax^2 + bx + c = 0 \quad a,b,c は実数,\ a \neq 0$$
解　$x = \dfrac{-b \pm \sqrt{b^2 - 4ac}}{2a}$

指数公式　　$a^0 = 1 \quad a^1 = a \quad 1^n = 1$
- $a^m \cdot a^n = a^{m+n} \quad \dfrac{a^m}{a^n} = a^{m-n} \quad \dfrac{a^m}{a^n} = \dfrac{1}{a^{n-m}}$
- $(a^m)^n = a^{mn} \quad a^{-n} = \dfrac{1}{a^n} \quad a^{\frac{m}{n}} = \sqrt[n]{a^m} = (\sqrt[n]{a})^m$
- $\sqrt[n]{a} \cdot \sqrt[n]{b} = \sqrt[n]{ab} \quad \dfrac{\sqrt[n]{a}}{\sqrt[n]{b}} = \sqrt[n]{\dfrac{a}{b}} \quad \sqrt[m]{\sqrt[n]{a}} = \sqrt[mn]{a}$

対数公式　　$a^x = b \to \log_a b = x$ と表現，a は底
- $\log_a a = 1 \quad \log_a 1 = 0$
- $\log_a(xy) = \log_a x + \log_a y$
- $\log_a(x/y) = \log_a x - \log_a y$
- $\log_a x^m = m \log_a x, \quad \log_a \sqrt[m]{x} = \dfrac{1}{m} \log_a x$
- $\log_{10} x =$ 常用対数　$\log_e x = \ln x =$ 自然対数
- $\log_{10} x = 0.4343 \ln x, \quad \ln x = 2.3026 \log_{10} x$
- $\log_a x = \log_b x / \log_b a, \quad b>0,\ b \neq 1$

§2. 三角関数

基本式　角 θ は反時計方向が正 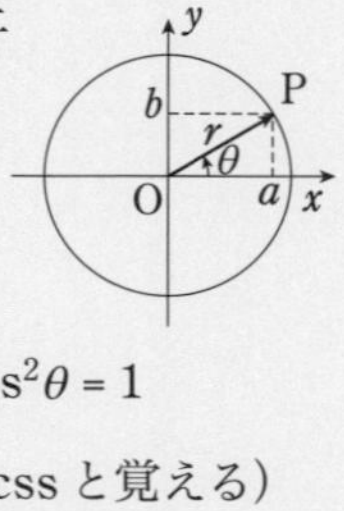
- 弧度法 $\theta =$ 円弧長/半径
  $180° = \pi$ [rad]
- $\sin\theta = \dfrac{b}{r}, \quad \cos\theta = \dfrac{a}{r}$
- $\tan\theta = \dfrac{\sin\theta}{\cos\theta} = \dfrac{b}{a}, \quad \sin^2\theta + \cos^2\theta = 1$

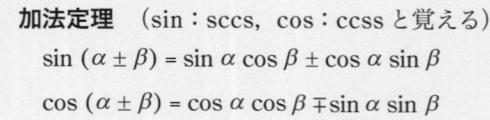

加法定理　（sin：sccs, cos：ccss と覚える）
$\sin(\alpha \pm \beta) = \sin\alpha\cos\beta \pm \cos\alpha\sin\beta$
$\cos(\alpha \pm \beta) = \cos\alpha\cos\beta \mp \sin\alpha\sin\beta$
$\tan(\alpha \pm \beta) = \dfrac{\tan\alpha \pm \tan\beta}{1 \mp \tan\alpha\tan\beta}$

加法定理の応用

合　成　$a\sin\theta + b\cos\theta = \sqrt{a^2 + b^2}\sin(\theta + \alpha)$
　　　　ただし，$\alpha = \tan^{-1}(b/a)$

倍　角　$\sin 2\alpha = 2\sin\alpha\cos\alpha$
　　　　$\cos 2\alpha = \cos^2\alpha - \sin^2\alpha = 2\cos^2\alpha - 1$
　　　　　　　　 $= 1 - 2\sin^2\alpha$

積→和　$\sin\alpha\cos\beta = \dfrac{\sin(\alpha+\beta) + \sin(\alpha-\beta)}{2}$
　　　　$\sin\alpha\sin\beta = \dfrac{\cos(\alpha-\beta) - \cos(\alpha+\beta)}{2}$
　　　　$\cos\alpha\cos\beta = \dfrac{\cos(\alpha-\beta) + \cos(\alpha+\beta)}{2}$

和→積　$\sin A \pm \sin B = 2\sin\dfrac{A \pm B}{2}\cos\dfrac{A \mp B}{2}$
　　　　$\cos A + \cos B = 2\cos\dfrac{A+B}{2}\cos\dfrac{A-B}{2}$
　　　　$\cos A - \cos B = -2\sin\dfrac{A+B}{2}\sin\dfrac{A-B}{2}$

逆三角関数　（ ）内は主値の範囲
$y = \sin\theta \to \theta = \sin^{-1} y \ (\pi/2 \geq \theta \geq -\pi/2)$
$y = \cos\theta \to \theta = \cos^{-1} y \ (\pi \geq \theta \geq 0)$
$y = \tan\theta \to \theta = \tan^{-1} y \ (\pi/2 \geq \theta \geq -\pi/2)$

§3. 複素数

基本式　$\alpha = a + jb,\ a$：実部，b：虚部
- j は虚数単位，$j = \sqrt{-1},\ j^2 = -1,\ 1/j = -j$
- 直角表示　$\dot{Z} = a + jb$
- 極表示　$\dot{Z} = r(\cos\theta + j\sin\theta)$
　　　　　　$= r\angle\theta = re^{j\theta}$ 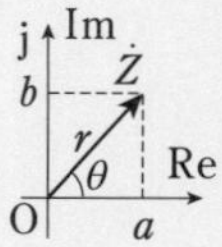
$r = |\dot{Z}| = \sqrt{a^2 + b^2},\ \theta = \tan^{-1}(b/a)$

オイラーの公式　$e^{\pm j\theta} = \cos\theta \pm j\sin\theta$

§4. 微分・積分

① **微分法**　$f'(x) = df(x)/dx$

定理　和差　$\{f(x) \pm g(x)\}' = f'(x) \pm g'(x)$
　　　定数　$\{Cf(x)\}' = Cf'(x) \quad C$ は定数
　　　積　$\{f(x) \cdot g(x)\}' = f'(x)g(x) + f(x)g'(x)$
　　　商　$\left\{\dfrac{f(x)}{g(x)}\right\}' = \dfrac{f'(x)g(x) - f(x)g'(x)}{\{g(x)\}^2}$

関数の関数 $\dfrac{dy}{dx} = \dfrac{dy}{dt} \cdot \dfrac{dt}{dx}$

主要関数の公式

1. $\dfrac{d}{dx} x^n = nx^{n-1}$ 2. $\dfrac{d}{dx} \sin ax = a\cos ax$

3. $\dfrac{d}{dx} \cos ax = -a\sin ax$ 4. $\dfrac{d}{dx} \tan ax = a\sec^2 ax$

5. $\dfrac{d}{dx} a^x = a^x \log_e a$ 6. $\dfrac{d}{dx} e^{ax} = ae^{ax}$

7. $\dfrac{d}{dx} \log_a x = \dfrac{1}{x}\log_a e$ 8. $\dfrac{d}{dx} \log_e x = \dfrac{1}{x}$

$\qquad\qquad = \dfrac{1}{x\log_e a}$

9. $\dfrac{d}{dx} \sin^{-1} x = \dfrac{1}{\sqrt{1-x^2}}$ 10. $\dfrac{d}{dx} \tan^{-1} x = \dfrac{1}{1+x^2}$

極大・極小 $y' = 0$ が必要条件

$\dfrac{d^2 y}{dx^2} < 0$ …極大, $\dfrac{d^2 y}{dx^2} > 0$ …極小

② **積分法**   微分の逆演算である

定　義   微分の積分は元へ戻る

$\int f(x) dx = F(x) + C$ （Cは積分定数）

和差 $\int \{f(x) \pm g(x)\} dx = \int f(x) dx \pm \int g(x) dx$

定数 $\int Cf(x) dx = C \int f(x) dx$ Cは定数

変数置換 $\int f(x) dx = \int f(x) \cdot \dfrac{dx}{dt} \cdot dt$

部分積分 $\int f'(x)g(x) dx = f(x)g(x) - \int f(x)g'(x) dx$

定積分   面積，体積の計算

$\int_a^b f(x) dx = [F(x)]_a^b = F(b) - F(a)$

$\int_a^b f(x) dx = -\int_b^a f(x) dx$

変数置換の場合，上下端の値も変換する

主要関数の公式   積分定数は省略

1. $\int x^n dx = \dfrac{x^{n+1}}{n+1}$ ($n \neq -1$)   2. $\int \dfrac{1}{x} dx = \log x$

3. $\int e^{ax} dx = \dfrac{e^{ax}}{a}$ 4. $\int \dfrac{1}{x \pm a} dx = \log(x \pm a)$

5. $\int a^x dx = \dfrac{a^x}{\log a}$ 6. $\int \dfrac{f'(x)}{f(x)} dx = \log\{f(x)\}$

7. $\int \sin ax dx = -\dfrac{\cos ax}{a}$ 8. $\int \cos ax dx = \dfrac{\sin ax}{a}$

9. $\int \log x dx = x\log x - x$ 10. $\int xe^x dx = xe^x - e^x$

§5. 物　理

速度・加速度 x：距離 [m], t：時間 [s]

・**速度** $v = \dfrac{dx}{dt}$ [m/s]

・**加速度** $\alpha = \dfrac{dv}{dt} = \dfrac{d^2 x}{dt^2}$ [m/s^2]

運動の法則 F：力 [N], m：質量 [kg]

$\qquad F = m\alpha$ [N]（第二法則）

仕事と仕事率   [J] = [N·m] = [W·s], s は変位 [m]

・**仕　事** $W = F \cdot s = Fs\cos\theta$ [J]（スカラ積）

$\qquad \Delta W = F \Delta s$（力 × 距離）

・**仕事率** $P = W/t = Fv = \omega T$ [W]

$\qquad \omega$：角速度 [rad/s] T：トルク [N·m]

エネルギー   仕事をなし得る源泉

・運動エネルギー $W_k = \dfrac{1}{2} mv^2$ [J]

・位置エネルギー $W_p = mgh$ [J]

・エネルギーの保存 $W_k + W_p = $ 一定

・重力 $F = mg$ [N], g は重力の加速度 = 9.8 [m/s^2]

ベクトルの積   （空間ベクトルが対象）

・**スカラ積** $C = \dot{A} \cdot \dot{B} = AB \cos\theta$

・**ベクトル積** $\dot{C} = \dot{A} \times \dot{B}$, $|\dot{C}| = AB \sin\theta$

$\quad$ C の向きはAからBに回るときの右ねじの進む方向にとる

回転運動

・角速度 $\omega = \Delta\theta / \Delta t$ [rad/s]

・周速度 $v = \omega r$ [m/s]

・トルク $T = Fr$ [N·m]

$\qquad$ （力×回転半径）

・動　力 $P = Fv = F\omega r = \omega T$ [W]

・運動エネルギー m：質量 [kg]

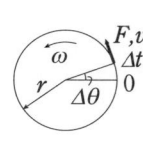

$\quad W = \dfrac{1}{2} J\omega^2$ [J] $J = mr^2$ [kg·m^2] は慣性モーメント